2차 개정신판

건축설비계획

임 만 택 저

普 文 堂

저 자

임 만 택

조선대학교 건축학부 명예교수

普 文 堂

2차 개정신판

건축설비계획

초판 발행 2009년 2월 10일
개정판 발행 2012년 9월 5일
개정2판 발행 2015년 9월 5일
1차 개정신판 발행 2018년 9월 5일
2차 개정신판 인쇄 2019년 9월 1일
2차 개정신판 발행 2019년 9월 5일

지 은 이 | 임 만 택
발 행 인 | 김 병 계
발 행 처 | 도서출판 보문당
등 록 | 1990년 6월 15일(제 1-1066호)
주 소 | 서울시 마포구 토정로 222 한국출판콘텐츠센터 422호
전 화 | 704-7025 / 704-0635
팩 스 | 704-2324
홈페이지 | http://www.bomoondang.co.kr
전자우편 | bmdpub@naver.com

값 32,000 원

ISBN : 978-89-8413-226-9

이 도서의 국립중앙도서관 출판예정도서목록(CIP)은
서지정보유통지원시스템 홈페이지(http://seoji.nl.go.kr)와
국가자료공동목록시스템(http://www.nl.go.kr/kolisnet)에서
이용하실 수 있습니다. (CIP제어번호 : CIP2019024088)

|머 리 말|

건축설비(Building Equipment)는 건축물의 실내외 환경이 사용자에게 적합하도록 자연적 또는 인위적으로 조절되도록 도모하는 환경조절시스템이다. 이와 같이 건축물의 효용을 완전하게 하기 위한 제반 설비로서 급배수설비, 위생설비, 가스설비, 방재설비, 공기조화설비, 난방설비, 환기설비, 조명·배선·동력·전화 등을 취급하는 전기설비, 수송설비 등으로 분류된다. 이러한 설비들을 건축설계에 포함시켜 계획하는 부분이 설비계획이다.

건축설비의 발달은 건축기술의 발전과 더불어 건축의 질적 향상에 기여하는 역할이 크다. 건축설비는 공간을 형성하고 있는 건축물의 특성에 알맞은 건축환경의 유지와 공급처리, 안전확보, 정보통신 등의 기능을 발휘함으로써 건축물의 성능을 향상시킬 수 있어야 한다. 오늘날의 건축설비는 건축물과 완전히 일체화함으로써 보다 윤택한 생활환경을 만들 수 있다.

건축물의 신경조직과 같은 설비는 건축공간의 쾌적성, 보건성, 안전성, 편리성, 지속성을 창출하여 삶의 질을 향상시키는 기술이다. 고도의 산업발달로 건축물은 대형화, 고층화, 다양화, 인텔리전트화, 에너지절약화, 하이테크화 등이 되어 가고 있다. 건축설비기술은 설비공학적 기술에 의하여 건축물의 기능을 최대한 발휘하게 하는 것으로서 건축기술자는 건축설비를 통하여 하드한 지식과 인간과 자연을 존중하는 소프트한 지식을 함께 갖추어 엄격하고도 고도의 성능 요구에 따른 설비시스템에 대응할 수 있어야 한다.

본서는 건축설비의 과학적 이론 및 건축물의 각종 설비시스템에 관한 계획방법과 특성을 통하여 정확한 이해를 도모하며, 실제 응용 또는 적용할 수 있는 능력을 배양하도록 하는 데 목표를 두고 있다. 또한 사회의 발달과 더불어 건축설비관련의 법규, 규정 등이 새로이 마련되거나 강화되고 있으며, 새로운 건축설비방식이 늘어나고 있는 경향에 부응하여 체계적이고 전문적이며 실용적인 내용이 되도록 구성하였다.

본서의 발간에 있어 원고 정리에 수고하여 준 여러분과 편집에 협력하여 주신 보문당의 김병계 사장님 이하 편집부 여러분께 감사드린다.

저 자

Contents

제1장 급수설비

제2장 급탕설비

제3장 위생기구

제4장 배수 · 통기설비

제5장 하수설비

제9장 방범설비

제10장 공기조화설비

제11장 난방설비

제12장 환기설비

제13장 전원설비

제14장 부하설비

제15장 정보설비

제16장 배선설비

제17장 수송설비

chapter 1

급수설비

1-1 개 요

급수설비(給水設備)는 건축물에 생활 · 업무에 필요한 물을 공급하기 위한 설비이다. 상수도 · 중수도 · 공업용수도에서 모아두거나 부지 내의 우물에서 끌어올린 물을 필요한 부분에 필요한 수질로 공급하므로 적절한 설계 · 시공 · 유지관리가 필요하다. 급수의 범위는 상수도의 지수전부터 급수전에 이르기까지의 경로이다.

우리나라 최초의 급수설비는 1896년에 착공하여 1897년에 준공된 프랑스 공사관에 옥상수조를 설치한 것이다. 최초의 근대적 형태의 수도시설은 1904년 7월 부산 초량에 만들어진 경부선 철도공작 공장용 및 종업원 사택 급수용 수도시설이었다. 이 수도시설의 급수관은 관경 400 mm의 주철관 1.7 km, 연관 2.5 km를 시설하고 급수전 120개, 소화전 3개를 장착했다.

1-2 용어의 정의

① 원수(raw water) : 음용 · 공업용 등으로 제공되는 자연상태의 물

② 상수원 : 음용 · 공업용 등으로 제공하기 위하여 취수시설을 설치한 지역의 하천 · 호소 · 지하수 등

③ 정수 : 원수를 음용·공업용 등의 용도에 맞게 처리한 물
④ 수질 : 물의 물리적·화학적·생물학적·세균학적 성질
⑤ 먹는물 : 먹는 데에 통상 사용하는 자연상태의 물, 자연상태의 물을 먹기에 적합하도록 처리한 수돗물, 먹는샘물, 먹는염지하수, 먹는해양심층수 등
⑥ 샘물 : 암반대수층 안의 지하수 또는 용천수 등 수질의 안전성을 계속 유지할 수 있는 자연상태의 깨끗한 물을 먹는 용도로 사용할 원수
⑦ 먹는 샘물 : 샘물을 먹기에 적합하도록 물리적 처리 등의 방법으로 제조한 물
⑧ 염지하수 : 물속에 녹아있는 염분 등의 함량이 환경부령으로 정하는 기준 이상인 암반대수층 안의 지하수로서 수질의 안전성을 계속 유지할 수 있는 자연 상태의 물을 먹는 용도로 사용할 원수
⑨ 먹는염지하수 : 염지하수를 먹기에 적합하도록 물리적으로 처리하는 등의 방법으로 제조한 물
⑩ 먹는해양심층수 : 해양심층수를 먹는 데 적합하도록 물리적으로 처리하는 등의 방법으로 제조한 물
⑪ 수처리제 : 자연 상태의 물을 정수 또는 소독하거나 먹는물 공급시설의 산화방지 등을 위하여 첨가하는 제제
⑫ 먹는물공동시설 : 여러 사람에게 먹는물을 공급할 목적으로 개발했거나 저절로 형성된 약수터, 샘터, 우물 등
⑬ 정수기 : 물리적·화학적 또는 생물학적 과정을 거치거나 이들을 결합한 과정을 거쳐 먹는물의 수질기준에 맞게 하는 기구로서, 유입수 중에 함유된 오염물질을 감소시키는 기능을 가진 것
⑭ 지하수 : 지하의 지층이나 암석 사이의 빈틈을 채우고 있거나 흐르는 물
⑮ 수도 : 관로, 그 밖의 공작물을 사용하여 원수 또는 정수를 공급하는 시설의 전부를 말하며, 일반수도·공업용수도 및 전용수도로 구분한다.
⑯ 수도시설 : 원수 또는 정수를 공급하기 위한 취수·저수·도수·정수·송수·배수시설, 급수설비, 기타 수도에 관련된 시설
⑰ 급수설비 : 수도사업자가 일반 수요자에게 원수 또는 정수를 공급하기 위하여 설치한 배수관으로부터 분기하여 설치된 급수관(옥내급수관을 포함한다)·계량기·저수조·수도꼭지 그 밖의 급수를 위하여 필요한 기구
⑱ 호소 : 호소라 함은 다음 각 사항의 어느 하나에 해당하는 지역으로서 만수위(댐

의 경우에는 계획홍수위를 말한다)구역 안의 물과 토지를 말한다.

㉠ 댐·보 또는 제방 등을 쌓아 하천 또는 계곡에 흐르는 물을 가두어 놓은 곳

㉡ 하천에 흐르는 물이 자연적으로 가두어진 곳

㉢ 화산활동 등으로 인하여 함몰된 지역에 물이 가두어진 곳

⑲ 복류수 : 하천이나 호소의 저부 또는 측부의 모래자갈 중에 함유되는 물

⑳ 수압 : 수면에서 어느 정도의 거리에 있는 단위면적에 걸리는 물의 압력을 말하며, 수면에서의 깊이에 비례한다.

㉑ 연성계 : 대기압 이상의 압력과 대기압 이하의 압력(진공압력)과의 양쪽 계측장치를 비치한 압력계

㉒ 전극봉 : 막대 모양의 전극이며 탱크류의 변동되는 수위의 검출, 방식용 등에 사용

㉓ 수격작용(water hammer) : 배관 중에 순간적으로 이상한 충격압을 일으켜 음을 내면서 진동하는 것

㉔ 크로스커넥션(cross connection) : 상수와 상수 이외의 물 또는 상수와 한번 토수한 물이 혼합되는 것

㉕ 기구단위 : 급배수량을 설계할 때 각 위생기구의 단위유량을 정한 것으로 급수·급탕·배수설비에 적용한다.

㉕ 기구급수단위(Fu) : fixture unit value as load factors, 1분당 30ℓ의 급수량을 1단위로 하여 각 기구의 단위를 산출하여 급수량을 정하는 방법이다.

㉗ 기구급수부하단위 : 동시사용률, 사용상태 등을 고려하여 단위유량을 정하고(보통 세면기의 단위유량(30ℓ/min)을 1단위로 정함), 이를 기준으로 각종 위생기구의 수치를 정한 단위이다.

㉘ 오버플로(overflow) : 수조 등의 규정 액면을 넘었을 때 그 양을 수조 밖으로 배출하는 것. 월류(越流), 무넘이라고도 한다.

㉙ 배큐엄 브레이커(vacuum breaker) : 배관계에 진공상태가 발생했을 때 일어나는 오수의 역류 등을 방지하기 위하여 설치하는 안전장치. 얇은 막의 파열, 스프링식 ball valve의 개방 등에 의해 밖에서 공기가 들어와 진공이 되는 것을 방지한다.

㉚ 마찰손실(friction loss) : 유체가 흐를 때의 마찰, 고체와 고체가 미끄러질 때의 마찰에 의하여 생기는 손실

㉛ 동수구배(動水勾配·hydraulic gradient) : 관수로의 각 단면에서 압력 수두와 위치 수두의 합을 늘어놓은 선을 동수구배(물매)선, 동수구배(물매)선이 수평과

이루는 기울기를 동수구배(물매)라 한다.

㉜ 마찰계수(friction factor) : 유체가 관로를 흐를 때 그 표면의 조도(粗度 · 거칠기)에 의해 마찰손실의 크기가 다른데, 그 경향을 나타내는 계수.

㉝ 마찰수두(friction head) : 유체가 관로를 흐를 때 발생하는 마찰손실의 크기를 수주(mmH_2O)로 나타낸 것.

㉞ 층류(laminar flow) : 액체의 입자가 그 유선상을 규칙적으로 움직이는 흐름

㉟ 난류(turbulent flow) : 액체의 입자가 순간마다 불규칙적인 움직임을 통하여 서로 뒤섞이고 있는 흐름

㊱ 유량계수(capacity coefficient) : 유입하는 물에 대한 유출하는 양의 비율. 일반적으로는 어떤 형상의 압력 손실-유량에 관한 형상계수. 수면의 높이나 입구의 형상에 따라 변한다.

㊲ 정상류(steady flow) : 임의의 점의 속도, 압력, 밀도 등 모든 상태가 시간적으로 변하지 않는 흐름을 말하고, 난류의 경우에는 그 시간적 평균치가 변하지 않는 흐름을 말한다.

1-3 수리계산의 기초

1-3-1 밀도, 비중, 비중량, 질량, 중량의 관계

부피가 일정할 때, 한 물체의 밀도가 클수록 그 물체의 질량은 크다. 한 물체의 평균 밀도는 그 전체 질량을 그 전체 부피로 나눈 것과 같다. 4℃, 1기압에서 물의 밀도는 $1g/cm^3=1kg/\ell=1{,}000kg/m^3$이고, 건조한 공기의 밀도는 표준상태(0℃, 1기압)에서 $1.29g/\ell$이다.

비중은 표준이 되는 어떤 물질과 같은 부피일 때 질량의 비이다. 표준물질로는 1기압 4℃의 물과 0℃의 공기를 사용한다.

비중량은 물질/고체(고체 · 액체 · 기체)의 단위체적당의 중량이다. 물의 비중량은 1기압, 4℃일 때 $1{,}000kgf/m^3$이고, 공기의 비중량은 0℃ 760mmHg에서 $1.29kgf/m^3$이다.

질량은 물체를 이루고 있는 고유의 양이다. 질량에 중력이 가해지면 무게가 된다. 중력의 크기를 중량 또는 무게라 한다. 1gf는 4℃의 물 $1cm^3$의 무게이고, 1kgf는 4℃의

물 1ℓ의 무게이다.

힘(중량) = 질량×중력가속도 에서 1N=1 kg・m/s^2, 1kgf=9.8kg・m/s^2=9.8N 이다.

밀도 = 질량/부피, (kg/m^3)

비중 = 물질의 밀도/4℃ 물의 밀도, 단위 없음

비중량 = 무게 = 질량×중력가속도/부피, (kgf/m^3)

1-3-2 수두와 압력의 관계

수두(head)는 물의 가진 힘을 높이의 단위로 나타낸 것이다. 예를 들면, 압력이 걸린 급수관에 구멍을 열면 물이 솟아오른다. 압력이 강하면 솟아오르는 물의 높이도 높아지고, 압력이 약하면 낮아진다.

유체 중의 2점의 고도 차이(유체의 높이)가 있을 때 유체에 작용하는 압력을 유체의 높이로 나타낸 것을 압력 수두, 유체의 단위중량당의 운동 에너지 및 위치 에너지는 유체의 운동 에너지 및 위치 에너지를 유체의 높이로 나타내어 각각 속도 수두 및 위치(고도)수두라고 한다. 압력 수두, 속도 수두, 위치 수두의 합을 전 수두라고 한다.

수주(water column)는 수면에서 기둥처럼 높이 솟아오른 물이다. 수주미터(meter ; 기호 : mH_2O, mAq)는 압력의 단위이다. 1수주미터는 1 m의 물기둥을 지탱할 수 있는 압력에서 유래한다. 환언하면 수심 1 m에서의 수압이다.

1 mH_2O=9806.65 Pa이다. 이것은 물의 비중을 1.0 g/cm^3(=1000 kg/m^3)로 하고, 여기에 표준중력가속도 g=9.80665 m/s^{2}를 적용하여 얻어진 값이다. 실제 물의 비중은 최대가 되는 온도 약 4℃에서 약 0.999972 g/cm^{3}이고, 이것을 바탕으로 계산하면 약 9806.38 Pa이 된다.

정사각형 상자(1m×1m×10m)에 물이 채워져 있을 때 밑면에 걸리는 압력을 계산하면, 수압 = 밑면 위의 물의 중량 ÷ 밑면적 으로 나타나므로, 수압 = 1(m) × 1(m) × 10(m) × 9.8(kN/m^3) ÷ 1(m^2) = 98(kN/m^2)

※(k)는 '킬로'이며 '천'을 나타낸다.

이를 국제단위계인 Pa(파스칼)로 나타내면,

1(Pa)=1(N/m^2)이므로, 98(kN/m^2)=98(kPa)

또 단위를 (k)(킬로)에서 (M)(메가)로 하면, 98(kPa)=0.098(MPa)

※(M)는 '메가'에서 '백만'을 나타낸다.

이 밑면에 걸리는 압력 0.098(MPa)은 반대로 말하면 물을 10m 높이까지 끌어올릴 수 있는 힘이라고도 할 수 있다. 즉 수압 0.098(MPa)은 수두 10m로 나타낼 수 있다.

참고로 국제단위계에의 이행 전에는 수압을 (Pa)가 아니라 (kgf/cm^2)이라는 단위로 나타내고 있었다.

(kgf/cm^2)과 (Pa)과의 환산은 다음 식에서 이루어진다.

$$\chi\ (MPa) = y(kgf/cm^2) \times 0.098 \tag{1.1}$$

$$y(kgf/cm^2) = \chi\ (MPa) \div 0.098 \tag{1.2}$$

즉, 0.098(MPa)는, 0.098(MPa)÷0.098=1(kgf/cm^2)

그래서 0.098(MPa)=1(kgf/cm^2)=수두 10m

라는 관계임을 알 수 있다. 수두의 값을 10으로 나눔으로써 (kgf/cm^2)의 단위로 나타낼 수 있다.

또한 (MPa)와 수두와 환산은 다음 식에서 이루어진다.

$$\chi\ (MPa) = 수두(m) \times 0.0098 \tag{1.3}$$

$$수두(m) = \chi\ (MPa) \div 0.0098 \tag{1.4}$$

예제 1-1

수두 15m는 MPa로 얼마인가?

| 해답 | 수두 15m는 1.5(kgf/cm^2)이며, 15×0.0098=0.147(MPa)

예제 1-2

0.196(MPa)는 수두(m)로 얼마인가?

| 해답 | 0.196(MPa)은 2(kgf/cm^2)이며, 0.196÷0.0098=20(m)

1-3-3 급수장치의 소요수두

동수구배(hydraulic gradient)는 거리와 손실수두와의 비이며, 단위길이당의 손실수두이다. 또한 동수구배는 관내의 압력수두의 상태를 나타낸다. 동수구배는 천분율(‰ : permill)로 나타낸다.

$$I = h/L \times 1000 \tag{1.5}$$

여기서, I : 동수구배 (‰)

h : 손실수두 (m)

L : 관의 길이 (m)

급수 장치의 소요수두는 계획사용 수량분의 물을 급수 장치에 흘려보낼 때 최소 필요한 수두이다. 급수 장치에 물을 보내는 데 필요한 수두에는 급수 장치의 설치 높이까지 물을 끌어올리는 힘, 즉 급수 장치의 수직높이 만큼의 수두와 급수기구에 물이 지날 때 잃는 힘, 즉 급수기구의 손실수두, 그리고 급수관에 물이 나올 때 잃는 힘, 결국 관의 마찰손실수두의 합계이다(그림 1-1).

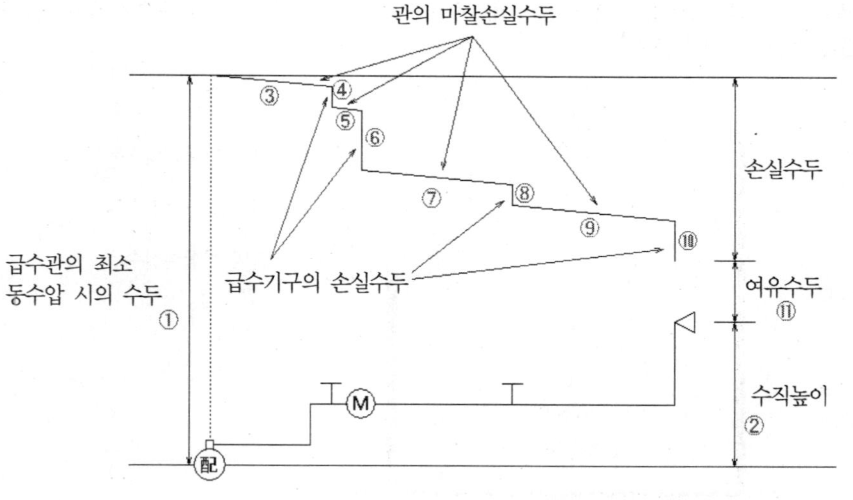

그림 1-1 급수장치의 소요수두

가장 왼쪽의 수직선은 급수관의 최소 동수압 때의 수두이다(그림 중 ①). 그리고 급수 장치의 수직높이는 급수관에서 분기한 급수 장치의 그림에서 나타나 있다(그림 중 ②).

손실수두는 '급수관의 최소 동수압 때의 수두'이다. 급수관의 분기에서부터 양수기 바로 앞 지수전까지의 사이에 관과의 마찰로 수두가 서서히 잃게 되기 때문에 오른쪽 밑의 선이 되고 있다(그림 중 ③).

그리고 지수전에 의해서 그 만큼 수두를 잃기 때문에 바로 밑의 선이 되고 있다(그림 중 ④). 지수전에서 양수기까지는 거리는 작지만 관의 마찰손실수두가 있고(그림 중 ⑤), 양수기에 의해 또 수두를 잃고 있다(그림 중 ⑥).

이후 역시 지수전까지 관의 마찰손실수두가 있고(그림 중 ⑦), 지수전에서 수두를 잃고(그림 중 ⑧), 최종 급수전까지 관의 마찰손실수두가 있고(그림 중 ⑨), 급수전에서 수두를 잃는(그림 중 ⑩) 모습이다.

이와 같이 수직 높이를 밑에서, 손실수두를 위에서 볼 때 양자의 합이 급수관의 최소 동수압 시의 수두 이하라면 그림에서 보면 수직 높이와 손실수두의 사이에 공간이 있다면 계산상 물이 나오게 된다. 그리고 이 공간에 해당하는 부분을 여유수두라고 한다(그림 중 ⑪).

예제 1-3

A에서 B까지 5m 물이 흐르는 사이에 잃어버린 수두는 2m인데 그 중 1m는 지수전에 의한 손실수두이라면 동수구배는 얼마인가?

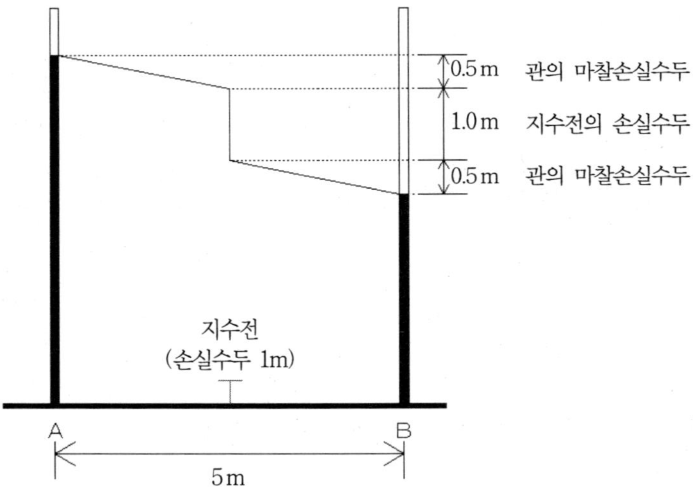

그림 1-2

| 해답 | I = 1 m(관의 마찰손실수두)/5 m×1000 = 200‰

동수구배는 단위길이당 손실수두이다, 단위길이는 m(미터)이므로, 200‰이라는 것은 1m 물이 흘렀을 때의 손실수두가 (200/1000), 즉 0.2m가 된다.

한 가지 주의해야 할 것은 여기서 말하는 손실수두는 관과의 마찰로 잃어버린 수두이다. 그래서 도중에 급수기구가 있는 경우, 그 급수기구의 손실 수두는 계산에 포함하지 않는다.

손실수두는 물이 급수장치 내를 흐를 때 여러 가지 에너지 소비가 발생한다. 이들 에너지 소비량을 수주의 높이로 환산한 것이다.

손실수두의 주가 된 것은 관의 마찰손실수두, 수도계량기 및 급수기구류에 의한 손실수두이고, 기타의 것은 계산상 생략하여도 영향은 작다.

손실수두를 구하는 식에서 보듯이 동수구배가 커지면 손실수두도 커진다. 동수구배를 최소화하려면 유량을 줄이거나 관경을 크게 하는 방법이 있다.

$$h = L \times I \div 1000 \qquad (1.6)$$

여기서, h : 손실수두 (m)

L : 관의 길이 (m)

I : 동수구배 (‰)

예제 1-4

관길이 30m의 장치를 동수구배 200‰에서 물을 흘려보냈을 때 그 사이의 손실수두는?

| 해답 | 손실수두 = 200/1,000 × 30 = 6m

1-3-4 유량과 관경과 유속의 관계

먼저 유량과 유속과 관의 단면적의 관계는 다음 식에서 표시한다.

$$Q = A \cdot v \qquad (1.7)$$

여기서, Q : 유량 (m^3/sec)

A : 관의 단면적 (m^2)

v : 유속 (m/sec)

관의 단면적은 '반경×반경×원주율'에서 구해지므로, 새로이 'D'를 관경으로 한 경우 '$D/2$'에서 반경, '$(D/2)^2 \cdot \pi$'에서 관의 단면적이 되기 때문에 이를 위 식에 대입하면,

$$Q=(D/2)^2 \cdot \pi \cdot v \qquad (1.8)$$

여기서 Q : 유량 (m^3/sec)

D : 관경 (m)

v : 유속 (m/sec)

π : 원주율

이 식을 유속을 구하는 식으로 하면,

$$v=4 \cdot Q/\pi \cdot D^2 \tag{1.9}$$

유량이 일정하다면 관경이 커질 때 유속은 작아지고, 관경이 작아지면 유속은 커짐을 알 수 있다. 유속은 이렇게 유량과 관경으로부터 구할 수 있다. 그리고 수리 계산의 목적의 하나로 소요수두의 산출이 있는데, 이 소요수두의 산출도 유량과 관경을 바탕으로 행한다.

그래서 소요수두를 산출할 때에는 동시에 유속도 산출하고, 유속이 2.0m/초를 넘지 못하도록 하고, 만약 초과하면 관경을 크게 하여 다시 계산하고 적절한 관경을 결정한다.

유량과 관의 단면적과 유속의 관계, 유량과 관경과 유속의 관계를 정리한 것이 그림 1-3이다.

유량과 관의 단면적과 유속의 관계	유량과 관경과 유속의 관계
$Q=A \cdot v$	$Q=(\frac{D}{2})^2 \cdot \pi \cdot v$
$v=\frac{Q}{A}$	$v=\frac{4Q}{\pi D^2}$
$A=\frac{Q}{v}$	$D=\sqrt{\frac{4Q}{\pi D}}$

그림 1-3 유량과 관경과 유속의 관계식

예제 1-5

30m의 높이에 위치한 고가수조에서 매시 24m^{3}의 물을 양수할 수 있는 양수펌프의 관경을 구하라.

| 해답 | $Q=24m^3/h=0.0066m^3/s$ $v=2m/sec$,
$D=\sqrt{(4\times0.0066/(3.14\times2)}=\sqrt{0.0042}=0.0064m=65mm$

예제 1-6

유량이 0.75m^3/min인 급수관의 안지름이 100mm일 때 배관 속을 흐르는 물의 평균 유속은 몇 m/s 인가?

|해답| 유속 $v = \frac{Q}{A} = \frac{0.75m^3/\min}{\frac{\pi \times (0.1m)^2}{4}} = \frac{0.75m^3/60s}{\frac{\pi \times (0.1m)^2}{4}} \fallingdotseq 1.6m/s$

1-3-5 마찰손실수두

흐르는 물은 관경, 길이, 부착기구 등의 마찰저항에 의해 에너지를 잃는다. 이 손실을 마찰손실수두라고 한다. 급수관 직관부의 마찰손실수두는 다스-바이스바(Darcy - Weisbach) 식에 의해 구할 수 있다.

$$h = \lambda \cdot \frac{L}{d} \cdot \frac{v^2}{2g} \tag{1.10}$$

여기서, h : 직관부의 마찰 손실 수두(mAq)

λ : 관 마찰계수(신철관 0.02, 고철관 0.04)

L : 직관길이(m)

v : 관내 평균 유속(m/sec)

d : 관 내경(m)

g : 중력 가속도(9.8m/s^2)

마찰손실수두(h)는,

① 관의 길이(L)에 비례한다.

② 관 내면의 거칠음의 정도(λ)에 비례한다.

③ 관내의 유속(ν)은 2승에 비례한다.

④ 관의 직경(d)에 반비례한다.

⑤ 관내의 수압(P)에 관계가 없다.

예제 1-7

유체가 직관로를 흐르는 경우 유속이 2배되었을 때의 마찰에 의한 압력손실의 변화 비율은? 다만 관 마찰계수는 일정하다.

|해답| 유속은 2승에 비례하므로 유속이 2배가 되면 마찰손실압력은 4배가 된다.

1-3-6 유량선도에 의한 계산

유량의 계산은 산출식에 의하여 계산하여 구하지만, 유량선도를 이용하여 산출할 수도 있다. 유량선도를 통하여 소정의 유량, 동수구배, 관경, 유속의 관계를 용이하게 구할 수 있다(그림 1-4, 1-5).

관의 마찰손실수두는 계산식으로 산출한다. 계산식은 관경 50mm 이하의 경우는 웨스턴(Weston) 산출식을, 관경 75mm 이상(50mm 초과)의 경우에는 하젠-윌리엄스(Hazen-Williams) 산출식을 이용한다.

1) 웨스턴의 산출식

$$h = \underbrace{\left(0.0126 + \frac{0.01739 - 0.1087d}{\sqrt{V}}\right)}_{\lambda\text{로 계산하여도 좋다}} \cdot \frac{L}{D} \cdot \frac{V^2}{2g} \qquad (1.11)$$

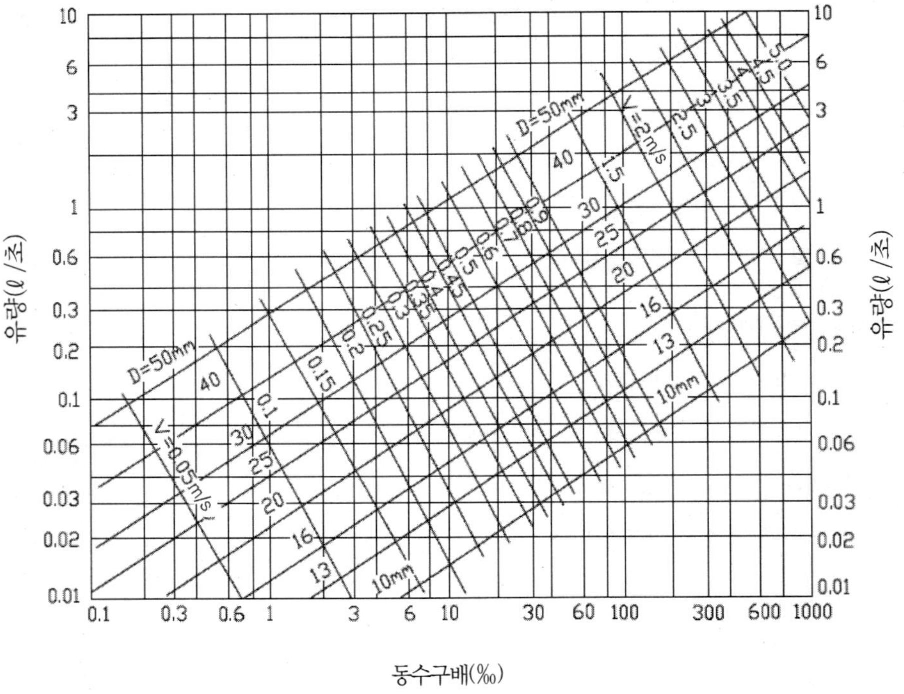

그림 1-4 웨스턴의 산출식에 의한 급수관의 유량도

$$Q = \frac{\pi D^2}{4} \cdot V \qquad (1.12)$$

여기서, h : 관의 마찰손실수두 (m)

V : 관의 평균유속 (m/sec)

L : 관 길이 (m)

D : 관경 (m)

g : 중력의 가속도 (9.8m/sec^2)

Q : 유량 (m^3/sec)

λ : 마찰손실계수

2) 하젠-윌리엄스의 산출식

$h = 10.666 \cdot C^{-1.85} \cdot D^{-4.87} \cdot Q^{1.85} \cdot L$

$V = 0.35464 \cdot C \cdot D^{0.63} \cdot I^{0.54}$ I : 동수구배=h/L×1000

$Q = 0.27853 \cdot C \cdot D^{2.63} \cdot I^{0.54}$ C : 유속계수

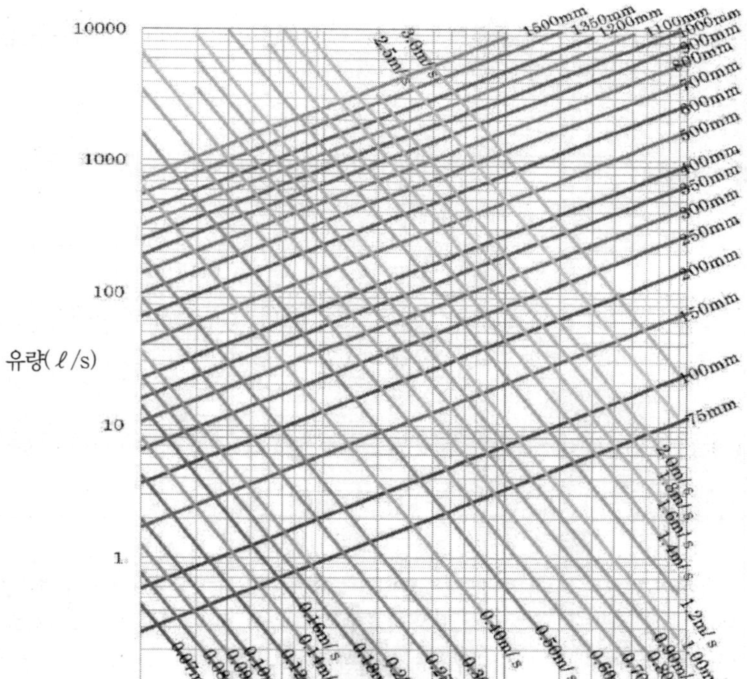

그림 1-5 하젠 · 윌리엄스 산출식에 의한 급수관의 유량도 (C=130)

예제 1-8

다음과 같은 조건에서 웨스턴의 산출식에 의한 마찰손실을 계산하라.
급수주관의 수압 p=2.5kgf/cm^2 (0.245Mpa), 관내의 유속 V=미지수, 급수관의 관경 d=25mm, 급수관의 길이 L=50m, 급수관의 유량 Q=0.785 ℓ/s, 급수주관과 급수관의 고저차 H=2.5m, 중력의 가속도 g=9.8m/s

|해답| Q=0.785 ℓ/s÷1,000=0.000785 m^3/s
A=(3.14×0.025^2)÷4=0.000491 m^2
V=0.000785÷0.000491=1.6 m/s

$$h=(0.0126+\frac{0.01739-0.1087\times0.025}{\sqrt{1.6}})\times\frac{50}{0.025}\times\frac{1.6^2}{2\times9.8}=0.0242\times2000\times0.1306=6.32104=6.32$$

급수관의 손실수두, 6.32+급수관의 고저차, 2.5=8.82m=0.882kgf/cm^2 (0.086MPa)
급수주관의 수압=2.5-0.882=1.618 kgf/cm^2
(0.0245-0.086=0.159Mpa)

예제 1-9

유량 0.1 ℓ/sec에서 관경 20mm일 때 동수구배는?

|해답| Y축의 유량 0.1의 눈금에서 오른쪽으로 선을 더듬어, 'D=20mm'의 대각선과의 교점을 아래로 선을 더듬어 동수구배 11‰을 구한다.

예제 1-10

동수구배 20‰에서 관경 25mm일 때의 유량은?

|해답| X축의 동수구배 20의 눈금에서 위로 선을 더듬어, 'D=25mm'의 대각선과의 교점을 왼쪽으로 선을 더듬어 유량 0.27 ℓ/sec를 구한다.

예제 1-11

유량 1.0 ℓ/sec에서 동수구배 150‰일 때의 적절한 관경은?

|해답| Y축의 유량 1.0의 눈금에서 오른쪽으로 선을 더듬고, 또 X축의 동수구배 150의 눈금에서 위로 선을 더듬어 양측의 교점의 위치를 알아본다. 관경 25mm의 대각선과 관경 30mm의 대각선 사이에 교점이 있으므로 적절한 관경은 30mm 이상임을 알 수 있다.

1-3-7 직관환산길이

관로 내에서는 관로 이외에도 관 단면의 변화 · 이음 · 밸브류 · 계량기 등에 의해서도 마찰손실수두가 생긴다. 이 손실수두를 동 관경의 직관 몇 m의 손실수두에 상당한가를 나타낸 것을 직관상당길이라고 한다. 동수구배의 산정에는 이 연길이를 가산할 필요가 있다(표 1-1).

표 1-1 기구 및 기타 직관상당길이 (단위 : m)

종별 \ 관경	15	20	25	30	40	50	75
분수전(코어부착)		4.5	5.6		8.7	13.1	
역지밸브부착지수전(신축형)		10.1	14.4		12.7	14.8	
역지밸브부착지수전(볼형)	2.2	3.3	3.1	7.2	10.0		
앵글밸브	2.4	3.6	4.5	5.4	6.6	8.4	12.0
글로브밸브	4.5	6.0	7.5	10.5	13.5	16.5	24.0
슬루스밸브	1.52	1.52	1.23	0.84	1.18	1.78	0.63
역지수밸브(스윙형)	2.14	1.82	1.78	1.34	1.92	3.26	5.7
Y형스트레이너	3.34	4.37	5.85	8.61	8.25	9.79	14.11
계량기	4.0	11.0	15.0		15.3	20.0	30.0
급수전	3.0	8.0	8.0				
볼탭	29.0	20.0					
정수위밸브		10.0	13.0	9.0	23.0	29.0	26.0
염화비닐엘보 90°	0.5	0.5	0.5	0.8	0.8	1.2	1.5
염화비닐관 · 이형소켓				1.0	1.0	1.5	2.0
탄소강강관엘보90°	2.0	2.2	2.4	2.8	3.1	2.8	3.9
탄소강강관엘보45°	1.5	1.6	1.6	2.0	1.8	1.6	2.1
90° T자관(분류)	2.3	3.4	3.0	3.8	3.4	3.3	4.8
90° T자관(직류)	1.2	0.7	0.5	0.7	0.6	0.4	0.4

예제 1-12

20mm 급수전의 직관환산길이를 구하라. 손실수두 0.8m, 유량 0.4ℓ/sec의 조건이다.

|해답| 유량 0.4ℓ/sec, 관경 20mm일 때 동수구배는 그림 1-4에서 107‰가 구해진다. 직관환산길이 (L)는, (L)=손실수두(h)÷동수구배(I)×1000=0.8m÷107‰×1000≒7.5m

1-4 상수의 공급 및 수질기준

1-4-1 상수의 공급과정

급수설비(water supply system)에서 공급하는 물의 수원은 지하수, 하천수, 호소수 또는 천수인데, 건물에 대해서는 일반적으로 상수도수, 공업용 수도수, 우물물을 급수원으로 하고 있다.

건축물에 공급되는 물은 ① 양호한 수질, ② 필요한 수량, ③ 적절한 수압의 3요소가 기술적으로 확보되어야 한다. 상수도의 물의 흐름은 그림 1-6에 나타낸 바와 같이, 수원－취수(집수)－도수－정수－송수－배수－급수(건물의 수전)의 순서로 이루어진다.

상수도는 수원지에서 물을 취수하여 이 물을 정수장까지 보낸(도수) 다음 정수처리과정을 거쳐 소독한 후 각 수용가에 분배하는 시설로 구성되어 있다

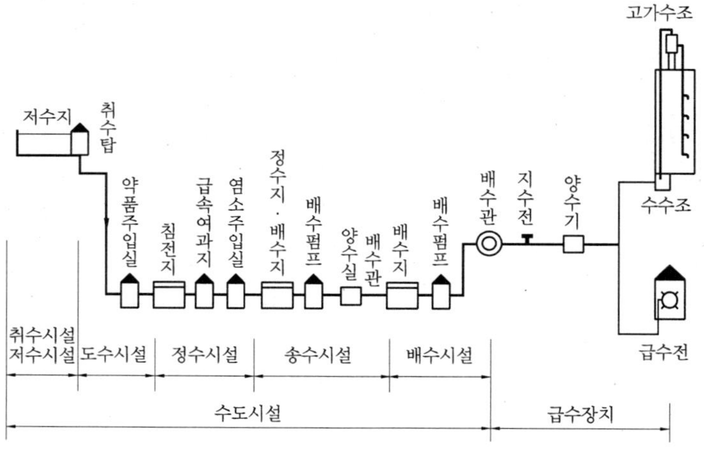

그림 1-6 상수도시설의 구성

수도시설의 주요 시설기준은 "수도법시행규칙"에 의하면 다음과 같다.

1) 취수시설

계획취수량을 원활하게 취수하기 위하여 필요에 따라 스크린·침사지(沈沙池) 또는 배사문(排沙門) 등을 설치하여야 한다.

2) 저수시설

수질악화를 방지하기 위하여 폭기(曝氣)설비의 설치 등 필요한 조치를 마련하여야

한다.

3) 도수시설 및 송수시설

송수시설은 이송과정에서 정수된 물이 외부로부터 오염되지 아니하도록 관수로(管水路) 등의 구조로 하여야 한다.

도수시설 및 송수시설은 연결된 수도시설의 표고 및 유량, 지형·지질 등에 따라 자연유하방식을 최대한 이용할 수 있도록 하고, 재해로부터 안전한 위치와 형식으로 설치하여야 한다.

4) 정수시설

정수시설에는 탁도, 수소이온농도(pH), 그 밖의 수질, 수위 및 수량 측정을 위한 설비를 설치하여야 한다. 정수시설에는 소독시설을 설치하여야 한다. 지표수를 수원으로 하는 경우에는 여과시설을 설치하여야 한다.

5) 배수시설

배수시설은 시간적으로 변동하는 수요량에 대응하여 적정한 수압으로 수돗물을 안정적으로 공급할 수 있도록 배수지 및 배수용량조절설비와 적정한 관경의 배수관을 설치하여야 한다.

1-4-2 먹는물의 수질 기준

(1) 건강에 관한 항목

① 일반 세균

일반 세균은 표준 한천배지(寒天培地)에서 36±1℃에서 24±2시간 배양하고 발현하는 집락의 수에서 검출되는 모든 세균을 나타내고 있다.

② 대장균군

대장균군은 대장균이나 그와 유사한 성상인 세균의 총칭이다. 그람 염색으로 염색되지 않는 것이나, 포자를 만들지 않는 성상을 가진 세균이 모두 포함되므로, 엄밀히는 대장균과 다르다. 배설물에 의한 오염 등을 나타내는 지표이다.

③ 중금속류

카드뮴, 수은, 셀레늄, 비소, 납, 육가크롬의 6 종류이다. 카드뮴은 이타이이타이병의 원인이며, 수은은 메틸수은이 수오병(水俣病)의 원인이 되고 있다.

④ 시안

시안 화합물은 도금 공업, 금속 정련, 사진 공업 등에 이용되고 있다. 시안이온은 독성이 매우 강하다.

⑤ 초산성질소, 아초산성질소

유아에 메트헤모글로빈 혈증을 일으킬 가능성이 있다.

⑥ 불소

치아에 갈색의 반점이나 얼룩 발생을 예방하기 위해서 기준이 마련되어 있다.

⑦ 합성화학물질

사염화탄소 등은 급성 독성, 만성 독성, 발암성을 가지고 있다.

⑧ 트리할로메탄

발암성이 있다. 정수 과정에서 수중의 용해성유기물 등과 염소가 반응하고 생성된다.

⑨ 농약류

급성 독성, 만성 독성이 있다.

(2) 먹는물이 가진 성상에 관련 있는 항목

① 금속류

아연은 고농도로 불쾌한 떫은맛과 뽀얗게 흐림을 발생한다. 철은 세탁물에 물이 들거나 이상한 냄새와 맛의 장애를 불러일으킨다. 구리는 세탁물과 수도 설비에 착색하거나 불쾌한 맛을 느끼게 한다. 나트륨은 미각에 장애를 빚기도 한다. 망간은 물을 검게 한다.

② 염소이온

염소이온의 맛을 느끼지 않도록 기준치가 마련되어 있다.

③ 칼슘, 마그네슘 등(경도)

비누 거품 냄을 악화시킨다.

④ 증발잔류물

주성분은 칼슘, 마그네슘, 규소 등으로 맛을 좋지 않게 할 수도 있다.

⑤ 음이온 계면활성제

발포나 이상한 냄새와 맛의 원인이 된다.

⑥ 유기화학물질

냄새와 맛을 발생시키지 않도록 기준이 마련되어 있다.

⑦ pH
수도시설의 부식을 방지하기 위해서 설정되어 있다.
⑧ 맛, 냄새
이상한 냄새와 맛이 있으면 어떤 문제가 발생할 가능성이 있다.
⑨ 색도, 탁도
물이 들거나 더러우면 수질에 어떤 이상이 있을 가능성이 있다.

1-5 급수방식

급수방식에는 직결식(직결직압식 · 직결증압식), 저수조방식 및 직결 · 저수조병용방식이 있고, 그 방식은 급수 높이, 소요수량, 사용용도 및 유지관리 측면을 고려하여 결정한다.

- 급수방식
  - 직결방식
    - 직결직압식
    - 직결증압식
  - 저수조방식
    - 고가수조식
    - 압력탱크식
    - 가압펌프식
  - 직결직압 · 저수조병용방식
    직결증압 · 저수조병용방식

(1) 직결직접압력식(직결식)

직결직접압력식은 수도 본관의 압력에 의해서 직접 공급하는 것이다. 대체로 2층 이하의 건축물에 이용된다. 일반적으로 단독주택에서 이 방식이 이용되고 있다(그림 1-7).

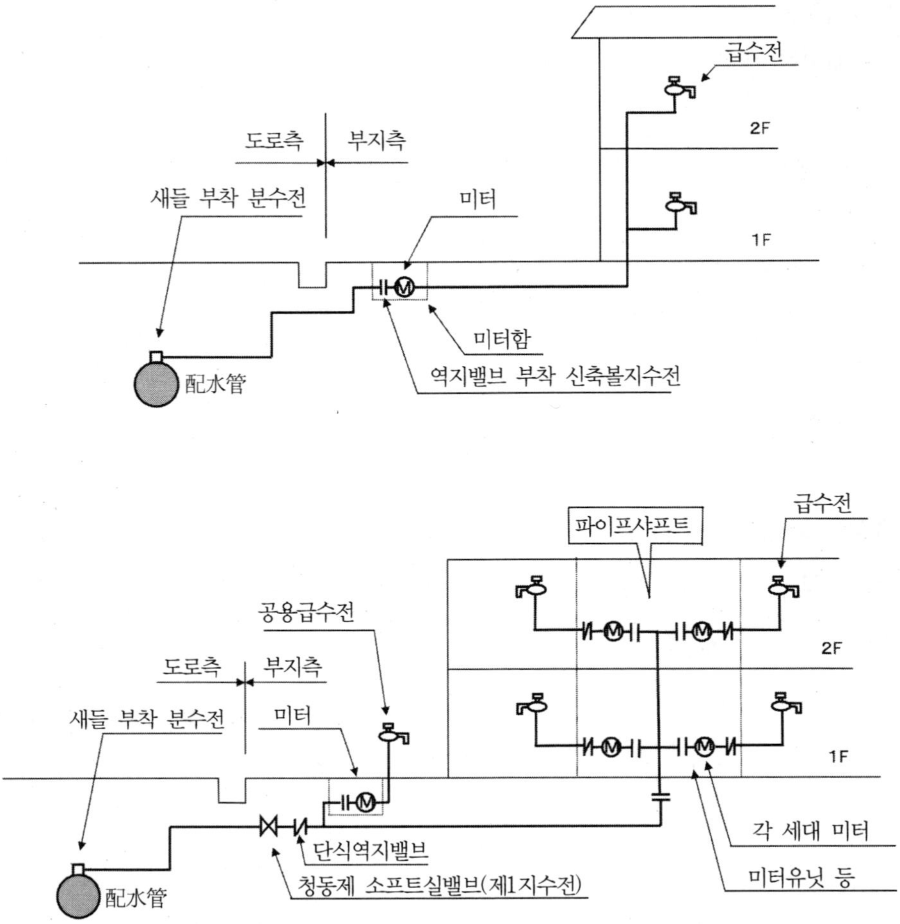

그림 1-7 직결직압식 (공동주택 등)

장점으로는, 안전하며 양호한 수질이 담보되고, 저수조나 펌프 등의 설치 공간이나 설치비용이 불필요하고, 기기류의 적절한 보수점검이나 청소가 불필요하며, 정전 시에도 급수할 수 있다.

단점으로는, 수도관의 단수 시에 급수할 수 없고, 수도관의 압력변동의 영향을 받으며, 유수음이나 수격현상(워터해머)이 발생할 우려가 있다.

(2) 직결증압식(직결식)

직결증압식은 수도 본관에서 인입된 급수관에 지정된 증압급수장치(증압 펌프)를 연결하고 급수 관내의 수압을 증압하여 공급하는 것이다. 저수조(Receiving tank) 방식과 비교하면 수조가 없어 관리의 수고가 적고 위생 면에서도 장점이 크다. 정전 시에는 증압급수 장치가 가동할 수 없어 증압으로 급수하고 있는 상층부는 단수된다(그림 1-8).

증압펌프유닛은 인버터에 의한 펌프의 변속제어와 대수제어에 의해 급수기구의 필요 수압을 조절하고 있다. 직결증압방식에 의한 급수는 고층건축물에의 도입, 분기관경이나 계량기 관경이 큰 건물에의 대상 확대 등의 검토가 이루어지고 있다.

수압의 부족분을 증압하기 위하여 증압펌프를 설치한다. 증압펌프, 역류방지기, 제어반 등을 컴팩트하게 유닛화하고 있다. 전기, 가스, 수도 등의 계량기류가 일괄하여 계량기함에 수납한다. 검진되는 것을 전제로 하기 때문에 주거의 밖에 설치한다.

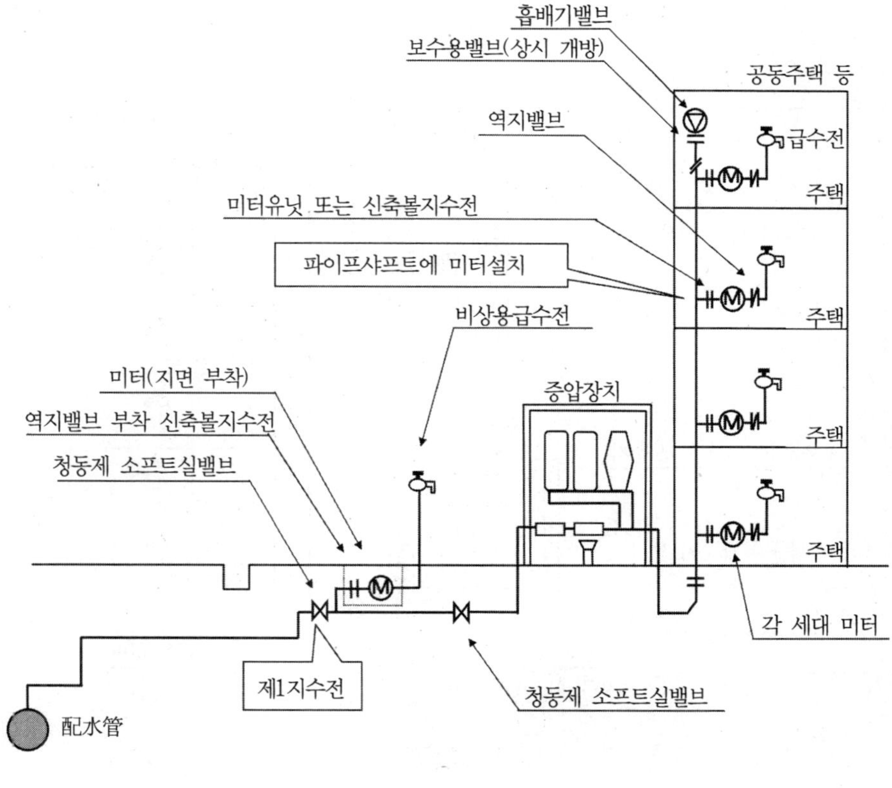

그림 1-8 직결증압식 (공동주택 등)

(3) 고가수조방식(저수조방식)

고가수조방식은 필요한 압력을 얻기 위해서, 급수의 부분보다 높은 위치의 수조에 펌프로 양수하고 중력으로 급수하는 것이다(그림 1-9).

압력탱크방식·압력탱크 없는 가압펌프방식과 비교하면 장점은, 단수·정전 시에도 탱크에 저장된 물의 이용이 가능하다. 또 재해 대응을 위하여 배관 파손 시 긴급 차단 밸브의 설치가 권장되고 있다. 다만, 장시간 정전으로 저수량을 다 쓰면 단수되므로, 정전 시에도 단수되지 않는 직결방식과의 비교에서는 우위라고 할 수 없다. 필요한 동력이 적어 에너지 절약적이고, 펌프의 발정 횟수가 적어 장수명이며, 압력 변동이 작고, 대변기 세척에 플러시밸브를 사용할 수 있다.

단점은, 정기적인 수조 청소와 수질 검사가 필요하다. 설치 면적이 크고, 높은 곳에 중량물을 설치하기 위한 구조상의 배려가 필요하다. 탱크의 보유 수량이 적절하지 않으면 저장 시간이 너무 길어져 수질이 악화하는 경우가 있다. 사용 수량의 변동이 심한 경우는 수조의 보유 수량을 적절히 변경해야 한다. 햇빛 투과에 의해 이끼가 발생할 우

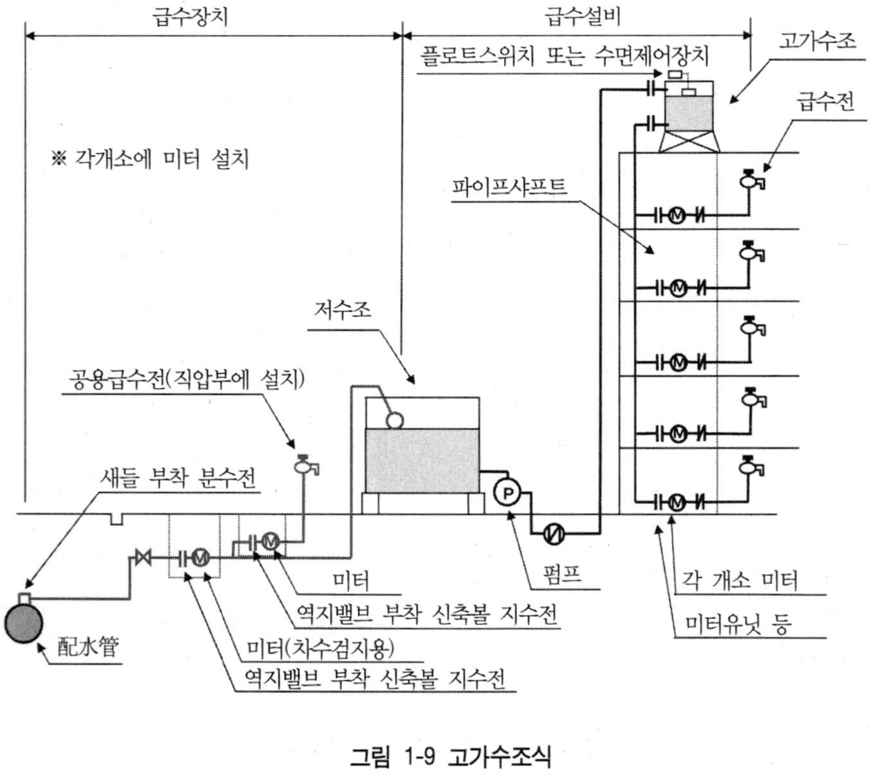

그림 1-9 고가수조식

려가 있고, 수조 본체에 열화가 생길 우려가 있기 때문에 정기적인 보수가 필요한 경우가 있다.

(4) 압력탱크방식(저수조방식)

압력탱크방식은 기체를 봉입한 역지밸브 부착 압력탱크에 펌프로 물을 공급하여 압력을 높이는 것이다(그림 1-10).

압력탱크 없는 가압펌프방식과 비교하면, 장점은, 정전 때에도 압력탱크 내의 압력이 저하하기까지 일정 시간 급수가 가능하다. 단점은, 압력 변동이 크다.

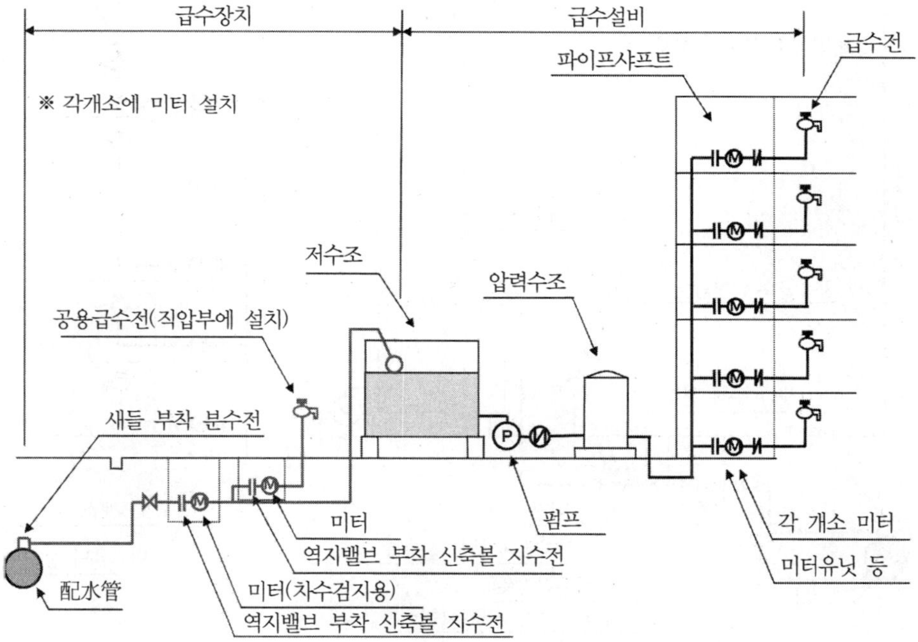

그림 1-10 압력수조식

(5) 압력탱크 없는 가압펌프방식(저수조방식)

압력탱크 없는 가압펌프방식은 펌프의 대수 제어·회전수 제어를 행하여 일정한 압력으로 가압 공급하는 것이다. 정전 시에는 공급할 수 없다. 가압 펌프가 고장 나면 곧 단수가 되기 때문에 평소의 유지관리가 중요하다(그림 1-11).

이 방식은 시시각각 변화하는 사용 수량에 맞추어 펌프에서 급수량을 변화시키고자 에너지 절약에 기여한다. 펌프의 회전수가 변화하면 축동력은 그 3승으로 변화하므로 회전수를 필요 수량에 따라 변화시키는 운전은 에너지 절약성이 높다고 할 수 있다.

여러 대의 펌프로 구성된 유닛의 대수 제어, 펌프의 회전수 제어를 이용하고 급수량을 조절한다. 그 외의 특징은 고가수조 방식과 거의 같다.

펌프 유닛의 제어로, 소규모 건물에는 회전수 제어에 의한 변류량 제어를, 공장이나 창고 등 규모가 큰 건물에서는 대수 제어에 의한 변류량 제어를 이용하는 경우가 많다.

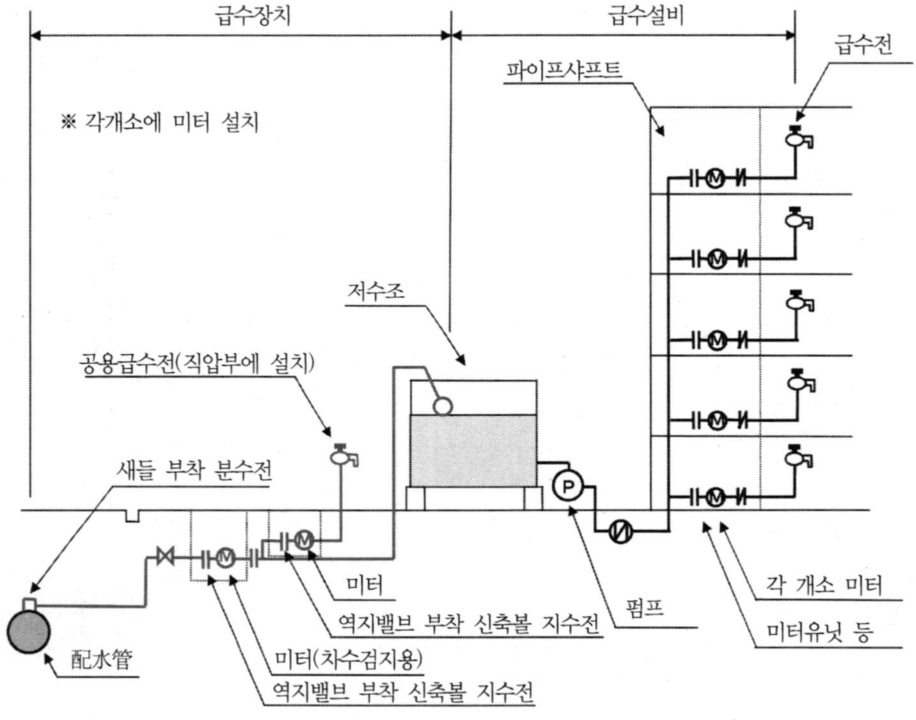

그림 1-11 펌프직송식

(6) 직결직압 · 저수조병용방식과 직결증압 · 저수조병용방식

직결직압 · 저수조병용방식과 직결증압 · 저수조병용방식은 사용압력 0.75MPa 이하의 증압장치로 급수가 가능한 5층 이상 10층 이하의 공동주택, 사무소 건물을 대상으로 한다.

증압급수설비는 수도용 직결가압형 펌프유닛(제어반 · 압력탱크 · 내장 역지밸브 포함)과 역류방지장치를 조합한 것으로 한다. 원칙적으로 건물 1동에 대하여 1유닛으로 한다.

펌프 등의 설치 장소는 원칙적으로 1층 또는 지층 부분의 옥내로 한다. 설치장소는 주위온도 0~40℃, 습도 85% 이하로 하고, 밀폐구조가 되지 않도록 배려한다. 펌프 등은 설치 후에도 유지관리가 가능하도록 필요한 공간을 확보할 수 있는 장소에 설치한다.

증압급수설비의 고장·정전 등에 의한 단수에 대비하여 비상용급수전을, 계량기와 증압급수설비의 사이에 분기하여 설치한다. 계량기가 각 구획에 설치되는 경우는 증압급수설비 상류에서 분기하고, 별도 계량기를 마련하여 비상용급수전을 설치한다(그림 1-12).

(7) 급수압력과 조닝

초고층과 같은 건물의 경우에는 급수계통을 1계통으로 하면 저층부에서는 급수압력이 과대해지고, 수전·기구 등의 사용에 지장을 일으킨다든지, 소음이나 워터해머 등이 발생한다든지, 수전이나 밸브 등의 부품 마모가 심해지고 수명이 짧아진다.

급수압력의 상한은 호텔이나 아파트 등 인간의 사적 생활 장에서는 300~400kPa 정

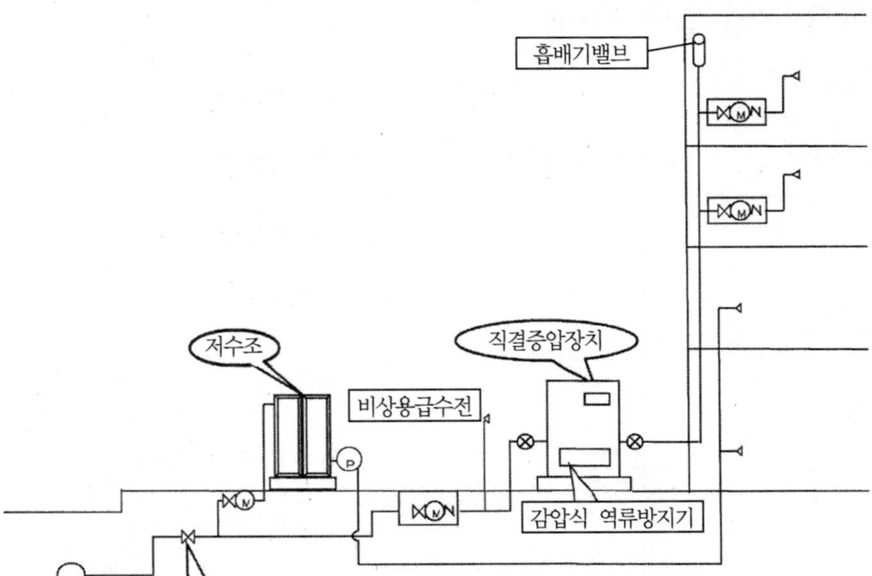

그림 1-12 직결증압·저수조병용방식

도, 사무소나 공장 등에서는 400~500kPa 정도로 억제한다. 이 이상의 압력이 되는 경우에는 하층부에 대하여 중간수조나 감압밸브의 설치에 의해 급수압력을 조절한다.

1-6 계획사용수량

계획사용수량은 계산의 대상이 되는 급수 장치에서 사용될 것으로 예상되는 수량을 말한다. 이 계획사용수량을 바탕으로 관경이나 저수조의 용량을 결정하기 때문에 적절한 방법으로 산출할 필요가 있다.

계획사용수량은 '동시사용수량' 또는 '1일 사용수량'에서 구해진다.

동시사용수량은 동시에 사용될 것으로 예측되는 몇 가지의 말단 급수기구에서 물을 흘렸을 때 급수 장치에 흐르는 수량을 말한다. 통상 직결식 급수는 이 동시 사용 수량을 계획사용수량으로 수리 계산을 행한다.

1일 사용수량은 계산의 대상이 되는 급수 장치로 하루에 사용될 것으로 예상되는 수량을 말한다. 통상 저수조식 급수는 이 1일 사용수량을 계획사용수량으로 저수조 용량을 결정하고 수리 계산을 행한다.

- 계획사용수량
  - 〈직결식〉 동시사용수량 — 〈산출항목〉
    - 동시사용률
    - 동시사용수량비
    - 세대수에서 예측
    - 거주인수에서 예측
    - 동시사용 세대수율
    - 급수부하단위
  - 〈저수조식〉 1일사용수량
    - 건물종류별 단위급수량

계획사용수량은 급수관의 관경, 저수조 용량 등 급수장치계통의 주요 제원을 계획할 때 기초가 되는 것이고, 건물의 용도 및 물의 사용용도, 사용인수, 급수전의 수 등을 고려하여 결정한다.

1-6-1 직결직압식 급수의 계획사용수량

직결직압식 급수에서 계획사용수량은 급수기구의 동시사용의 비율을 고려한 동시사용수량에서 구한다.

(1) 단독주택 등의 동시사용량

1) 동시에 사용하는 급수기구를 설정하여 계산하는 방법

설치 예정의 급수기구 총수에서 동시에 사용하는 급수기구수를 표 1-2에서 구하고, 임의로 동시 사용하는 급수기구를 설정한다. 설정한 급수기구의 출수량(표 1-3)을 합계하여 동시사용수량을 산출한다.

또한 급수기구의 종별에 상관없이 관경에 따라 일률의 표준사용수량(표 1-4)에서 동시사용수량을 산출하는 방법도 있다.

표 1-2 동시사용을 고려한 급수기구수

총 급수기구수(개)	동시사용률을 고려한 급수기구수(개)	총 급수기구수(개)	동시사용률을 고려한 급수기구수(개)
1	1	11~15	4
2~4	2	16~20	5
5~10	3	21~30	6

표 1-3 종류별 출수량과 대응하는 급수기구의 관경

용 도	사용수량 (ℓ/min)	대응하는 급수기구의 관경(mm)	비 고
주방싱크	12~40	15~20	
세탁싱크	12~40	15~20	
세면기	8~15	15	
욕 조	30~60	20~25	
샤 워	8~15	15	
소변기(세척수조)	12~20	15	

표 1-3 종류별 출수량과 대응하는 급수기구의 관경(계속)

용 도	사용수량 (ℓ/min)	대응하는 급수기구의 관경(mm)	비 고
소변기(세척밸브)	15~30	15	1회(4~6초)의 출수량 2~3ℓ
대변기(세척수조)	12~20	15	
대변기(세척밸브)	70~130	25	1회(8~12초)의 출수량 13.5~16.5ℓ
수세기	5~10	15	
소화전(소형)	130~260	40~50	
살 수	15~40	15~20	
세 차	35~65	20~25	업무용

표 1-4 급수기구의 표준사용수량

급수기구의 관경(mm)	15	20	25
표준사용수량(ℓ/min)	17	40	65

2) 표준화한 동시사용수량에 의해 계산하는 방법

급수 장치 내의 기구별 사용량을 표 1-3에서 구하고, 산출한 전사용수량을 급수기구의 총수로 나눈 것으로 동시사용수량비(표 1-5)를 곱하여 산출한다.

$$동시사용수량 = \frac{급수기구의 전체 수량}{급수기구 총수} \times 동시사용수량비 \qquad (1.13)$$

표 1-5 급수기구수와 동시사용수량비

급수기구수(개)	1	2	3	4	5	6	7	8	9	10	15	20	30
사용수량비	1	1.4	1.7	2	2.2	2.4	2.6	2.8	2.9	3	3.5	3	5

(2) 공동주택 등의 동시사용수량

세대당의 사용량에 대해서는 동시사용률을 고려한 급수기구수(표 1-2) 또는 급수기구수와 동시사용수량비(표 1-5)를 사용하여 구하고, 급수세대수와 동시사용세대수율(표 1-6)을 곱하여 전체의 동시사용수량을 산출한다.

$$동시사용수량 = 1세대당의 사용수량 \times 급수세대수 \times 동시사용세대수율 \qquad (1.14)$$

표 1-6 급수세대수와 동시사용세대수율

총급수세대수(호)	동시사용세대수율(%)	총급수세대수(호)	동시사용세대수율(%)
1~3	100	31~40	65
4~10	90	41~60	60
11~20	80	61~80	55
21~30	70	81~100	50

(3) 일정 규모 이상의 급수기구를 갖춘 사무소 건축 등의 동시사용수량

1) 급수기구급수부하단위에 의해 구하는 방법

급수부하단위란 급수기구의 종별에 의한 사용빈도, 사용시간 및 다수의 급수기구의 동시사용을 고려한 부하율을 예측하여 급수유량을 단위화한 것이다.

동시사용수량은 표 1-7의 각종 급수부하단위에 기구수를 곱한 것을 누계하고, 표 1-8의 동시사용유량환산표를 이용하여 산출한다.

급수부하단위 동시사용유량 환산 결과는 표 1-8과 같다.

표 1-7 급수기구 급수부하단위

급수기구		급수기구 급수부하단위		급수기구		급수기구 급수부하단위	
		개인용	공중용			개인용	공중용
대변기	세척밸브	6	10	욕조	수전	2	4
대변기	세척수조	3	5	샤워	혼합밸브	2	4
소변기	세척밸브	–	5	주방싱크	수전	3	–
소변기	세척수조	–	3	요리장싱크	수전	2	4
세면기	수전	1	2	식기세척싱크	수전	–	5
수세기	수전	0.5	1	청소용싱크	수전	2	4

(空氣調和衛生工學便覽, 1995年度版)

표 1-8 급수부하단위 동시사용유량 환산 결과

유량 ℓ/분	부하단위 ①	부하단위 ②	유량 ℓ/분	부하단위 ①	부하단위 ②	유량 ℓ/분	부하단위 ①	부하단위 ②	유량 ℓ/분	부하단위 ①	부하단위 ②	유량 ℓ/분	부하단위 ①	부하단위 ②	유량 ℓ/분	부하단위 ①	부하단위 ②
117	56	14	170	107	37	223	170	73	325	305	176	511	559	460	832	1,091	
121	58	15	174	111	39	227	175	76	332	315	186	529	585	490	869	1,173	
125	60	16	178	115	42	235	185	82	340	326	195	548	611	521	907	1,254	
129	63	18	181	119	44	242	195	88	348	337	205	567	638	559	945	1,335	
132	66	20	185	123	46	250	205	95	355	348	214	586	665	596	983	1,418	

표 1-8 급수부하단위 동시사용유량 환산 결과(계속)

유량 ℓ/분	부하단위 ①	부하단위 ②	유량 ℓ/분	부하단위 ①	부하단위 ②	유량 ℓ/분	부하단위 ①	부하단위 ②	유량 ℓ/분	부하단위 ①	부하단위 ②	유량 ℓ/분	부하단위 ①	부하단위 ②	유량 ℓ/분	부하단위 ①	부하단위 ②
136	69	21	189	127	48	257	215	102	363	359	223	605	692	631	1,021	1,500	
140	74	23	193	130	50	265	225	108	370	370	234	624	719	666	1,058	1,583	
144	78	25	197	135	52	272	236	116	378	380	245	643	748	700	1,096	1,668	
148	83	26	200	141	54	280	245	124	397	406	270	662	778	739	1,134	1,755	
151	86	28	204	146	57	287	254	132	416	431	295	680	809	775	1,172	1,845	
155	90	30	208	151	60	295	264	140	435	455	329	700	840	811	1,210	1,926	
159	95	31	212	155	63	302	275	148	454	479	365	718	874	850	1,249	2,018	
163	99	33	215	160	66	310	284	158	473	506	396	756	945	931	1,285	2,110	
166	103	35	219	165	69	317	294	168	491	533	430	794	1,018	1,009	1,323	2,204	

① 대변기 세척수조가 많은 경우 ② 대변기 세척밸브가 많은 경우

2) 급수기구의 이용에서 예측하는 방법

표 1-9에 의해 급수기구의 동시사용률을 구하고, 여기에 표 1-10의 최저필요유량을 곱하여 유량을 산출한다.

표 1-9 급수기구의 동시사용률

총급수기구수		1	2	4	8	12	16	24	32	40	50	70	100
종류	대변기 (세척밸브)%	100	50	50	40	30	27	23	19	17	15	12	10
	일반급수기구 %	100	100	70	55	48	45	42	40	39	38	35	33

표 1-10 급수기구의 사용량 및 최저필요유량

	1회당 사용량(ℓ)	최저필요유량(ℓ/분)	비 고
대변기(세척밸브)	15	105	
절수형대변기(세척밸브)	13		
절수형대변기(로탱크·세락식)	8	10	사용량은 1세척/회의 경우. 공중화장실에서 세척횟수는 남자 1.5세척/회, 여자 2.0세척/회 정도이다.
절수형대변기(로탱크·사이펀식)	13		
절수형대변기(로탱크·사이펀제트식)	13		
소변기(세척밸브)	4~6	30	
소변기(자동세척탱크)	4~6	8~10	
수세기	3	8	
세면기	10	10	
싱크류(15mm 수전)	15	15	

표 1-10 급수기구의 사용량 및 최저필요유량(계속)

	1회당 사용량(ℓ)	최저필요유량(ℓ/분)	비 고
싱크류(20mm 수전)	25	20	
살수전		20	
욕조	100~160	25~30	
샤워	24~60	12~20	
분수음수전	0.2~0.5	3	

1-6-2 직결증압식 급수의 계획사용수량

(1) 단독주택 등의 경우

단독주택 등의 계획사용수량의 산출은 동시사용을 고려한 급수기구수에서 동시사용수량을 구하여 계획사용수량을 산출한다.

(2) 공동주택 등의 경우

펌프 하류측의 수압 확보를 할 수 있는 점에서 계획사용수량의 산출은 실사용에 가깝고, 거주인수에서 산출하는 방법에 의해 산출한다.

(3) 일정 규모 이상의 급수기구를 갖춘 사무소 건축 등의 경우

동시사용수량은 각종 급수부하단위에 기구수를 곱한 것을 누계하고, 동시사용유량의 환산결과를 이용하여 산출한다.

1-6-3 저수조식 급수의 계획사용수량

저수조식 급수에서 저수조에의 보급수량은 저수조의 용량과 사용수량의 시간적 변화를 고려하여 결정한다.

저수조에의 시간당 보급수량은 계획1일사용수량을 사용시간으로 나눈 수량에 시간최대계수 K_1을 곱하여 산출한다.

계획1일사용수량은 표 1-11의 건물종류별 단위급수량 · 사용시간 · 사용인원을 참고하여 해당시설의 규모와 내용 및 인접 타 시설의 사용실태 등을 충분히 고려하여 설정한다.

표 1-11 건물 종류별 단위급수량 · 사용시간 · 사용인원

건물 종류	단위급수량 (1일당)	사용시간 (h/일)	사용자	유효면적당의 인원 등	비 고
단독주택	200~400ℓ/인	10	거주자 1인당	0.16인/m^2	
공동주택	200~350ℓ/인	15		0.16인/m^2	1K, 1DK-1 ~2인 1LDK, 2DK-3~3.5인 2LDK, 3DK-3.5~4인 3LDK, 4DK-4~4.5인 4LDK, 5DK-4.5~5인
독신기숙사	400~600ℓ/인	10		1K.1DK - 1인	[250ℓ/인]× 1.5인=375
관공청 사무소	60~100ℓ/인	9	재근자 1인당	0.2인/m^2	남자 50ℓ/인 여자 100ℓ/인 사원식당 · 샤워 등은 별도 가산
공 장	60~100ℓ/인	조업시간+ 1	재근자 1인당	앉은작업 0.3인/m^2 선적업 0.1인/m^2	上同
종합병원	1500~3500ℓ/병상 60~100ℓ/m^2	16	연면적 1m^2당		설비내용 등에 따라 상세히 검토
호텔 전체	500~6000ℓ/침대	12			설비내용 등에 따라 상세히 검토
호텔 객실부	350~450ℓ/침대				객실부만
휴양소	500~800ℓ/인	10			
찻집	20~100ℓ/손님	10		점포면적에는 주방면적 포함	주방에서 사용되는 수량만
	50~130ℓ/점포m^2				화장실 세척수 등은 별도 가산
음식점	55~130ℓ/손님 110~530ℓ/점포m^2	10		上同	上同
사원식당	25~50ℓ/음식 80~140ℓ/식당m^2				上同
급식센터	20~30ℓ/음식	10			上同
백화점 슈퍼마켓	15~30ℓ/m^2	10	연면적 1m^2당		종업원분 · 공조용수 포함
초 · 중 · 고등학교	70~100ℓ/인	9	(학생+직원) 1인당		교사 · 종업원분을 포함. 수영풀용수(40~100 ℓ/인)은 별도 가산
대학강의동	2~4ℓ/m^2	9	연면적 1m^2당		실험 · 연구용수는 별도 가산

표 1-11 건물 종류별 단위급수량 · 사용시간 · 사용인원(계속)

건물 종류	단위급수량 (1일당)	사용시간 (h/일)	사용자	유효면적당의 인원 등	비 고
극장 · 영화관	25~40 ℓ/m^2 0.2~0.3 ℓ/인	14	연면적 1m^2당 입장자 1인당		종업원분 · 공조용수 포함
터미널역	10 ℓ/1,000인	16	승강객 1,000인당		열차급수 · 세척용수 별도 가산
브통 역	3 ℓ/1,000인				종업원 · 다소의 임대업자분 포함
사원 · 교회	10 ℓ/인	2	참회자 1인당		상주자 · 상근자분은 별도 가산
도서관	25 ℓ/인	6	열람자 1인당	0.4인/m^2	상근자분은 별도 가산

[주] 1. 단위급수량은 설계대상 급수량이고, 연간 1일 평균급수량은 아니다.

2. 비고란에 부기하지 않은 한 공조용수, 냉동기냉각수, 실험, 연구용수, 프로세스용수, 수영풀, 사우나용수 등은 별도 가산한다.

(空氣調和衛生工學便覧, 2010年度版)

(1) 계획 1일 사용수량의 산출방법

계획 1일 사용수량은 다음과 같은 방법에 의해 산출한다.

① 1인 1일 사용수량 × 사용인원(또는 단위면적당의 인원×연면적)

② 건축물의 단위면적당 사용수량 × 연면적

③ 기타 사용수량 실적에 따른 산정

표 1-11에 나와 있지 않은 업태 등에 대해서는 사용실태 및 유사한 업태의 사용수량 실적 등을 조사하여 산출한다.

(2) 저수조의 유효용량

① 저수조의 유효용량은 계획 1일 사용수량, 사용시간 및 저수조 유입 등을 고려하여 결정하고, 다음 식을 표준으로 하여 산출한다.

$$\text{저수조의 유효용량}(m^3) = \text{계획 1일 사용수량}(m^3) \times \frac{4}{10} \tag{1.15}$$

② 고가수조를 설치하는 경우의 유효용량은 다음 식을 표준으로 한다.

$$\text{고가수조의 유효용량}(m^3) = \text{저수조의 유효용량}(m^3) \times \frac{1}{3} \tag{1.16}$$

③ 소화용수조와의 겸용에 대해서는 수질 보전을 위해 별도 수조로 한다.

예제 1-13

다음과 같은 단독주택의 설계조건에서 직결직압식 급수의 계획동시사용수량을 계산하라.

설계조건

급수기구총수	표 1-2	8전으로 한다.
급수기구 8전의 내약 (종류별 출수량 ℓ/분)	표 1-3	주방 · 세면 · 욕조 · 샤워 · 대변기 · 세탁 · 살수 · 온수
		(12ℓ/분 8ℓ/분 30ℓ/분 8ℓ/분 15ℓ/분 12ℓ/분 15ℓ/분 6ℓ/분)
급수기구의 관경	표 1-4	모두 Φ15mm로 한다.

|해답| 1. 동시에 사용하는 급수기구를 설정한 산정방법
'표 1-2 동시사용을 고려한 급수기구수'에서 동시사용은 3전이 된다.
동시사용의 3전은 임의로 설정한다.
동시사용수량= (주방)12ℓ/분+(욕조)30ℓ/분+(대변기)15ℓ/분 = 57.0 ℓ/분

2. 급수기구 관경의 표준사용수량에서의 산정방법
'표 1-4 급수기구의 표준사용수량'에서 관경 Φ15mm의 사용량은 17ℓ/분
동시사용은 3전
동시사용수량= (Φ15mm) 17ℓ/분 × 3전 = 51.0 ℓ/분

3. 표준화한 동시사용수량에 의한 산출방법
'표 1-5 급수기구수와 동사용수량비'에서 사용수량비는 2.8이 된다.
동시사용수량= 급수기구의 전 사용수량 ÷ 급수기구수 × 동시사용수량비
(12+8+30+8+15+12+15+6) ÷ 8 × 2.8 = 37.1 ℓ/분

예제 1-14

다음과 같은 공동주택의 설계조건에서 직결직압식 급수의 계획동시사용수량을 계산하라.

설계조건

3LDK의 20세대	표 1-11	1세대당(3LDK) 4.0명
1인당 사용수량	표 1-11	250 ℓ/인
1세대당 6전의 내역 (종류별 출수량 ℓ/분)	표 1-3	주방 · 세면 · 욕조 · 샤워 · 대변기 · 세탁
		12ℓ/분 · 8ℓ/분 · 30ℓ/분 · 8ℓ/분 · 12ℓ/분 · 12ℓ/분
급수기구급수부하단위	표 1-7	3 · 1 · 2 · 2 · 3 · 2

|해답| 1. 동시에 사용하는 급수기구를 설정한 산정방법

'표 1-2 동시사용을 고려한 급수기구수'와 '표 1-6 급수세대수와 동시사용세대수율'
동시사용의 3전은 임의로 설정한다.
동시사용수량=(주방)12ℓ/분+(세면)8ℓ/분+(욕조)30ℓ/분×20세대×0.8= 800 ℓ/분

2. 표준화한 동시사용수량에 의한 산출방법
'표 1-5 급수기구수와 동사용수량비'와 '표 1-6 급수세대수와 동시사용세대수율'
동시사용수량=1세대의 전사용수량÷기구수×동시사용수량비×세대수×동시사용세대수율
(12+8+30+8+12+12)÷6전×2.4×20세대×0.8= 525 ℓ/분

3. 급수기구급수부하단위에 의한 산출방법
'표 1-7 급수기구급수부하단위'와 '표 1-8 급수부하단위 유량환산결과'
동시사용수량=(1세대당 부하단위)×총세대수=합계 ⇒ 급수부하단위에 의한 동시사용수량
(3+1+2+2+3+2) × 20세대 = 260 ⇒ ≒ 290 ℓ/분

4. 1일사용수량과 인원수에서의 산정방법 (수도직결방식의 경우)
'표 1-11 건물종류별 단위급수량·사용시간·사용인원'
① 1일사용수량의 산정 ℓ/분 = 1인당 사용수량 × (인원)
250 ℓ/인 × (20세대 × 4.0명) = 20,000 ℓ/일
② 시간평균예상급수량 ℓ/시 = ① 1일사용수량의 산정 ÷ 1일평균사용시간
20,000ℓ/일 ÷ 12시 ≒ 1,667 ℓ/시
③ 시간최대예상급수량 ℓ/시 = ② 시간평균예상급수량 × 시간최대사용계수(K_1=2)
1,667ℓ/시 × 2 = 3,334 ℓ/분
④ 동시사용예상급수량 ℓ/분 = ③ 시간최대예상급수량 × 여유계수(K_4=3)
3,334ℓ/시 × 1/60 × 3 ≒ 166.7 ℓ/분

예제 1-15

다음과 같은 규모 이상의 급수기구를 갖춘 사무소 건축 등에서 동시사용수량을 계산하라.

설계조건

급수기구명칭		대변기·소변기·싱크·탕비기·수세기·세면기·세탁·살수전
급수기구별 전수	52전	8 · 5 · 15 · 5 · 8 · 5 · 2 · 4
급수기구급수부하단위	표 1-6	3 · 5 · 3 · 2 · 0.5 · 1 · 2 · 5
최저필요유량(ℓ/분)	표 1-9	10 · 30 · 15 · 15 · 8 · 10 · 15 · 20

|해답| 1. 급수기구급수부하단위에 의한 산정방법
'표 1-7 급수기구 급수부하단위'와 '표 1-8 급수부하단위유량환산결과'
동시사용수량=전수×부하단위×전수×부하단위……=합계⇒부하단위유량환산결과
8전×3+5전×5+15전×3+5전×2+8전×0.5+5전×1+2전×2+4전×5 = 137
급수부하단위합계 137 ⇒ 표 1-8 유량환산결과 ≒ 199.0 ℓ/분

2. 급수기구이용에서 예측하는 방법
'표 1-9 급수기구의 동시사용율'과 '표 1-10 급수기구의 사용량 및 최저필요수량'

동시사용수량= (전수×동시사용률×최저필요수량)+(左同)+(左同)+(左同)…=합계
※표 1-9에서 급수기구총수가 52전의 경우, 동시사용률은 38%로 한다.
(8전×0.38×10 ℓ/분)+(5×0.38×30)+(15×0.38×15)+(5×0.38×15)+(8×0.38×8)+(5×0.38×10)+(2×0.38×15)+(4×0.38×20) = 286.5 ℓ/분

예제 1-16

다음 그림과 같은 각 구간의 동시사용수량을 산출하라.

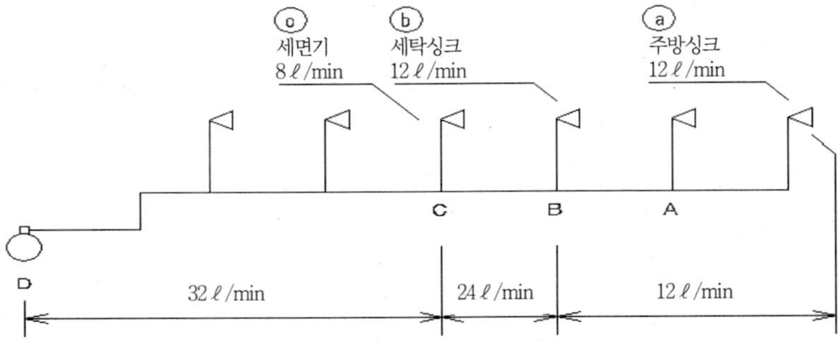

| 해답 | a~A 구간은 주방싱크의 12ℓ/min.
A에서 다른 수도꼭지가 분기하고 있지만, 동시 사용하는 수도꼭지에 설정하지 않아 그 수량은 가산하지 않는다. 그래서 A~B 사이는 12ℓ/min가 된다. b의 세탁싱크는 동시 사용하는 수도꼭지이니까, 그 수량 12ℓ/min를 가산하면, B~C 구간은 24ℓ/min가 된다. c의 세면기는 동시 사용하는 수도꼭지이니까, 그 수량 8ℓ/min를 가산하면, C~D 구간은 32ℓ/min가 된다. C~D 구간에는 수도꼭지가 2개 있는데, 이번에는 동시 사용하는 수도꼭지에 설정하지 않아 수량은 가산하지 않는다. 따라서, 12ℓ/min + 24ℓ/min + 32ℓ/min = 68ℓ/min

예제 1-17

다음의 설계조건에서 저수조에의 보급수량을 산정하라.

설계조건

2LDK의 30세대	표 1-10	1세대당(2LDK) 3.5명
1인당 사용수량	표 1-10	250 ℓ/분

| 해답 | 1일 사용수량에서 보급수량을 산정하는 방법
'표 1-11 건물종류별 단위급수량 · 사용시간 · 사용인원'
① 1일 사용수량의 산정 ℓ/일 = 1인당 사용수량×(인원)
250ℓ/인×(30세대×3.5인) = 26,250ℓ/일
② 저수조 용량 m^3 = ① 1일 사용수량의 산정×4/10일~6/10일분
26,250ℓ/일×1/2 = 13,125ℓ =13.0~13.5 m^3

③ 보급수량 ℓ/분 = ① 1일 사용수량의 산정 × 1일 사용시간 × 시간최대계수(K_1=1.5～2)
(26,250 ℓ/일 ÷ 12시) × 1.5 × 1/60 ≒ 54.7 ℓ/분

예제 1-18

공동주택으로 5층이고, 200세대, 1세대당 유효면적 25m²일 때 저수조 6m×7m 이내 규모의 지상식을 설치하려고 한다. 저수조 용량을 결정하라.

|해답| ① 거주인원의 산정
유효면적당 인원 0.16인/m² (표 1.11에서)
1세대당 유효면적 = 25m²
1세대당 인원 = 25m² × 0.16인/m² = 4인/세대
거주인원 = 200세대 × 4인/세대 = 800인
② 1일당 사용수량
1일당 사용수량 = 200 ℓ/인으로 한다 (표 1.11에서)
1일당 계획사용수량 = 200 ℓ/인 × 800인 ÷ 1000 = 160.0m³
③ 저수조의 유효용량
유효용량 = 1일당 계획사용수량 × 40～60%
= 160 × 0.4 = 64.0
따라서 저수조의 크기는 가로 × 세로 × 높이에서
5.0m × 6.0m × 2.3m = 69.0m³ 〉 64.0m³ (유효용량)

1-7 급수관의 관경 결정

1-7-1 급수관의 관경 결정 순서

급수관의 관경은 분기하는 급수관의 계획 최소 동수압 시에 계획 사용수량을 충분히 공급할 수 있도록 크게 하고, 경제성도 고려한 합리적인 크기로 한다.

손실수두, 관경, 수도계량기 관경 등은 계획조건을 바탕으로 수리 계산을 행하여 결정한다.

(1) 기본 사항

1) 급수관의 관경은 물이 정체하면 수질이 악화하는 것을 고려하여 당해 급수장치의 계획사용수량에 대하여 현저히 과대하게 되어서는 안 된다.
2) 계량기 하류측의 급수관 관경은 계량기의 관경 이하로 한다.

3) 급수관 내의 유속은 과대하지 않도록 고려한다(공기조화 · 위생공학에서는 2.0m/sec 이하로 하고 있다).

4) 급수관에서의 분기는 급수관의 분기부까지 계산한다. 이 경우의 사용수량은 당해 급수관에서 급수하고 있는 전체 대상수에 대한 수량의 합계로 한다.

5) 관경의 결정에는 급수전의 수직 높이(h')와 계획사용수량에 대한 급수장치의 총 손실수두(Σh)에 안전성을 고려한 여유 수두(M)를 더한 것이 계획 최소 동수압의 수두(H) 이하가 되도록 계산한다(그림 1-13).

$$h' + \Sigma h < H,\ 즉\ \Sigma h < H - h' \qquad (1.17)$$

급수관의 관경은, $\Sigma h \leq H - h'$의 때 가장 경제적이다.

따라서 일반적으로는 Σh가 H-h'를 넘지 않는 정도에 가깝도록 계산한다.

6) 급탕기, 세척밸브(플러시밸브) 등 특히 수압이 필요한 급수기구를 설치하는 경우에는 최저작동 수압에 유의한다(표 1-12).

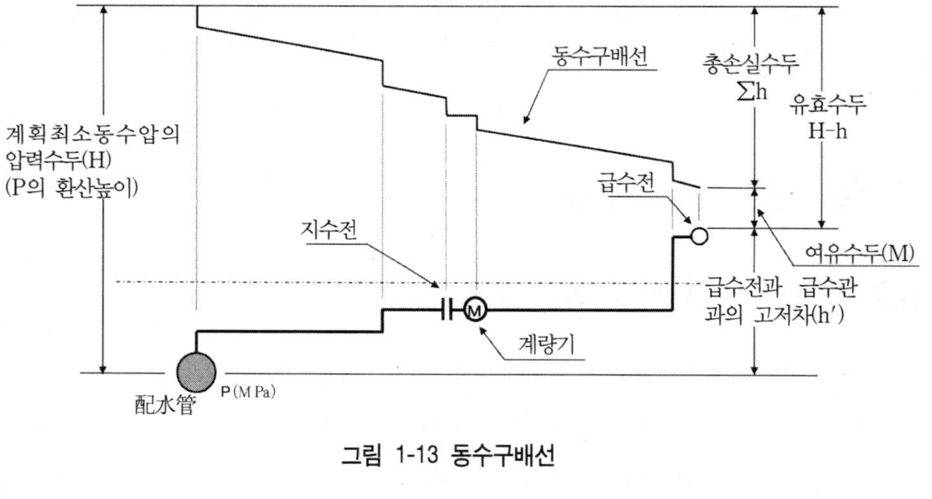

그림 1-13 동수구배선

표 1-12 급수기구의 최저작동수압

급수기구	최저필요수압(MPa)	급수기구	최저필요수압(MPa)
일반수전	0.03	가스순간탕비기	
대변기 세척밸브	0.07	(4~5호)	0.04
소변기 세척밸브	0.07	(7~16호)	0.05
샤워	0.07	(22~30호)	0.08
정수위밸브(차압식)	0.05		

(2) 계산의 순서

관경 결정의 순서는 먼저 급수기구의 소요 수량을 설정한다. 다음에 동시에 사용하는 급수기구를 설정하고, 관로의 각 구간에 흐르는 유량을 구한다. 다음에 관경을 가정하고, 그 관경에서 급수장치 전체의 소요수두가 설계수압 이하인가 어떤가를 확인하고, 만족하고 있는 경우에는 그것을 구하는 관경으로 한다. 만족하지 못한 경우에는 관경의 가정을 변경하여 계산을 되풀이한다.

1-7-2 급수주관(配水管)의 관경 결정

급수관의 관경 결정은 계획 당초에,

① 기설 급수관의 관경을 알 때 앞으로 몇 mm의 관을 몇 본 분기할 수 있을까?

② 관경 몇 mm의 지관을 분기하는 데에는 급수관의 관경을 어느 정도로 하면 좋을까?

그 관경을 대략적으로 알면 여러 가지 계획을 시행하는데 매우 편리하고 실용적이다. 급수관의 주관과 지관의 개략 산정방법(관의 균등본수)으로 급수주관(配水管)과 분기하는 소관(급수관)의 수와의 관계는 관경균등표에 의해 구할 수 있다. 다음 식 또는 표 1-13을 참고로 한다.

이 식에서 계산한 수치는 어림수이다. 예를 들면 급수관에서 인출할 수 있는 지관 수만 해도 급수관의 수압, 각 지관마다 사용되는 수량 및 각 연길이 등에 의해 각각 다르다. 그러나 계산이 정밀을 요하면 사전에 그 어림수를 알 필요가 있다.

관경균등표에서 예를 들면 30mm의 주관에서 분기할 수 있는 15mm의 급수관은 최대 8.09본이라는 의미이다.

$$N = \left(\frac{D}{d}\right)^{2.5} \tag{1.18}$$

$$D = (N \cdot d^{2.5})^{1/2.5} \tag{1.19}$$

여기서, N : 분기관의 수(급수관)

D : 급수주관의 직경(配水管)

d : 분기관의 직경(급수관)

표 1-13 관경균등표

주관의 관경 (mm)	분기관 또는 급수기구의 관경 (mm)							
	15	20	25	30	40	50	75	100
15	1.00							
20	2.89	1.00						
25	5.10	1.74	1.00					
30	8.20	2.75	1.57	1.00				
40	15.59	5.65	3.23	2.05	1.00			
50	29.00	9.80	5.65	3.58	1.75	1.00		
75	79.97	27.23	15.59	9.83	4.80	2.75	1.00	
100	164.50	55.90	32.09	20.28	7.89	5.65	2.05	1.00

'1본의 주관(본관 또는 개인관)에서 1종류 관경의 급수관을 분기하는 경우'와 '1본의 주관에서 관경이 다른 2종류 이상의 급수관을 분기하는 경우'로 대별하여 계산한다.

1) 1본의 주관(본관 또는 개인관)에서 1종류 관경의 급수관을 분기하는 경우의 계산 방법

(분기하는 급수관의 예정 본수) ÷ (주관에서 분기할 수 있는 급수관의 최다본수) …… (이 계산에서 구한 값을 A로 한다.)

A가 1.0 미만이면 지관 분기할 수 있다.

2) 1본의 주관에서 관경이 다른 2종류 이상의 급수관(이것을 B, C로 한다)을 분기하는 경우의 계산 방법

(분기하는 급수관 B의 예정 본수) ÷ (주관에서 분기할 수 있는 급수관 B의 최다 본수) + (분기하는 급수관 C의 예정 본수) ÷ (주관에서 분기할 수 있는 급수관 C의 최다 본수) …… (이 계산에서 구한 값을 D로 한다.)

D가 1.0 미만이면 지관 분기할 수 있다.

예제 1-19

호칭경 100A (실내경 105.3mm) 의 관에 흐르는 수량이 호칭경 15A (실내경 16.1mm) 의 관에 흐를 때 몇 본의 배관이 필요하게 되는가?

| 해답 | 식 1.18에서 $N=(\frac{105.3}{16.1})^{2.5}$

대수계산하면, 2.5(log 105.3-log 16.1)=2.5(2.022-1.207)=2.04=log 109.4

$\therefore$ N=109.4 ≒ 110본

예제 1-20

8구획의 택지 분양을 할 예정인데, 신설하는 주관의 관경을 어느 정도로 하면 좋은가? 인접 지역에 매설된 본관의 관경을 75㎜로 가정한다.

| 해답 | 20㎜의 급수관을 8본 분기하게 되므로, 표 1-13을 보면 75㎜의 본관에서 50㎜의 관을 분기하면 되는 것 아닐까 고려한다.
(분기하는 급수관의 예정 본수) ÷ (주관에서 분기할 수 있는 급수관의 최다 본수) = 8 ÷ 9.80 ≒ 0.82 (1 미만) 따라서, 75㎜의 본관에서 50㎜의 관을 분기하면 충분하다.

예제 1-21

그림과 같은 급수장치의 급수전에서 150ℓ/분으로 흐르는 경우 배수관의 수압은 최저 몇 MPa가 필요한가?

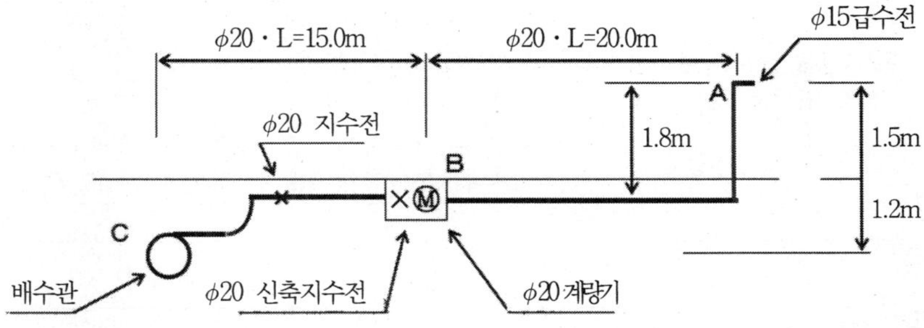

| 해답 | 1. 배수관에서 급수관까지의 고저차 1.2 + 1.5 = 2.7m = 0.27 kg/cm^2………P_1

2. 급수관의 최저필요수압 (표 1.12) 일반수전 = 0.30 kg/cm^2………P_2

3. 배수관에서의 마찰손실수두

H(마찰손실수두) = I (동수구배) × L(관 길이)

① A-B의 마찰손실수두

관경=20mm, 유량=15ℓ/분=0.25ℓ/초, I (동수구배) ≒ 47‰

L(관 길이)=실측+기구 및 기타의 상당관길이 (표 1-1)

20.0m+1.8m+(11.0m$_{계량기}$+2.2$_{mGP엘보}$×2) = 37.2m

H(마찰손실수두)= I ×L=0.047×37.2=1.75m ≒0.17 kg/cm^2………P_3

② B-C의 마찰손실수두

관경=20mm, 유량=15ℓ/분=0.25ℓ/초, I (동수구배) ≒ 47‰

L(관 길이)=실측+기구 및 기타의 상당관길이 (표 1-1)

15.0m+1.8m+(4.5m$_{분기}$+3.3m$_{지수전}$+10.1m$_{신축}$)=32.9m

H(마찰손실수두)= I ×L=0.047×32.9=1.55m ≒ 0.16 kg/cm^2……P_4

4. 배수관에 필요한 최저수압은 아래 식에서 구하여 P=0.9 kg/cm^{2}가 된다.

$P \geq P_1 + P_2 + P_3 + P_4$

0.27+0.30+0.17+0.16 = 0.9 kg/cm^2 … 0.09 pa 로 한다.

예제 1-22

그림과 같은 급수장치를 신설하는 경우 필요한 관경을 계산하라.

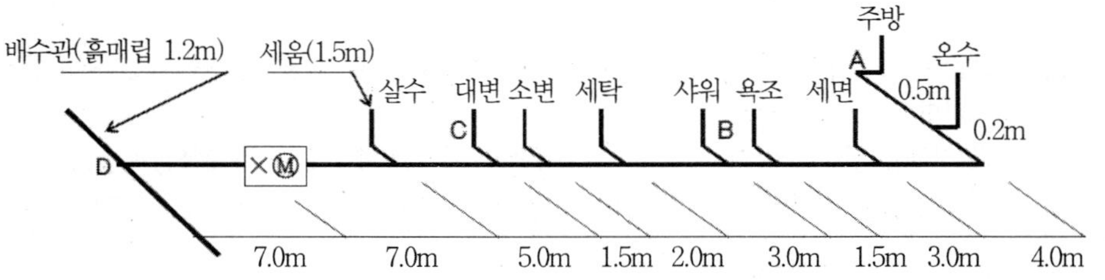

설계조건

배수관의 최소동수압		0.20MPa(2.0 kg/cm^2)로 한다.
기구의 최저필요압		0.03MPa(0.3 kg/cm^2)로 한다.
고저차		2.7m=(GL에서 배수관 1.2m+급수기구높이 1.5m)
동시사용률 급수기구수 (9전의 사용률은 3전)	표 1-2	A(주방)~B(욕조)~C(대변)~D
	표 1-3	12ℓ/분 30ℓ/분 12ℓ/분
기구류 기타의 환산길이	표 1-1	Φ20=분수(4.5) 계량기(11.0) 지수전(10.1) 기타(5)=30.6m Φ25=분수(5.6) 계량기(15.0) 지수전(14.4) 기타(6)=41m

|해답|

제1안 D~C=Φ20 · C~A=Φ15	제2안 D~C=Φ25 · C~A=Φ20
A~B의 관경 Φ15mm 유량 Q_1 = (주방12ℓ/분)=0.2ℓ/초) 관길이 L_1 = 5.0+2.0+4.0+3.0=14.0m 손실수두 h_1 = 0.226×14.0 =3.16m 동수구배 I_1 = (3.16/14)×1000=226‰	**A~B의 관경 Φ20mm** 유량 Q_1 = (주방12ℓ/분)=0.2ℓ/초) 관길이 L_1 = 5.0+2.0+4.0+3.0=14.0m 손실수두 h_1 = 0.032×14.0 =0.45m 동수구배 I_1 = (0.45/14)×1000=32‰
B~C의 관경 Φ15mm 유량 Q_2 = 12+(욕조30ℓ/분)=0.7ℓ/초) 관길이 L_2 = 1.5+3.0+2.0+1.5=8.0m 손실수두 h_2 = 1.25×8.0 =10.0m 동수구배 I_2 = (10/8)×1000 =1,250‰	**B~C의 관경 Φ20mm** 유량 Q_2 = 12+(욕조30ℓ/분)=0.7ℓ/초) 관길이 L_2 = 1.5+3.0+2.0+1.5=8.0m 손실수두 h_2 = 0.175×8.0 =1.40m 동수구배 I_2 = (1.4/8)×1000=175‰
C~D의 관경 Φ20mm 유량 Q_3 = 42+(대변12ℓ/분)=0.9ℓ/초) 분수 계량기 지수전 기타 관길이 L_3 = 5.0+7.0+7.0+(30.6)=49.6m 손실수두 h_3 = 0.310×49.6 =15.38m 동수구배 I_3 = (15.38/49.6)×1000 =310‰	**C~D의 관경 Φ25mm** 유량 Q_3 = 42+(대변12ℓ/분)=0.9ℓ/초) 분수 계량기 지수전 기타 관길이 L_3 = 5.0+7.0+7.0+(41.0)=60.0m 손실수두 h_3 = 0.115×60.0 =6.90m 동수구배 I_3 = (6.9/60)×1000 =115‰

O 마찰손실수두의 합계 $h = h_1+h_2+h_3 = 3.16+10.0+15.38 = 28.54m$ O 유효수두 20.0m - (3.0m+2.7m)=14.3m 유효수두 14.3m 〈 마찰손실수두 28.54m 유효수두가 마찰손실수두를 하회하기 때문에 제1안은 불가	O 마찰손실수두의 합계 $h = h_1+h_2+h_3 = 0.45+1.40+6.90 = 8.75m$ O 유효수두 20.0m - (3.0m+2.7m) = 14.3m 유효수두 14.3m 〈 마찰손실수두 8.75m 유효수두가 마찰손실수두를 상회하기 때문에 제2안을 채용한다.

예제 1-23

그림과 같은 3층 직결급수의 급수장치를 신설하는 경우의 필요관경을 계산하라.

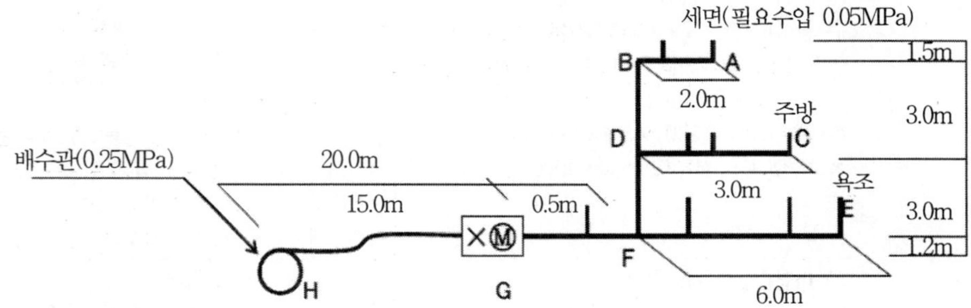

설계조건

동시사용률급수기구수 (9전의 사용률은 3전)	표 1-2	A(세면) · C(주방) · E(욕조)
	표 1-3	8ℓ/분 · 12ℓ/분 · 30ℓ/분
기구류 기타의 환산길이	ϕ20의 경우 = 분수(4.5) 계량기(11.0) 신축지수전(10.1) G엘보(2.2) V엘보(0.5) ϕ25의 경우 = 분수(5.6) 신축지수전(14.4) G엘보(2.4) V엘보(0.5)	

|해답| 마찰손실수두는 3층이 최대이므로, A←B←D←F←G←H에 대하여 계산한다.

제1안 H~A= Φ20	제2안 H~B= Φ25 (계량기Φ20) B~A =Φ20
A←D의 관경 Φ20mm 유 량 Q_1 = (세면 8ℓ/분) = 0.13ℓ/초 연길이 L_1 = 1.5+2.0+3.0+2.2×3 = 13.1m 손실수두 h_1 = 0.015×13.1≒0.20m 동수구배 I_1=(0.2/13.1)×1000=15‰	**A←B의 관경 Φ20mm** 유 량 Q_1 = (세면 8ℓ/분) = 0.13ℓ/초 연길이 L_1 = 1.5+2.0+2.2×3 = 10.1 m 손실수두 h_1 = 0.015×10.1≒0.15 m 동수구배 I_1=(0.15/10.1)×1000=15‰ **B←D의 관경 Φ25mm** 유 량 Q_2 = (세면 8ℓ/분) = 0.13ℓ/초 연길이 L_2 = 3.0 = 3.0 m 손실수두 h_2 = 0.006×3.0≒0.02 m 동수구배 I_2=(0.02/3)×1000=6 ‰

<table>
<tr><td rowspan="2">D←F의 관경 Φ20mm
유 량 Q_2=(세면8+주방12)=0.33 ℓ/초
연길이 L_2=3.0+2.2=5.2 m
손실수두 h_2=0.075×5.2≒0.39 m
동수구배 I_2=(0.39/5.2)×1000=75‰</td><td>D←F의 관경 Φ25mm
유 량 Q_3=(세면 8+주방 12)=0.33 ℓ/초
연길이 L_3=3.0+2.4=5.4 m
손실수두 h_3=0.028×5.4=0.15 m
동수구배 I_3=(0.15/5.4)×1000=28 ‰</td></tr>
<tr><td>F←G의 관경 Φ25mm
유 량 Q_4=(8+12+30)=50 ℓ/분=0.83 ℓ/초
연길이 L_4=5.0+(0.5×2)=6.0 m
손실수두 h_4=0.097×6.0=0.58 m
동수구배 I_4=(0.58/6)×1000=97 ‰</td></tr>
<tr><td rowspan="2">F←H의 관경 Φ20mm
유 량 Q_3=(8+12+30)=50 ℓ/분=0.83 ℓ/초
연길이 L_3=20.0+(4.5+11+10.1+0.5×6)
=48.6m
손실수두 h_3=0.270×48.6=13.12m
동수구배 I_3 = (13.12/48.6)×1000=270‰</td><td>G 계량기 관경 Φ20mm
유 량 Q_5=(8+12+30)=50 ℓ/분=0.83 ℓ/초
연길이 L_5=11.0=11.0m
손실수두 h_5=0.270×11.0=2.97m
동수구배 I_5=(2.97/11)×1000=270 ‰</td></tr>
<tr><td>G←H의 관경 Φ25mm
유 량 Q_6=(8+12+30)=50 ℓ/분=0.83 ℓ/초
연길이 L_6=15.0+(5.6+14.4+0.5×4)=37.0 m
손실수두 h_6=0.097×37.0=3.59 m
동수구배 I_6=(3.59/37)×1000=97 ‰</td></tr>
<tr><td>○ 마찰손실수두의 합계
h=h_1 + h_2 + h_3 = 0.20+0.39+13.12
=13.71m
○ 유효수두
25.0m−5.0+1.2+3.0+3.0+1.5)=11.3m
<u>유효수두 11.3m < 마찰손실수두 13.71m</u>
※ 유효수두가 마찰손실수두를 하회하기 때문에 제1안은 불가</td><td>○ 마찰손실수두의 합계
h=h_1~h_6=0.15+0.02+0.15+0.58+2.97+3.59=7.46m
○ 유효수두
25.0m−(5.0+1.2+3.0+3.0+1.5=11.3m
<u>유효수두 11.3m > 마찰손실수두 7.46m</u>
※ 유효수두가 마찰손실수두를 상회하기 때문에 제2안을 채용한다.</td></tr>
</table>

1-8 급수장치의 용량 산정

1-8-1 저수조

저수조의 용량은 배수관(配水管)의 상황에 좌우된다.

① 물 사용시간대에 물이 부족하지 않을 것

② 물 사용시간대 이외의 시간대에 저수조가 만수로 복원될 것

이들 조건은 다음 식으로 나타낼 수 있다.

①의 조건

$$Vs \geq Vd - Qs \times T \tag{1.20}$$

②의 조건

$$Qs \times (24-T) \geq Vs \tag{1.21}$$

여기서, Vs : 저수조의 유효용량(m^3)

Vd : 1일의 사용수량(m^3/d)

Qs : 배수관 등의 수원에서의 급수능력(m^3/d)

T : 1일의 평균 물 사용시간(h/d)

저수조의 용량은 양수펌프의 양수량 및 연속운전시간, 상수인입관의 급수능력 및 연속급수시간의 관계에서 결정된다. 일반적으로는 저수조 용량이 과대하면 수조 내의 물의 잔류 염소 농도가 감소하여 일반 세균 등이 번식하기 쉽기 때문에 1일 사용수량(Qd)의 1/2 정도로 한다.

$$s = Qd/2 \tag{1.22}$$

예제 1-24

1일 양수량이 120(m^3/d)인 경우 저수조의 용량을 산정하라.

| 해답 | Vs=Qd÷2
=120(m^3/d)÷2
=60(m^3) (유효)

예제 1-25

사무소 건축에서 재근자 500명, 관리자 50명, 작업원 10명이다. 시간평균예상급수량에 의하여 저수조의 용량을 산정하라.

| 해답 |

사용자	인원 N(인)	1인1일평균 사용수량 q[ℓ/(d·人)]	1일사용수량 q_d(ℓ/d)	1일평균 사용시간 t(h)	시간평균 예상급수량 Q_h(ℓ/h)	저장시간 t_1(h)	수조용량 Q_{TW}(ℓ)
재근자	500	100	50,000	8.0	6,250	4.0	25,000
관리자	50	100	5,000	8.0	625	4.0	2,500
작업원	10	100	1,000	8.0	125	4.0	500
계	560		56,000		7,000		28,000

저수조 용량의 적정 판정

q_d : 1일의 사용수량 56(m³/일)

인입관경 40(mm)

q_s : 수도 인입관에서의 급수능력 7.8(m³/h)

t : 1일의 평균사용시간 8.0(h)

Q_{TW} : 저수조의 유효용량 28.0(m³)

판정식

$Q_{TW} \geq q_d - q_s \times t$ =56-7.8×8=-6.4 이므로 판정 O

$Q_{TW} \leq q_s(24-t)$ =7.8(24-8)=123.8 이므로 판정 O

계산에서 수조용량이 결정되어도 수조 인입관에서의 급수능력이 충분한가를 판정할 필요가 있다. 인입관경이 40mm에서 1시간당 7.8m³의 급수능력이 있으므로, 판정은 O이다. 인입관경이 30mm에서는 1시간당 3.18m³의 급수능력만 가능하므로 X이다.

1-8-2 고가수조

저수조에 저수 후, 펌프로 고가수조에 양수한다. 고가수조의 수위와 기구의 설치 높이의 낙차로 기구 급수 압력이 급수관(고가수조와 기구를 잇는 관)의 크기에 의해 기구에서 급수량이 결정된다.

고가수조 주위의 배관은 그림 1-14에 나타난 바와 같이 구성하고, 고가수조의 설치 높이는 최상층의 수압을 고려하여 결정한다(그림 1-15).

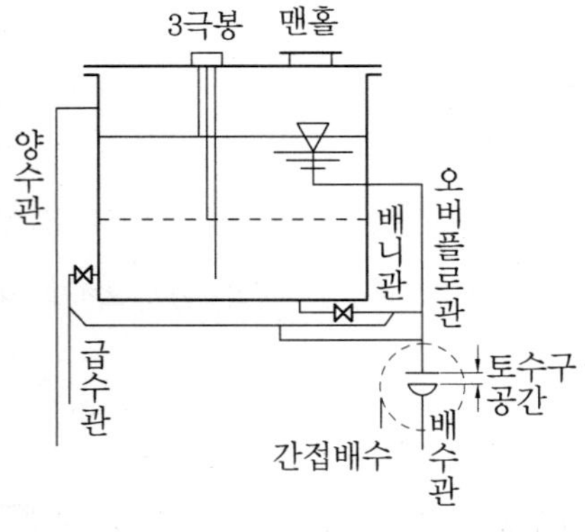

그림 1-14 고가수조 주위의 배관

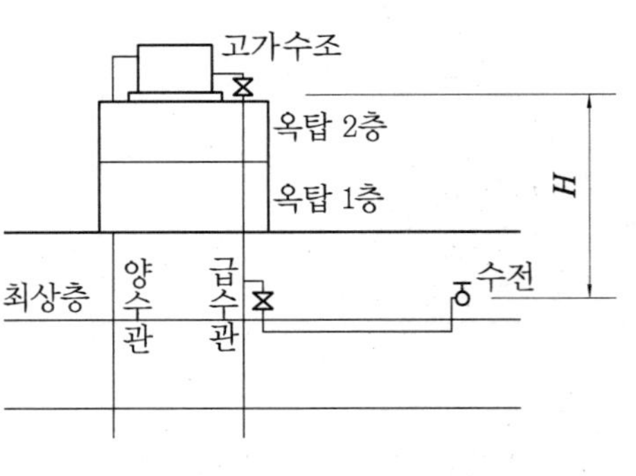

그림 1-15 고가수조의 설치높이

$$V_E = (Q_p - Q_{pu})\,T_1 + Q_{pu} \cdot T_2 \tag{1.23}$$

고가수조의 용량으로서는 양수 펌프의 30분간 운전의 양수량이나 1일 최대 예상 급수량의 2시간 평균분 등을 유효수량으로 확보할 수 있는 크기로 결정하고 있다. 일반적으로는 다음 식이 성립한다.

$$V_E \geq (Q_p - Q_{pu})\,T_1 + Q_{pu} \cdot T_2 \tag{1.24}$$

여기서, V_E : 고가탱크의 유효용량(ℓ)

Q_p : 순시 최대 예상급수량(ℓ/min)

Q_{pu} : 양수 펌프의 양수량(ℓ/min)

T_1 : 순시 최대 예상급수량의 계속 시간(min, 30 min 정도)

T_2 : 양수 펌프의 최단 운전시간(min, 15 min 정도)

그런데 개략적으로는 고가수조의 용량에 있어 큰 건물의 경우는 매시 평균 급수량의 1배 정도 또 소규모 건물의 경우는 매시 평균 급수량의 2~3배 정도로 할 수 있다.

3극봉은 플로트 스위치(float switch)라고도 하며, 양수펌프의 시동과 정지를 자동적으로 하기 위하여 옥상수조의 물속에 설치하고 양수펌프의 스위치를 수위에 따라 가동하거나 단절하는 장치이다. 오버플로관(overflow pipe)은 스위치 고장으로 고가수조에 양수가 계속될 때 수조에서 넘쳐흐르는 물을 배수하는 관으로 양수관 직경의 2배 크기이다.

예제 1-26

최고 층에 세척밸브 부착 대변기가 설치되어 있을 때 고가탱크의 저수위면과 세척밸브까지의 높이는 어느 정도 필요한가? 다만, 이 사이의 마찰 손실 수두를 2 mAq로 한다.

| 해답 | 세척밸브에 필요한 최저 압력은 0.07Mpa이므로 $h = 7$ mAq

$H = h_1 + h_2 = 7 + 2 = 9$ m

예제 1-27

피크시 최대 예상 급수량의 지속시간을 10min, 양수펌프의 최단 운전시간을 20min, 양수펌프의 양수량을 400 ℓ/min으로 할 때 고가수조의 유효 용량은?

| 해답 | Ve≧(Qp-Qpu) × T_1 + Qpu × T_2 = (800-400) × 10 + 400 × 20 = 4,000 + 8,000 = 12,000(ℓ) =12m^3(유효)양수 펌프는 시간 최대 예상 급수량을 만족하고 있어, 산정된 고가수조 용량은 건물의 하루 물 사용량의 1/10이다.

예제 1-28

50세대의 공동주택을 건축하는 경우 고가수조식으로 급수할 때 저수조 및 고가수조의 용량은 어느 정도로 해야 하는가?

| 해답 | 계획 1일사용수량 250ℓ×4/세대=1,000ℓ/세대

1,000ℓ/세대×50세대=50,000ℓ/일=50m³/일

시간평균사용수량 50m³/일÷10h/일=5m³/h

저수조 50m³/일×5/10=25m³

고가수조 50m³/일×1/10=5m³

1-8-3 양수펌프의 양정

펌프의 양정이라 함은 물을 양수하여 보낼 수 있는 수직높이를 말하는 것으로 실제 수직높이에 관의 길이, 관의 직경에 따른 손실을 수직높이로 환산하여 합한 전양정(Total Head)을 말한다.

펌프의 양정은 다음 식에 의해 구한다.

$$H \geq H_1 + H_2 + \frac{v^2}{2g} \tag{1.25}$$

여기서, H : 양수 펌프의 전양정

H_1 : 양수 펌프의 흡수면에서 양수관 긴 부분까지의 실제높이 (실양정)

H_2 : 양수관로에서 직관, 이음, 밸브류 등에 의한 마찰손실수두

$\frac{v^2}{2g}$: 출수구의 속도수두 (일반적으로 양수관의 출수구에서 속도수두는 약간 이므로 생략하여도 된다.)

펌프의 캐비테이션(흐름에서 액체의 압력이 그 액체의 온도에 해당하는 포화증기압보다 낮아지면서 그 부분에서 액체가 증발하고 기포가 발생하는 현상)은 그림과 같이 펌프 밑에 수조가 배치되는 경우에 생긴다.

펌프가 물이 퉐 수 있는 액체의 높이(기준)은 상온의 맑은물에서 6m 정도이다(유효흡입 헤드 ; NPSH).

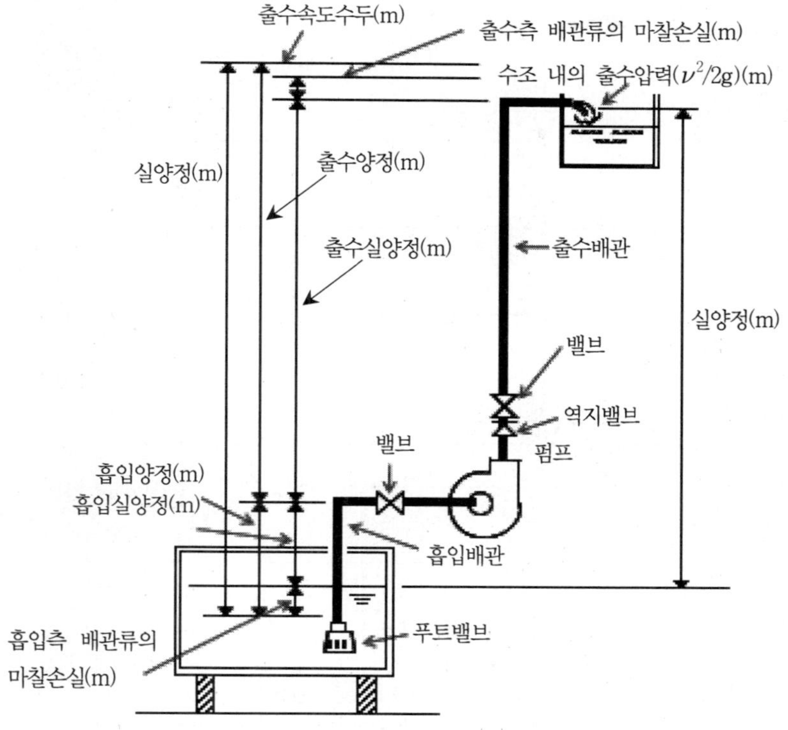

그림 1-16 양수펌프의 양정

예제 1-29

그림과 같은 펌프직송방식의 급수설비에 대하여 다음의 조건에 의해 계산한 급수펌프의 최저 필요한 양정은?

조건 ① 배관의 마찰손실 : 0.5kPa/m

② 자동수전의 필요압력 : 70kPa

③ 샤워의 필요압력 : 100kPa

④ 이음, 밸브류의 상당관길이는 실관길이의 100%로 한다.

⑤ 저수조의 수위는 급수펌프의 중심에서 위쪽 2m의 위치에서 항상 일정하다.

⑥ 급수펌프의 여유율은 고려하지 않는다.

⑦ 중력가속도는 10m/s^{2}으로 한다.

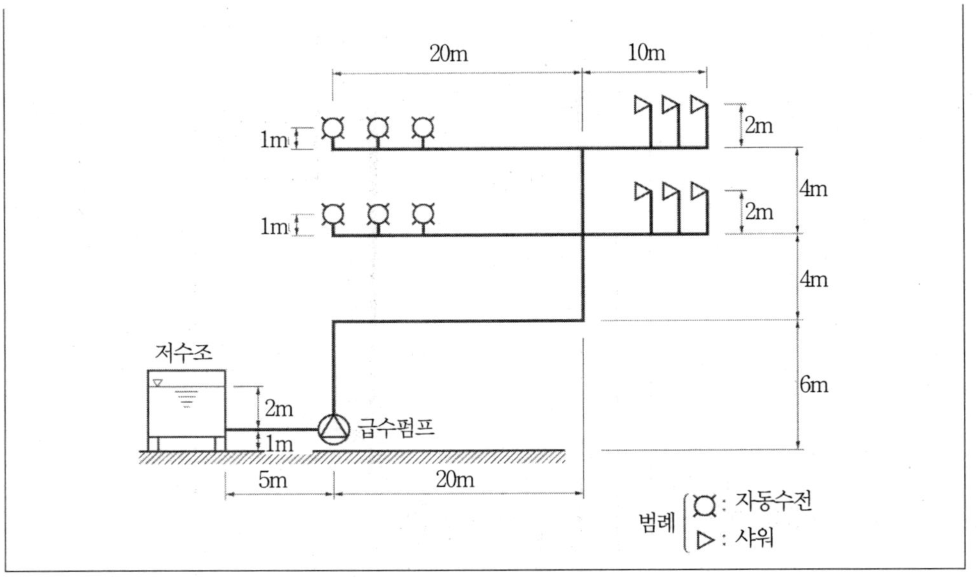

|해답| 자동수전의 최저압력 70kPa에 의해 0.7m
급수할 전체 높이는 2+4+4+5=15m
가장 먼 곳까지의 수평거리는 5 + 20 + 10 = 35m에서 0.35m
배관의 마찰손실은 0.5kPa/m이므로 배관길이 5 + 20 + 10 = 35m에서 0.5 × 35 = 17.5kPa가 되어 1.75m
이음, 밸브류의 상당관길이는 실제 관길이의 100%로 하므로 전체 배관길이 100m에서 10m가 된다. 따라서 양정은, H = 0.7 + 15 + 0.35 + 1.75 + 10 = 28m

1-9 급수장치의 시공

1-9-1 급수관의 분기

급수장치를 신설, 개조하는 경우의 배수관(配水管)에서의 분기는 다음에 의한다.

(1) 분기관경

① 배수관에서의 분기는 원칙적으로 관경 350mm 이하의 것에서 한다.

② 배수관에서 분기하는 급수관의 분기 관경은 원칙적으로 20mm 이상으로 한다.

③ 분기 관경은 원칙적으로 배수관 관경의 2단 아래의 관경을 최대 관경으로 한다.

(2) 분기 간격

① 배수 소관에서 분기하는 경우 그 위치는 다른 급수장치의 분기 위치에서 30cm 이상 떨어진다.

② 급수관에서 분기하는 경우도 전항에 준한다.

③ 유지관리 등을 고려하여 배수 소관의 이음 끝머리에서 30cm 이상 떨어진다. 또한 이형관 등 직관 이외의 관에서 분기해서는 안 된다.

1-9-2 이음류

관의 연장, 방향 변환, 단면 변화 등의 경우에 직관과 직관을 접합하는 재료를 총칭하여 이음이라고 한다.

(1) 나사 이음용 조인트의 종류

① 엘보(elbow) : 암수 엘보(street elbow) · 45° 엘보 · 이경 암수 엘보

② 티(tee) : 암수 T(서비스 T) · 이경 T · 이경 암수 T · 편심 이경 T

③ 와이(Y) : 45° Y · 90° Y

④ 크로스(cross) : 동경 크로스 · 이경 크로스

⑤ 소켓(socket) : 암수 소켓 · 편심 소켓

⑥ 벤드(bend) : 암수 벤드 · 수 벤드 · 45° 벤드 · 45° 암수 벤드 · 리턴 벤드

⑦ 니플(nipple) : 동경 니플 · 이경 니플

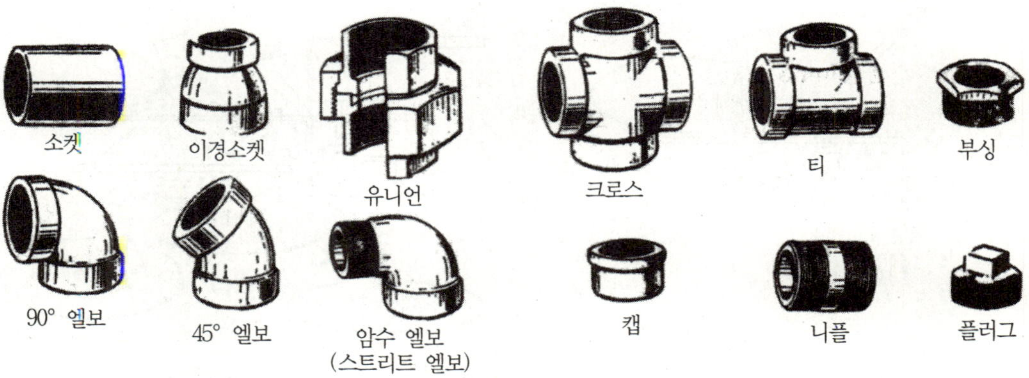

그림 1-17 이음류

⑧ 기타 : 부싱(bushing) · 캡(cap) · 유니언(union) · 플러그(plug) · 플랜지(flange)

(2) 조인트의 사용

① 배관의 방향을 바꿀 때 : 엘보 · 벤드
② 관을 도중에서 분기할 때 : T · Y · 크로스
③ 같은 지름의 관을 직선으로 접합할 때 : 소켓 · 유니언 · 플랜지 · 니플
④ 서로 다른 지름의 관을 이을 때 : 이경 소켓 · 엘보 · T · 부싱 · 니플
⑤ 관 끝을 막을 때 : 플러그 · 캡

1-9-3 수격작용(水擊作用)과 방지대책

급수관이나 급탕관 내의 유속이 크고, 그 흐름을 급정지시킬 때 물의 운동에너지가 급격한 압력상승으로 변하고, 관 내에 압력파가 발생하여 일정 거리를 왕복한다. 이 힘이 관벽이나 배관상의 밸브 및 수전 등에 작용하여 관을 순간적으로 신축시켜 진동을 발생시키고, 소음을 낸다든지, 거기에 접속한 기기류에 손상을 주는 워터해머(water hammer)가 된다. 정지하고 있는 물을 급속히 흘리기 시작했을 경우의 압력 강하시에도 이 현상이 발견된다(그림 1-18)

수격압력은 밸브 등의 폐쇄시간에 따라 다르고, 수격파가 반사점까지의 관길이를 왕복하는 시간보다 밸브 등의 폐쇄시간이 짧은 경우는 급폐쇄가 되어 수격압도 현저하게 높아진다.

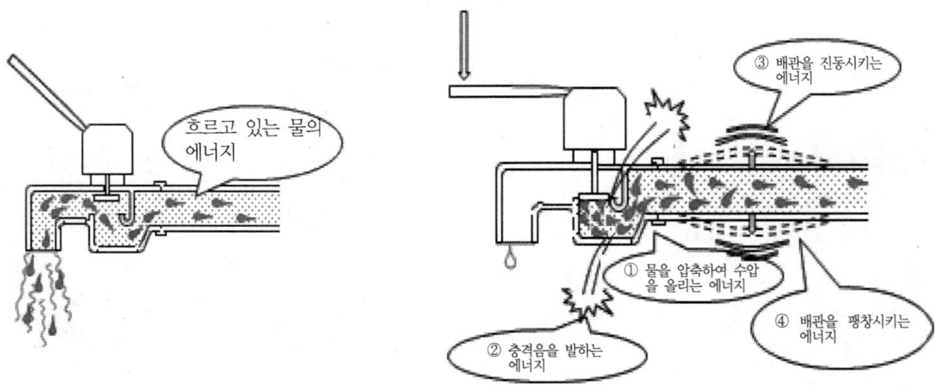

그림 1-18 워터해머의 발생과정

워터해머가 발생하기 쉬운 장소는 다음과 같다.

① 전자밸브 · 콕 등 순간적으로 개폐하는 수전 · 밸브류 등을 사용하는 곳
② 관 내의 상용압력이 현저히 높은 곳
③ 관 내의 상용유속이 현저히 빠른 곳
④ 수온이 높은 곳
⑤ 수주분리가 일어나기 쉬운 배관 부분
⑥ 굴곡이 많은 배관 부분
⑦ 펌프의 양수관

워터해머의 방지에는 수압에 관계없이 유속을 작게 하거나(일반적으로 2.0m/s 이하로 한다), 그림 1-19에 나타난 워터해머 방지기구를 설치하여 수격압을 흡수하도록 한다.

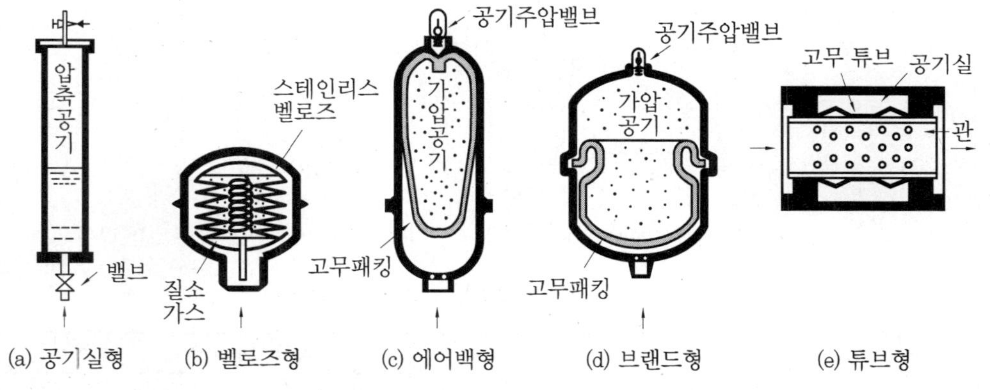

그림 1-19 워터해머 방지기구의 예(충격방지기구)

1-9-4 오염의 원인과 방지대책

상수와 상수 이외의 물 또는 상수와 한 번 토수한 물이 혼합되는 것을 크로스커넥션(cross connection)이라 하고, 상수를 오염에서 방호하는 의미에서 절대로 해서는 안 되는 것이다.

상수의 오염 방지를 위한 배관상의 주의사항을 나타내면 다음과 같다.

① 상수배관과 상수 이외의 계통(우물물, 공업용수 등)의 배관을 직접 접속하여서는 안 된다. 예를 들어 개폐밸브나 역지밸브를 배관상에 설치하는 것을 금지한다.

② 상수배관은 오염된 액체나 물질 중을 관통한다든지 또 매설시킨다든지 해서는 안 된다. 개거(開渠) 등의 밑을 횡단하는 경우는 그 부근에 이음부를 설치하지 않도록 한다.

③ 상수배관과 배수배관이 평행하게 매설되는 경우는 원칙적으로 양배관의 수평간격을 500 mm 이상으로 하고 배수관(配水管)은 배수관(排水管)의 위쪽에 설치한다. 양배관이 교차하는 경우도 마찬가지로 고려한다.

상수를 받거나 저수하는 용기에 설치하는 수전류에 대해서 그 용기의 오버플로나 수전류의 토수구 사이에 그림 1-20에 나타낸 토수구 공간을 설치하고, 물의 역류를 방지한다. 또 급수탱크 등에 대해서도 유입구 끝과 오버플로(overflow)선 사이에 토수구 공간이 필요하다. 충분한 토수구 공간이 확보되어 있지 않으면 단수 등의 배수관 부압상태에 따라 용기의 물을 역사이펀 작용(back siphon)에 의하여 흡입되므로 주의하여야 한다.

(a) 토수구 가까이에 벽이 없는 경우 (b) 토수구 가까이에 벽이 있는 경우

그림 1-20 토수구 공간과 그 치수

실제 구경		A의 치수(mm)	
		토수구 주위 가까이에 벽이 없는 경우[1]	토수구 주위 가까이에 벽이 있는 경우[2]
세면기류 유효개구경	13 mm 이하	25	40
싱크류 · 구스넥 욕조 수전 유효개구경	19 mm 이하	40	55
가장자리 상부의 욕조 수전 유효개구경	25 mm 이하	50	75
유효개구경	25 mm 이상	유효개구경의 2배	유효개구경의 3배

[주] 1) 토수구 주위의 측벽, 후벽 등 토수구 공간을 방해하는 주위가 있는 경우에는 토수구의 내측에서 벽면까지의 거리는 벽이 1면일 때는 구경의 3배 이상 또 벽이 2면일 때는 구경의 4배 이상인 것을 요구한다(그림 중의 C치수).

2) 토수구에서 벽까지의 거리가 1)보다 가까운 경우에 그 공간을 늘려야 한다.

적당한 토수구 공간이 확보되지 않았든가 또는 확보되지 않을 우려가 있는 경우에는 급수관이나 토수구에 접속하여 배큐엄브레이커(vacuum breaker)를 설치한다. 배큐엄브레이커에는 그림 1-21과 같이 대변기나 소변기의 세척밸브에 설치하는 대기압식의 것과 탱크에 급수관 등 항상 수압이 걸려 있는 곳에 설치하는 압력식의 것이 있고, 오버플로선보다 150 mm 이상 위쪽의 위치에 설치한다.

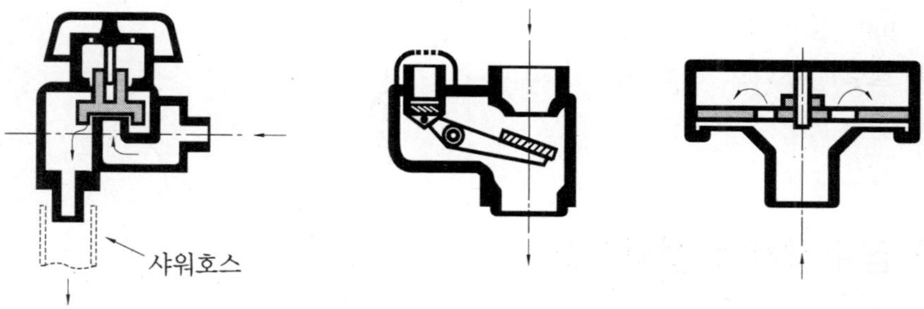

(a) 핸드 샤워용(대기압식) (b) 대변기 세척밸브용(대기압식) (c) 가압배관용

그림 1-21 배큐엄브레이커

1-9-5 방로 및 방동

(1) 결로

습기가 많고, 온도가 높은 실에 있는 배관 내에 냉수를 통한 경우 관 표면에 결로하는 경우가 있다. 이 결로는 관을 부식시킬 뿐 아니라 다른 재료를 부식시키는 원인이 되므로 방로의 방법을 고려하여야 한다. 방로의 방법은 방동과 마찬가지로 배관을 보온재로 피복하는 것이다.

(2) 동결

물은 대기압 하에서 0℃ 이하에 1～2시간 경과되면 동결한다. 동결하면 체적이 약 9 % 정도 팽창하고, 급수관의 경우 이 팽창량을 피하게 하는 곳이 없으므로 모든 배관에 힘으로 걸려온다. 이 힘이 50～100 kg/cm^{2}이라는 큰 힘이 되기 때문에 관을 파열시킨다.

(3) 동결방지 방법

① 옥외 매설관은 동결깊이 이하에 매설한다.

② 동결의 우려가 있는 배관 계통은 항상 물이 흐르는 방법으로 한다.

③ 배관 내의 물을 언제라도 뺄 수 있도록 물빼기 장치를 설치한다.

④ 북측의 외벽에는 급수관을 매입하지 않도록 한다.

⑤ 옥외의 양수기나 밸브의 상자 뚜껑은 2중 뚜껑으로 한다.

⑥ 보온재료(록울, 글라스 울 및 폼 폴리스티렌)로 방동 피복한다. 보온두께는 가는 관일 경우 20 mm, 굵은 관일 경우 50 mm, 탱크류는 설치장소에 따라 25~75 mm 정도이다.

⑦ 부동 급수전을 사용한다.

1-10 급수장치의 설치기준

1-10-1 저수조의 설치기준

저수조의 설치기준은 수도법시행규칙(2008.6.19 환경부령 제289호)에서 다음과 같이 정하고 있다.

① 저수조의 맨홀부분은 건축물(천장 및 보 등)로부터 100 cm 이상 떨어져야 하며, 그 밖의 부분은 60 cm 이상의 간격을 띄울 것.

② 물의 유출구는 유입구의 반대편 밑 부분에 설치하되, 바닥의 침전물이 유출되지 아니하도록 저수조의 바닥에서 띄워서 설치하고, 물칸막이 등을 설치하여 저수조 안의 물이 고이지 아니하도록 할 것.

③ 각 변의 길이가 90 cm 이상인 사각형 맨홀 또는 지름이 90 cm 이상인 원형 맨홀을 1개 이상 설치하여 청소를 위한 사람이나 장비의 출입이 원활하도록 하여야 하고, 맨홀을 통하여 먼지나 그 밖의 이물질이 들어가지 아니하도록 할 것. 다만, 5 m^3 이하의 소규모 저수조의 맨홀은 각 변 또는 지름을 60 cm 이상으로 할 수 있다.

④ 침전찌꺼기의 배출구를 저수조의 맨 밑 부분에 설치하고, 저수조의 바닥은 배출구를 향하여 100분의 1 이상의 경사를 두어 설치하는 등 배출이 쉬운 구조로 할 것.

⑤ 5 m^3를 초과하는 저수조는 청소·위생 점검 및 보수 등 유지관리를 위하여 1개의 저수조를 둘 이상의 부분으로 구획하거나 저수조를 2개 이상 설치하여야 하며, 1

개의 저수조를 둘 이상의 부분으로 구획할 경우에는 한쪽의 물을 비웠을 때 수압에 견딜 수 있는 구조일 것.

⑥ 저수조의 물이 일정 수준 이상 넘거나 일정 수준 이하로 줄어들 때 울리는 경보장치를 설치하고, 그 수신기는 관리실에 설치할 것.

⑦ 건축물 또는 시설 외부의 땅 밑에 저수조를 설치하는 경우에는 분뇨·쓰레기 등의 유해물질로부터 5m 이상 띄워서 설치하여야 하며, 맨홀 주위에 다른 사람이 함부로 접근하지 못하도록 장치할 것. 다만, 부득이하게 저수조를 유해물질로부터 5m 이상 띄워서 설치하지 못하는 경우에는 저수조의 주위에 차단벽을 설치하여야 한다.

⑧ 저수조 및 저수조에 설치하는 사다리, 버팀대, 물과 접촉하는 접합부속 등의 재질은 섬유보강플라스틱·스테인리스스틸·콘크리트 등의 내식성(耐蝕性) 재료를 사용하여야 하며, 콘크리트 저수조는 수질에 영향을 미치지 아니하는 재질로 마감할 것.

⑨ 저수조의 공기정화를 위한 통기관과 물의 수위조절을 위한 월류관(越流管)을 설치하고, 관에는 벌레 등 오염물질이 들어가지 아니하도록 녹이 슬지 아니하는 재질의 세목(細木) 스크린을 설치할 것.

⑩ 저수조의 유입배관에는 단수 후 통수과정에서 들어간 오수나 이물질이 저수조로 들어가는 것을 방지하기 위하여 배수용(排水用) 밸브를 설치할 것.

⑪ 저수조를 설치하는 곳은 분진 등으로 인한 2차 오염을 방지하기 위하여 암·석면을 제외한 다른 적절한 자재를 사용할 것.

⑫ 저수조 내부의 높이는 최소 180cm 이상으로 할 것. 다만, 옥상에 설치한 저수조는 제외한다.

⑬ 저수조의 뚜껑은 잠금장치를 하여야 하고, 출입구 부분은 이물질이 들어가지 아니하는 구조이어야 하며, 측면에 출입구를 설치할 경우에는 점검 및 유지관리가 쉽도록 안전발판을 설치할 것.

⑭ 소화용수가 저수조에 역류되는 것을 방지하기 위한 역류방지장치가 설치되어야 한다.

1-10-2 지하수 오염방지시설의 설치기준

1. 상부보호공을 설치하는 지하수 오염방지시설의 세부 설치기준

가. 공통사항

1) 시설은 부식을 최소화할 수 있는 재료를 사용하여야 한다.

2) 시설은 외부 오염물질이 유입되지 않는 구조로 설치되어야 한다.

3) 시설은 견고하고 외부충격에 강한 구조로 설치하여 양수시설물의 훼손을 방지하여야 한다.

4) 지표하부보호벽(케이싱)의 하단부는 지표 이하 3m 이상 깊이까지 설치하며, 암반층을 굴착하는 경우에는 암반(연암층)선 아래로 1m 이상 깊게 설치하여야 한다.

5) 케이싱 외부의 그라우팅 두께는 5 cm 이상이 되어야 하며, 차수용 재료를 사용하되, 케이싱 하부로 누출되지 아니하도록 케이싱의 하단부에서부터 채워 올려야 한다. 다만, 개발목표 심도까지 굴착한 후 그라우팅하는 경우에는 차폐장치를 설치한 후 차수용 재료를 케이싱의 하단부부터 채워 올려야 한다.

6) 지하수개발·이용시설 안에 설치하는 양수시설물은 수질오염의 우려가 없는 재료를 사용하여야 한다.

나. 일반 상부보호공의 설치기준

1) 상부보호공은 지하수 개발·이용시설의 보호 및 원활한 유지·관리가 가능한 크기로 하여 지표면 위에 설치하여야 한다. 다만, 지형 여건상 지표면 아래에 설치하여도 지하수의 오염 방지에 지장이 없다고 시장·군수가 인정하는 경우에는 지표면 아래에 설치할 수 있다.

2) 상부보호공의 덮개는 외부로부터 오염물질·지표수 등의 유입을 막고 파손을 방지할 수 있는 재질과 구조로 설치하여야 한다.

3) 케이싱의 윗부분은 지표면 위로 30cm 이상 높게 설치하고, 덮개를 씌워 외부 오염물질이 유입되지 아니하도록 하여야 한다.

4) 케이싱의 덮개에는 방충망을 구비한 공기출입로를 설치하여야 한다.

다. 지하수오염방지시설(일반 상부보호공)의 구조도

차폐장치는 개발목표 심도까지 굴착한 후 그라우팅하는 경우 적용한다.

라. 밀폐식으로 설치하는 상부보호공의 설치기준

1) 시설의 덮개부가 완전히 밀폐되어 외부로부터 오염물질이 유입될 수 없는

구조여야 한다.

가) 상부보호공 몸체에 대한 수밀시험 결과 5kg/cm^2 이상의 수압을 5분간 가할 때에도 누수가 발생하지 않아야 한다.

나) 상부보호공 내부의 양수파이프 거치부에 대한 인장하중시험 결과 5,000 kg의 하중, 10mm/min 속도로 수직인장을 가할 때에도 변형이 발생하지 않아야 한다.

2) 상부보호공 내부의 급수배관 연결부분은 조립된 상태에서 누수가 발생하지 않도록 수밀시험 결과 20kg/cm^{2}에서 5분간 지속될 수 있는 성능을 갖추어야 한다.

3) 자동개폐 기능을 가진 공기출입구가 설치되어야 한다.

4) 내·외부 급수배관을 포함한 제반 시설물의 동파를 방지할 수 있는 구조를 갖추어야 한다.

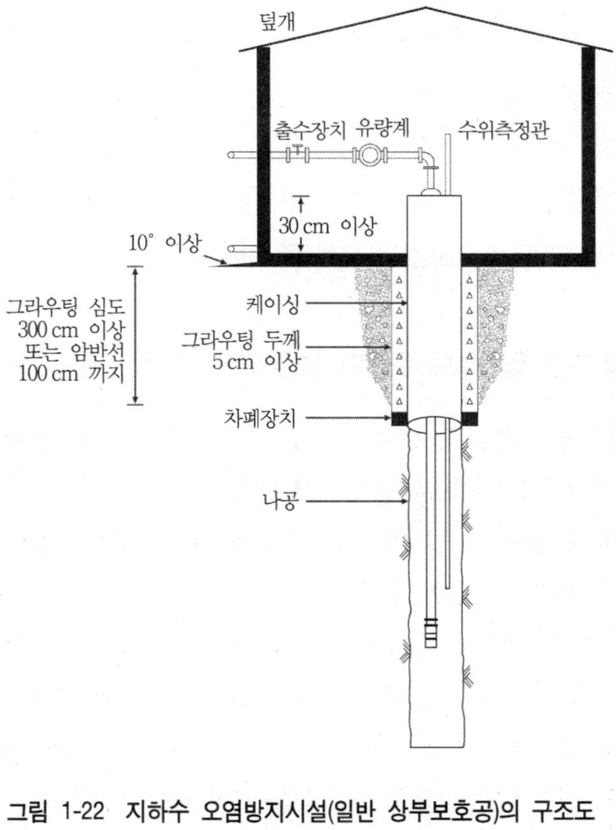

그림 1-22 지하수 오염방지시설(일반 상부보호공)의 구조도

2. 상부보호공을 설치하지 않는 지하수오염방지시설의 세부 설치기준

가. 오염물질이 유입될 우려가 없는 건축물 안에서 지하수를 개발·이용하는 경우에는 다음의 기준에 적합해야 한다.

1) 해당 건축물 안의 적절한 곳에 적산유량계 및 출수장치를 설치하여 지하수의 개발량·이용량 및 수질을 측정할 수 있도록 하여야 한다. 다만, 1일 양수능력이 30톤 미만(안쪽 지름이 32mm 이하인 토출관을 사용하는 경우만 해당한다)인 가정용 또는 국방·군사용 지하수개발·이용시설의 경우는 제외한다.

2) 지하수개발·이용시설에 지하수 수위측정관을 설치하여 지하수 수위측정이 가능하도록 하여야 한다. 다만, 다음의 어느 하나에 해당하는 지하수 개발·이용시설의 경우는 제외한다.

가) 굴착 지름이 100mm 이하인 지하수개발·이용시설

나) 1일 양수능력이 30톤 미만(안쪽 지름이 32mm 이하인 토출관을 사용하는 경우만 해당한다)인 가정용 또는 국방·군사용 지하수개발·이용시설

나. 동력장치를 이용하지 아니하고 농·어업용수를 개발·이용하는 경우에는 토출관을 지표면으로부터 30cm 이상 높게 하고, 그 토출관의 끝부분을 "ㄱ자형"으로 한 후 뚜껑을 씌워 오염물질이 유입되지 아니하도록 하여야 한다.

다. 케이싱의 하단부는 제1호 가목4) 및 5)에 따른다.

1-10-3 급수관 및 수도계량기 보호함의 설치기준

외기에 노출된 배관, 옥상 등 그밖에 동파가 우려되는 건축물 부위의 급수관 단열재 두께는 "건축물의설비기준등에관한규칙"에서 표 1-14와 같이 하도록 정하고 있다. 또한 급수관의 단열재 두께는 표 1-15와 같다. 수도계량기 보호함(난방공간 내에 설치하는 것을 제외한다)의 보호는 다음과 같다.

① 수도계량기와 지수전 및 역지밸브를 지중 혹은 공동주택의 벽면 내부에 설치하는 경우에는 콘크리트 또는 합성수지제 등의 보호함에 넣어 보호할 것.

② 보호함 내 옆면 및 뒷면과 전면판에 각각 단열재를 부착할 것(단열재는 밀도가 높고 열전도율이 낮은 것으로 한국산업규격제품을 사용할 것).

③ 보호함의 배관 입·출구는 단열재 등으로 밀폐하여 냉기의 침입이 없도록 할 것.

④ 보온용 단열재와 계량기 사이 공간을 유리섬유 등 보온재로 채울 것.

⑤ 보호통과 벽체 사이 틈을 밀봉재 등으로 채워 냉기의 침투를 방지할 것.

표 1-14 주거용 건축물 급수관의 지름

기구 또는 세대수	1	2~3	4~5	6~8	9~16	17 이상
급수관 지름의 최소기준(mm)	15	20	25	32	40	50

[주] 1. 가구 또는 세대의 구분이 불분명한 건축물에 있어서는 주거에 쓰이는 바닥면적의 합계에 따라 다음과 같이 가구수를 산정한다.
가. 바닥면적 85 m^2 이하 : 1가구
나 바닥면적 85 m^2 ~150 m^2 : 3가구
다. 바닥면적 150 m^2 ~300 m^2 : 5가구
라. 바닥면적 300 m^2 ~500 m^2 : 16가구
마. 바닥면적 500 m^2 초과 : 17가구
2. 가압설비 등을 설치하여 급수되는 각 기구에서의 압력이 1 cm^2당 0.7kg 이상인 경우에는 위 표의 기준을 적용하지 아니할 수 있다.

표 1-15 급수관의 단열재 두께 (단위 : mm)

설치장소 \ 관경(외경)	설계용 외기온도(℃)	20 미만	20~50	50~70	70~100	100 이상
·외기에 노출된 배관 ·옥상 등 그 밖에 동파가 우려되는 건축물의 부위	−10 미만	200 (50)	50 (25)	25 (25)	25 (25)	25 (25)
	−5 미만~−10	100 (50)	40 (25)	25 (25)	25 (25)	25 (25)
	0 미만~−5	40 (25)	25 (25)	25 (25)	25 (25)	25 (25)
	0 이상 유지	20				

[주] 1) ( )은 기온강하에 따라 자동으로 작동하는 전기발열선을 설치하는 경우 단열재의 두께를 완화할 수 있는 기준
2) 단열재의 열전도율은 0.04 kcal/m^2h℃ 이하인 것으로 한국산업규격제품을 사용할 것.
3) 설계용 외기온도 : 에너지 절약설계기준에 따를 것.
4) 수도계량기보호함(난방공간 내에 설치하는 것을 제외한다)
가. 수도계량기와 지수전 및 역지밸브를 지중 혹은 공동주택의 벽면 내부에 설치하는 경우에는 콘크리트 또는 합성수지제 등의 보호함에 넣어 보호할 것
나. 보호함 내 옆면 및 뒷면과 전면판에 각각 단열재를 부착할 것(단열재는 밀도가 높고 열전도율이 낮은 것으로 한국산업규격제품을 사용할 것)
다. 보호함의 배관 입출구는 단열재 등으로 밀폐하여 냉기의 침입이 없도록 할 것
라. 보온용 단열재와 계량기 사이 공간을 유리섬유 등 보온재로 채울 것
마. 보호통과 벽체 사이 틈을 밀봉재 등으로 채워 냉기의 침투를 방지할 것

1-11 시험 및 검사

(1) 기기 및 기구의 설치 및 부착검사

각 기기 및 기구가 정상으로 견고하게 설치되어 있는지를 검사한다.

(2) 수압시험

모든 배관은 배관의 일부 또는 전 배관을 완료한 후 수압시험 및 만수시험 등을 한다. 방로 및 보온을 하는 배관, 은폐 또는 매설배관 등은 보온 및 매설 전에 시험을 한다. 상수계통의 시험에는 음료수를 사용한다. 수압시험 압력은 최고사용압력의 1.5배 이상으로 행한다. 통상은 1.05MPa에서 30분 이상 유지하는 형태로 한다.

(3) 만수시험

탱크는 공사완료 후에 청소하고 만수상태에서 24시간 이상 방치하여 누수를 검사한다.

(4) 통수시험

기구를 장치한 후 각 기구의 사용상태에 알맞은 수량으로 통수상태를 검사한다.

(5) 운전시험

기기 및 장치가 시방서에서 요구하는 기능을 만족하고 있는지를 검사한다.

(6) 잔류염소측정

음료수용 탱크 내의 저수 및 관 끝의 가랑으로부터 유리(遊離) 잔류염소는 0.3ppm 이상 검출되어서는 안 된다.

chapter 2

급탕설비

2-1 개 요

급탕설비(給湯設備)란 공장이나 회사, 가정 내의 주방, 욕조, 세면기 등 필요한 장소에 온수를 공급하는 설비이다. 급탕설비는 필요한 수량(탕량), 사용목적에 적합한 수압, 위생적으로 안전한 수질, 이에 첨가하여 적절한 온도의 탕을 건물 내의 필요 개소에 공급하는 것이 목적이다.

급탕설비의 안전장치에는 급탕온도를 일정하게 유지하고, 비정상적인 온도 상승을 억제하기 위한 열원 제어장치, 보일러, 저탕조 등 밀폐가열장치 내의 압력상승을 도피시키기 위한 팽창관이나 안전밸브, 저탕조 내의 온도가 100℃를 넘지 않도록 설치하는 용해전(배관의 이상상승 온도를 방지하는 기계적 안전장치), 급탕배관의 온도변화에 따른 신축을 흡수하는 신축이음 등이 있다.

2-2 용어의 정의

① 급탕(hot water supply) : 보일러에서 가열한 온수를 세면기, 샤워, 욕조 등의 각 급수전에 공급하는 것.

② 급탕설비(hot water apparatus) : 급탕하기 위한 급탕전용 온수보일러, 급탕가열용 열교환기 등과 펌프, 배관, 급수전 등의 설비 일체

③ 급수가열기(feed water heater) : 보일러에의 보급수를 공급하기 전에 미리 가열하기 위한 열교환기

④ 밀도(density) : 단위체적당의 질량. 밀도의 단위는 kg/m^3, g/m^3, kg/ℓ 등이 있다.

⑤ 비등(boiling) : 끓는점 이상의 온도 액체가 심하게 기화하는 현상

⑥ 비점(boiling point) : 액체의 증기압이 액체와 증기와의 경계면에서 외부의 압력과 같아지는 온도. 표준대기압 하에서 물의 끓는점은 100℃가 된다.

⑦ 비중(specific gravity) : 물질의 단위체적당 중량을 물과 비교한 값. 4℃ 물의 중량을 1로 했을 때의 값

⑧ 비중량(specific weight) : 물질의 단위체적당 중량. 실용단위는 kg/m^2, kg/lℓ, g/cc.

⑨ 사일런서(silencer) : 증기를 직접 수중에 분출시켜 온수를 만드는 장치로서 증기 분출시에 발생되는 소음을 경감시킨다.

⑩ 안전밸브(safety valve) : 압력용기나 보일러 등에서 내압이 높아졌을 때 내부의 가스를 분출시키는 밸브

⑪ 열교환기(heat exchanger) : 온도가 다른 유체와 유체 또는 유체와 고체 사이의 열을 교환시키기 위한 것으로 냉매 또는 열매를 이용하고, 다른 유체 또는 고체를 냉각 또는 가열하는 데 이용한다.

⑫ 열매(heating medium, heat carrier) : 물체에 가열할 때 열을 운반시키기 위하여 이용하는 유체

⑬ 온수보일러(hot water boiler) : 온수를 만드는 가스 사용, 기름 사용 보일러의 총칭

⑭ 잠열(latent heat) : 물질의 상태변화(고체↔액체, 액체↔기체)에 필요한 열량(즉, 엔탈피의 변화). 예를 들면 증발잠열, 응축잠열 등을 말한다.

⑮ 온수기(hot water heater) : 주로 도시가스, 프로판가스를 연료로 하여 수도배관에 직결하여 급수를 받아 점화와 거의 동시에 온수가 만들어지는 관류식 온수기

⑯ 팽창계수(coefficient of expansion) : 물질이 열을 취득하여 팽창할 때 그 늘어남의 정도를 나타내는 계수이며, 실용단위는 m/deg · m.

⑰ 팽창탱크(expansion tank) : 액체(물, 브라인)의 순환계에서 액체의 온도상승, 하강에 따라 전 체적이 팽창·수축으로 변한다. 이 양을 충분히 흡수하여 오버플로나 순환계 내의 공기침입을 방지할 목적으로 순환계 내에 설치한 탱크

⑱ 현열(sensible heat) : 물질에 열을 가했을 때 그 물질의 온도상승에 사용되는 열. 감열이라고 한다.

2-3 탕의 성질

(1) 탕의 팽창

어느 온도에 있어서 물의 체적은 표 2-1에 나타난 바와 같다. 4℃의 물을 100℃까지 가열하면 4.3%의 체적팽창을 한다. 만일 급탕배관이 급수배관과 같이 밀폐회로이면 체적팽창에 따라 장치, 배관을 파손한다. 따라서 급탕설비는 탕의 팽창을 고려하여 팽창관, 안전밸브 등의 안전장치의 대책이 필요하다. 팽창량은 배관의 구경에는 무관계하다.

표 2-1 물의 온도와 체적의 관계

온도℃	체적 ℓ/kg	온도℃	체적 ℓ/kg
0	1.000127	50	1.012050
4	1.000000	55	1.014451
10	1.000269	60	1.016979
15	1.000875	65	1.020401
20	1.001790	70	1.022539
25	1.002930	75	1.025611
30	1.004330	80	1.028848
35	1.006234	85	1.032245
40	1.007727	90	1.035651
45	1.009854	95	1.039243
		100	1.043150

표 2-2 물의 압력과 비등점과의 관계

게이지압(kg/cm^2)	비등점(℃)
0	100°
0.5	111
1.0	120
1.5	127
2.0	133
2.5	138
3.0	143
3.5	147
4.0	151
4.5	155
5.0	158

게이지압=절대압 − 대기압(1.0335 kg/cm^2)

(2) 탕의 비등

물의 가열을 계속할 때 어느 온도에 달하면 수온이 변화하지 않게 되는 점이 있다. 이 온도를 비등점이라 한다. 물은 표준기압에서 100℃가 비등점이다. 비등점은 수면에

걸리는 압력이 높아지면 비등점도 높아지고, 반대로 표준기압 이하가 되면 100℃ 이하의 온도가 비등점이 된다.

물의 압력과 비등점과의 관계를 표 2-2에 나타낸다.

(3) 현열과 잠열

개방 용기 내의 물을 가열하여 어느 온도에 도달되면 그 이상의 온도상승은 없게 되고, 수면에서의 증발만 이루어진다. 이 때의 온도를 비점이라 하고, 물의 비점은 대기압 아래에서 100℃이다(실제는 물에 포함되는 용해물질 등에 의하여 비점은 변화한다).

이와 같이 비점까지는 물에 가해진 열은 물의 온도상승으로 소비된 것이며, 이것을 현열이라고 한다. 또 증발, 즉 액체(물)를 기체(증기)로 바꾸기 위해 소비된 열을 잠열이라 한다. 1kg의 물을 0℃에서 100℃로 하기 위한 필요 열량은 1×4.2×(100－0)= 420kJ이고, 대기압 아래에서 100℃의 물 1kg을 100℃의 증기로 하기 위한 필요 열량은 약 2,257kcal이다. 따라서 0℃의 물을 100℃의 증기로 하기 위한 필요 열량은 (420＋2,257)kJ이고, 이것을 100℃의 증기 1kg을 가진 전열량(엔탈피)이라고 한다.

이와 같이 100℃의 온수보다 100℃의 증기 쪽이 보유열량은 2,257kJ만큼 크기 때문에 급탕설비에 있어서 저탕 탱크 내의 물을 따뜻하게 하는 간접 가열이 열원으로는 온수보다도 증기 쪽이 효율이 좋은 것이다.

(4) 열량의 단위

열량의 단위에는 kJ이 사용된다.

4.2kJ이란 표준기압 하에서 순수한 물 1kg의 온도를 1k 올리는 데 필요한 열량을 말한다.

$w$kg의 수량을 t_1℃에서 t_2℃까지 높이는 데 필요한 열량 Q는 다음 식으로 나타낸다.

$$Q = w \cdot C \cdot (t_2 - t_1) \qquad (2.1)$$

여기서, C : 물의 비열(kJ/kg·k)

물의 경우 4.2kJ/kg·k, 공기의 경우 1.01kJ/kg·k

2-4 급탕온도

표준 급탕온도는 실제로 사용할 때의 온도이며, 공급온도는 이보다 10~15℃ 높은 60~70℃이다. 이것을 각 용도에 따라 적당히 물을 섞어 사용하면 경제적이다.

음료용의 경우는 다른 공급 방법과 별도로 저탕용 탕비기로 80~90℃ 정도 끓여 사용하는 것이 일반적이다.

어린이 전용, 정신질환자용의 세면, 수세에의 공급은 화상의 위험을 방지하기 위하여 40℃ 정도로 행한다.

주방용의 일반용 온도 45℃는 단백질의 응고온도 이하의 온도이며, 이 온도에서 세정을 행한다. 그런데 접시 세척기 헹구기용에는 소독을 겸하여 80℃의 탕을 사용한다. 이 온도는 일반 공급온도보다 높으므로 이 용도에는 일반용 급탕을 재가열하는 부스터 히터(재가열기)를 이용하든가 또는 후술하는 S형 사일런서를 사용한다.

표준 급탕온도를 표 2-3에 나타낸다.

표 2-3 표준 급탕온도

용 도	사용온도(℃)	용 도	사용온도(℃)
(1) 음료용	50~55	(7) 세탁용	
(2) 목욕용	성인 42~45	일반용	60
	소아 40~42	견 및 모직물	33~37 (38~49)
(3) 샤워	43	리넨 및 면직물	49~52 (60)
(4) 세면·수세용	40~42	(8) 유영풀	25~28(동계는 30)
(5) 면도용	46~52	(9) 세차용	24~30
(6) 주방용			
일반용	45		
접시세척기세정용	45 (60)		
접시세척기헹굼용	70~80		

( ) 내의 수치는 기계씻기의 경우임(ASHRAE Guide and Data Book에 의함).
(日本 空氣調和·衛生工學便覽, 1964)

급탕온도는 배관의 부식을 포함하여 밀접한 관계에 있고, 수온이 60℃ 이상이 되면 수중의 산소가 분리하기 쉽고 또 전식(電蝕)속도도 증가하여 배관이 침식되기 쉬워지므로 급탕온도는 별로 높아지지 않는 편이 좋고, 높은 온도의 탕을 필요로 하는 개소에는 그 부근에서 승온하는 방법이 바람직하다.

탕과 물을 혼합시킨 혼합탕의 온도는 다음 식으로 구한다.

$$H_m = \frac{Wt_c + Ht_h}{W+H} \tag{2.2}$$

여기서, H_m : 혼합탕의 온도(℃), W: 물의 무게(kg ≒ ℓ)

H : 탕의 무게(kg ≒ ℓ), t_c : 물의 온도(℃)

t_h : 탕의 온도(℃)

예제 2-1

60℃의 탕 150 ℓ와 10℃의 물 70 ℓ를 혼합시킨 혼합탕의 온도는?

| 해답 | $H_m = \frac{(150\times60)+(70\times10)}{(150+70)} \fallingdotseq 44$℃

2-5 급탕배관방식

2-5-1 배관방식

배관방식은 단관식(일관식)과 복관식(이관식)이 있다. 단관식은 그림 2-1과 같이 급탕관만으로 순환하기 때문에 반탕관이 없다. 따라서 별로 사용하지 않은 급탕전 또는 급탕관의 말단에서는 배관 도중에 열이 손실되고, 사용하기 시작하면 찬물이 나오는 결점이 있다. 그러나 관이 짧고 설비비가 저렴하기 때문에 주택 또는 소규모 건물에 사용된다. 복관식은 그림 2-2와 같이 급탕관과 반탕관을 지니고, 탕은 항상 순환하도록 하고 급탕전을 열면 동시에 적온의 탕이 나오도록 되어 있다. 복관식은 호텔, 사무소, 병원 등 대규모의 급탕설비에 이용된다.

2-5-2 공급방식

공급방식은 그림 2-1의 하향식 및 혼합식(단관식)과 그림 2-2의 상향식(복관식)이 있다. 상향식은 탕의 온도강하는 작을 수 있으나 설비비가 높아지는 결점이 있다. 하향식은 반탕관의 일부가 생략될 수 있으므로 설비비는 싸지만 지관은 단관이므로 열손실

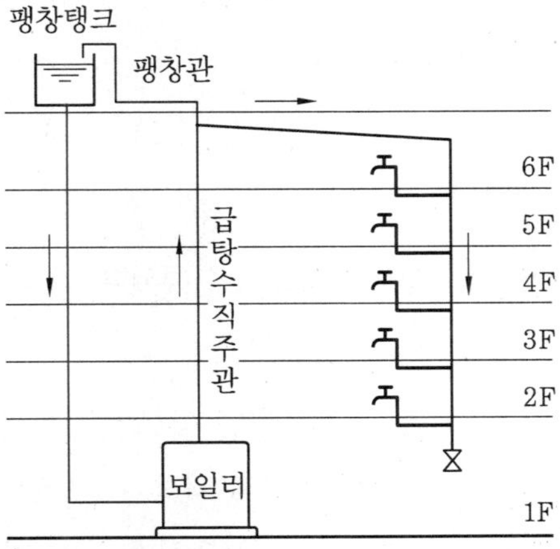

그림 2-1 단관식(1관식) 하향배관방식

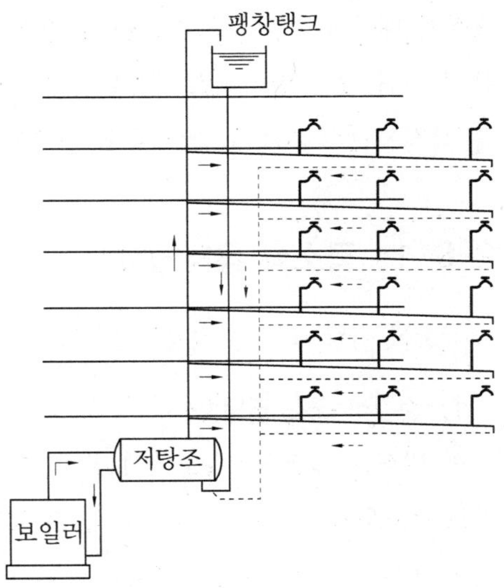

그림 2-2 복관식(2관식) 상향배관방식

이 있고, 급탕전을 열면 일시에 찬물이 나올 우려가 있다.

온수의 순환을 균일하게 하기 위하여 리버스리턴방식이 주로 채택된다. 리버스리턴(reverse-return) 방식이란 각 지관에서 온수의 순환을 균일하게 하기 위해(마찰저항을 균일하게) 열원에서 각 지관의 공급개소까지 온수 공급관과 반환관의 배관길이를 동일하게 하는 방식이다.

2-5-3 순환방식

순환방식은 중력식과 강제식이 있다. 중력식은 급탕관과 반탕관의 밀도차에 의하여 생기는 자연순환력을 이용하는 것이며, 소규모 급탕설비에 이용된다. 강제식은 배관의 마찰손실을 극복하기 위하여 급탕 순환펌프를 설치하고 강제적으로 관 내의 탕을 순환시키는 방식이다.

2-6 급탕방식

급탕 방식은 건물 내의 필요 부분마다 소형 급탕기를 설치하는 국소급탕 방식과 기계실에 대형의 급탕 보일러, 저탕조 등을 설치하고, 배관에 의해 건물 전체에 급탕을 하는 중앙식 급탕 방식으로 대별된다. 방식의 선택에 있어서는 건물의 용도 · 급탕량 · 사용 목적 · 보수 관리의 방법 등을 검토한 후 결정할 필요가 있다.

2-6-1 국소식 급탕방식

국소식 급탕 방식은 사용 목적 등에 따라 다음의 4가지 방식으로 분류된다.

1) 순간식 국소 급탕방식

이 방식은 화장실 · 욕조 · 샤워 · 각종 싱크대 등 독립한 곳에 급탕 열원을 설치해서 바로 소요의 물을 공급할 수 있다. 순간온수기는 가스 밸브의 전후에 걸리는 수압의 차이에 의해서 가스 밸브를 개폐하는 방식을 채용한 것으로 수압이 부족하면 가스 밸브의 작동이 불완전하게 되므로 주의가 필요하다(그림 2-3).

2) 저장식 국소 급탕 방식(다용도용)

이 방식은 최대 부하 시의 급탕량을 충족하는 양을 저장하는 가열기를 설치하고, 배관에 따라 소요 각처에 급탕한다. 순간식에서는 급탕량 · 급탕 범위 등이 무리할 정도의 규모의 용도, 예를 들면 급탕 개소가 비교적 많은 저택 · 식당의 주방 · 공장 · 기숙사의 욕실 등에 적합하다(그림 2-4).

3) 저장식 국소 급탕 방식(음료용)

이 방식은 음료용 · 뜨거운 차용으로 준비실 · 식당 등에 가열 온도가 90℃ 정도의 가스 또는 전기의 저탕식 온수기를 설치하는 것이다(그림 2-5).

4) 기수혼합식 급탕 방식

이 방식은 증기와 물을 혼합시켜 탕을 만드는 방식으로 사일런서(증기분사기)를 사용하여 개방식 탱크 속에 증기를 분사시켜 물을 가열하는 방식으로, 믹싱밸브를 이용하여 증기와 물을 혼합하여 온수를 만드는 방식이다. 증기량을 다량으로 얻을 수 있는 공장, 병원에서 많이 이용되며 장치가 간단하고 설치비가 비교적 저렴하다(그림 2-6).

사일런서의 소음을 줄이기 위하여 S형과 F형이 있다.

S형 사일런서의 구조는 그릇 모양의 가운데에 가이드베인이 장착되어 있고, 이 가이드베인에 의하여 증기로 회전시켜 수조 내의 물을 교반하면서 끓이도록 되어 있다. 90℃ 이상의 고온수를 얻을 수 있으며, 식기 세척 등의 소독용 또는 병원 등에서의 기구

멸균용으로 이용된다(그림 2-7).

F형 사일런서의 구조는 관 내에 2개의 노즐이 있고, 이 통로를 증기가 고속으로 분출하면 제트 작용이 일어나 우측의 관에서 수조의 물을 흡상하고, 증기와 혼합하여 온수를 얻을 수 있도록 이루어져 있다. 70℃가 한도이며, 공장 등의 대욕조에 이용된다.

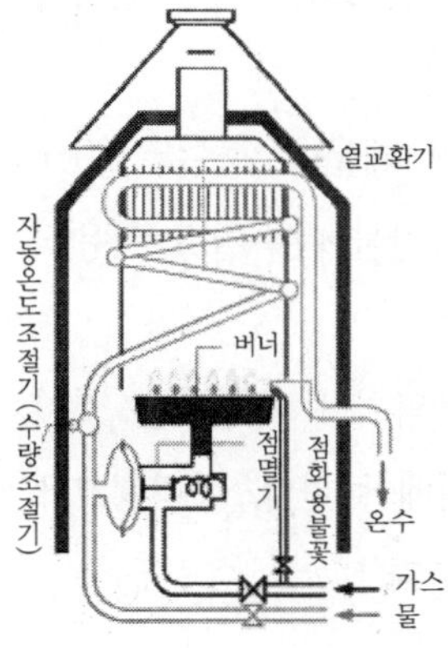

그림 2-3 순간식 온수기

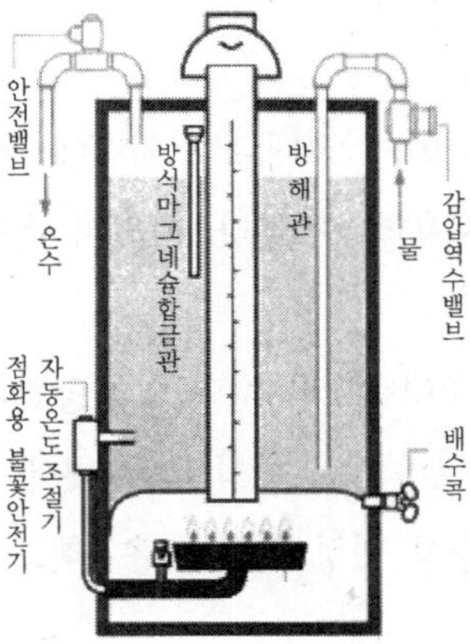

그림 2-4 저장식 온수기(다용도용)

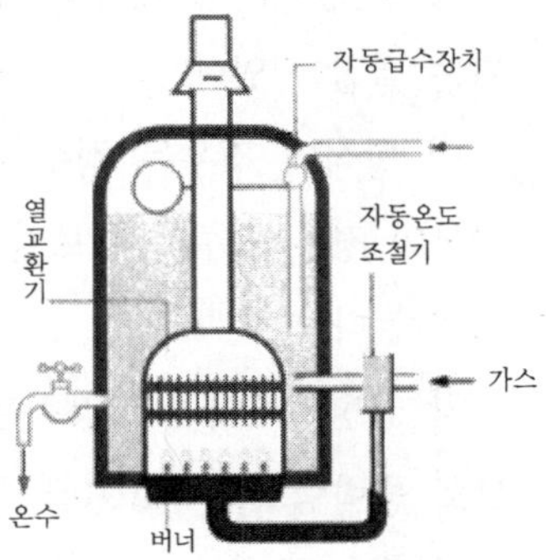

그림 2-5 저장식 온수기(음료용)

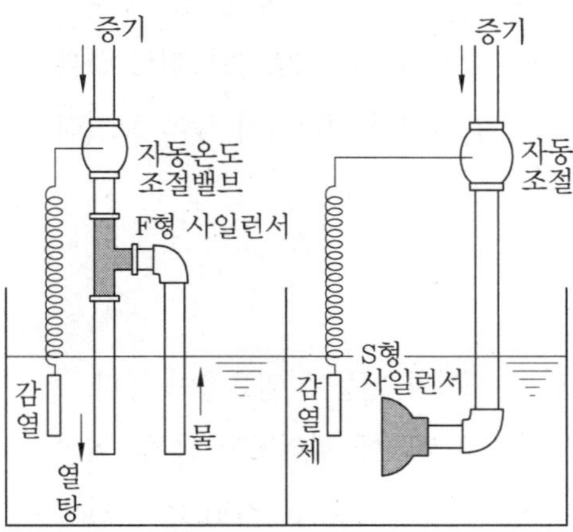

그림 2-6 기수혼합 온수기

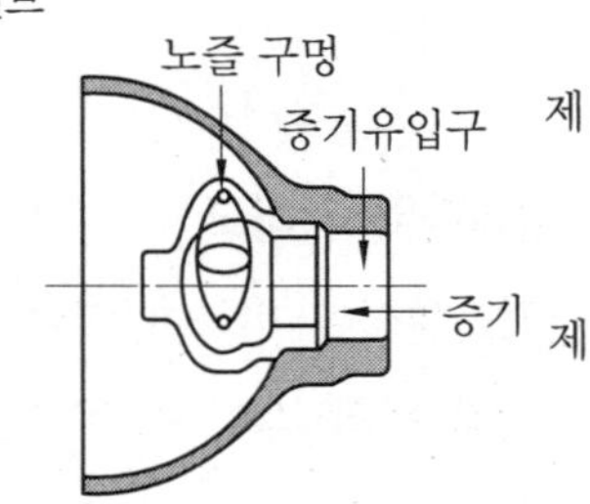

그림 2-7 S형 사일런서의 구조

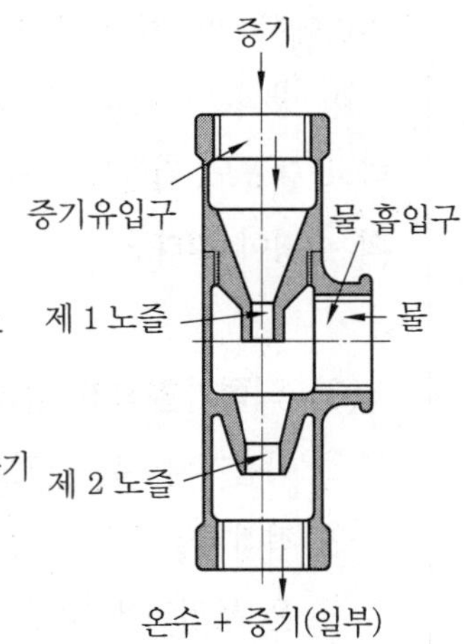

그림 2-8 F형 사일런서의 구조

2-6-2 중앙식 급탕방식

중앙식 급탕방식은 가열장치에 따라 직접가열식과 간접가열식으로 분류할 수 있다.

(1) 직접가열식

직접가열식이란 그림 2-9와 이 가열기와 저탕조를 직결하고, 저탕조에 공급된 물은 보일러에 들어가고, 저탕조에 돌아오는 순환가열방식이다.

이 방식의 구조는 간단하지만 보일러에 줄곧 새로운 물이 공급되기 때문에 보일러 내의 수온이 일정하지 않고, 배관에 불균등한 신축이 생긴다든지, 물 속의 경도 성분에 따라 전열면에 탕 때가 부착되어 열효율을 저하시키는 동시에 보일러의 수명을 단축시키는 결점이 있다.

이 방식의 경우는 정수두(靜水頭)가 그대로 보일러에 걸리기 때문에 정수두 30 m 이상의 경우는 주철제 보일러를 사용할 수 없다. 따라서 대규모 건물에는 별로 이용되지 않는다.

각 급탕전에서의 탕압력은 이 중력탱크의 수면과 급탕전과의 낙차에 기인하는 것이므로 중력탱크는 최고층의 급탕전보다 5 m 이상 높은 곳에 설치해야 한다. 중력탱크에는 볼탭을 통해서 자동급수하고 항상 일정 수면을 유지하도록 한다.

(2) 간접가열식

간접가열식이란 그림 2-10과 같이 저탕조 내에 가열코일을 설치하고 열원으로서 보일러에서 만들어진 증기 또는 고온수를 가열코일 내를 통해 물을 가열하는 방식이다.

이 방식은 보일러에 걸리는 압력과 건물의 높이와는 무관하므로 저압 보일러로 충분하고 대규모 건물에 이용된다. 또 보일러 내부에 스케일이 거의 나타나지 않아 보일러의 수명이 길다.

(3) 직접가열식과 간접가열식 비교

① 직접가열식은 간접가열식에 비하여 열이 직접 전해지기 때문에 열효율이 좋다.

② 직접가열식은 전술한 바와 같이 정수두가 그대로 보일러에 걸리지만 간접가열식은 보일러에 직접 정수두가 걸리지 않고 순환을 위해서 수두 5~6 mAq가 있으면 된다. 따라서 주철제 보일러도 좋다.

③ 직접가열식의 경우 보일러에는 항상 새로운 물이 공급되기 때문에 스케일(탕 때)이 발생하지만, 간접가열식의 경우 보일러의 물은 항상 순환하고 있으므로 스케일의 발생은 없다.

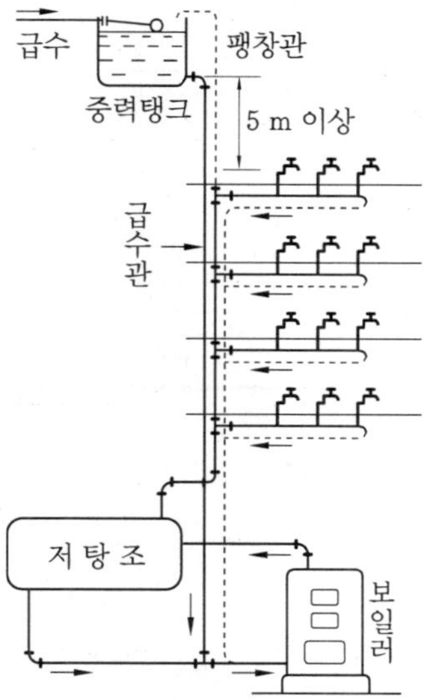

그림 2-9 직접가열식

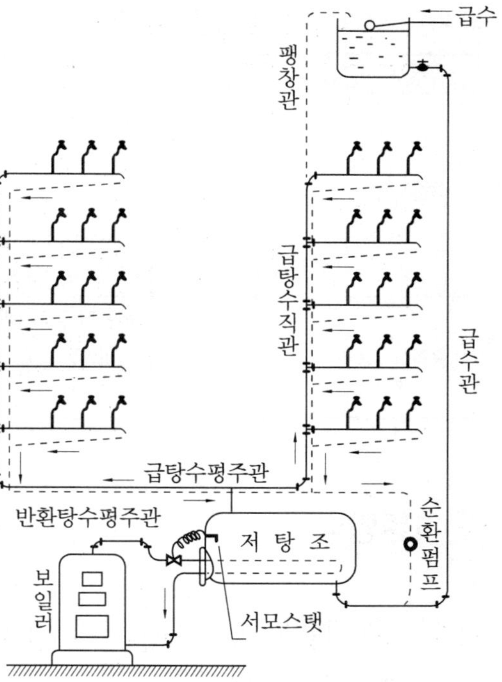

그림 2-10 간접가열식

2-6-3 국소식 급탕방식과 중앙식 급탕방식의 비교

국소식 급탕방식관 중앙식 급탕방식을 비교하면 표 2-4와 같다.

표 2-4 국소식 급탕방식과 중앙식 급탕방식의 비교

구 분		특 징
국소식 급탕방식	장점	·배관이 짧기 때문에 열손실이 적다.
		·급탕개소가 적을 때는 설비비가 싸다.
		·필요 개소마다 적온의 탕을 얻기 쉽다.
		·필요에 따라 수시로 간단히 사용할 수 있다.
		·급탕개소의 증설이 비교적 용이하다.
		·소규모 건물에 적합하다.
국소식 급탕방식	단점	·열원이 비교적 높다.
		·설치수가 많으면 유지관리가 불편하다.
		·급탕개소마다 가열기 설치공간이 필요하다.

표 2-4 국소식 급탕방식과 중앙식 급탕방식의 비교(계속)

구 분		특 징
중앙식 급탕방식	장점	·보일러, 저탕조 등의 유지관리가 용이하다.
		·열원에 중유 등 값싼 것을 사용할 수 있다.
		·저탕량이 많기 때문에 가열 총열량이 국소식에 비하여 적다.
		·대규모이므로 열효율이 좋다.
		·대규모 건물에 적합하다.
중앙식 급탕방식	단점	·배관이 길기 때문에 열손실이 크다.
		·설비비가 높다.
		·전문 관리인력이 필요하다.

2-7 가열방식

급탕설비의 가열방식에는 가스온수기, 전기온수기, 태양열온수기, 히트펌프온수기 등의 직접 가열방식과 가열 코일 부착 저탕조나 열교환기 등의 간접가열방식 등이 있다.

2-7-1 직접가열방식

(1) 가스 온수기

가스 온수기는 순간식, 저열식(貯熱式), 순환식으로 분류된다.

순간식 온수기는 온수기 내에 탕을 저탕하는 것이 아니라 물이 온수기의 입구에서 들어가 출구에 이르는 동안에 가열된다. 저탕식 온수기는 음료용 등에 고온(90℃ 정도)의 탕을 필요로 하는 것이며, 급수는 볼탭에 의하여 자동적으로 보급된다. 가스 공급은 서모스탯의 작동으로 자동 점멸식으로 이루어진다.

가스온수기는 음료용에는 저장온수기를, 빨랫감용에는 순간온수기를 선정한다.

온수의 양은 '호수'에 따라 다르다. '호수'는 수온 25℃의 물이 1분간에 나오는 양(ℓ)을 가리킨다. 온수기는 사용할 수 있는 물의 양에서 16호, 20호, 24호 등 '호수'로 나뉜다. 이는 수온 25℃의 물이 1분에 나오는 양을 가리키고 24L를 분출하면 호수는 24호이다.

(2) 전기 온수기

전기 온수기에는 저탕식, 투입식 및 순간식이 있다. 어느 것이나 전열 엘리먼트에 의하여 가열되는 것이며, 순간식은 엘리먼트수를 많게 하기 때문에 공급전력이 상당히 커진다.

저탕식 전기온수기는 음료용 또는 빨랫감용으로 하고, 음료용의 경우에는 위생상 필요한 조치를 강구한다.

(3) 태양열 온수기

태양집열기와 저탕조가 일체 형태인 자연순환형과 진공유리관 집열기 내에 저탕 기능을 가진 진공저탕형이 있다. 집열기 면적은 3～4㎡, 저탕조 200～250ℓ로서 양 기종 모두 순환펌프 등 기계구동부가 없어 동결우려가 없는 따뜻한 지역에선, 고장이 없고 에너지절약 효과가 크며, 비교적 저렴하여 욕탕용 급탕기로서 사용되고 있다.

일사량의 많고 적음은 태양열 이용의 경제성에 중요한 영향을 미친다. 일사량은 위도, 계절, 시각에 따라 변하며 북위 35°에서 겨울은 여름의 1/2 정도이다. 집열기의 수열면이 받는 일사량은 북위 35°의 지역에서는 경사각도 30°, 방위각도 정남 10°에서의 연간 집열량이 최대가 되지만 경사각도 15～35°, 정남 ±45°의 범위이면 거의 바뀌지 않는다.

(4) 태양열 급탕시스템

태양집열기와 저탕조가 완전 분리된 형태로서 집열기는 지붕에 설치하고 저탕조는 지상에 있어 집열기가 일정 온도가 되면 집열 펌프가 자동 운전되어 저탕조에 뜨거운

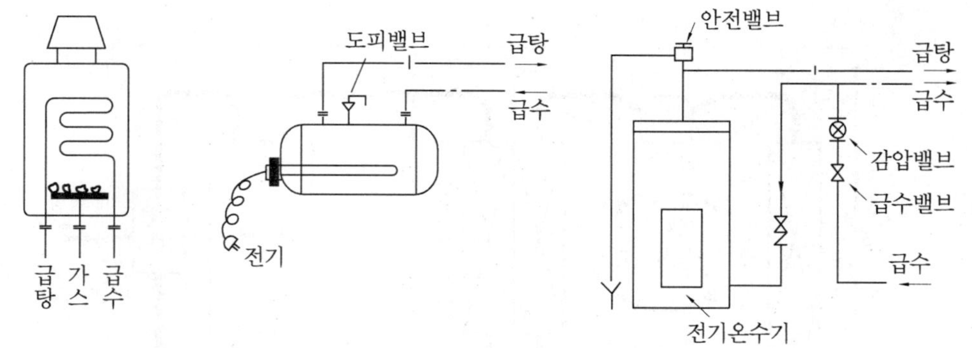

(a) 가스온수기 (b) 전기온수기(소형) (c) 전기온수기(대형 저탕식)

그림 2-11 직접가열장치

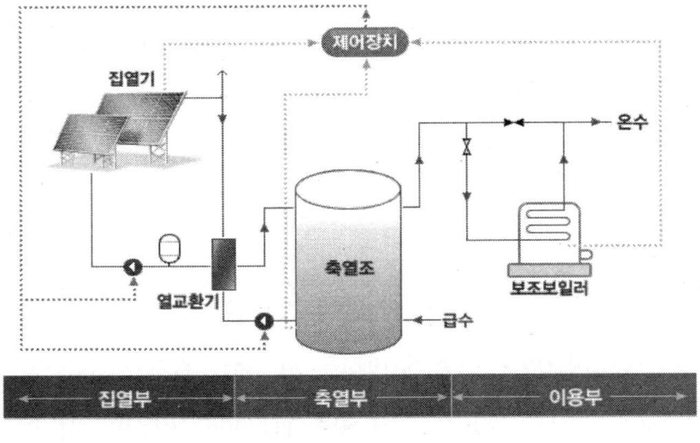

그림 2-12 태양열 시스템

물이 이송된다. 집열기는 열매체로 물이나 부동액을 순환시키는 평판형과 진공 유리관형이 일반적이며, 열매체가 공기인 공기집열기도 있다(그림 2-12).

(5) 히트펌프온수기

히트펌프는 열을 운반하는 냉매가 주입되어 있다. 냉매는 증발기 외부로부터 열을 흡수(열원)하면서 증발(액체→기체)하고, 저온 저압의 가스 상태가 압축기로 흡입된다. 압축기에서는 냉매가 압축되면서 고온 고압 상태가 되어 응축기로 전달되며, 응축기에서

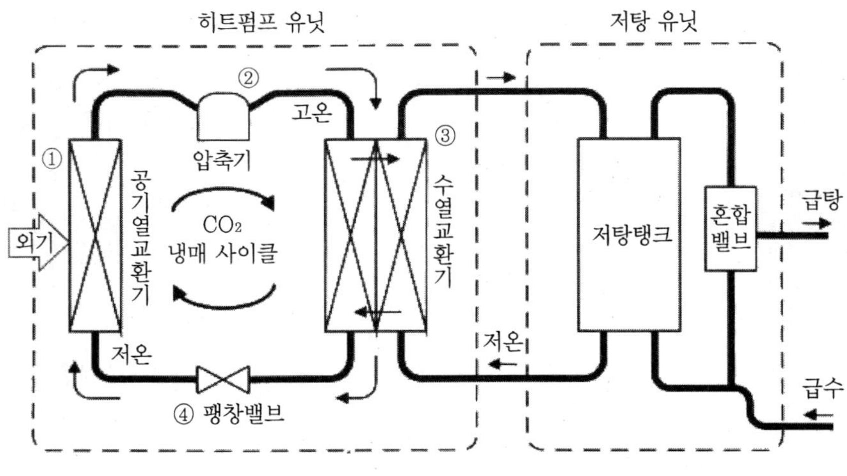

그림 2-13 히트펌프 시스템

는 열을 방출(온풍, 온수로 이용)하면서 냉매는 액화된다.

고압 액화된 냉매는 팽창밸브에서 감압되고, 저온 저압 액화 상태의 냉매는 증발기로 들어간다. 히트펌프는 이러한 사이클을 반복하면서 저온의 열을 회수하고 압축기 동력을 부가하여 필요한 고온의 열을 발생시킨다. 이 고온의 열을 이용하여 온수를 생산하는 것이다(그림 2-13).

2-7-2 간접가열방식

이 장치는 보일러에서의 증기 또는 고온수를 가열코일 내에 통하여 탱크 내의 냉수를 가열하는 것이다. 가열코일은 내구성, 열전달 면에서 일반적으로 동관 또는 동관에 주석도금한 것이 많이 이용된다. 또 탱크 본체에는 연강판, 스테인리스 강판이 이용된다.

저탕조는 용존 산소에 의하여 부식 정도가 커지기 때문에 충분한 방식을 강구할 필요가 있다. 스테인리스 강판은 내식성이 풍부하지만 연강판을 이용하는 경우는 내면의 물에 접하는 부분은 내식성의 표면처리를 행할 필요가 있다.

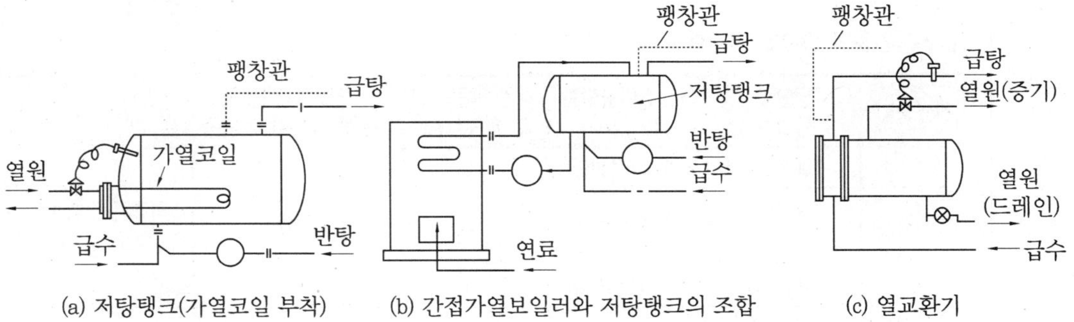

(a) 저탕탱크(가열코일 부착) (b) 간접가열보일러와 저탕탱크의 조합 (c) 열교환기

그림 2-14 간접가열장치

2-8 급탕설비의 설계

2-8-1 급탕량의 산정

급탕량이란 건물 내에서 사용하기 위해서 공급되는 온수의 양을 말하고, 가열 장치와 저탕조 등의 용량을 결정하는 기초가 된다.

급탕량 산정에는, 급탕 인원에 의한 방법과 위생 기구의 종류・개수에 의한 방법의 2 종류가 있다.

급탕량 산정에 있어 유의할 점은 다음 사항을 들 수 있다.

① 탕의 온도는 일반적으로 60℃로 한다. 그 이상의 고온의 탕을 필요로 할 때는 관의 재료나 급탕 기기의 부식과 물의 비산에 의한 화상의 방지를 고려할 필요가 있고 일부 고온의 탕이 필요한 때에는 그 곳에 부스터 히터를 설치하는 것이 좋다.

② 중앙식 급탕 방식의 경우의 급탕량 산정은 세면용으로 이용할 때는 인원을, 주방용으로 이용할 때는 기구 수를 기준으로 산정한다. 또 욕실을 겸하면 하루 사용 상황을 고려하여 온수 공급량을 산정한다.

③ 저탕식 온수기의 용량은 이를 이용하는 급탕 대상 인원을 기준으로 산정한다. 순간식 온수기의 용량은 그것에 접속하는 급탕전 등의 급탕량을 기준하여 산정한다.

표 2-5는 건물의 종류별 급탕량, 표 2-6은 기구에 대한 급탕량, 표 2-7은 건물별 기구당의 소요급탕량을 나타낸다. 건물의 급탕량 산정은 가열장치의 능력, 저탕조 용량 산정에 크게 영향을 미치므로 정확히 파악할 필요가 있다.

표 2-5 건물의 종류별 급탕량

건물종별	급탕량 (ℓ/d·人)	시간최대급탕량 (ℓ/h)	시간최대급탕량의 계속시간(h)	1일의 사용량에 대한 최대치의 비율	비 고
사 무 소	7~10(ℓ/d·人)	1.5~2.5(1인당)	2	1/5	
호텔(객실)	150~250 (ℓ/d·人)	20~40(1인당)	2	1/7	비즈니스 호텔은 150(ℓ/h)
종합병원	2~4(ℓ/m^2)	0.4~0.8(m^2당)	1	1/10	
	100~200 (ℓ/침대)	20~40(침대당)	1	1/10	
레스토랑	40~80(ℓ/m^2)	10~20(m^2당)	2	1/10	(객석+주방)면적당
간이음식점	20~30(ℓ/m^2)	5~8(m^2당)	2	1/5	상동 : 국수, 차, 경양식
공동주택	100~150 (ℓ/d·人)	50~100(세대당)	2	1/7	

건물의 급탕량 산정에는 인원에서 산정하는 방법과 기구 개수에서 산정하는 2가지 방법이 있는데 인원을 기준으로 산정한 것이 비교적 정확한 값을 얻을 수 있다.

표 2-6 기구에 대한 급탕량

기구	a 1회당 급탕량	b 1시간당 사용횟수	c 1시간당 급탕량	비 고
개인세면기	7.5 ℓ	1	7.5 ℓ	
일반세면기	5	2 ~ 8	10 ~ 40	
욕 조	100	1 ~ 3	100 ~ 300	
샤 워	50	1 ~ 6	50 ~ 300	주택, 아파트(식당은 별도 계산)
주방싱크	15	3 ~ 5	45 ~ 75	
배선싱크	10	2 ~ 4	20 ~ 40	
세탁싱크	15	4 ~ 6	60 ~ 90	세탁기의 경우는 기계용량에 따름
청소싱크	15	3 ~ 5	45 ~ 75	

(日本 空氣調和・衛生工學便覽, 1964)

(1) 인원에서의 산정 방법

인원에서의 산정은 건물의 사용인원과 표 2-5의 1인 1일당 급탕량을 곱하여 구한다. 이것을 식으로 표시하면 다음과 같다.

$$Q_d = N \times q_d \tag{2.3}$$

$$Q_h = Q_d \times h \tag{2.4}$$

여기서, Q_d : 1일의 최대 급탕량(ℓ/d)

N : 급탕 인원(인)

q_d : 1인 1일당의 급탕량(ℓ/d/c)

Q_h : 1시간의 최대 급탕량(ℓ/h)(표 2-5)

h : 1일의 사용량에 대한 1시간당의 최대 급탕량 비율(표 2-5)

(2) 기구수에서의 산정 방법

기구수에서의 산정은 표 2-7의 건물의 종별에 따라 기구 1개당의 급탕량에 기구수, 동시 사용률을 곱하여 구하는 방법과 표 2-6 a의 기구 1회당의 급탕량에 표 2-6 b의 1시간당의 사용횟수, 동시사용률을 곱하여 구하는 방법 2가지가 있다. 이것을 식으로 표시하면 다음과 같다.

표 2-7 건물별 기구당 소요 급탕량(ℓ/h)

	아파트	클럽	체육관	병원	호텔	공장	사무소	개인 주택	학교	YMCA
세면기(개인용)	7.5	7.5	7.5	7.5	7.5	7.5	7.5	7.5	7.5	7.5
세면기(공중용)	15	22	30	22	30	45	22		57	30
욕 조	75	75	100	7.5	75			75		110
접시세척기[1]	57	190~570		190~750	190~750	75~375		57	75~375	75~375
주방싱크	38	75		75	110	75	75	38	75	75
세탁싱크	75	106		106	106			75		106
배선싱크	19	38		38	38		38	75	38	38
샤 워	110	570	850	280	280	850	110	110	850	850
청소용 싱크	75	75		75	110	75	75	57	75	75
사용률	0.30	0.30	0.40	0.25	0.25	0.40	0.30	0.30	0.40	0.40
저탕용량계수[2]	1.25	0.90	1.00	0.60	0.80	1.00	2.00	0.70	1.00	1.00

[주] 1) 접시세척기의 소요량은 이용할 예정의 형식을 알면, 그 형식에 대한 메이커의 데이터에서 선정할 수 있다.
2) 1시간당 최대 예상급탕량에 대한 저탕탱크용량의 비율
저탕탱크는 대용량의 보일러 플랜트에서 어느 정도 증기의 공급이 얻어지는 곳에서는 그 용량을 줄여도 된다.
(ASHRAE Guide, 1964)

① 기구의 최성시에 있어서 사용횟수를 추정할 수 있는 경우

$$Q_h = X \times P \times a \qquad (2.5)$$

여기서, X : 기구 1개 1회당의 급탕량(ℓ/회)(표 2-6)

P : 기구의 1시간당 사용횟수(회/h)(표 2-6)

② 기구의 최성시에 있어서 사용횟수를 추정할 수 없는 경우

$$Q_h = Y \times O \times a \qquad (2.6)$$

여기서, Q_h : 1시간당의 최대 급탕량(ℓ/h)

Y : 건물에 대한 기구당의 소요 급탕량(ℓ/h)(표 2-7)

O : 기구 개수

a : 동시 사용률(표 2-7)

예제 2-2

사무소 빌딩에서 대한 인원 1,500명, 세면기 120개, 청소싱크 10개, 배선싱크 10개가 설비되어 있는 경우 중앙식 급탕방식으로 열원을 증기로 한 급탕량을 계산하라.

| 해답 | (1) 인원에 의한 방법(表 2-5에서)

· N : 대상인원=1,500명, q : 1인 1일 급탕량=10 ℓ/day로 하면,
1일 사용 탕량의 합계는,

$$Q_d = N \cdot q = 1,500 \times 10 = 15,000 \text{ ℓ/day}$$

· h : 1일의 사용량에 대한 비율 1/5, $Q_d = 15,000$ ℓ/day로 하면,
시간 최대 급탕량은,

$$Q_h = h \cdot Q_d = 1/5 \times 15,000 = 3,000 \text{ ℓ/h}$$

(2) 기구수에 의한 방법(表 2-7에서)

· 세면기 120개 120×22 ℓ/h=2,640 ℓ/h
· 청소싱크 10개 10×75 ℓ/h=750 ℓ/h
· 배선싱크 10개 10×38 ℓ/h=380 ℓ/h

$$\text{합계}(\sum_{n=1}^{n} F_n \cdot q_{fn}) = 3,770 \text{ ℓ/h}$$

$$Q_h = 5,950 \times 0.3 = 1,131 \text{ ℓ/h}$$

따라서 시간당 예상최대급탕량은 인원과 기구와의 최대에 의하여 3,000 ℓ/day로 한다.

2-8-2 가열기의 열원 산정

(1) 연료 또는 열매의 소비량

가열 장치에 사용되는 열원의 소비량은 표 2-8의 발열량 등을 이용하여 다음 식에서 계산한다.

$$Q = \frac{W(t_h - t_c)}{H \times \eta} \tag{2.7}$$

여기서, Q : 연료 또는 열매의 소비량(kg/h, m^3/h, kW/h)

W: 급탕량(kg/h)

t_h : 탕수의 온도(중앙식의 경우 열손실을 10~20% 예상하여 70~80℃로 함)(℃)

t_c : 물의 온도(5~10℃)(℃)

H : 연료 또는 열매의 발열량(kJ/kg, kJ/m^3, kJ/kW)(表 2-8)

η : 가열기 효율(%)

표 2-8 연료별 발열량 및 가열기의 효율

기호 / 각종 가열기	단 위	발열량	효 율
석 탄 용	kg/h	16,760~25,140 kJ/kg	35~65%
코크스용	kg/h	20,950~25,140 kJ/kg	
중 유 용	kg/h	41,900 kJ/kg	50~70%
경 유 용	kg/h	41,900 kJ/kg	50~70%
도시가스용	m^3/h	15,084~46,090 kJ/m^3	65~75%
천연가스용	m^3/h	33,520~41,900 kJ/m^3	65~75%
프로판가스용	kg/h	50,280 kJ/kg	55~65%
전 기 용	kW/h	3,603.4 kJ/W	70~80%

(空氣調和 · 衛生工學便覽 中卷, p.885)

예제 2-3

중유 사용 탕수 보일러를 사용하여 급탕량 1,000 ℓ/h를 만드는데 필요한 중유량은 얼마인가? 다만, 온수온도 80℃, 물의 온도를 0℃로 한다.

|해답| 위 식을 이용하여 중유 소비량을 구한다.

$$Q=\frac{1,000(80-10)}{10,000\times 0.7}=10(\text{kg/h})$$

(2) 간접가열기

증기 또는 온수를 열원으로 하는 간접가열기(storage tank)의 가열 코일은 다음 식에서 계산한다.

1) 코일의 표면적

① 증기를 열매로 하는 경우

$$S=\frac{H}{F\left(t_s-\frac{t_h-t_c}{2}\right)} \tag{2.8}$$

여기서, S : 코일 내측의 표면적(m^2)

H : 가열기 능력(w)

F : 코일의 전열량(w/m^2 · k)(표 2-9)

t_s : 공급증기압에 의한 증기온도(℃)

표 2-9 코일의 전열량

코일의 재질	동관 및 황동관		강 관	
	증기	온수	증기	온수
F	1,360 w/m²·k	570	907	384

② 온수를 열매로 하는 경우

$$S = \frac{H}{F\left(t_r - \frac{t_h + t_c}{2}\right)} \tag{2.9}$$

여기서, t_r : 열탕의 온도(80~90℃)

2) 코일의 길이

코일의 표면적에서 표 2-10을 이용하여 각 관경에 상당하는 코일의 길이를 구한다.

표 2-10 코일의 길이

강관(배관용 강관)					동관(이음매 없는 동관)				
관의 호칭 A	근사 두께 mm	근사 내경 mm	관길이 1m당 면적 m²/m	면적 1m²당 관길이 m/m²	외경 mm	두께 mm	내경 mm	관길이 1m당 면적 m²/m	면적 1m²당 관길이 m/m²
25	3.2	27.6	0.087	11.5	25	2.0	21	0.066	15.2
30	3.5	35.7	0.112	8.9	30	2.0	28	0.088	11.4
40	3.5	41.6	0.131	7.6	38	2.9	32.2	0.101	9.9
50	3.8	52.9	0.166	6.0	50	2.9	44.2	0.139	7.2

(空氣調和・衛生工學便覽 中卷, p.886)

예제 2-4

급탕가열장치를 설계하는 경우 급탕량을 4,500 ℓ/h, 급탕공급온도 60℃, 급수온도 10℃, 코일의 열관류율 872 W/m²·k, 가열용 증기온도를 110℃라고 할 때 가열코일의 표면적 S(m²)는?

|해답| 가열기 능력

$$H = \frac{G(\text{kg/h}) \times C(\text{kJ/kg}\cdot\text{k}) \times \Delta t\,(\text{k}) \times 1{,}000(\text{J/kJ})}{3{,}600(\text{s})}$$

$$= \frac{4{,}500 \times 4.2 \times 50 \times 1000}{3{,}600} = 262{,}500\,\text{w}$$

가열코일의 면적

$$A = \frac{H}{k \times \left(t_s - \frac{t_h + t_c}{2}\right)} = \frac{262,500}{872 \times \left(110 - \frac{60+10}{2}\right)} = 4\text{m}^2$$

2-8-3 저탕조 용량의 산정

저탕조(storage tank)의 용량은 인원에 의한 경우와 기구수에 의한 경우에 따라 시간 최대 예상급탕량을 고려하여 산정한다.

(1) 인원에 의한 경우

$$Q_{hm} = K_1 \cdot Q_d \tag{2.10}$$

여기서, Q_{hm} : 시간 최대예상급탕량 (ℓ/h)

K_1 : 시간 최대예상급탕량의 1일당 급탕량에 대한 비율 (표 2-7)

Q_d : 1일당 급탕량(ℓ/d)$= N \cdot q_d \cdot (60 - t_c)/(t_h - t_c)$

$$Q = K_3 \cdot Q_{hm} \tag{2.11}$$

여기서, Q : 저탕조 용량 (ℓ)

K_3 : 저탕량의 시간 최대 급탕량에 대한 비율 (표 2-7)

(2) 기구수에 의한 경우

$$Q_{hm} = U \cdot (\Sigma_n \cdot H_q) \tag{2.12}$$

여기서, Q_{hm} : 1시간당 급탕량(ℓ/h)

U : 기구의 동시사용률

H_q : 기구의 1시간당 급탕량(ℓ/h)

$$Q = K \cdot Q_{hm} \tag{2.13}$$

여기서, Q : 저탕조 용량 (ℓ)

K : 저탕조계수

2-8-4 열원기기 가열 능력의 산정

중앙 방식으로 저탕조를 설치하는 경우의 가열 능력 H는 보유 열량을 고려하여 다음 식에서 구한다.

(1) 인원에 의한 경우

$$H = 0.00116 \cdot K_2 \cdot Q_{hm} \cdot (t_h - t_c) \quad (2.14)$$

여기서, H : 가열 능력(Kw/h)

K_2 : 가열 능력의 시간최대예상급탕량에 대한 비율(=1.0)

t_h : 급탕 온도(℃)(45~60℃)

t_c : 급수 온도(℃)(≒5℃)

Q_{hm} : 시간최대예상급탕량(ℓ/h)

(2) 기구수에 의한 경우

$$H = 0.00116 \cdot Q_{hm} \cdot (t_h - t_c) \quad (2.15)$$

여기서, H : 가열 능력(Kw/h)

Q_{hm} : 1시간당 급탕량 (ℓ/h)

t_h : 급탕 온도(℃)(45~60℃)

t_c : 급수 온도(℃)(≒5℃)

예제 2-5

사무소 건축(약 1,000m^2, 근무자 100명)의 위에 공동주택 3DK(4인/세대) 20세대가 거주하는 건물에 있어 인원에 의한 저탕조와 가열기 능력을 산정하라.

|해답|

건물용도	급탕인원 N(인)	1인1일당 급탕량 q_d(ℓ/d/n)	1일당급탕량 Q_d(ℓ/d)	비율 K_1	시간최대예상급탕량 Q_{hm}(ℓ/h)
사무소	100	10.0	1,000	0.20	200
공동주택	80	100.0	8,000	0.15	1,200
합계					1,400

1) 저탕조의 산정

K_3=1.0

Q=1,400 ℓ

2) 가열능력의 산정

K_2=1.0

H=0.00116×1400×1.0×(60-5)=90 (kw/h)

예제 2-6

100실 규모의 호텔에 있어 기구수에 의한 저탕조와 가열능력을 산정하라.

| 해답 |

기구종별	시간급탕량 H_q(ℓ/h·개)	기구수 N(개)	기구동시사용률 U	시간급탕량 Q_{hm}(ℓ/h)	저탕용량계수 K	저탕용량 Q(ℓ)
개인세면기	7.6	100	0.25	190.0	0.80	152.0
욕조	76.0	100	0.25	1,900.0	0.80	1,520.0
샤워	284.0	100	0.25	7,100.0	0.80	5,680.0
주방싱크	114.0	5	0.25	142.5	0.80	114.0
세탁싱크	106.0	2	0.25	53.0	0.80	42.4
식기세척기	760.0	1	0.25	190.0	0.80	152.0
계				9,575.5		7,660.4

1) 저탕조의 산정

① 시간급탕량 = 9,575.5 (ℓ/h)

② 저탕용량 = 7,660.4 (ℓ)

2) 가열능력

H=0.00116×9575.5×(60-5)= 611.0 (kw/h)

2-8-5 급탕 순환 펌프의 산정

(1) 순환수량

순환수량은 급탕관 단위길이당의 열손실을 급탕온도와 반탕온도의 차이로 나눈 것에 의하여 산정한다.

$$W = \frac{0.86 \times Ht(th - tr)}{\Delta t \times 60} (\ell\ /\text{min}) \qquad (2.16)$$

여기서, W : 순환수량(ℓ/min)

Ht : 열손실($Q \cdot L$)

Q : 단위 길이당의 열손실(W/m·℃)

L : 배관길이(m)

Δt : 급탕과 반탕의 온도 차이(℃)(≒5℃)

th : 급탕 온도(℃)

tr : 배관의 주위 온도(℃)(≒15℃)

배관, 기기에서의 열손실은 보온재의 종류, 두께, 급탕온도와 관 주위 온도와의 차이 등에 따라 다르지만 일반적으로는 표 2-11의 수치를 이용한다.

그러나 배관에서 열손실을 산정하는 것은 매우 복잡하므로 통상 다음과 같은 간편법을 사용한다.

① 급탕기구의 종류에 관계없이 기구 1개에 대하여 0.2ℓ/min으로 한다.

② 급탕 수직관의 관경에 의하여 구한다.

표 2-11 배관·기기에서의 열손실

관경(mm)	15	20	25	32	40	50	65	80	100	125	150
보온처리한 강관 (w/m·k)[a]	0.24	0.29	0.33	0.38	0.42	0.50	0.51	0.58	0.71	0.84	0.85
裸의 강관 (w/m·k)[b]	1.07	1.35	1.63	2.01	2.29	2.90	3.38	4.03	5.08	–	7.26
裸의 동관 (w/m·k)[b]	0.64	0.83	1.05	1.24	1.47	1.83	2.24	2.59	3.33	–	4.69
보온처리한 평면 (w/m·k)[a]	0.86										

[주] a) λ= 0.05 w/m·k(rock wool 정도), a = 11.63 w/m²·k, 보온재 두께를 관경 15~50mm는 20mm, 관경 65~125mm는 25mm, 관경 150mm는 30mm, 평면에 대해서는 50mm로 계산. 보온처리한 동관의 값은 강관 이외의 보온된 배관에 근사적을 사용하여도 지장이 없다.
b) Pantuso, V.J. : Return Pipe Sizing, ACHV, Oct., 1963에 의함.

표 2-12 급탕 수직관과 순환수량

관 경	20~25A	32~40A	50A 이상
유 량	2ℓ/min	4	8

[주] 유량의 값은 수직관 1본당의 것을 나타낸다.

(2) 양정

1) 자연순환식

급탕배관 내에서 물이 가열되면 뜨거워진 물과의 사이에 밀도차가 생긴다. 뜨거워진 물은 밀도가 작아져 상승하고, 차가워진 물은 하강한다. 이 순환작용을 일으키는 힘을 자연순환력이라 하고, 자연순환식(중력순환식)으로 나타내면 다음과 같다.

$$H = 1{,}000(\rho_b - \rho_a) \times h \tag{2.17}$$

여기서, H : 자연순환 수두(mmAq)

ρ_a : 급탕관 내 탕의 밀도(kg/ℓ)

ρ_b : 반탕관 내 탕의 밀도(kg/ℓ)

h : 가장 높은 곳의 급탕관과 가열기 반탕관과의 수직높이

2) 강제순환식

탕을 순환시키는 경우 소규모 건물에서는 자연순환력만으로 행할 수 있으나 대규모 건물의 경우에는 마찰손실이 커지므로 순환펌프를 사용하여 강제순환하여야 한다.

순환펌프의 양정은 순환수량, 급탕관 및 반탕관의 관경, 길에에서 최장 순환관로의 마찰손실을 구하여 결정한다.

$$H = 0.01\left(\frac{L}{2} + L'\right) \tag{2.18}$$

여기서, H : 펌프의 전양정(m)

L : 급탕 주관의 전길이(m)

L' : 반탕 주관의 전길이(m)

예제 2-7

급탕관 내 탕의 온도가 70℃, 반탕관 내의 탕의 온도가 55℃일 때 자연순환력은 얼마인가? 다만, 가장 높은 곳의 급탕관과 가열기 반탕관과의 수직높이를 30m로 한다.

|해답| $H = 1{,}000(\rho_b - \rho_a) \times h$

$H = 1{,}000(0.986 - 0.978) \times 30 = 240$ mmAq

3) 관경

펌프의 관경은 급탕주관의 관경보다 한 사이즈 작게 한다.

예제 2-8

급탕주관의 전 길이 90m, 반탕관의 전 길이 50m이고, 1시간의 급탕량 2,000ℓ로 하는 경우 온수 순환펌프의 크기를 구하여라.

|해답| 순환펌프의 전 양정 $H = 0.01(\frac{90}{2} + 50) = 0.95\ \mathrm{m}$

$Q = 2{,}000 \times 2 = 4{,}000\ell/h = 4\ \mathrm{m^3/h}$

$v = 0.8\ \mathrm{m/sec} = 2{,}880\ \mathrm{m/h}$로 하면,

급탕주관의 관경 $d = \sqrt{\frac{4 \times 4}{3.14 \times 2{,}880}} = \sqrt{0.00176932} = 0.042 \fallingdotseq 50\ \mathrm{mm}$

반탕관의 관경 및 순환펌프의 관경은 급탕주관의 관경보다 한 사이즈 작은 40mm를 채용한다.

2-9 급탕배관의 설계

2-9-1 급탕부하

급탕량이나 부하패턴의 추산에는 각각 급탕기기의 개수에서 산출하는 방법, 1인당의 소요급탕량에서 구하는 방법, 건물용도마다의 연면적당 급탕량에서 구하는 방법 등이 있다.

기구 급탕 단위란, 급탕에 있어 동시사용수량의 산정을 간략화하기 위해서 각종 기구의 유량의 비율을 단위화한 것이다. 1일 급탕부하의 산출은 급탕량을 급수온도에서 급탕온도까지 가열하기 위한 필요한 열량으로 다음 식과 같이 산출한다.

$$Qw = Cw \cdot \rho w \cdot W \cdot (Tw - Ts) \tag{2.19}$$

여기서, Qw : 급탕부하(kJ/日), (MJ/年)

W : 급탕량(ℓ/日), (ℓ/年)

Cw : 물의 비열(MJ/t·K)

ρw : 물의 밀도(t/m^3)

Tw : 급탕온도(℃)

Ts : 급수온도(℃)

2-9-2 급탕관의 관경 산정

급탕관 관경의 결정방법에는 시간최대급탕량의 1.5~2.0배를 순시최대예상급탕량으로 계산하는 방법과, 표 2-13에 의해 급탕단위를 합계하고 그림 2-15를 이용하여 동시사용유량을 알아 급수관 관경 결정의 경우와 마찬가지로 관경을 구하는 방법이 있다. 관경을 구하는 경우에 주의할 것은 열원기기까지의 수압이고, 말단에서의 급수압과 급탕압의 균형을 갖추더라도 충분히 주의할 필요가 있다.

배관은 관 내의 유속을 빠르게 하면 물리적 부식(침식)을 하기 쉽게 되고, 특히 동관은 강관에 비하여 그 경향이 강하므로 관내 유속은 1.5~1.8 m/s 이하로 하는 것이 바람직하고, 관경의 결정시에는 유속의 점검을 망각해서는 안 된다.

표 2-13 건물별, 기구별 급탕단위

	공동주택	클럽	체육관	병원	호텔 기숙사	공장	사무소	학교	YMCA
세면기(개인용)	0.75	0.75	0.75	0.75	0.75	0.75	0.75	0.75	0.75
세면기(공공용)	–	1	1	1	1	1	1	1	1
욕 조	1.5	1.5	–	1.5	1.5	–	–	–	–
식기세척기	1.5	250석 마다							
물리치료용욕조	–	–	–	5	–	–	–	–	–
주방싱크	0.75	1.5	–	3	1.5	3	–	0.75	3
배선싱크	–	2.5	–	2.5	2.5	–	–	2.5	2.5
청소용싱크	1.5	2.5	–	2.5	2.5	2.5	2.5	2.5	2.5
샤 워	1.5	1.5	1.5	1.5	1.5	3	–	1.5	1.5

[주] 체육관 또는 공장의 작업원 교대시와 같이 주된 급탕용도가 샤워의 경우에는 동시사용률을 100%로 한다.

(1) 급탕 단위에 의한 방법

먼저 설치기구에 따른 급탕부하단위를 구하고 그 급탕부하단위 합계에서 동시사용유량을 산출한 다음, 허용마찰손실 이내가 되도록 결정한다.

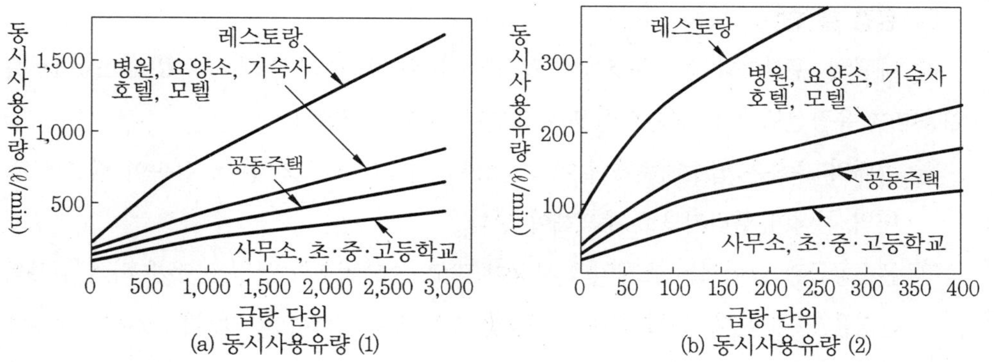

그림 2-15 급탕단위에 따른 동시 사용유량

1) 부하유량 산정

① 각 배관이 담당하는 부하단위의 합계를 구한다(표 2.13).

② 각 배관이 담당하는 부하단위수에 따른 동시사용유량을 구한다(그림 2.15).

2) 허용마찰손실의 산정

$$R = \frac{H - h - h'}{L + L'} \times 1{,}000 \tag{2.20}$$

여기서, R : 온수공급 배관계통에서 단위배관길이마다의 허용마찰손실(mmAq/m)

H : 온수공급개소에서의 정수두(mAq)

(고가탱크의 경우는 탱크에서 온수공급개소까지의 수직높이, 압력탱크의 경우는 압력탱크의 공급압력에서 탱크와 온수공급개소 사이의 수직거리를 뺀 값)

h : 온수공급개소에서 최소로 필요한 압력수두(mAq)

h': 급수원에서 배관경을 구하는 구간까지의 마찰손실수두(mAq)

L : 온수공급관의 길이(m)

L': 온수공급관의 밸브 · 이음쇠 등 국부저항에 의한 상당관길이(m)

온수공급관의 마찰손실을 계산하는 경우에 주의할 사항은, 급수원에서 가열용기에 이르기까지의 손실수두를 반드시 고려해야 하며, 순환펌프는 관경 결정시에는 고려하지 않는다.

3) 관경 결정법

각 배관의 구간마다 동시사용유량 Q(ℓ/min)와 허용마찰손실수두 R(mmAq/m)을 이용하여 유량선도에서 다음 사항을 주의하며 관경을 구한다.

① 관내의 유속은 급수배관과 같이 1.5(m/s) 이하가 되도록 한다. 유속이 빠르면 관 내의 침식이 빨라지므로 주의해야 한다.

② 온수공급관 내에서는 스케일의 부착이 많고, 순환펌프의 양정을 적게 하기 위하여 관경을 크게 한다. 특히 경수를 사용할 경우 또는 강관으로 배관한 경우는 온수에 의한 부식관계로 연수가 지남에 따라 관 내경이 현저하게 축소되고 거칠어져 마찰저항이 증대하므로, 계산값보다 1단 크게 한다.

③ 기구의 접속관경이 15A라도 접속개소까지는 관경을 최소 20A로 한다.

4) 실제의 마찰저항값 산정과 검토

각 구간의 관경을 근거로 한 실제의 마찰저항값을 산정하고, 허용값 이내에 있는지의 여부를 검토해야 한다.

① 각 배관의 구간마다 실제 배관길이(L)와 상당관길이(L')를 구한다.

② 각 구간마다의 실제의 R(mmAq/m)값에 $L+L'$를 곱하여 마찰저항값(mmAq)을 구한 다음, 전체 구간을 합계하여 전체의 마찰저항값을 구한다.

③ ②에서 구한 마찰저항값이 허용마찰저항 R값 내에 있는지 여부를 검토한다. 허용치를 넘는 경우에는 이미 정한 R값이 작게 되도록 가정한 상당관길이를 큰 값으로 규정한다.

(2) 반탕관의 관경

반탕관의 관경은 배관에서 열손실과 온도강하에 의하여 구할 수 있으나 통상은 급탕관경의 약 반 정도의 것을 사용하며, 최소 20 A 이상 되어야 한다(표 2-14).

표 2-14 반탕 관경

급탕 관경	20~32A	40A	50A	65~80A
반탕 관경	20A	25A	32A	40A

예제 2-9

비즈니스 호텔로서 건축연면적 8157m^2, 지상 9층, 지하 1층, 옥탑 1층인 규모에 중앙식 온수보일러 급탕방식을 채용하고 있다. 이용자는 객실 인원 224명이고, 시간최대급탕량 30(ℓ/h·人), 1일의 예상 급탕량 200(ℓ/日·人)이며, 시스템 전체의 방열량 6584.8W의 경우 1) 시간최대급탕량, 2) 유효저탕조용량, 3) 가열능력, 4) 급탕관경, 5) 급탕시스템 전체의 순환수량을 구하라.

| 해답 | 1) 시간최대급탕량

224명×30(ℓ/h·人)=6,720(ℓ/h)

2) 유효저탕조용량

2기 설치하는 것으로 하고, 저탕조의 유효저수량을 80%로 계산하면, 6,720(ℓ/h)×1/2 ÷ 0.8=4,200(ℓ) 2기

3) 가열능력

급탕온도 60℃, 급수온도 5℃, 가열능력의 시간최대예상급탑량에 대한 비율 0.8, 시간최대급탕량을 저탕조의 유효저탕조로 하면, H=0.00116×0.8×6720×(60−5) = 342.9kw/h

⇒ 200kW×2기

4) 급탕관경

급탕기구단위와 급탕사용유량에서 결정한다.

배관재료는 일반배관용 스테인리스 강관을 사용한다.

5) 급탕시스템 전체의 순환유량 W

전체의 방열량=6,584.8×1.3=8,561W

W=0.86×8,561÷60min÷5℃ ≒24.6ℓ/min

2-9-3 과열방지

과열에 따라 배관 내 물의 팽창 혹은 압력상승에 의한 위험을 방지하는 동시에 공급온도를 일정하게 유지하기 위하여 가열기에 안전장치를 설치할 필요가 있다.

직접가열식의 경우는 가열장치 및 저탕조에 서모스탯을 설치하고, 가열장치가 자동적으로 제어하는 방법을 취하고 있다. 또 간접가열식의 경우는 저탕조에 서모스탯을 설치하고, 탱크 내의 온도에 의하여 자동적으로 온도조절밸브를 개폐하고, 증기 또는 온수를 제어한다.

이상의 방법은 엄밀히 말하면 과열방지라기 보다는 오히려 적온의 유지에 있다. 본격적인 과열방지에는 온도도피밸브를 설치할 필요가 있다. 온도도피밸브는 퓨즈식, 바이메탈식, 벨로즈식이 있다.

온도도피밸브는 99℃에서 열고, 56℃에서 복원하도록 되어 있다. 온도도피밸브의 부

착위치는 저탕조 내의 가장 온도가 높아지는 곳에 설치한다. 가스 순간탕비기에 과열방지 장치는 필요 없다.

2-9-4 과압방지

전술한 바와 같이 물이 가열되면 팽창하고 압력이 상승한다. 이 압력을 피하기 위해서는 팽창관과 압력도피밸브를 필요로 한다.

(1) 팽창관

팽창관은 저탕조 또는 가열장치에 의하여 배관을 수직으로 올리고, 팽창수조 등으로 개방하는 것이다. 팽창관 도중에는 절대로 밸브를 설치해서는 안 된다.

1) 팽창관의 관경

팽창관의 관경은 동계의 동결을 고려하여 25 A를 최저 관경으로 하고, 그 외는 표 2-15를 표준으로 하고 있다.

표 2-15 팽창관의 관경

	전열면적(m^2)	팽창관의 내경(mm)
온수보일러	10 미만	25 이상
	10~15	32
	15~20	40
	20 이상	50

2) 팽창관의 수직올림 높이

팽창수조의 수면에서 팽창관의 개구위치까지 높이는 다음과 같이 하여 구한다.

$$Hr_1 = (H+h)r_2$$

$$\therefore\ h = \frac{H(r_1 - r_2)}{r_2} \tag{2.21}$$

여기서, H : 급탕관의 최저위에서 팽창수조 수면까지의 높이(m)

h : 팽창수조의 수면에서 팽창관 개구위치까지의 높이(m)

r_1 : 보급수의 비중량(kg/ℓ)

r_2 : 탕의 비중량(kg/ℓ)

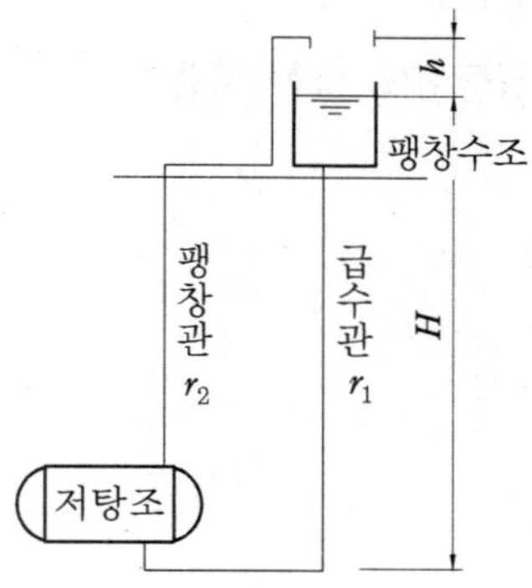

그림 2-16 팽창수조의 수직올림 높이

3) 팽창수조의 용량

팽창수조는 급탕장치 내 물의 팽창에 의하여 팽창관에서 유출하는 수량을 받는 수조이다. 고가수조를 팽창수조와 겸용하는 경우가 있는데, 팽창수조(감압수조와 겸용하여도 된다)는 별도로 설치하는 것이 바람직하다. 팽창수조는 개방형이 일반적인데, 최근에는 밀폐형도 사용되고 있다.

팽창수조의 용량은 장치 내 전체 수량에 대한 팽창량에 의거하여 산정한다.

① 개방형 팽창・보급수 수조의 경우

$$Q = Q_1 + Q_2 \tag{2.22}$$

여기서, Q : 개방형 수조 용량(ℓ)

Q_1 : 팽창량(ℓ)

Q_2 : 보급수량(ℓ)

$Q_1 = k_1 \cdot (\rho_1/\rho_2 - 1) \cdot V$

K_1 : 여유계수(=1.5~2.5)

ρ_1 : 물의 밀도(kg/ℓ)(5℃ : 0.999999 kg/ℓ)

ρ_2 : 온수의 밀도(kg/ℓ)(60℃ : 0.98336 kg/ℓ)

V : 장치 내 전수량(ℓ)($V_1 + V_2$)

$Q_2 = K_2 \cdot Q_{hm}$

Q_{hm} : 시간최대예상급탕량(ℓ/h)

K_2 : 시간최대예상급탕량에 대한 비율(h)(0.33~1.0)

② 밀폐형 팽창수조의 경우

$$V_T = \frac{\Delta V}{1 - \frac{P_1}{P_2}} \qquad (2.23)$$

여기서, V_T : 밀폐형 수조 용량(ℓ)

ΔV : 장치 내 전체의 팽창수량(ℓ)(=$(v_2 - v_1) \cdot V$)

V : 장치 내 전수량(ℓ)($V_1 + V_2$)

v_1 : 물의 비체적(ℓ/kg)(5℃≒1.0)

v_2 : 온수의 비체적(ℓ/kg)(60℃≒1.0169)

P_1 : 팽창수조 초기 봉입 절대압력(kPa)(a+b+c)

a : 팽창수조에 가해지는 압력(kPa)

b : 순환펌프에 의해 가해지는 압력(kPa)

c : 대기압력(kPa)(=101.325)

P_2 : 팽창수조의 최대사용압력(kPa)(=$P_1 + \Delta P$)

ΔP : 팽창수조 내의 허용압력상승(kPa)(d-(e+f+g))

d : 도피밸브 제트압력(kPa)

e : 도피밸브에 대한 여유(kPa)(=d×0.1)

f : 도피밸브에 가해지는 압력(kPa)

g : 순환펌프에 따라 도피밸브에 가해지는 압력(kPa)

(2) 압력도피밸브

압력도피밸브는 팽창관이 설치되어 있지 않은 경우에 설치하고, 장치 내의 압력이 최고 사용압력의 6%를 넘으면 내부의 탕이 방출시키는 과압을 방지한다.

2-9-5 신축이음

관은 온도가 변화하면 그에 따라 길이도 신축한다. 관의 신축은 이음, 밸브류 및 지지철물에 응력이 걸리고, 파손의 원인이 된다. 따라서 급탕 배관에서는 관의 신축을 충분히 고려할 필요가 있다.

관의 신축량은 다음 식으로 나타낸다.

$$L' = 1{,}000\,L\,C(t_h - t_c) \tag{2.24}$$

여기서, L' : 관의 신축량(mm)

L : 온도 t_c일 때의 길이

C : 선팽창계수(표 2-16)

t_h : 급탕온도

t_c : 급수온도

표 2-16 선팽창계수

금 속 관	선팽창계수
강 관	0.00001098
동 관	0.00001710
황 동 관	0.00001872

예제 2-10

온도 20℃, 길이 100m의 동관에 탕이 흘러 60℃가 되었을 때의 팽창량은?

|해답| 동의 선팽창계수는 0.171×10^{-4} 이므로

$$L' = 100\left\{1 + \frac{0.171}{10{,}000} \times (60 - 20)\right\} = 100.0684(\mathrm{m})$$

즉 동관은 온도차 40℃에서 100m마다 68.4m/m 팽창한다.

현재, 관의 신축에 대응하는 방법으로 신축이음이 이용되고 있다. 신축이음에는 다음의 5종류가 있다.

① 스위블(형) 이음 : 배관(주관)의 열팽창에 의한 신축을 흡수하기 위하여 지관 연

결부에 있어서 그림 2-17에 나타난 것 같은 배관을 행한다. 배관재의 가소성과 나사부의 회전에 의하여 신축을 흡수하는 것이며, 나사 조임 배관의 저압증기나 온수배관에 널리 사용되고, 3개 이상의 엘보를 이용하여 현장에서 조립한다.

② 슬리브형 이음 : 본체 내부에 원활하게 움직일 수 있는 슬리브(sleeve)를 가지고 배관의 신축을, 이 슬리브의 미끄러짐에 의하여 흡수하는 것이다. 소형으로써 장소를 많이 차지하지는 않지만 패킹을 사용하고 있으므로 누설에 대한 점검이 필요하다.

③ 벨로즈형 이음 : 동제나 스테인리스 강제의 벨로즈(bellows) 신축을 이용하는 것이다. 패킹이 없으므로 누설은 없으나 벨로즈의 강도에 제약되어 지나친 고압 증기에는 적합하지 않다. 또 벨로즈의 스토킹(stoking)의 사이에 응축수나 스케일이 고이기 쉽다.

④ 루프형 이음 : 철관을 불에 달구어 구부림 또는 곡관이음을 용접하여 만들고 그 휨에 의하여 배관의 신축을 흡수하는 것이다. 이 곡면은 장소를 넓게 잡지만 고압에 견디고, 고장도 적고, 내구성이 있으므로 공장이나 옥외 배관에 이용된다.

⑤ 볼형 이음 : 볼(ball)을 2개 이상 사용하여 회전과 기울기가 동시에 가능하며, 배관계에 걸리는 추력(thrust)이나 모멘트가 생기지 않는다. 고온수 배관 등에 많이 사용된다.

신축이음 중 슬리브형 신축이음, 벨로즈형 신축이음은 30 mm 정도의 신축을 흡수할 수 있도록 되어 있기 때문에 강관의 경우는 30 m(복식에서는 60 m)에 1개, 동관의 경우는 20 m (복식에서는 40 m)에 1개 설치하면 된다.

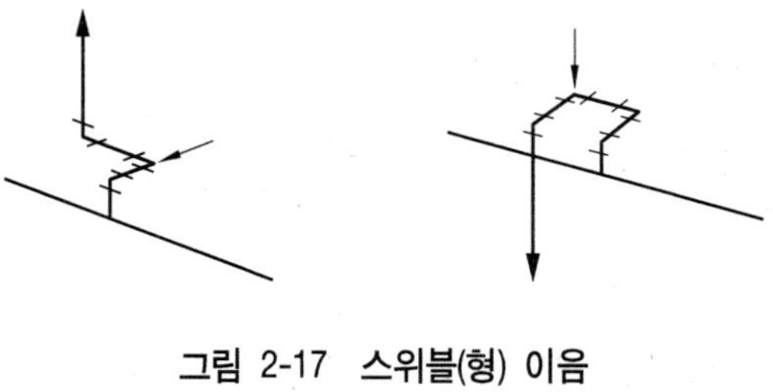

그림 2-17 스위블(형) 이음

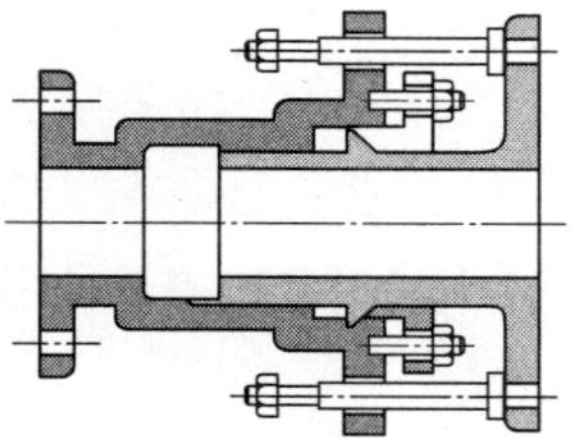

그림 2-18 슬리브형 신축이음

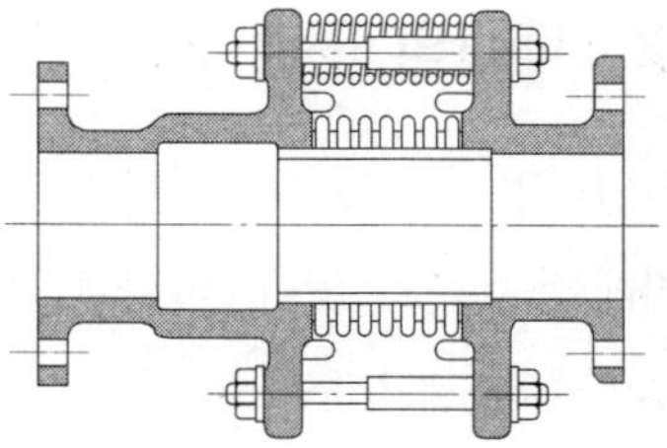

그림 2-19 벨로즈형 신축이음

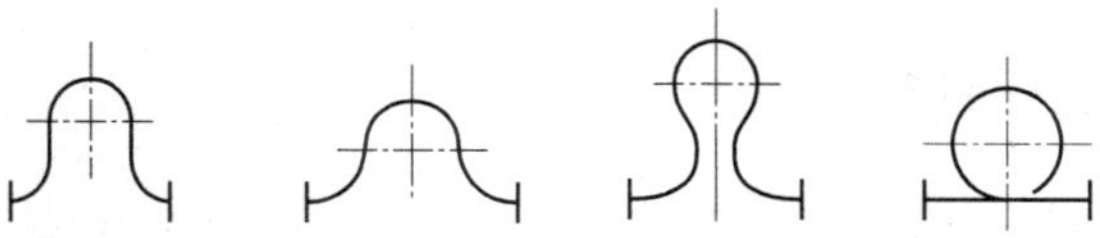

그림 2-20 루프형 신축이음

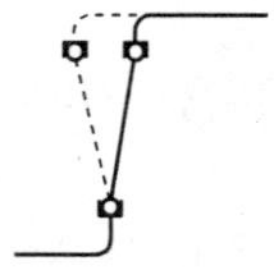

그림 2-21 볼형 신축이음

2-10 배관재료 및 시공

2-10-1 배관재료

급탕용 배관재료에는 주로 배관용 탄소강강관(백관), 동관, 황동관이 사용된다.

급탕의 경우는 수중의 용존산소가 유리되고, 금속에 대하여 부식작용이 크다. 따라서 급탕관에는 내식성이 있는 재료를 사용할 필요가 있다. 현재에는 급탕관에는 주석도금[1)]을 행한 동관 혹은 황동관이 이상적이다.

동관은 강관과 비교하면 (1) 관 내면이 미끄러워 마찰저항이 작다, (2) 스케일의 침착이 적다, (3) 산화피막이 만들어지기 쉽고, 부식이 내부에서 진행하기 어렵다, (4) 중량이 가볍다 등의 장점을 지니고 있다.

또한 황동관은 수질 면에서 고려하면 가장 좋으나, ① 가격이 매우 높다, ② 시즌 크랙(season crack)이 생길 우려가 있다 등의 결점을 지니고 있다.

1) 동관, 황동관은 극연수에는 약하기 때문에 주석도금을 행한다.

2-10-2 배관의 구배

물이 가열되면 수중에 함유되어 있던 공기가 분리되고, 배관의 도중에 정체하여 탕의 순환을 저해할 우려가 있다. 따라서 배관은 이들의 공기를 신속히 도피시키기 위하여 凹凸부를 만들지 않고 구배를 둔다.

배관 구배는 적어도 1/300 이상으로 할 필요가 있고, 일반적으로는 중력순환식의 경우 1/150 이상, 강제순환식의 경우 1/200 이상으로 한다.

2-10-3 반환탕관의 역류방지

급탕관과 반환탕관이 접속되는 곳에서는 복귀하는 탕이 급탕관 쪽으로 역류할 우려가 있다. 이를 방지하기 위하여 그림 2-22와 같이 반환탕관을 반환탕 주관에 접속한 바로 앞에 체크밸브를 부착한다. 이 체크밸브는 45° 경사진 관에 설치하여 스윙밸브가 수직이 되도록 위치시킨다. 이때 탕의 저항을 적게 하기 위하여 체크밸브는 2개 이상 설치하지 않는다.

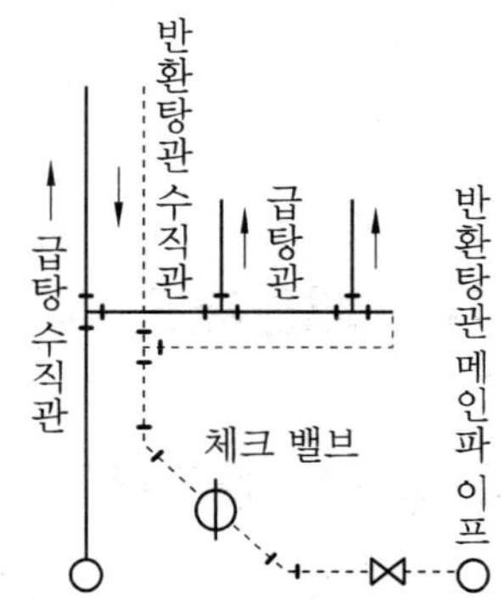

그림 2-22 역류방지

2-10-4 관의 신축

관의 온도가 0℃일 때 80℃의 탕을 통과시키면 강관은 1 m에 대하여 약 1 mm가 늘어난다. 급탕배관의 신축방지를 위하여 다음과 같이 시공한다.

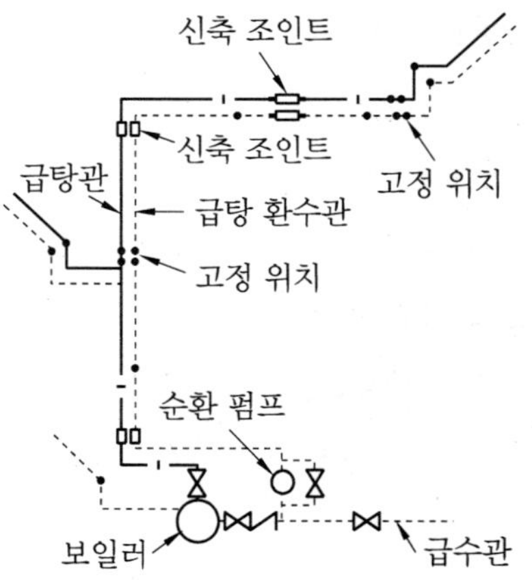

그림 2-23 신축이음쇠의 고정

① 배관의 굽힘부분에는 스위블 이음으로 접합한다.

② 건물의 벽 관통부분 배관에는 슬리브를 끼운다.

③ 배관 중간에 신축이음을 설치한다(직관 30 m 이내).

④ 순환펌프는 보수 관리가 편리한 곳에 설치하고, 가열기를 하부에 설치하였을 경우

에는 바이패스(bypass) 배관으로 한다.

⑤ 급탕밸브나 플랜지 등의 패킹은 고무, 가죽 등을 사용하지 않고, 내열성 재료를 선택하여 시공한다.

⑥ 배관에 신축이음쇠를 사용할 때에는 그림 2-23과 같이 배관을 고정시킨다.

⑦ 동관을 지지할 때에는 보온재를 사용하여 고정시킨다.

2-10-5 공기빼기

공기를 빼내기 위해서는 최고부의 탕전에서 빼내도록 배관하는 것이 원칙인데 부득이 배관에 凸부가 생긴 경우에는 자동 공기빼기 밸브 또는 공기빼기관을 설치할 필요가 있다.

2-10-6 배관의 식별

배관 내 유체를 식별하기 위해서는 유체의 종류를 색깔로 나타내어 식별이 용이하도록 하는 것이 좋다(표 2-17).

표 2-17 배관의 식별색

물질의 종류	식별색
물	청 색
증 기	적 색
공 기	백 색
가 스	황 색
기 름	진한 황적색

2-10-7 보온

가열장치 및 배관에서의 열손실을 방지하기 위하여 보온피복을 행한다.

(1) 보온재의 종류

급탕용 기기 및 배관의 보온재로서 석면, 규조토, 암면, 록울, 글라스울, 탄각, 탄화코르크, 우모펠트, 규산칼슘, 폼 폴리스틸렌 등이 있다.

보온재의 선택에 있어서는 다음과 같은 점에 유의하여야 한다.

① 안전사용온도(표 2-18)

② 열전도율

③ 내구년수

④ 가격

⑤ 불연성

⑥ 적응성

표 2-18 안전사용온도

보온재	안전사용온도(최고 ℃)
석면 보온통·판	350, 550
석면 넣은 규조토 보온재	400, 500, 600
록울 브래킷	600
글라스울 보온통·판	300
글라스울 브래킷	350
탄산마그네슘 보온통·판	270
탄화코르크판	130
우레탄 폼	110
우모 펠트	100
규산칼슘보온통·판	650
폼폴리스티렌 보온통·판	70

(2) 보온시공

급탕배관의 보온시공은 시공개소에 따라 다르지만 표 2-19는 록울 또는 글라스울을 사용했을 때의 시공순서이다.

급탕배관의 보온재 두께를 표 2-20에 나타낸다.

표 2-19 시공순서

시공개소	시공순서
옥내노출	보온통 → 철선 → 원지 → 면포
천장 내, 파이프 샤프트 내 및 목조벽 중	보온통 → 철선 → 알루미늄 글라스 크로스
바닥 아래 및 암거 내 옥외노출 및 욕장	보온통 → 철선 → 아스팔트 루핑 → 방수마포
주방 등의 다습 개소	보온통 → 철선 → 아스팔트 루핑 → 철선 → 아연철판

표 2-20 방로 보온 두께

급탕관경(A)	15	20	25	32	40	50	65	80	100	125	150	200	250	300
보온재두께(mm)	20	20	20	20	20	20	25	25	25	25	30	40	50	50

[주] 관내 온도 100℃, 주위온도 20℃의 조건
보온재는 암면보온통, 유리면보온통, 규산칼슘보온통, 펄라이트보온통 사용의 경우

보온시공을 행하는 경우는 다음과 같은 점에 충분히 주의하여야 한다.

① 암면 등의 흡습성 재료는 물에 젖으면 단열효과가 감소하므로 시공시의 양생을 충분히 행한다.

② 배관보온은 수압시험 후에 행한다.

③ 철선을 감는 대상의 보온재의 경우는 간격 50 mm 이하의 나선 모양으로 감아 조이는 것으로 한다.

④ 테이프를 감은 배관은 하방에서 상방으로 감아올려 접착테이프로 닳아 끊어짐의 방지를 행한다.

⑤ 실내 배관의 보온 끝부분에는 방사선 모양으로 사뜨고, 분기부, 구부러짐부는 밴드를 봉한다.

⑥ 다음의 개소는 보온을 행하지 않는다.

㉠ 펌프류

㉡ 옥내 및 암거 내 배관의 신축이음, 밸브, 플랜지

2-10-8 시험 및 검사

배관 기기의 시험 및 검사는 급수 장치의 경우와 같은 방법으로 하되, 피복하기 전에 실제 사용하는 압력의 2배 이상 압력으로 10분 이상 유지될 수 있어야 한다.

기기·기구의 설치 및 부착검사, 수압시험, 통수시험, 운전시험 등을 한다.

chapter 3

위생기구

3-1 개 요

위생기구(衛生器具)란 건물 내에 급수나 급탕 및 배수 등에 필요한 기구를 말하고, 대변기, 소변기, 수세기, 세면기, 욕조 등의 위생기구 외에 수전, 세척 밸브, 하이 탱크, 로 탱크, 페이퍼 홀더, 화장 선반, 거울, 비누 그릇 등의 부속기구도 포함하여 위생기구라고 한다.

위생기구를 분류하면 다음의 4가지로 나눌 수 있다.

① 급수, 급탕하기 위한 기구류 : 수전, 급수용 기구 등
② 탕수, 오물, 오수를 받기 위한 기구류 : 도기, 싱크 등
③ 기구와 배수관을 접속하기 위한 배수용 기구 : 배수철물, 트랩 등
④ 기구를 사용하기 위한 필요 부속기구 : 거울, 화장 선반, 페이퍼 홀더, 비누 그릇 등

3-2 용어의 정의

① 위생기구 : 대·소변기, 수세기, 세면기, 싱크, 욕조, 음료분수기 등
② 위생도기 : 흡수성이 적은 장석질 점토를 주원료로 한 도기제의 변기, 세면기, 싱

크, 욕조 등의 총칭

③ 토수량 : 일정 시간동안 수도꼭지를 통하여 배출되는 물의 총량(ℓ)

④ 토수유량 : 수도꼭지를 통하여 배출되는 단위시간당 물의 양(ℓ/min)을 말한다. 다만, 토수가 시작된 이후 시간경과에 따라 토수유량이 달라지는 경우에는 토수가 시작되어 토수가 그칠 때까지의 토수량을 토수유량으로 환산하여 적용한다.

⑤ 최대 토수유량 : 수전의 핸들 또는 레버를 완전히 열었을 때 배출되는 단위시간당 물의 양(ℓ/min)을 말한다. 다만, 온·냉수 혼합 수도꼭지의 경우 어느 한쪽을 완전히 열었을 때의 토수유량을 최대 토수유량으로 본다.

⑥ 즉시지수 : 어떠한 기구·장치를 부착 또는 내장하여 이를 작동시킴으로써 물의 배출과 배출의 중지가 즉시 이루어지는 방식을 말한다. 즉시지수방식으로는 전자감응식, 풋밸브(foot valve)부착방식 등이 있으며, 스위치의 개·폐에 의하여 물의 배출과 배출의 중지가 이루어지는 방식은 제외한다.

⑦ 자폐식 : 레버·핸들 등 조작부를 작동시키면 일정 시간 물이 배출된 후 자동으로 배출이 중지되는 방식

⑧ 정량지수 : 레버·핸들 등 조작부에서 미리 설정한 양의 물만 배출된 다음 자동으로 배출 중지가 이루어지는 방식을 말하며, 주로 물받이용으로 이용한다.

⑨ 세척밸브 : 물탱크가 없는 양변기에 설치하는 수세밸브

⑩ 사용수량 : 수도관으로부터 물이 공급되는 상황에서 수세핸들을 작동시켜 변기를 세척할 때 소요되는 1회분 물의 양을 말한다. 다만, 변기 세척 후 물탱크 이외의 부분을 다시 채우는 물인 보충수는 제외한다.

⑪ 최대사용수량 : 가장 많은 양의 물이 나올 수 있는 상태로 로 탱크 절수 부속을 설치하였을 때의 사용수량

⑫ 절수설비 : 별도의 부속이나 기기를 추가로 장착하지 않고도 일반제품에 비하여 물을 적게 사용하도록 생산된 수전 및 변기

⑬ 절수기기 : 물 사용량을 줄이기 위하여 수도꼭지 또는 변기에 추가로 장착하는 부속이나 기기, 절수형 샤워헤드를 포함한다.

⑭ 일체형 변기 : 물탱크와 변기가 일체가 되어 있는 변기

⑮ 동양식 변기 : 쪼그려 앉아서 용변을 보는 변기

⑯ 서양식 변기 : 걸터앉아서 용변을 보는 변기

⑰ 편의시설 : 장애인 등이 생활을 영위함에 있어 이동과 시설이용의 편리를 도모하고 정보에의 접근을 용이하게 하기 위한 시설과 설비

⑱ 배리어 프리(barrier free) : 건물, 환경, 기기, 시스템 등의 시설을 장애인, 고령자 등이 이용·생활하는데 물리적, 정신적으로 지장이 없도록 장애 제거가 배려되어 있는 것

⑲ 유니버설 디자인(universal design) : 장애, 연령, 성별, 언어 등 개인차를 초월하여 모든 사람에 대하여 가능한 한 이용 가능하도록 건축, 환경을 설계하는 것. 배리어 프리는 고령자나 신체장애인을 대상으로 하는 데 대하여 유니버설 디자인은 처음부터 다양한 사람들을 대상으로 사용하기 편리한 설계를 한다는 점이 다르다.

3-3 대변기의 종류 및 세척방식

3-3-1 대변기의 종류

대변기(water closet)는 동양식 변기와 양식 변기 2종류로 대별된다.

(1) 세출식(wash-out type)

트랩 유수부에서 상부의 위치에 수심이 얕은 변통(便桶, closet bowl) 유수부가 있고, 오물을 일시적으로 이 변통 유수부에 모아 두고 물의 힘에 의하여 트랩측에 유출하고 물의 낙차에 따라 오물을 배출하는 방식이다. 변통의 유수부가 얕으므로 오물이 노출되어 취기가 발산하고, 더러움도 부착되기 쉽다.

(2) 세락식(wash-down type)

오물을 직접 트랩 유수부에 낙하시켜 물의 낙차에 의하여 오물을 배출하는 방식이다. 오물은 유수 중에 매몰하기 때문에 취기의 발산은 비교적 적지만 유수면이 좁아 더러움이 부착하기 쉽다. 일반의 양식 변기에 가장 많은 형이다.

(3) 사이펀식(syphon type)

오물을 직접 트랩 유수 중에 낙하시켜 굴곡된 배수로의 저항에 따라 세정수에 의해

배수로 내를 넘쳐서 사이펀 작용을 일으켜 흡인·배출하는 양식이다. 유수면이 약간 넓어 더러움이 부착하기 어렵고, 세락식보다 배출능력이 우수하다.

(4) 사이펀제트식(syphon-jet type)

오물을 직접 트랩 유수 중에 낙하시켜 굴곡된 배수로의 저항과 제트 구멍에서 분출하는 물의 힘에 따라 배수로 내를 강제적 또 급속히 만수하여 사이펀 작용을 일으켜 흡인·배출하는 방식이다. 사이펀식보다 배출능력이 우수하고, 유수면은 매우 넓으므로 더러움이 부착하는 경우는 거의 없다.

(5) 블로아웃식(blow-out type)

오물을 직접 트랩 유수 중에 낙하시켜 분출 구멍에서 분출하는 물의 힘에 의하여 오물을 배수로 방향으로 불어날려 배출하는 방식이다. 유수면이 넓어 더러움이 부착하는 일은 거의 없지만 높은 급수압력을 필요로 하기 때문에 급수기구로서는 플러시 밸브를 사용하고, 세정음이 약간 큰 것이 단점이다. 이 형의 변기는 배수구 위치가 높은 배관 유닛용으로 편리하다.

(6) 절수식

절수식 변기는 사용 후의 세척수 레버를 대변 좌, 소변 우로 구별하여 소변을 보고 대변시와 같은 물을 사용할 필요가 없도록 한 것도 있으며, 최근에는 배수 배관 조건만 조절하면 5ℓ의 물로도 충분히 기능하는 것도 있다.

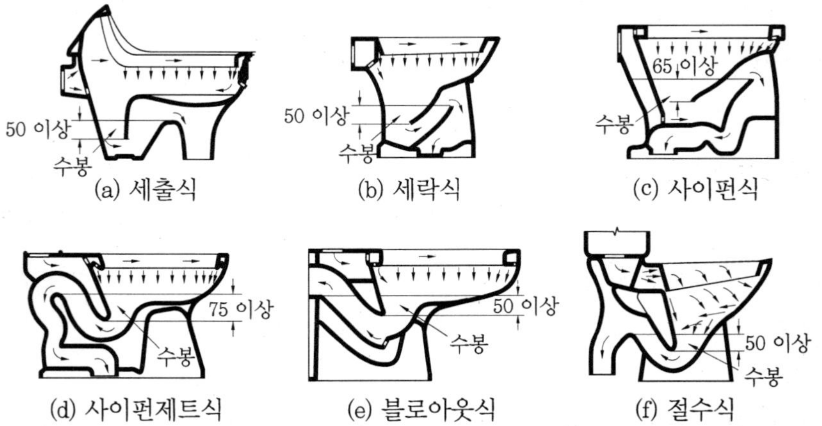

그림 3-1 대변기의 기능과 구조에 따른 분류

3-3-2 대변기의 세척방식

(1) 로 탱크식

로 탱크식(low tank type)은 블로아웃식을 제외하고 모든 타입의 변기에 사용되고 용변 후에 레버 핸들을 조작하여 변기에 세척수를 공급하는 동시에 볼탭에 의하여 로 탱크 내에 급수하는 방식이다. 바닥의 이용도가 불편하고 세척수량이 18ℓ로 다소 많다. 세척시 소음이 적어 주택 등에 사용되며, 단수시 관리가 용이하다.

급수관경은 15mm로 낮은 급수 압력에서도 사용할 수 있다. 세척관은 50mm를 사용한다.

(2) 하이 탱크식

하이 탱크식(high tank style)은 변기 세척수 급수기구의 상위에 따라 리드 플러시 밸브식과 천칭(天秤)식 2가지 타입이 있고, 어느 타입도 탱크에의 급수는 로 탱크의 경우와 마찬가지로 볼탭에 따라 행해진다. 천장 가까이의 벽면에 부착하여 사용하므로 탱크식 중에서는 화장실 내에서 스페이스를 가장 작게 할 수 있으나 세척시 소음이 많이 난다.

바닥면에서 1.6m 이상의 높이에 15ℓ의 물이 채워지는 하이 탱크를 설치하고, 급수관경은 15mm로 낮은 급수 압력에서도 사용할 수 있다. 세척관은 32mm관을 사용한다.

1) 리드 플러시 밸브식

세척관의 도중에 리드 플러시 밸브(reed flush valve)를 설치하여 이것을 작동시키는 것에 따라 세척수를 공급하는 방식이다. 리드 플러시 밸브에 따른 압력 손실이 크므로 세출변기 이외의 조합은 부적합하다.

2) 천칭식

천칭을 잡아 당겨 탱크 내 사이펀을 작동시키는 것에 따라 세척수를 공급하는 방식이다. 수봉 확보를 위하여 보급수를 필요로 하는 사이펀·사이펀제트 변기와의 조합은 부적합하다.

(3) 플러시 밸브식

플러시 밸브식은 일반 플러시 밸브 외에 조작수단에 따라 리모컨식, 전자식이 있고,

용도 및 기능에 따라 저압용, 대소 겸용, 절수형 등의 각 기능이 있고, 어느 경우라도 급수관에 직결 사용하고 일정량의 토수 후 자동적으로 지수하는 급수기구이다.

장점으로는 연속 사용이 가능하고, 간결하여 장소를 많이 차지하지 않는 점을 들 수 있는 반면에 급수관경 25mm 이상, 급수 압력 0.7kg/cm^2 이상을 필요로 하기 때문에 사용 범위는 한정된다. 보통 주택 등에서는 필요수압을 얻기 어려우므로 사용하기 곤란하고, 학교, 호텔, 사무소 등의 대규모 건축물에 적합하다.

이 방식은 급수관이 대변기에 바로 연결되어 있는데, 대변기의 트랩이 막혀 오수가 급수관 내로 역류할 수 있으므로 진공방지기(vacuum breaker)를 플러시 밸브와 급수관 사이에 설치하여 역류를 방지한다.

1) 일반 플러시 밸브

핸들, 누름 버튼 또는 페달을 조작하여 사용한다. 사무소 건물, 백화점, 학교, 기타 공공건물에 사용된다.

2) 리모컨식 플러시 밸브

플러시 밸브에서 떨어진 조작하기 쉬운 위치에 설치된 누름 버튼, 밟음 버튼을 조작하여 사용한다. 신체장애인 시설, 공중변소, 의료시설, 유치소 등에서의 사용 빈도가 높다.

3) 전자식 플러시 밸브

플러시 밸브에서 멀어져 조작하기 쉬운 위치에 설치된 감지부 凹 홈에 손을 넣음에 따라 작동한다. 손을 대지 않고 조작할 수 있으므로 위생면을 중시하는 식품회사, 의료시설, 기타 리모컨식과 동일 용도의 시설에 사용된다.

4) 저압용 플러시 밸브

급수 압력 0.4~1.0kgf/cm^{2}의 저압에서의 사용에 적합하다. 세출, 세락식 변기를 대상으로 하는 것이다.

5) 절수 플러시 밸브

핸들의 조작 시간에 관계없이 핸들을 계속 눌러도 일정량을 토수한 후 절수하는 절수를 목적으로 하는 플러시 밸브이다.

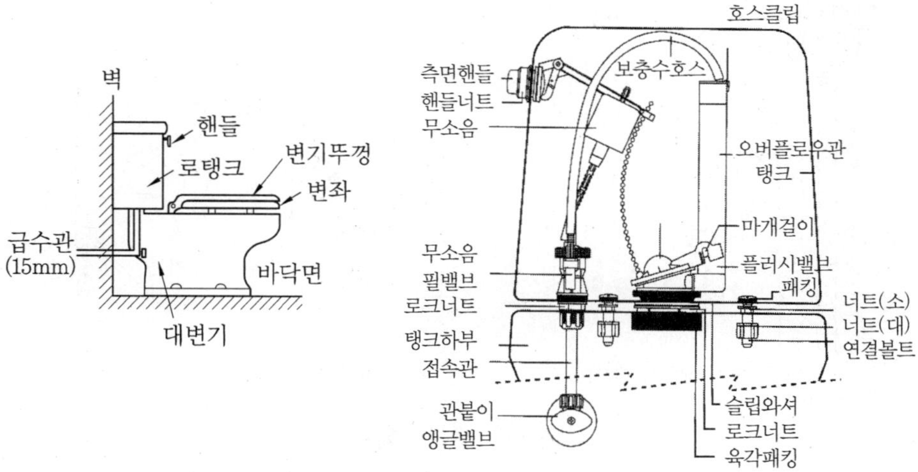

그림 3-2 로 탱크

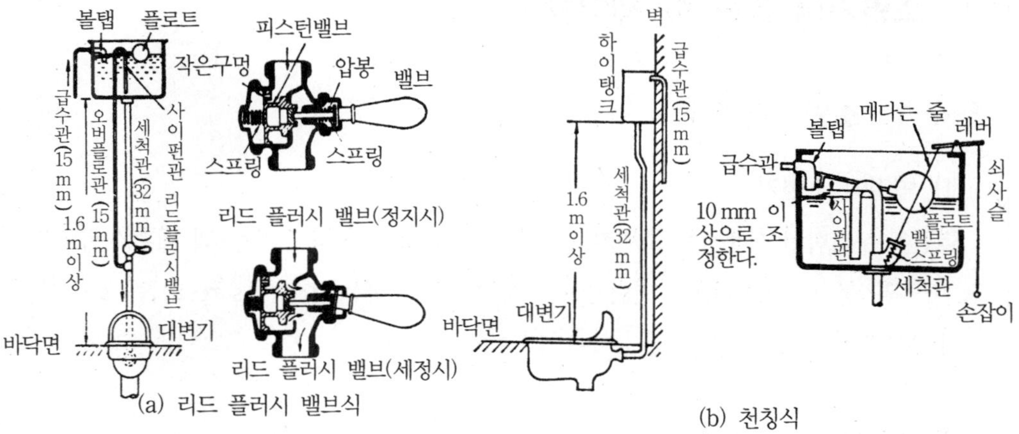

(a) 리드 플러시 밸브식

(b) 천칭식

그림 3-3 하이 탱크

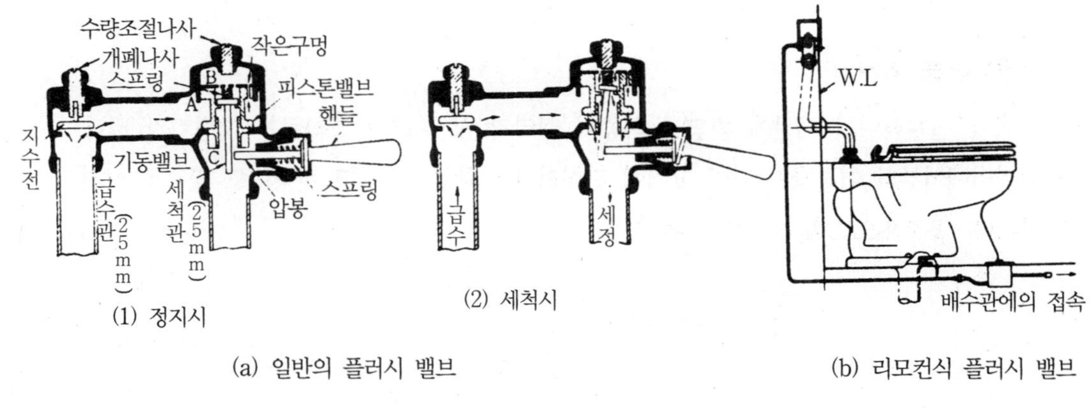

(1) 정지시

(2) 세척시

(a) 일반의 플러시 밸브

(b) 리모컨식 플러시 밸브

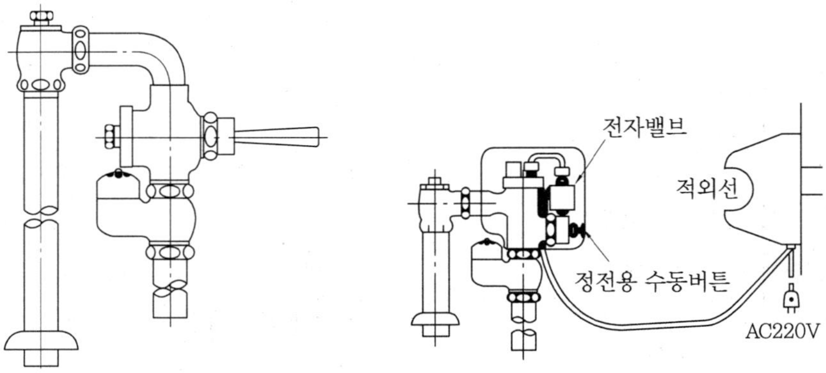

(c) 저압용 플러시 밸브

(d) 전자식 플러시 밸브

그림 3-4 플러시 밸브

3-4 소변기의 종류 및 세척방식

3-4-1 소변기의 종류

(1) 벽걸이 소변기

벽면에 부착하여 사용하는 소변기(urinal)이다. 트랩 부착의 경우는 벽 배수가 주류이고 바닥의 청소는 용이하다. 연립하여 사용하는 경우에는 칸막이(screen)를 설치하는 것이 바람직하다.

(2) 벽걸이 스톨 소변기

벽면에 부착하여 사용하는데 연립 사용하는 경우에도 칸막이를 필요로 하지 않는다.

(3) 스톨 소변기

바닥 설치식이기 때문에 벽면에 하중이 걸리지 않고 크고 호화로운 소변기가 많다. 어린이에서부터 어른까지 키의 고저에 관계없이 사용할 수 있고 칸막이도 필요로 하지 않는다. 공중용으로 널리 사용되고 있다.

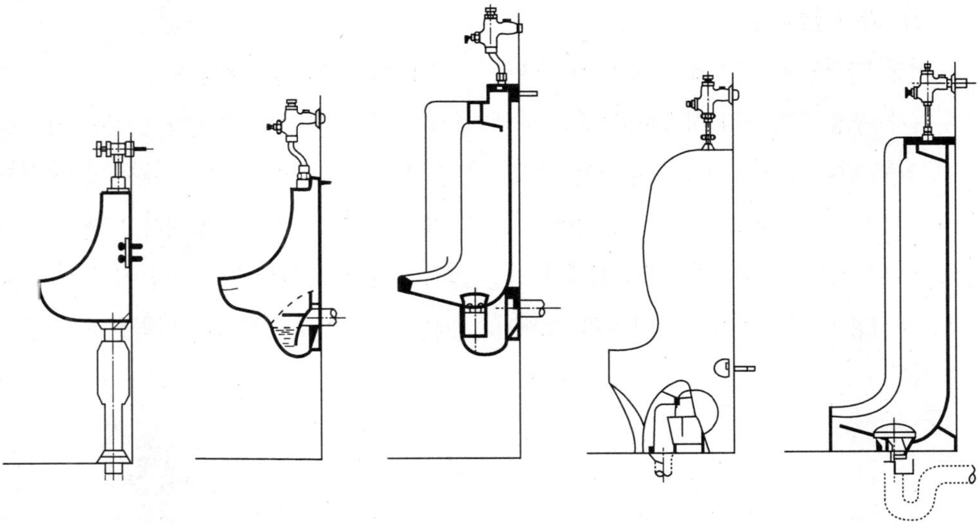

(a) 벽걸이 소변기 (트랩 없음) (b) 벽걸이 소변기 (트랩 부착) (c) 벽걸이 스톨 소변기 (d) 스톨 소변기 (트랩 없음) (e) 스톨 소변기 (트랩 부착)

그림 3-5 소변기의 종류

3-4-2 소변기의 세척방식

(1) 세척 수전방식

소변기마다 부착하고 핸들의 개폐조작에 따라 세척수의 급지수를 행하는 방식이다. 인위적인 조작에 의하기 때문에 세척수량에 과부족이 있을 뿐 아니라 핸들부에 피부접촉의 혐오감, 조작의 번거로움 때문에 세척조작을 행하지 않아 비위생적이 된다든지, 사용시 물을 낭비하는 등 바람직하지 못한 경우가 많아 공공화장실에서의 사용에는 적합하지 않다.

(2) 플러시 핸들방식

소변기마다 부착하여 누름 버튼의 조작에 따라 일정량 토수 후 자동적으로 지수하는 급수기구이고, 그 작동기구는 대변기용 플러시 밸브와 같다. 1회의 조작에 따른 토수량은 안정되어 있지만 조작 자체는 인위적으로 행하기 때문에 소변 수전의 경우와 마찬가지의 결점을 가진다.

(3) 하이 탱크방식

천장 가까이의 벽면에 부착한 탱크에서 수전에 따라 항상 일정량의 급수를 행하고, 수위가 규정 위치까지 상승하고 탱크 내에 설치한 자동사이펀이 수몰하여 기동하는 것에 의해 변기에 세척수를 급수하는 방식이다. 인위적인 조작을 필요로 하지 않고 수전에서의 토수량에 따라 설정된 간격에서 정기적으로 소변기 세척이 행해지기 때문에 비교적 위생적이고 종래 공공화장실에서 가장 많이 채용되고 있는 방식이다. 소변기의 사용, 비사용에 관계없이 변기세정이 행해지기 때문에 절수 측면에서는 바람직하지 않은 방식이다.

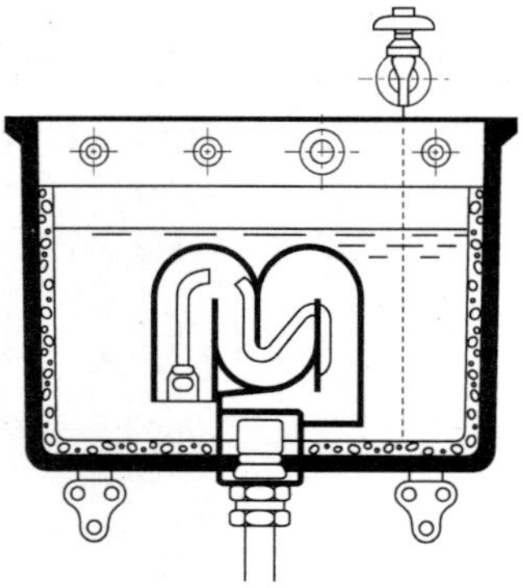

그림 3-6 하이 탱크

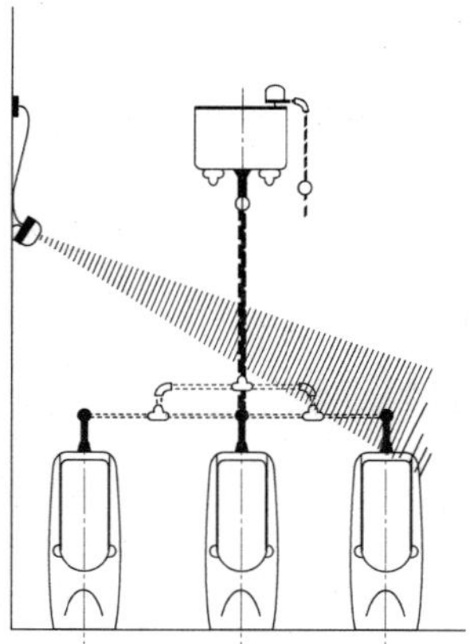

그림 3-7 뇨 감지식

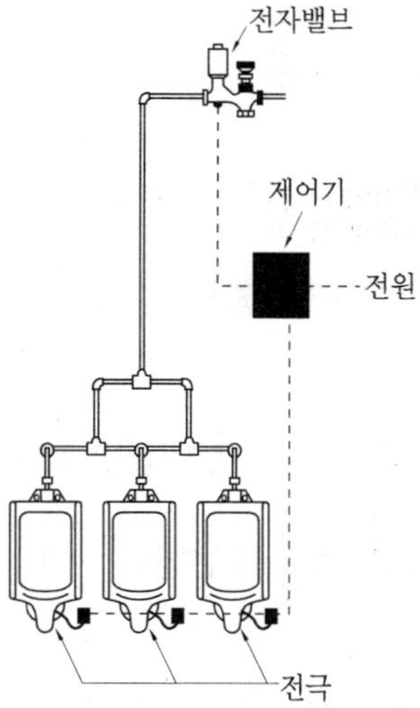

그림 3-8 광량감지식

(4) 뇨(尿) 감지식

소변기 트랩부의 더러움을 전기적으로 감지하여 전자 밸브를 작동시켜 세척하는 방식이고, 위생 · 절수의 양면을 갖춘 바람직한 방식이다.

(5) 광량감지식

소변기를 사용하는 사람의 그림자에 의하여 생기는 광량의 변화를 센서부로 감지하여 전자밸브 또는 하이 탱크를 작동시켜 세척하는 방식이고, 위생 · 절수의 양면을 갖춘 바람직한 방식이다. 기존에 하이 탱크를 사용하고 있는 현장의 개조용에도 적합한 방식이다.

(6) 타이머식

전자 수전에서 하이 탱크에의 급수 시간 및 그 간격을 타이머에서 제어하는 방식이다. 소변기의 사용시간이 집중적이고, 규칙적으로 반복되는 학교 등의 현장에 적합한 급수방식이다.

3-5 수세기 및 세면기

수세기(lavatory)와 세면기(basin)의 기본적인 구분은 손을 씻고 흘려버리고 사용한다는 점에서 배수전을 설치하지 않는 용량이 작은 것을 수세기, 그에 비하여 세면은 일단 물을 모아서 사용한다는 점에서 배수전을 설치하는 용량이 큰 것을 세면기라고 한다. 그러나 실제 사용상의 구분은 명확하지 않고 오히려 동일 용도에 사용되는 용기에서 비교적 소형의 것을 수세기, 대형의 것을 세면기라 보는 것이 적절하다.

(1) 나사못식

나사못에 의하여 직접 벽면에 고정시키는 가장 간단한 방식으로 수세기에 많이 채용되고 있다.

(2) 백 행어식

벽면에 부착한 백 행어(back hanger)에 세면기의 배면을 걸고 배면 하부를 나사못에 의하여 직접 또는 벽지(壁止)철물에 의하여 간접적으로 벽면에 고정하는 방식으로 나사못식보다 단단히 부착할 수 있어서 세면기에 많이 채용되고 있다.

(3) 브래킷식

벽면에 부착한 브래킷(bracket) 위에 세면기를 얹어 브래킷에 세면기를 볼트로 고정시키는 방식으로 백 행어식보다 더 단단히 부착할 수 있으므로 신체장애인용 세면기 등의 대형 세면기 및 선박 등 사용조건이 까다로운 장소에서 사용되는 세면기에 많이 채용되고 있다.

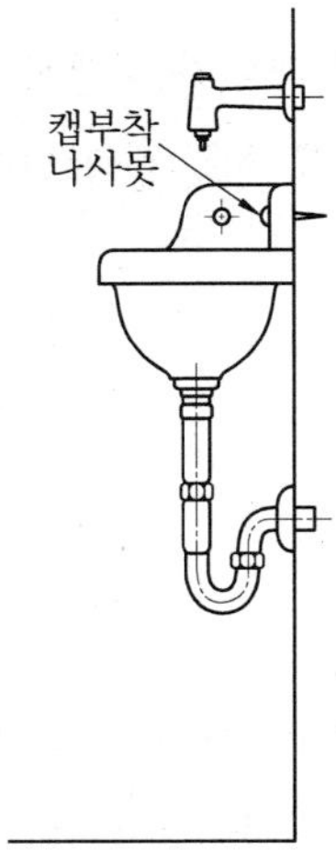

그림 3-9 나사못식

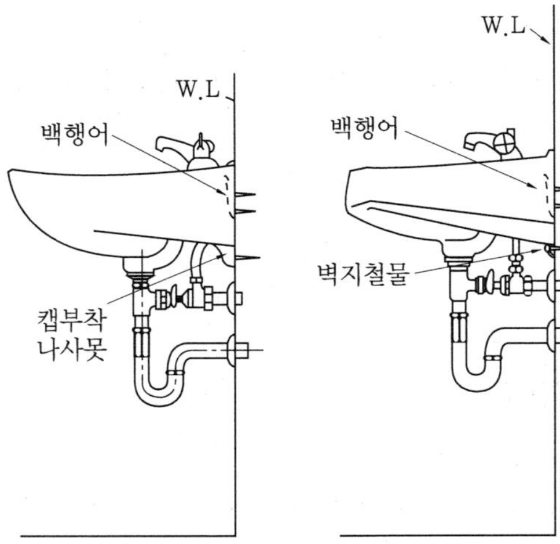

(a) 나사못 고정 (b) 벽지 철물고정

그림 3-10 백 행어식

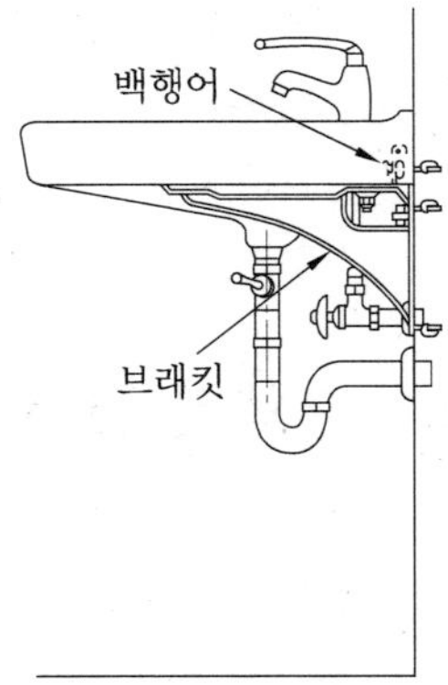

그림 3-11 브래킷식

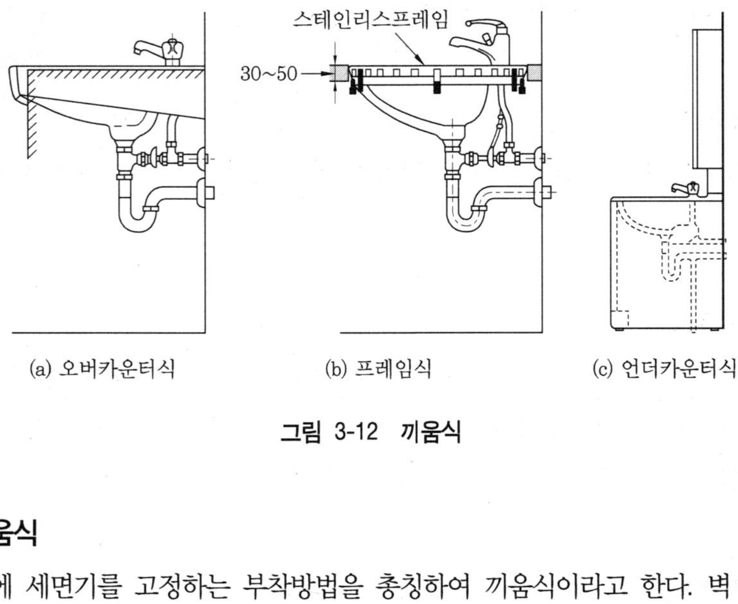

(a) 오버카운터식 (b) 프레임식 (c) 언더카운터식

그림 3-12 끼움식

(4) 끼움식

카운터에 세면기를 고정하는 부착방법을 총칭하여 끼움식이라고 한다. 벽 강도에 대한 배려를 필요로 하지 않기 때문에 세면기의 대형화가 가능하고, 호화롭기 때문에 고급세면소용으로 채용된 예가 많다. 끼움식을 세분하면 오버카운터식, 프레임식, 언더카운터식으로 분류된다.

1) 오버카운터식

카운터의 푹 들어간 자리에 세면기를 끼워넣고, 세면기의 림(rim)을 카운터의 상면에

얹어 고정하는 방식이다.

2) 프레임식

프레임(frame)에 의하여 카운터와 세면기를 고정하는 방식으로 카운터와 세면기의 상면이 가지런하기 때문에 보기에도 매우 좋고 카운터에 넘친 물의 뒤처리에도 좋다.

3) 언더카운터식

카운터의 뒷면측 브래킷 등에 의하여 고정하는 방식으로 카운터에 넘친 물의 뒤처리에 좋다.

3-6 욕조 및 샤워

(1) 욕 조

욕조 안에서 신체를 씻고 샤워로 더러움을 흘려 씻어낸다. 욕조 안에서는 특별히 씻는 장소를 필요로 하지 않는다. 발을 펴고 누운 자세에서 사용하기 때문에 경사된 등받이가 있고 표준적으로 깊이가 350 mm~450 mm 정도, 길이가 1,500 mm 정도이다.

(2) 샤 워

1) 고정 샤워

샤워 헤드를 천장 또는 벽면에 직접 고정시켜 사용하는 샤워이다. 장난, 사용 방법의 잘못에 의한 파손의 우려가 많은 수영장, 골프장, 스포츠 시설 등의 샤워실에 많이 사용된다.

2) 핸드 샤워

샤워 헤드는 호스를 끼워 벽면, 수전 등에 접속시키고 샤워 헤드를 손에 쥐고 호스 길이의 구부러지는 범위 내에서 자유로운 위치에서 사용할 수 있고, 샤워걸이에 거는 위치에 따라 고정 샤워로도 사용할 수 있다. 고정 샤워보다 강도상으로는 뒤떨어지지만 사용하기 쉽다는 이유에서 일반 주택, 호텔 등의 욕실용 샤워로 많이 사용된다.

3-7 싱크류

싱크류에는 사용 목적에 따라 요리장 싱크, 세탁 싱크, 청소용 싱크, 실험용 싱크, 오물 싱크 등이 있다.

그림 3-13 싱크

(1) 요리장 싱크

요리장 싱크(kitchen sink)는 주방 싱크라고도 하고, 스테인리스제, 도기제 등이 있는데 스테인리스제는 탄력성, 내구성이 있으므로 식기류의 파손이 적어 일반적으로 많이 사용되고 있다.

(2) 세탁 싱크

세탁 싱크(laundry sink)는 싱크의 옆에 세탁판을 부착하여 세탁할 수 있도록 한 싱크이다. 세탁 싱크와 요리장 싱크를 일체로 한 것을 연합 싱크라고 한다.

(3) 청소용 싱크

청소용 싱크(slop sink)는 청소용이나 잡배수용 싱크로서 사용되고, 변소, 탕비실 등에 설치되고 있다.

(4) 실험용 싱크

실험용 싱크(laboratory sink)는 실험대 옆에 설치한 싱크이며, 실험기구의 세정 등에 사용된다. 트랩에는 파손된 유리 기구 등을 포집하거나 약품을 희석시키기 위하여 벨 트랩이나 드럼 트랩이 사용된다.

(5) 오물 싱크

오물 싱크(disposal sink)는 주로 병원에서 사용되고 환자의 오물을 버리는 데 사용된다. 세정 방식에는 세락식이나 사이펀제트식이 이용되고, 두 손을 사용하지 못하는 환자들을 위해서는 밟음식 세척밸브가 흔히 사용된다.

3-8 설비 유닛

위생기구에 있어서 프리패브화한 것이 설비 유닛으로서 철제의 프레임에 F.R.P제판 또는 철판에 합성수지를 변색시켜 도장한 판을 조립하고, 여기에서 위생기구나 급배수 철물류의 필요한 기구류를 장치한 설비이다.

위생설비의 유닛에는 욕실, 화장실, 세면실을 유닛화한 새니터리 유닛(sanitary unit)과 업무용 건물의 화장실에 채용되고 있는 토일렛 유닛(toilet unit) 등이 있다(표 3-1).

표 3-1 위생설비 유닛의 종류

종 류		구 성	적용 대상건물
새니터리 유닛	단체(單體) 유닛	욕실(B) 유닛 화장실(T) 유닛 세면실(L) 유닛	공동주택, 단독주택, 병원 등
	집합(集合) 유닛	BT, BL, TL, BLT	공동주택, 병원, 호텔 등
	복합(複合) 유닛	BTC, BLC, TLC, BLTC	
토일렛 유닛		대변기 유닛 소변기 유닛 세면기 유닛 청소싱크 유닛	각종 업무용 건물, 학교 등
세면 화장대		세면기+급탕기	공동주택, 학교 등

3-9 절수설비와 절수기기의 종류 및 기준

"수도법시행규칙"에 의한 절수설비와 절수기기의 종류 및 기준은 다음과 같다(표 3-2).

표 3-2 절수설비와 절수기기의 종류 및 기준

1. 법 제3조에 따른 절수설비 및 절수기기는 다음과 같이 구분한다.

가. 절수설비 : 별도의 부속이나 기기를 추가로 장착하지 아니하고도 일반 제품에 비하여 물을 적게 사용하도록 생산된 수도꼭지 및 변기

나. 절수기기 : 물사용량을 줄이기 위하여 수도꼭지나 변기에 추가로 장착하는 부속이나 기기, 절수형 샤워헤드를 포함한다.

2. 법 제15조에 해당하는 건축물 및 시설에 설치할 절수설비나 절수기기는 다음과 같다.

가. 수도꼭지

1) 공급수압 98kPa에서 최대토수유량이 1분당 6.0ℓ 이하인 것. 다만, 공중용 화장실에 설치하는 수도꼭지는 1분당 5ℓ 이하인 것이어야 한다.

2) 샤워헤드 방향은 공급수압 98KPa에서 최대토수유량이 1분당 7.5ℓ 이하인 것

나. 변기

1) 대변기는 공급수압 98kPa에서 사용수량이 6ℓ 이하인 것

2) 대·소변 구분형 대변기는 공급수압 98kPa에서 대변용은 사용수량이 6ℓ 이하이고, 소변용은 공급수압 98kPa에서 사용수량이 4ℓ 이하인 것

3) 소변기는 물을 사용하지 않는 것이거나, 공급수압 98kPa에서 사용수량이 2ℓ 이하인 것

비고

1. '공급수압'이란 절수설비 직전의 위치에서 물이 공급될 때의 수압을 말하며, 최대 공급수압이 98kPa 미만인 지점에 설치되는 절수설비는 공급수압 기준을 적용하지 않는다.
2. '토수량'이란 일정 시간 동안 수도꼭지를 통하여 배출되는 물의 총량[ℓ]을 말한다.
3. '토수유량'이란 수도꼭지를 통하여 배출되는 단위시간당 물의 양[ℓ/min]을 말한다. 다만, 토수가 시작된 이후 시간 경과에 따라 토수유량이 달라지는 경우에는 토수가 시작되어 토수가 그칠 때까지의 토수량을 토수유량으로 환산하여 적용한다.
4. '최대토수유량'이란 수도꼭지의 핸들이나 레버를 완전히 열었을 때 배출되는 단위시간당 물의 양[ℓ/min]을 말한다. 다만, 온·냉수 혼합 수도꼭지의 경우 온수 쪽 또는 냉수 쪽 어느 한 쪽을 완전히 열었을 때의 토수유량 중 큰 값을 최대 토수유량으로 본다.
5. '세척밸브'란 물탱크가 없는 양변기에 설치하는 수세밸브를 말한다.
6. '사용수량'이란 수도관으로부터 물이 공급되는 상황에서 수세핸들을 1초 간 작동시켜 변기를 세척할 때 가장 많은 양의 물이 나올 수 있는 상태로 설치되어 나오는 1회분 물의 양을 말하며, 변기 세척 후 물 탱크 외의 부분을 다시 채우는 보충수를 포함한다. 다만, 물탱크 대신 세척밸브를 부착하여 사용하는 변기의 1회분 물의 양은 수세핸들을 1초 간 작동시켰을 때의 물의 양과 3초 간 작동시켰을 때의 물의 양을 평균하여 산정한다.

3-10 공중화장실 등의 설치기준

공중화장실 등의 설치에 대해서는 "공중화장실 등에 관한 법률"에 의하여 규정되어 있다.

① 여성화장실의 대변기 수가 남성화장실의 대·소변기 수를 합한 수 이상이 되도록 설치하는 경우에는 남성화장실과 여성화장실의 전체 연면적은 33m^2 이상으로 하고, 대변기 7개(남자용 2개, 여자용 5개) 이상, 소변기 3개 이상을 설치하여야 한다. 다만, 여

성화장실의 대변기 수가 남성화장실의 대·소변기 수를 합한 수의 1.5배 이상이 되도록 설치하는 경우에는 남성화장실과 여성화장실의 전체 연면적은 46m^2 이상으로 하고 대변기 10개(남자용 2개, 여자용 8개) 이상, 소변기 3개 이상을 설치하여야 한다.

①의2. 제1호에 따른 대·소변기의 수에 제14호에 따라 설치하는 어린이용 대·소변기는 포함하지 않는다.

② 대변기 칸막이 규격은 짧은 변이 85cm 이상, 긴 변이 115cm 이상(서양식 변기를 설치하는 경우 130cm 이상)으로 하여야 한다.

③ 소변기는 1인의 점용폭을 75cm 이상으로 하고, 선반을 설치할 수 있다.

③의2. 남성화장실에는 소변기의 가림막을 설치해야 한다. 이 경우 가림막은 벽면에서 돌출되도록 가로 40cm 이상으로 설치하고 바닥에서부터 60cm 이상의 공간을 비워두되, 바닥지지대를 설치해서는 안 된다.

④ 대변기 및 소변기는 수세식으로 설치하여야 한다. 다만, 상·하수도시설의 미비 또는 수질오염 등의 이유로 수세식화장실을 설치하기 어려운 경우에는 그러하지 아니하다.

⑤ 대변기 칸막이 안에는 세정장치, 휴지걸이, 옷걸이 등을 설치해야 하고, 눈에 잘 띄는 곳에 소지품을 올려놓을 수 있는 선반 등을 설치할 수 있다.

⑤의2. 대변기 칸 출입문은 안여닫이로 하고, 출입문의 아랫부분은 환기 등을 위하여 바닥에서 10cm 이상 20cm 이하의 빈 공간을 두어야 한다. 다만, 화장실 구조 등을 고려하여 불가피한 경우에는 출입문을 안여닫이로 하지 않을 수 있다.

⑥ 대변기 칸 출입문에는 화장실 사용여부와 변기의 종류를 알 수 있도록 인식장치를 설치하여야 한다.

⑦ 출입구는 남자용과 여자용이 구분되도록 따로 설치해야 하며, 복도나 도로 등을 통행하는 사람 등에게 화장실 내부가 직접 보이지 않도록 설치해야 한다.

⑧ 동파방지를 위한 난방시설, 환풍시설 및 세면기 등의 화장실 편의시설을 설치하여야 한다. 다만, 전기시설이 미비되어 있는 경우에는 그러하지 아니하다.

⑧의2. 세면대에는 선반 및 옷걸이 등 편의장치를 설치하거나 물비누, 일회용 휴지 및 휴지통 등 편의용품을 갖춰 둘 수 있다.

⑨ 공중이 이용하기 편리한 장소에 설치하고, 공중화장실 등임을 쉽게 알아볼 수 있도록 안내표지판을 설치하여야 한다.

⑩ 급수시설을 설치할 경우 상수도를 사용하는 경우를 제외하고는 그 수질이 “먹는 물관리법” 제5조에 따른 수질기준에 적합하여야 한다.

⑪ 동양식 변기와 서양식 변기는 이용자의 편의를 고려하여 설치장소의 여건에 따라 적절하게 조정하여 설치할 수 있다.

⑫ 대변기 칸막이 안에는 영・유아를 동반한 사람의 이용편의를 위하여 영·유아용 변기, 거치대, 보조의자 등을 갖춘 영・유아 보조화장실을 설치할 수 있다.

3-11 편의시설의 구조・재질 등에 관한 세부기준

“장애인・노인・임산부 등의 편의증진 보장에 관한 법률 시행규칙”에 의한 욕실 및 화장실 등의 구조・재질 등에 대한 세부기준은 다음과 같다.

3-11-1 장애인 등의 이용이 가능한 화장실

(1) 일반사항

1) 설치장소

① 장애인 등의 이용이 가능한 화장실은 장애인 등의 접근이 가능한 통로에 연결하여 설치하여야 한다.

② 장애인용 변기와 세면대는 출입구(문)와 가까운 위치에 설치하여야 한다.

2) 재질과 마감

① 화장실의 바닥면에는 높이차이를 두어서는 아니 되며, 바닥표면은 물에 젖어도 미끄러지지 아니하는 재질로 마감하여야 한다.

② 화장실(장애인용 변기・세면대가 설치된 화장실이 일반 화장실과 별도로 설치된 경우에는 일반 화장실을 말한다)의 0.3m 전면에는 점형블록을 설치하거나 시각장애인이 감지할 수 있도록 바닥재의 질감 등을 달리하여야 한다.

3) 기타 설비

① 화장실(장애인용 변기・세면대가 설치된 화장실이 일반 화장실과 별도로 설치된 경우에는 일반 화장실을 말한다)의 출입구(문)옆 벽면의 1.5m 높이에는 남자용과

여자용을 구별할 수 있는 점자표지판을 부착하고, 출입구(문)의 통과유효폭은 0.9m 이상으로 하여야 한다.

② 세정장치 · 수도꼭지 등은 광감지식 · 누름버튼식 · 레버식 등 사용하기 쉬운 형태로 설치하여야 한다.

③ 장애인복지시설은 시각장애인이 화장실(장애인용 변기 · 세면대가 설치된 화장실이 일반 화장실과 별도로 설치된 경우에는 일반 화장실을 말한다)의 위치를 쉽게 알 수 있도록 하기 위하여 안내표시와 함께 음성유도장치를 설치하여야 한다.

(2) 대변기

1) 활동공간

① 건물을 신축하는 경우에는 대변기의 유효바닥면적이 폭 1.6m 이상, 깊이 2.0m 이상이 되도록 설치하여야 하며, 대변기의 좌측 또는 우측에는 휠체어의 측면접근을 위하여 유효폭 0.75m 이상의 활동공간을 확보하여야 한다. 이 경우 대변기의 전면에는 휠체어가 회전할 수 있도록 1.4 × 1.4m 이상의 활동공간을 확보하여야 한다.

② 신축이 아닌 기존시설에 설치하는 경우로서 시설의 구조 등의 이유로 ①의 기준에 따라 설치하기가 어려운 경우에 한하여 유효바닥면적이 폭 1.0m 이상, 깊이 1.8m 이상이 되도록 설치하여야 한다.

③ 출입문의 통과유효폭은 0.9m 이상으로 하여야 한다.

④ 출입문의 형태는 자동문, 미닫이문 또는 접이문 등으로 할 수 있으며, 여닫이문을 설치하는 경우에는 바깥쪽으로 개폐되도록 하여야 한다. 다만, 휠체어 사용자를 위하여 충분한 활동공간을 확보한 경우에는 안쪽으로 개폐되도록 할 수 있다.

2) 구조

① 대변기는 등받이가 있는 양변기형태로 하되, 바닥부착형으로 하는 경우에는 변기 전면의 트랩부분에 휠체어의 발판이 닿지 아니하는 형태로 하여야 한다.

② 대변기의 좌대의 높이는 바닥면으로부터 0.4m 이상 0.45m 이하로 하여야 한다.

3) 손잡이

① 대변기의 양옆에는 아래의 그림과 같이 수평 및 수직손잡이를 설치하되, 수평손잡이는 양쪽에 모두 설치하여야 하며, 수직손잡이는 한쪽에만 설치할 수 있다.

② 수평손잡이는 바닥면으로부터 0.6m 이상 0.7m 이하의 높이에 설치하되, 한쪽 손잡이는 변기중심에서 0.4m 이내의 지점에 고정하여 설치하여야 하며, 다른 쪽 손잡이는 0.6m 내외의 길이로 회전식으로 설치하여야 한다. 이 경우 손잡이간의 간격은 0.7m 내외로 할 수 있다.

③ 수직손잡이의 길이는 0.9m 이상으로 하되, 손잡이의 제일 아랫부분이 바닥면으로부터 0.6m 내외의 높이에 오도록 벽에 고정하여 설치하여야 한다. 다만, 손잡이의 안전성 등 부득이한 사유로 벽에 설치하는 것이 곤란한 경우에는 바닥에 고정하여 설치하되, 손잡이의 아랫부분이 휠체어의 이동에 방해가 되지 아니하도록 하여야 한다.

④ 장애인 등의 이용편의를 위하여 수평손잡이와 수직손잡이는 이를 연결하여 설치할 수 있다. 이 경우 수직손잡이의 제일 아랫부분의 높이는 연결되는 수평손잡이의 높이로 한다.

⑤ 화장실의 크기가 2×2m 이상인 경우에는 천장에 부착된 사다리형태의 손잡이를 설치할 수 있다.

4) 기타 설비

① 세정장치·휴지걸이 등은 대변기에 앉은 상태에서 이용할 수 있는 위치에 설치하여야 한다.

② 출입문에는 화장실 사용여부를 시각적으로 알 수 있는 설비 및 잠금장치를 갖추어야 한다.

③ 공공업무시설, 병원, 문화 및 집회시설, 장애인복지시설, 휴게소 등은 대변기 칸막이 내부에 세면기와 샤워기를 설치할 수 있다. 이 경우 세면기는 변기의 앞쪽에 최소 규모로 설치하여 대변기 칸막이 내부에서 휠체어가 회전하는데 불편이 없도록 하여야 하며, 세면기에 연결된 샤워기를 설치하되 바닥으로부터 0.8m에서 1.2m 높이에 설치하여야 한다.

④ 화장실 내에서의 비상사태에 대비하여 비상용 벨은 대변기 가까운 곳에 바닥면으로부터 0.6m와 0.9m 사이의 높이에 설치하되, 바닥면으로부터 0.2m 내외의 높이에서도 이용이 가능하도록 하여야 한다.

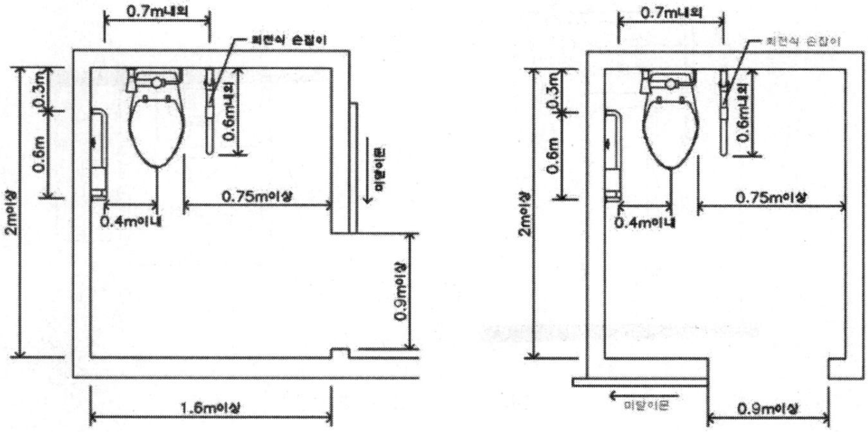

그림 3-14 장애인 등의 이용이 가능한 화장실(신축건물)

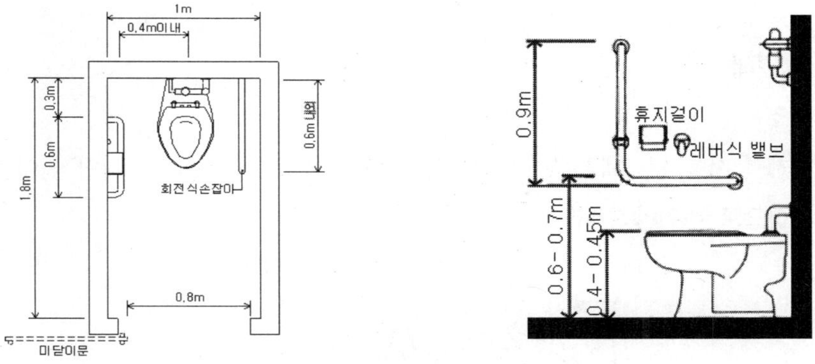

그림 3-15 장애인 등의 이용이 가능한 화장실 (기존건물)

(3) 소변기

1) 구조

소변기는 바닥부착형으로 할 수 있다.

2) 손잡이

① 소변기의 양옆에는 아래의 그림과 같이 수평 및 수직손잡이를 설치하여야 한다.

② 수평손잡이의 높이는 바닥면으로부터 0.8m 이상 0.9m 이하, 길이는 벽면으로부터 0.55m 내외, 좌우 손잡이의 간격은 0.6m 내외로 하여야 한다.

③ 수직손잡이의 높이는 바닥면으로부터 1.1m 이상 1.2m 이하, 돌출폭은 벽면으로

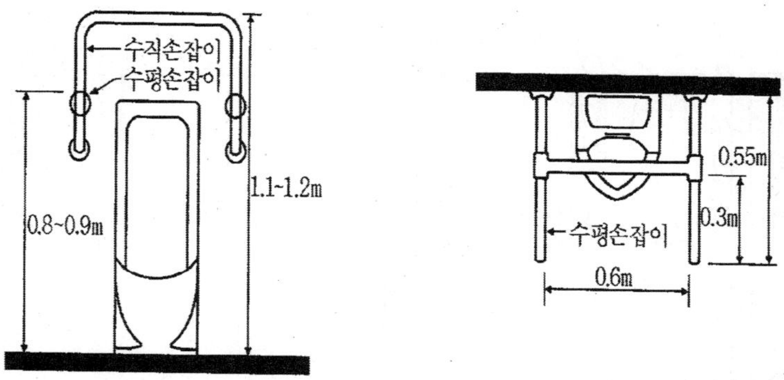

그림 3-16 소변기와 손잡이

부터 0.25m 내외로 하여야 하며, 하단부가 휠체어의 이동에 방해가 되지 아니하도록 하여야 한다.

(4) 세면대

1) 구조

① 휠체어 사용자용 세면대의 상단높이는 바닥면으로부터 0.85m, 하단 높이는 0.65m 이상으로 하여야 한다.

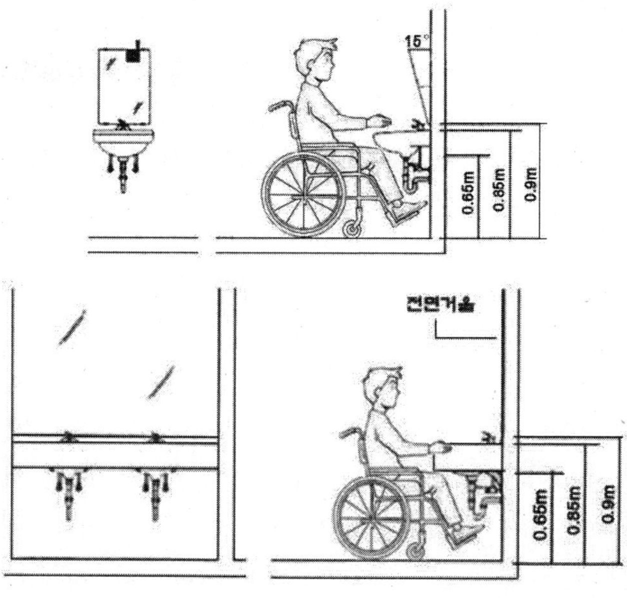

그림 3-17 세면대

② 세면대의 하부는 무릎 및 휠체어의 발판이 들어갈 수 있도록 하여야 한다.

2) 손잡이 및 기타 설비

① 목발 사용자 등 보행곤란자를 위하여 세면대의 양옆에는 수평손잡이를 설치할 수 있다.

② 수도꼭지는 냉·온수의 구분을 점자로 표시하여야 한다.

③ 휠체어 사용자용 세면대의 거울은 아래의 그림과 같이 세로길이 0.65m 이상, 하단 높이는 바닥면으로부터 0.9m 내외로 설치할 수 있으며, 거울 상단부분은 15도 정도 앞으로 경사지게 하거나 전면거울을 설치할 수 있다.

3-11-2 장애인 등의 이용이 가능한 욕실

(1) 설치장소

욕실은 장애인 등의 접근이 가능한 통로에 연결하여 설치하여야 한다.

(2) 구조

① 출입문의 형태는 미닫이문 또는 접이문으로 할 수 있다.

② 욕조의 전면에는 휠체어를 탄 채 접근이 가능한 활동공간을 확보하여야 한다.

③ 욕조의 높이는 바닥면으로부터 0.4m 이상 0.45m 이하로 하여야 한다.

(3) 바닥

① 욕실의 바닥면높이는 탈의실의 바닥면과 동일하게 할 수 있다.

② 바닥면의 기울기는 30분의 1 이하로 하여야 한다.

③ 욕실 및 욕조의 바닥표면은 물에 젖어도 미끄러지지 아니하는 재질로 마감하여야 한다.

(4) 손잡이

욕조주위에는 수평 및 수직손잡이를 설치할 수 있다.

(5) 기타 설비

① 수도꼭지는 광감지식 · 누름버튼식 · 레버식 등 사용하기 쉬운 형태로 설치하여야 하며, 냉 · 온수의 구분은 점자로 표시하여야 한다.

② 샤워기는 앉은 채 손이 도달할 수 있는 위치에 레버식 등 사용하기 쉬운 형태로 설치하여야 한다.

③ 욕조에는 휠체어에서 옮겨 앉을 수 있는 좌대를 욕조와 동일한 높이로 설치할 수 있다.

④ 욕실 내에서의 비상사태에 대비하여 욕조로부터 손이 쉽게 닿는 위치에 비상용 벨을 설치하여야 한다.

3-11-3 장애인 등의 이용이 가능한 샤워실 및 탈의실

(1) 설치장소

샤워실 및 탈의실은 장애인 등의 접근이 가능한 통로에 연결하여 설치하여야 한다.

(2) 구조

① 출입문의 형태는 미닫이문 또는 접이문으로 할 수 있다.

② 샤워실(샤워부스를 포함한다)의 유효바닥면적은 0.9×0.9m 또는 0.75×1.3m 이상으로 하여야 한다.

(3) 바닥

① 샤워실의 바닥면의 기울기는 30분의 1 이하로 하여야 한다.

② 샤워실의 바닥표면은 물에 젖어도 미끄러지지 아니하는 재질로 마감하여야 한다.

(4) 손잡이

샤워실에는 장애인 등이 신체일부를 지지할 수 있도록 수평 또는 수직손잡이를 설치할 수 있다.

(5) 기타 설비

① 수도꼭지는 광감지식 · 누름버튼식 · 레버식 등 사용하기 쉬운 형태로 설치하여야

하며, 냉·온수의 구분은 점자로 표시할 수 있다.

② 샤워기는 앉은 채 손이 도달할 수 있는 위치에 레버식 등 사용하기 쉬운 형태로 설치하여야 한다.

③ 샤워실에는 아래의 그림과 같이 샤워용 접이식의자를 바닥면으로부터 0.4m 이상 0.45m 이하의 높이로 설치하여야 한다.

④ 탈의실의 수납공간의 높이는 휠체어 사용자가 이용할 수 있도록 바닥면으로부터 0.4m 이상 1.2m 이하로 설치하여야 하며, 그 하부는 무릎 및 휠체어의 발판이 들어갈 수 있도록 하여야 한다.

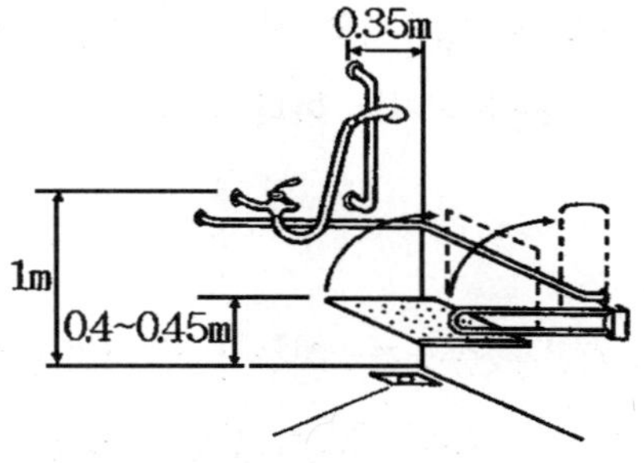

그림 3-18 샤워용 접이식 의자

3-11-4 점자블록

(1) 규격 및 색상

① 시각장애인의 보행편의를 위하여 점자블록은 아래의 그림과 같은 감지용 점형블록과 유도용 선형블록을 사용하여야 한다.

② 점자블록의 크기는 0.3×0.3m 것을 표준형으로 하며, 그 높이는 바닥재의 높이와 동일하게 하여야 한다.

③ 점형블록은 블록당 36개의 돌출점을 가진 것을 표준형으로 한다.

④ 점형블록의 돌출점은 반구형·원뿔절단형 또는 이 두 가지의 혼합배열형으로 하며, 돌출점의 높이는 0.6±0.1cm로 하여야 한다.

⑤ 선형블록은 블록당 4개의 돌출선을 가진 것을 표준형으로 한다.

⑥ 선형블록의 돌출선은 상단부평면형으로 하며, 돌출선의 높이는 0.5±0.1cm로 하여야 한다.

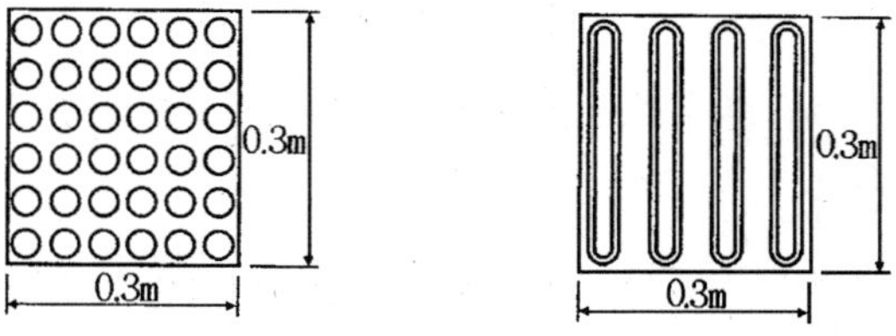

그림 3-19 점자블록

⑦ 점자블록의 색상은 원칙적으로 황색으로 사용하되, 바닥재의 색상과 비슷하여 구별하기 어려운 경우에는 다른 색상으로 할 수 있다.

⑧ 실외에 설치하는 점자블록의 경우 햇빛이나 불빛 등에 반사되거나 눈, 비 등에 미끄러지기 쉬운 재질을 사용하여서는 아니 된다.

(2) 설치방법

① 점형블록은 계단·장애인용 승강기·화장실 등 시각장애인을 유도할 필요가 있거나 시각장애인에게 위험한 장소의 0.3m 전면, 선형블록이 시작·교차·굴절되는 지점에 이를 설치하여야 한다.

② 선형블록은 대상 시설의 주출입구와 연결된 접근로에서 시각장애인을 유도하는 용도로 사용하며, 유도방향에 따라 평행하게 연속해서 설치하여야 한다.

③ 점자블록은 매립식으로 설치하여야 한다. 다만, 건축물의 구조 또는 바닥재의 재질 등을 고려해볼 때 매립식으로 설치하는 것이 불가능하거나 현저히 곤란한 경우에는 부착식으로 설치할 수 있다.

3-12 위생기구의 설치기준

위생기구의 설치기준은 표 3-3과 같다.

표 3-3 위생기구의 설치기준

기구명칭	설치높이(mm)	기준면	비고
싱크수전	1,050(간격 200)	바닥면에서 수전 중심까지	
발코니급수전	600	바닥면에서 수전 중심까지	
세탁수전	1,200(간격 150)	바닥면에서 수전 중심까지	
욕조혼합수전	150(간격 150)	욕조 상부면에서 수전 중심까지	
수건걸이	1,300	바닥면에서 봉 중심까지	일반용
수건걸이	800	바닥면에서 봉 중심까지	유아용
화장거울	1,400~1,500	바닥면에서 거울 중심까지	일반용
화장거울	1,200~1,300	바닥면에서 거울 중심까지	유아용
휴지걸이(양변기)	910	바닥면에서 휴지걸이 중심까지	일반용
휴지걸이(양변기)	560	바닥면에서 휴지걸이 중심까지	유아용
휴지걸이(동양식변기)	665	바닥면에서 휴지걸이 중심까지	
세면기	720	바닥면에서 세면기 상부면까지	일반용
세면기	670	바닥면에서 세면기 상부면까지	노인용
세면기	550	바닥면에서 세면기 상부면까지	유아용
앵글밸브(세면기)	460	바닥면에서 앵글밸브 중심까지	일반용
앵글밸브(세면기)	410	바닥면에서 앵글밸브 중심까지	노인용
앵글밸브(세면기)	290	바닥면에서 앵글밸브 중심까지	유아용
앵글밸브(양변기)	170	바닥면에서 앵글밸브 중심까지	
앵글밸브(양변기)	150	양변기 중심에서 좌측의 앵글밸브 중심까지	
실내온도조절기	1,200	바닥면에서 기구 중심까지	
실내온도조절기	200	전기기구에서 수평거리	

3-13 시험 및 검사

(1) 설치검사

각 기구가 정상적으로 견고하게 설치되어 있는지를 검사한다.

(2) 통수시험

공사완료 후 통수시험을 하여 기구부속품에서의 누수를 검사한다.

(3) 기능시험

세척밸브, 지수밸브 및 각종 수전은 통수 후 유량 조절을 하고, 믹싱밸브, 혼합밸브 등은 온도조절을 한다.

chapter 4
배수·통기설비

4-1 개 요

배수설비(排水設備)는 건물 내 위생 기구 등에서 사용되고 오염된 물이나 빗물·용수(솟아나는 물)·공조 드레인 등에서 발생한 물을 부지 밖으로 배출하기 위한 설비이다. 위생적으로 배출하기 위하여 적절한 배수관과 아울러 악취 성분을 포함한 오염된 공기의 실내 침입을 막는 트랩·통기설비 등의 부속 설비가 설치된다.

통기설비(通氣設備)는 배수관 내의 유해가스, 취기 또는 해충의 실내 침입을 방지하기 위하여 설치하는 트랩의 수봉(水封)을 확실히 유지할 목적으로 설치하는 설비이다.

4-2 용어의 정의

① 오수 : 일반가정, 사무소, 사업장(경작사업은 제외), 공장 등에서 생활, 영업 및 생산활동에 의한 폐수

② 잡배수 : 대·소변기 및 이와 비슷한 용도를 갖는 기구를 제외한 그 밖의 기구에서 배수(우수 및 특수배수는 제외)

③ 잡용수 : 세정 등의 목적으로 공급되는 상수 이외의 물

④ 특수배수 : 일반배수계통 또는 하수도에 직접 방류하기 어려운 유해, 유독, 위험 및 기타 바람직하지 못한 성질을 가진 배수
⑤ 직접배수 : 위생기구와 배수관이 직접 연결된 일반적인 배수
⑥ 간접배수 : 기기에서의 배수를 배수관에 직결하지 않고 대기중에 개방한 배수기구에 배수하는 것
⑦ 분류배수 : 오수는 정화조를 거치고, 잡배수와 우수는 그대로 배출하는 방식 또는 오수와 잡배수를 한데 모아 오수처리시설에서 처리한 다음 배출하고, 우수는 그대로 하천에 방류하는 방식
⑧ 합류배수 : 오수, 잡배수, 우수를 한데 모아 하나의 계통으로 하수종말처리장을 거쳐 방류하는 방식
⑨ 하수 : 생활이나 사업에 기인하거나 부수되는 오수·빗물과 건물, 그 밖에 시설물의 부지로부터 공공하수도에 배출되는 지하수
⑩ 하수종말처리시설 : 하수를 최종적으로 처리하여 하천·바다, 기타 공유수면에 방류하기 위한 처리시설과 이를 보완하는 시설
⑪ 배수, 통기설비 : 건물 및 그 부지에 있어서 관류, 이음류, 밸브류, 탱크로, 기기 등을 이용하여 배수하는 설비의 총칭
⑫ 배수기구 : 위생기구 중 물받이용기의 배수구와 배수관에 접속하는 철물류, 트랩 바닥 배수구 등
⑬ 배수관의 부하유량 : 상류에 설치된 기구 및 그것들의 사용상태에 따라 배수관으로 흐른다고 예측되는 배수유량
⑭ 배수관의 정상유량 : 배수관에 생기는 흐름을 시간적으로 평균화하여 정상연속배수를 했을 때의 유량
⑮ 배수관의 허용유량 : 배수계통에 장애를 일으키지 않고 배수관으로 흐르도록 허용되는 배수유량
⑯ 기구배수량 : 1회의 배수에 의해 기구에서 배출되는 전 수량
⑰ 기구배수유량 : 1개의 기구가 단독으로 배수할 때 기구배수관의 말단에서 배출되는 유량
⑱ 기구배수부하단위(FUD) : 세면기(약 30 ℓ/min)의 기구배수부하단위를 1로 하고, 각 위생기구의 부하단위를 정한다.

⑲ 기구평균 배수간격 : 기구에서 1회의 배수개시에서 다음 회의 배수까지의 평균시간

⑳ 기구평균 배수유량 : 기구배수에 있어서 배수량의 20%가 배출된 후 80%가 될 때까지의 평균유량

㉑ 경사 : 수평주배관의 수평길이에 대한 수직높이의 비

㉒ 브랜치(branch) 간격 : 배수수직관에 접속하는 각층의 배수수평지관 또는 배수수평주관 사이의 수직거리가 2.5m를 넘는 배수수직관의 구간

㉓ 배수구 공간 : 배수계통에 직결하는 관이나 물받이용기의 넘침관 또는 배수를 받는 바닥면과 간접배수관 말단 사이의 수직거리

㉔ 배관길이 : 배관의 중심선을 따라 측정한 길이

㉕ 트랩 : 위생기구 또는 배수계통에 설치하는 기구로서 그 내부에 봉수부를 가지고 배수의 흐름에 지장을 주는 일이 없이 배수관 내의 공기가 배수구를 통하여 실내로 침입하는 것을 방지

㉖ 봉수 : 배수관으로부터 악취, 하수가스, 해충 등이 실내로 침입하는 것을 방지하기 위하여 트랩에 고여 있는 물

㉗ 봉수 강도 : 배수관 내에 정압 또는 부압이 발생했을 때 트랩 내의 봉수 보호능력

㉘ 사이펀 작용 : 트랩 내의 봉수가 사이펀 원리에 의하여 중력식으로 흐르는 것을 말하며, 기구 자신의 배수에 의해서 생기는 자기 사이펀 작용과 타 기구의 배수에 의한 배수관 내 부압으로 발생되는 유도 사이펀 작용(흡출작용)이 있다.

㉙ 수직관 : 수직 또는 수직과 45° 이내 각도로 설치하는 관

㉚ 수평관 : 수평 또는 수평과 45° 미만의 각도로 설치하는 관

㉛ 주관 : 배관계통에서 지관이 접속하고 있는 그 계통의 주요간선이 되는 부분

㉜ 기구배수관 : 트랩에 접속하는 배수관으로 트랩에서 수평지관까지의 배수관

㉝ 배수수직관 : 기구배수관 혹은 배수수평지관에서의 배수를 배수수평주관에 보내는 수직관

㉞ 배수수평주관 : 배수수직관 또는 배수수평지관 등에서의 배수를 건물 외의 부지배수관으로 보내는 배수관

㉟ 배수수평지관 : 기구배수관에서의 배수를 배수수직관 또는 배수수평주관에 보내는 사이의 배수관

㊱ 지붕 배수구 : 우수를 우수 수직관으로 유도하기 위해 지붕면 등에 설치하는 기구

㊲ 부지배수관 : 부지 내에 매설되는 배수관으로 외벽에서 공공하수도 등에 접속하는 배관 또는 지하맨홀까지 접속하는 배관부분
㊳ 물 사용시간율 : 기구의 점유시간에 대한 물 사용시간의 비율
㊴ 통기 : 배수계통에 있어서 배수를 원활하게 하고 또한 배수에 의해 생기는 기압변동에서 트랩봉수를 보호할 목적으로 공기를 유통시키는 일 또는 탱크류에 있어서 주위 변화에 따라 생기는 기압변동을 조정할 목적으로 공기를 유통시키는 것
㊵ 통기관 : 배수계통이나 탱크에 통기를 하기 위하여 설치하는 관
㊶ 통기관의 허용압력차 : 배수계통에 장애가 일어나지 않는 범위 내에서 통기의 기점과 종점과의 사이에 허용되는 압력차
㊷ 각개통기관 : 1개의 기구트랩을 봉수하고 보호하기 위해 트랩의 하류쪽에 설치하고 그 기구보다 높은 쪽에서 통기계통에 접속하는 관
㊸ 환상통기관 : 2개 이상의 트랩을 보호하기 위하여 최상류의 기구배수관이 배수수평지관에 접속하는 지점의 바로 아래에서 설치하여 통기수직관 또는 신정통기관에 접속하는 통기관
㊹ 루프통기관 : 배수수평지관에 접속된 2~8개 이내의 기구 트랩 봉수깊이를 유지하기 위한 것
㊺ 결합통기관 : 배수수직관 내의 압력변화를 방지하거나 완화시키기 위하여 배수수직관에서 분기하여 통기수직관에 접속하는 도피통기관
㊻ 도피통기관 : 배수와 통기계통간의 공기소통을 원활하게 하기 위하여 설치하는 통기관
㊼ 습통기관 : 2개 이상의 트랩을 보호하기 위하여 기구배수관과 통기관을 병용하는 부분
㊽ 공용통기관 : 서로 등을 맞대거나 나란히 설치된 위생기구의 기구배수관 합류점과 접속하여 치올린 1개의 통기관
㊾ 신정통기관 : 배수수직관 상단의 관경을 줄이지 않고 위로 연장한 부분
㊿ 통기수직관 : 2층 이상에서 각 층의 위생기구에 통기관이 있는 경우에 설치하고, 상부는 신정통기관에 연결하고, 하부는 최저위의 배수수평지관보다 낮은 위치에서 45° 각도로 배수수직관에 연결
51 통기헤더 : 통기수직관, 신정통기관 등과 연결하여 대기에 개구하는 가로관

4-3 배수계통

4-3-1 트랩

(1) 트랩의 정의

트랩(trap)이란 배수관에서의 유해가스, 취기의 역류를 방지하기 위해 모든 위생기구에 접속하여 봉수를 형성하는 기구를 말한다.

(2) 트랩의 필요조건

트랩으로서의 필요조건은 다음과 같다.

① 하수 가스, 취기의 역류를 방지하고 충분히 안정되어 있을 것
② 기구 자체에서의 배수에 의하여 배수관 내를 세척하고, 오물의 정체를 방지할 것
③ 수봉이 항상 유지되는 구조일 것
④ 구조가 간단하며 재질은 내식성일 것

(3) 트랩의 구조

현재 사용되고 있는 트랩은 위생기구의 아래에 설치되고, U부에 항상 물을 정체시키

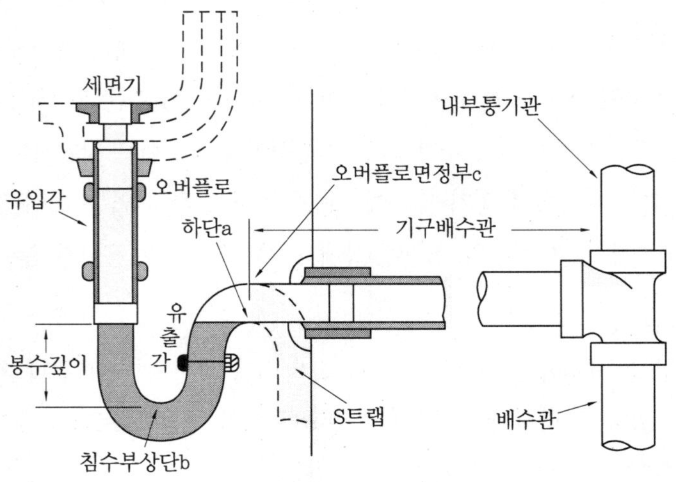

a : weir, b : dip, c : crown

그림 4-1 트랩의 구조(P트랩)

고, 하수 가스, 취기의 역류를 방지하는 구조로 되어 있다. 트랩의 봉수 깊이는 자기사이펀 작용, 유도사이펀 작용 등에 의한 봉수 감소 또는 트랩 부분의 자정작용을 잃지않고 트랩 부분을 원활히 흐르도록 고려하고, 최소 50 mm, 최대 100 mm로 결정되어 있다. 그림 4-1에 트랩 구조의 일례를 나타낸다.

(4) 트랩의 종류

트랩의 종류는 크게 분류하면 관 트랩, 드럼 트랩, 벨 트랩, 특수 트랩의 4종류가 있다. 이외에도 대변기 등과 같이 도기에 내장되어 있는 것이 있다.

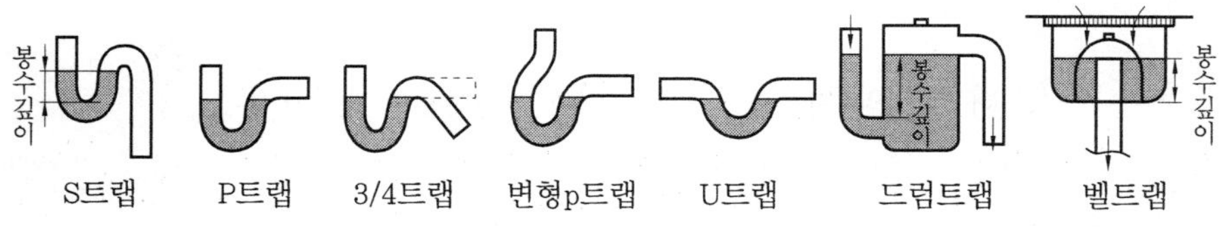

그림 4-2 트랩의 종류

1) 관(管) 트랩

관 트랩(pipe trap)은 관 자체를 구부려 만든 것이며, S트랩, P트랩, 3/4S트랩, 변형P트랩, U트랩 등이 있다. 또한 통수로는 만수상태로 흘러내리면 사이펀 현상을 일으켜 물과 오물을 동시에 흘러내리는 기능을 가짐으로써 사이펀식이라고도 한다. 관 트랩의 장점은 소형이며, 트랩 내를 배수 자체의 흐르는 물로도 씻어내는 자기세척작용을 갖고 있으며, 단점은 봉수가 비교적 파손되기 쉽다는 것이다. P트랩은 일반적으로 널리 사용되며 다른 관 트랩에 비하여 봉수가 가장 안정적이다. S트랩은 자기사이펀작용을 일으키기 쉽고 봉수가 파괴되기 쉽기 때문에 가능하면 사용하지 않는 편이 좋다. U트랩은 침전물이 정체하기 쉽고 배수의 흐름에 장애가 발생하므로 사용하지 않는 편이 좋다.

2) 드럼 트랩

드럼 트랩(drum trap)은 수봉부가 몸통 모양으로 되어 있기 때문에 다량으로 물을 고이게 할 수 있다. 따라서 트랩 부분의 수량이 많기 때문에 트랩의 수봉이 파괴되기 어렵다. 싱크류의 배수용에 사용된다.

3) 벨 트랩

벨 트랩(bell trap)은 수봉을 구성하고 있는 부분이 그릇 모양을 하고 있는 것으로 욕실·수세식 화장실의 바닥배수에 흔히 사용되는데 상부의 그릇 형태의 철물을 들어 올리면 트랩으로서의 기능을 잃는 결점이 있다.

4) 특수 트랩

특수 트랩이란 수봉 트랩과 포집기(捕集器, intercepter)를 겸한 형식의 것을 말한다.

① 그리스 트랩 : 그리스 트랩(grease trap)은 요리장 등에서 배수 중에 포함되는 지방분을 제거하는 것을 주목적으로 하고 있다.

② 가솔린 트랩 : 가솔린 트랩(gasoline trap)은 자동차 공장, 제유 공장, 정제 공장 등의 배수계통에 설치되고, 가솔린의 비중이 물보다 작은 것을 이용하고, 가솔린을 트랩 수면에 뜨게 하여 휘발·방산시키는 구조로 되어 있다.

③ 샌드 트랩 : 샌드 트랩(sand trap)은 배수 중의 진흙이나 모래의 제거를 목적으로 하고 있다.

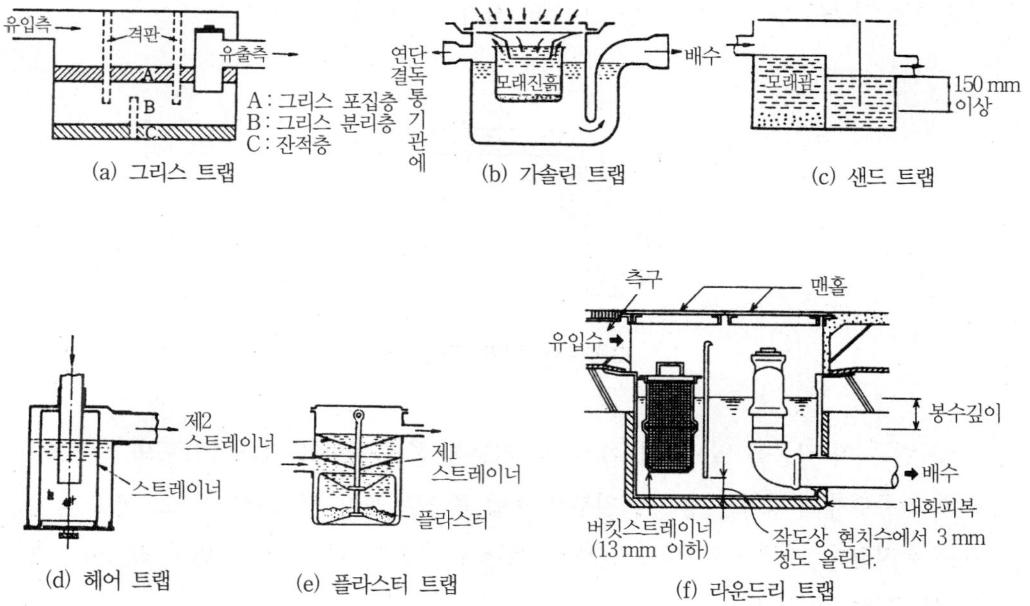

그림 4-3 특수트랩의 예

④ 헤어 트랩 : 헤어 트랩(hair trap)은 풀, 대욕장, 미용원, 이발소 등에 설치되고, 모발이 배수관에 유입되는 것을 저지하기 위한 것이다.

⑤ 플라스터 트랩 : 플라스터 트랩(plaster trap)은 치과의, 정형외과의 등에서 사용되는 트랩이며, 금, 은, 플라스터재의 회수에 사용된다.

⑥ 라운드리 트랩 : 라운드리 트랩(laundry trap)은 실이나 천 조각을 제거하기 위해 주로 세탁소에서 사용한다.

4-3-2 트랩의 파봉현상(破封現像)

트랩의 봉수가 파괴되는 원인은 다음과 같은 점을 들 수 있다.

(1) 자기(自己)사이펀작용

세면기에서 배수하면 배수 구멍, 오버플로 구멍 등에서 다량의 공기가 배수 중에 포함된다. 이 배수 중에 포함된 공기는 그림 4-4 a부에 정체하고 흐름이 작음에 대하여 만류부 b부가 우측으로 이행하기 때문에 a부는 부압(負壓)이 되고, 트랩 부분의 물을 흡인하는 작용이 일어난다. 이것을 트랩의 자기사이펀작용이라고 한다.

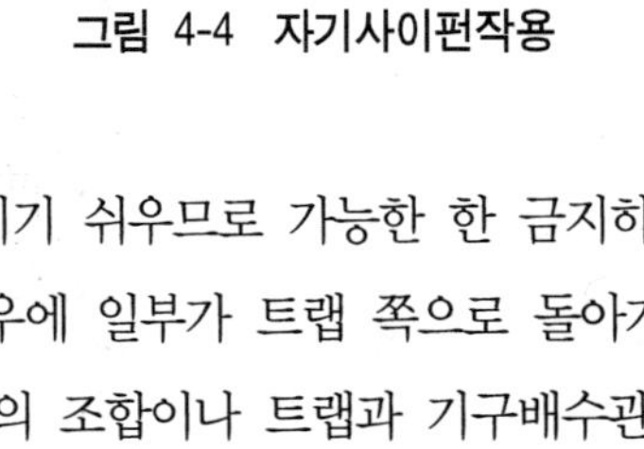

그림 4-4 자기사이펀작용

S트랩은 이 작용을 일으키기 쉬우므로 가능한 한 금지하고 있다. P트랩의 경우는 b부의 만류부가 무디어진 경우에 일부가 트랩 쪽으로 돌아가기 때문에 어느 정도의 봉수는 유지된다. 기구와 트랩의 조합이나 트랩과 기구배수관의 연결방법이 적절하지 않을 때 발생하기 쉽다.

(2) 흡출작용

이 현상은 배수 수직관 가까이에 설치된 세면기 등에서 일어나며, 그림 4-5의 배수 수직관 부를 상부에서 대부분 만류에 가까운 상태에서 배수되면 a부의 공기가 배수 수직관에 유인되기 때문에 부압이 되고, 트랩 부분의 물이 흡출된다.

(3) 분출작용

이 현상은 각 기구의 사용 빈도가 많아진 경우에 일어나기 쉽다. 즉, 그림 4-6의 배수 수직관 내를 흐른 배수는 c부에 있어서 원활하게 흐르지 않고 만류 상태에서 정체하고 있는 곳으로 상부 a부가 만류를 배수되면 b부의 공기가 도피할 곳이 없어 정압(正壓)이 되고, 트랩의 물을 기구 쪽으로 밀게 된다.

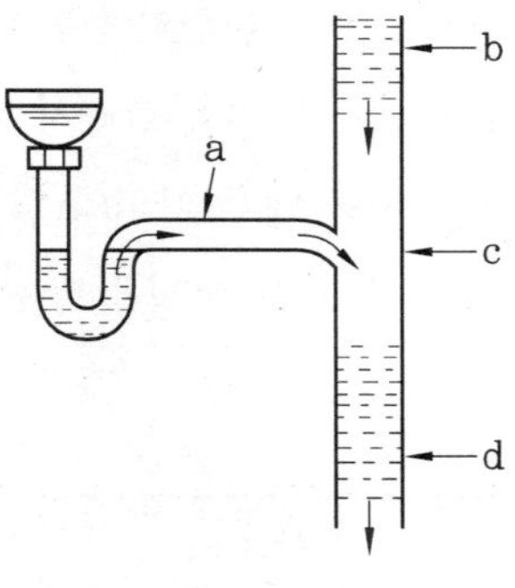

그림 4-5 흡출작용

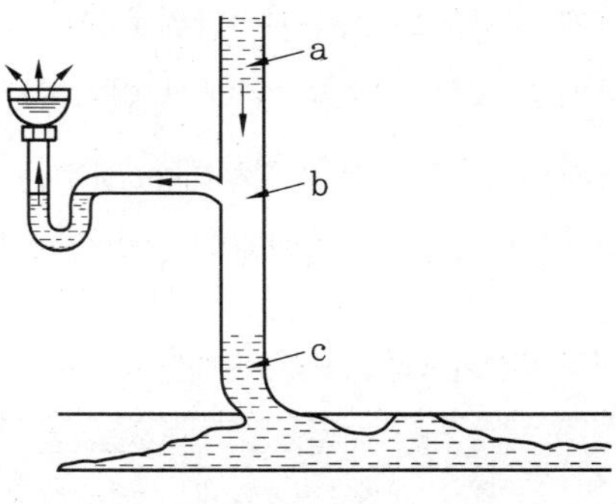

그림 4-6 분출작용

(4) 모세관 현상

S트랩에서 일어나기 쉽고, 봉수부와 수직관과의 사이에 모발이나 실밥 등이 걸쳐지면 모세관 현상으로 서서히 봉수를 잃게 되고 최후에는 비게 된다. 이를 방지하는 방법으로 스크린을 설치하여 모발이나 실밥 등을 제거하면 된다.

(5) 증발

트랩의 물은 증발에 따라 잃게 되므로 장기간 집을 비웠다가 돌아왔을 때 집안에서 취기가 나는 경우와 같이 트랩의 물이 증발하여 취기가 역류하는 경우가 있다. 바닥 배수트랩의 봉수 증발에 대응할 목적으로 청소구의 스트레이너 대신 밀폐뚜껑을 사용한 청소구 겸용 드레인(Drain)을 사용한다.

4-3-3 배수관의 관경

배수관과 통기관의 관경 결정에는 기구배수부하단위법과 정상유량법이 있다.

① 기구배수부하단위법은 종래부터 사용되어 온 방법으로 급수설비와 배수설비를 합쳐서 설계할 경우에 계산하기 쉽다는 이유로 현재도 사용되고 있다. 각종 위생기구의 최대 배수유량을 표준기구(세면기)의 최대 배수유량으로 나누어 얻어진 기구단위에 동시사용률 등을 고려하여 기구배수부하단위(fuD)를 결정하고 배수관에 접속하고 있는 전체 위생기구의 기구배수단위 누계로서 관경을 결정하는 방법이다(표 4-1 참조).

배수관의 배수면은 관의 절반 이내, 또는 최대 사용 시 관 2/3 이내의 유량이 아니면 안 된다. 왜냐하면 나머지 1/3이 통기로 사용되기 때문이다. 배수부하 계산에 사용되는 기구배수단위(fuD)는 기구 단위의 배수량의 단위로 28L/min을 1단위로 정한 것으로, 원래 세면기 1 fuD를 기준으로 한 것이다. 그래서 배수 수평지관 및 수직관을 결정하는 경우는 각각의 배수 기구의 배수 단위의 합한 값보다 배수관의 허용최대배수 단위표에서 전체 배수량에 필요한 관경을 구한다.

표 4-1 각종 위생기구의 기구배수부하단위

기구명	트랩의 최소관경(mm)	기구배수 부하단위	기구명	트랩의 최소관경(mm)	기구배수 부하단위
대변기 (개인용)	75	4	연립샤워 (헤드 1개당)		3
(공중용)	75	6, 8*			
소변기 (벽걸이소형)	40	4	청소싱크 (드럼트랩부착)	65	2.5
(스톨 대형)	50	4, 5*		75	3
세면기	30	1	세탁싱크	40	2
세면기 (병렬식)	40	2	청소·잡용싱크 (P트랩부착)	40~50	2
수세기	25	0.5			
수술용세면기	30	2	세탁기 (주택용)	50	3
세발기	30	0.5	(영업용)	50	3
음수기 또는 냉수기	30	2	연합싱크	40	2
욕조	40, 50	3	바닥배수	40	2
샤워	50	2		50	3
				75	5

[주] *집중사용(또는 사용이 많은 경우에 적용한다.
특정 시간에 이용이 집중이 많은 학교, 극장, 역 등은 집중 이용 형태로 분류한다.
※사무소나 백화점은 임의 이용 형태

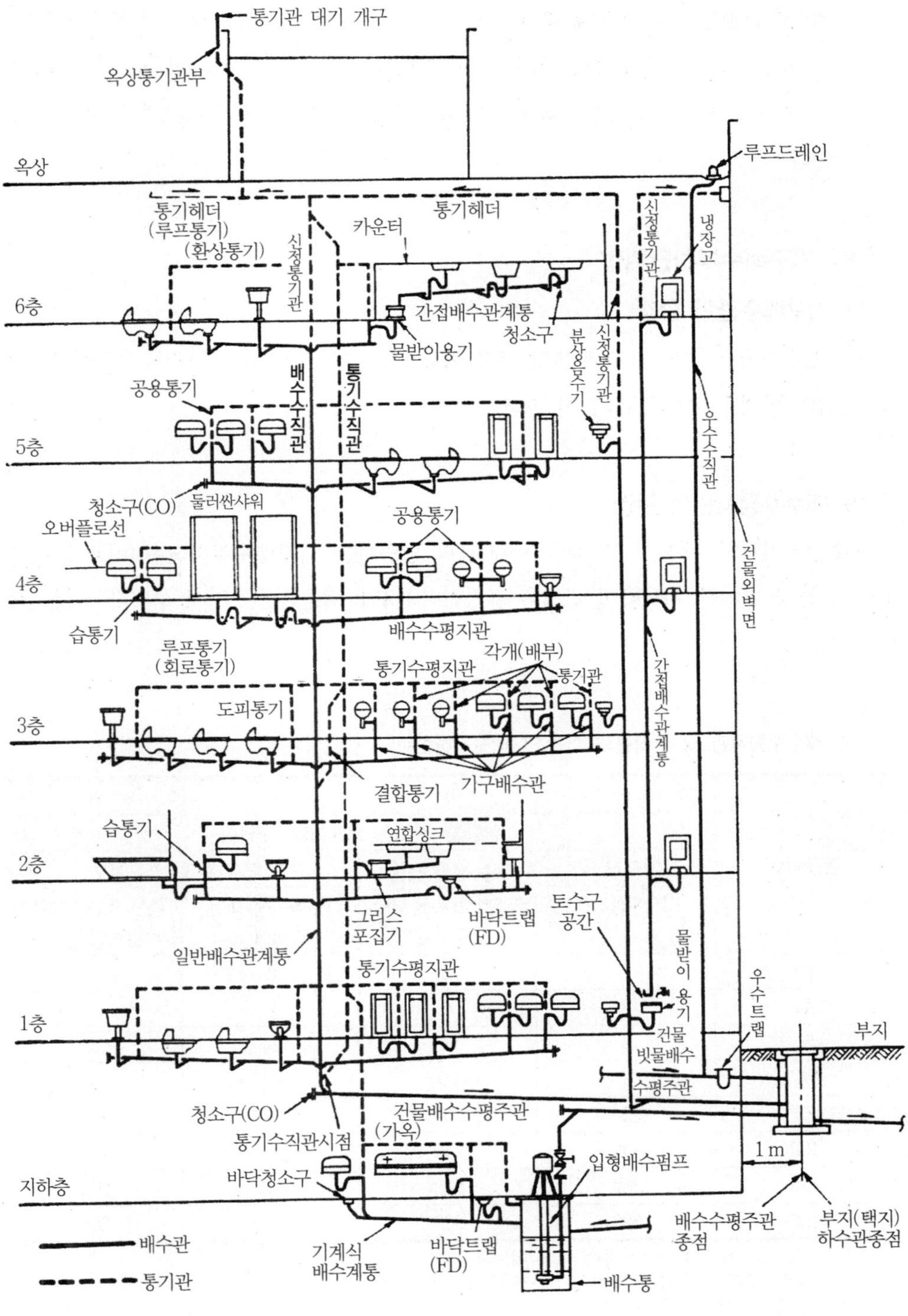

그림 4-7 배수, 통기배관계통도

② 정상유량법은 최대 배수유량 이외에 1회당 배수량이나 배수시간, 사용빈도 또는 부하의 중복확률을 고려한 것으로 기구평균배수유량, 기구배수량 및 기구평균배수 간격에서 정상유량을 구하여 관경을 결정하는 방법으로 부하유량을 예측할 수 있다.

[1] 기구배수부하단위법

(1) 기구배수관의 관경

기구배수관의 관경은 기구 트랩의 관경 이상으로, 또한 25mm 이상으로 하고, 위생기구 트랩의 관경은 표 4-1과 같이 한다.

(2) 배수수평지관의 관경

배수수평지관의 관경은 그 배수수평지관이 담당하는 기구배수부하단위(fuD)의 합계값에서 표 4-2(a)를 이용하여 관경을 결정한다. 다만, 다음의 3가지에 주의하지 않으면 안 된다.

표 4-2 배수수평지관 및 수직관의 허용최대배수부하단위[1)]

관경(mm)	a	b	c	d
	담당할 수 있는 허용최대배수단위			
	배수수평지관	3층 건물 또는 브랜치간격3을 가진 1수직관	3층 건물 이상인 경우	
			1수직관에 대한 합계	1층분 또는 1브랜치 간격의 합계
30	1	2	2	1
40	3	4	8	2
50	6	10	24	6
65	12	20	42	9
75	20[2)]	30[4)]	60[4)]	16[3)]
100	160	240	500	90
125	360	540	1100	200
130	620	960	1900	350

[주] 1) 신정통기관 방식, 특수이음 배수 시스템에는 적용할 수 없다.
2) 배수수평주관의 배수수평지관은 포함하지 않는다.
3) 대변기 2개 이내의 것.
4) 대변기 6개 이내의 것.

① 동일 배수수평지관의 관경은 도중에 축소해서는 안 된다. 이것은 관경을 바꾼 장소에서의 막힘을 방지하기 위해서이다.

② 결정된 배수수평지관의 관경은 거기에 접속된 기구배수관의 어떠한 관경보다 작아서는 안 된다.

③ 배수수평지관이 대변기의 배수를 담당하는 경우 1개이면 75mm 이상, 2개 이상의 경우는 100mm 이상으로 한다.

예제 4-1

대변기(F, V) 1개, 소변기 3개, 세면기 3개, 청소용 싱크 1개가 접속된 배수수평지관의 관경을 결정하라.

|해답|

	fuD 개수
대변기	8×1=8
소변기	4×3=12
세면기	1×3=3
청소용 싱크	3×1=3
	계 fuD 26

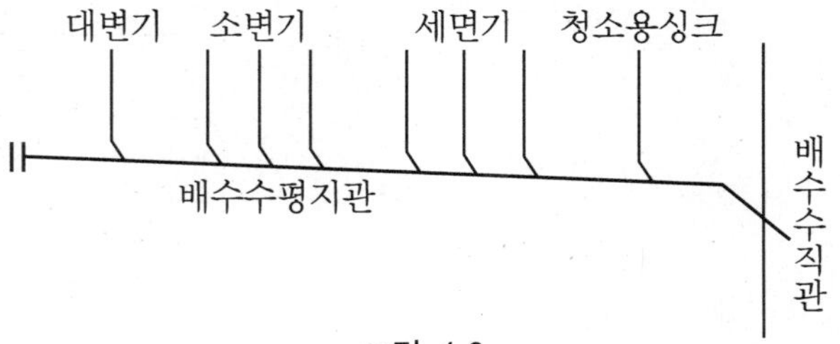

그림 4-8

fuD 26을 표 4-2(a)에 대입하면 관경은 100mm가 된다.

(3) 배수수직관의 관경

배수수직관의 관경은 그 배수수직관이 담당하는 기구배수부하단위(fuD)의 합계 값에서 표 4-2(b) 또는 (c), (d)를 이용하여 결정한다.

① 3층 이하의 건물인 경우, (b)만을 이용하여 결정한다.

② 3층 이상의 건물인 경우는 그 배수수직관이 담당하는 fuD의 합계 값에서 (c)를 이용하여 관경을 결정하고, 그 후에 그 배수수직관이 담당하는 1층분 또는 1브랜치 간격분의 최대 fuD의 합계값에서 (d)를 이용하여 결정하고, 어느 쪽인가 큰 쪽을 배수수직관의 관경으로 한다.

브랜치간격(branch interval)이란 그림 4-9(a)와 같이 배수수직관에 접속하고 있는 배수수평지관의 간격이 2.5m를 초과하는 것을 말한다. 2.5m 이하의 경우는 그림 4-9(b)와 같이 2본의 배수수평지관은 1본의 배수수평지관과 같이 취급한다.

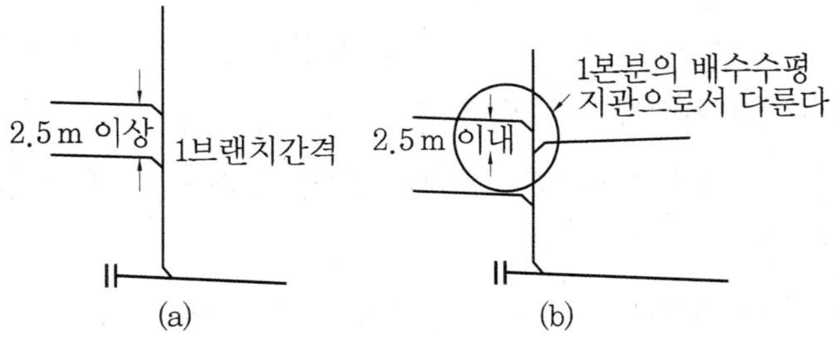

그림 4-9 브랜치 간격

예제 4-2

그림 4-10과 같은 건물의 배수수직관의 관경을 결정하라.

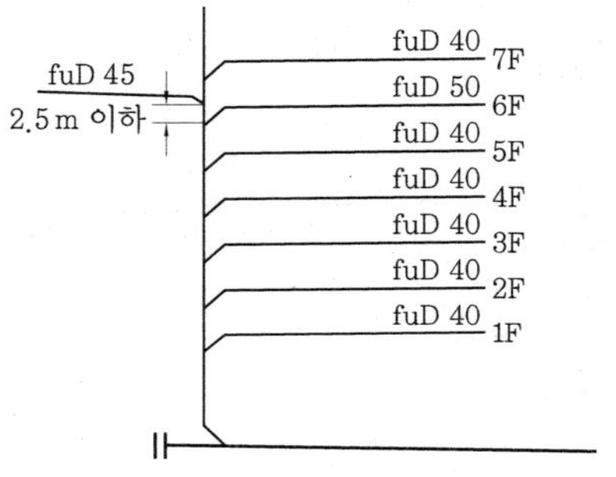

그림 4-10

|해답| ① 각층의 fuD의 합계값을 구한다.

fuD 합계값 = 40 + 50 + 40 + 40 + 40 + 40 + 40 + 45 = 335

표 4-2(c)에서 100 mm로 결정.

② 1층분 또는 1브랜치 간격분의 최대 fuD는 6F에서 fuD 50 + fuD 45 = fuD 95

표 4-2의 (d)에서 125 mm로 결정.

따라서 관경은 125 mm를 채용한다.

(4) 배수수평주관, 부지배수관의 관경

배수수평주관의 관경은 구배와 배수수평주관이 담당하는 기구배수부하단위(fuD)의 합계값에서 표 4-3을 이용하여 결정한다.

예제 4-3

그림 4-11 배수수평주관의 관경을 결정하라.

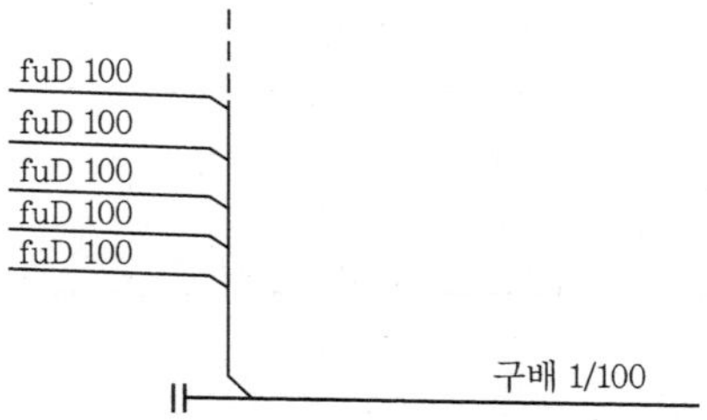

그림 4-11

| 해답 | 표 4-3에서 150 mm로 결정.

배수수평주관 관경은 배수수직관 관경의 1 사이즈 크게 한다.

지중 또는 지상층의 바닥에 설치하는 배수관의 관경은 50 mm 이상으로 한다. 일반적으로 구배는 표 4-4에 의한다. 관경이 200 mm 이상의 것은 유속이 적어도 0.6 m/s가 되도록 한다. 부지배수관의 관경은 배수수평주관의 관경과 마찬가지로 다루면 된다.

표 4-3 배수수평주관 및 부지배수관의 허용최대배수부하단위

관경	배수수평주관 및 부지배수관에 접속 가능한 허용최대배수단위[1]			
	구 배			
	1/200	1/100	1/50	1/25
50			21	26
65			24	31
75		20[2]	27[2]	36[2]
100		180	216	250
125		390	480	575
150		700	840	1000
200	1400	1600	1920	2300
250	2500	2900	3500	4200
300	2900	4600	5600	6700

[주] 1) 신정통기관 방식, 특수이음 배수 시스템에는 적용할 수 없다.
2) 대변기 2개 이외의 것.

표 4-4 배수관의 최소 구배

관 경	구 배
30～65mm	1/50
75～100mm	1/100
125mm	1/150
150mm	1/200
200mm 이상	1/200, 최소 유속 0.6m/s를 유지하도록 한다.

(HASS 206)

[2] 정상유량법

배수 시스템은 HASS206-2000 정상유량법에 의해 결정한다. 정상유량법에서는 배수관에 실제 흐르는 것으로 예상되는 유량(부하유량 Q_L)을 구하고, 그것보다 큰 허용유량을 가진 배수 시스템을 선정한다. 부하유량 Q_L을 구하려면, 기구평균배수유량 q_d와 배수관의 정상유량 Q의 두 데이터가 필요하다. q_d와 Q가 정해지면, 부하유량 판독 선도에 의해 부하유량 Q_L과 적응 가능한 배수 시스템을 결정할 수 있다. 또한 각개통기·루프통기·신정통기방식의 경우를 고려하여 배수수평지관, 수직관, 수평주관의 관경을 선정선도를 이용하여 구할 수 있다(그림 4-12～4-14).q

(1) 배수 시스템의 결정 순서

아래의 순서에 의해 적용 가능한 배수 시스템(배수수직관과 배수수평주관의 지름)을 구할 수 있다.

① 배수기구의 배수마다 기구수(n)를 구한다.

배수수직관의 부하 유량을 구한 경우, 그 수직관에 접속되어 있는 모든 배수기구를 포함한다. 합류지점 등의 부하 유량을 구하는 경우, 그 지점보다 상류측에 접속되어 있는 모든 배수기구를 포함한다.

② 각 배수기구마다 1기구당의 정상유량(q)과 기구수(n)와 배수율(β)을 곱하고, 그 값을 합계하여 관정상유량(Q)을 구한다.

$n \times \beta < 1$ 이 되는 경우에는 $n \times \beta = 1$ 로 계산한다.

③ 접속 기구의 기구평균배수유량(q_d)의 최대값을 구하고, 그 q_d값의 배수관선정선도를 이용하여 관정상유량(Q)에서 부하유량(Q_L)을 구한다.

정상유량의 최대 비율을 차지하는 기구의 q_d를 대푯값으로 채용하여도 좋다.

(2) 기구배수량 및 기구평균배수유량

기구평균배수유량 q_d(L/s)은 어느 기구 1회당의 기구배수량이 w(L)이고, 전체의

표 4-5 각종 위생기구의 기구배수량 및 기구평균배수유량의 표준값

기 구		트랩관경 (mm)	기구배수량(L)		기구평균배수유량(L/S)	
대변기	보통형	75 또는 100	사이펀제트・사이펀・블로아웃	15	(사이펀제트만 2.0)	1.5
			세출식・세락식	11		
	절수형	75	사이펀제트・사이펀	13		
			세출식・세락식	8		
소변기	소 형	40		4~6	각개세척개별감지식포함)	0.5
	대 형	50			세척탱크에 의한 자동세척 : 동시세척개수×0.5 다만, 2.0을 최대치로 한다	
세면기	대 형	30	물을 모아 씻음	5		1.0
	중 형			7		
	소 형			8		
			물을 흘리며 씻음	3		0.3
수세기		25		3		0.3
수술용수세기		30		20		0.3
세발기		30		40		0.3
욕 조		40		90~140~180		1.0
샤 워		50		50		0.3
조리싱크		40		50	물을 모아 씻음	1.0
					물을 흘리며 씻음	0.3
청소싱크		65		40	물을 모아 씻음	2.0
					물을 흘리며 씻음	1.0
세탁싱크		40		40	물을 모아 씻음	1.0
					물을 흘리며 씻음	0.3
오물싱크		75 또는 100		15		2.0
실험싱크		40		40		0.3

[주] 1. 이 배수량은 설계용 표준값이고, 필요최소량을 의미하지 않는다.
2. 절수형에서 배수량을 줄여 사용할 경우에는 배관에 적절한 조치를 강구하고, 그 수량을 기구 배수량으로 사용할 수 있다.

(HASS 206-2000)

20%가 배출되기 시작하여 80%가 배출될 때까지 소요된 시간을 t(s)라고 하면, 기구평균배수유량 q_d(L/s)은 q_d=0.6w/t에서 정해진다(표 4-5).

(3) 기구평균배수간격

기구평균배수간격 T_0는 기구에서 1회 배수 개시부터 다음 배수 개시까지의 평균 시간을 말한다. 기구의 사용 빈도를 나타내는 것으로, 사용 빈도가 높아지면 기구평균배수간격은 작아진다(표 4-6).

(4) 기구정상유량

부하산정을 위하여 편의적으로 도출한 것으로 당해 배수관의 상류에 설치된 전기구의 배수량을 시간적으로 평균하여 정상연속배수로 가정한 유량이다.

$$Q=W/To \tag{4.1}$$

표 4-6 각종 위생기구의 평균배수간격

설비·기구 종별		기구평균배수간격To(s)												
		집중이용형태	임의이용형태 (1개소에 설치된 기구수Np)											
			1	2	3	4	5	6	7	8	9	10	11	12
화장실	여자변기	60	400	280	220	190	170	150	140	140	130	130	120	120
	남자대변기	200	600	600	600	600	560	510	480	480	440	420	400	390
	소변기 [(개별감지식포함) 각개세척]	35	240	160	130	110	100	90	85	80	75	75	70	70
	세면기	25	170	120	90	80	70	65	60	55	55	50	50	50
	소변기 (세척탱크에 의한 자동세척)	To=180~900(평균 600)				To은 사용빈도에 따라 설계자의 판단에 의해 180~900s 사이에서 결정한다								
욕 조		To=1800												
샤 워		To=300												
기타의 기구		매우 빈번하게 사용되는 경우 To=60 제법 빈번하게 사용되는 경우 To=300 기타의 경우 To=600												

(HASS 206-2000)

예제 4-4

12층의 사무소건축에서 배수방식은 건물 내 합류식으로 하고 있다. 각층에 대변기, 소변기, 청소싱크가 설치되어 있는 경우 배수수평지관, 배수수직관, 배수수평주관을 선정하라.

| 해답 | 표 4-5에서 기구배수량 및 기구평균배수량을 구하고, 표 4-6에서 설치기구의 평균배수간격을 구하면 표 4-7과 같다. 1층당의 합계에서 수평지관을 선정하고, 건물 전체의 합계에서는 수직관, 수평주관을 선정한다.

배수수평지관의 관경 : 그림 4-12에서 가로축의 1층당의 합계인 정상유량 0.307(L/s)을 잡고 수직으로 올라가 각개·루프통기방식, 구배 1/100의 경우 기구평균배수유량은 원칙적으로 최대값을 채용하므로 청소싱크의 2.0의 교점에서 왼편의 부하유량을 읽으면 QL=2.8(L/s)이고, 배수수평지관의 관경은 100mm가 된다.

배수수직관의 관경 : 각종 수평지관의 최대부하유량의 2배 이상의 허용유량을 가진 관경이어야 한다. 배수수직관의 관경은 그림 4-13에서 가로축의 건물 전체의 합계인 정상유량 3.684(L/s)를 잡고 수직으로 올라가 각개·루프통기방식의 경우 기구평균배수유량은 원칙적으로 최대값을 채용하므로 청소싱크의 2.0의 교점에서 왼편의 부하유량을 읽으면 QL = 14(L/s)이다.

각층 수평지관의 최대부하유량 = 2.8(L/s)

그림에서 선정한 수직관의 허용유량 = 14(L/s)

$\Rightarrow$ 14(L/s) × 1/2 = 7(L/s) > 2.8(L/s) OK

부하유량의 확인에서 배수수직관의 관경은 125mm를 채용한다.

배수수평주관의 관경 : 그림 4-14에서 가로축의 건물 전체의 합계인 정상유량 3.684(L/s)를 잡고 수직으로 올라가 각개·루프통기방식의 경우 기구평균배수유량은 원칙적으로 최대값을 채용하므로 청소싱크의 2.0의 교점에서 왼편의 부하유량을 읽으면 QL=9.5(L/s)이고, 배수수평주관의 관경은 125mm이지만 배수수평주관은 배수수직관보다 1사이즈 크게 하므로 배수수평주관의 관경은 150mm를 채용한다.

표 4-7

배수기구	기구특성		사용빈도	1기구당의 정상유량 Q=W/To(L/s)	1층당의 기구수 n	1층당의 정상유량 Q(L/s)
	기구배수량 W/(L/s)	기구평균 배수유량 qd(L/s)	기구평균 배수간격 To(s)			
대변기	13	1.5	220	0.059	3	0.177
소변기	5	0.5	160	0.031	2	0.063
청소싱크	40	2.0	600	0.067	1	0.067
					1층당의 합계	0.307
					건물 전체의 합계(12층)	3.684

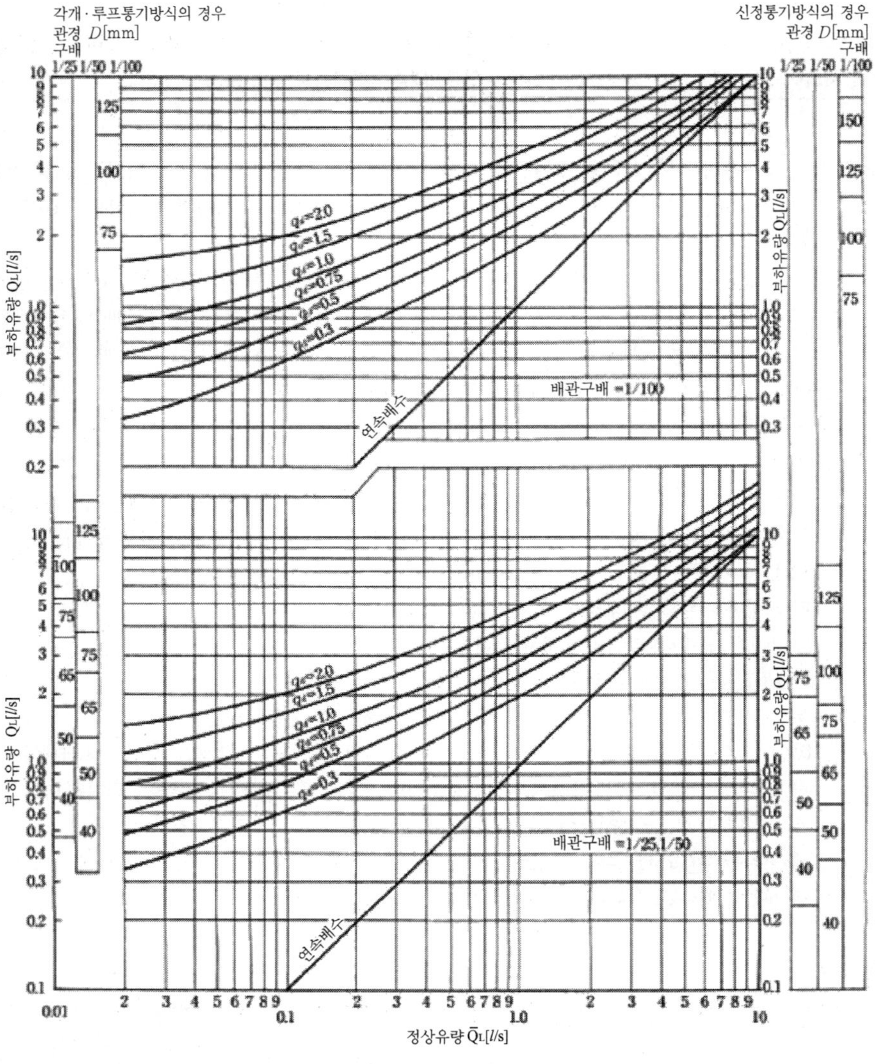

그림 4-12 배수수평지관 선정선도 (HASS 206-2000)

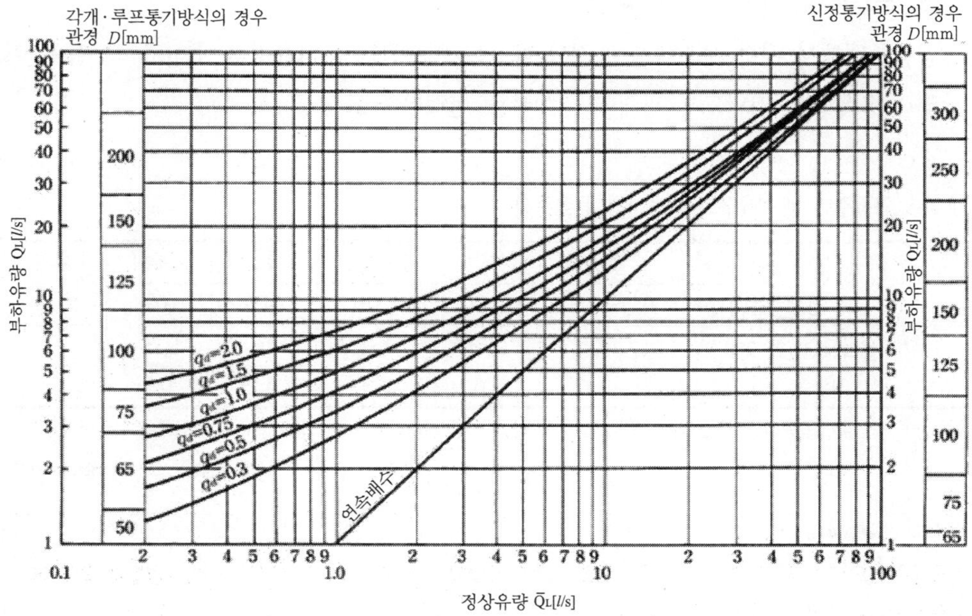

그림 4-13 배수수직관 선정선도 (브랜치 간격수 $N_B \geq 3$)(HASS 206-2000)

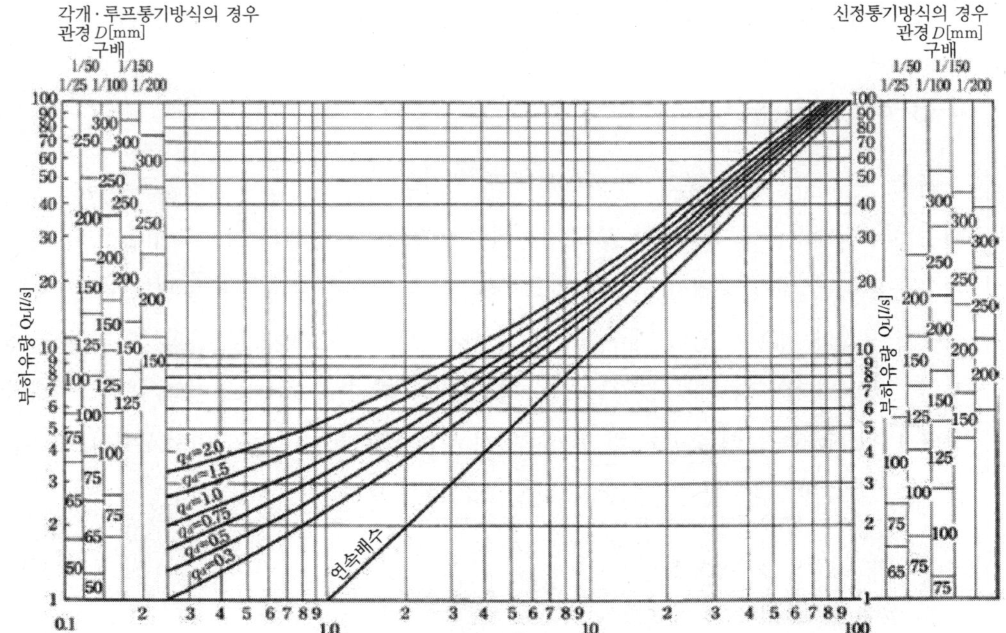

그림 4-14 배수수평주관 선정선도 (HASS 206-2000)

(5) 공동주택 배수기구의 부하산정

공동주택에서 배수 시스템을 결정할 때에는 배수관의 부하유량을 구하고, 그 유량 이상의 허용유량을 지니도록 관경이나 이음을 선정한다(표 4-8).

표 4-8 공동주택 배수기구의 부하산정의 표준값

	대변기	세면기	주방싱크	욕조	세탁기	샤워
1기구당의 정상유량 q(L/s)	0.013	0.009	0.03	0.05	0.033	0.028
기구평균배수유량 qd(L/s)	1.5	0.75	0.75	1.0	0.75	0.3
배수율 β	1.0	1.0	1.0	0.3	0.5	0.3

[주] 기구 특성이 표준값과 다른 경우에는 개별로 특성값을 파악할 필요가 있으므로 기구생산업체에 문의한다.

(SHASE-S206 · SSDS 002)

예제 4-5

공동주택의 14 세대에 세면기, 주방싱크, 욕조, 세탁기가 각각 설치되어 있다. 정상유량법에 의해 배수수직관의 부하 유량을 구하고, 관정상유량을 구하라.

| 해답 | 표 4-7에서, Q=0.009×14×1.0+0.03×14×1,0+0.05×14×0.3+0.033×14×0.5=0.987(L/s)
기구평균배수유량(qd)의 최대값은 1이므로 그림 4-13을 이용하여 배수수직관의 부하유량(Q_L)은 4.9L/s가 구해진다(수평주관의 부하유량은 그림 4-14에서 3.8L/s가 구해진다).

4-3-4 간접배수

음료 · 음료수 · 식기 등의 세척용에 따른 기기나 냉동기 · 보일러 · 탱크류 등에서의 배수는 일반배수관에 직결하지 않고 간접배수로 한다. 그 방법으로는 그림 4-15와 같이 배수관을 일단 대기 중에서 연결을 끊고, 공간을 확보하여 깔때기나 호퍼(hopper) 등의 물받이 용기에 배수를 받아 배수관에 접속한다. 배수관이 고장으로 막힐 때 다른 곳에서의 오염배수가 역류하거나 증발하는 경우에 직결배수로 하면 오염되어 비위생적인 상태가 될 수 있기 때문이다. 간접배수를 하는 데에는 배수관경의 거의 2배의 배수구 공간을 설치하여 다음에 분류하는 기기에 대하여 필요하다.

① 2개 이상의 기구와 트랩
② 간접배수관이 짧은 경우
③ 바닥배수와 스트레이너
④ 바닥배수

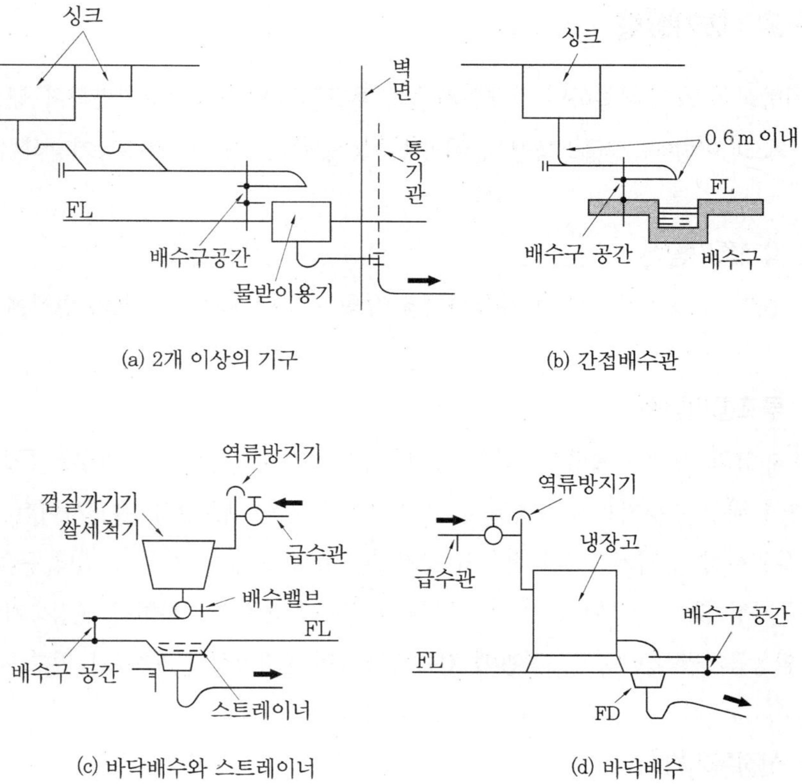

그림 4-15 간접배수의 일례

4-4 통기계통

4-4-1 통기관의 목적

통기관의 목적으로 다음의 3가지를 들 수 있다.

① 자기사이펀작용, 흡출작용, 분출작용 등에서 트랩의 봉수깊이를 보호할 것

② 배수관 내의 기압변동을 억누르고, 배수의 흐름을 원활히 할 것

③ 배수관 내에 신선한 공기를 도입하고, 충분한 환기를 행하며, 관 내를 청결히 유지할 것

4-4-2 통기방법

통기방식은 크게 분류하면 각개통기방식, 루프통기방식, 신정통기방식이 있고, 소벤트방식, 섹스티아방식, 싱글스택방식, 진공배수방식 등은 새로운 배수통기방식이다.

(1) 각개통기방식

각 기구마다 통기를 행하고 유도사이펀 작용 및 자기사이펀 작용의 방지에 유효하다.

(2) 루프통기방식

2개 이상의 기구의 트랩을 1본의 통기관에 의하여 통기하는 방식이다. 루프통기관을 이용하여 배수 수평지관에 접속된 위생 기구의 트랩을 보호한다. 유도사이펀 작용의 방지에 유효하지만, 자기사이펀 작용의 방지에는 효과가 없다. 사무실 빌딩 등의 일반 건축에서 가장 많이 채용되고 있다. 루프(loop)통기방식을 세분류하면 신정통기관에 접속하는 환상통기방식과 통기수직관에 접속하는 회로통기방식의 2종류가 있다.

(3) 신정통기방식

앞의 2가지는 통기관, 통기수직관을 설치하고 각 층의 통기관을 일괄적으로 한데 모아 대기에 개구하는 것을 원칙으로 하고 있으나 소규모 건물 또는 층수가 적은 건물 등에서는 통기수직관을 생략하는 경우가 있다. 이 방식을 신정통기방식이라고 한다.

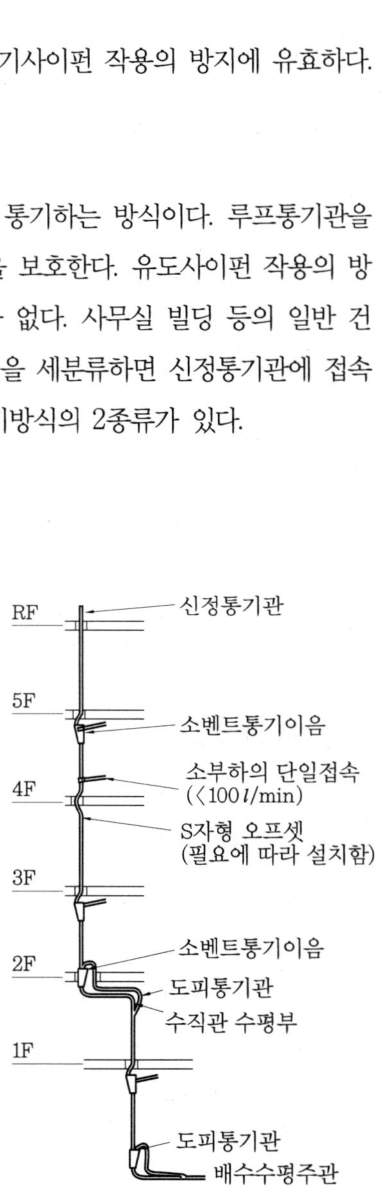

그림 4-16 소벤트방식

(4) 소벤트방식

소벤트(sovent)방식은 그림 4-16과 같이 특별한 이음을 사용한 신정통기방식의 일종이다.

각 층의 배수수평지관과 배수수직관의 접속부에 그림 4-17과 같은 통기 이음을 사용하고, 다음의 3가지에서 수직관 내의 기압

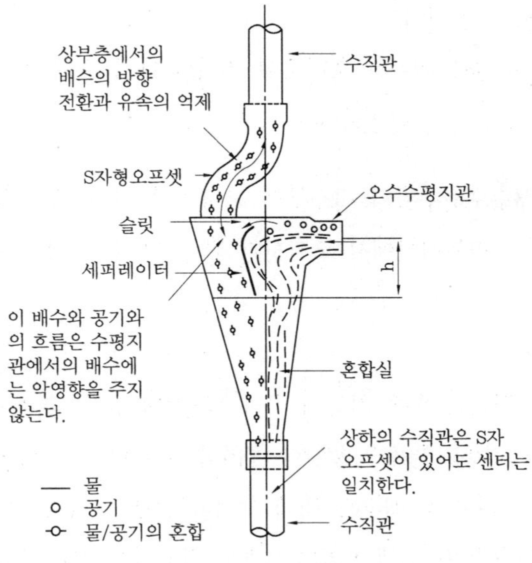

그림 4-17 소벤트 통기 이음

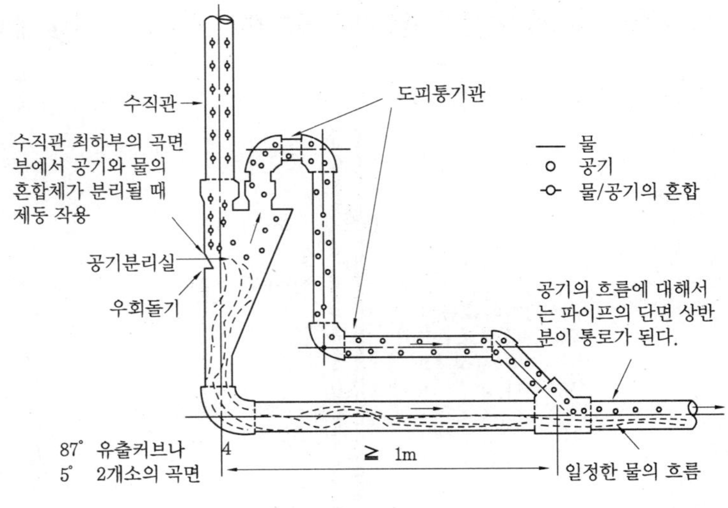

그림 4-18 소벤트 역통기 이음

변화를 작게 한다.

① 세퍼레이트(separates)에 의하여 수직관의 흐름과 수평관에서의 흐름을 분리하고, 수직관 내의 통기단면을 확보함과 아울러 슬릿(slit)에서 공기를 도입한다.

② 오프셋(off sets)부의 저항에 따라 수직관 내의 유속을 3m/sec(보통은 10~12

m/sec) 정도로 감소한다.

③ 오프셋부에서 공기와 배수가 혼합하여 수직관 내를 흐를 때 다량의 공기를 포함한 배수가 되고 유속이 감소한다.

배수수직관에서 배수수평주관의 접소부에 그림 4-18과 같은 역통기이음을 사용하고, 수직관 내의 공기를 도피통기관에서 도피시켜 관 내의 압력 상승을 방지한다.

(5) 섹스티아방식

섹스티아(sextia) 이음의 특수 기능에 따라 1본의 배수수직관에서 배수와 통기가 행해지는 시스템으로 신정통기만을 사용한다. 배수수직관에의 유입부 저항을 줄이고 배수의 흘러내림 속도를 감속시켜 배수관 내에 생기는 관내 압력을 작게 제어한다. 섹스티아 이음에는 각층 배수수평지관과 배수수직관을 접속하는 것과 배수수직관과 수평지관의 접속곡관부에 특수 편향 장치를 한 것이 있다(그림 4-19).

전자는 이음 내부에 고정 날개를 설치하여 편향 장치의 역할을 하도록 한다. 즉, 여기에서 배수의 흐름에 제동을 걸면서 원심력을 일으키고, 배수는 수직관 내벽에 밀어붙

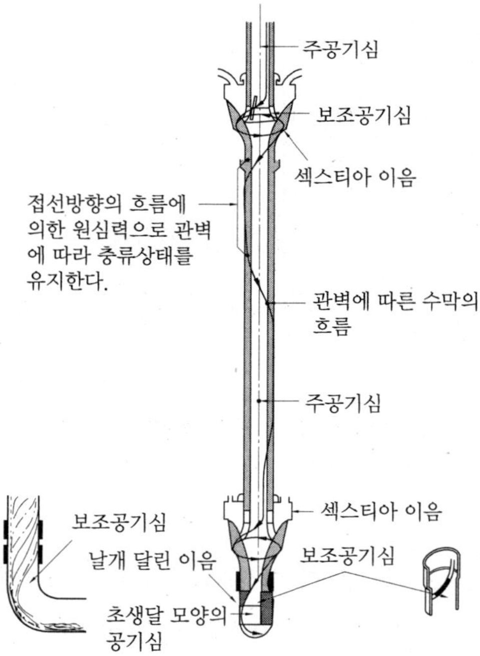

그림 4-19 섹스티아 이음을 사용한 경우의 배수수직관의 유수

여 중앙에 공기심을 만든다. 배수는 공기심의 주위를 선회하면서 흘러내린다. 원심력은 각층 이음부분에서 재차 강조되고, 이 공기심은 배수수직관의 전 길이에 걸쳐 연속된다. 또한 각층 이음부에서는 배수의 수류막을 절단하고, 배수수평지관 내의 공기와 수직관의 공기심을 연결하는 역할을 하게 된다.

후자는 45° 곡관의 내면에 디플렉터(deflector)를 설치하여 수직관 내의 흐름이 여기서 적당히 편향되어 수전(water plug) 현상을 방지하고 공기심이 수평지관 내에도 연속하도록 한다.

4-4-3 통기관의 관경

통기관의 관경은 도입 또는 배출되는 필요 공기량과 관길이에서 결정하면 되지만 필요 공기량의 산정은 곤란하기 때문에 통기관이 담당하는 기구배수부하단위(fuD)가 그에 대신한다. 따라서 기구배수부하단위(fuD)와 통기관의 관길이에서 결정된다. 또 통기관은 배수관과의 접속 개소에서 막히기 쉬우므로 최소 관경을 접속하는 배수관경의 1/2 이상으로 하는 것을 원칙으로 하고 있다.

통기관의 최소 관경은 30mm로, 배수탱크에 설치하는 통기관은 50mm로 한다.

(1) 각개통기관

각개통기관의 관경은 접속하는 배수관의 관경의 1/2 이상으로 하고, 최소 관경을 30 mm로 한다. 표 4-9는 각종 기구에 대한 각개통기의 통기관경의 최소값을 나타낸다. 또 각개통기관을 모아 통기주관에 접속하는 통기수평지관(그림 4-20 a~g에서)의 관경은 경험에 의하여 표 4-10을 사용하는데 배수수평지관의 1/2 이상으로 한다.

표 4-9 각개통기의 통기관경

기 구	통기관 최소 관경	기 구	통기관 최소 관경
세면기, 수세기	30	욕 조	30
분상음수기	30	샤워부스	30
타 구	30	공중욕장	40
대 변 기	50	요리 싱크(주택용)	30
소 변 기	30	요리 싱크(영업용)	40
스톨 소변기	40	세탁 싱크	40
비 데	40	청소 싱크	40
오물 싱크	50		

표 4-10 담당 fuD에 대한 통기수평지관

fuD	통기관경
1	30
8	40
18	50
36	65
72	75

예제 4-6

그림 4-20에서 각개통기관, 통기수평지관의 관경을 구하여라.

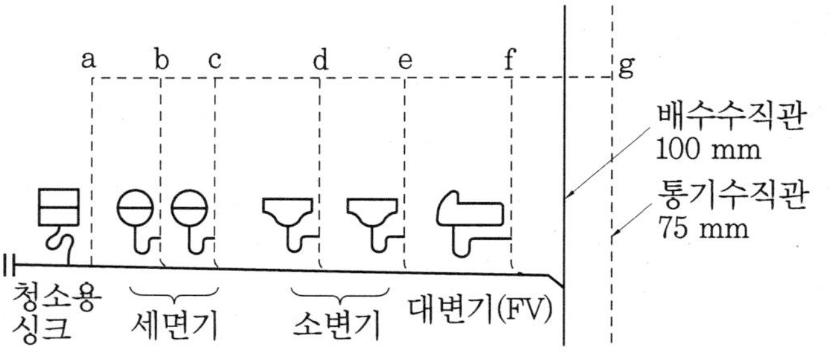

그림 4-20

|해답| 다음의 표와 같이 결정한다.

표 4-11

기구명	접속하는 기구배수관(mm)	각개통기관(mm)	통기수평지관(mm)
대변기(FV)	75	50	배수수평지관경 100 mm의 1/2로서 50 mm
소변기	40	30	
세면기	30	30	
청소용 싱크	65	40	

[주] 배수수평지관경은 $\Sigma fuD = 8+4\times2+1\times2+3=21$에서 100 mm

(2) 루프통기관

루프통기관의 관경은 접속하는 배수수평지관과 통기수직관의 관경의 작은 쪽의 1/2 이상을 원칙으로 한다. 루프통기관의 관경은 다음과 같은 방법으로 한다.

① 접속하는 배수수평지관과 통기수직관 관경의 작은 쪽의 1/2 이상으로 하고, 허용 최대 배관길이를 30 m로 한다.

② 루프통기관의 관경과 그 배관길이는 표 4-12를 이용하여 결정한다.

③ 최소관경은 40mm로 한다.

표 4-12 루프통기관의 관경

배수관의 관경(mm)	기구배수부하단위수	필요한 루프통기관의 관경(mm)					
		40	50	60	75	100	125
		최장수평거리(m)					
40	10	6					
50	12	4.5	12				
50	20	3	9				
75	10		6	12	30		
75	30			12	30		
75	60			4.8	24		
100	100		2.1	6	15.6	60	
100	200		1.8	5.4	15	54	
100	500			4.2	10.8	42	
125	200				4.8	21	60
125	1,100				3	12	42

(National Plumbing Code Handbook, pp.12~48)

예제 4-7

그림 4-21에서 루프통기관의 관경은 얼마인가? 통기관길이를 15m로 한다.

조건 ① 배수수평지관경 75mm
② 배수수직관 100mm
③ 통기수직관 75mm
④ fuD 합계 21

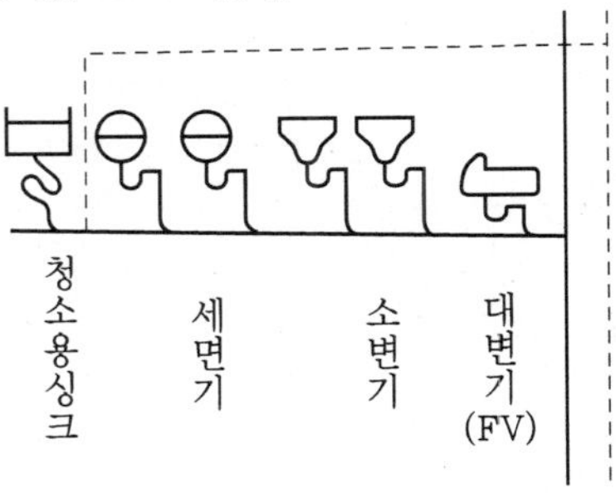

그림 4-21

|해답| ① 배수수평지관 및 통기수직관의 관경 75mm의 1/2 이상이므로 40mm가 된다.
② 표 4-12에서 루프통기관구경은 75mm

(3) 신정통기관

신정통기관의 관경은 배수수직관의 관경과 동일 지름으로 한다.

(4) 통기수직관 및 통기헤더

통기수직관이나 통기헤더의 관경은 배수수직관이 담당하는 기구배수부하단위(fuD)의 합계 값과 그 통기관의 배관길이에서 표 4-13을 이용하여 결정한다. 다만, 배관길이는 다음의 것으로 한다.

① 통기수직관을 단독으로 대기에 개구하는 경우에는 배수수직관에서 인출한 시점에서 대기 개구부 말단까지의 길이로 한다.

표 4-13 통기관의 관경과 길이

배수관의 관경(mm)	배수단위	통기관의 관경(mm)						
		30	40	50	65	75	100	125
		통기관의 최장거리(m)						
30	2	9						
40	8	15	45					
40	10	9	30					
50	12	9	22.5	60				
50	20	7.8	15	45				
65	42		9	30	90			
75	10		9	30	60	180		
75	30			18	60	150		
75	60			15	24	120		
100	100			10.5	30	78	300	
100	200			9	18	75	270	
100	500			6	15	54	210	
125	200				10.5	24	105	300
125	500				9	21	90	270
125	1100				6	15	60	210

② 통기수직관의 말단을 신정통기관에 접속하는 경우에는 시점에서 신정통기관과의 접속부 길이와 접속부에서 대기 개구부 말단까지의 신정통기관의 길이를 더한 것으로 한다.

예제 4-8

배수수평지관경이 100mm, 통기수평지관의 배수부하단위 합계가 28.5, 통기지관길이는 15m인 경우 통기수평지관의 관경은 얼마로 할 수 있는가?

|해답| 표 4-13에서 통기수평지관의 관경은 65mm를 채용한다.

예제 4-9

배수수직관경 100mm, 통기수직관의 배수부하 합계 342, 통기지관길이 56m인 경우 통기수직관의 관경은 얼마로 할 수 있는가?

|해답| 표 4-13에서 통기수직관의 관경은 100mm를 채용한다.

(5) 결합통기관

결합통기관의 관경은 통기수직관과 배수수직관 중에서 작은 쪽의 관경 이상으로 하고, 최소 관경은 50mm로 한다.

(6) 도피통기관

도피통기관의 관경은 배수수평지관의 관경의 1/2 이상으로 하고, 최소 관경은 30mm로 한다.

4-4-4 통기관의 배관방법

통기관은 공기나 하수가스가 항상 환통(環通)하고 있는 공관(空管)이어야 하며, 배수가 이 안에 유입해서는 안 된다. 따라서 다음과 같은 점에 충분히 주의하지 않으면 안 된다.

① 통기관을 수평으로 배관하지 않으면 안 되는 경우는 그림 4-22와 같이 반드시 기구의 오버플로선보다 150mm 이상 수직으로 올려서 행한다. 또 벽면과 떨어져 고립하여 설치된 기구의 각개통기관은 다른 통기관에 접속이 곤란하지만 이런 경우에도 그림 4-23과 같이 일단 150mm 이상 수직으로 올린 후 반환하여 수직으로 내리고, 그림 4-23의 반환통기관으로서 통기수직관 등에 접속한다.

② 각개통기관의 수직올림 위치는 기구의 최고 수면과 배수수평지관이 배수수직관에

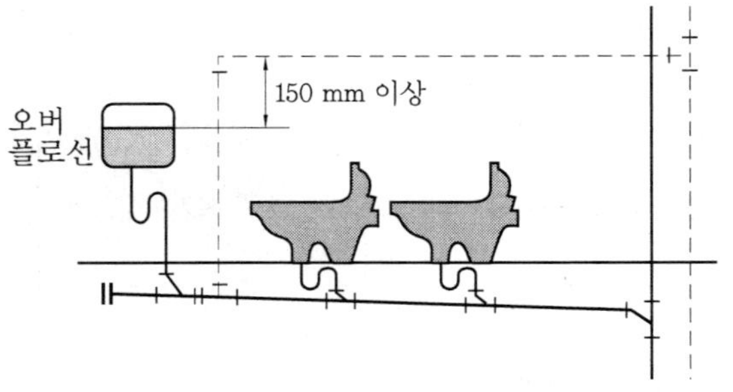

그림 4-22 통기관의 수평배관

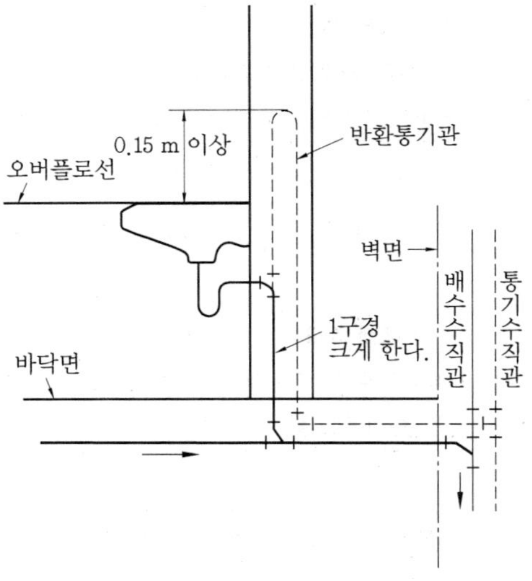

그림 4-23 반환통기관

접속하는 개소를 연결한 동수구배선보다 상위에서 인출하지 않으면 안 된다(그림 4-24).

③ 루프통기관의 인출 위치는 그림 4-25와 같이 배수수평지관에 최상류의 기구배수관이 접속된 바로 하류측으로 한다.

④ 루프통기관의 배수관에서 수직올림은 그림 4-26과 같이 배수수평지관의 중심선 상부에서 수직 또는 중심선에서 45° 이상의 각도에서 행한다.

⑤ 트랩의 웨어(wear)에서 관경의 2배 이내의 개소에서 통기관을 인출해서는 안 된다. 관경의 2배 이내의 개소에서 인출하고, 이른바 정상부 통기로 하면 배수할 때

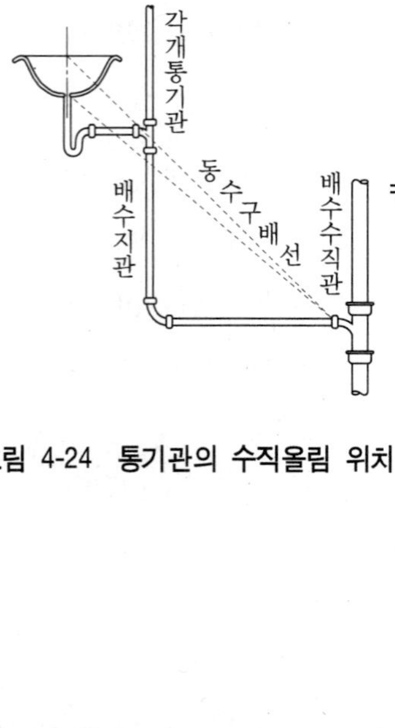

그림 4-24 통기관의 수직올림 위치

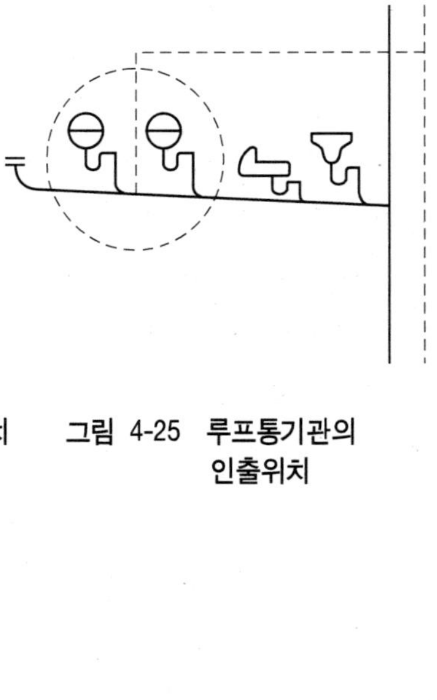

그림 4-25 루프통기관의 인출위치

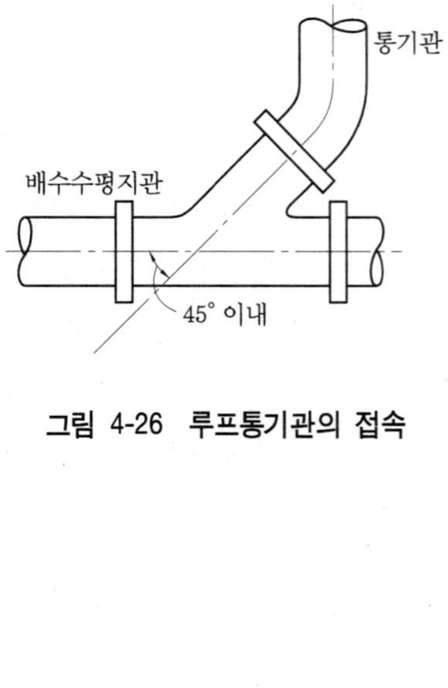

그림 4-26 루프통기관의 접속

마다 통기관 내를 배수가 상승하여 관이 막히는 원인이 된다(그림 4-27).

⑥ 통기수직관 하부의 인출은 최저위의 배수수평지관보다 낮은 위치에서 45° 각도로 행한다(그림 4-28). 또 통기수직관의 상부는 그림 4-29와 같이 신정통기관에 접속하거나 단독으로 대기에 개구한다. 또한 통기수직관의 관경은 도중에 축소 또는 확대해서는 안 된다.

⑦ 통기관의 말단은 다음과 같이 하여 대기에 개구한다.

㉠ 옥상이 사용되고 있는 경우는 2m 이상 수직으로 올리고, 옥상이 사용되고 있지 않은 경우는 0.2m 이상 수직으로 올려 대기에 개구한다.

㉡ 통기관의 말단이 문, 창, 환기구에 접근해 있는 경우는 그림 4-30과 같이 주의하지 않으면 안 된다.

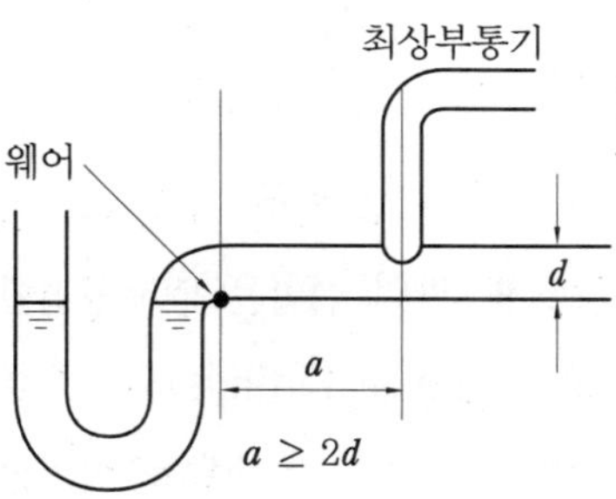

그림 4-27 최상부 통기

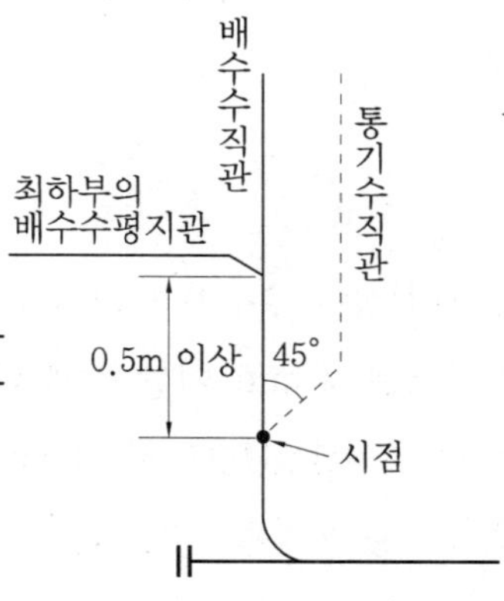

그림 4-28 통기수직관의 시점

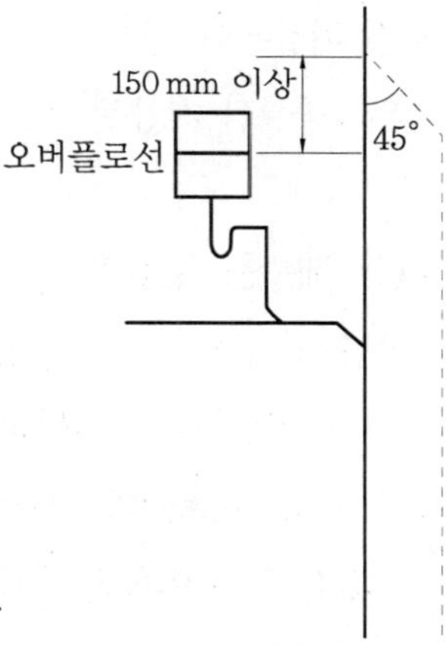

그림 4-29 통기수직관의 상부접속 위치

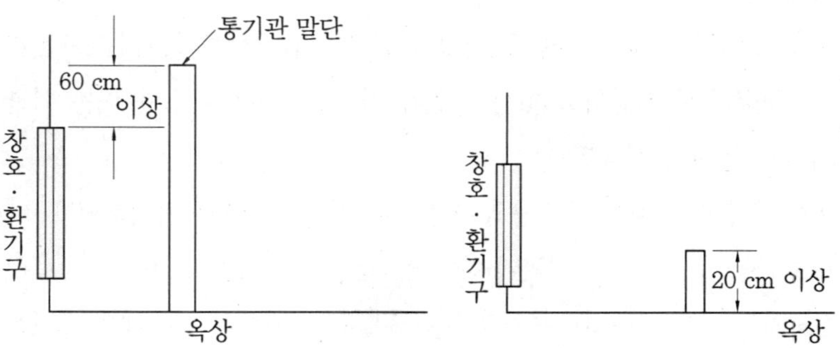

그림 4-30 통기관의 말단

㉢ 한랭지에서 통기관의 말단 개구부가 동결할 우려가 있는 경우는 개구부의 구경을 최소 75mm로 한다. 통기수직관, 신정통기관의 구경이 75mm 이상의 경우는 개구부의 구경을 그보다 1구경 큰 것으로 한다.

4-5 배수, 통기용 배관재료

배수용 배관재료는 급수관과 같이 고압이 걸리지 않기 때문에 3.5kg/cm^{2}의 압력에 견디는 것으로 좋고, 따라서 급수관에 비하여 얇다. 다만, 배수용 배관재료를 선정하는 데 있어서는 배수의 성질(산성, 알칼리성 등)을 충분히 조사하여 내식성이 양호한 관재로 결정하지 않으면 안 된다. 또 콘크리트관, 도관은 접합이 불완전하기 때문에 옥외지중 매설용의 배수관으로 사용된다. 통기용 배관재료는 염화비닐관, 배관용 탄소강강관의 2종류가 사용된다.

(1) 배수용 주철관

배수용 주철관은 내구성, 내식성이 우수하고, 비교적 값이 싸므로 널리 사용되고 있다. 다만, 배수용 주철관의 관경은 50mm 이상 밖에 없다. 또 관의 접합은 연코킹접합법(lead caulking)과 메커니컬 조인트법(MD ; Mechanical Drainage Fittings)의 2종류가 있다. 또한 이형관 등에 수도용 이형관을 사용해서는 안 되고 반드시 배수용 이형관을 사용한다.

(2) 배관용 탄소강강관

배관용 탄소강강관은 외관이 좋고, 접합도 간단하지만 산성의 배수에 약간 결점을 가지고 있다. 일반적으로 사용하고 있는 배관용 탄소강강관은 가스관 또는 백관이라고 하는 아연도금을 한 것이 사용된다.

배수용에는 주철관과 같은 수도용의 이음류를 사용하지 않으면 안 되고, 나사형 배수관 이음(drainage fittings)을 사용한다. 이 이음은 배수관의 구배를 1/50이 되도록 1°10′의 각도차를 지닌 것이다. 통기관에는 수도용의 이음을 사용해도 문제는 없다.

(3) 연관

배수용 연관(鉛管)에는 순도가 높은 것이 사용되기 때문에 유연성이 풍부하고, 부식이 잘 되지 않는다. 따라서 위생도기와 배수관과의 접속부나 동양식 대변기의 트랩 제작에 적합하다. 그러나 고가인 점, 변형되기 쉬운 점 등으로 배수관으로서는 적당하지 않다.

(4) 경질염화비닐관

경질염화비닐관은 산·알칼리 모두에 강하고, 경량이며, 가격도 싸다. 또한 접착제도 성능이 높고, 접합이 간단하기 때문에 최근에 상당히 발전하고 있다. 그러나 지지가 어려운 점 또는 충격에 약하고, 열에 약한 결점을 지니고 있기 때문에 고층건물에 사용하는 데는 문제가 있다.

(5) 콘크리트관

콘크리트관은 접합을 완전히 할 수 없기 때문에 옥외 매설관으로 사용된다. 콘크리트관은 내압에는 강하지만 탄성이 적은 성질을 지니고 있다. 배수용 콘크리트관에는 철근콘크리트관과 원심력 철근콘크리트관 2종류가 있다.

(6) 도관

도관(陶管)도 콘크리트관과 마찬가지로 완전한 접합이 곤란하기 때문에 옥외 매설관으로 사용된다. 또 도관은 관 길이가 짧으므로 오수용보다 우수배수용으로 사용하는 것이 더 일반적이다.

4-6 배관시공

4-6-1 구배

배수관의 구배를 상당히 급구배로 하면 물은 얕게 흐르면서 동시에 급속히 흐르기 때문에 고형물을 부유시키게 되고 일부는 남겨두게 된다. 또 지나치게 완구배로 하면 유속이 감소하고, 고형물을 물의 힘으로 흘러가게 하는 힘을 잃는다. 따라서 적절한 구배로 하는 것이 매우 중요하다.

배수수평관의 구배는 관경 65mm 이하는 1/50, 관경 75~100mm는 1/100, 관경 125mm는 1/150, 관경 150mm 이상은 1/200보다 완만하게 되지 않도록 하고, 凹凸 배관을 절대로 해서는 안 된다. 또한 큰 구경의 관의 경우는 유속이 0.6m/sec 이상일 때 이보다 완만한 구배로 하면 지장이 없다. 따라서 표 4-4와 같이 한다. 통기관은 물이 자연히 배수관에 흘러내리도록 배수관과 반대로 약간 올림구배로 한다.

4-6-2 배관이음

배관이음은 배관의 내부에 구획(段) 등이 있는 곳에 고형물이 걸려 관이 막히는 원인이 되므로 이음류는 반드시 배수용의 것을 사용하지 않으면 안 된다.

배수용 이음으로서 나사형 배수관 이음(drainage fittings), 배수용 주철관 이음, 배수용 염화비닐관 이음이 있다. 또 지관에서 주관에의 접속은 Y관 또는 90° Y관을 사용한다. 배수수평관을 구부리는 경우는 45° 곡관과 45° Y관을 조합시켜 유수의 저항을 적게 함과 동시에 관 막힘을 방지한다. 또한 흐름을 90° 바꿀 때는 반드시 관 끝에 청소구를 설치하지 않으면 안 된다.

4-6-3 청소구의 설치위치

배수배관에는 관 막힘의 점검, 청소를 위해 배관의 굴곡부나 분기점에 반드시 청소구를 설치한다. 청소구는 용이하게 청소할 수 있는 스페이스를 고려하고, 바닥 아래 배관 또는 지중매설관(그림 4-31)의 경우는 바닥면 또는 지반면까지 연장한 곳에 설치한다.

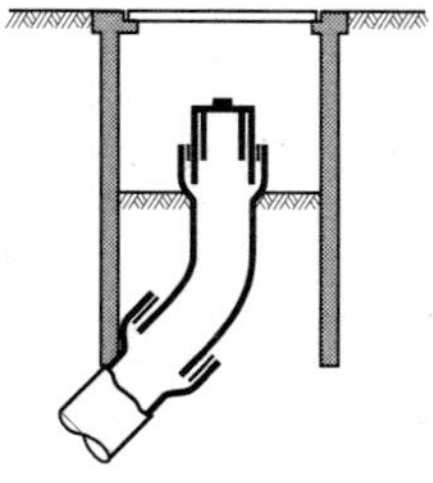

그림 4-31 지중매설 청소구

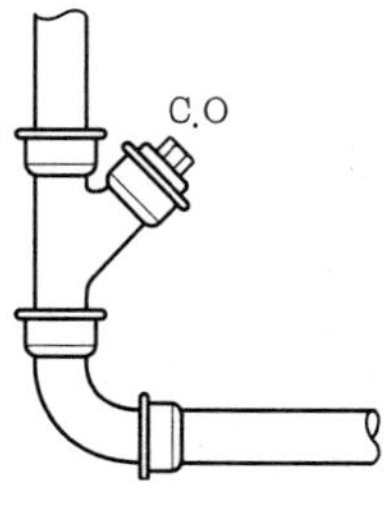

그림 4-32 배수수직관의 청소구

청소구의 크기는 원칙으로 배관경과 동일 지름으로 하고, 관경이 100 mm를 초과할 때에는 최소구경을 100 mm로 한다. 청소구를 필요로 하는 주 개소는 다음과 같다.

① 배수수평지관 및 배수수평주관의 기점
② 배수수직관의 최하부(그림 4-32)
③ 배관이 45° 이상의 큰 각도로 방향을 바꾸는 곳
④ 배수수평주관이 부지배수관에 접속하는 곳
⑤ 배수수평관에서 직진거리가 구경 100 mm 이하에서 15 m 이내, 100 mm를 초과하는 경우는 30 m 이내에 1개소
⑥ 기타 특히 필요하다고 생각되는 곳

4-6-4 배관지지

배수통기관은 급수관 등에 비하여 관경이 크기 때문에 무겁다. 또 배수수평관에 있어서는 구배를 항상 유지하지 않으면 관 막힘이 일어난다. 따라서 배수통기관의 배관지지는 견고히 부착할 필요가 있다.

배수수직관의 지지는 각 층마다 파이프 샤프트 내에서 지지하고, 수직관의 저부는 콘크리트 등의 지지대로 받는다. 또 바닥 아래 배관 등에 있어서는 관의 이음매마다 지지대를 설치하는 것이 바람직하다. 최근 염화비닐관이 배수, 통기관으로서 흔히 사용되고 있는데, 이것은 열에 약하고, 수평관 등에 있어서 충분히 지지해 놓지 않으면 관의 중간에서 느슨해짐이 일어나고, 관 막힘의 원인이 된다. 따라서 연관, 염화비닐관 등의 배수수평관의 받침대에는 일반적으로 반원형 홈통 또는 L형강이 흔히 사용된다.

4-6-5 배관피복

환기가 충분히 행해지지 않는 천장 안 또는 파이프 샤프트 내에 있어서 배수관의 표면에 공기 중의 습기가 결로하고 건물을 오손하는 경우가 있다. 그러므로 천장 내의 배관은 반드시 피복할 필요가 있다. 파이프 샤프트 내의 배관도 피복하는 것이 일반적이지만 최하부에 바닥배수가 있는 경우에는 하지 않아도 된다. 또 피복을 보호하거나 관의 종류를 식별하는 의미에서 도장을 행하고 유성페인트 2회 바름을 행한다.

4-6-6 배관상의 주의

배수통기관은 다음과 같은 점에서 다르므로 충분히 주의하지 않으면 안 된다.

1개의 기구의 배관에 2개 이상의 트랩을 접속하면 배수 저항이 커져 배수 불량을 일으키는 원인이 된다(그림 4-33).

① 2중 트랩으로 되지 않도록 구성한다(그림 4-33).

② 자동차 차고 내의 수세기 또는 바닥배수는 일단 가솔린 트랩에 모아 가솔린을 휘발・분리한 후에 일반 배수계통에 접속한다(그림 4-34).

③ 가솔린 트랩에서의 통기관은 단독으로 수직으로 올리고 대기에 개구한다(그림 4-35).

④ 통기관을 수평으로 설치하는 경우는 앞에서 설명한 바와 같이 오버플로선 보다 150 mm 이상 수직올림으로 행한다.

⑤ 간접 배수계통의 통기관은 일반 통기계통에 접속시키지 않고 단독으로 대기 중에 개구한다.

⑥ 기구 배수관의 곡부에 다른 배수지관을 접속해서는 안 된다(그림 4-35).

⑦ 드럼 트랩 등 트랩의 청소구를 열었을 때 하수가스가 누설되지 않는 배관으로 한다.

⑧ 한랭지에서 트랩의 물이 동결할 우려가 있는 경우는 기구에 트랩을 설치하지 않고, 옥외에 일괄된 트랩통을 설치한다.

⑨ 최하층의 바닥배수 등이 배수수직관에 접속하지 않고 배수수평주관에 접속하는 경우, 그림 4-36(b)와 같이 역지밸브를 설치해도 되는데, 그림 4-36(a)와 같이

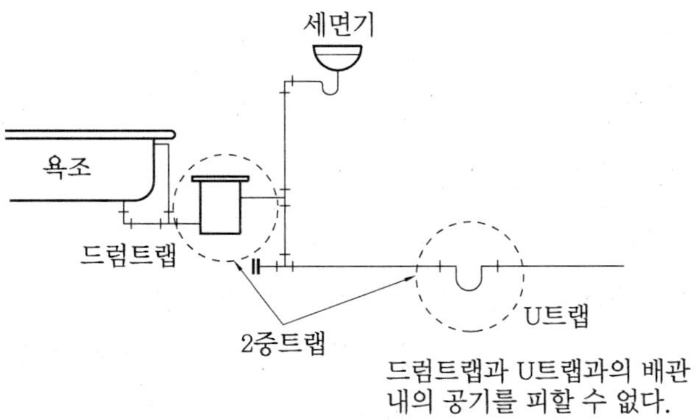

그림 4-33 2중 트랩

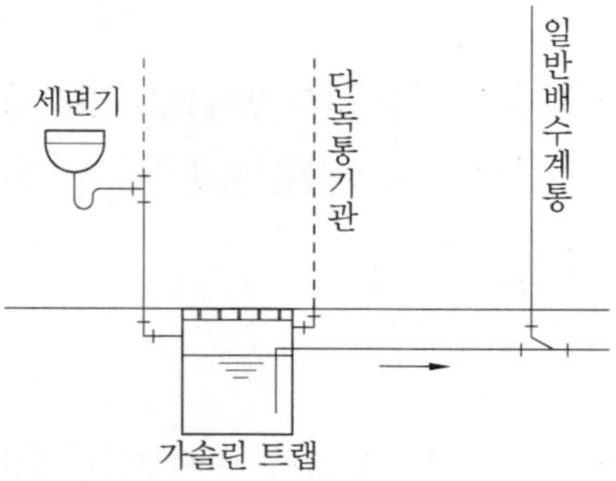

그림 4-34 가솔린트랩 주위의 배관

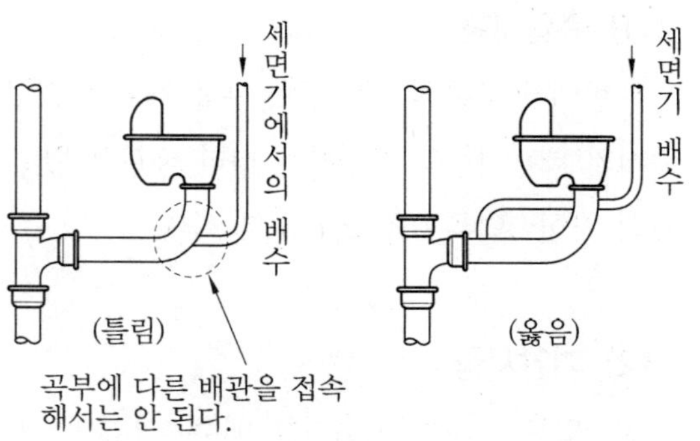

그림 4-35 기구배수관 등의 곡부에 배관

3m 이상 하류측에서 접속하는 것이 좋다. 이것은 수직관에서 다량의 배수가 흐른 경우, 바닥배수에서의 역류를 방지하기 위해서이다.

⑩ 급수관, 급탕관 등과 교차하는 경우는 배수관을 먼저 설치하고 확실한 구배를 취한다.

⑪ 오수정화조, 오수피트, 잡배수피트는 각각 단독으로 대기 중에 개구한다.

⑫ 통기수직관과 빗물수직관은 겸용하면 안 된다.

⑬ 통기관과 환기용 덕트는 연결하면 안 된다.

⑭ 홍수시 역류할 수 있으므로 빗물수직관과 다른 배수관을 연결해서는 안 된다.

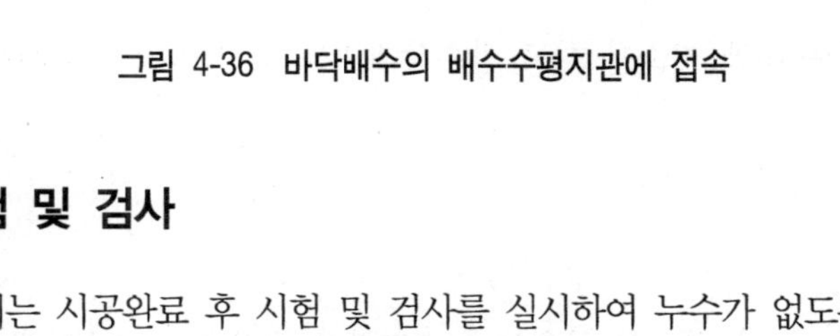

그림 4-36 바닥배수의 배수수평지관에 접속

4-6-7 시험 및 검사

옥내 배수설비는 시공완료 후 시험 및 검사를 실시하여 누수가 없도록 한다. 시험 및 검사 방법에는 수압시험, 기압시험, 연기시험, 박하시험, 만수시험, 통수시험, 운전시험 등이 있다.

(1) 수압시험

시험대상 부분의 최고 개방부를 제외한 기구와의 연결부분을 모두 밀폐하고 물을 만수시켜 배관시험의 기준치에 따라 배관의 만수를 검사한다. 또한 물을 사용하여 시험할 때의 시험수압은 0.3kg/cm^2로 한다.

(2) 기압시험

공기압축기 또는 시험기를 배수관 1개의 개방부에 연결하고 기타의 개방부를 밀폐한 다음 공기의 개방부로부터 그 계통에 보내고 배관시험의 기준치에 따라 배관의 만수를 검사한다.

(3) 연기시험

시험 대상 부분의 모든 배관과 트랩에 물을 채워 봉수한 다음 한 개 또는 여러 개의 연기발생기를 사용하여 그 계통에 자극성이 있는 진한 연기를 유입시켜 최소 유지 15분 후에 시험수두 25mmAq를 유지하면서 배관과 트랩 및 기구와의 연결부분에서 누설검사를 한다.

(4) 박하시험

시험 대상 부분의 모든 배관과 트랩에 물을 채워 봉수한 다음 수직관 7.5m 박하류 50g을 4ℓ 이상 뜨거운 물을 용해시킨 용액을 수직관의 꼭대기 통기구에서 주입하고, 그 통기구를 밀봉한 다음 최소 유지시간 15분 후의 시험수두 25mmAq를 유지하면서 배관과 트랩 및 기구와의 연결부분에서 누설시험을 한다.

(5) 만수시험

탱크는 공사완료 후에 청소를 하고 만수상태에서 24시간 이상 방치하여 누수를 검사한다.

(6) 통수시험

기구를 장착한 후 각 기구의 사용상태에 적합한 수량으로 통수상태를 검사한다.

(7) 운전시험

기기 및 장치가 시방서에서 요구하는 기능을 만족하고 있는지를 검사한다.

4-7 우수배수설비

우수배수(雨水排水)설비는 건축물이나 부지 내에 내린 비를 가능한 한 신속히 우수배수계통에 모아 하천이나 하수도에 방류하기 위한 설비이고, 우수배수계통은 원칙적으로 일반 배수계통과는 별도의 계통으로 한다.

4-7-1 우수배수

건축물에 내린 비는 그림 4-37과 같이 홈, 낙수구(roof drain), 처마 홈통, 우수수직관, 우수수평주관, 트랩, 통 등을 통과하여 하수도나 하천에 방류된다.

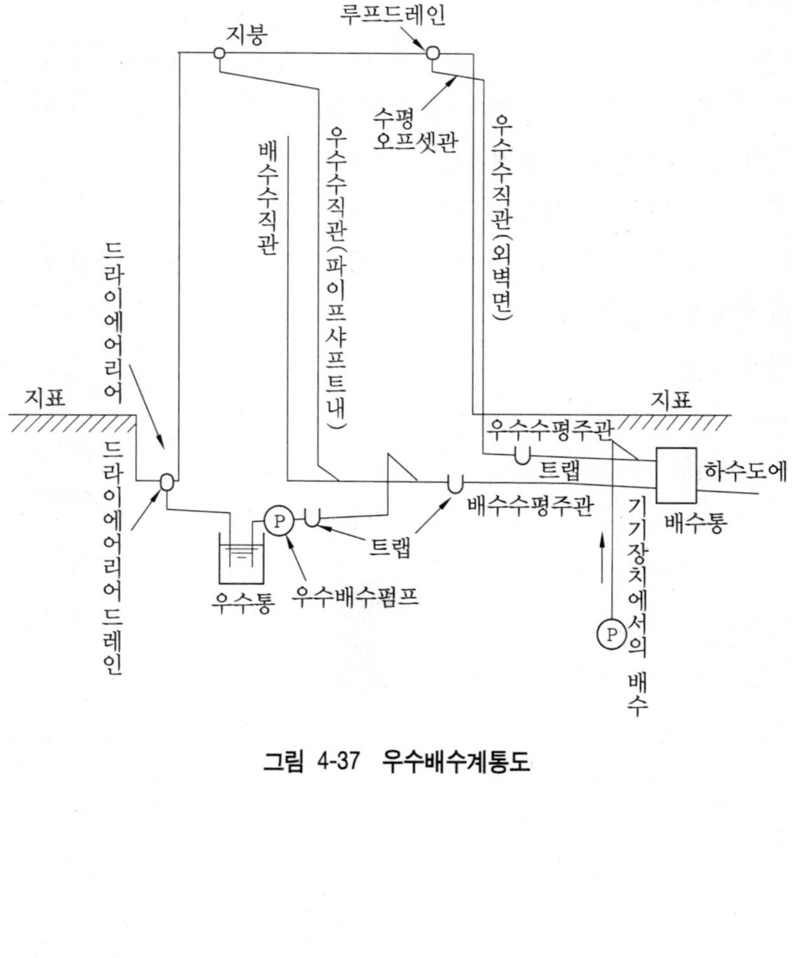

그림 4-37 우수배수계통도

(1) 루프 드레인과 수평 오프셋관

루프 드레인은 그림 4-38과 같이 지붕에 내린 우수를 신속히 배수시키는 기구이며, 쓰레기나 나뭇잎이 유입되지 않도록 스트레이너(strainer)를 설치하고, 비가 새지 않도록 확실한 비아무림을 행한다.

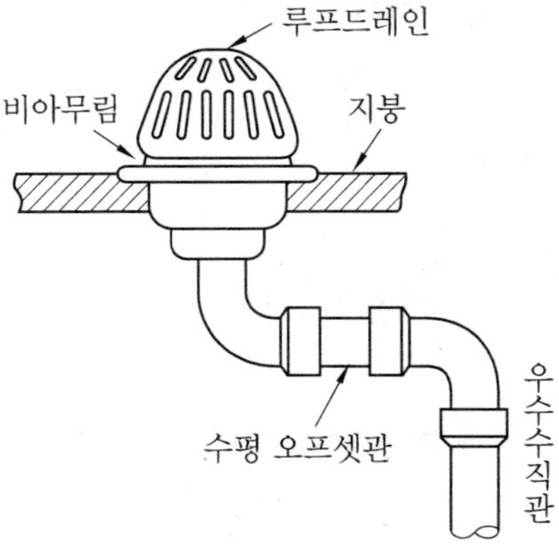

그림 4-38 루프 드레인과 수평 오프셋관

수평 오프셋관은 그림 4-38과 같이 우수수직관을 직접 루프 드레인에 접속하면 기온변화나 건축구조상의 변형 등으로 루프 드레인이 눌러져 방수층이나 비아무림이 파손되어 비가 새는 것을 방지하는 배관 방법이며, 우수수직관이 늘어나더라도 직접 루프 드레인을 누르지 않도록 수평 오프셋관, 신축이음, 슬리브(sleeve) 등의 배관 방법을 이용하여 배관시공을 한다.

(2) 우수수직관

우수수직관은 그림 4-37과 같이 건축물의 파이프 샤프트 내에 배관하는 경우와 외벽면을 따라 배관하는 경우가 있는데 수리, 점검 등을 하기 어려우므로 우수수직관을 콘크리트 등에 매설배관해서는 안 된다.

우수수직관은 일단 배수계통과는 별개의 계통으로 하고, 배수관이나 통기관과 접속배관해서는 안 된다. 이는 배수관에 우수가 흐르면 배수관 내의 공기유통이 좋지 않아 관내 기압이 이상하게 상승하는 것을 방지하기 위함이다.

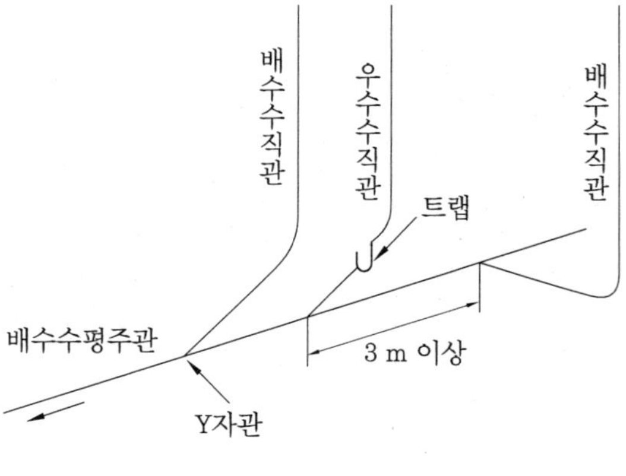

그림 4-39 우수배관의 접속

또 우수수직관은 그림 4-39와 같이 우수수직관을 배수수평주관에 접속하는 경우는 Y자관을 수평으로 향하여 사용하고 배수수직관과의 접속점을 3m 이상, 하류에서 접속하여 관 내의 기압상승을 방지하도록 한다. 또한 우수수직관의 접속은 가능한 한 배수통에서 배수수평주관과 접속시키는 편이 바람직하다.

또한 우수배수관을 일반 배수관에 접속하는 경우 우수배수관 내에 하수가스가 침입하지 않도록 트랩을 설치하고 취기의 침입을 방지해야 한다.

(3) 우수배수펌프

드라이 에어리어(dry area) 등에 고인 우수나 지하수를 우수구에 모으고, 우수배수펌프로 배수수평주관에 배수시킨다. 우수배수펌프의 양수량은 1시간 최대 우수량의 1.2배 이상 정도로 한다.

(4) 부지 내의 우수배수

부지 내에 내린 비는 L형, U형 등의 측구에서 집수시키고 하수도 또는 하천에 방류시킨다.

(5) 우수배수의 주의사항

① 지붕, 드라이에어리어, 포장된 장소, 구내·광장·중정 등의 우수는 근처에 이용할 수 있는 공공하수도가 있는 경우는 그곳에 배수하여야 한다.

② 우수는 어떠한 경우에도 정화조계통의 오수관에 배수해서는 안 된다.

③ 오수배수관을 배수수평주관 또는 부지배수관에 합류시켜 접속하는 경우에는 트랩을 설치하여야 한다.

④ 배수수직관은 오수, 잡배수 및 통기관으로서 겸용해서는 안 된다.

4-7-2 우수량

우수배수관의 관경을 구하기 위해서는 그 지역의 최대 우수량을 조사하여 최대 우수량일 때도 우수가 우수관에서 넘쳐 나올 수 없도록 충분히 여유 있는 관경으로 해야 한다.

4-7-3 우수배수관의 관경

(1) 지붕면적

우수배수관의 관경을 구하기 위해서는 그 지역의 최대 우수량과 우수를 받는 지붕면적에서 관경을 구해야 한다.

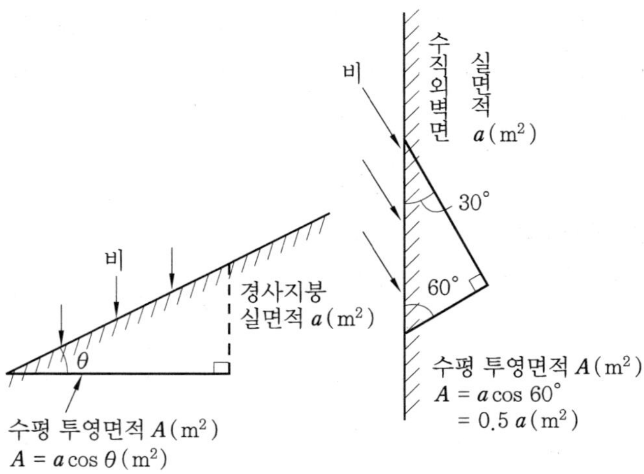

그림 4-40 지붕면적

지붕면적은 그림 4-40과 같이 단순한 지붕면적이 아니라 수평으로 투영한 면적으로 나타난다. 이 경우 수직 외벽면에 있어서 수평투영면적은 수직면에 대하여 30°의 각도에서 비가 세차게 뿌린 것으로 보아 구하며, 수직 외벽면적의 50%를 수평투영면적으로 구하면 된다.

(2) 처마 홈통의 직경

처마 홈통의 직경은 표 4-14와 같이 허용 최대 지붕면적과 배관구배에서 구할 수 있다. 표 4-14의 직경은 최대 우수량 100mm/h일 때 유수하는 경우 수심이 전 수심(반경)의 80%가 되도록 구한 값이다.

표 4-14 반원형 처마 홈통의 직경

관경(mm)	유수단면적(cm^2)	허용 최대 지붕면적(m^2) 배관구배			
		1/25	1/50	1/100	1/200
75	16.4	45	32	22	16
100	29.3	95	67	47	33
125	45.8	164	116	82	58
150	66.0	257	178	126	89
175	89.0	362	256	181	128
200	117.4	520	370	260	185
250	183.4	929	669	474	334

[주] 1) 지붕면적은 모두 수평으로 투영한 면적으로 한다.
2) 허용최대지붕면적은 우수 100mm/h를 기초로 산출한 것이다. 따라서 이 이외의 우량에 대해서는 표의 수치에 '100/당해지역의 최대우량'을 곱하여 산출한다.
3) 정방형 또는 장방형의 우수 수직관은 접속하는 유입관의 단면적 이상으로 하고, 또 내면의 단변을 상당관경으로 하고, '장변/단변'의 배율을 표의 수치에 곱하여 그 허용최대지붕면적으로 한다.

예제 4-10

지붕면적 50 m^2인 경우의 처마 홈통의 직경은 어느 정도가 되는가? 다만, 최대 우량 100 mm/h로 한다.

| 해답 | 구배를 1/100로서 표 4-14에서 125 mm가 된다.

(3) 우수수직관의 관경

우수수직관의 관경은 표 4-15에 나오는 허용 최대 지붕면적에서 구할 수 있다. 표 4-15의 관경은 최대 우수량 100 mm/h일 때의 유수 단면적이 수직관 단면적의 35%가

표 4-15 우수수직관의 관경

관경(mm)	허용 최대 지붕면적(m^2)	관경(mm)	허용 최대 지붕면적(m^2)
50	67	125	770
65	135	150	1,250
75	197	200	2,700
100	425		

[주] 1) 이 표는 최대 우수량 100 mm/h를 기초로 한 것이다.
2) 정방형 또는 장방향의 우수수직관은 그 수직관의 단면적 내에서 내접하는 원의 직경을 상당구경으로 해도 된다.

(HASS 206-1985)

되도록 구한 값이다.

또 장방형 단면의 우수수직관의 관경은 4주벽과 모서리를 지니기 때문에 원형 단면에 비하여 마찰저항이 커지고 우수량은 저하한다. 이 때문에 장방형 단면의 지붕면적을 10% 정도 크게 잡는다.

예제 4-11

어느 지역의 건물로서 최대 우량 90 mm/h일 때 이것을 구경 125 mm의 우수수직관이 담당할 수 있는 지붕면적은 어느 정도인가?

|해답| 표 4-15에서 125 mm관이 최대 우량 100 mm/h일 때 담당할 수 있는 지붕면적은 770 m^2 이므로

$$\frac{770 \times 100}{90} = 855.6\ \mathrm{m}^2$$

예제 4-12

최대 유량 80 mm/h의 지역에서 170 m^{2}의 지붕면적에 적당한 우수수직관의 구경을 구하여라.

|해답| $\dfrac{80 \times 170}{100} = 136\ \mathrm{m}^2$

즉 최대 우량 80 mm/h의 지역에서의 170 m^{2}는 100 mm/h 지역의 136 m^{2}에 해당된다. 따라서 그 구경은 75 mm가 된다.

예제 4-13

최대 우량이 100 mm/h의 지역에서 지붕면적 204 m^{2}에 대하여 우수수직관 구경을 75 mm로 하고 있는데 지금 최대 우량을 123 mm/h로 하면 75 mm관으로는 너무 작다. 이 우량에 대하여 적당한 구경을 구하여라.

|해답| $\dfrac{123 \times 75}{100} = 92.25\ \mathrm{mm}$가 되는데, 이것은 표준치수가 아니므로 여기에 가깝고, 이보다 큰 구경 100 mm로 한다.

예제 4-14

최대 우량 120 mm/h의 지역에서 수평 지붕면적이 1,500 m^{2}의 건물에 8본의 우수수직관을 설치하는 경우의 관경과 우수수직관을 4계통으로 균등히 나누어 처마홈통을 설치하는 경우의 최대 관경을 배관구배 1/100에 대하여 구하여라.

| 해답 | 120mm/h의 지붕면적으로 환산하면,

$$1,500 \times \frac{120}{100} = 1,800\,m^2$$

우수수직관 1본당의 허용 지붕면적은,

$$1,800 \div 6 = 225\,m^2/본$$

따라서 표 4-15에서 우수수직관의 관경은 100mm가 된다.

처마홈통 1계통의 최대 허용 지붕면적은,

$$1,800 \div 4 = 450\,m^2/본$$

따라서 표 4-13에서 배관구배 1/100로서 반원형 홈통의 직경은 250mm가 된다.

(4) 우수수평관의 관경

우수수평관 및 우수수평주관의 관경은 표 4-16에 나오는 최대 허용 지붕면적과 배관구배에서 구할 수 있다. 표 4-16의 관경은 최대 우수량 100mm/h일 때 흐르는 경우 수심이 전 수심(직경)의 95%가 되도록 구한 값이다.

표 4-16 우수수평관의 관경

관경 (mm)	허용 최대 지붕면적(m^2)								
	배관구배								
	1/25	1/50	1/75	1/100	1/125	1/150	1/200	1/300	1/400
65	127	90	73	-	-	-	-	-	-
75	186	131	107	-	-	-	-	-	-
100	400	283	231	200	179	-	-	-	-
125	-	512	418	362	324	296	-	-	-
150	-	833	680	589	527	481	417	-	-
200	-	-	1,470	1,270	1,130	1,040	897	732	-
250	-	-	-	2,300	2,060	1,880	1,630	1,330	1,150
300	-	-	-	3,740	3,350	3,050	2,650	2,160	1,870
350	-	-	-	-	5,050	4,610	3,990	3,260	2,820
400	-	-	-	-	-	6,580	5,700	4,650	4,030

[주] 1) 지붕면적은 모두 수평으로 투영한 면적으로 한다(지붕 이외의 배수면적도 또한 같음).
2) 허용 최대 지붕면적은 우량 100mm/h를 기초로 하여 산출한 것이다. 유속이 0.6m/s 미만 또는 1.5m/s를 넘는 것은 바람직하지 않으므로 제외하고 있다.

(HASS 206-1982)

예제 4-15

최대 우량 100mm/h의 지역에서는 배관구배 1/100일 때 497m^2 지붕면적의 우수배수에 대한 우수수평관의 구경은 150mm가 적당하다. 최대 우량 77mm/h일 때 우수수평관은 너무 크다. 소요의 구경을 구하여라.

|해답| 소요의 구경을 비례적으로 구하면,

$$\frac{77 \times 150}{100} = 115.5\,\text{mm}$$

따라서 여기에 가장 가까운 표준치수는 125mm가 된다.

예제 4-16

그림 4-41과 같이 우수배수계통을 장착한 건물의 최대우량 100mm/h의 지역에 위치한 경우의 우수배수관의 관경을 구하라. 또한 우수수평관의 구배는 1/100, 또 드라이에어리어용 우수 배수펌프의 용량은 드라이 에어리어에의 우수유입량이 1시간분을 30분에 배수하는 것으로 한다.

|해답| ⓐ 담당하는 지붕면적은, $20 \times 8 = 160\text{m}^2$

표 4-15에서 ⓐ부의 관경은 75mm가 된다.

ⓑ 담당하는 지붕면적 및 벽체면적은, $20 \times 8 + 20 \times 5 \times 1/2 + 20 \times 12 = 450\text{m}^2$

표 4-15에서 ⓑ부의 관경은 125mm가 된다.

ⓒ 담당하는 지붕면적은 및 벽체면적은, ⓑ부와 동일의 450m^2이다.

표 4-16에서 ⓒ부의 관경은 150mm가 된다.

ⓓ 드라이 에어리어 직상의 외벽면적 및 드라이 에어리어의 면적은,

$8 \times 32 \times 1/2 + 12 \times 27 \times 1/2 + 3 \times (8 + 12) = 350\text{m}^2$

1시간당의 드라이 에어리어에의 우수유입량은,

$0.1\text{m}(100\text{mm}) \times 350\text{m}^2 = 35\text{m}^2$

우수배수 펌프용량은

$35\text{m}^2 \times 1000\,\ell/\text{m}^2 \div 30\text{min} \div 60\text{S/min} = 19.4\,\ell/\text{S}$

우수배수 펌프 용량의 환산지붕면적은, $19.4 \times 36 = 698\text{m}^2$

ⓓ 부의 담당 총 지붕면적은, $450 + 698 = 1148\text{m}^2$

표 4-16에서 ⓓ부의 관경은 200mm가 된다.

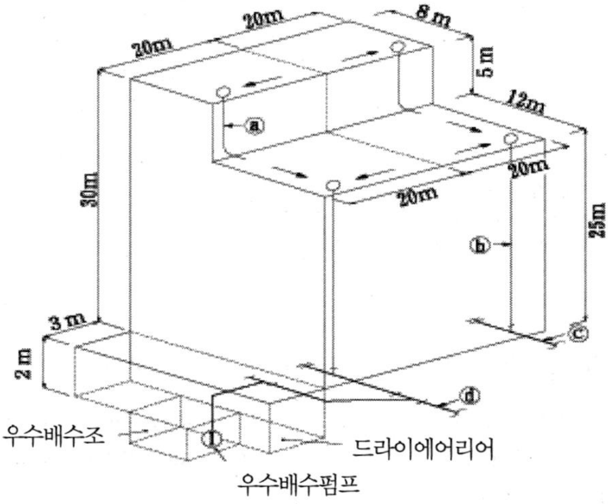

그림 4-41 우수배수계통

(5) 합류식의 배수수평주관 및 부지배수관의 관경

합류식의 배수수평주관 및 부지배수관과 우수수평주관 또는 부지우수관을 접속하는 경우의 관경은 그 부하유량을 지붕면적으로 환산하여 우수의 지붕면적에 가산하여 표 4-16에서 정한 것으로 한다.

1) 부하유량 1ℓ/s마다 우량 100mm/h에서 36m^2의 지붕면적으로 한다.

2) 우량 100mm/h 이외에 대해서는 '(36×100)/당해지역의 최대우량'에 의해 보정한다.

(6) 연속하여 배출하는 배수의 관경

펌프·공가조화용 기기 또는 이와 유사한 장치에서 연속적 또는 단속적인 배수를 받아들이는 우수수평주관 또는 부지우수관의 관경은 상기 합류식의 '배수수평주관 및 부지배수관의 관경'에서 정한 것으로 한다.

4-8 배수설비의 설치기준

4-8-1 폐수관로 및 배수설비의 설치방법 및 구조기준

폐수관로 및 배수설비의 설치방법·구조기준 등에 대해서는 "물환경보전법시행규칙" 제72조에서 다음과 같이 정하고 있다.

① 폐수관로는 분류식으로 설치하고, 유입되는 오수·폐수가 전량 공공폐수처리시설로 유입되도록 다른 폐수관로·맨홀 또는 오수·폐수받이와 연결되어야 한다.

② 폐수관로의 기초 지반은 관로의 종류, 매설토양의 특성, 시공방법, 하중조건 및 매설조건을 고려하여 관로의 침하가 최소화되도록 하여야 한다.

③ 폐수관로를 시공한 경우에는 경사 검사, 수밀(水密) 검사 및 영상촬영 검사를 활용하여 적정하게 시공되었는지 여부를 확인하여야 한다.

④ 배수관은 폐수관로와 연결되어야 하며, 관경은 내경 150 mm 이상으로 하여야 한다.

⑤ 배수관은 우수관과 분리하여 빗물이 혼합되지 아니하도록 설치하여야 한다.

⑥ 배수관의 기점·종점·합류점·굴곡점과 관경(管徑)·관종(管種)이 달라지는 지점에는 맨홀을 설치하여야 하며, 직선인 부분에는 내경의 120배 이하의 간격으로 맨홀을 설치하여야 한다.

⑦ 배수관 입구에는 유효간격 10 mm 이하의 스크린을 설치하여야 하고, 다량의 토사를 배출하는 유출구에는 적당한 크기의 모래받이를 각각 설치하여야 하며, 배수관・맨홀 등 악취가 발생할 우려가 있는 시설에는 방취(防臭)장치를 설치하여야 한다.

⑧ 사업장에서 공공폐수처리시설까지 폐수를 유입시키는 배수관에는 유량계 등 계량기를 부착하여야 한다.

⑨ 시간당 최대폐수량이 일평균폐수량의 2배 이상인 사업자와 순간수질과 일평균수질과의 격차가 리터당 100 mg 이상인 시설의 사업자는 자체적으로 유량조정조를 설치하여 공공폐수처리시설 가동에 지장이 없도록 폐수배출량 및 수질을 조정한 후 배수하여야 한다.

또한 "하수도법시행규칙" 제23조에서 정한 배수설비의 설치기준 및 구조기준은 다음 각 호와 같다.

4-8-2 배수설비의 설치 및 구조기준

1. 배수설비는 공공하수도 또는 다른 배수설비에 연결되도록 설치할 것
2. 배수설비는 철근콘크리트, 경질염화비닐, 도기, 그 밖에 내구성과 내부식성(耐腐蝕性)이 있는 자재를 사용하고 수밀구조(水密構造)로 할 것
3. 분류식 하수관로에 연결하는 배수설비는 오수(汚水)와 우수(雨水)가 분리되어 흐를 수 있는 구조로 할 것
4. 배수설비를 공공하수도에 연결시킬 때에는 오수관과 우수관을 잘못 연결하는 등 공공하수도의 기능을 방해하거나 손상하지 아니하도록 할 것

배수설비는 위의 기준 외에 다음의 기준에 따라 설치하여야 한다.

4-8-3 배수설비의 설치기준

(1) 오수관의 크기

오수관의 크기는 공공하수도관리청이 특별한 사유가 있다고 인정하는 경우를 제외하고는 표 4-17에 의한다. 단, 오수 일부를 배제하기 위한 지관으로서 총 길이가 3 m 미

만인 것은 지름이 75mm인 관을 사용할 수 있다.

표 4-17 오수관의 크기

배수인구(명)	150 이하	300 이하	600 이하	1,000 이하
관의 지름(mm)	100 이상	150 이상	200 이상	250 이상

(2) 합류관 및 우수관의 크기

합류관 및 우수관의 크기는 공공하수도관리청이 특별한 사유가 있다고 인정하는 경우를 제외하고는 표 4-18과 같다. 단, 우수관의 지관으로서 총 길이가 3m 미만인 것은 지름이 75mm인 관을 사용할 수 있다.

표 4-18 합류관 및 우수관의 크기

배수면적(m^2)	200 미만	600 미만	1,200 미만	1,200 이상
관의 지름(mm)	100 이상	150 이상	200 이상	왼쪽 기준에 따라 관의 지름 또는 개수를 늘린다.

(3) 배수량이 특히 많은 장소의 관의 크기

배수량이 특히 많은 장소에서 관의 크기는 표 4-19에 의한다.

표 4-19 배수량이 특히 많은 장소의 관의 크기

배수량(m^3)	1,000 미만	2,000 미만	4,000 미만	6,000 미만	6,000 이상
관의 지름(mm)	150 이상	200 이상	250 이상	300 이상	왼쪽 기준에 따라 관의 지름 또는 개수를 늘린다.

(4) 관거의 경사는 관거 내 유속이 초당 0.6m에서 1.5m가 되도록 하여야 한다.

(5) 배수관이나 배수거의 기점 · 종점 · 합류점 · 굴곡점 및 안지름 또는 안 폭이나 관의 종류가 달라지는 곳에는 물받이를 설치하여야 하며, 배수관이나 배수거가 직선으로 된 부분에는 안지름 또는 안 폭의 120배 이하의 간격으로 물받이를 설치하여야 한다. 다만, 배수관의 합류점이나 굴곡점에 물받이를 설치하기가 곤란한 경우에는 점검 및 청소 · 보수를 할 수 있는 청소구를 설치할 수 있다.

(6) 고형물질이 유입되는 유입구에는 유효간격 10mm 이하인 스크린을 설치하여야 하며, 유지류(油脂類)가 유입되는 유입구에는 유지차단장치를, 다량의 토사가 유입되는 유입구에는 적당한 크기의 모래받이를 각각 설치하여야 하며, 배수관이나 배수거의 필요한 부분에는 악취방지트랩을 설치하여야 한다.

chapter 5

하수설비

5-1 개 요

하수설비(下水設備)에 있어 하수처리는 "하수도법"에 의해, 중수도는 "물의 재이용 촉진 및 지원에 관한 법률"에 의해 규정되어 있다.

하수와 분뇨를 적정하게 처리하는 하수도에 있어 하수처리수란 공공하수처리시설에서 처리된 물을 말하고, 하수처리시설은 하수를 정화, 처리하는 시설의 총칭이다.

물의 재이용이란 빗물, 오수, 하수처리수 및 폐수처리수를 물 재이용시설을 이용하여 처리하고, 그 처리된 물을 생활, 공업, 농업, 조경, 하천 유지 등의 용도로 이용하는 것을 말한다. 물 재이용시설이란 빗물이용시설, 중수도 및 하·폐수처리수 재이용시설을 말한다.

5-2 용어의 정의

① 하수 : 사람의 생활이나 경제활동으로 인하여 액체성 또는 고체성의 물질이 섞이여 오염된 물(오수)과 건물·도로 그 밖의 시설물의 부지로부터 하수도로 유입되는 빗물·지하수를 말한다. 다만, 농작물의 경작으로 인한 것은 제외한다.

② 분뇨 : 수거식 화장실에서 수거되는 액체성 또는 고체성의 오염물질(개인하수처리시설의 청소과정에서 발생하는 찌꺼기를 포함한다)을 말한다.

③ 하수도 : 하수와 분뇨를 유출 또는 처리하기 위하여 설치되는 하수관로 · 공공하수처리시설 · 분뇨처리시설 · 중수도 · 배수설비 · 개인하수처리시설 그 밖의 공작물 · 시설의 총체를 말한다.

④ 공공하수도 : 지방자치단체가 설치 또는 관리하는 하수도를 말한다. 다만, 개인하수도를 제외한다.

⑤ 개인하수도 : 건물 · 시설 등의 설치자 또는 소유자가 당해 건물 · 시설 등에서 발생하는 하수를 유출 또는 처리하기 위하여 설치하는 중수도 · 배수설비 · 개인하수처리시설과 그 부대시설을 말한다.

⑥ 하수관로 : 하수를 공공하수처리시설로 이송하거나 하천 · 바다 그 밖의 공유수면으로 유출시키기 위하여 지방자치단체가 설치 또는 관리하는 관로와 그 부속시설을 말한다.

⑦ 합류식하수관로 : 오수와 하수도로 유입되는 빗물 · 지하수가 함께 흐르도록 하기 위한 하수관로를 말한다.

⑧ 분류식하수관로 : 오수와 하수도로 유입되는 빗물 · 지하수가 각각 구분되어 흐르도록 하기 위한 하수관로를 말한다.

⑨ 공공하수처리시설 : 하수를 처리하여 하천 · 바다 그 밖의 공유수면에 방류하기 위하여 지방자치단체가 설치 또는 관리하는 처리시설과 이를 보완하는 시설을 말한다.

⑩ 분뇨처리시설 : 분뇨를 침전 · 분해 등의 방법으로 처리하는 시설을 말한다.

⑪ 중수도 : 개별 시설물이나 개발사업 등으로 조성되는 지역에서 발생하는 오수를 공공하수도로 배출하지 아니하고 재이용할 수 있도록 개별적 또는 지역적으로 처리하는 시설을 말한다.

⑫ 배수설비 : 건물 · 시설 등에서 발생하는 하수를 공공하수도에 유입시키기 위하여 설치하는 배수관과 그 밖의 배수시설을 말한다.

⑬ 개인하수처리시설 : 건물 · 시설 등에서 발생하는 오수를 침전 · 분해 등의 방법으로 처리하는 시설을 말한다.

⑭ 배수구역 : 공공하수도에 의하여 하수를 유출시킬 수 있는 지역

⑮ 하수처리구역 : 하수를 공공하수처리시설에 유입하여 처리할 수 있는 지역

⑯ 오니(sludge) : 유기물질 분해에 작용하는 미생물군을 뜻하지만 일반적으로 오수 중의 고형분을 통칭하기도 한다.

⑰ 플록(floc) : 물 속의 현탁물질이나 유기물, 미생물 등의 미립자를 응집제로 응집시킨 큰 덩어리

⑱ 스컴(scum) : 하수처리를 할 때 수면에 떠오른 유지(油脂) 또는 고형물의 집합

⑲ ppm : 백만 분비(parts per million). 농도를 나타내는 하나의 단위이며, 100만분의 1의 양을 1ppm이라고 한다. 물의 경우 1ℓ의 중량은 대체로 100만 mg이므로 1mg/ℓ=1ppm=1g/m^3이라고 할 수 있다.

⑳ BOD(Biochemical Oxygen Demand) : 생물화학적 산소요구량으로 오수 중의 오염물질(유기물)이 미생물에 의하여 분해되고 안정된 물질(무기물, 물, 가스)로 변할 때 얼마만큼 오수 중의 산소량이 소비되는가를 나타내는 값이다. BOD는 ppm으로 표시하고, 20℃에서 5일간에 소비된 산소를 나타내고, 그 값이 클수록 물이 오염되어 있는 것을 나타낸다.

㉑ COD(Chemical Oxygen Demand) : 화학적 산소요구량으로 수중의 산화되기 쉬운 오염물질(유기물)이 화학적으로 안정된 물질(무기물, 물, 가스)로 변화하는데 필요한 산소량을 ppm으로 나타낸 것이다. 그 값이 클수록 물이 오염되어 있는 것을 나타내고, 측정소요시간은 3시간 이내이다.

㉒ DO(Dissolved Oxygen) : 오수 중의 용존산소량을 ppm으로 나타낸 것이며, DO가 클수록 정화능력이 큰 수질인 것을 표시한다. 용존 산소는 주로 공기 중의 산소가 가스에 의하여 수면을 통하여 공급된다.

㉓ SS(Suspended Solid) : 오수 중에 함유하는 부유물질을 ppm으로 나타낸 것이며, 수질의 오염도를 표시한다.

㉔ MLSS(Mixed Liquor Suspended Solids) : 폭기조 내의 혼합액 부유물질의 농도를 의미하며, (mg/ℓ)로 나타낸다. 폭기조 내의 혼합액 부유물질로서 폭기조 내의 미생물을 말한다. 장기폭기는 3,000~6,000ppm이며, 표준활성오니법은 1,500~2,000ppm 정도이다.

㉕ 대장균군수 : 대장균군수는 1cm^3의 오수 중에 대장균군수가 얼마나 있는가를 개수로 표시하는 것이며, 수질의 오염도를 나타낸다.

5-3 하수처리시설

1) 하수처리시설

하수처리시설은 하수관로의 설치유무에 따라 공공하수처리시설과 개인하수처리시설로 구분한다.

① 공공하수처리시설 : 기본적으로 하수관로가 설치된 지역, 하수관을 통해 하수
② 개인하수처리시설 : 하수관로가 미설치(미연결)된 지역, 개인이 정화조 또는 오수처리시설을 설치한 후 정화과정을 거쳐 인근 우수관, 하천, 바다 등으로 배출

2) 하수관로의 구분

공공하수처리시설 내 하수관은 분류식과 합류식으로 구분한다.

① 분류식 하수관로 : 오수관이 직접 연결, 그대로 하수종말처리장으로 유입, 정화조 불필요
② 합류식 하수관로 : 하수관을 통해 오수와 우수가 합쳐져 하수종말처리장으로 유입, 정화조 필요

3) 개인하수처리시설의 설치

① 1일 오수발생량 $2m^3$ 이하 건물 : 정화조 설치
② 1일 오수발생량 $2m^3$ 이상 건물 : 오수처리시설 설치

4) 개인하수처리시설의 관리기준

① 폐수종말처리시설로 오수유입 · 처리할 경우 : 청소 미실시
② 6개월마다 1회 이상
1일 처리용량 $200m^3$ 이상인 오수처리시설
1일 처리대상인원이 2000명 이상인 정화조
③ 1년에 1회 이상
1일 처리용량 $50\sim200m^3$ 이상인 오수처리시설
1일 처리대상인원이 1000~2000명인 정화조

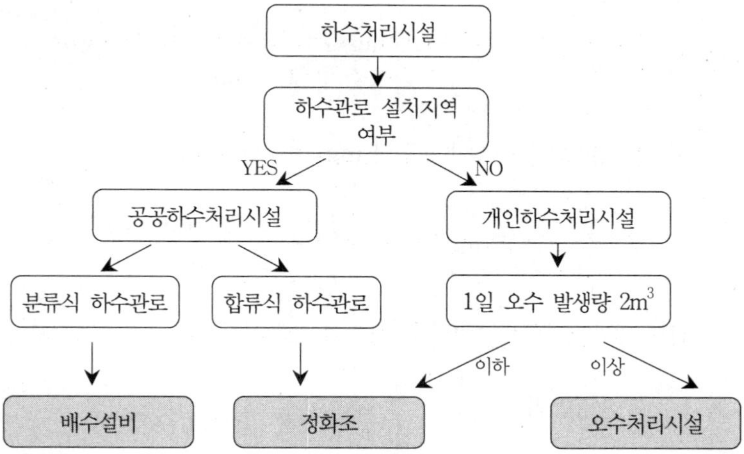

그림 5-1 하수처리시설

5-4 방류수의 수질기준

5-4-1 분뇨처리시설의 방류수 수질기준

분뇨처리시설의 방류수 수질기준은 표 5-1과 같다. 다만, 공공하수처리시설로 유입하여 처리하는 분뇨처리시설은 분뇨처리시설의 방류수 수질기준을 적용하지 아니한다.

표 5-1 분뇨처리시설의 방류수 수질기준

구분＼항목	생물화학적 산소요구량 (mg/ℓ)	화학적 산소요구량 (mg/ℓ)	부유물질 (mg/ℓ)	총대장균군수 (개수/mℓ)	기타 (mg/ℓ)
분뇨처리시설	30 이하	50 이하	30 이하	3,000 이하	총질소 : 60 이하 총인 : 8 이하

5-4-2 정화조의 생물화학적 산소요구량 제거율 측정방법

① 시료는 수세식 화장실에 유입되기 전의 세정수와 정화조의 소독실로 유입되기 전의 유출수를 채취하여야 한다.

② 생물화학적 산소요구량 제거율(%) 산정방법 등

㉠ 생물화학적 산소요구량 제거율(%) 산정방법

$$\text{BOD 제거율(\%)} = \frac{\text{유입수의 BOD}(mg/\ell) - \text{유출수의 BOD}(mg/\ell)}{\text{유입수의 BOD}(mg/\ell)} \times 100 \qquad (5.1)$$

㉡ 유입수의 생물화학적 산소요구량(mg/ℓ) 산정방법

$$\text{유입수의 BOD}(mg/\ell) = \frac{\text{생분뇨의 BOD}(mg/\ell)}{\text{희석배율}} \qquad (5.2)$$

이 경우 생분뇨의 생물화학적 산소요구량은 20,000 mg/ℓ로 한다.

㉢ 희석배율 산정방법

$$\text{희석배율} = \frac{\text{생분뇨의 염소이온농도}}{\text{유출수의 염소이온농도} - \text{세정수의 염소이온농도}} \qquad (5.3)$$

이 경우 생분뇨의 염소이온농도는 5,500 mg/ℓ로 한다.

예제 5-1

오수가 1일 평균 75 m^3 유입하고, BOD량이 1일당 15 kg이면 이 유입오수의 1일 평균 BOD 농도는 얼마인가?

|해답| BOD량(mg) = BOD농도(mg/ℓ)×오수량(ℓ)

$\text{BOD량} = 15\,kg/\text{일} = 15\times10^3\,g/\text{일} = 15\times10^6\,mg/\text{일}$

$\text{오수량} = 75\,m^3/\text{일} = 75\times10^3\,\ell/\text{일}$

$\therefore\ \text{1일 평균 BOD농도}\ \frac{15\times10^6(mg/\text{일})}{75\times10^3(\ell/\text{일})}\ (mg/\ell)$

예제 5-2

정화조의 회전판 접촉조 유입오수의 BOD 및 유입오수량의 일평균치는 각각 150 mg/ℓ, 100 m^3이고, 처리수의 그것은 각각 28 mg/ℓ, 100 m^3이었다. 침전조를 포함하는 일련의 공정에 있어서 BOD 제거율은 얼마인가?

|해답| $\text{BOD제거율} = \frac{150mg/\ell\times100m^3 - 28mg/\ell\times100m^3}{150mg/\ell\times100m^3}\times100 = 81(\%)$

예제 5-3

유입수 및 방류수의 수량, BOD 농도가 다음과 같은 경우 오수처리시설의 BOD 제거율은 얼마인가?

잡배수 200m^3／日 150mg/ℓ

오 수 50m^3／日 200mg/ℓ

방류수 250m^3／日 8mg/ℓ

유입수 (50×200)+(200×150)=40,000

배수의 종류 수량 (m^3/日) BOD농도 (mg/ℓ)

|해답| 유출수는 250 × 8 = 2,000

제거율 = (40,000 - 2,000) ÷ 40,000 = 0.95, 즉 95% 이다.

예제 5-4

어느 오수처리시설에서 유입수가 아래 표와 같을 때 BOD 제거율이 90%의 경우 방류수의 BOD 농도를 계산하라.

배수의 종류	유입수량 (m^3/일)	BOD 농도 (mg/ℓ)
오수	50	200
잡배수	200	100

|해답| 유입오수의 BOD값 (200×50)+(100×200)=30000 mg/ℓ

유입수량 50 + 200 = 250 ℓ

1일의 방류 BOD 30000 × (1-0.9) = 3000 mg/ℓ

방류수의 BOD 농도 3000 ÷ 250 = 12mg/ℓ

5-5 개인하수처리시설 제조제품의 구조 · 규격 · 재질 및 성능 기준

5-5-1 오수처리설비의 정화처리

오수처리설비는 건물에서 배출하는 각종 배수를 하수종말처리장을 갖춘 공공하수도 이외로 방출할 경우에 설치하는 정화처리장치이다.

수세식 화장실에서 나오는 오수뿐만 아니라, 사람의 일상생활과 관련하여 발생되는 욕실배수 · 주방배수 · 세탁배수 등의 잡배수도 함께 처리하는 시설이다. 오수를 물리적, 생물학적 또는 화학적으로 분해 및 분리하는 과정에 의해 정화되며, 처리효율이 85~95%로서 매우 높다.

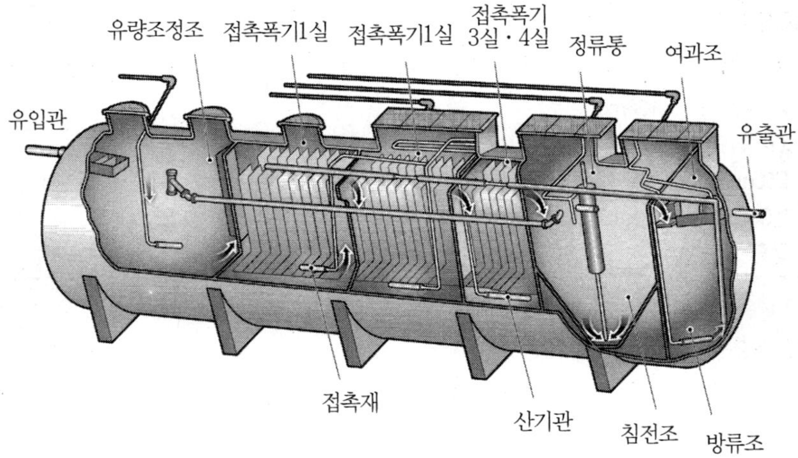

그림 5-2 오수처리시설의 구조

그러나 자연계에 생존하는 미생물의 작용을 이용해서 유기물을 분해 처리하는 생물학적 처리가 주가 되며, 침전·여과·소독 등 물리적, 화학적 처리는 보조적인 사항으로 사용되는 것이 보통이다. 일반적으로 다음과 같은 과정으로 진행된다.

① 1차 처리 : 침전을 주로 하는 물리적 처리

오수 중의 부유물과 액체를 분리하는 처리로서, 침전·부상(浮上)·여과 등의 물리적 방법이 사용된다.

② 2차 처리 : 생물처리에 의해 침전으로 제거할 수 없는 오염물질 처리

분리된 액체 중 오염물질을 분해해서 부패성을 없애 안정화시키고, 소독을 하여 안전하게 하여 방류한다. 생물학적 산화·분해 및 염소에 의한 멸균으로 이루어진다. 분리된 슬러지(오니)는 역시 안정화와 감량화시켜 처리한다.

③ 3차 처리 : 2차 처리에서 제거되지 않은 것을 처리

5-5-2 오수처리시설의 구조·규격 및 성능 기준

① 구조물 본체의 직경이나 높이는 3 m를 초과하여서는 아니 된다.

② 구조물을 원형으로 제조하는 경우에는 구조물의 내부에 1.5m마다 보강링을 구조물의 본체와 일체형으로 성형하여야 하며, 보강링의 단면은 안전성이 1보다 작고, 허용 좌굴하중이 단위 폭당 하중의 2배 이상이 되도록 하여야 한다.

③ 보강링은 유리섬유강화플라스틱(FRP)으로 제작하여야 하고, 그 안전성 및 허용좌굴하중의 계산식은 다음과 같다. 다만, 유리섬유강화플라스틱(FRP) 외의 재질을 사용하려면 같은 수준 이상의 보강기능이 있어야 하며, 부식 등으로 인한 재질의 약화가 발생되지 아니하도록 방식처리 등을 하여야 한다.

안정성 계산식과 허용좌굴하중 계산식은 다음과 같다.

㉠ 안전성 $\sigma \div 420\text{kg/cm}^2 + \sigma_1 \div 700\text{kg/cm}^2$ (5.4)

㉡ 허용좌굴하중 $3EI/r^3$ (5.5)

여기서, 응력(σ) $= Pr \div A$

굴곡응력(σ_1) $= 0.84Pr^2/bt^2$

P : 단위 폭당 하중($P = 40.73\,\text{kg/cm}$)

r : 반지름, A : 보강링의 단면적

b : 보강링의 너비, t : 보강링의 두께

E : 탄성률(80,000), I : 보강링의 단면 2차 모멘트($I = bt^3/12$)

5-5-3 정화조

종말처리장을 가진 하수가 있는 구역 외에서는 수세식 화장실에서 나오는 오수를 부패처리방식에 의해 정화조로 정화처리한 후 하수도에 방류할 수 있다. 정화조(淨化槽, sewage disposal tank)는 건물마다 설치하는 경우와 몇 개의 건물이 공동으로 설치하는 경우가 있다. 구조는 부패조 · 여과조 · 산화조 · 소독조로 이루어져 있다.

수세식 화장실에서 흘러들어 온 오수는 먼저 부패조에서 약 48시간 괴어 있는 동안에 침전분리하여, 오물은 혐기성세균에 의해 부패 · 분해되어 일부는 액화 · 가스화되어 그 용적이 줄어든다. 이러한 부패 · 분해에 의해 유기물은 무기물화되어 안정된다. 오수는 다음 산화조로 이동되며 여기에서 주방이나 욕실에서 흐르는 생활하수에 의하여 쇄석면(碎石面)을 흐르는 사이에 산소성균의 작용과 쇄석층 내의 유통하는 공기와의 접촉에 의하여 산화된다. 이와 같이 주로 부패 · 분해 등의 과정을 거쳐 정화되나, 처리효율이 50~65%선으로 낮은 1차 정화처리 수준이다. 처리된 오수는 소독조에서 염소용액의 주입을 받아 소화기 계통의 병원균을 살균한 후 방류한다.

정화조는 가능한 한 화장실에 접근하여 설치하여야 하나 넓은 부지에 몇 개의 건물이 있을 때에는 부지와 변소의 배치 등을 고려하여 부패조를 2개소 이상으로 분할하여 설치할 수도 있다. 이것을 분리조라고 한다. 정화조의 위치가 낮아 하수도로 자연방류가 안 될 때에는 방류수를 펌프로 처리한다.

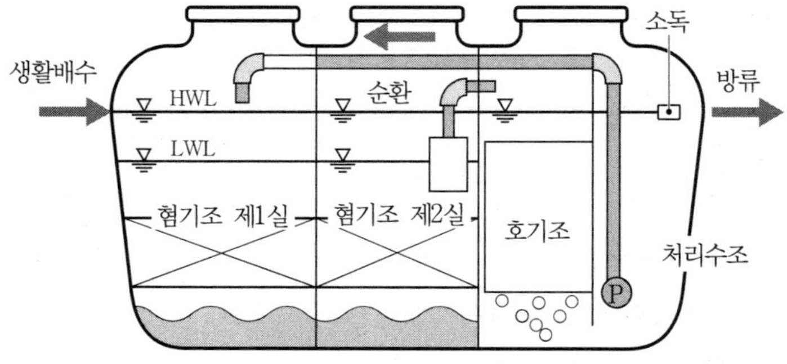

그림 5-3 정화조의 구조

5-5-4 정화조의 구조·규격 및 성능 기준

구조물 본체의 직경 또는 높이는 3m를 초과하여서는 아니 된다. 생물화학적 산소요구량을 50% 이상 제거할 수 있는 성능기준을 갖춘 구조·규격은 다음과 같다.

1) 침전 및 소화실(부패실)

① 2실 이상 4실 이하로 구분하여 직렬로 연결하여야 한다.

② 총유효용량은 1.5m^3 이상으로 하고, 처리대상 인원이 5명을 초과하는 경우에는 5명당 0.5m^3 이상을 가산한 용량으로 한다.

$n \leqq 5$인의 경우 $V \geqq 1.5\text{m}^3$

$n > 5$인의 경우 $V \geqq 1.5\text{m}^3 + 0.1(n-5)\ (\text{m}^3)$ (5.6)

③ 제1실의 유효용량은 2실형에는 총 유효용량의 3분의 2, 3실형 및 4실형에는 2분의 1로 하여야 하고, 최종실에는 여과장치를 설치하되, 그 장치의 아래로부터 오수가 통과하는 구조로 하며, 쇄석층 또는 이에 준하는 여재 부분의 부피는 총유효용량의 5% 이상 10% 이하로 하여 이를 해당 유효용량에 가산한다.

④ 각 실의 유효 수심은 1m 이상 2.7m 이하이어야 하며, 유입관 개구부의 위치는 수면으로부터 유효수심의 3분의 1의 깊이로 하고, 유출관 또는 단층벽 하단 개구

부의 위치는 수면으로부터 유효수심의 2분의 1의 깊이로 하거나, 각 실 간 벽의 같은 깊이에 적당한 수의 폭 3 cm의 세로구멍을 6 cm 간격으로 설치하되, 부상물이나 스컴의 유출이 방지되는 구조이어야 한다.

⑤ 제1실의 유입관은 'T'자형 관으로 설치하되, 단층벽이나 'T'자형 관을 설치하는 경우에는 위에서 볼 수 있는 점검뚜껑을 두고, 'T'자형 관의 지름은 10 cm 이상이어야 한다.

⑥ 찌꺼기를 제거할 수 있는 뚜껑을 설치하여야 한다.

2) 예비여과조

오수 속의 부유물을 걸러 제거하는 탱크이다.

① 쇄석층이 물 위로 노출되지 않도록 10 cm 정도 아래에 오게 한다.

② 쇄석층의 깊이는 수심의 1/3로 한다.

③ 여과재의 입경은 5~7 cm의 경질 쇄석 기타 이와 동등 이상의 호기성 생물막을 생성할 수 있는 것을 사용한다.

3) 산화조

살수여상의 구조이며, 통기설비를 하여 통기를 양호하게 할 필요가 있다. 이 탱크에서의 생물은 산소에 의해서 서식하는 호기성생물이며, 이들 생물은 쇄석층의 여과재 표면에 발생하여 여막을 만들고, 이 안에 병원균 등을 흡수하여 동화한다. 따라서 산화조에는 이들 생물이 사멸하지 않도록 항상 물과 산소를 공급하도록 한다.

① 쇄석층의 용적은 부패조의 저류조 용적의 1/2 이상으로 한다.

$$V_2 \geq \frac{1}{2} V = 0.75 + 0.05(n-5) \tag{5.7}$$

② 쇄석층의 깊이는 0.9~2 m의 범위로 한다.

③ 살수여상 및 평면산화상의 배기관은 직경 10 cm 이상, 높이는 3 m 이상, 건물에 접하는 경우에는 지붕의 처마보다 0.3 m 이상 높게 한다. 수평관이 긴 경우에는 직경 12.5 cm 이상으로 한다.

④ 배기관의 꼭대기에는 플라스틱제 고정배기삿갓을 씌운다.

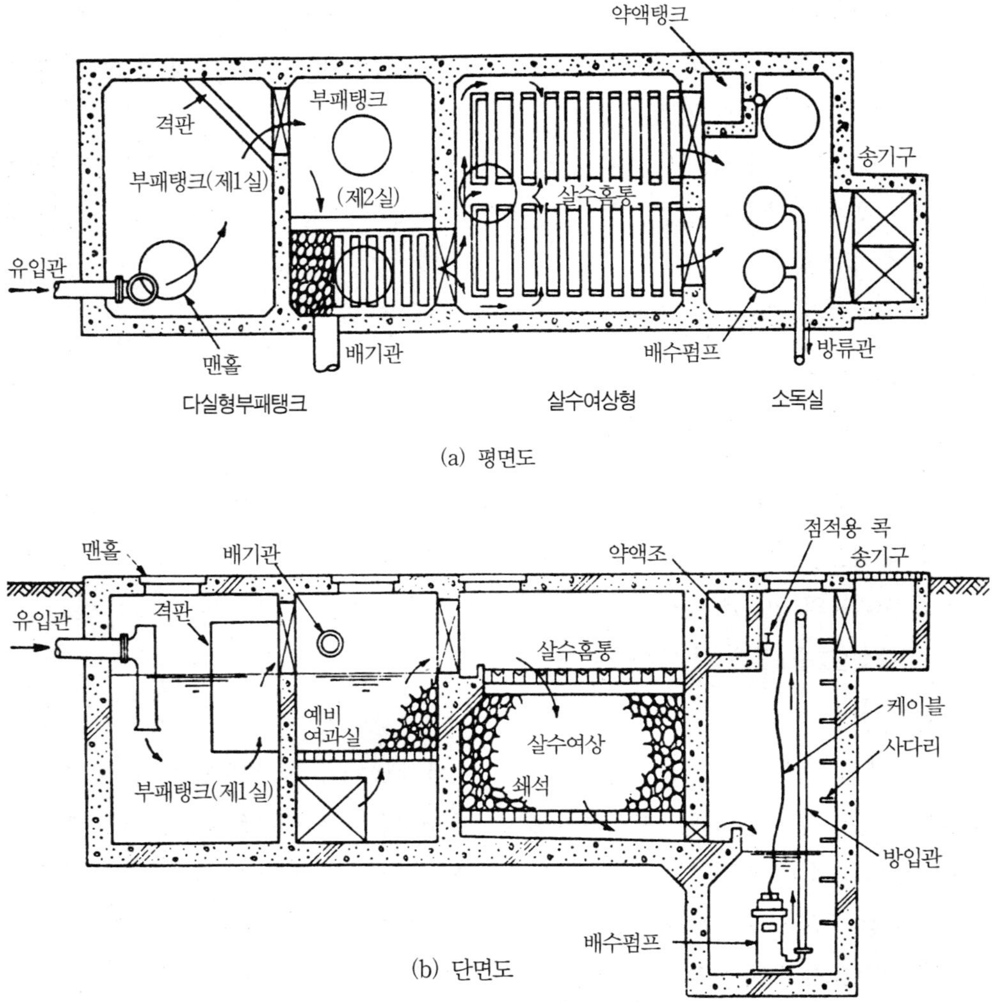

그림 5-4 부패탱크방식

4) 소독조

부패조, 산화조가 충분한 기능을 발휘한 경우에는 세균을 거의 제거하지만, 대장균·티푸스균·콜레라균 등의 절무는 어려우므로 소독조를 설치하여 이 안에서 표백분에 의한 염소처리를 행하는 곳이다.

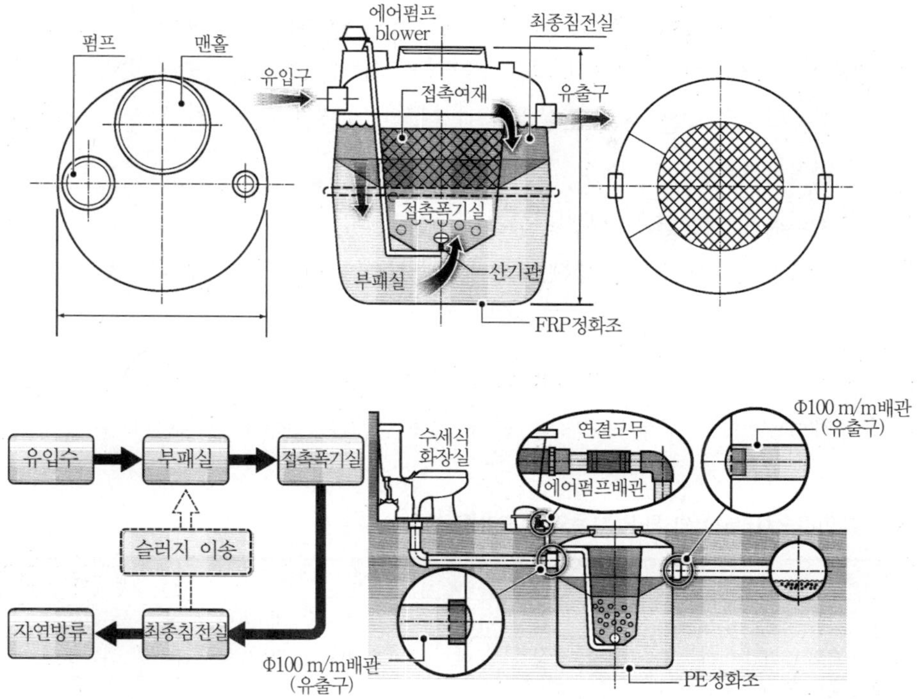

그림 5-5 F.R.P 정화조의 구조와 계통 및 시공과정

① 소독조의 상부는 약액조와 송기구로 구성한다.

② 염소제 용액의 약액조는 콘크리트제 또는 플라스틱제로 하고 뚜껑을 만든다. 콘크리트제의 경우 내면에 방수모르터를 바른 뒤에 방식 도장을 한다.

③ 점적용 콕은 조절자재의 유리제 또는 플라스틱제로 한다.

5-5-5 개인하수처리시설의 재질기준

(1) 재질 및 재질별 제조 가능한 규모

① 폴리에틸렌(PE) : 정화조 10인용 이하

② 유리섬유강화플라스틱(FRP) : 정화조 50인용 이하, 오수처리시설

(2) 재질별 품질기준

① 폴리에틸렌(PE) 제품(재활용제품 포함)의 겉모양은 부분적 형태의 불규칙성, 비틀림, 균열, 홈, 변형 등의 결함이 없어야 하고, 한국산업규격(KS) M 3604-1 · M

3604-2(재활용 폴리에틸렌 정화조 구성부품)의 품질기준 등에 맞아야 한다.

② 유리섬유강화플라스틱(FRP)으로 제조하는 제품은 다음의 기준에 맞아야 한다.

㉠ 제품의 겉모양은 부분적 형태의 불규칙성, 비틀림, 균열, 홈, 변형 등의 결함이 없어야 한다.

㉡ 유리섬유 함유량은 25% 이상이어야 한다.

㉢ 한국산업규격(KS) F 4803(유리섬유강화플라스틱제 정화조 구성부품)의 품질기준 등에 맞아야 한다.

㉣ 다음의 두께 기준에 맞아야 한다. 다만, 각형의 경우에는 높이와 환산지름[2×가로×세로/(가로+세로)] 중 큰 값을 기준으로 두께를 산정한다.

표 5-2 개인하수처리시설의 FRP 제품의 두께기준

지 름(mm)	두 께(mm)	지 름(mm)	두 께(mm)
1,500 이하	7 이상	2,200 초과 2,700 이하	10 이상
1,500 초과 1,700 이하	8 이상	2,700 초과 2,900 이하	11 이상
1,700 초과 2,200 이하	9 이상	2,900 초과	12 이상

[주] 1. 맨홀부의 두께는 10mm 이상이어야 한다.
2. 내부 칸막이의 두께는 구조물의 본체 지름이 1,500mm 이하는 6mm 이상, 1,500mm를 초과하는 것은 7mm 이상이어야 한다.

5-6 건축물의 용도별 오수발생량 및 정화조 처리대상인원 산정방법

건축물의 용도별 오수발생량 및 정화조 처리대상인원 산정기준은 표 5-4에 의함을 원칙으로 한다(환경부고시 제2015-133호, 2015.7.31., 일부개정).

그러나 건축물 등에서 발생하는 오수량 및 오수농도가 건축물의 사용 상황에 따라 산정기준을 적용하기에 적합하지 아니한 경우에는, 현장여건을 고려하여 사전에 충분히 조사·예측한 자료 등 객관적인 근거를 토대로 산정기준의 수치를 증감하여 적용할 수 있다.

산정기준의 적용방법은 다음과 같다.

1) 산정기준에 규정되어 있지 않은 건축물 등의 오수발생량 및 정화조 처리대상인원 산정에는 비슷한 용도의 기준을 적용한다.

2) 동일 건축물 등에 2 이상의 건축물 용도가 사용되는 경우에는 다음 사항에 따른다.

① 오수발생량 및 정화조 처리대상인원은 각각 건축물 용도의 항을 가산하여 산정한다.

② 오수농도는 아래 식에 의하여 산정한다.

$$\text{오수농도}(C) = \frac{Q_1 C_1 + Q_2 C_2 + \cdots}{Q_1 + Q_2 + \cdots} \tag{5.8}$$

여기서, Q_1 : 용도 1의 오수발생량

Q_2 : 용도 2의 오수발생량

C_1 : 용도 1의 오수농도

C_2 : 용도 2의 오수농도

예제 5-5

10명이 거주하는 주택에 설치하는 정화조의 용량을 계산하여라.

| 해답 | 부패조의 용량 $V = 1.5 + 0.1(10-5) = 2\,\mathrm{m}^3$ 이상

산화조의 용량$= 2 \times \frac{1}{2} = 1\,\mathrm{m}^3$ 이상

표 5-3 건축물의 용도별 오수발생량 및 정화조 처리대상인원 산정기준

<table>
<tr><th rowspan="2">분류번호</th><th colspan="3" rowspan="2">건축물 용도</th><th colspan="3">오수발생량</th><th colspan="2">정화조 처리대상인원</th></tr>
<tr><th>1일 오수 발생량</th><th>BOD농도 (mg/ℓ)</th><th>비고</th><th>인원산정식</th><th>비고</th></tr>
<tr><td rowspan="3">1</td><td rowspan="3">주거시설</td><td>단독주택</td><td>단독주택, 농업인 주택, 공관</td><td>200 ℓ/인</td><td>200</td><td rowspan="2">농업인주택과 읍·면지역의 1일 오수발생량은 170 ℓ/인을 적용한다.</td><td>N=2.0+(R−2)×0.5</td><td>-</td></tr>
<tr><td rowspan="2">공동주택</td><td>아파트, 연립주택, 다세대 주택, 다가구 주택</td><td>200 ℓ/인</td><td>200</td><td>N=2.7+(R−2)×0.5</td><td>1호가 1거실[1]로 구성되어 있을 때는 2인으로 한다.</td></tr>
<tr><td>기숙사, 고시원(제2종 근린생활시설),[6] 다중주택[2]</td><td>7.5 ℓ/인</td><td>200</td><td>개별취사시설이 있는 경우 단독주택용도를 적용한다.</td><td>N=0.038A, 연면적[3]
N=P
(정원이 명확한 경우)</td><td>-</td></tr>
</table>

표 5-3 건축물의 용도별 오수발생량 및 정화조 처리대상인원 산정기준(계속)

분류번호	건축물 용도			오수발생량			정화조 처리대상인원	
				1일 오수발생량	BOD농도 (mg/ℓ)	비고	인원산정식	비고
2	문화 및 집회시설	공연장	공연장, 극장, 영화관, 연예장, 음악당, 서커스장, 비디오물감상실, 비디오물소극장	$12\ \ell/m^2$	150	-	N=0.060A	-
		집회장	예식장, 공회당, 회의장, 장례식장	$12\ \ell/m^2$	150	-	N=0.060A	-
			미권장외발매소, 마권전화투표소	$25\ \ell/m^2$	150	-	N=0.125A	-
		종교집회장	교회, 성당, 사찰, 제실(祭室), 사당	$12\ \ell/m^2$	150	-	N=0.060A	-
			기도원, 수도원, 수녀원	$7.5\ \ell/m^2$	200	-	N=0.038A N=P (정원이 명확한 경우)	-
		관람장	경마장, 경륜장, 경정장, 자동차경기장, 그 밖에 이와 비슷한 것과 체육관 및 운동장	$10\ \ell/m^2$	260	-	N=0.050A	-
		전시장	박물관, 미술관, 과학관, 문화관, 체험관, 기념관, 산업전시장, 박람회장, 모델하우스	$16\ \ell/m^2$	150	-	N=0.080A	-
		동·식물원	동물원, 식물원, 수족관	$16\ \ell/m^2$	150	-	N=0.080A	-
3	판매 및 영업시설	시장·상점	도매시장, 마을공동구판장, 소매시장, 표구점, 소매점, 사진관, 의약품판매소, 도료류판매소, 서점, 장의사, 총포판매소, 애완동물점, 가축시장, 자동차영업소, 의료기판매소	$15\ \ell/m^2$	250	육류, 어류점의 바닥면적 합계가 연면적의 20% 이상을 차지할 경우에 오수발생량은 5ℓ/ m2·일, BOD농도는 50mg/ℓ을 가산한다.	N=0.075A	-
			노래연습장	$16\ \ell/m^2$	150	-	N=0.080A	
			기원	$25\ \ell/m^2$	150	-	N=0.125A	

표 5-3 건축물의 용도별 오수발생량 및 정화조 처리대상인원 산정기준(계속)

<table>
<tr><th rowspan="2">분류
번호</th><th rowspan="2" colspan="3">건축물 용도</th><th colspan="3">오수발생량</th><th colspan="2">정화조
처리대상인원</th></tr>
<tr><th>1일 오수
발생량</th><th>BOD농도
(mg/ℓ)</th><th>비고</th><th>인원산정식</th><th>비고</th></tr>
<tr><td rowspan="15">3</td><td rowspan="15">판매 및 영업시설</td><td rowspan="5">위생을 관리하거나 의류 등을 세탁·수전하는 시설</td><td>이용원, 미용원, 동물미용실</td><td>$15\ \ell/m^2$</td><td>100</td><td>-</td><td>N=0.075A</td><td>-</td></tr>
<tr><td>세탁소</td><td>$15\ \ell/m^2$</td><td>250</td><td>영업용 세탁 오수를 오수 처리시설애 연계처리할 경우에는 시설별 설치용량을 1일 오수발생량에 추가한다.</td><td>N=0.075A</td><td></td></tr>
<tr><td>목욕장[4]</td><td>$46\ \ell/m^2$</td><td>100</td><td>-</td><td>N=0.230A</td><td></td></tr>
<tr><td>안마시술소, 안마원</td><td>$15\ \ell/m^2$</td><td>100</td><td>-</td><td>N=0.075A</td><td>-</td></tr>
<tr><td>찜질방</td><td>$16\ \ell/m^2$</td><td>150</td><td>목욕장이 있는 경우 목욕장에 대한 오수는 별도 산정한다.</td><td>N=0.080A</td><td>-</td></tr>
<tr><td>게임 관련시설</td><td>청소년게임제공업소, 복합유통게임제공업소, 인터넷컴퓨터게임시설제공업소</td><td>$25\ \ell/m^2$</td><td>150</td><td>-</td><td>N=0.125A</td><td>-</td></tr>
<tr><td colspan="2">백화점, 쇼핑센터, 대형점</td><td>$20\ \ell/m^2$</td><td>250</td><td>-</td><td>N=0.100A</td><td>-</td></tr>
<tr><td colspan="2">여객자동차터미널, 철도시설, 공항시설, 항만시설</td><td>$4\ \ell/m^2$</td><td>260</td><td>-</td><td>N=0.057A</td><td>-</td></tr>
<tr><td rowspan="2">음료·차(茶)·음식·빵·떡·과자 등을 조리하거나 제조하여 판매하는 시설</td><td>식품즉석 제조판매점</td><td>$30\ \ell/m^2$</td><td>130</td><td>-</td><td>N=0.150A</td><td>-</td></tr>
<tr><td>휴게음식점 등</td><td>$35\ \ell/m^2$</td><td>100</td><td>일반음식점의 메뉴를 판매하는 경우 일반음식점 용도를 적용한다.</td><td>N=0.175A</td><td>-</td></tr>
<tr><td rowspan="5">음식점</td><td rowspan="4">일반음식점</td><td rowspan="4">$70\ \ell/m^2$</td><td>550</td><td>중식</td><td rowspan="4">N=0.175A</td><td rowspan="4">-</td></tr>
<tr><td>330</td><td>한식, 분식점</td></tr>
<tr><td>200</td><td>일식, 호프, 주점, 뷔페</td></tr>
<tr><td>150</td><td>서양식</td></tr>
<tr><td>부대급식시설[5]</td><td>$30\ \ell/m^2$</td><td>330</td><td>부대급식시설 유입농도의 경우 한식농도를 적용한다.</td><td>-</td><td>-</td></tr>
</table>

표 5-3 건축물의 용도별 오수발생량 및 정화조 처리대상인원 산정기준(계속)

<table>
<tr><th rowspan="2">분류
번호</th><th rowspan="2" colspan="3">건축물 용도</th><th colspan="3">오수발생량</th><th colspan="2">정화조 처리대상인원</th></tr>
<tr><th>1일 오수
발생량</th><th>BOD농도
(mg/ℓ)</th><th>비고</th><th>인원산정식</th><th>비고</th></tr>
<tr><td rowspan="7">4</td><td rowspan="7">의료시설</td><td colspan="2">종합병원</td><td>40ℓ/m^2</td><td>300</td><td rowspan="3">세탁시설이 있는 경우 오수량은 별도 가산한다.</td><td>N=0.200A</td><td>-</td></tr>
<tr><td rowspan="2">병원, 치과병원, 한방병원, 정신병원, 요양병원, 격리병원, 전염병원, 마약진료소</td><td>급식시설이 있는 경우</td><td>30ℓ/m^2</td><td>300</td><td>N=0.150A</td><td>-</td></tr>
<tr><td>급식시설이 없는 경우</td><td>25ℓ/m^2</td><td>150</td><td>N=0.125A</td><td>-</td></tr>
<tr><td rowspan="3">주민의 진료·치료 등을 위한 시설</td><td rowspan="2">의원, 치과의원, 한의원, 침술원, 접골원(接骨院), 조산원</td><td>18ℓ/m^2</td><td>150</td><td>입원시설이 있는 경우</td><td>N=0.090A</td><td>입원시설이 있는 경우</td></tr>
<tr><td>15ℓ/m^2</td><td>150</td><td>입원시설이 없는 경우</td><td>N=0.075A</td><td>입원시설이 없는 경우</td></tr>
<tr><td>산후조리원</td><td>30ℓ/m^2</td><td>300</td><td>세탁시설이 있는 경우 오수량은 별도 가산한다.</td><td>N=0.150A</td><td>-</td></tr>
<tr><td colspan="2">동물병원, 인공수정센터</td><td>15ℓ/m^2</td><td>150</td><td>-</td><td>N=0.075A</td><td>-</td></tr>
<tr><td rowspan="7">5</td><td rowspan="7">교육연구 및 복지시설</td><td colspan="2">초등학교, 유치원, 보육시설, 지역아동센터</td><td>6ℓ/m^2</td><td>100</td><td>-</td><td>N=0.050A
N=0.25A</td><td></td></tr>
<tr><td rowspan="2">중학교, 고등학교, 대학, 대학교, 교육원, 직업훈련소</td><td>주간</td><td>7ℓ/m^2
(중학교)
8ℓ/m^2
(중학교 이외)</td><td rowspan="2">100</td><td rowspan="2">-</td><td>N=0.058A
(중학교)
N=0.067A
(중학교이외)
N=0.33P</td><td rowspan="2">정원이 명확한 경우 정원 산정식 적용 가능</td></tr>
<tr><td>주·야간 병설</td><td>12ℓ/m^2
(중학교)
14ℓ/m^2
(중학교 이외</td><td>N=0.100A
(중학교)
N=0.116A
(중학교이외)
N=0.33P+0.25P</td></tr>
<tr><td colspan="2">연구소, 시험소, 동물검역소, 계측계량소</td><td>8ℓ/m^2</td><td>100</td><td>-</td><td>N=0.067A
N=0.33P</td><td></td></tr>
<tr><td colspan="2">공공도서관, 독서실, 도서관, 학원, 교습소</td><td>15ℓ/m^2</td><td>150</td><td>-</td><td>N=0.075A</td><td></td></tr>
<tr><td colspan="2">고아원, 일시보호시설, 보호치료시설, 자립지원시설, 노인복지시설, 연수원, 청소년 수련원, 사회복지시설, 근로복지시설</td><td>9ℓ/m^2</td><td>200</td><td>-</td><td>N=0.045A
N=P
(정원이 명확한 경우)</td><td></td></tr>
<tr><td colspan="2">유스호스텔</td><td>9ℓ/m^2</td><td>140</td><td>-</td><td>N=0.045A
N=P
(정원이 명확한 경우)</td><td></td></tr>
</table>

표 5-3 건축물의 용도별 오수발생량 및 정화조 처리대상인원 산정기준(계속)

분류번호	건축물 용도			오수발생량: 1일 오수 발생량	오수발생량: BOD농도 (mg/ℓ)	오수발생량: 비고	정화조 처리대상인원: 인원산정식	정화조 처리대상인원: 비고
6	운동시설	탁구장, 당구장, 체육도장, 헬스장, 체력단련장, 에어로빅장, 볼링장, 사격장, 라켓볼장, 스쿼시장, 실내낚시터, 스케이트장, 롤러스케이트장, 썰매장, 수영장, 놀이형 시설, 골프연습장, 스크린골프 연습장		$15\ell/m^2$	100	샤워시설이 있는 경우 별도(목욕장 용도)로 가산한다.	$N=0.075A$	-
		골프장		$30\ell/m^2$	100		$N=0.150A$	
		물놀이형 시설		$40\ell/m^2$	100		$N=0.200A$	-
		테니스장	야간조명시설 있음	$3\ell/m^2$	150		$N=0.015A$	
			야간조명시설 없음	$2\ell/m^2$	150		$N=0.010A$	
		게이트볼장	야간조명시설 있음	$1\ell/m^2$	150		$N=0.005A$	-
			야간조명시설 없음	$0.5\ell/m^2$	150		$N=0.003A$	-
7	업무시설	일반업무시설	사무소, 결혼상담소 등 소개업소, 출판사, 신문사	$15\ell/m^2$	100	-	$N=0.075A$	-
			금융업소	$15\ell/m^2$	100		$N=0.150A$	
			오피스텔	$10\ell/m^2$	200	주거시설과 업무시설의 구분이 분명한 경우 각각 공동주택(아파트)과 사무소 용도를 적용한다.	$N=0.050A$	주거시설과 업무시설의 구분이 분명한 경우 각각 공동주택(아파트)과 사무소 용도를 적용한다.
		공공업무시설	외국공관, 공공청사, 지역자치센터, 파출소, 지구대, 소방서, 우체국, 방송국, 전신전화국, 건강보험공단사무소	$15\ell/m^2$	100	-	$N=0.150A$	-
		공공업무시설	보건소	$18\ell/m^2$	150	입원시설이 있는 경우	$N=0.090A$	입원시설이 있는 경우
				$15\ell/m^2$	150	입원시설이 없는 경우	$N=0.075A$	입원시설이 없는 경우
8	숙박시설	일반숙박시설, 관광숙박시설, 생활숙박시설, 고시원(숙박시설 중 다중생활시설[6])		$20\ell/m^2$	70	취사시설이 없는 경우	$N=0.080A$	취사시설이 없는 경우
				$20\ell/m^2$	140	취사시설이 있는 경우	$N=0.067A$ $N=P$ (정원이 명확한 경우)	취사시설이 있는 경우

표 5-3 건축물의 용도별 오수발생량 및 정화조 처리대상인원 산정기준(계속)

분류번호	건축물 용도		오수발생량			정화조 처리대상인원	
			1일 오수발생량	BOD농도 (mg/ℓ)	비고	인원산정식	비고
8	숙박시설	관광팬션	$35\ell/m^2$	140	-	N=0.140A	-
		농어촌민박시설	$35\ell/m^2$	140	국민주택규모[7]의 주택 중 객실 2실 이하인 경우 일반숙박시설 용도를 적용할 수 있다.	N=0.140A	국민주택규모[7]의 주택 중 객실 2실 이하인 경우 일반숙박시설 용도를 적용할 수 있다.
		일반야영장, 자동차야영장	$9\ell/m^2$	320	글램핑장 등 고정숙영시설은 일반숙박시설(취사시설이 있는 경우) 용도를 적용한다.	N=0.045A N=P (정원이 명확한 경우)	글램핑장 등 고정숙영시설은 일반숙박시설(취사시설이 있는 경우) 용도를 적용한다.
9	위락시설	단란주점, 유흥주점	$46\ell/m^2$	250	-	N=0.230A	-
		「관광진흥법」에 따른 유원시설업의 시설[8]	$15\ell/m^2$	100	-	N=0.075A	-
		투전기업소, 카지노영업소	$25\ell/m^2$	150	-	N=0.125A	-
		무도장, 무도학원	$16\ell/m^2$	150	-	N=0.080A	-
10	공업시설	공장, 정비공장(카센터 포함)	$5\ell/m^2$	100	-	N=0.125A N=0.5P (정원이 명확한 경우)	-
		제조업소, 수리점	$5\ell/m^2$	100	-	N=0.125A N=0.5P (정원이 명확한 경우)	
		자원순환 관련시설(하수 등 처리시설, 고물상, 폐기물 재활용시설, 폐기물 처분시설, 폐기물 감량화 시설)	$5\ell/m^2$	100	-	N=0.125A N=0.5P (정원이 명확한 경우)	-
		위험물 저장 및 처리시설(주유소, 액화석유가스 충전소 등)	$25\ell/m^2$	260	-	N=0.500A	-
11	자동차관련시설	주차장[9], 주기장[10]	$25\ell/m^2$	260	-	N=0.500A	빌딩형 주차장의 경우 관리사무소, 화장실 등의 면적을 적용한다.
		자동차매매장	$15\ell/m^2$	100	-	N=0.075A	-

표 5-3 건축물의 용도별 오수발생량 및 정화조 처리대상인원 산정기준(계속)

<table>
<tr><th rowspan="2">분류번호</th><th rowspan="2" colspan="3">건축물 용도</th><th colspan="3">오수발생량</th><th colspan="2">정화조 처리대상인원</th></tr>
<tr><th>1일 오수발생량</th><th>BOD농도 (mg/ℓ)</th><th>비고</th><th>인원산정식</th><th>비고</th></tr>
<tr><td rowspan="10">12</td><td rowspan="10">공공용시설</td><td colspan="2">교정시설(보호감호소, 구치소, 교도소), 갱생보호시설, 소년원 및 소년분류심사원, 국방·군사시설</td><td>7.5ℓ/m^2</td><td>200</td><td>-</td><td>N=0.038A
N=P
(정원이 명확한 경우)</td><td>-</td></tr>
<tr><td colspan="2">촬영소</td><td>15ℓ/m^2</td><td>100</td><td>-</td><td>N=0.075A</td><td>-</td></tr>
<tr><td colspan="2">군대숙소</td><td>7.5ℓ/m^2</td><td>200</td><td>-</td><td>N=0.038A
N=P
(정원이 명확한 경우)</td><td>-</td></tr>
<tr><td colspan="2">공중화장실</td><td>170ℓ/m^2</td><td>260</td><td>-</td><td>N=3.400A</td><td>-</td></tr>
<tr><td rowspan="5">주민공동이용시설</td><td>마을회관</td><td>12ℓ/m^2</td><td>150</td><td>-</td><td>N=0.060A</td><td>-</td></tr>
<tr><td>마을공동작업소, 대피소</td><td>5ℓ/m^2</td><td>100</td><td>-</td><td>N=0.125A
N=0.5P
(정원이 명확한 경우)</td><td>-</td></tr>
<tr><td>마을공동구판장</td><td>15ℓ/m^2</td><td>250</td><td></td><td>N=0.075A</td><td></td></tr>
<tr><td>공중화장실</td><td>170ℓ/m^2</td><td>260</td><td>-</td><td>N=3.400A</td><td>-</td></tr>
<tr><td>지역아동센터</td><td>6ℓ/m^2</td><td>100</td><td>-</td><td>N=0.050A
N=0.25P
(정원이 명확한 경우)</td><td>-</td></tr>
<tr><td>에너지공급·통신서비스제공이나 급수·배수와 관련된 시설</td><td>발전소, 변전소, 도시가스배관시설, 통신용시설, 정수장, 양수장 등</td><td>5ℓ/m^2</td><td>100</td><td></td><td>N=0.125A
N=0.5P
(정원이 명확한 경우)</td><td>-</td></tr>
<tr><td>13</td><td>묘지관련시설</td><td colspan="2">화장시설, 봉안당</td><td>16ℓ/m^2</td><td>150</td><td>-</td><td>N=0.080A</td><td>-</td></tr>
<tr><td rowspan="4">14</td><td rowspan="4">관광휴게시설</td><td colspan="2">야외음악당, 야외극장</td><td>10ℓ/m^2</td><td>260</td><td>-</td><td>N=0.050A</td><td>-</td></tr>
<tr><td colspan="2">어린이회관</td><td>6ℓ/m^2</td><td>100</td><td>-</td><td>N=0.050A
N=0.25P
(정원이 명확한 경우)</td><td>-</td></tr>
<tr><td colspan="2">관망탑</td><td>16ℓ/m^2</td><td>150</td><td></td><td>N=0.080A</td><td>-</td></tr>
<tr><td colspan="2">휴게소</td><td>20ℓ/m^2</td><td>260</td><td>-</td><td>N=0.400A</td><td>-</td></tr>
</table>

표 5-3 건축물의 용도별 오수발생량 및 정화조 처리대상인원 산정기준(계속)

[주] 1) 거실이란, 「건축법」 제2조제1항제6호 규정에 따른 거실로서, 거주, 집무, 작업, 집회 및 오락 기타 이에 속하는 목적을 위해서 계속적으로 사용하는 방을 말한다. 다만, 공동주택에 거실과 분리되어 별도 확보된 부엌 및 식당은 제외한다.

2) 다중주택이란, 학생 또는 직장인 등 여러 사람이 장기간 거주할 수 있는 구조로 된 주택으로서 독립된 주거의 형태를 갖추지 아니한 시설(취사시설이 없는 경우)을 말한다.

3) 연면적이란, 당해 용도로 사용되는 바닥면적(부설주차장을 제외한 공용면적을 포함)의 합계를 말한다.

4) 목욕장이란, 공동탕, 가족탕, 한증막, 사우나탕을 포함한다.

5) 부대급식시설은 문화 및 집회시설, 판매 및 영업시설, 교육연구 및 복지시설, 운동시설, 업무시설, 숙박시설, 위락시설, 공업시설, 자동차관련시설, 묘지관련시설, 관광휴게시설 등의 상주인원 및 이용인원(상주는 하지 않지만 해당 시설의 정원에 포함되는 경우)에 대한 급식을 제공하는 시설을 말한다. 다만, 부대급식시설이 일반인을 대상으로 영업을 하는 경우에는 일반음식점으로 분류한다.

6) 다중생활시설이란, 「다중이용업소의 안전관리에 관한 특별법」에 따른 다중이용업 중 고시원업의 시설로서 독립된 주거의 형태를 갖추지 아니한 시설(취사시설이 없는 경우)을 말한다. 다만, 제2종 근린생활시설의 고시원은 주거시설로 분류한다.

7) 국민주택규모의 주택이란, 주거전용면적이 1호 또는 1세대 당 85㎡ 이하인 주택(수도권을 제외한 도시지역이 아닌 읍 또는 면 지역은 1호 또는 1세대 당 100㎡ 이하인 주택)을 말한다.

8) 유원시설업(遊園施設業)은 유기시설(遊技施設)이나 유기기구(遊技機具)를 갖추어 이를 관광객에게 이용하게 하는 업(다른 영업을 경영하면서 관광객의 유치 또는 광고 등을 목적으로 유기시설이나 유기기구를 설치하여 이를 이용하게 하는 경우를 포함)을 말한다.

9) 주차장에서 건축물의 부속주차장은 제외한다.

10) 주기장이란, 「건설기계관리법」 제2조제1항제1호의 규정에 따른 건설기계 등 중기(重機)를 세워 두는 시설을 말한다.

11) A는 연면적(㎡), N은 인원(인), P는 정원(인), R은 1호당 거실의 개수(개)를 의미한다.

예제 5-6

영업장 바닥면적 2,700 m^2, 사무실 바닥면적 220 m^2의 슈퍼마켓을 건축한다. 이 건축물에 필요한 정화조를 설계하여라.

|해답| 표 5-3에 의해 처리대상인원 n을 계산한다.

(3)에서 영업장 $n_1 = 0.075 \times 2,700 = 203$ 인

(7)에서 사무실 $n_2 = 0.075 \times 220 = 17$ 인

따라서 처리대상인원 합계 $n = 203 + 17 = 220$ 인

처리대상인원이 300인 이하이므로 부패탱크방식을 채용한다.

① 부패조의 용량 $V \geq 1.5 + 0.1(234 - 5) = 24.4\ m^3$ 이상

이것을 4 : 2 : 1의 비율로 나누어

$$제1부패조 = 24.4 \times \frac{4}{7} \fallingdotseq 14\ m^3,\quad 제2부패조 = 24.4 \times \frac{2}{7} \fallingdotseq 7\ m^3$$

$$제3부패조 = 24.4 \times \frac{1}{7} \fallingdotseq 3.5\ m^3$$

② 산화조 $= 24.4 \times \frac{1}{2} \fallingdotseq 12.2\ m^3$

③ 소독조는 길이 3.4m×폭 1.0m×깊이 2.4m

5-7 중수도설비

5-7-1 중수도의 원수

중수도(Wastewater reclamation and reusing system)의 원수는 그 순환방식을 감안하여 검토하여 보면 빌딩 등에 있어서 잡배수, 수세식변소배수, 냉동·냉각배수, 하수처리수, 오탁하천수, 감조수영수, 우수, 지하수, 해수 등을 들 수 있다. 이 가운데 하천수와 우수는 지역성, 자연조건 등의 영향을 크게 받으므로 각각의 경우에 대해 검토할 필요가 있다. 또 지하수는 지역에 따른 지질에 의해 크게 좌우되며, 만약 양수량이 과다할 경우 지반침하의 우려가 있다.

따라서 일반적으로 중수도의 원수로서는 일반하수, 즉 건물 또는 기타 시설물의 잡배수, 수세식변소용수를 우선적으로 고려할 수 있고 하수처리장에서 처리된 하수처리수를 사용하기도 한다.

중수도의 원수별 수질의 특성은 다음과 같다.

1) 세면배수

공동주택 및 빌딩에서 발생되는 배수 중 세면배수는 전체 배수량은 적으나 비교적 오염도가 낮기 때문에 대상 원수 선정시 최우선적으로 고려되고 있다.

2) 목욕배수

공동주택 및 호텔, 여관 등 숙박시설을 갖춘 빌딩에서 발생하는 목욕배수는 수량 및 수질 측면에서 중수도의 대상원수로 설정하기에 적합하며, 물리·화학적 처리만으로 재이용이 가능하다.

3) 냉각수

냉각수는 유기물성분이 거의 없으나 용존염류가 높다. 일반적으로 여과 및 염소처리 정도의 간단한 처리로서 재이용이 가능하나, 전체 배수량 중에서 차지하는 비중이 높지 않고, 여름철에만 한시적으로 이용되기 때문에 연중 운전이 불가능한 것이 제약요건이다.

4) 주방배수

공동주택의 주방 및 식당, 카페, 레스토랑을 갖춘 빌딩에서 배출되는 주방배수인 경우, BOD, COD 등으로 대표되는 유기 성분의 오염도가 높고 유지류 및 계면활성제의 농도가 높기 때문에 수질적인 측면에서 중수도의 대상 원수로 설정하는데 신중한 검토가 필요하다.

5) 수세식 화장실배수

수세식 화장실배수는 세정량에 따라 배수량이 달라질 수 있는데, 일반적으로 수세식 화장실배수에는 배설물이 포함되어 있는 관계로 BOD, COD 및 세균에 의한 오염도가 높고 NH4-N, pH 및 용존염류의 농도가 높다. 특히 주의가 필요한 부분은 각종 바이러스가 존재할 가능성이 있다는 점이다.

6) 공동주택 및 빌딩배수 혼합배수

양질의 잡배수(세면배수, 목욕배수, 냉각수)와 주방배수가 섞인 혼합 배수의 수질은 단위원수의 혼합 비율에 따라 상당히 달라진다. 이들 혼합 배수의 수질 중 주방 배수가 미치는 영향은 상당히 큰데 BOD, SS, ABS 등은 하수와 동등 또는 그 이상의 농도를 가지는 경우도 있기 때문에 재이용을 위해서는 상당한 수준의 처리가 요구된다.

5-7-2 중수도의 용도

인체에의 안전성은 인체와 재생수와의 접촉가능성이 어느 정도인가에 따라 좌우된다. 이 중에서 음용을 제외한 전 용도에 중수도로 도입할 수 있으나 음료용수, 주방용수와 경피적 접촉을 피할 수 없는 목욕용수, 세탁용수, 세수·세면용수 등은 심리적 문제점과 세균 혹은 바이러스 등의 공중 위생상 안전성 때문에 이를 대상으로 하는 것은 곤란하다. 그러므로 중수도의 용도는 다음과 같은 범위 내로 한정시킬 수 있다.

① 수세식 변소용수
② 에어컨 냉각용 보급수
③ 세차용수
④ 살수용수, 가로청소용수
⑤ 조경용수(연못, 분수 등)
⑥ 소화용수

이 중에서 비교적 수량이 많은 것은 ①, ②, ③, ④이고, 또 이 중에서 비교적 통제하기 쉬운 것은 ①, ②라고 할 수 있다. 그러므로 재이용 용도는 수량이 많고 이용자와 접촉을 피하기 쉬운 수세식변소용수 혹은 에어컨 냉각용 보급수로 하는 것이 현실적이다.

5-7-3 중수도의 분류

(1) 중수도 시설에 따른 분류

1) 단독이용방식

단독 건축물이나 공장에서 발생하는 하수를 자체 처리시설에서 처리한 후 재이용하는 유형이며 우리나라에서 가동 중인 중수도의 대부분은 이 방식을 택하고 있다.

2) 복합이용방식

인접한 여러 개의 건축물이나 공동주택 등에서 발생하는 하수를 한 곳으로 모아 처리한 후 재이용하는 유형이다.

3) 공공이용방식

하수처리장이나 폐수처리장에서 처리된 처리수(방류수)를 한 번 더 처리한 후 재이용하는 유형이다.

(2) 중수도 이용에 따른 분류

중수도 이용방식은 개별순환방식, 지역순환방식, 광역순환방식 등으로 나눠질 수 있는데 각각의 개념은 다음과 같다.

1) 개별순환방식

개별순환방식이란 사무소, 빌딩 등에 있어 그 건물에서 발생하는 배수를 자가 처리하여 빌딩 내에서 다시 이용하는 것을 의미한다.

2) 지역순환방식

지역순환방식이란 비교적 한 곳에 집중되어 있는 좁은 지구, 즉 아파트 단지나 새로 건설되는 주거지역 등에 있어 사업자와 건축물 등의 소유자가 공동으로 중수도를 운영하고 해당 건축물의 수요에 따라 중수를 급수하는 방식을 말한다.

3) 광역순환방식

광역순환방식이란 일정지역 내에서 해당지역 내의 빌딩과 주택 등 일반적인 중수의 수요에 따라 중수도로부터 광역적, 대규모적으로 공급하는 방식을 말한다. 주로 대규모 하수처리시설 유출수나 공단폐수 하수처리시설 유출수를 다시 처리하여 이용한다.

5-7-4 중수도설비 배관계획

일반적으로 중수도설비의 배관·원수계·급수계·배수계로 구분된다. 이들은 일반적으로 상수급수배관·배수배관설비에 준하고, 시스템·배관이 특수한 것은 아니다. 그러나 중수는 그 수질에 있어 상수(음료수)와는 엄격히 구별될 필요가 있고 배관계획에 있어서는 잘못된 배관·잘못된 접합에 의한 크로스커넥션의 방지 및 잘못된 음료에 의한 사고방지를 고려하여 계획하여야 한다.

중수배관의 주의사항은 다음과 같다.

① 중수의 배관설비는 다른 배관설비와 겸용하지 않는다.

② 중수의 배관설비는 외관상 다른 배관설비와 용이하게 판별할 수 있는 표식을 부착한다. 또 물에는 착색을 행하는 것이 바람직하다.
이들은 오접합을 방지하기 위한 조치이고, 중수급수관은 상수급수관과 재질이 다른 것을 사용하는 것이 바람직하다. 또한 상수급수관과는 별도의 파이프샤프트로 하는 등의 대책도 고려한다.

③ 중수급수관을 지중매설하는 경우는 상수급수관과 일정 간격을 유지한다. 매설배관에 있어서는 누수가 발견되기 어렵고, 중수급수관에서의 누수가 간접적인 크로스커넥션의 원인이 될 가능성이 있으므로 각종 배관의 상하관계 및 수평간격에 대해서도 충분히 고려할 필요가 있다.

④ 중수탱크와 상수탱크를 직접 접속하지 않는다. 중수탱크에 상수급수관에서 보급수를 필요로 하는 경우는 크로스커넥션을 방지하기 위하여 적절한 토수구 공간을 탱크의 오버플로보다 상부에 설치할 필요가 있다.

⑤ 보수·점검·교체 등이 용이하게 이루어질 수 있도록 유효한 조치를 강구한다.

⑥ 세면기·수세기 등에서의 잘못된 음용, 잘못된 사용 우려가 있는 위생기구는 중수에 사용하지 않는다.

⑦ 오접합이 없도록 하기 위하여 시공 중, 완공시 및 완공 후의 증개축·모양 변경에 있어서는 중수계 배관 외에 상수급수관에 대해서도 검사·시험을 행한다. 특히 준공 후의 증개축시에 오접합의 위험이 많을 수 있으므로 관리기준을 정하여 엄수하는 것이 필요하다.

5-7-5 수처리 단계별 구분

중수처리기술은 상수나 하수처리에 사용되고 있는 기술과 크게 다르지 않으나 특정 오염물질과 병원균의 비활성화를 위해 추가적인 처리공정이 필요한 경우가 있다.

1) 1차 처리

흔히 전처리라고 부르는 이 단계에서는 배수 중에 여러 불순물과 덩어리가 큰 고형물을 제거하고, 유입유량의 변동을 없애 2차 처리조를 안정화시키는 작용을 한다. 보통 스크린, 유량조정조 등이 사용되며 후속 처리가 막처리일 경우 응집침전을 통해 막의 기능을 저해하는 부유물질, 분자량이 큰 유기물질 등을 플록화하여 침전제거시킨다.

2) 2차 처리

처리단계의 주가 되는 공정으로 배수 중의 부유물질, 유기물 등을 제거하여 적합한 수질의 물을 배출시킨다. 보통 활성오니법과 생물막법의 생물처리와 막처리가 이용된다.

3) 3차 처리

미세 입자와 잔유 유기물을 제거하여 배수를 재이용할 수 있는 적합한 수질로 조정함을 목적으로 한다. 보통 여과, 응집침전, 생물처리, 활성탄흡착, 오존처리 및 염소처리 등이 있다.

4) 처리 공정에 따른 분류

일반적으로 처리에 관한 공정은 스크리닝, 침전, 입상여과와 같은 물리적 처리와 화학약품을 이용하여 특정 오염물질을 제거하거나 침전효율을 높이는 화학적 처리, 그리고 유기물제거를 주목적으로 하는 생물학적 처리가 있다. 이 밖에 UF(Ultra Filteration), RO(Reverse Osmosis), 전기투석, 이온교환, 전해처리 등이 있다.

chapter 6

가스설비

6-1 개 요

화석연료 중 석탄은 나무가 땅속에 묻혀 오랜 시간에 걸쳐 높은 열과 압력으로 분해되어 생성된 것이고, 석유와 천연가스는 다양한 생성설이 있으나 육지와 근접한 해저분지에서 플랑크톤의 일종인 규조가 퇴적되어 진흙 퇴적물에 의해 공기가 차단된 상태에서 생성된 것으로 추정된다. 우리가 사용하는 가스는 해저의 지하 암석층에서 오랜 생성과정을 거쳐 석유와 분리된 천연가스와 인위적인 방법에 의해 석탄과 석유에서 분류 · 제조되는 석탄가스, 석유가스로 분류할 수 있다.

세계 최초의 가스 사업은 1821년 런던에서 처음 시작되었고, 한국은 1971년 서울의 동부이촌동에서 시험적으로 공급했으며, 1972년부터 본격적으로 공급하고 있다.

6-2 용어의 정의

① 배관 : 본관 · 공급관 및 내관

② 본관 : 도시가스제조사업소(액화천연가스 인수기지를 포함한다)의 부지경계에서 정압기까지에 이르는 배관

③ 공급관 : 공급관이라 함은 다음 각 사항의 것을 말한다.

㉠ 공공주택, 오피스텔, 콘도미니엄, 그밖에 안전관리를 위하여 산업자원부장관이 필요하다고 인정하여 정하는 건축물에 가스를 공급하는 경우에는 정압기에서 가스사용자가 구분하여 소유하거나 점유하는 건축물의 외벽에 설치하는 계량기의 전단밸브(계량기가 건축물의 내부에 설치된 경우에는 건축물의 외벽)까지에 이르는 배관

㉡ 공동주택 외의 건축물 등에 가스를 공급하는 경우에는 정압기에서 가스사용자가 소유하거나 점유하고 있는 토지의 경계까지에 이르는 배관

㉢ 가스도매사업의 경우에는 정압기에서 일반도시가스사업자의 가스공급시설이나 대량수요자의 가스사용시설까지에 이르는 배관

④ 사용자공급관 : 공급관 중 가스사용자가 소유하거나 점유하고 있는 토지의 경계에서 가스사용자가 구분하여 소유하거나 점유하는 건축물의 외벽에 설치된 계량기의 전단밸브(계량기가 건축물의 재부에 설치된 경우에는 그 건축물의 외벽)까지에 이르는 배관

⑤ 내관 : 가스사용자가 소유하거나 점유하고 있는 토지의 경계(공동주택 등으로서 가스사용자가 구분하여 소유하거나 점유하는 건축물의 외벽에 계량기가 설치된 경우에는 그 계량기의 전단밸브, 계량기가 건축물의 내부에 설치된 경우에는 건축물의 외벽)에서 연소기까지에 이르는 배관

⑥ 고압 : 1 MPa(메가파스칼) 이상의 압력(게이지압력을 말한다)을 말한다. 다만, 액체상태의 액화가스의 경우에는 이를 고압으로 본다.

⑦ 중압 : 0.1메가파스칼 이상 1메가파스칼 미만의 압력을 말한다. 다만, 액화가스가 기화되고 다른 물질과 혼합되지 아니한 경우에는 0.01메가파스칼 이상 0.2메가파스칼 미만의 압력

⑧ 저압 : 0.1메가파스칼 미만의 압력을 말한다. 다만, 액화가스가 기화되고 다른 물질과 혼합되지 아니한 경우에는 0.01메가파스칼 미만의 압력

⑨ 지역정압기 : 다수인의 사용자에 가스를 공급하기 위하여 회사가 설치하는 정압기

⑩ 단독정압기(전용정압기) : 단독사용자 또는 특정한 가스사용자가 가스를 공급받기 위하여 가스사용자가 설치하는 정압기

⑪ 가스공급시설 : 가스의 제조·공급을 위한 시설로서 도시가스제조사업소 및 이로

부터 가스사용자가 수요하거나 점유하고 있는 토지의 경계까지에 이르는 배관·공급설비 및 그 부속설비

⑫ 가스사용시설 : 가스공급시설 외의 가스사용자의 시설로서 내관, 연소기 및 그 부속 설비와 공동주택 등의 외벽에 설치된 가스계량기

⑬ 부취제 : 무색무취로 공급되는 가스에 공기 중의 혼합비율 용량이 1천분의 1의 상태에서 감지할 수 있는 냄새가 나는 물질(부취제)을 혼합하여 가스누출시 그 유무를 쉽게 알 수 있도록 하기 위해 사용하는 것으로 일상생활의 냄새와는 명확히 구별되어야 한다.

6-3 가스의 종류

공업용 연로로 사용하는 가스에는 여러 가지가 있는데, 원료 또는 제조방식에 따라 석탄가스, 수성(水性)가스, 발생로(發生爐)가스, 기름가스(열분해식·접촉분해식)로 나누며, 이 밖에 석유제품인 액화석유가스(LPG), 지하에서 채취하는 천연가스, 정유소의 정제과정에서 부생(副生)되는 정유소 폐가스, 기타 제철소의 잉여 코크스로가스나 고로(高爐)에서 배출되는 고로가스 등이 있다. 도시가스는 각종 단체(單體)가스가 혼합된 것이다.

(1) 석탄가스

휘발분이 많고 점결성(粘結性)이 있는 석탄을 건류하여 발생된 조(粗)가스에서 암모니아·황분 등의 불순물을 제거한 것이다. 이처럼 석탄을 건류하면 가스가 발생하는데, 콜타르·가스액(液)·코크스 등을 부산물로 얻게 된다. 이들 부산물로부터는 다시 벤젠·암모니아·나프탈렌 등의 화학원료를 만든다.

(2) 수성가스

수성가스를 적열(赤熱)한 코크스에 수증기를 접촉시키면 열분해에 의해 발생하는 가스로서, 주로 일산화탄소와 수소의 혼합체이다. 수성가스의 일종으로 증열(蒸熱)수성가스가 있는데, 이는 수성가스에 석탄계 탄화수소를 가열분해하여 나오는 가스를 혼합한 것으로, 가스 열량을 높이는 것이 목적이다.

(3) 발생로가스

코크스를 공기 중에서 불완전연소시켜 제조하는 것으로서, 그 성분은 일반화탄소와 질소가 주가 되지만 실제로는 공기 외에 수증기를 공용하므로 약간의 수소도 포함된다.

(4) 기름가스

기름가스에는 열분해식에 의하는 것과 접촉분해식에 의하는 것이 있다. 열분해식 기름가스는 석유계 탄화수소를 원료로 하여 고열분해에 의해 발생하는 가스이다. 이 가스는 메탄·중탄화수소를 많이 함유하므로 발열량이 높다. 접촉분해식 기름가스는 석유계 탄화수소를 원료로 하지만 분해는 촉매를 사용하여 행하므로 수소의 함유량이 높고, 따라서 비중도 0.51～0.68로 석탄가스의 조성과 비슷하다.

(5) 액화석유가스

석유정제와 원유채취정(原油採取井)으로부터 생산되는 것으로서 프로판 및 부탄이 주성분으로 LPG로 약칭한다. 상온·상압 아래서는 기체이나, 67atm으로 압축하거나 －0.6～－42.2℃로 냉각하면 쉽게 액화한다. 이 때의 용적은 가스체 용적의 약 1/200 이하가 되므로 운반이 편리하다. 열량은 2～3만 kcal/m^{3}로 높은 편이다.

(6) 천연가스

지하에 묻혀 있던 유기물이 고압과 지열의 영향을 받아 장기간에 걸친 완만한 분해작용에 의해서 생성된 것으로서, 그 성분은 대부분 메탄이다.

(7) 정유소폐가스

석유정제공정에서 부생하는 가스로서, 배출하는 장치에 따라 가스의 조성이 크게 달라진다.

(8) 기타

제철소의 잉여 코크스로가스의 성상은 석탄가스와 같으며, 고로에서 배출되는 고로가스의 성분은 일산화탄소·이산화탄소·메탄·수소·질소로 구성되어 있다.

6-4 가스의 비중

가스비중의 기준이 되는 물질은 공기이며, 가스의 무게와 공기의 무게를 비교한 값이 비중이 된다. 정의를 보면 기체의 질량과 그 기체와 같은 조건·체적의 공기질량과의 무게비를 뜻하며, 일반적으로 표준상태(0℃, 1 atm)의 기체와 표준상태의 공기를 비교한다. 이때 공기의 기준부피(22.4 ℓ, 1 mol)의 질량은 29 g으로 한다.

비중을 구하는 수식은 식 (6.1)과 같은데, 예를 들어 메탄(CH_4)의 비중을 구해보면, 약 0.55임을 알 수 있다(여기서 메탄의 무게는 16 g임). 메탄의 비중 0.55가 뜻하는 것은 공기와 무게를 비교했을 때 공기의 0.55배, 즉 공기보다 가볍다는 뜻이다.

$$\frac{\text{가스의 무게}}{\text{공기의 무게}} \Rightarrow \frac{16\text{g}}{29\text{g}} = 0.55 \qquad (6.1)$$

6-5 가스의 연소

가스가 연소하기 위해서는 반드시 산소가 필요하며, 산소는 공기 중 21% 정도가 포함되어 있으므로 적당량의 공기가 공급되어야 하는데, 연소에 필요한 공기량은 가스의 종류에 따라 차이가 있다.

표 6-1 탄화수소계 가스의 연소방정식

성 분	연소방정식	산소량	연소생성물 생성비	
			CO_2	H_2O
메 탄	$CH_4 + 2O_2 \rightarrow CO_2 + 2H_2O$	2.0	1	2
에틸렌	$C_2H_4 + 3O_2 \rightarrow 2CO_2 + 2H_2O$	3.0	2	2
에 탄	$2C_2H_6 + 7O_2 \rightarrow 4CO_2 + 6H_2O$	3.5	2	3
프로필렌	$2C_3H_6 + 9O_2 \rightarrow 6CO_2 + 6H_2O$	4.5	3	3
프로판	$C_3H_8 + 5O_2 \rightarrow 3CO_2 + 4H_2O$	5.0	3	4
부틸렌	$4H_8 + 6O_2 \rightarrow 4CO_2 + 4H_2O$	6.0	4	4
부 탄	$2C_4H_{10} + 13O_2 \rightarrow 8CO_2 + 10H_2O$	6.5	4	5

표준상태(0℃, 1 atm)의 가스 1 m^3를 완전연소시키는 데 필요한 최소한의 공기를 이

론공기량이라고 한다. 그러나 연료가 실제 완전연소하기 위해서는 이론공기량보다 20~50% 더 많은 실제공기량이 필요하다. 산소는 공기 중에 약 21%가 존재하므로 필요한 이론공기량은 다음과 같다.

① 메탄의 경우 : 2.0/0.21=9.5배
② 프로판의 경우 : 5.0/0.21=24배
③ 부탄의 경우 : 6.5/0.21=31배

연소시 LPG는 메탄이 주성분인 LNG보다 3~4배 정도의 공기가 더 필요하다는 것을 알 수 있다.

6-6 도시가스

6-6-1 가스설비의 구성

가스설비의 구성은 원료에서부터 제조·압송·저장·압력조정·공급설비에 이르기까지의 과정에 필요한 설비를 말한다. 그림 6-1은 도시가스의 공급 계통도를 나타낸다.

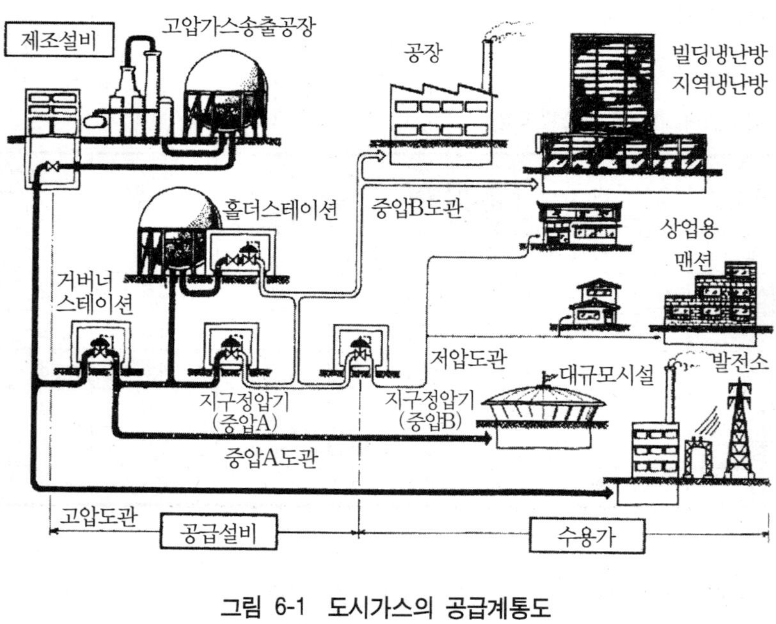

그림 6-1 도시가스의 공급계통도

6-6-2 도시가스의 연료 특성

도시가스는 파이프라인을 통하여 수용가에게 공급하는 연료가스이다. 석유정제시에 나오는 납사를 분해시킨 것이나 LPG, LNG를 원료로 사용한다.

현재 우리나라에서 사용하고 있는 도시가스의 연료는 2가지가 사용된다. LNG가 많이 사용되며, LNG 공급배관이 설치되지 않은 곳에서는 LPG+공기의 혼합가스가 도시가스 연료로 사용되고 있다.

도시가스는 표 6-2와 같이 14종으로 분류되고 공급자는 가스의 종류를 표시하여 공급하도록 하고 있다.

표 6-2 도시가스의 공급가스의 종류별 기호

항 목		웨버지수(WI) 13,000(고) — 4,000(저)
연소속도 저⇔고	A	13A, 12A, 11A, 6A, 5A, 5AN, 4A
	B	6B, 5B, 4B
	C	7C, 6C, 5C, 4C

(日本 空氣調和·衛生工學便覽, 改訂 第9版)

Wobbe Index는 연료의 특성을 나타내는 지수 중 하나이다. 예를 들면 LPG나 LNG 모두 메탄·에탄·프로판·부탄 등의 성분을 가지고 있지만 그 비율이 현저히 달라서 연소 특성이 다르다. 일정량의 연료가 내는 열량가(heating value)가 달라 버너의 설계시 이를 고려하지 않으면 원하는 결과를 얻을 수 없다. WI는 발열량과 밀도를 고려하여 고안된 지수 중 하나인데 다른 성분을 가진 연료간의 호환이 가능한지를 알아보기 위해 많이 사용된다.

WI는 가스의 공급압력과 버너의 노즐 구경이 일정한 경우 연소기의 열량에너지에 비례한다. 가스의 조성변화에 따라 WI가 크면 연소기의 열량에너지는 증가한다.

가스의 호환성을 판정할 때 Y축에 WI를 1~13까지 X축에 CP(연소속도)로 하고 30~100까지로 하여 어떤 가스를 표시하면 일정범위에 들어오는 가스를 동일 그룹으로 분류한다. 여기서 Y축의 1~13값은 WI를 100으로 나누어 소수점 이하를 버린 값에 해당하고 X축의 30~100까지의 값은 가스의 연소속도로 A(늦음 : 39~40 cm/sec), B(중간 : 47~65 cm/sec), C(빠름 : 80 cm/sec)를 나타낸다.

예를 들어 3A는 WI 약 3,000의 값에 연소속도 39~40 cm/sec가 되는 가스를 말하고, 2B는 WI 약 2,000의 값에 연소속도 47~65 cm/sec가 되는 가스를 말한다.

이와 같이 웨버지수는 연소기의 노즐에서 분출하는 가스의 속도가 가스의 비중에 영향을 받는 것을 보정한 연소성 지표의 하나이다. 웨버지수는 가스의 연소성을 나타내는 지표 중 분출열량에너지를 나타내는 지수이고, 식 (6.2)에서 구할 수 있다.

$$\mathrm{WI} = \frac{H}{\sqrt{s}} \tag{6.2}$$

여기서, WI : 웨버지수

H : 가스의 총발열량(kg/m^3)

s : 가스의 비중(공기=1)

여기서 총발열량을 비중 s의 제곱근으로 나눈 것은 연소기 노즐에서 가스의 분출량이 $1/\sqrt{s}$에 비례하기 때문이다. 가스의 분출열량은 원료조성, 제조설비의 조업조건 등에 의하여 큰 영향을 받는데, 웨버지수가 정해진 연소성의 범위를 일탈하면 연소가 불안정하게 되어 불완전연소나 적열부족 등의 현상이 발생한다.

법적으로는 이 웨버지수와 연소속도를 나타내는 지수인 최대연소속도 MCP(maximum combustion potential)을 법에서 정한 방법에 의해 측정·기록하고, 이들 값이 공급약관에 정해진 가스 그룹의 연소성 범위 내에 들어가도록 조정·관리하는 것이 요구된다.

6-6-3 액화석유가스(LPG : Liquefied Petroleum Gas)

(1) LPG의 성질

1) 기화 및 액화가 쉽다

프로판은 약 7kg/cm^2, 부탄은 약 2kg/cm^2 정도로 가압시키면 액화된다. 액화된 프로판은 대기 중으로 방출시키면 기화되지만 부탄의 경우는 겨울철 영하의 온도에서는 기화되기가 어렵고, 기화되어도 재액화될 가능성이 있다.

2) 공기보다 무겁고 물보다 가볍다

프로판은 가스상태일 때 공기보다 약 1.55배, 부탄은 약 2.08배 정도 무겁고, 액체일 경우에는 물보다 프로판은 약 0.51배, 부탄은 약 0.58배 가볍다. 따라서 사용 중 공기

중으로 누출되면 낮은 부분에 체류하게 되어 점화원에 의한 화재 및 폭발위험성이 있으므로 충분한 통풍 및 환기조치가 있어야 한다.

3) 액화하면 부피가 작아진다

프로판과 부탄은 액화되면 체적이 약 1/250 정도로 줄어들게 되므로 저장·수송시에 유리하다.

4) 폭발성이 있다

프로판과 부탄은 가연성 가스로서 특정한 상황에서 폭발할 수도 있다. 프로판의 경우 공기 중 폭발범위는 2.1~9.5%, 부탄의 경우는 1.8~8.4%이다.

5) 연소시 다량의 공기가 필요하다

완전연소에 필요한 이론공기량은 프로판의 경우 가스량의 약 24배, 부탄의 경우는 약 31배 정도의 공기량이 필요하다. 충분한 공기량을 공급하지 못했을 때에는 불완전연소로 인하여 일산화탄소가 발생하여 인체에 해롭다.

6) 발열량 및 청정성이 우수하다

LPG는 연소시 높은 발열량을 갖는다. 프로판의 경우 24,000 kcal/Nm^3, 부탄의 경우는 30,000 kcal/Nm^{3}이다. 또한 연소생성물은 석유류나 석탄 등의 배기가스에 비해 황화합물이나 이산화화합물 등의 공해요소가 적어 그을음 발생이 적은 청정연료이다.

7) LPG는 고무, 페인트·테이프 등의 유지류, 천연고무를 녹이는 용해성이 있다.

8) LPG는 무색 무취이다

액화석유가스의 주성분인 프로판과 부탄은 원래 무색·무취이나 가스가 누출되었을 때 냄새로 쉽게 알 수 있도록 하기 위하여 공업용 및 연구용을 제외한 일반 가정용 연료와 자동차용의 가스에는 부취제인 메르캅탄을 첨가하고 있다.

(2) LPG의 용도

① 프로판은 가정용·공업용 연료로 많이 쓰이며, 내연기관 연료로도 많이 사용된다. 또한 옥탄가가 높기 때문에 자동차 연료로 사용되지만 자동차의 경우는 부탄을 사용한다.

② 부탄은 상온 중 약 2기압에서 액화되기 때문에 고압을 발생할 우려가 있으므로 폴리카보네이트 등 강도가 높은 플라스틱 용기에 넣어서 라이터 연료로 사용하고

있다.

③ LPG는 화학공업용으로서 중요하며 합성고무 연료인 부타디엔은 노르말 부탄의 탈수소반응에 의해 제조되고 있다.

(3) 폭발 및 인화성

LPG는 공기나 산소와 혼합하여 폭발성 혼합가스가 되며, 프로판의 폭발범위(연소범위)는 공기 중 2.1~9.5 Vol%, 부탄은 1.8~8.4 Vol%로서, 폭발하한계가 낮고 상온·상압하에서는 기체로 인화점이 낮아 소량 누출시에도 인화하여 화재 및 폭발의 위험성이 크므로 취급에 주의하여야 한다.

LPG는 전기절연성이 높고, 유동·여과·분무시 정전기를 발생하는 성질이 있으며, 이러한 정전기가 축적될 수 있는 조건에서는 방전스파크에 의해 인화폭발의 위험이 있으므로 주의하여야 한다.

(4) LPG 사용시설의 시설 기준

1) 저장설비의 설치방법

① 저장설비(용기내장형 가스난방기용 용기 및 이동식 부탄연소기용 접합용기를 제외한다)는 화기를 취급하는 장소를 피하여 옥외에 둔다.

② 용기에 의하여 가스를 사용하는 경우 용기집합설비를 설치하되, 그 저장능력이 100 kg을 초과하는 경우에는 용기보관실을 설치하고, 보기 쉬운 곳에 경계표지를 한다.

③ 용기집합설비의 저장능력이 100 kg 이하인 경우에는 용기, 용기밸브 및 압력조정기가 직사광선, 눈 또는 빗물에 노출되지 아니하도록 하고, 용기 바닥면이 부식되지 아니하도록 하는 조치를 한다.

④ 충전용기는 넘어지지 않도록 조치를 한다.

2) 배관의 설치방법 등

① 저장설비로부터 중간밸브까지의 배관은 강관·동관 또는 금속플렉시블 호스를 설치하고, 중간밸브에서 연소기 입구까지는 호스 또는 금속플렉시블 호스를 설치한다.

② 저장능력이 250 kg 이상인 경우에는 용기 또는 소형 저장탱크에서 압력조정기 입

구까지의 배관에 이상압력 상승시 압력을 방출할 수 있는 안전장치를 설치한다.

③ 배관은 건축물의 기초 및 또는 환기가 잘 되지 아니하는 장소에 설치하지 아니하여야 하고, 건축물 내의 배관은 단독피트 내에 설치하거나 노출하여 설치한다. 다만, 동관·스테인리스강관 또는 금속플렉시블 호스 등 내식성 재료의 배관을 이음매(용접 이음매를 제외한다) 없이 설치하는 경우에는 매립하여 설치할 수 있다.

④ 건축물의 벽을 관통하는 부분의 배관에는 보호관 및 부식방지 피복을 한다.

⑤ 지방배관은 부식방지도장 후 표면을 황색, 지하매설배관은 적색 또는 황색으로 표시한다. 다만, 지상배관의 경우 건축물의 외벽에 노출된 것으로서 바닥(2층 이상 건축물의 경우에는 각층의 바닥을 말한다)에서 1m의 높이에 폭 3cm의 황색띠를 2중으로 표시한 경우에는 표면을 황색으로 표시하지 아니할 수 있다.

⑥ 배관이음부(용접이음매를 제외한다)와 전기계량기 및 전기개폐기와의 거리는 60 cm 이상, 굴뚝(단열조치를 하지 아니한 경우에 한한다)·전기점멸기 및 전기접속기와의 거리는 30cm 이상, 절연조치를 하지 아니한 전선과의 거리는 15cm 이상의 거리를 유지하여 전기적 스파크 등에 의한 가스폭발(화재)이 일어나는 것을 방지해야 한다.

⑦ 연소기를 설치하는 실내바닥의 배관은 매립하거나 통행 등에 의한 손상을 입지 아니하도록 설치하고 호스는 통로에 설치하지 아니한다.

⑧ 가스사용시설은 LPG용기와 연소기를 연결하는 금속관과 호스, 압력조정기, 중간 밸브로 구성된다.

⑨ 가스용기는 직사광선이 쪼이지 않고 통풍이 잘 되는 옥외 용기보관실에 설치하여야 한다. 또한, 용기와 화기와의 거리는 최소한 8m 이상의 우회거리를 유지하여야 하며, 용기보관실 안에 여러 가지 인화물질을 함께 넣어두는 것은 위험하므로 피해야 한다. 용기를 2개 이상 설치할 경우에 T형 호스로 연결 사용하면 위험하므로 반드시 용기 집합 시설(용기집합장치, 자동절체기 등)로 설치하여야 한다.

⑩ 압력조정기는 그에 연결되는 연소기의 사용압력과 최대 가스사용량에 적합한 규격의 것을 사용하여야 하는데 최대 가스사용량의 1.5배 이상이면 사용상 지장이 없다. 연소기의 사용 압력과 조정기의 조정 압력은 반드시 일치하여야 한다.

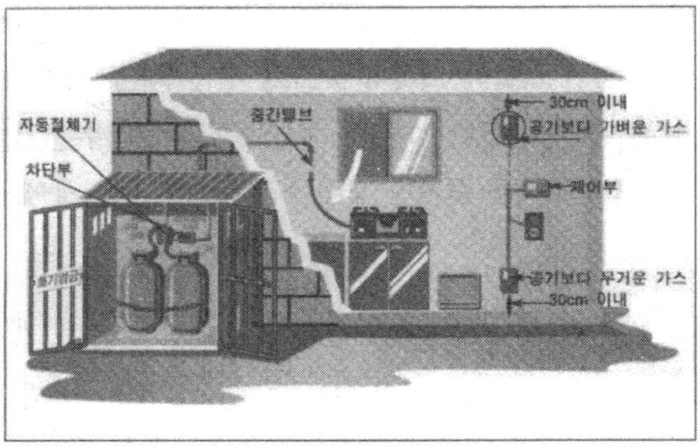

그림 6-2 가스사용시설의 표준 설치도

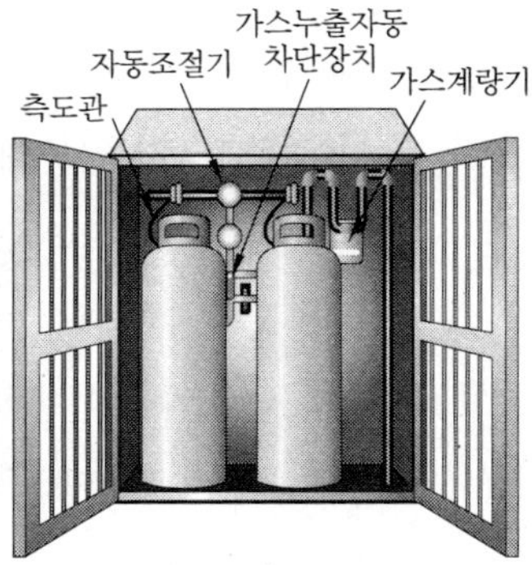

그림 6-3 용기보관실

⑪ 금속배관과 연소기를 연결하는 호스는 최소한의 길이로 연결하여야 한다. 호스의 길이가 길면 꼬여서 가스 흐름이 막힐 수 있고, 화기에 닿아 녹아서 가스누출의 직접적인 원인이 될 수 있으므로 길이는 3m 이내로 하고, 절대로 T형으로는 연결하지 않아야 한다. T형으로 연결하면 외력에 의하여 호스가 쉽게 빠질 수 있다.

⑫ 중간밸브(퓨즈콕)는 배관에 흐르는 가스를 차단하거나 열어주는 장치이며 배관과 호스 연결부에 설치하고 연소기를 설치한 실내에 조작하기 쉬운 곳에 중간밸브를 설치한다.

⑬ 저장설비실 또는 가스설비실에는 누출된 가스가 체류하지 아니하도록 통풍구 또는 강제통풍시설을 갖춘다.

6-6-4 액화천연가스(LNG : Liquefied Natural Gas)

천연가스는 도시지역을 중심으로 배관을 통해 공급되는 도시가스의 주성분으로 사용되고 있으며, 그 사용량은 점차적으로 확대되고 있다. 천연가스는 지하에서 발생하는 탄화수소를 주성분(CH_4)으로 한 가연성 가스를 총칭한다.

천연가스는 메탄(CH_4)가스가 주성분이고, 약간의 에탄 등의 경질 파라핀계 탄화수소(탄소와 수소의 화합물을 총칭함)를 함유하고 있다. 천연가스를 액화한 것을 LNG라 한다.

천연가스는 표준상태(0℃, 1atm)에서 메탄 1kg당 부피는 약 1.4m^3이나, 액상에서는 약 2.4ℓ(−162℃, 1atm)로 부피는 600배 정도의 차이가 있다. 다시 말해, 가스상태에서의 천연가스를 액화하면 그 부피가 1/600로 줄어든다는 것이다. 그리하여 천연가스를 외국에서 수입할 경우 액화된 상태로 운반하며, 국내에 저장할 경우에도 LNG 저장탱크에 액화된 상태로 저장해서 사용하게 된다.

순수한 천연가스는 주성분인 메탄 외에도 황화수소, 이산화탄소 또는 부탄, 펜탄, 습기, 먼지 등이 함유되어 있기 때문에 전처리 공정을 통해 유황, 습기, 먼지 등을 제거한다.

(1) LNG의 성질

LNG는 비점이 약 −162℃이며, 무색의 투명한 액체이고 비점 이하의 저온에서는 단열용기에 저장할 수 있다. 액화천연가스로부터 기화한 가스는 무색·무취로 약 −113℃ 이하에서는 건조된 공기보다 무겁지만 그 이상의 온도에서는 가볍다(공기와의 무게 비교치인 비중은 약 0.625 정도임).

도시가스가 누출되었을 경우, 이것을 초기에 발견하여 응급조치를 하는 것이 폭발사고 방지 조건인데, 그 한 가지 방법으로 가스를 공급할 때 부취제를 첨가한다. 부취제는 무색무취로 공급되는 가스에 공기 중의 혼합비율의 용량이 1천분의 1의 상태에서 감지할 수 있는 냄새가 나는 물질(부취제)을 혼합하여 가스누출시 그 유무를 쉽게 알 수 있도록 하기 위해 사용하는 것으로 가스공사에서 가스를 공급하기 위하여 액화천연가스를 기화기에서 기화시킨 후 첨가하여 천연가스를 공급한다.

(2) 용도

천연가스는 황화합물·질소화합물이 함유되어 있지 않고, 액화천연가스로부터 기화한 가스는 메탄이 주성분이므로 연료로 사용할 때에는 그을음 등의 발생량이 적으며, 안정된 연소상태가 될 수 있다. 천연가스는 가정용으로 냉난방·급탕·취사·건조, 산업용으로 보일러·요로·냉난방·수송·냉열이용, 발전용으로 LNG복합 화력발전·지역난방·열병합·연료전지 등에 사용된다.

또한, LNG 인수기지의 저장탱크에 액체상태로 저장된 천연가스를 수용가에게 공급하기 위해서는 기화시켜 기체상태로 공급한다. 이때 기화기에서 천연가스가 액체에서 기체로 상태변화를 하기 위해서는 열(잠열)을 흡수하게 되므로 기화기의 온도가 내려가게 된다. 이때 얻어진 차가운 열은 액화산소·액화질소의 제조, 냉동창고에의 이용 등에 일부 실용화되고 있다. 또한 메탄올, 암모니아 등의 화학제품 원료로도 사용되고 있으며, 액화천연가스를 고압하에서 기화시킨 후 팽창터빈을 구동시켜 동력으로 회수하는 데에도 사용되고 있다.

(3) 폭발 및 인화성

액화천연가스로부터 기화된 가스는 공기 또는 산소와 혼합되면 폭발성 분위기가 형성되므로 취급에 주의가 필요하며, 이 가스가 기화할 때에는 기상 및 액상의 조성이 변할 수 있으므로 주의해야 한다.

액화천연가스의 주성분인 메탄은 다른 지방족 탄화수소에 비해서 연소속도가 느리며, 최소발화에너지, 발화점 및 폭발 하한계 농도가 높다. 그러나 인화폭발의 위험성이 높으므로 누출 및 유출이 되지 않도록 특별한 주의를 해야 한다.

액화천연가스가 공기 중으로 누출 및 유출될 경우 일반적으로 온도가 낮은 상태이기 때문에 공기 중의 수분과 접하며 수분의 온도가 낮아져 응축현상이 일어나 안개가 발생하므로 이것에 의해 가스 및 액의 누출을 눈으로 쉽게 확인할 수 있다.

또한, 액화천연가스는 낮은 전기저항을 가지고 있어 유동, 여과, 적하 및 분무 등에 의한 정전기의 발생은 다른 가연성 가스보다 높다. 그러므로 액화천연가스를 취급할 때에는 만일의 경우에 대비하여 접지 및 접속에 의해 정전기의 축적을 방지해야 한다.

6-7 가스의 공급설비

(1) 공급방식

가스의 공급방식은 수용가에 대하여 만족하도록 가스를 받아 사용하는 데 적절한 공급압력을 유지하기 위하여 가스사업법에서는 도관 내의 가스 압력에 따라 $10 \mathrm{kg/cm^2}$ 이상을 고압, $1 \mathrm{kg/cm^2}$ 미만을 저압으로 구분하고 있는데, 수용가에의 공급은 중압 또는 저압으로 공급되며, 고압은 먼 곳의 수송용으로 이용되고 있다. 표 6-3은 각 공급방식의 특징과 압력을 나타낸 것이다.

표 6-3 가스 공급방식의 비교

가스공급방식	공급 압력	특 징
저압공급방식	1.0 kg/cm^2 이하	홀더 압력을 이용해서 저압 배관만으로 공급하므로 공급 계통이 간단하고 공급 구역이 좁으며 공급량이 적은 경우에 적합하다. 홀더 압력과 수용가의 압력차이가 100~200 mmAq 정도로 공급 가스량이 많은 경우, 큰관의 저압 본관이 필요하다.
중압공급방식	1.0~10 kg/cm^2	공장에서 중압으로 송출하여 정압기에 의해 저압으로 정압시켜 수용가에 공급하는 방식으로 가스 공급량이 많거나 공급구역이 넓어 공급으로는 배관비가 많아지는 경우 채택된다. 이 방식에는 정압 공급과 병용하는 경우가 있다. 이 경우 공급의 안전성이 높다.
고압공급방식	10 kg/cm^2 이상	공장에서 고압으로 보내서 고압 및 중압의 공급 배관과 저압의 공급용 지관을 조합하여 공급하는 방식을 말한다. 이 방식은 공장에서의 수송 능력이 크기 때문에 먼 곳에 많은 양의 가스를 공급하는 경우 채용된다.

1) 저압공급

일반적으로 곧 사용할 수 있는 50~250 mmAq 정도의 압력으로 공급하는 방식이며, 가스공장에서 어느 정도 떨어져 있지 않은 지역이나 가스의 수요량이 적은 지구에서 사용된다(그림 6-4).

이 방식은 가스홀더(holder)의 압력에 의하여 공급하는데, 홀더의 상태에 따라 압력이 변동하고, 가스의 분출량에 영향을 주므로 공급압력을 일정하게 하기 위하여 홀더 출구에 정압기(governor)가 부착된다. 또 공급가스량이 많을 때에는 큰 구경의 저압본관이 필요하게 되고 경제적이지 않다.

일반적으로는 가스기구의 적정 사용압력은 50에서 100 mmAq의 범위이고, 이 입력을 유지하기 위하여 도로에 매설되어 있는 가스도관 내의 압력은 80~120 mmAq이다.

2) 중압공급

저압공급에 의하면 관의 마찰저항 때문에 원거리에 수송할 수 없다. 또 다량의 가스 수송에 상당히 큰 구경의 관이 필요하게 된다. 가스압력을 높이면 원거리에 다량의 가스를 작은 배관지름으로도 수송을 행하는 것이 가능하다.

중압공급은 공장에서 제조된 가스를 압축기에서 중압으로 압축하고, 중압본관에 의하여 보내는 지구정압기(district governor)에 의하여 저압으로 조정하여 저압도관에 의하여 수용가에 공급되는 방식이다. 이 방식은 가스의 공급량이 많고 또는 공급지역에 넓어 저압공급으로는 배관비가 더 소요되는 경우에 사용된다.

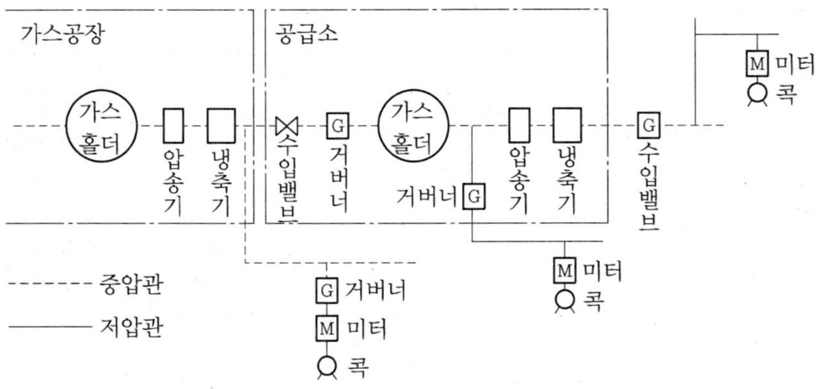

그림 6-4 가스의 저압 · 중압공급의 일례

3) 고압공급

다량의 가스를 원거리에 수송하는 경우에는 압축기에 의하여 압송압력을 높이는 데에 따라 도관 매설비의 경감을 도모할 수 있다. 공장에서 고압으로 송출된 가스는 다른 공장이나 공급소에 수송된다든지, 지구정압기에 의하여 중압이 되고, 또 저압이 되어 각 수용가에 공급된다.

4) 중압 또는 고압에 의한 직접 공급

구미에서는 수용가에 직접 중압 또는 고압의 공급관으로 공급이 행해지고 있다(그림 6-5).

저압본관 대신에 중압 · 고압본관을 이용함으로써 작은 구경의 배관이 되기 때문에 중압 · 고압본관의 연선에서는 새로운 저압본관의 매설을 행하여야 한다. 그러나 각 수용가는 전용 정압기를 부착하여야 하고, 또 이상한 압력상승에 대하여 안전장치를 설치하여야 한다.

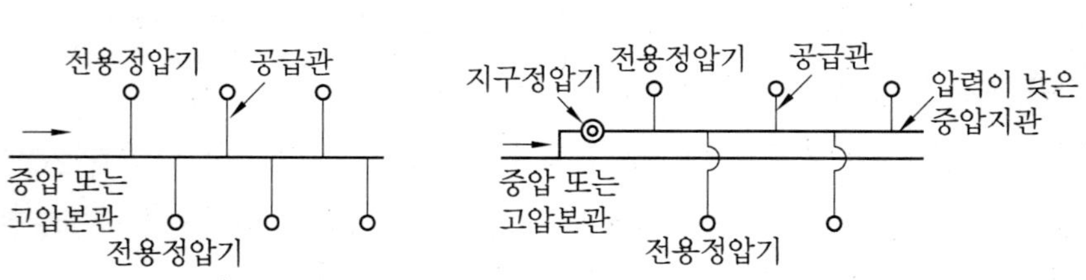

그림 6-5 중압 또는 고압에 의한 직접공급

(2) 공급시설

가스공급설비는 가스를 저장하는 가스 홀더, 가스의 압축을 행하는 압축기, 가스압력의 조정을 행하는 정압기, 가스를 수송하는 도관, 가스 사용량의 적산을 행하는 가스미터로 구성되어 있다(그림 6-6).

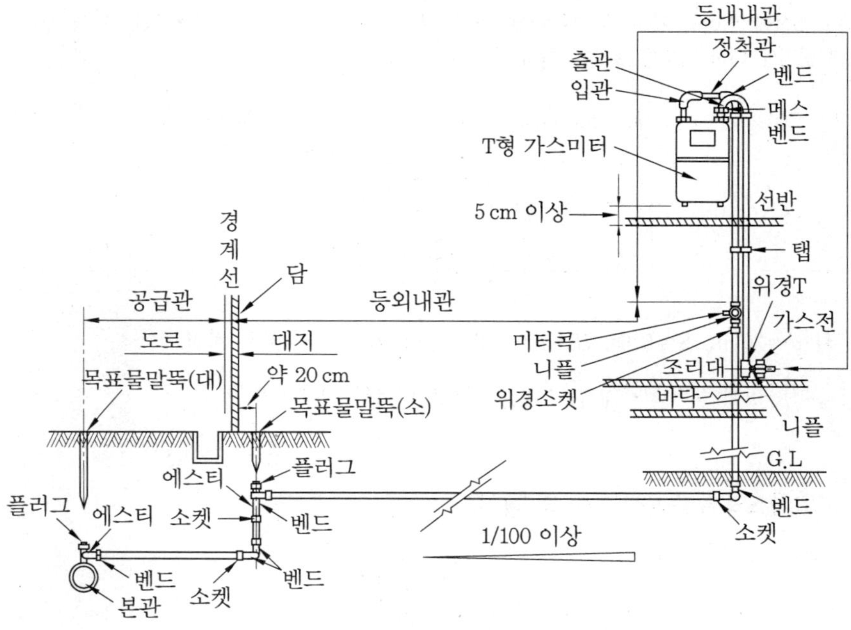

그림 6-6 가스공급의 일례

(3) 가스의 수송공식

실제의 가스의 배관 설계에는 다음의 식이 흔히 이용되고 있다.

1) 저압가스의 수송공식(Pole의 공식)

$$Q = K\sqrt{\frac{D^5 H}{SL}} \tag{6.3}$$

여기서, Q : 수송량(m^3/h)

D : 관의 내경(cm)

H : 구간에서의 압력차(mmAq)

L : 관의 길이(m)

S : 가스의 비중(공기를 1로 한다)

K : 계수(0.7055)

예제 6-1

그림 6-7에 나타나는 도관의 구경 $d=300$mm, 연길이 $\ell=100$m의 A점에 있어서 지시수두 100 mmAq, B점에 있어서 지시수두 50mmAq일 때 이 도관의 가스유량은 어느 정도가 되는가? 다만, 가스의 공기에 대한 비중을 0.65로 한다.

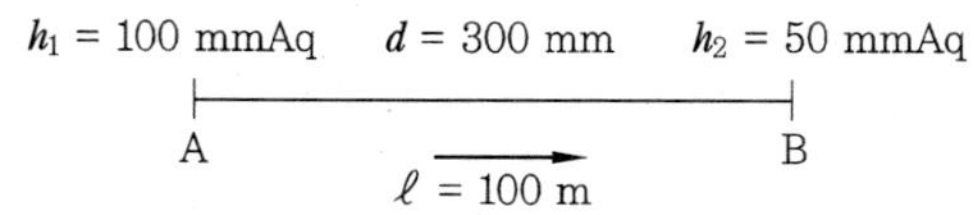

그림 6-7

| 해답 | $d=30\text{cm},\ S=0.65,\ H=100-50=50\text{mmAq},\ \ell=100$로 하면

가스유량 $Q=0.705\sqrt{\dfrac{30^5\times50}{0.65\times100}}=0.705\times4{,}323=3{,}050\ \text{m}^3/\text{h}$

2) 고압가스의 수송공식(Cox의 공식)

$$Q=K\sqrt{\frac{(P_1^2-P_2^2)D^5}{SL}} \tag{6.4}$$

여기서, P_1 : 초압(kg/cm^2 절대압력)

P_2 : 종압(kg/cm^2 절대압력)

K : 계수(0.653)

(Q, S, D는 Pole의 공식과 같다)

예제 6-2

관경 $d=300$mm, 연길이 $\ell=100$m의 가스도관 A점에서 게이지압 $P_1=2$kg/cm^2, B점에서 게이지압 $P_1=1.5$kg/cm^{2}일 때 가스유량을 계산하여라. 다만, 가스의 비중(공기를 1로 하고)을 0.65로 한다.

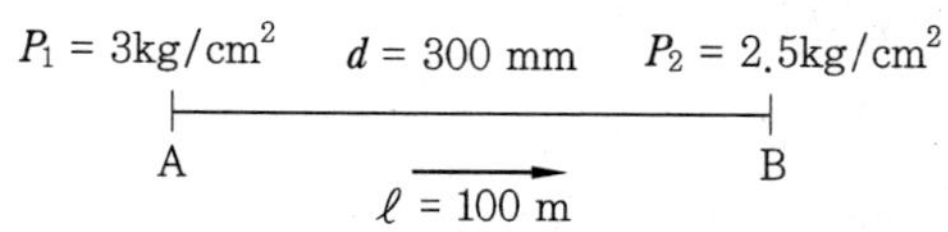

그림 6-8

| 해답 | $P_1 = 2+1 = 3\text{kg/cm}^2$(절대압력)

$P_2 = 1.5+1 = 2.5\text{kg/cm}^2$(절대압력)

$d = 30\text{cm}$, $\ell = 100\text{m}$, $S = 0.65$로 하면

가스유량 $Q = 0.653\sqrt{\dfrac{30^5(3^2 - 2.5^2)}{0.65 \times 100}} = 662\ \text{m}^3/\text{h}$

(4) 정압기

다수의 도시가스 사용자에게 안정된 가스공급을 위하여 수용가의 가스사용기기 사용에 적정한 압력을 유지하는 시설(필요부지 : 약 6~7평)이며, 전기의 경우 감압기능을 하는 변압기와 같이 가스공급을 위해서는 필수불가결한 시설이다.

도시가스회사에서 가스배관을 통해 공급하는 압력은 중압(2.5kg/cm²)으로서 일반가정에서 그대로 가스기기에 사용할 수가 없다. 따라서 이를 일반가정의 가스기기를 사용할 수 있도록 저압(0.02kg/cm²)으로 압력을 낮춰주는 감압시설이 필요하다.

도시가스 정압기(governor)는 1개소당 약 3,000~4,000여 수용가에 가스공급이 가능하며, 정압기를 중심으로 반경 250~300m 이내만 공급이 가능하고, 거리가 멀어지면 가스압력이 낮아져서 사실상 공급이 불가능하다.

정압기는 중압의 가스를 사용압력(저압)으로 감압하기 위한 강압장치와 이를 감시하는 장치, 이상발생시 가스의 흐름을 차단하는 안전장치, 실시간 압력을 기록하는 압력기록장치 등으로 구성된 하나의 설비를 말하며, 사용용도에 따라 지구·지역·단독정압기로 구분한다.

정압기에는 긴급차단밸브, 안전밸브, 압력기록장치, 가스누출경보기, 필터 등의 부속장치가 있으며, 안전관리 측면에서 경보장치(이상압력통보장치), 가스누출검지통보설비, 출입문개폐통보장치, 긴급차단밸브 개폐 여부 확인장치 등으로 구성된 원격감시시스템이 구축되어 있어 상시 감시체제가 가능하다.

(5) 배관방법

도시가스 배관에 대하여 주의해야 할 사항은 다음과 같다.

1) 가스공급관

공급관, 내관의 배관부의 압력손실은 12mmAq 이하로 하고, 본관 인출용 미터 입구까지의 압력손실은 5mmAq 이하로 한다.

① 관경은 25mm 이상으로 한다.

② 일반 가정용 공급관의 관경(수직관을 포함)은 원칙적으로 25mm로 한다. 다만, 가스난로가 있는 수용가에서 본지관 인출부에서 수직관 아래까지의 연길이가 10m를 초과하는 경우는 32mm로 한다.

③ 공급관의 구경이 32mm 이상일 때는 도로와 부지경계의 도로 내에 가스 콕 또는 가스밸브를 부착한다.

④ 공급관 및 가스미터 입구까지의 내관은 원칙적으로 동일 관경으로 한다.

⑤ 공급관은 1사용자에 1본을 원칙으로 한다.

⑥ 공급관에 부하되는 가스량은 설비가스기구의 동시사용률을 고려한 가스량의 합으로 한다.

⑦ 본지관에서의 분기는 도로에 대하여 직각으로 하고, 본지관에 향하여 내림구배로 한다. 어쩔 수 없이 역구배로 할 때는 최저부에 물빼기 장치를 부착한다.

⑧ 학교, 병원, 공장, 빌딩, 아파트, 기타 다수인이 집합하는 건축물에 대한 공급관 및 관경 100mm 이상의 공급관에는 서비스 콕 또는 밸브를 부착하고 프로텍터(valve cover)를 설치한다.

⑨ 하수도 또는 측구를 횡단하는 경우는 그 하단에 어쩔 수 없는 경우는 상단에 개설하고, 원칙적으로 이것을 관통하지 않는다.

⑩ 차량이 통행하는 폭 8m 이상의 도로에서는 120cm 이상, 폭 8m 이하의 도로 또는 공동주택 이외의 부지에서는 100cm 이상, 공동주택 등의 부지 내에서는 60cm 이상의 깊이에 매설한다.

2) 옥내 배관

① 배관은 원칙적으로 직선, 직각으로 하고 또 최단거리를 선정한다.

② 다른 건물의 부지 아래 또는 바닥 아래에 매설해서는 안 된다.

③ 배관은 욕실, 화장실, 항상 상수 또는 오수로 기타 부식의 우려가 있는 장소 및 냉장고 등 가스의 냉각에 따라 공급에 지장을 미치는 장소는 피한다.

④ 전등선, 전화선, 라디오의 어스 및 기타 전기 공작물과는 15cm 이상 격리하고, 다만, 어쩔 수 없이 근접시킬 때 이 관 또는 경질비닐관에 의해 절연해야 한다.

⑤ 20등 이상의 가스미터를 부착하는 경우는 미터의 출구에 반드시 미터 테스트용 인출구 및 철제 콕을 부착한다.

⑥ 옥내의 공용 내관은 노출배관을 원칙으로 한다. 어쩔 수 없이 은폐배관으로 하는 경우는 피트 또는 파이프 덕트 내에 배관한다.

⑦ 내관은 중간이 느슨해지지 않도록 또는 미터 및 기구의 동요를 피하기 위하여 띠쇠(strap), 후크, 기타 완전한 지지철물로 다음의 간격마다 고정체에 견고히 부착한다.

15mm 이하	2m 이내에 1개소
20mm~32mm	3m 이내에 1개소
40mm 이상	4m 이내에 1개소

(6) 가스 계량기

① 가스계량기는 화기(당해 시설 안에서 사용하는 자체 화기를 제외한다)와 2m 이상의 우회거리를 유지하는 곳으로서 수시로 환기가 가능한 장소에 설치한다.

② 가스계량기의 설치높이는 바닥으로부터 1.6m 이상, 2m 이내에 수직·수평으로 설치하고, 밴드·보호가대 등 고정장치로 고정시킨다. 다만, 격납상자 내에 설치하는 경우에는 설치높이의 제한을 하지 아니한다.

③ 가스계량기와 전기계량기 및 전기개폐기와의 거리는 60cm 이상, 굴뚝(단열조치를 하지 아니한 경우에 한한다)·전기점멸기 및 전기접속기와의 거리는 30cm 이상, 절연조치를 하지 아니한 전선과의 거리는 15cm 이상의 거리를 유지한다.

6-8 시험 및 검사

모든 배관은 배관의 일부 또는 전 배관을 완료한 후 기밀검사 및 누설검사를 한다. 피복, 은폐 또는 매설배관 등은 피복 또는 매설 전에 시험을 한다. 기밀시험은 공기 및 질소 등의 불연성 가스를 사용하여 시험한다. 도관의 총 길이가 15m 미만의 경우나 도관의 분기된 곳 및 연결된 곳 등 공기압력에 의해 기밀시험을 행할 수 없는 경우에는 관내에 가스를 보내어 접합부분을 비눗물 등으로 시험할 수 있다.

chapter 7

소방설비

7-1 개 요

소방설비(消防設備)는 언제 어느 곳에 화재가 발생하더라도 확실히 그 기능을 발휘할 수 있어야 한다. 건물의 소유자·점유자·관리자는 소방법에 의하여 적절한 소방설비를 갖추는 것이 의무화되어 있다. 화재를 예방·경계하거나 진압하고, 재난·재해, 그 밖의 위급한 상황으로부터 사람의 생명·신체 및 재산을 보호하기 위한 소방시설은 소화설비·경보설비·피난구조설비·소화용수설비, 기타 소방 관련 시설로 구성된다.

연소는 가연물, 산소, 점화원 이 3가지 조건이 부합할 때 발생한다. 화재는 A급(일반화재), B급(유류화재), C급(전기화재), D급(금속화재), E급(가스화재) 등으로 대별한다. 소화는 연소의 3가지 조건 중 하나 이상을 제거함으로써 연소를 정지시킬 수 있다. 소화의 방법은 냉각, 질식, 희석, 제거의 4가지로 분류한다. 소방대상 건축물에는 소화기·소화약제·방염도료, 그 밖에 소방시설을 구성하는 소방용 기계·기구를 갖추어야 한다. 또한 경보설비는 화재의 발생을 건축물 내부의 사람들에게도 알리고 소화활동 또는 피난을 재촉하기 위한 것이다. 피난기구는 응급적·보조적 피난수단이며, 피난계단 등으로 피난할 수 없는 경우에 쓰인다. 손쉽게 조작할 수 있고, 기능이 확실하며, 안전감을 줄 수 있는 성능의 것이어야 한다.

7-2 용어의 정의

① 소화약제 : 방염성능이 있는 물질을 가공하여 소화에 사용하는 약제

② 수동식소화기 : 소화약제를 압력에 따라 방사하는 기구로서 사람이 수동으로 조작하여 소화하는 것(소화약제에 따른 간이소화용구를 제외한다)

③ 자동식소화기 : 가연성가스 등의 누출을 자동으로 차단하며, 소화약제를 압력 등에 따라 자동으로 방사하여 소화하는 것

④ 자동확산소화용구 : 밀폐 또는 반밀폐된 장소에 고정시켜 화재시 화염이나 열에 따라 자동으로 소화약제가 확산하여 소화하는 소화용구

⑤ 고가수조 : 구조물 또는 지형지물 등에 설치하여 자연낙차의 압력으로 급수하는 수조

⑥ 압력수조 : 소화용수와 공기를 채우고 일정압력 이상으로 가압하여 그 압력으로 급수하는 수조

⑦ 충압펌프 : 배관 내 압력손실에 따른 주펌프의 빈번한 기동을 방지하기 위하여 충압 역할을 하는 펌프

⑧ 정격토출량 : 정격토출압력에서의 펌프의 토출량

⑨ 정격토출압력 : 정격토출량에서의 펌프의 토출측 압력

⑩ 진공계 : 대기압 이하의 압력을 측정하는 계측기

⑪ 연성계 : 대기압 이상의 압력과 대기압 이하의 압력을 측정할 수 있는 계측기

⑫ 체절운전 : 펌프의 성능시험을 목적으로 펌프토출측의 개폐밸브를 닫은 상태에서 펌프를 운전하는 것

⑬ 개방형스프링클러헤드 : 감열체 없이 방수구가 항상 열려져 있는 스프링클러헤드

⑭ 폐쇄형스프링클러헤드 : 정상상태에서 방수구를 막고 있는 감열체가 일정온도에서 자동적으로 파괴·용해 또는 이탈됨으로써 방수구가 개방되는 스프링클러헤드를 말한다.

⑮ 건식스프링클러헤드 : 물과 오리피스가 분리되어 동파를 방지할 수 있는 스프링클러헤드

⑯ 습식스프링클러설비 : 가압송수장치에서 폐쇄형스프링클러헤드까지 배관 내에 항상 물이 가압되어 있다가 화재의 열로 폐쇄형스프링클러헤드가 개방되면 배관

내에 유수가 발생하여 습 식유수검지장치가 작동하게 되는 스프링클러설비

⑰ 준비작동식스프링클러설비 : 가압송수장치에서 준비작동식유수검지장치 1차측까지 배관 내에 항상 물이 가압되어 있고 2차측에서 폐쇄형스프링클러헤드까지 대기압 또는 저압으로 있다가 화재발생시 감지기의 작동으로 준비작동식유수검지장치가 작동하여 폐쇄형스프링클러헤드까지 소화용수가 송수되어 폐쇄형스프링클러헤드가 열에 따라 개방되는 방식의 스프링클러설비

⑱ 반사판(디플렉터) : 스프링클러헤드의 방수구에서 유출되는 물을 세분시키는 작용을 하는 것

⑲ 유수검지장치(패들형을 포함한다) : 본체 내의 유수현상을 자동적으로 검지하여 신호 또는 경보를 발하는 장치

⑳ 신축배관 : 가지배관과 스프링클러헤드를 연결하는 구부림이 용이하고 유연성을 가진 배관

㉑ 급수배관 : 수원 및 옥외송수구로부터 스프링클러헤드에 급수하는 배관

㉒ 압력수조 : 소화용수와 공기를 채우고 일정 압력 이상으로 가압하여 그 압력으로 급수하는 수조

㉓ 방화문 : 갑종방화문 또는 을종방화문으로써 언제나 닫힌 상태를 유지하거나 화재에 의한 연기의 발생 또는 온도의 상승에 따라 자동적으로 닫히는 구조

㉔ 청정소화약제 : 할로겐화합물(할론 1301, 할론 2402, 할론 1211 제외) 및 불활성기체로서 전기적으로 비전도성이며 휘발성이 있거나 증발 후 잔여물을 남기지 않는 소화약제

㉕ 할로겐화합물 청정소화약제 : 불소, 염소, 브롬 또는 요오드 중 하나 이상의 원소를 포함하고 있는 유기화합물을 기본성분으로 하는 소화약제

㉖ 비상벨설비 : 화재발생 상황을 경종으로 경보하는 설비

㉗ 자동식사이렌설비 : 화재발생 상황을 사이렌으로 경보하는 설비

㉘ 단독경보형감지기 : 화재발생 상황을 단독으로 감지하여 자체에 내장된 음향장치로 경보는 감지기

㉙ 발신기 : 화재발생 신호를 수신기에 수동으로 발신하는 장치

㉚ 수신기 : 발신기에서 발하는 화재신호를 직접 수신하여 화재의 발생을 표시 및 경보하여 주는 장치

㉛ 증폭기 : 전압전류의 진폭을 늘려 감도를 좋게 하고 미약한 음성전류를 커다란 음성전류로 변화시켜 소리를 크게 하는 장치

㉜ 감지기 : 화재시 발생하는 열, 연기, 불꽃 또는 연소생성물을 자동적으로 감지하여 수신기에 발신하는 장치

㉝ 누전경보기 : 내화구조가 아닌 건축물로서 벽, 바닥 또는 천장의 전부나 일부를 불연재료 또는 준불연재료가 아닌 재료에 철망을 넣어 만든 건물의 전기설비로부터 누설전류를 탐지하여 경보를 발하며 변류기와 수신부로 구성된 것

㉞ 비상조명등 : 화재발생 등에 따른 정전시에 안전하고 원활한 피난활동을 할 수 있도록 거실 및 피난통로 등에 설치되어 자동 점등되는 조명등

7-3 소방시설의 종류 및 적응성

소방시설은 “화재예방, 소방시설 설치 · 유지 및 안전관리에 관한 법률시행령”에 의하여 다음과 같이 분류된다. 소화설비의 종류, 각 소화설비의 적응성 및 소화설비의 설치기준은 “위험물안전관리법시행규칙”에 의하여 표 7-1에 나타낸다. 또한 각 소방시설의 설치유지 및 소방대상물의 안전관리에 필요한 사항은 “국가화재안전기준(NFSC)”에 의하여 제시되어 있다.

(1) 소화설비

물 또는 그 밖의 소화약제를 사용하여 소화하는 기계 · 기구 또는 설비로서 다음 각 목의 것

1) 소화기구

① 소화기

② 간이소화용구 : 에어로졸식 소화용구, 투척용 소화용구 및 소화약제 외의 것을 이용한 간이소화용구

③ 자동확산소화기

2) 자동소화장치

① 주거용 주방자동소화장치

② 상업용 주방자동소화장치

③ 캐비닛형 자동소화장치

④ 가스자동소화장치

⑤ 분말자동소화장치

⑥ 고체에어로졸자동소화장치

3) 옥내소화전설비(호스릴옥내소화전설비를 포함한다)

4) 스프링클러설비 등

① 스프링클러설비

② 간이스프링클러설비(캐비닛형 간이스프링클러설비를 포함한다)

③ 화재조기진압용 스프링클러설비

5) 물분무 등 소화설비

① 물분무소화설비

② 미분무소화설비

③ 포소화설비

④ 이산화탄소소화설비

⑤ 할론소화설비

⑥ 할로겐화합물 및 불활성기체 소화설비

⑦ 분말소화설비

⑧ 강화액소화설비

6) 옥외소화전설비

(2) 경보설비

화재발생 사실을 통보하는 기계·기구 또는 설비로서 다음 각 목의 것

1) 단독경보형 감지기

2) 비상경보설비

① 비상벨설비

② 자동식사이렌설비

3) 시각경보기

4) 자동화재탐지설비

5) 비상방송설비

6) 자동화재속보설비

7) 통합감시시설

8) 누전경보기

9) 가스누설경보기

(3) 피난구조설비

화재가 발생할 경우 피난하기 위하여 사용하는 기구 또는 설비로서 다음 각 목의 것

1) 피난기구
   ① 피난사다리
   ② 구조대
   ③ 완강기

2) 인명구조기구
   ① 방열복, 방화복(안전헬멧, 보호장갑 및 안전화를 포함한다)
   ② 공기호흡기
   ③ 인공소생기

3) 유도등
   ① 피난유도선
   ② 피난구유도등
   ③ 통로유도등
   ④ 객석유도등
   ⑤ 유도표지

4) 비상조명등 및 휴대용비상조명등

(4) 소화용수설비

화재를 진압하는 데 필요한 물을 공급하거나 저장하는 설비로서 다음 각 목의 것

1) 상수도소화용수설비

2) 소화수조·저수조, 그 밖의 소화용수설비

표 7-1 소화설비의 적응성

소화설비의 구분			대상물 구분											
			건축물·그밖의 공작물	전기설비	제1류위험물		제2류위험물			제3류위험물		제4류위험물	제5류위험물	제6류위험물
					알칼리금속과산화물 등	그 밖의 것	철분·금속분·마그네슘 등	인화성고체	그 밖의 것	금수성물품	그 밖의 것			
옥내소화전 또는 옥외소화전설비			○			○		○	○		○		○	○
스프링클러설비			○			○		○	○		○	△	○	○
물분무등소화설비	물분무소화설비		○	○		○		○	○		○	○	○	○
물분무등소화설비	포소화설비		○			○		○	○		○	○	○	○
물분무등소화설비	이산화탄소소화설비			○				○				○		
물분무등소화설비	할로겐화물소화설비			○				○				○		
물분무등소화설비	분말소화설비	인산염류 등	○	○		○		○	○			○		○
물분무등소화설비	분말소화설비	탄산수소염류 등		○	○		○	○		○		○		
물분무등소화설비	분말소화설비	그 밖의 것			○		○			○				
대형·소형수동식소화기	봉상수(棒狀水)소화기		○			○		○	○		○		○	○
대형·소형수동식소화기	무상수(霧狀水)소화기		○	○		○		○	○		○		○	○
대형·소형수동식소화기	봉상강화액소화기		○			○		○	○		○		○	○
대형·소형수동식소화기	무상강화액소화기		○	○		○		○	○		○	○	○	○
대형·소형수동식소화기	포소화기		○			○		○	○		○	○	○	○
대형·소형수동식소화기	이산화탄소소화기			○				○				○		△
대형·소형수동식소화기	할로겐화물소화기			○				○				○		
대형·소형수동식소화기	분말소화기	인산염류소화기	○	○		○		○	○			○		○
대형·소형수동식소화기	분말소화기	탄산수소염류소화기		○	○		○	○		○		○		
대형·소형수동식소화기	분말소화기	그 밖의 것			○		○			○				
기타	물통 또는 수조		○			○		○	○		○		○	○
기타	건조사				○	○	○	○	○	○	○	○	○	○
기타	팽창질석 또는 팽창진주암				○	○	○	○	○	○	○	○	○	○

[주] '○'표시는 당해 소방대상물 및 위험물에 대하여 소화설비가 적응성이 있음을 표시하고, '△'표시는 제4류위험물을 저장 또는 취급하는 장소의 살수기준면적에 따라 스프링클러설비의 살수밀도가 기준 이상인 경우에는 당해 스프링클러설비가 제4류위험물에 대하여 적응성이 있음을, 제6류위험물을 저장 또는 취급하는 장소로서 폭발의 위험이 없는 장소에 한하여 이산화탄소소화기가 제6류위험물에 대하여 적응성이 있음을 각각 표시한다.

(5) 소화활동설비

화재를 진압하거나 인명구조활동을 위하여 사용하는 설비로서 다음 각 목의 것

1) 제연설비
2) 연결송수관설비
3) 연결살수설비
4) 비상콘센트설비
5) 무선통신보조설비
6) 연소방지설비

7-4 소화설비

7-4-1 소화기구

소화기구(자동소화장치를 제외한다)는 거주자 등이 손쉽게 사용할 수 있는 장소에 바닥으로부터 높이 1.5m 이하의 곳에 비치한다. 소화기구는 특정소방대상물의 설치장소에 따라 표 7-2에 적합한 종류의 것으로 한다.

소화기는 각층마다 설치하되, 특정소방대상물의 각 부분으로부터 1개의 소화기까지의 보행거리가 소형소화기의 경우에는 20m 이내, 대형소화기의 경우에는 30m 이내가 되도록 배치한다. 다만, 가연성물질이 없는 작업장의 경우에는 작업장의 실정에 맞게 보행거리를 완화하여 배치할 수 있으며, 지하구의 경우에는 화재발생의 우려가 있거나 사람의 접근이 쉬운 장소에 한하여 설치할 수 있다.

특정소방대상물의 각층이 2 이상의 거실로 구획된 경우에는 위의 규정에 따라 각 층마다 설치하는 것 외에 바닥면적이 $33m^2$ 이상으로 구획된 각 거실(아파트의 경우에는 각 세대를 말한다)에도 배치한다.

표 7-2 소화기구의 소화약제에 의한 설치장소별 적응성

구분 (설치장소별 적응대상) \ 소화약제		가스: 이산화탄소소화약제	가스: 할로겐화물소화약제	가스: 청정소화약제	분말: 인산염류소화약제	분말: 중탄산염류소화약제	액체: 산알칼리소화약제	액체: 강화액소화약제	액체: 포소화약제	액체: 물·침윤소화약제	기타: 고체에어로졸화합물	기타: 마른모래	기타: 팽창질석·팽창진주암	기타: 그밖의 것
건축물, 기타 공작물		-	○	○	○	-	○	○	○	○	○	-	-	-
전기실 및 전산실		○	○	○	○	○	-	-	-	-	○	-	-	-
통신기기실		○	○	○	-	-	-	-	-	-	○	-	-	-
특수 가연물	가연성고체류 또는 합성수지류	○	○	○	○	○	○	○	○	○	○	○	○	-
	가연성액체류	○	○	○	○	○	○	○	○	○	○	○	○	-
	그 밖의 것	-	-	-	○	-	○	○	○	○	-	-	-	-
가연성가스		○	○	○	○	○	○	○	○	○	○	-	-	-

7-4-2 옥내소화전설비

(1) 수원

옥내소화전설비의 수원은 그 저수량이 옥내소화전의 설치개수가 가장 많은 층의 설치개수(5개 이상 설치된 경우에는 5개)에 $2.6m^3$(호스릴옥내소화전설비를 포함한다)를 곱한 양 이상이 되도록 하여야 한다. 다만, 층수가 30층 이상 49층 이하는 $5.2m^3$를, 50층 이상은 $7.8m^3$를 곱한 양 이상이 되도록 하여야 한다.

(2) 방수구

옥내소화전방수구는 특정소방대상물의 층마다 설치하되, 해당 특정소방대상물의 각 부분으로부터 하나의 옥내소화전방수구까지의 수평거리가 25m(호스릴옥내소화전설비를 포함한다) 이하가 되도록 한다. 다만, 복층형 구조의 공동주택의 경우에는 세대의 출입구가 설치된 층에만 설치할 수 있다.

바닥으로부터의 높이가 1.5m 이하가 되도록 한다.

호스는 구경 40mm(호스릴옥내소화전설비의 경우에는 25mm) 이상의 것으로서 특정

소방대상물의 각 부분에 물이 유효하게 뿌려질 수 있는 길이로 설치한다.

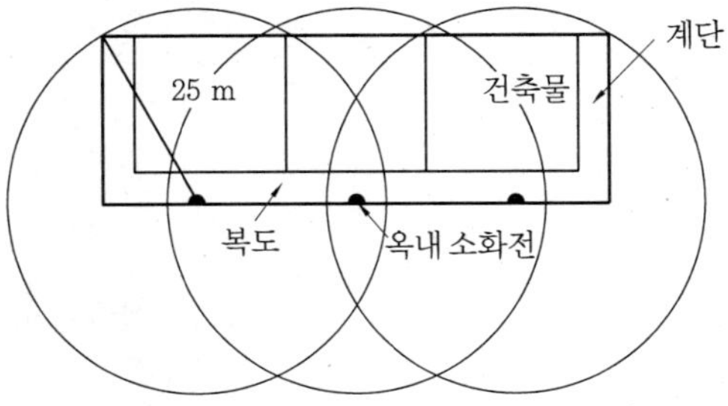

그림 7-1 옥내소화전의 배치

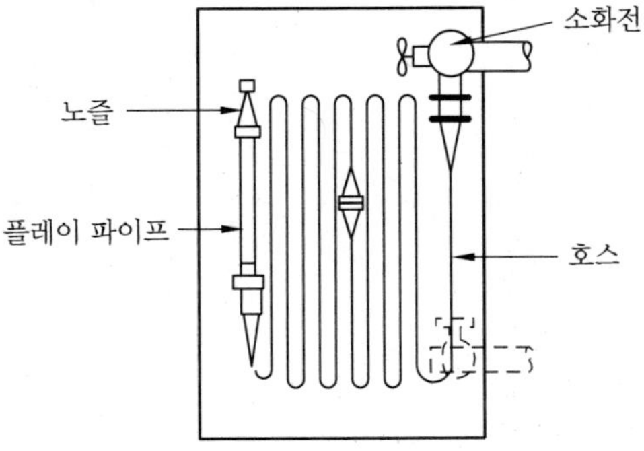

그림 7-2 옥내소화전함

(3) 가압송수장치

전동기 또는 내연기관에 따른 펌프를 이용하는 가압송수장치는, 특정소방대상물의 어느 층에 있어서도 해당 층의 옥내소화전(5개 이상 설치된 경우에는 5개의 옥내소화전)을 동시에 사용할 경우 각 소화전의 노즐선단에서의 방수압력이 0.17 MPa(호스릴옥내소화전설비를 포함한다) 이상이고, 방수량이 130 ℓ min(호스릴옥내소화전설비를 포함한다) 이상이 되는 성능의 것으로 할 것. 다만, 하나의 옥내소화전을 사용하는 노즐선단에서의 방수압력이 0.7 MPa을 초과할 경우에는 호스접결구의 인입 측에 감압장치를 설치하여야 한다.

(4) 배관

펌프의 토출 측 주배관의 구경은 유속이 4 m/s 이하가 될 수 있는 크기 이상으로 하여야 하고, 옥내소화전방수구와 연결되는 가지배관의 구경은 40 mm(호스릴옥내소화전설비의 경우에는 25 mm) 이상으로 하여야 하며, 주배관중 수직배관의 구경은 50 mm(호스릴옥내소화전설비의 경우에는 32 mm) 이상으로 하여야 한다.

연결송수관설비의 배관과 겸용할 경우의 주배관은 구경 100 mm 이상, 방수구로 연결되는 배관의 구경은 65 mm 이상의 것으로 하여야 한다.

옥내소화전설비에는 소방차로부터 그 설비에 송수할 수 있는 송수구를 다음의 기준에 의하여 설치하여야 한다.

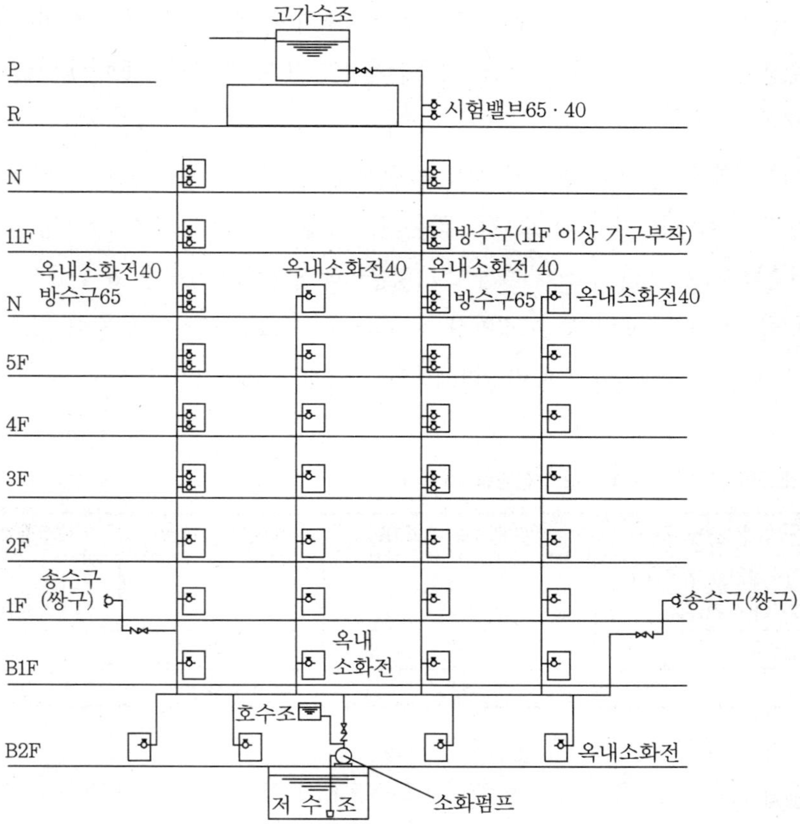

그림 7-3 옥내소화전설비계통도의 예(연결송수관계통을 포함)

① 소방차가 쉽게 접근할 수 있고 노출된 장소에 설치한다.

② 송수구로부터 주 배관에 이르는 연결배관에는 개폐밸브를 설치하지 아니할 것. 다만, 스프링클러설비 · 물분무소화설비 · 포소화설비 또는 연결송수관설비의 배관과 겸용하는 경우에는 그러하지 아니하다.

③ 지면으로부터 높이가 0.5m 이상 1m 이하의 위치에 설치한다.

④ 구경 65mm의 쌍구형 또는 단구형으로 한다.

7-4-3 스프링클러설비

(1) 헤드의 설치

스프링클러설비는 주로 초기에서 중기단계의 소화를 목적으로 하는 설비이며, 수원, 가압송수장치, 스프링클러헤드, 배관, 유수검지장치 또는 일제개방밸브, 비상전원 등으로 구성된다.

스프링클러헤드에는 화재를 자동적으로 감지하여 자동적으로 방수하는 폐쇄형 스프링클러헤드와 화재를 자동적으로 감지하는 감지부분이 없는 개방형 스프링클러헤드가 있다. 건축물의 용도 및 구조에 따라 스프링클러헤드의 설치간격은 표 7-3과 같다.

스프링클러헤드의 배치방법은 정방형 배치와 지그재그형 배치의 방법이 있고, 정방형 배치보다 지그재그 배치가 스프링클러헤드의 설치개수는 적어진다.

표 7-3 스프링클러헤드의 설치간격(정방형 배치시)

건축물의 용도 및 구조	각 부분에서의 수평거리(m)	헤드의 간격(m)	방호면적(m^2)
무대부, 특수가연물 취급장소	1.7	2.40	5.76
내화구조가 아닌 건축물	2.1	2.96	8.76
내화구조건축물	2.3	3.25	10.56
아파트(거실)	3.2	4.52	20.43

예제 7-1

극장에 있는 18×9.5m의 무대에 스프링클러헤드를 배치하라.

|해답| 무대부이므로 1.7m의 반경에 중심 헤드를 놓고 모든 장소를 커버할 수 있을 만큼의 개수가 필요하게 된다. 격자형으로 배치하면 상호간격은 $\sqrt{1.7^2+1.7^2} \fallingdotseq 2.4$ m, 즉 1개의 헤드에서 2.4m각의 범위를 커버하는 것으로 되어

단변방향은 $9.5 \div 2.4 = 3.96 \rightarrow$ 4열

장변방향은 $18.0 \div 2.4 = 7.5 \rightarrow$ 8열

이며 결국 4×8＝32개의 헤드가 필요하게 된다. 지그재그형 배치로 하면 개수는 다소 감소한다.

(2) 스프링클러의 형식 및 헤드

1) 폐쇄형과 개방형

일반적으로 사용되고 있는 것은 스프링클러헤드의 가용금속(퓨즈메탈)이 화재로 용융하여 방수하는 폐쇄형이다. 개방형이란 개개의 헤드에는 퓨즈 부분이 없고, 배관 도중의 밸브 개폐에 의하여 일정구역마다 헤드가 일제히 방수하도록 한 것이다. 개방형은

극장의 무대나 공장 등 천장이 높고, 기류의 영향으로 직상의 헤드가 반드시 방수한다고는 할 수 없는 경우에 사용된다. 수동에 의하여 개폐되고, 밸브의 위치는 바닥에서 0.8~1.5 m의 높이에서 화재시 용이하게 접근하여 조작할 수 있어야 한다. 또한 천장이 높은 경우는 연기로 화재를 알게 되는 이온감지기 등의 화재탐지기를 설치한다.

준비작동식스프링클러설비는 가압송수장치에서 준비작동식유수검지장치 1차측까지 배관 내에 항상 물이 가압되어 있고 2차측에서 폐쇄형스프링클러헤드까지 대기압 또는 저압으로 있다가 화재발생시 감지기의 작동으로 준비작동식유수검지장치가 작동하여 폐쇄형스프링클러헤드까지 소화용수가 송수되어 폐쇄형스프링클러헤드가 열에 따라 개방되는 방식이다.

일제살수식스프링클러설비는 가압송수장치에서 일제개방밸브 1차측까지 배관 내에 항상 물이 가압되어 있고 2차측에서 개방형스프링클러헤드까지 대기압으로 있다가 화재발생시 자동감지장치 또는 수동식 기동장치의 작동으로 일제개방밸브가 개방되면 스프링클러헤드까지 소화용수가 송수되는 방식이다.

2) 습식과 건식

습식스프링클러설비는 가압송수장치에서 폐쇄형스프링클러헤드까지 배관 내에 항상 물이 가압되어 있다가 화재로 인한 열로 폐쇄형스프링클러헤드가 개방되면 배관 내에 유수가 발생하여 습식유수검지장치가 작동하게 되는 방식이다.

건식스프링클러설비는 건식유수검지장치 2차측에 압축공기 또는 질소 등의 기체로 충전된 배관에 폐쇄형스프링클러헤드가 부착된 스프링클러설비로서, 폐쇄형스프링클러헤드가 개방되어 배관 내의 압축공기 등이 방출되면 건식유수검지장치 1차측의 수압에 의하여 건식유수검지장치가 작동하게 되는 방식이다.

3) 스프링클러헤드

헤드의 구조에는 가장 일반적으로 사용되고 있는 것이 그림 7-4의 가용합금형(퓨즈)과 특수한 유리 모양의 원통 안에 팽창하기 쉬운 액체와 적은 기포를 봉입하고, 열에 의하여 파괴되어 살수하는 벌브(bulb)형이 있다. 또 부착장소에 따라 상향형, 하향형 등이 있다. 개방형에는 퓨즈 등 지수 부분을 없앤 것이 사용되고 있다. 디플렉터(deflector)는 반사판으로 노즐에서 유출되는 물을 세분시키는 작용을 한다. 작동온도는 표 7-4와 같이 부착장소에 따라 다르다. 가압송수장치의 송수량은 0.1 MPa의 방수압력 기준으로 80 l/min 이상의 방수성능을 가진 기준개수의 모든 헤드로부터의 방수량을 충족시킬 수 있는 양 이상의 것으로 한다.

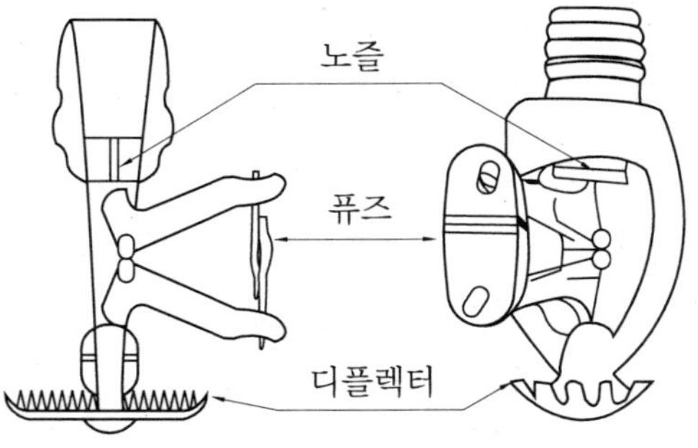

그림 7-4 스프링클러헤드

표 7-4 스프링클러헤드의 작동 표준온도

표시온도(작동 표준온도)		설치장소의 최고주위온도	해당실의 종류	헤드의 색깔 표시
보통온도	79℃ 미만	39℃ 미만	보통실	흑
중간온도	79～121℃	39～64℃	보일러실 등 화기를 많이 취급하는 실	백
고 온 도	121～162℃	64～106℃	건조실	청
초고온도	162℃ 이상	106℃ 이상	특수건조실	적

(3) 배관 · 밸브류

1) 배관

배관재료는 배관용 강관(백관 혹은 흑관), 필요에 따라 압력 배관용 강관이 사용된다. 배관에는 각층마다 제어밸브를 설치하고, 주관에서 분기배관으로 한다. 개방형에서는 그림 7-5와 같이 구획마다 계통분배를 하고 개방밸브를 부착한다. 또한 배관에는 소방차에서의 스프링클러설비 전용의 쌍구형 송수구와 연결배관이 필요하다. 그림 7-6에 스프링클러헤드(습식)의 배관 계통도를 나타낸다.

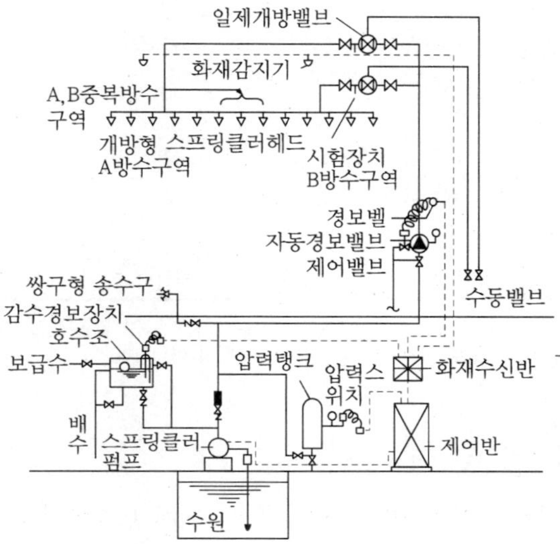

그림 7-5 스프링클러설비(개방식) 계통도

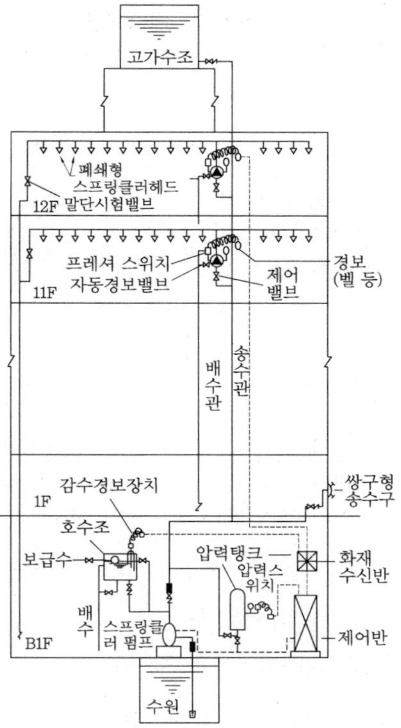

그림 7-6 스프링클러설비(폐쇄식) 계통도

2) 제어밸브 · 개방밸브

제어밸브는 물 손실을 적게 하고, 보수 등에 편리하지만 닫힌 그대로 방치해 두었을 때는 화재시 많은 비용을 들인 설비가 무용화될 우려가 있고, 경보장치나 펌프 주위에 설치하는 경우는 항상 전개(全開)를 확보하는 조치가 필요하다. 개방밸브는 화재시의 조작에 지장이 없는 부착 위치에 충분한 고려를 하여 0.8~1.5m의 높이에 설치하고, 보기 쉬운 장소에 표지를 단다.

(4) 수원

스프링클러설비의 수원은 그 저수량이 다음 기준에 적합하도록 하여야 한다.

① 폐쇄형스프링클러헤드를 사용하는 경우에는 표 7-5의 스프링클러설비 설치장소별 스프링클러헤드의 기준개수[스프링클러헤드의 설치개수가 가장 많은 층(아파트의 경우에는 설치개수가 가장 많은 세대)에 설치된 스프링클러헤드의 개수가 기준개수보다 작은 경우에는 그 설치개수를 말한다. 이하 같다]에 1.6m^{3}를 곱한 양 이

표 7-5 스프링클러설비의 설치장소 및 기준개수

<table>
<tr><th colspan="3">스프링클러설비 설치장소</th><th>기준개수</th></tr>
<tr><td rowspan="6">지하층을 제외한 층수가 10 이하인 소방대상물</td><td rowspan="2">공장 또는 창고
(랙크식 창고를 포함한다)</td><td>특수가연물을 저장 · 취급하는 것</td><td>30</td></tr>
<tr><td>그 밖의 것</td><td>20</td></tr>
<tr><td rowspan="2">근린생활시설 · 판매시설 및 영업시설 또는 복합건축물</td><td>수퍼마켓 · 도매시장 · 소매시장 또는 복합건축물(슈퍼마켓 · 도매시장 · 소매시장이 설치되는 복합건축물을 말한다)</td><td>30</td></tr>
<tr><td>그 밖의 것</td><td>20</td></tr>
<tr><td rowspan="2">그 밖의 것</td><td>헤드의 부착높이가 8m 이상인 것</td><td>20</td></tr>
<tr><td>헤드의 부착높이가 8m 미만인 것</td><td>10</td></tr>
<tr><td colspan="3">아파트</td><td>10</td></tr>
<tr><td colspan="3">지하층을 제외한 층수가 11층 이상인 소방대상물(아파트를 제외한다) · 지하가 또는 지하역사</td><td>30</td></tr>
</table>

[주] 하나의 소방대상물이 2 이상의 "스프링클러헤드의 기준개수"란에 해당하는 때에는 기준개수가 많은 난을 기준으로 한다. 다만, 각 기준개수에 해당하는 수원을 별도로 설치하는 경우에는 그러하지 아니하다.

상이 되도록 한다.

② 개방형스프링클러헤드를 사용하는 스프링클러설비의 수원은 최대 방수구역에 설치된 스프링클러헤드의 개수가 30개 이하일 경우에는 설치헤드수에 $1.6m^3$를 곱한 양 이상으로 하고, 30개를 초과하는 경우에는 가압송수장치의 1분당 송수량에 20을 곱한 양 이상이 되도록 한다.

7-4-4 물분무소화설비

(1) 특성 및 적응성

물분무소화설비(water spray extinguishing system)는 스프링클러보다 더 미세하고 균일한 분무상의 물로 연소면을 덮어 보통의 방수로는 소화할 수 없는 가연물, 유류, 전기화재에 유효하다.

(2) 분무헤드의 위치, 간격

차고, 주차장과 그 외로 구분되어 있다. 헤드의 형식에 따라 유효하게 소화할 수 있는 공간(유효 방호공간)이 다르므로 사용 헤드의 특성에 의하여 간격, 높이를 적당히 선정하여야 한다.

헤드에서의 물분무에 의하여 방호대상물이 모든 표면을 덮을 수 있도록 설치하는 것이 필요하며, 차고, 주차장의 경우는 더욱 차량 주위의 바닥면 위의 화재를 유효적절하게 소화할 수 있도록 설치한다. 설계시에는 보 등의 장애물에 의하여 사각(死角)이 생기지 않도록 또 고압전기기기와의 간격에 주의하여야 한다.

(3) 분무헤드

사용되고 있는 헤드의 사용 범위는 다음과 같다.

① 방수압력 : 0.25~0.7MPa(일반 가연물 0.25MPa, 차고 0.35MPa)
② 방수량 : 30~180 ℓ/min(방수압력 0.35MPa에 있어)
③ 살수각도 : 30~120°
④ 유효사정 : 1~6m
⑤ 구경 : 8mm, 10mm, 15mm, 20mm

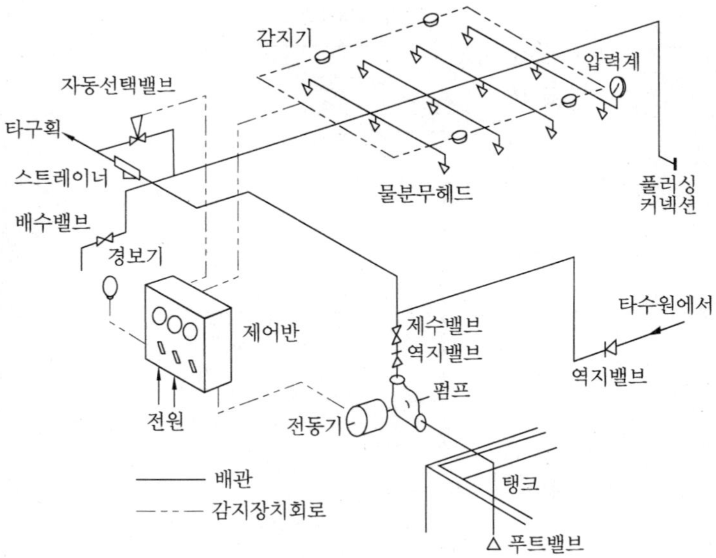

그림 7-7 물분무소화설비의 배관 계통도

7-4-5 포소화설비

(1) 특성 및 적응성

포소화설비(foam extinguishing system)는 포헤드, 노즐에서 공기 혹은 탄산가스를 내장하는 포를 분출하여 기름면 등을 덮어 질식 소화하는 것이다. 특히 저인화점의 유류에 유효하며, 차고·주차장 및 항공기격납고 등에 설치한다.

포소화설비의 특징을 들면,

① 포에 유동성이 있어 기름면을 잘 덮고, 화열에 의해서도 파괴되기 어렵다.
② 물분무 등과 달리 방사 후에도 효과에 지속성이 있다.
③ 경제성 등으로 일반 건축에는 거의 사용하고 있지 않지만, 수직 목재면에도 잘 부착한다.
④ 물을 주체로 한 포이므로 금수성의 생석회 등에는 적합하지 않다.

포소화설비는 자동 화재감지장치로 화재를 감지하면 기동장치가 작동하고, 가압송수(액)장치에 의하여 수원 및 약액탱크에서 배관을 통하여 보내진 물과 약액을 포 혼합장치에 의하여 혼합하고, 다시 배관(또는 호스)을 지나 발포기에서 방사한다.

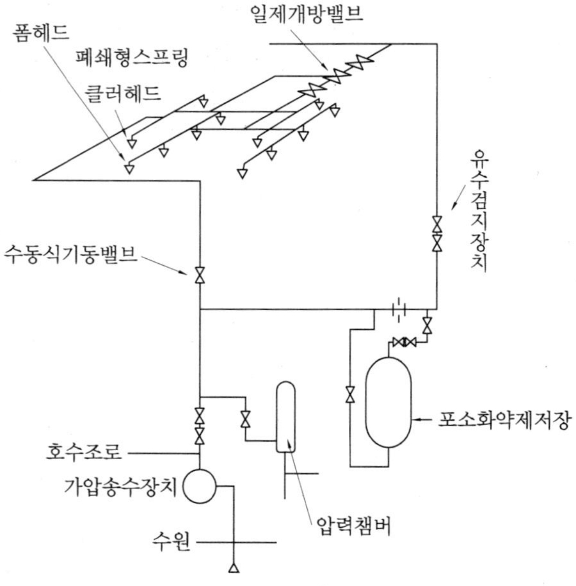

그림 7-8 포소화설비의 배관 계통도

(2) 포소화설비의 각종 방식

1) 고정식과 이동식

① 고정식

포헤드를 스프링클러 등과 마찬가지로 천장 등에 고정시켜 놓고, 화재발생과 동시에 자동적으로 소화를 행하는 것으로 지하실과 같이 연기가 충만하여 소화활동이 곤란한 장소는 고정식으로 하고 있다. 원칙적으로는 고정식을 사용할 수 있으며, 포헤드의 특성에 따라 사용할 수 있는 대상물이나 배치가 다르다.

② 이동식

소화전과 같이 호스와 노즐만이 이동할 수 있으며, 호스 접속구에서 15m 이내가 유효범위이고 포방사용구 수납상자를 접속구에서 3m 이내에 두어야 한다. 또 출입구나 차량의 배치를 고려하여 화재시 용이하게 접근할 수 있고, 조작을 행하는 것이 필요하다. 따라서 옥상주차장, 헬리포트 등 개방된 장소에서 비교적 소규모의 것에 한정된다.

2) 공기포와 화학포

공기포는 단백질이나 계면활성제 등을 기제로 하는 포 원액을 3% 또는 6%를 포함하는 소화액을 헤드에서 방사하기 직전에 공기를 흡입하여 기계적으로 포를 발생시키는 것이며, 기계포라고도 한다. 포원액의 혼합방식에 의하여 여러 종류의 방식이 있다.

화학포는 중탄산소다(중조)에 아교 등의 점착성 물질을 섞은 A제와 유산알루미늄의 B제의 수용액을 일정비율로 혼합하면 탄산가스를 포함한 포말이 발생한다. 이것을 연소면에 방사하여 소화하는 것이다. 이는 약제의 보존·혼합방식에 따라 ① 습식, ② 건식, ③ 일제식의 종류가 있다.

7-4-6 이산화탄소소화설비

(1) 특성 및 적응성

이산화탄소소화설비(carbon dioxide extinguishing system)는 분사헤드 또는 노즐에서 이산화탄소를 방사하여 공기보다 비중이 무거운 탄산가스로 가연물에의 산소 공급을 차단하여 질식 소화를 주로 하는 소화설비이며, 기화시 흡열에 의한 냉각작용을 한다. 일반적으로 가연물은 산소농도를 15%(용적비) 이하로 하면 소화되지만, 재실자도 질식하게 되어 보안조치가 중요하다.

전기설비, 케이블실, 서고, 전자제품창고, 목재가공품창고, 박물관, 고무류·면화류창

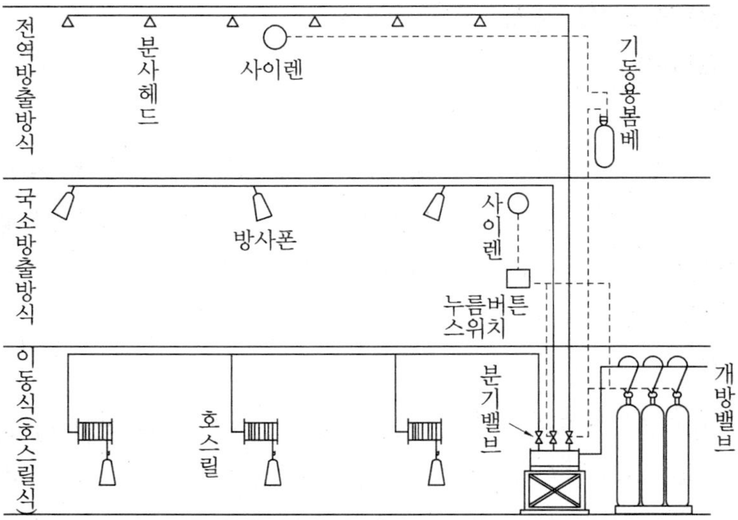

그림 7-9 이산화탄소설비의 방출방식

고, 모피창고, 석탄창고, 집진설비 등에 적용된다.

(2) 종류와 설치기준

1) 전역방출방식(total flooding)

밀폐 또는 밀폐에 가까운 상태의 구획 전체에 고정된 분사헤드에서 탄산가스를 방사하는 것이다. 통신기기실과 주차장에는 전역방출방식을 적용한다.

2) 국소방출방식(local application)

방호대상물의 주벽에 큰 개구부가 있는 경우나 그 중의 일부를 대상으로 하는 경우, 직접 불에 맞서 소화약제를 방출한다.

3) 호스릴방식(hose reel system)

분사헤드가 배관에 고정되어 있지 않고 소화약제 저장용기에 호스를 연결하여 사람이 직접 화점에 소화약제를 방출하는 이동식 소화설비이다. 연기가 가득 찬 장소에서는 사용하면 안 된다. 또 방호대상물에서 호스의 접속구까지의 거리는 15m 이하이며, 기동장치는 0.8~1.5m의 높이에 화재시 용이하게 접근할 수 있고 보기 쉬운 개소에 표지를 단다.

7-4-7 할로겐화물소화설비

할로겐화물소화설비(halogenated extinguishing system)는 할로겐화물을 질소가스의 압력으로 송액하고, 분사헤드 또는 노즐에서 가스 상태 또는 안개 상태로 방사하여 불연성의 가스에 따라 산소농도를 저하시키는 질식작용과 할로겐의 마이너스 촉매효과에 의한 연소의 억제작용에 따라 소화를 행하는 것으로 냉각작용도 한다.

전도성이나 오손이 없고 이산화탄소와 같지만 억제작용이 있기 때문에 소화능력이 크고 질식 등 인체에의 위험이 적은 소화제도 있고, 차고·주차장·전기실·통신기기실·전산실, 기타 이와 유사한 전기설비가 설치되어 있는 부분 및 특수가연물을 저장·

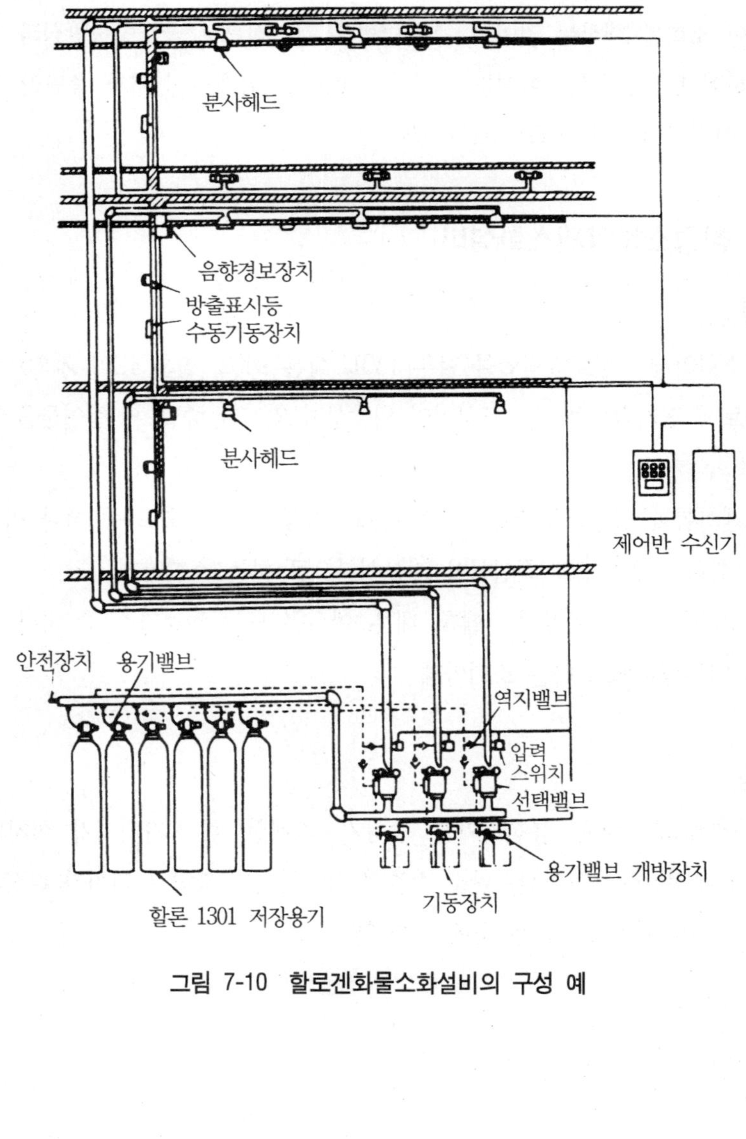

그림 7-10 할로겐화물소화설비의 구성 예

취급하는 소방 대상물 또는 그 부분에 사용된다.

할로겐화물소화약제는 1211, 1301, 2402 등이 생산되고 있다. 통상 액화된 상태에서 저장되고 있는데 관로 내에 유출한 소화제를 기화시켜 방사하는 것이다.

할로겐화물소화설비에는 고정식과 이동식이 있고, 고정식에는 전역방출방식과 국소방출방식이 있다.

전역방출방식은 화재가 발생한 밀폐실 내에 고정된 배관, 분사헤드에 의해 할로겐화물소화제를 방사하여 산소농도를 저하시키고, 연소를 정지시키는 소화방식이다.

국소방출방식은 고정된 배관, 분사헤드에 의해 할로겐화물소화제를 연소부분에 직접 방사하여 소화를 행하는 것이다.

이동식은 할로겐화물소화제를 호스에 부착된 노즐에 의하여 수동으로 연소부분에 직접 방사하여 소화를 행하는 것이며, 소화방법은 기본적으로 국소방출방식과 같지만 사람이 조작하여 할로겐화물소화제를 방사하기 때문에 화재시 연기가 충만할 우려가 없는 장소에 한정하여 설치하도록 되어 있다.

7-4-8 청정소화약제소화설비

(1) 종류

① 청정소화약제 : 할로겐화합물(할론 1301, 할론 2402, 할론 1211 제외) 및 불활성기체로서 전기적으로 비전도성이며 휘발성이 있거나 증발 후 잔여물을 남기지 않는 소화약제

② 할로겐화합물 청정소화약제 : 불소, 염소, 브롬 또는 요오드 중 하나 이상의 원소를 포함하고 있는 유기화합물을 기본성분으로 하는 소화약제

③ 불활성가스 청정소화약제 : 헬륨, 네온, 아르곤 또는 질소가스 중 하나 이상의 원소를 기본성분으로 하는 소화약제

(2) 적응

청정소화약제소화설비는 통신기기실, 승강기, 기계실 등 전자기기가 설치되어 물에 의한 소화가 부적합한 곳, 이산화탄소 방출시 급격한 온도강하로 기기가 손상되거나 질식에 의한 인명피해가 우려되는 곳에 설치한다.

(3) 저장용기

청정소화약제의 저장용기는 다음 각 호의 기준에 적합한 장소에 설치하여야 한다.

① 방호구역 외의 장소에 설치한다. 다만, 방호구역 내에 설치할 경우에는 피난 및 조작이 용이하도록 피난구 부근에 설치하여야 한다.
② 온도가 55℃ 이하이고 온도 변화가 작은 곳에 설치한다.
③ 직사광선 및 빗물이 침투할 우려가 없는 곳에 설치한다.
④ 저장용기를 방호구역 외에 설치한 경우에는 방화문으로 구획된 실에 설치한다.
⑤ 용기의 설치장소에는 당해 용기가 설치된 곳임을 표시하는 표지를 한다.
⑥ 용기간의 간격은 점검에 지장이 없도록 3cm 이상의 간격을 유지한다.
⑦ 저장용기와 집합관을 연결하는 연결배관에는 체크밸브를 설치한다. 다만, 저장용기가 하나의 방호구역만을 담당하는 경우에는 그러하지 아니하다.

7-4-9 분말소화설비

분말소화설비(dry chemical extinguishing system)는 분사헤드 또는 노즐에서 소화분말을 방사하여 소화분말이 열에 의해 분해·발생하는 이산화탄소에 의하여 공기의 공급을 차단하고 또는 공기 중의 산소농도를 내림으로써 연소를 정지시키는 질식효과 외에도 열분해시의 흡열작용이나 구름 모양의 분말에 의하여 방사열을 차단하여 가연물의 온도 상승을 방해하는 냉각작용도 한다.

소화대상은 전기, 기름 화재에 유효하며, 특히 소염작용이 크고 속효성이 있으므로 기름 등의 표면 화재에 가장 효과적이다. 보통 화재 및 주차장에는 열분해하여 목재 등

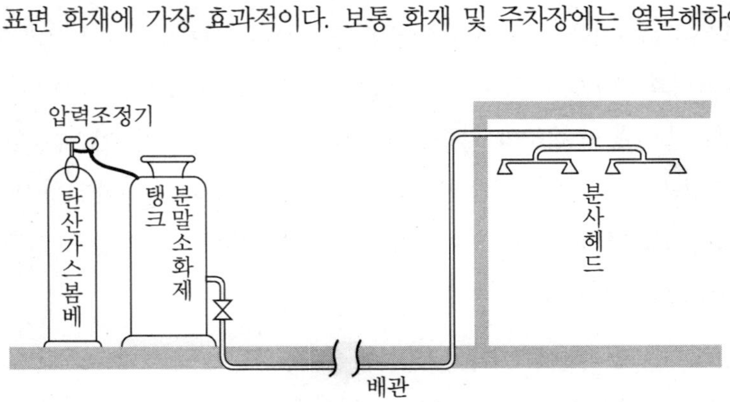

그림 7-11 분말소화설비의 배관도

의 표면에 융착하여 소화하는 인산안티몬을 주성분으로 하는 것에 한정된다. 물에 의한 손상은 없지만 소화 후에 소화배관 등도 포함하여 분말의 뒤처리나 소화제의 고정 방지 등의 문제가 있으나 항공기 관련 화재에는 포와 함께 필요한 소화설비이다.

방출방식이나 기기의 구성은 이산화탄소소화설비와 거의 같으며, 질식과 분말에 의한 호흡 곤란의 위험이 있고 보안조치도 필요하다.

7-4-10 옥외소화전설비

옥외소화전설비는 건물의 1~2층 부분의 초기화재는 물론 중기화재 이후의 대화재에도 대처하며 인접건물로의 연소방지를 위하여, 건물외부로부터의 소화작업을 실시하기 위한 설비이다.

(1) 배치 및 개수

옥외소화전설비의 호스접결구는 소방대상물의 각 부분으로부터 하나의 호스접결구까지의 수평거리가 40m 이하가 되도록 설치하여야 한다. 즉 반경 40m의 원에서 방화대상을 전부 담당하도록 배치한다. 옥외소화전의 위치는 소화활동에 지장 없는 것이 필요하다. 피난의 통로가 되는 곳이나 주위가 재료를 보관하는 곳은 피하고, 건물의 형상, 옥외의 상황을 고려하여 설치한다.

(2) 소화전

1) 소화전

옥내소화전에 준하지만 노즐 등의 수납상자를 별개로 설치하고, 지상식과 지하식이 있다. 각각 단구형과 쌍구형이 있고, 호스 접속구, 개폐밸브로 구성된다. 매우 추운 지역에서는 개폐밸브를 부동선 이하의 지중에 설치하여 동결을 방지하든가, 부동형의 것을 사용한다. 방수량을 2개 이상 설치하는 경우는 2개(1개의 경우는 1개), 동시에 개구하여 각각 방수압력 0.25MPa 이상, 방수량 350ℓ/min(규격방수량) 이상으로 해야 한다. 호스는 구경 65mm가 되게 한다.

2) 옥외소화전함 및 수납물 기타

옥외소화전설비에는 옥외소화전마다 그로부터 5m 이내의 장소에 소화전함을 설치하여야 한다. 옥외소화전설비는 함의 표면에 “옥외소화전”이라고 표시하고, 옥외소화전의 위치를 표시하는 표시등은 함의 상부에 설치하되, 그 불빛은 부착면으로부터 15° 이상의 범위 안에서 부착지점으로부터 10m 이내의 어느 곳에서도 쉽게 식별할 수 있는 적색등으로 한다.

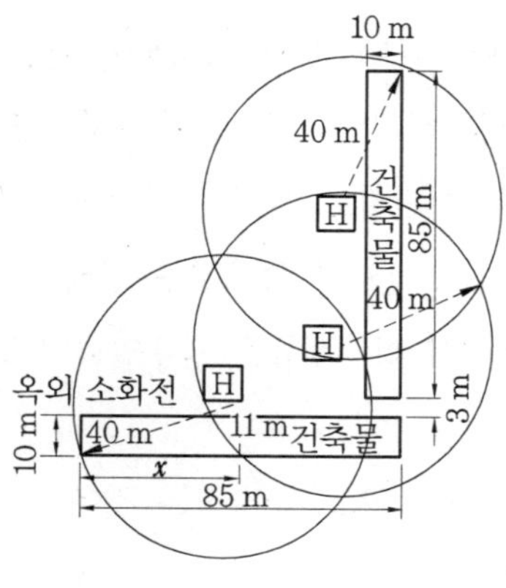

그림 7-12 옥외소화전의 배치

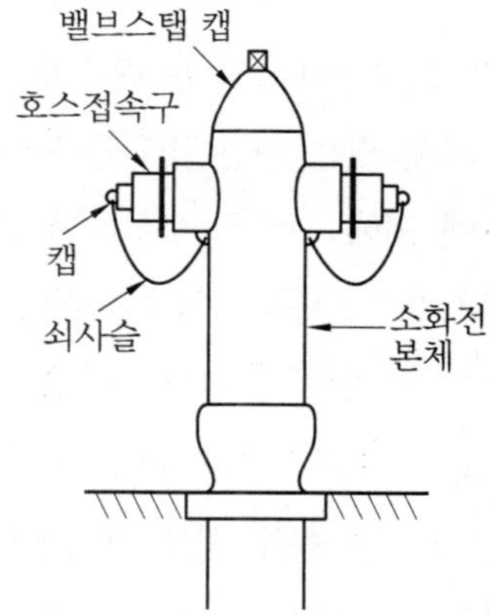

그림 7-13 지상식 옥외소화전

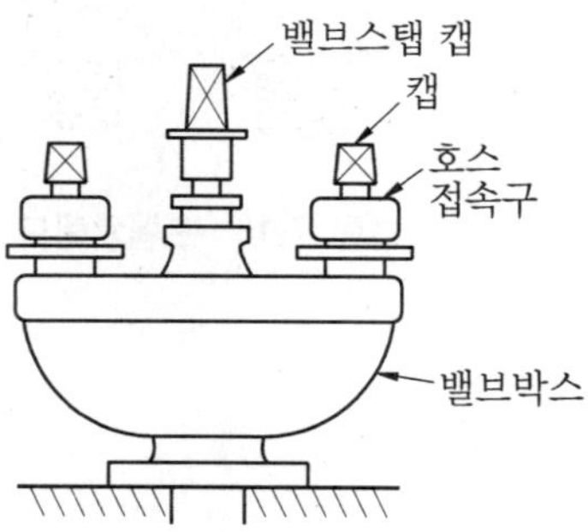

그림 7-14 지하식 옥외소화전

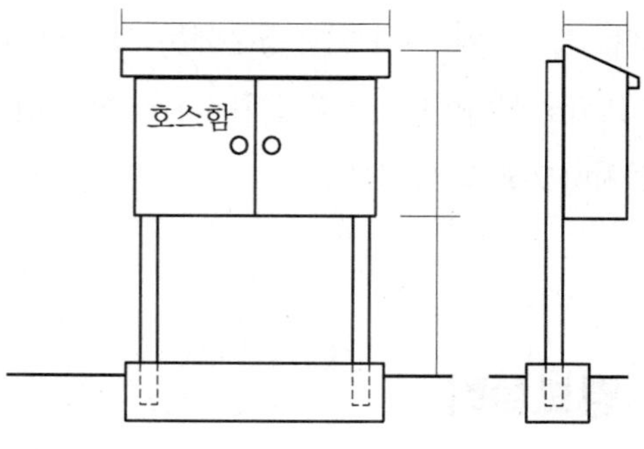

그림 7-15 옥외소화전함

(3) 기압송수장치, 기동장치 및 수원

소화전 1개에 대하여 350ℓ/min의 방수량을 노즐선단에서 0.25MPa 이상의 압력으로 송수해야 한다. 2개 이상일 때는 2개로, 수원은 2개 개구의 경우 $7m^3 \times 2$개$=14m^3$가 필요하다. 상기의 압력과 수량이 얻어지고 단수의 우려가 많지 않은 경우에는 수도관, 고위의 수조에서 직접 급수할 수 있지만 대부분의 도시에서는 펌프, 기동장치로 구성되는 가압송수장치에 의한다. 펌프의 수량, 양정 등의 산정방식은 옥내소화전과 같다.

기동에는 수동이 부가되고, 원격조작기동의 경우 기동 표시의 규정은 없지만 설치하는 것이 바람직하다.

7-4-11 드렌처설비

드렌처(drencher)설비는 건축물의 외벽, 창, 지붕, 개구부 등에 설치하여 인접 건물로부터의 화재 또는 다른 방화구획에서의 연소를 방지하기 위하여 드렌처헤드에서 방수하는 것에 의해 수막을 형성하여 화재나 복사열을 차단하는 설비이다. 스프링클러설비와 마찬가지로 수원, 가압송수장치, 배관, 드렌처헤드, 밸브류 등으로 구성되어 있다.

건물 내 구획의 개구부에 설치하는 드렌처헤드에서 방수성능은 방수압력이 0.1 MPa 이상이고, 방수량이 20 ℓ/min 이상이어야 한다.

드렌처설비는 화재 시에 제어밸브나 개폐밸브를 수동으로 조작하는 것에 의하여 배관을 통하여 드렌처헤드에서 방수하는 것 및 화재를 자동적으로 검지하여 방수하는 것이 있다.

주로 외벽 또는 개구부에 연소방지를 위하여 설치된다. 개구부에 설치하는 경우에는 그 윗부분에 길이 2.5 m 이하마다, 수직거리는 4 m 이하마다 1개 설치하도록 되어 있다.

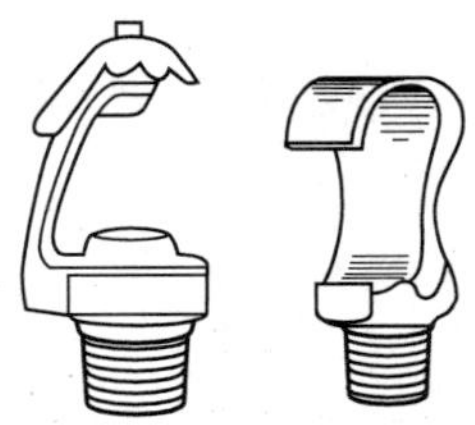

그림 7-16 드렌처헤드

7-5 경보설비

7-5-1 비상경보설비

(1) 특성

화재가 발생한 경우에 방화대상물의 내부에 있는 사람들에게 화재가 발생했음을 알리는 설비로 자동식 사이렌, 비상벨 또는 비상용방송설비가 이에 해당한다.

비상경보설비는 기동장치, 표시등, 음향장치, 비상전원, 조작장치(자동식 사이렌이나 비상벨에는 이것이 없는 것도 있다) 등으로 구성되고, 화재 발생을 깨달은 사람이 기동장치를 조작하는 것에 의해 계속하여 음향을 발하거나 방송을 통하여 경보를 발하는 것이다.

(2) 비상벨설비 또는 자동식사이렌설비

① 비상벨설비 또는 자동식사이렌설비는 부식성 가스 또는 습기 등으로 부식의 우려가 없는 장소에 설치하여야 한다.

② 지구음향장치는 특정소방대상물의 층마다 설치하되, 해당 특정소방대상물의 각 부분으로부터 하나의 음향장치까지의 수평거리가 25m 이하(지하가 중 터널의 경우에는 주행방향의 측벽길이 50m 이내마다)가 되도록 하고, 당해 층의 각 부분에 유효하게 경보를 발할 수 있도록 설치하여야 한다. 다만, 비상방송설비의화재안전기준(NFSC 202)에 적합한 방송설비를 비상벨설비 또는 자동식사이렌설비와 연동하여 작동하도록 설치한 경우에는 지구음향장치를 설치하지 아니할 수 있다.

③ 음향장치의 음량은 부착된 음향장치의 중심으로부터 1m 떨어진 위치에서 90dB 이상이 되는 것으로 하여야 한다.

④ 발신기는 다음 각호의 기준에 따라 설치하여야 한다. 다만, 지하구의 경우에는 발신기를 설치하지 아니할 수 있다.

㉠ 조작이 쉬운 장소에 설치하고, 조작스위치는 바닥으로부터 0.8~1.5m의 높이에 설치한다.

㉡ 특정소방대상물의 층마다 설치하되, 해당 특정소방대상물의 각 부분으로부터 하나의 발신기까지의 수평거리가 25m 이하가 되도록 한다. 다만, 복도 또는 별도로 구획된 실로서 보행거리가 40m 이상일 경우에는 추가로 설치하여야 한다.

㉢ 발신기의 위치표시등은 함의 상부에 설치하되, 그 불빛은 부착면으로부터 15° 이상의 범위 안에서 부착지점으로부터 10m 이내의 어느 곳에서도 쉽게 식별할 수 있는 적색등으로 한다.

⑤ 비상벨설비 또는 자동식사이렌설비의 상용전원은 다음 각호의 기준에 따라 설치하여야 한다.

㉠ 전원은 전기가 정상적으로 공급되는 축전지 또는 교류전압의 옥내 간선으로 하고, 전원까지의 배선은 전용으로 한다.

㉡ 개폐기에는 "비상벨설비" 또는 "자동식사이렌설비용"이라고 표시한 표지를

한다.

⑥ 비상벨설비 또는 자동식사이렌설비에는 그 설비에 대한 감시상태를 60분간 지속한 후 유효하게 10분 이상 경보할 수 있는 축전지설비(수신기에 내장하는 경우를 포함한다)를 설치하여야 한다.

7-5-2 비상방송설비

비상방송설비는 다음 각호의 기준에 따라 설치하여야 한다. 이 경우 엘리베이터 내부에는 별도의 음향장치를 설치할 수 있다.

① 확성기의 음성입력은 3W(실내에 설치하는 것에 있어서는 1W) 이상으로 한다.

② 확성기는 각층마다 설치하되, 그 층의 각 부분으로부터 하나의 확성기까지 수평거리가 25m 이하가 되도록 하고, 당해층의 각 부분에 유효하게 경보를 발할 수 있도록 설치한다.

③ 음량조정기를 설치하는 경우 음량조정기의 배선은 3선식으로 한다.

④ 조작부의 조작스위치는 바닥으로부터 0.8m 이상 1.5m 이하의 높이에 설치한다.

⑤ 조작부는 기동장치의 작동과 연동하여 당해 기동장치가 작동한 층 또는 구역을 표시할 수 있는 것으로 한다.

⑥ 증폭기 및 조작부는 수위실 등 상시 사람이 근무하는 장소로서 점검이 편리하고 방화상 유효한 곳에 설치한다.

⑦ 기동장치에 따른 화재신고를 수신한 후 필요한 음량으로 화재발생 상황 및 피난에 유효한 방송이 자동으로 개시될 때까지의 소요시간은 10초 이하로 한다.

7-5-3 자동화재탐지설비

자동화재탐지설비(automatic fire alarm system)는 화기를 사용하는 장소, 화재가 발생하기 쉬운 장소 또는 출화의 발견이 곤란한 장소의 천장 가까이에 감지기를 설치하여 숙직실·수위실 등 항상 사람이 있는 곳에 놓아둔 수신기에 전기적으로 전해져 경보벨을 울림으로써 화재의 발생과 화재발생 장소를 알리는 것이다. 또 위험물 보관장소는 물분무 등 특수소화설비와 연동되는 경우가 많다. 기기의 구성은 감지기, 배선, 전원, 주 벨, 수신기 등으로 구성된다.

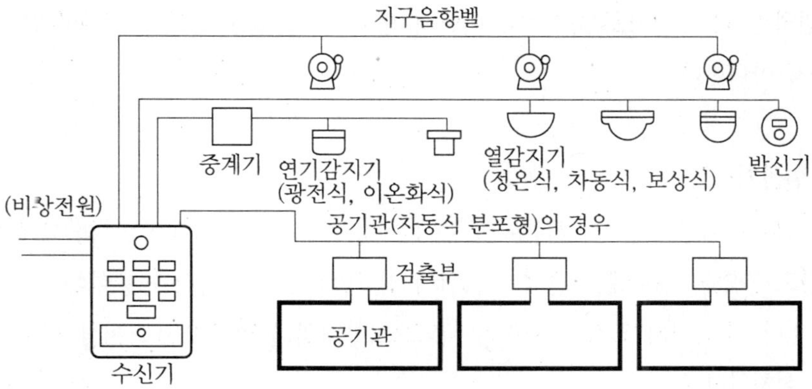

그림 7-17 자동화재탐지설비 개략도

(1) 경계구역

1) 자동화재탐지설비의 경계구역은 다음 각호의 기준에 따라 설정하여야 한다. 다만, 감지기의 형식승인시 감지거리, 감지면적 등에 대한 성능을 별도로 인정받은 경우에는 그 성능인정범위를 경계구역으로 할 수 있다.

① 하나의 경계구역이 2개 이상의 건축물에 미치지 아니하도록 한다.

② 하나의 경계구역이 2개 이상의 층에 미치지 아니하도록 한다. 다만, 500 m^2 이하의 범위 안에서는 2개의 층을 하나의 경계구역으로 할 수 있다.

③ 하나의 경계구역의 면적은 600 m^2 이하로 하고 한 변의 길이는 50m 이하로 한다. 다만, 해당 특정소방대상물의 주된 출입구에서 그 내부 전체가 보이는 것에 있어서는 한 변의 길이가 50m의 범위 내에서 1,000 m^2 이하로 할 수 있다.

④ 지하구의 경우 하나의 경계구역의 길이는 700m 이하로 한다.

2) 계단(직통계단 외의 것에 있어서는 떨어져 있는 상하계단의 상호 간의 수평거리가 5m 이하로서 서로 간에 구획되지 아니한 것에 한한다.)·경사로·엘리베이터권상기실·린넨슈트·파이프피트 및 덕트 기타 이와 유사한 부분에 대하여는 별도로 경계구역을 설정하되, 하나의 경계구역은 높이 45m 이하(계단 및 경사로에 한한다)로 하고, 지하층의 계단 및 경사로(지하층의 층수가 1일 경우는 제외한다)는 별도로 하나의 경계구역으로 하여야 한다.

3) 외기에 면하여 상시 개방된 부분이 있는 차고·주차장·창고 등에 있어서는 외

기에 면하는 각 부분으로부터 5m 미만의 범위 안에 있는 부분은 경계구역의 면적에 산입하지 아니한다.

(2) 수신기

수신기는 수위실 등 상시 사람이 근무하는 장소에 설치한다. 다만, 사람이 상시 근무하는 장소가 없는 경우에는 관계인이 쉽게 접근할 수 있고 관리가 용이한 장소에 설치할 수 있다. 수신기의 조작 스위치는 바닥으로부터의 높이가 0.8m 이상 1.5m 이하인 장소에 설치한다.

수신기는 감지기(또는 발신기)의 접점이 닫히면 경보벨을 울림과 동시에 어느 장소가 화재인가를 램프로 표시하는 장치이다. P형, R형, M형이 있다.

P형은 가장 일반적으로 사용되고 있으며 몇 개의 감지기마다 배선을 각각 수신기까지 연결하고, 램프를 점등하여 화재 발생 구역을 나타낸다. R형은 대규모 건물, 부지가 넓은 경우, 증설이 많은 경우에 유리하며, 발신을 중계기를 거쳐 고유신호로 수신한다. M형은 소방서에 설치되는 수신기이다.

(3) 중계기

자동화재탐지설비의 중계기는 다음 각호의 기준에 따라 설치하여야 한다.

① 수신기에서 직접 감지기회로의 도통시험을 행하지 아니하는 것에 있어서는 수신기와 감지기 사이에 설치한다.

② 조작 및 점검에 편리하고 화재 및 침수 등의 재해에 따른 피해를 받을 우려가 없는 장소에 설치한다.

(4) 감지기

1) 자동화재탐지설비의 감지기는 부착높이에 따라 표 7-6에 따른 감지기를 설치하여야 한다.

표 7-6 설치장소별 감지기 적응성

설치 장소		적응열감지기					적응연기감지기						불꽃감지기	비 고
환경상태	적 응 장 소	차동식스포트형	차동식분포형	보상식스포트형	정온식	열아날로그식	이온화식스포트형	광전식스포트형	이온아날로그식스포트형	광전아날로그식스포트형	광전식분리형	광전아날로그식분리형		
1. 흡연에 의해 연기가 체류하며 환기가 되지 않는 장소	회의실, 응접실, 휴게실, 노래연습실, 오락실, 다방, 음식점, 대합실, 카바레 등의 객실, 집회장, 연회장 등	○	○	○				◎		◎	○	○		
2. 취침시설로 사용하는 장소	호텔 객실, 여관, 수면실 등						◎	◎	◎	◎	○	○		
3. 연기 이외의 미분이 떠다니는 장소	복도, 통로 등						◎	◎	◎	◎	○	○	○	
4. 바람의 영향을 받기 쉬운 장소	로비, 교회, 관람장, 옥탑에 있는 기계실		○					◎		◎	○	○	○	
5. 연기가 멀리 이동해서 감지기에 도달하는 장소	계단, 경사로							○		○	○	○		광전식스포트형감지기 또는 광전아날로그식스포트형감지기를 설치하는 경우에는 당해 감지기회로에 축적기능을 갖지 않는 것으로 할 것.
6. 훈소화재의 우려가 있는 장소	전화기기실, 통신기기실, 전산실, 기계제어실							○		○	○	○		
7. 넓은 공간으로 천장이 높아 열 및 연기가 확산하는 장소	체육관, 항공기 격납고, 높은 천장의 창고·공장, 관람석 상부 등 감지기 부착 높이가 8m 이상의 장소		○								○	○	○	

[주] 1. "○"는 당해 설치장소에 적응하는 것을 표시
2. "◎" 당해 설치장소에 연감지기를 설치하는 경우에는 당해 감지회로에 축적기능을 갖는 것을 표시
3. 차동식스포트형, 차동식분포형, 보상식스포트형 및 연기식(당해 감지기회로에 축적 기능을 갖지 않는 것) 1종은 감도가 예민하기 때문에 비화재보 발생은 2종에 비해 불리한 조건이라는 것을 유의하여 따를 것
4. 차동식분포형 3종 및 정온식 2종은 소화설비와 연동하는 경우에 한해서 사용할 것
5. 광전식분리형감지기는 평상시 연기가 발생하는 장소 또는 공간이 협소한 경우에는 적응성이 없음
6. 넓은 공간으로 천장이 높아 열 및 연기가 확산하는 장소로서 차동식분포형 또는 광전식분리형 2종을 설치하는 경우에는 제조사의 사양에 따를 것
7. 다신호식감지기는 그 감지기가 가지고 있는 종별, 공칭작동온도별로 따르고 표에 따른 적응성이 있는 감지기로 할 것
8. 축적형감지기 또는 축적형중계기 혹은 축적형수신기를 설치하는 경우에는 NFSC 제7조에 따를 것

2) 연기감지기의 설치 장소

① 계단 및 에스컬레이터 경사로(15m 미만의 것을 제외한다)

② 복도(30m 미만의 것을 제외한다)

③ 엘리베이터권상기실 · 린넨슈트 · 파이프피트 및 덕트 기타 이와 유사한 장소

④ 천장 또는 반자의 높이가 15m 이상 20m 미만의 장소

3) 감지기의 설치 장소

① 감지기(차동식분포형의 것을 제외한다)는 실내로의 공기유입구로부터 1.5m 이상 떨어진 위치에 설치한다.

② 감지기는 천장 또는 반자의 옥내에 면하는 부분에 설치한다.

③ 보상식스포트형감지기는 정온점이 감지기 주위의 평상시 최고온도보다 20℃ 이상 높은 것으로 설치한다.

④ 정온식감지기는 주방 · 보일러실 등으로서 다량의 화기를 취급하는 장소에 설치하되, 공칭작동온도가 최고주위온도보다 20℃ 이상 높은 것으로 설치한다.

⑤ 스포트형감지기는 45° 이상 경사되지 아니하도록 부착한다.

⑥ 차동식스포트형 · 보상식스포트형 및 정온식스포트형 감지기는 그 부착 높이 및 소방대상물에 따라 표 7-7에 따른 바닥면적마다 1개 이상을 설치하여야 한다.

표 7-7 차동식스포트형 · 보상식스포트형 및 정온식스포트형 감지기의 부착 높이에 따른 설치 기준 (단위 m^2)

부착높이 및 소방대상물의 구분		감지기의 종류						
		차동식 스포트형		보상식 스포트형		정온식 스포트형		
		1종	2종	1종	2종	특종	1종	2종
4m 미만	주요구조부를 내화구조로 한 소방대상물 또는 그 부분	90	70	90	70	70	60	20
	기타 구조의 소방대상물 또는 그 부분	50	40	50	40	40	30	15
4m 이상 8m 미만	주요구조부를 내화구조로 한 소방대상물 또는 그 부분	45	35	45	35	35	30	
	기타 구조의 소방대상물 또는 그 부분	30	25	30	25	25	15	

⑦ 연기감지기는 부착높이에 따라 표 7-8에 따른 바닥면적마다 1개 이상으로 할 것

표 7-8 연기감지기의 부착높이에 따른 설치 기준 (단위 m^2)

부착 높이	감지기의 종류	
	1종 및 2종	3종
4m 미만	150	50
4m 이상 20m 미만	75	

(5) 발신기

1) 자동화재탐지설비의 발신기는 다음 각호의 기준에 따라 설치하여야 한다. 다만, 지하구의 경우에는 발신기를 설치하지 아니할 수 있다.

① 조작이 쉬운 장소에 설치하고, 스위치는 바닥으로부터 0.8m 이상 1.5m 이하의 높이에 설치한다.

② 특정소방대상물의 층마다 설치하되, 해당 특정소방대상물의 각 부분으로부터 하나의 발신기까지의 수평거리가 25m 이하가 되도록 한다. 다만, 복도 또는 별도로 구획된 실로서 보행거리가 40m 이상일 경우에는 추가로 설치하여야 한다.

2) 발신기의 위치를 표시하는 표시등은 함의 상부에 설치하되, 그 불빛은 부착면으로부터 15° 이상의 범위 안에서 부착지점으로부터 10m 이내의 어느 곳에서도 쉽게 식별할 수 있는 적색등으로 하여야 한다.

(6) 전원

1) 자동화재탐지설비의 상용전원은 다음 각호의 기준에 따라 설치하여야 한다.

① 전원은 전기가 정상적으로 공급되는 축전지 또는 교류전압의 옥내 간선으로 하고, 전원까지의 배선은 전용으로 한다.

② 개폐기에는 "자동화재탐지설비용"이라고 표시한 표지를 한다.

2) 자동화재탐지설비에는 그 설비에 대한 감시상태를 60분간 지속한 후 유효하게 10분 이상, 층수가 30층 이상은 30분 이상 경보할 수 있는 축전지설비(수신기에 내장하는 경우를 포함한다)를 설치하여야 한다. 다만, 상용전원이 축전지설비인 경우에는 그러하지 아니하다

7-5-4 자동화재속보설비

특정한 소방대상물에 화재의 발생을 직접 소방기관에 통보하기 위하여 자체 화재경보설비의 발신기를 설치하고, 소방기관에 수신기를 설치하여 고유의 화재 신호로 수신하는 설비이다.

자동화재속보설비는 다음 각호의 기준에 따라 설치해야 하는데, 수신기가 설치된 장소에 상시 통화 가능한 전화가 설치되어 있고, 감시인이 상주하는 경우에는 자동화재속보설비를 설치하지 아니할 수 있다.

① 자동화재탐지설비와 연동으로 작동하여 자동적으로 화재발생 상황을 소방관서에 전달되는 것으로 한다.

② 스위치는 바닥으로부터 0.8m 이상 1.5m 이하의 높이에 설치하고, 그 보기 쉬운 곳에 스위치임을 표시한 표지를 한다.

7-5-5 누전경보기

(1) 특성

누전경보기는 내화구조가 아닌 건축물로서 벽, 바닥 또는 천장의 전부나 일부를 불연재료 또는 준불연재료가 아닌 재료에 철망을 넣어 만든 건물의 전기설비로부터 누설전류를 탐지하여 경보를 발하며 변류기와 수신부로 구성된다.

수신부는 변류기로부터 검출된 신호를 수신하여 누전의 발생을 당해 소방대상물의 관계인에게 경보하여 주는 것(차단기구를 갖는 것을 포함)이다. 변류기는 경계전로의 누설전류를 자동적으로 검출하여 이를 누전경보기의 수신부에 송신하는 것이다.

(2) 설치기준

① 누전경보기의 수신부는 옥내의 점검에 편리한 장소에 설치하되, 가연성의 증기·먼지 등이 체류할 우려가 있는 장소의 전기회로에는 당해 부분의 전기회로를 차단할 수 있는 차단기구를 가진 수신부를 설치하여야 한다. 이 경우 차단기구의 부분은 당해 장소 외의 안전한 장소에 설치하여야 한다.

② 누전경보기의 수신부는 다음 각호의 장소 외의 장소에 설치하여야 한다. 다만, 당해 누전경보기에 대하여 방폭·방식·방습·방온·방진 및 정전기 차폐 등의 방

호조치를 한 것에 있어서는 그러하지 아니하다.

㉠ 가연성의 증기・먼지・가스 등이나 부식성의 증기・가스 등이 다량으로 체류하는 장소

㉡ 화약류를 제조하거나 저장 또는 취급하는 장소

㉢ 습도가 높은 장소

㉣ 온도의 변화가 급격한 장소

㉤ 대전류회로・고주파 발생회로 등에 따른 영향을 받을 우려가 있는 장소

③ 음향장치는 수위실 등 상시 사람이 근무하는 장소에 설치하여야 한다.

7-6 피난설비

7-6-1 피난기구

피난설비는 크게 피난기구와 유도등・유도표지로 나누어진다. 피난기구는 피난로프・피난교・피난사다리・피난트랩・미끄럼막대・미끄럼대・완강기・구조대 등이 있다. 설치해야 할 기구의 종류와 설치수 등은 소방법에 자세하게 정해져 있다. 또 재해때 피난기구를 능숙하게 다루려면 평상시에 익숙하게 훈련이 되어 있어야 한다. 유도등과 표지는 비상구의 위치와 피난 방향을 알리기 위한 것으로, 조명장치가 붙은 유도등과 붙어 있지 않는 유도표지로 나누어진다. 유도등과 유도표지의 표시는 누구나 쉽게 식별할 수 있고, 멀리서도 구별할 수 있어야 한다. 표시내용은 피난구를 나타내는 기호, 피난방향의 화살표, 비상구라는 문자 등이다.

표 7-9 소방대상물의 설치장소별 피난기구의 적응성

층별 / 설치장소별 구분	지하층	2층	3층	4층 이상 10층 이하
의료시설(장례식장을 제외한다)・노유자시설・근린생활시설 중 입원실이 있는 의원・산후조리원・접골원・조산소	피난용 트랩		미끄럼대 구조대 피난교 피난용 트랩 다수인피난장비 승강식피난기	구조대 피난교 피난용 트랩 다수인피난장비 승강식피난기

표 7-9 소방대상물의 설치장소별 피난기구의 적응성(계속)

층별 / 설치장소별 구분	지하층	2층	3층	4층 이상 10층 이하
근린생활시설(입원실이 있는 의원・산후조리원・접골원・조산소는 제외한다)・위락시설・문화집회 및 운동시설・판매시설 및 영업시설・숙박시설・공동주택・업무시설・통신촬영시설・교육연구시설・공장・운수자동차관련시설(주차용 건축물 및 차고, 세차장, 폐차장 및 주차장을 제외한다)・관광휴게시설(야외음악당 및 야외극장을 제외한다)・의료시설 중 장례식장	피난사다리 피난용트랩		미끄럼대 피난사다리 구조대 완강기 피난교 피난용 트랩 간이완강기 피난밧줄 공기안전매트 다수인피난장비 승강식피난기	피난사다리 구조대 완강기 피난교 간이완강기 공기안전매트 다수인피난장비 승강식피난기

[주] 간이완강기의 적응성은 숙박시설의 3층 이상에 있는 객실에, 공기안전매트의 적응성은 아파트(공동주택)에 한한다.

피난기구는 표 7-9에 따라 소방대상물의 설치장소별로 그에 적응하는 종류의 것으로 설치하여야 한다.

7-6-2 유도등 및 유도표지

(1) 종류

① 유도등 : 화재 시에 피난을 유도하기 위한 등으로서 정상상태에서는 상용전원에 따라 켜지고 상용전원이 정전되는 경우에는 비상전원으로 자동전환되어 켜지는 등이다.

② 피난구유도등 : 피난구 또는 피난경로로 사용되는 출입구를 표시하여 피난을 유도하는 등이다.

③ 통로유도등 : 피난통로를 안내하기 위한 유도등으로 복도통로유도등, 거실통로유도등, 계단통로유도등이 있다.

④ 복도통로유도등 : 피난통로가 되는 복도에 설치하는 통로유도등으로서 피난구의 방향을 명시하는 것이다.

⑤ 거실통로유도등 : 거주, 집무, 작업, 집회, 오락 그밖에 이와 유사한 목적을 위하여 계속적으로 사용하는 거실, 주차장 등 개방된 통로에 설치하는 유도등으로 피난의 방향을 명시하는 것이다.

⑥ 계단통로유도등 : 피난통로가 되는 계단이나 경사로에 설치하는 통로유도등으로 바닥면 및 디딤 바닥면을 비추는 것이다.

⑦ 객석유도등 : 객석의 통로, 바닥 또는 벽에 설치하는 유도등이다.

⑧ 피난구유도표지 : 피난구 또는 피난경로로 사용되는 출입구를 표시하여 피난을 유도하는 표지이다.

⑨ 통로유도표지 : 피난통로가 되는 복도, 계단 등에 설치하는 것으로서 피난구의 방향을 표시하는 유도표지이다.

⑩ 피난유도선 : 햇빛이나 전등불에 따라 축광하거나 전류에 따라 빛을 발하는 유도체로서 어두운 상태에서 피난을 유도할 수 있도록 띠 형태로 설치되는 피난유도 시설이다.

(2) 피난구유도등

① 피난구유도등은 다음 각호의 장소에 설치하여야 한다.

㉠ 옥내로부터 직접 지상으로 통하는 출입구 및 그 부속실의 출입구

㉡ 직통계단・직통계단의 계단실 및 그 부속실의 출입구

㉢ 안전구획된 거실로 통하는 출입구

② 피난구유도등은 피난구의 바닥으로부터 높이 1.5m 이상의 곳에 설치하여야 한다.

(3) 통로유도등

① 복도통로유도등은 복도 또는 구부러진 모퉁이 및 보행거리 20m마다 바닥으로부터 높이 1m 이하의 위치에 설치한다. 다만, 지하층 또는 무창층의 용도가 도매시장・소매시장・여객자동차터미널・지하역사 또는 지하상가인 경우에는 복도・통로 중앙부분의 바닥에 설치하여야 한다.

② 거실통로유도등은 거실의 통로 또는 구부러진 모퉁이 및 보행거리 20m마다 바닥으로부터 높이 1.5m 이상의 위치에 설치한다. 다만, 거실통로에 기둥이 설치된 경우에는 기둥부분의 바닥으로부터 높이 1.5m 이하의 위치에 설치할 수 있다.

③ 계단통로유도등은 각층의 경사로참 또는 계단참마다(1개층에 경사로참 또는 계단참이 2 이상 있는 경우에는 2개의 계단참마다) 바닥으로부터 높이 1m 이하의 위치에 설치한다.

④ 조도는 통로유도등의 바로 밑의 바닥으로부터 수평으로 0.5m 떨어진 지점에서 측정하여 1lx 이상(바닥에 매설한 것은 통로유도등의 직상부 1m의 높이에서 측정하여 1lx 이상)이어야 한다.

⑤ 통로유도등은 백색바탕에 녹색으로 피난방향을 표시한 등으로 하여야 한다. 다만, 계단에 설치하는 것은 피난의 방향을 표시하지 아니할 수 있다.

(4) 객석유도등

① 객석유도등은 객석의 통로, 바닥 또는 벽에 설치하여야 한다.

② 객석내의 통로가 경사로 또는 수평로로 되어 있는 부분은 다음의 식에 따라 산출한 수(소수점 이하의 수는 1로 본다)의 유도등을 설치하고, 그 조도는 통로바닥의 중심선 0.5m 높이에서 측정하여 0.2lx 이상이어야 한다.

$$\text{설치개수} = \frac{\text{객석 통로의 직선부분의 길이(m)}}{4} - 1$$

③ 객석내의 통로가 옥외 또는 이와 유사한 부분에 있는 경우에는 해당 통로 전체에 미칠 수 있는 수의 유도등을 설치하되, 그 조도는 통로바닥의 중심선 0.5m의 높이에서 측정하여 0.2lx 이상이 되어야 한다.

(5) 유도표지

① 유도표지는 계단에 설치하는 것을 제외하고는 각층마다 복도 및 통로의 각 부분으로부터 하나의 유도표지까지 보행거리가 15m 이하가 되는 곳과 구부러진 모퉁이의 벽에 설치한다.

② 피난구유도표지는 출입구 상단에 설치하고, 통로유도표지는 바닥으로부터 높이 1m 이하의 위치에 설치한다.

③ 유도표지는 주위 조도 0lx에서 60분간 발광 후 직선거리 20m 떨어진 위치에서 보통시력으로 표시면의 문자 또는 화살표 등을 쉽게 식별할 수 있는 것으로 한다.

④ 유도표지 표지면의 휘도는 주위 조도 0lx에서 60분간 발광 후 7mcd/m^2 이상으로 한다.

(6) 유도등의 전원

① 유도등의 전원은 축전지 또는 교류전압의 옥내간선으로 하고, 전원까지의 배선은 전용으로 하여야 한다.

② 비상전원은 축전지로 하고, 유도등을 20분 이상 유효하게 작동시킬 수 있는 용량으로 한다.

③ 배선은 유도등의 인입선과 옥내배선은 직접 연결하고, 유도등은 전기회로에 점멸기를 설치하지 아니하고 항상 점등상태를 유지해야 한다. 다만, 다음 각목의 소방대상물의 경우에는 그 부분에서 피난층에 이르는 부분의 유도등을 60분 이상 유효하게 작동시킬 수 있는 용량으로 하여야 한다.

㉠ 지하층을 제외한 층수가 11층 이상의 층

㉡ 지하층 또는 무창층으로서 용도가 도매시장 · 소매시장 · 여객자동차터미널 · 지하역사 또는 지하상가

7-6-3 비상조명등

비상조명등은 화재발생 등에 따른 정전시에 안전하고 원활한 피난활동을 할 수 있도록 거실 및 피난통로 등에 설치되어 자동 점등되는 조명등으로서 다음 각호의 기준에 따라 설치하여야 한다.

① 소방대상물의 각 거실과 그로부터 지상에 이르는 복도 · 계단 및 그 밖의 통로에 설치한다.

② 조도는 비상조명등이 설치된 장소의 각 부분 바닥에서 1lx 이상이 되도록 한다.

③ 예비전원을 내장하는 비상조명등에는 평상시 점등 여부를 확인할 수 있는 점검스위치를 설치하고 해당 조명등을 유효하게 작동시킬 수 있는 용량의 축전지와 예비전원 충전장치를 내장한다.

④ 비상전원은 비상조명등을 20분 이상 유효하게 작동시킬 수 있는 용량으로 한다. 다만, 다음 각목의 소방대상물의 경우에는 그 부분에서 피난층에 이르는 부분의 비상조명등을 60분 이상 유효하게 작동시킬 수 있는 용량으로 하여야 한다.

㉠ 지하층을 제외한 층수가 11층 이상의 층

㉡ 지하층 또는 무창층으로서 용도가 도매시장 · 소매시장 · 여객자동차터미널 ·

지하역사 또는 지하상가

7-7 소화용수설비

7-7-1 상수도소화용수설비

상수도소화용수설비는 수도법의 규정에 따른 기준 외에 다음 각호의 기준에 따라 설치하여야 한다.

① 호칭지름 75mm 이상의 수도배관에 호칭지름 100mm 이상의 소화전을 접속한다.
② 소화전은 소방자동차 등의 진입이 쉬운 도로변 또는 공지에 설치한다.
③ 소화전은 소방대상물의 수평투영면의 각 부분으로부터 140m 이하가 되도록 설치한다.

7-7-2 소방용수시설별 설치

소화전의 설치는 상수도와 연결하여 지하식 또는 지상식의 구조로 하고, 소방용호스와 연결하는 소화전의 연결금속구의 구경은 65mm로 한다.

급수탑에서 급수배관의 구경은 100mm 이상으로 하고, 개폐밸브는 지상에서 1.5m 이상 1.7m 이하의 위치에 설치한다.

저수조는 지면으로부터의 낙차가 4.5m 이하, 흡수부분의 수심이 0.5m 이상, 저수조에 물을 공급하는 방법은 상수도에 연결하여 자동으로 급수되는 구조로 한다.

7-8 소화활동설비

7-8-1 제연설비

(1) 특성

제연설비는 소방설비 중 피난을 원활하게 하는 것으로서 화재에 의하여 발생하는 연기가 피난을 방해하지 않도록 방호구역 내에 가두어 그 연기를 제어·배출하거나 피난통로에의 연기 침입을 방지하여 피난의 안전을 확보하는 설비이다.

자연 또는 기계적인 방법(송풍기, 배출기)을 이용하여 연기의 이동 및 확산을 제한한다. 송풍기로 가압하여 가압공간 내로 연기가 들어오지 못하도록 하는 방연(smoke defense)설비와 배출기로 화재실의 연기를 배출하는 배연(smoke ventilation)설비로 구분할 수 있다.

(2) 종류

제연설비는 설치된 장소에 따라 거실제연설비와 특별피난계단의 계단실 및 부속실 제연설비로 구분한다.

1) 거실제연설비

거실은 화재가 발생하는 화재실이므로 해당 화재실에서 연기와 열기를 직접 배출하기 위하여 급기와 배기를 동시에 실시해야 한다. 따라서 송풍기와 배풍기가 동시에 필요하며 배출한 배기량 이상으로 급기를 하여 피난과 소방활동을 할 수 있도록 하여야 한다.

2) 특별피난계단의 계단실 및 부속실 제연

특별피난계단의 계단실이나 부속실(비상용승강기 승강장 포함)은 화재가 발생하는 화재실이 아니며, 거실에서 화재가 발생할 경우 거주자가 일시적인 피난을 하거나 소방대가 대기하는 공간으로 볼 수 있다. 따라서 이 공간에는 급기만을 실시하여 거실보다 압력을 높게 함으로써 거실의 연기가 침투하지 않도록 하여야 한다.

(3) 제연설비의 구성

제연의 원리는 화재실의 개구부로부터 비화재실이나 피난로에 연기가 침입·확산되어 연기로 채워지는 것을 막기 위해 그림 7-18의 점선으로 나타낸 것과 같이 연기의 압력분포를 개구부에서 유지하도록 하는 것이다. 이를 위해 화재실에서 배연으로 연기를 배출하거나 또는 피난로에 신선한 공기를 급기하여 가압하면 압력분포가 형성되어 화재실에서 비화재실 및 그밖의 부분으로 연기의 유출을 방지하거나 연기의 침입·확산을 막을 수 있다.

제연설비는 배기팬·배기댐퍼·전실감지기·급기댐퍼·급기팬·중앙방재밸브 등으로 구성된다(그림 7-19).

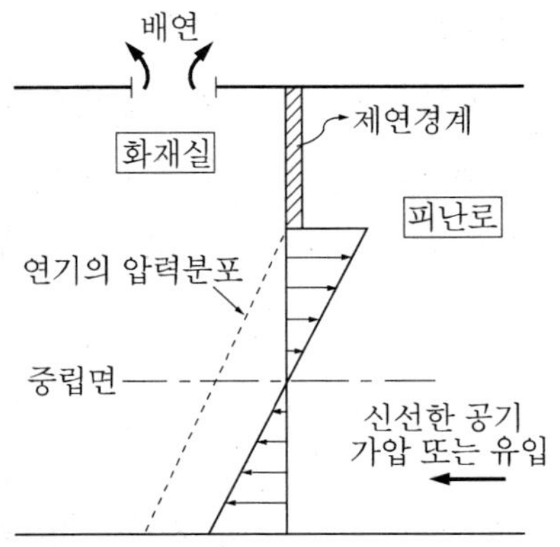

그림 7-18 제연의 원리

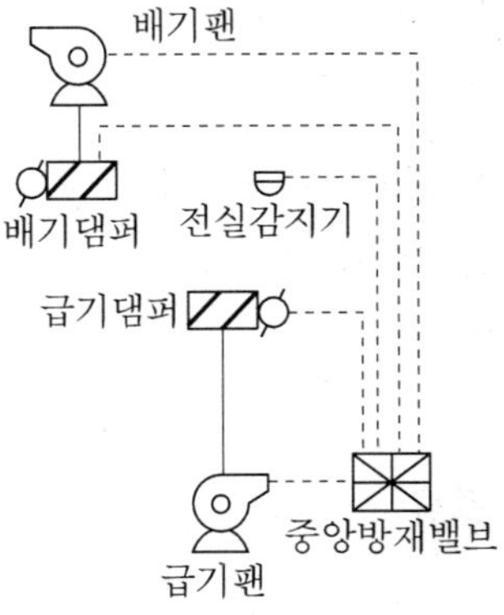

그림 7-19 제연설비의 구성

(4) 제연구역

제연구역이라 함은 건축물을 연기의 유동이 구획되어질 수 있도록 기둥·벽·보·바닥·천장 또는 제연경계벽에 의해 밀폐된 건물 내의 공간을 말하며, 일종의 구역화(zoning)이다.

1) 하나의 제연구역의 면적 : 1,000 m^2 이내
2) 거실과 통로(복도 포함) : 상호 제연구획
3) 거 실 : 직경 60 m의 원에 내접
4) 통 로 : 보행중심선의 길이 60 m 이내

(5) 제연경계

제연경계라 함은 제연구역을 나누기 위한 수단의 하나로서 통상 벽면으로 구분하는 경우가 많으며, 이 경우 "제연경계벽"이라고 한다.

1) 제연경계의 재질은 내화재료, 불연재료 또는 제연경계벽으로 성능을 인정받은 것으로서 화재시 쉽게 변형·파괴되지 아니하고 연기가 누설되지 않는 기밀성의 재료로 한다.

2) 제연경계는 제연경계의 폭이 0.6 m 이상이고, 수직거리는 2 m 이내이어야 한다. 다만 구조상 불가피한 경우는 2 m를 초과할 수 있다.

3) 제연경계벽은 배연시 기류에 따라 그 하단이 쉽게 흔들리지 아니하여야 하며, 또

한 가동식의 경우에는 급속히 하강하여 인명에 위해를 주지 아니하는 구조로 한다.

(6) 예상제연구역

예상제연구역이라 함은 화재시 연기제어 실시 대상이 되는 제연구역을 의미한다.

1) 제연경계의 폭

① 제연경계의 폭이란 예상제연구역에 설치한 제연구획을 하기 위한 제연경계벽 등에 대해 반자, 반자가 없는 경우는 천장에서 보(beam)나 제연경계벽의 하단부까지의 수직거리를 의미한다.

② 제연경계의 폭은 화재시 연기를 배출한 후 배출되지 못한 연기는 위로 상승하여 체류하게 되는 공간으로서 폭은 최소 60 cm 이상이어야 한다. 제연경계의 폭이 0.6 m 이상인 이유는 연기층의 두께를 적게 하면 배출구에서 연기를 배출시 연기와 공기를 같이 흡입하게 되는 것을 방지하기 위한 것이다(그림 7-20).

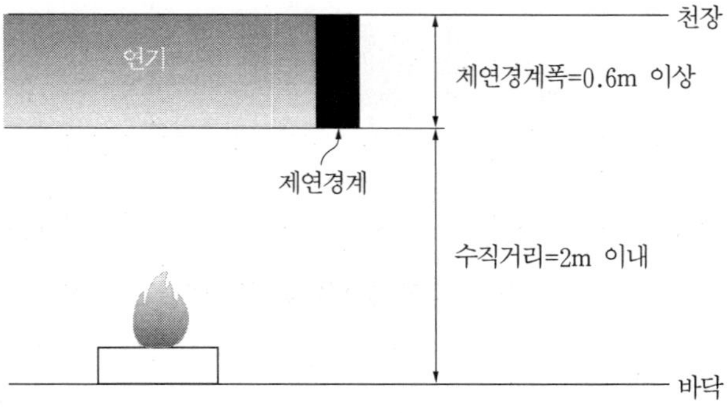

그림 7-20 제연경계의 폭 및 수직거리

2) 수직거리

수직거리라 함은 제연경계의 바닥으로부터 그 수직하단까지의 거리를 말한다. 화재시 급기량이 체류하는 공간으로 통상 2 m 이하로 하며, 2 m를 초과할 경우 배출량을 증가시켜야 한다.

3) 공동예상제연구역

연기를 제어하는 제연방식은 "단독제연"과 "공동제연"으로 나눌 수 있다. "단독제연"은 하나의 제연구역에 대한 개별적인 제연방식이고, 이에 비하여 "공동제연"은 벽이나 제연경계로 구분된 2 이상의 제연구역에 대해 어느 하나의 제연구역에서 화재가 발생하여도 2 이상의 제연구역에 동시에 급배기를 실시하여 제연하는 것을 말한다.

이를 고려하여 "공동예상제연구역"은 벽이나 제연경계로 구획된 2개 이상의 예상제연구역으로서 화재발생시 동시에 연기제어(제연)가 요구되는 구역이나 제연설비의 설계 목적상 화재가 발생할 것으로 예상되는 실이나 구역이 2개 이상으로 동시에 제연을 해야 하는 구역을 말한다(그림 7-21).

따라서 예상제연구역 1에서 화재가 발생할 경우 예상제연구역 2와 예상제연구역 3 모두에 급배기가 실시되어 구역 1에 대한 화재를 동시에 대비할 수 있게 하는 것이다.

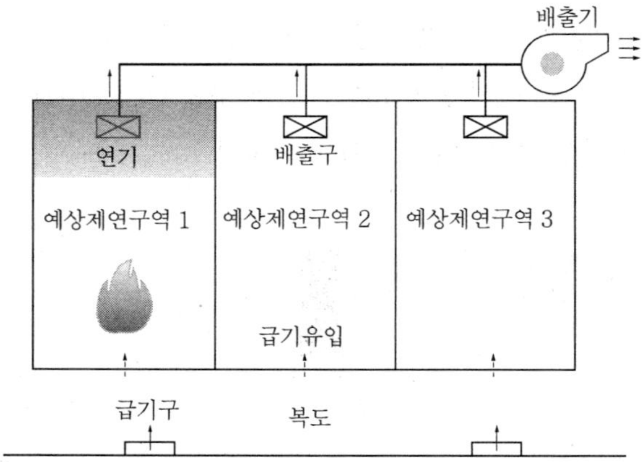

그림 7-21 예상제연구역 및 공동예상제연구역

(7) 방화문

방화문은 방화구획을 하기 위한 수단의 하나로 화재시 일정 규모의 성능을 발휘해야 한다. 방화문은 화재에 대비해서 항상 닫혀있어야 한다. 그 이유는 방화문이 열려있으면 방화구획의 목적을 달성할 수 없기 때문이다. 그러나 건축물의 관리·운영상 평상시 개방해야 할 필요가 있으면 개방을 하되 화재시 열이나 연기가 감지되면 반드시 자동으로 닫히는 구조로 설치되어야 한다.

(8) 제연방법

1) 방연막(Smoke barrier) 설치

연기를 차단하기 위한 벽, 문의 설치로 연기 이동을 제어하는 것이다.

2) 급기가압(Pressurization)

연기 차단벽에 의하여 구획된 보호공간을 화재실로부터 연기의 유입을 막는 기능이며, 미국의 NFPA에서 제시하는 차압은 스프링클러설비가 거실에 설치된 건물에서의 압력차는 거실의 경우 12.5 Pa이다.

3) 공기 흐름에 의한 제어

화재실로부터 개구부를 통한 연기의 유입을 반대로 흐르게 함으로써 막는 방법이다.

4) 강제배연(Smoke forced venting, Forced ventilation system)

배출기를 사용하여 강제적으로 연기를 외부로 배출하고 환기하기 위한 것이다

5) 자연배연

공간의 상부에 배연구를 만들어 축적된 연기를 배연[스모크타워(smoke tower), 배연창, 무동력 팬 등]하는 것이다.

(9) 배출방식

거실 제연에서는 배출방식을 예상제연구역의 수에 따라 단독제연방식과 공동제연방식으로 나눈다.

1) 단독제연방식

하나의 예상제연구역만 단독으로 제연하는 방식으로 화재시 화재가 발생한 제연구역 거실이나 통로에서만 제연이 이루어지는 방식이다(그림 7-22).

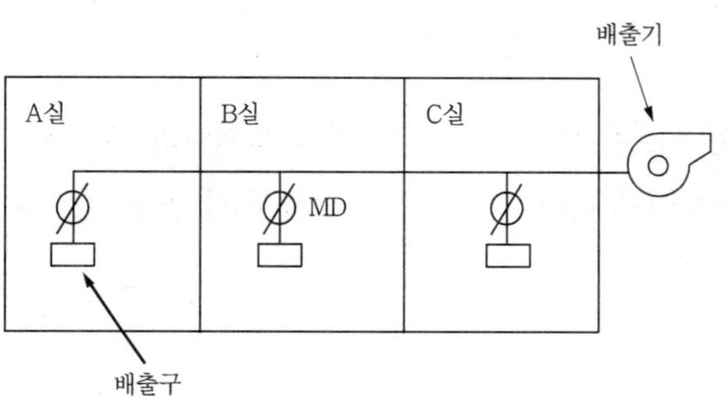

그림 7-22 단독제연방식

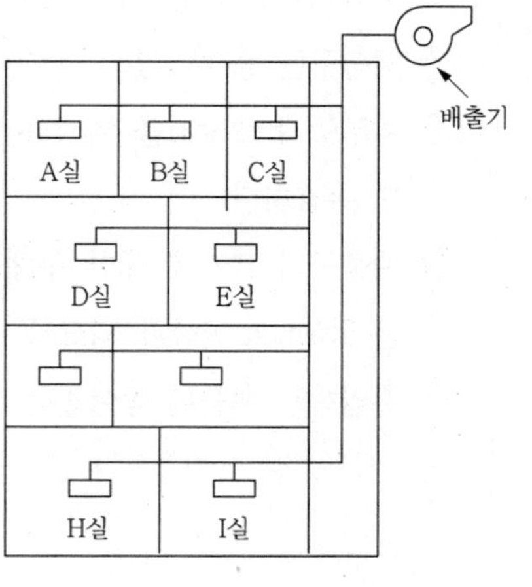

그림 7-23 공동제연방식

2) 공동제연방식

2개 이상의 예상제연구역을 동시에 제연하는 방식으로 화재시 화재가 발생하지 않은 구역도 공동제연구역인 경우 모두 동시에 제연하는 방식이다(그림 7-23).

(10) 배출구

배출구는 화재로 발생한 연기를 제연하기 위해 천장 또는 벽 위에 설치하는 연기의 흡입구로서 일반적으로 항시 폐쇄된 상태에서 화재가 발생할 경우에는 수동이나 연기 감지기의 연동 또는 원격조작에 의해 댐퍼가 개방됨과 동시에 배출기가 작동하여 연기가 제어되는 구조로 되어 있다. 또한 배출기는 1대가 여러 개의 제연구획을 담당하고 있으므로 동시에 여러 제연구역의 배출구가 개방되고 있으면 유효한 제연이 불가능하다. 따라서 항상 댐퍼를 폐쇄해 두고 화재가 발생한 부분의 댐퍼만을 개방한다.

1) 배출구의 분류

배출구는 그 형상에 따라 점형배출구와 선형배출구(슬릿드형)로 나누어진다. 점형배출구는 일반적으로 둥근형 또는 사각형의 배출구이다. 선형배출구는 복도 등의 폭 전체의 길이에 설치하는 대단히 좁고 긴 형상이기 때문에 점형배출구에 비해서 연기의 유동저지(流動沮止)라는 점에서 유효하다.

2) 배출구의 설치

① 배출구는 그 제연구획의 모든 부분으로부터 10m 이내이어야 한다.

② 배출구는 천장·반자 또는 이에 가까운 벽에 설치한 경우에는 배출구의 하단과 바닥 간의 최단거리가 2m 이상의 높이에 설치하여야 한다.

③ 배출구는 될 수 있는 한 높은 위치에 설치하여야 한다.

④ 외부로 유출방지를 위해서는 그 개구부의 상단에 수직벽 등의 바로 앞에 설치하면 유효하다.

⑤ 배출구의 크기에 대한 구체적인 기준은 없지만 유효개구부에 있어서의 흡입풍속을 15m/s 이하가 되도록 결정하여야 하며, 흡입풍속을 빠르게 할 경우 공기를 흡입하는 비율이 높아진다.

7-8-2 연결송수관설비

(1) 특성 및 적응성

화재 시에 호스를 연장하는 것이 곤란한 고층건축물, 아케이드 등에서 유효하게 주수소화가 이루어질 수 있는 것을 목적으로 하여 방화대상물에 설치하는 송수구, 배관 등을 통하여 소방펌프자동차에서 송수하고 방수구에서 호스, 노즐 등에 의하여 방수하여 소화한다.

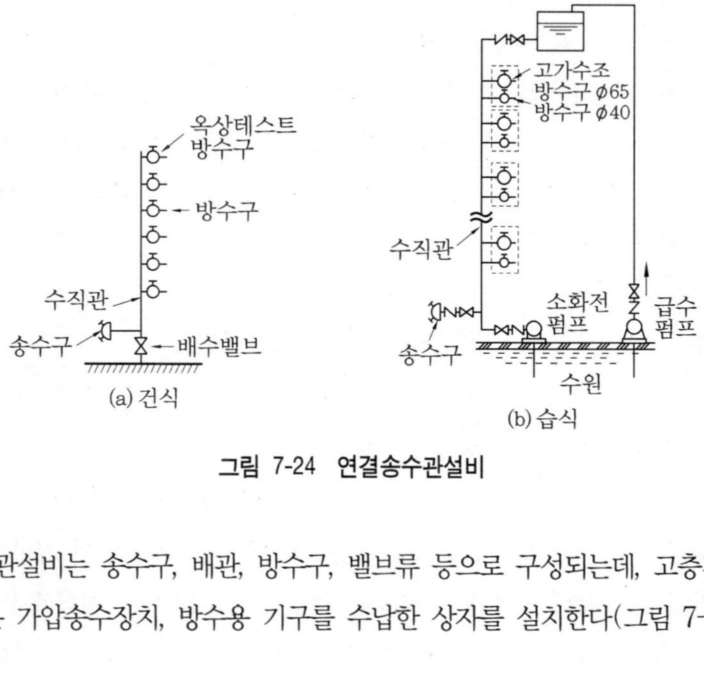

그림 7-24 연결송수관설비

연결송수관설비는 송수구, 배관, 방수구, 밸브류 등으로 구성되는데, 고층건축물에 설치하는 것은 가압송수장치, 방수용 기구를 수납한 상자를 설치한다(그림 7-24).

(2) 송수구(Siamese connection)

① 소방차가 쉽게 접근할 수 있고 노출된 장소에 설치한다.

② 지면으로부터 높이가 0.5m 이상 1m 이하의 위치에 설치한다.

③ 구경 65mm의 쌍구형으로 한다.

④ 송수구는 연결송수관의 수직배관마다 1개 이상을 설치한다. 다만, 하나의 건축물에 설치된 각 수직배관이 중간에 개폐밸브가 설치되지 아니한 배관으로 상호 연결되어 있는 경우에는 건축물마다 1개씩 설치할 수 있다.

⑤ 송수구에는 가까운 곳의 보기 쉬운 곳에 “연결송수관설비송수구”라고 표시한 표

지를 설치한다.

(3) 배관

① 연결송수관설비의 배관은 다음 각호의 기준에 따라 설치하여야 한다.

㉠ 주배관의 구경은 100mm 이상의 것으로 한다.

㉡ 지면으로부터의 높이가 31m 이상인 소방대상물 또는 지상 11층 이상인 소방대상물에 있어서는 습식설비로 한다.

② 연결송수관설비의 배관은 주배관의 구경이 100mm 이상인 옥내소화전설비·스프링클러설비 또는 물분무 등 소화설비의 배관과 겸용할 수 있다.

③ 연결송수관설비의 수직배관은 내화구조로 구획된 계단실(부속실을 포함한다) 또는 파이프 덕트 등 화재의 우려가 없는 장소에 설치하여야 한다. 다만, 학교 또는 공장이거나 배관 주위를 1시간 이상의 내화성능이 있는 재료로 보호하는 경우에는 그러하지 아니하다.

(4) 방수구

① 연결송수관설비의 방수구는 그 소방대상물의 층마다 설치한다. 다만, 아파트의 1층 및 2층에 해당하는 층에는 설치하지 아니할 수 있다.

② 방수구는 아파트 또는 바닥면적이 1,000m^2 미만인 층에 있어서는 계단(계단의 부속실을 포함하며 계단이 2 이상 있는 경우에는 그 중 1개의 계단을 말한다)으로부터 5m 이내에, 바닥면적 1,000m^2 이상인 층(아파트를 제외한다)에 있어서는 각 계단(계단의 부속실을 포함하며 계단이 3개 이상 있는 층의 경우에는 그 중 2개의 계단을 말한다)으로부터 5m 이내에 설치한다.

③ 11층 이상의 부분에 설치하는 방수구는 쌍구형으로 한다. 다만, 아파트의 용도로 사용되는 층, 스프링클러설비가 유효하게 설치되어 있고 방수구가 2개소 이상 설치된 층에는 단구형으로 설치할 수 있다.

④ 방수구의 호스접결구는 바닥으로부터 높이 0.5m 이상 1m 이하의 위치에 설치한다.

⑤ 방수구는 연결송수관설비의 전용방수구 또는 옥내소화전방수구로서 구경 65mm의 것으로 설치한다.

⑥ 방수구는 개폐기능을 가진 것으로 한다.

7-8-3 연결살수설비

(1) 특성

지하가나 건축물의 지하층에서는 화재시 연기 및 열기가 자욱한 것에 의해 소방활동이 곤란한 경우가 예상되는 바 이들의 부분에 미리 배관, 살수헤드, 송수구 등을 설치하여 화재시 소방대의 소방펌프자동차에서 송수구를 통하여 압력수를 송수하고, 살수헤드에서 살수하여 유효하게 소화하는 설비이다. 연결살수설비는 송수구, 배관, 살수헤드, 밸브류 등으로 구성되어 있다. 또한 연결살수설비의 살수헤드는 개방형 살수헤드와 폐쇄형 살수헤드가 있다(그림 7-25).

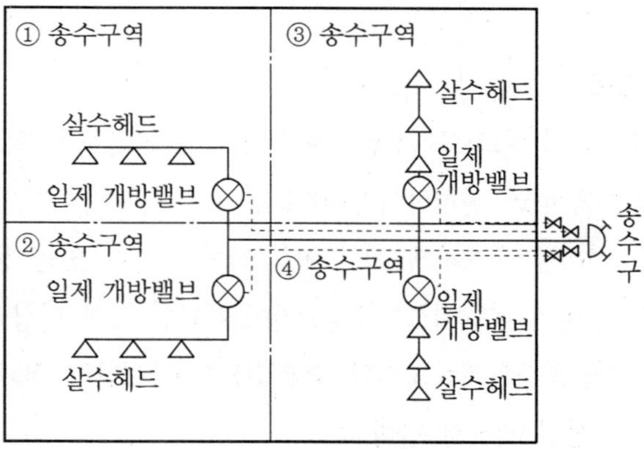

그림 7-25 연결살수설비의 구성

(2) 송수구

① 소방차가 쉽게 접근할 수 있고 노출된 장소에 설치한다. 이 경우 가연성 가스의 저장 · 취급시설에 설치하는 연결살수설비의 송수구는 그 방호대상물로부터 20 m 이상의 거리를 두거나 방호대상물에 면하는 부분이 높이 1.5 m 이상 폭 2.5 m 이상의 철근콘크리트벽으로 가려진 장소에 설치하여야 한다.

② 송수구는 구경 65 mm의 쌍구형으로 설치한다. 다만, 하나의 송수구역에 부착하는 살수헤드의 수가 10개 이하인 것에 있어서는 단구형의 것으로 할 수 있다.

③ 개방형 헤드를 사용하는 송수구의 호스접결구는 각 송수구역마다 설치한다. 다만,

송수구역을 선택할 수 있는 선택밸브가 설치되어 있고 각 송수구역의 주요구조부가 내화구조로 되어 있는 경우에는 그러하지 아니하다.

④ 지면으로부터 높이가 0.5m 이상 1m 이하의 위치에 설치한다.

7-8-4 비상콘센트설비

(1) 특성

11층 이상의 건축물 및 지하가의 화재에 있어 연기에 의해 소방대의 진입이 곤란한 경우에 돌파구를 만드는 데 많은 시간을 필요로 하는 등 화재 확대의 요인이 되는 것도 예상되기 때문에 소화활동을 능률적으로 행할 수 있고, 파괴기구 등 동력장치, 조명장치 등이 정전 시에도 사용할 수 있도록 전력을 공급하기 위한 설비이다. 비상콘센트설비는 배선, 비상전원, 콘센트 등으로 구성되어 있다.

(2) 전원 및 콘센트

① 비상콘센트설비의 전원회로(비상콘센트에 전력을 공급하는 회로를 말한다)는 다음 각호의 기준에 따라 설치하여야 한다.

㉠ 비상콘센트설비를 유효하게 20분 이상 작동시킬 수 있는 용량으로 한다.

㉡ 비상콘센트설비의 전원회로는 3상교류 380V인 것과 단상교류 220V인 것으로서, 그 공급용량은 3상교류의 경우 3KVA 이상인 것과 단상교류의 경우 1.5KVA 이상인 것으로 한다.

㉢ 전원회로는 각층에 있어서 2 이상이 되도록 설치한다. 다만, 설치해야 할 층의 비상콘센트가 1개인 때에는 하나의 회로로 할 수 있다.

㉣ 전원회로는 주배전반에서 전용회로로 한다. 다만, 다른 설비의 회로 사고에 따른 영향을 받지 아니하도록 되어 있는 것에 있어서는 그러하지 아니하다.

㉤ 전원으로부터 각층의 비상콘센트에 분기되는 경우에는 분기배선용 차단기를 보호함 안에 설치한다.

㉥ 콘센트마다 배선용 차단기(KS C 8321)를 설치하여야 하며, 충전부가 노출되지 아니하도록 한다.

㉦ 개폐기에는 "비상콘센트"라고 표시한 표지를 한다.

㉧ 비상콘센트용의 풀박스 등은 방청도장을 한 것으로서, 두께 1.6mm 이상의 철

판으로 한다.

㉮ 하나의 전용회로에 설치하는 비상콘센트는 10개 이하로 한다. 이 경우 전선의 용량은 각 비상콘센트(비상콘센트가 3개 이상인 경우에는 3개)의 공급용량을 합한 용량 이상의 것으로 하여야 한다.

② 비상콘센트의 플럭접속기는 3상교류 380V의 것은 접지형3극 플러그접속기(KS C 8305)를, 단상교류 220V의 것에 있어서는 접지형2극 플러그접속기(KS C 8305)를 사용하여야 한다.

③ 비상콘센트는 바닥으로부터 높이 0.8m 이상 1.5m 이하의 위치에 설치한다.

④ 지하상가 또는 지하층의 바닥면적의 합계가 3,000 m^2 이상인 것은 수평거리 25m, 이 외에는 수평거리 50m마다 배치한다.

7-9 관리 및 운영

7-9-1 방재 센터

(1) 개요

① 방재 센터의 설치개념

㉠ 사람들의 안전 확보

㉡ 정보, 재산의 보전

㉢ 화재시 방재정보의 집중화로 효과적인 감시 및 제어의 용이성

② 방재 센터를 설치하여 방재시설 및 유지관리의 작동상황을 집중적으로 감시하고 해당 설비들의 기능을 유기적으로 연결한다.

③ 방재 센터에 의한 방재관리상 운영의 일원화를 통하여 다음의 방재활동을 효과적으로 수행한다.

㉠ 예방에 의한 화재발생요인의 배제

㉡ 화재의 발견

㉢ 화재의 확인, 통보

㉣ 피난유도

㉤ 소화

ⓑ 제연

ⓢ 화재의 확대방지

ⓞ 기타 방재활동

(2) 위치 및 구조

① 소방대가 옥외로 용이하게 접근하고 철수할 수 있는 위치

② 비상 엘리베이터 및 특별피난계단에 인접하여 안전하고 용이하게 연락할 수 있는 위치

③ 외부로부터 화기 및 연기의 영향을 쉽게 받지 않는 위치

④ 타 부분과는 내화구조의 벽, 바닥 및 갑종방화문으로 구획되고 전용의 환기설비를 갖춘 위치

(3) 방재 센터의 시스템 구성

① 각층의 중계기를 총괄 통제하는 인텔리전트 R형 수신기

② 설비별 작동상황을 CRT에의 건축평면도상에 표시

③ 화재발생 상황 및 동작(오작동 포함) 시각 등을 기록

④ 전체 시스템의 방재동작 상황을 그래픽으로 표시

⑤ 관련설비(전기, 공조, 엘리베이터 운전)의 연동제어

⑥ 기타 방재활동과 관련하여 최근에 개발된 장치를 효과성, 경제성, 미래지향성 등을 검토하여 시스템 구성에 포함시킨다.

7-9-2 T.A.B

① 방재시설에 대해서 Testing(시험), Adjusting(조정), Balancing(균형)을 도입하여 시행한다.

② 방재 T.A.B의 업무

㉠ 소화설비에 사용되는 물 및 소화약제의 유량, 제연설비의 풍량 등의 조정 및 균형

㉡ 방재계획 및 설계치를 유지할 수 있는 전체 시스템의 조정

㉢ 방재 센터 및 경보설비 등의 전기계측

㉣ 방화문, 방화 셔터를 포함한 모든 피난설비 및 연소확대 방지설비에 대한 자동제어장치의 성능확인 및 조정

㉤ 종합적인 시스템의 연동상태 확인 및 조정

chapter 8
피뢰설비

8-1 개 요

자연현상인 뇌에 기인한 직격뢰에 의하여 골프장 또는 야외 개방지역에서의 인명사상사고, 건축물 등의 파손, 화재 및 간접적인 사상자사고, 에너지플랜트에서의 정전사고 및 2차적 재해 그리고 화학플랜트 또는 위험물 취급, 저장지역에서의 화재, 폭발 및 2차적 사상자사고 등이 유발한다. 특히 고지대, 해변 또는 옥외 개방된 지역의 시설물은 높이가 낮더라도 낙뢰의 위험이 매우 크므로 완전한 피뢰보호가 요구된다.

피뢰설비(避雷設備)는 "건축법시행령"에 따라 낙뢰의 우려가 있는 건축물, 높이 20 m 이상의 건축물 또는 높이 20 m 이상의 공작물에 "건축물의 설비기준 등에 관한 규칙"에 의한 설계기준, 또한 "피뢰침의 설치에 관한 기술상의 지침" 등에서 규정하고 있다.

낙뢰시 위험한 장소는 고지대 및 능선지역, 건축물의 옥상, 야외개방지역, 야외 체력단련장 및 골프장, 야외 주차장 및 테니스장, 야외 수영장, 호수 및 해변가, 철제 울타리 근처, 빨랫줄, 가공선 및 전철 궤도, 고립된 지역의 나무아래 등이다.

8-2 용어의 정의

① 피뢰설비 : 낙뢰로 발생할 수 있는 화재 · 파손 또는 인축의 상해 등을 방지할 목적으로 피보호 대상물에 설치하는 돌침, 피뢰도선 및 접지전극 등으로 구성된 설비를 총칭한다.

② 돌침 : 피뢰침의 최상단 부분으로서 뇌격을 잡기 위한 금속체를 말한다.

③ 가공지선 : 피뢰를 목적으로 피보호물 위쪽에 규정치 이상의 거리를 두고 가설한 도선을 말한다.

④ 피뢰도선 : 뇌전류를 통하기 위하여 접지극과 연결되는 다음 각목의 도선을 말한다.

가. 돌침을 상호 연결하는 도선

나. 돌침으로부터 접지극으로 인하하는데 사용되는 인하도선

다. 본딩접속에 사용되는 도선

라. 피뢰침 접지극과 인접한 수도관이나 전기설비 또는 전화통신설비의 접지극, 금속제가스 파이프 등을 상호접속시키는데 사용되는 도선

⑤ 인하도선 : 피뢰도선의 일부로 피보호물의 상부에서 접지극까지의 연직인 부분을 말한다.

⑥ 보호범위 : 피뢰침의 선단을 통하는 연직선을 축으로 하여 원추형을 가정하여 그 원추의 경사 표면 이하의 공간을 말한다.

⑦ 보호각 : 보호범위에서 가정한 원추의 중심축과 측면과의 사이의 각을 말한다.

⑧ 측면방전 : 낙뢰시에 피뢰도선 또는 그 지지물과 접근하여 있는 금속체 사이에 발생되는 방전현상을 말한다.

⑨ 접지극 : 피뢰도선과 대지를 전기극으로 접속하기 위해 지중에 매설하는 도체를 말한다.

8-3 피뢰방식 및 보호각

(1) 피뢰 방식

1) 돌침 방식

건축물 상부에 돌침을 설치하여 근접 뇌격을 흡인하여 돌침과 대지 사이의 인하도체를 통해 외격전류를 안전하게 대지로 방류하는 방식이다. 수평투영면적이 작은 건물(굴뚝, 고가수조, 옥상의 옥탑부분 등), 위험물 저장소 등에 적용한다.

보호각을 규정치 이내로 수용하기 위해 돌침을 길게 하는 경우 보호효과가 낮아지므로 뇌의 차폐가 제대로 이루어지지 못할 가능성이 증가하고, 시공성 및 미관에 불리하다. 따라서 이와 같은 경우에는 돌침과 수평도체방식을 병용하는 것이 적당하다.

2) 수평도체 방식

보호대상물의 건축물의 상부에 수평도체를 가설하고 이에 뇌격을 흡인한 후 인하도선을 통해 뇌격전류를 대지로 방류하는 방식이다. 수평투영면적이 비교적 큰 건축물에 적용한다.

이 방식은 완전보호를 목적으로 하지 않고 비수뢰부의 뇌격확률을 최소화하여 2차적 재해를 방지한다는 개념에서 도입된 것이므로 위험물 저장소 등에는 적용하지 못한다.

난간, 펜스 등이 규정된 두께 이상의 단면적으로서 전기적으로 완전하게 접속되어 있고 경년열화 및 접촉불량의 우려가 없는 조건에서 반영구적으로 이용할 수 있는 설비는 수평도체로서 대용할 수 있다.

3) 케이지 방식

피보호물을 적당한 간격(일반 : 2m, 위험물 : 1.5m)으로 그물눈을 가진 도체로 완전히 보호하는 방식이다. 산악지대의 레이다 기지, 천연기념물의 수목 등에 적용한다.

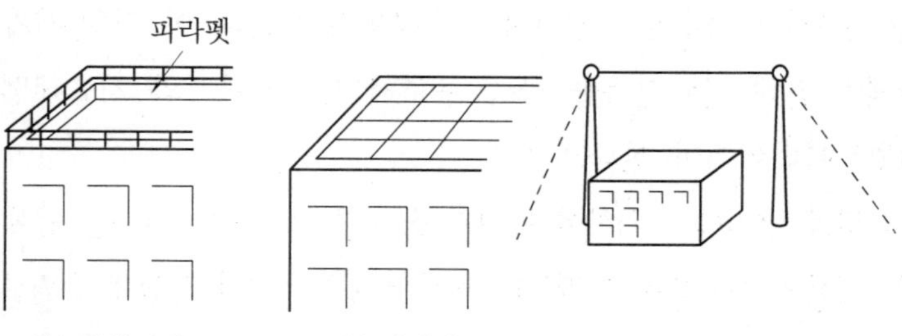

(a) 동상도체 (b) 케이지 (c) 가공설치

그림 8-1 피뢰침시설의 종류

(2) 피뢰침의 보호각

일반건축물의 경우 60° 이하, 위험물저장, 제조, 취급하는 건축물의 보호각은 45° 이하로 규정하고 있다.

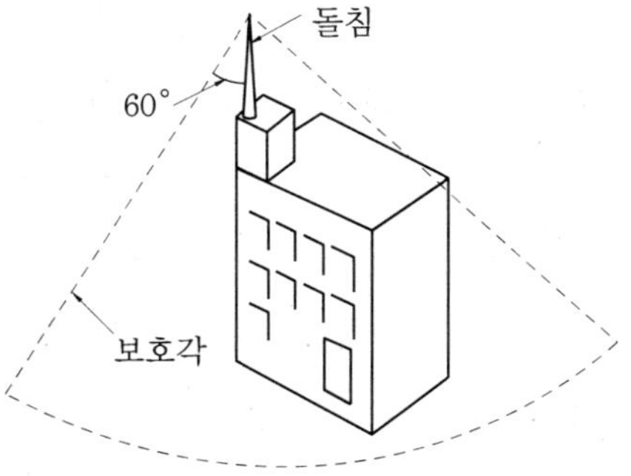

그림 8-2 일반건물의 보호각

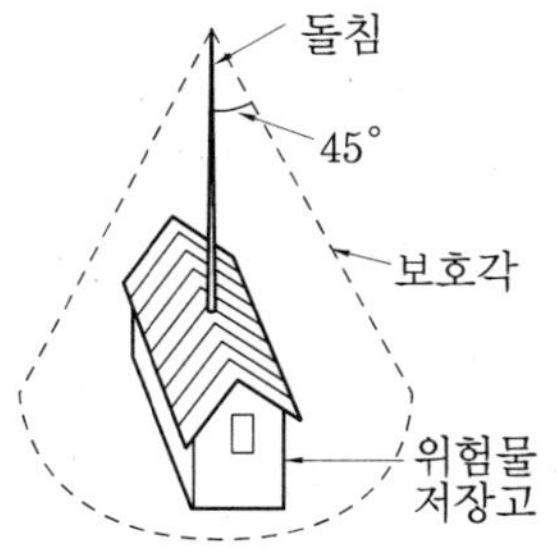

그림 8-3 위험물저장고의 보호각

8-4 피뢰설비의 설치기준

1) 피뢰설비는 한국산업표준이 정하는 피뢰레벨 등급에 적합한 피뢰설비로 한다. 다만, 위험물저장 및 처리시설에 설치하는 피뢰설비는 한국산업표준이 정하는 피뢰시스템 레벨 II 이상이어야 한다.

2) 돌침은 건축물의 맨 윗부분으로부터 25cm 이상 돌출시켜 설치한다.

3) 피뢰설비의 재료는 최소 단면적이 피복이 없는 동선을 기준으로 수뢰부, 인하도선 및 접지극은 50mm^2 이상이거나 이와 동등 이상의 성능을 갖춘다.

4) 피뢰설비의 인하도선을 대신하여 철골조의 철골구조물과 철근콘크리트조의 철근구조체 등을 사용하는 경우에는 전기적 연속성을 보장한다. 이 경우 전기적 연속성이 있다고 판단되기 위해서는 건축물 금속 구조체의 최상단부와 지표레벨 사이의 전기저항이 0.2Ω 이하이어야 한다.

5) 측면 낙뢰를 방지하기 위하여 높이가 60m를 초과하는 건축물 등에는 지면에서 건축물 높이의 5분의 4가 되는 지점부터 최상단 부분까지의 측면에 수뢰부를 설치하여야 하며, 지표레벨에서 최상단부의 높이가 150m를 초과하는 건축물은 120m 지점부터 최상단 부분까지의 측면에 수뢰부를 설치한다. 다만, 건축물의 외벽이 금속 부재로 마

감되고, 금속부재 상호간에 전기적 연속성이 보장되며 피뢰시스템레벨 등급에 적합하게 설치하여 인하도선에 연결한 경우에는 측면 수뢰부가 설치된 것으로 본다.

8-5 피뢰설비의 시공

(1) 돌침

돌침의 직경은 12mm 이상으로서 동봉, 알루미늄 도금을 한 철봉 또는 이와 동등 이상의 강도 및 성능의 것을 사용하여야 한다.

돌침의 높이는 피보호물로부터 돌침 간격이 6m 이하인 경우에는 25cm 이상, 돌침 간격이 7.5m 이하인 경우에는 60cm 이상 돌출시킨다.

돌침의 높이가 60cm를 초과할 때에는 돌출부 높이의 1/2 이상의 지점에 지지대를 설치하여 견고하게 고정시켜야 한다.

(2) 옥외 고정 지붕형 위험물 저장조의 피뢰침설비

대기압에서 인화성물질, 가연성가스 등의 위험물을 저장하는 금속체 지붕형 저장조는 다음 각 호의 조건을 만족하는 경우에 저장조 자체가 구조적으로 낙뢰의 위험으로부터 보호되는 것으로 간주하여 피뢰침을 설치하지 아니할 수 있다.

① 금속판 사이의 모든 접속부분이 리벳접합, 볼트접합, 용접방식으로 접속 되어야 한다.

② 저장조에 유입되는 모든 배관이 탱크와 전기적으로 접속하여 통전에 의하여 불꽃이 일어나지 않는 구조이어야 한다.

③ 밀폐구조의 저장조이어야 한다.

④ 지붕철판의 두께가 3.2mm 이상이고, 탱크 접지 저항이 5Ω 이하이어야 한다.

(3) 옥외 유동지붕형 저장조의 피뢰침설비

유동지붕형 저장조에서 상부 빈 공간에 행거를 설치하는 경우에는 지붕과 시일의 접촉부에 저장조 주변을 따라 3m 이하의 간격으로 접촉장치를 설치하여야 한다. 다만, 시일에 증기가 체류할 수 있는 공간이 없는 저장조의 경우에는 시일에 접촉장치를 설치하지 아니할 수 있다.

접촉장치는 두께 0.4mm, 폭 50mm의 스테인리스 강판을 사용하든지, 내식성이나 전기저항이 이와 동등 이상의 것을 사용하여야 하며, 금속 접촉 부위는 접촉부에서 부식 등으로 틈새가 발생하지 않고 저장조 외피와 접촉이 완벽하게 유지되어야 하며, 탱크 지붕이 이동하는 모든 범위 내에서 접속될 수 있어야 한다.

(4) 비금속체 지붕구조의 저장조의 낙뢰보호

저장조의 지붕이 나무 또는 기타 금속재질이 아닌 경우에는 저장조 지붕 가장자리에 돌침을 설치하고 각 돌침과 저장조 금속제외피를 본딩(bonding)접속을 하거나 가공지선 또는 단독피뢰침을 설치하여야 한다.

(5) 저장조의 접지

저장조에는 직격뇌가 유입할 때 탱크의 전위상승에 따른 대지와의 스파크 발생을 방지하기 위하여 낙뢰전류가 대지로 방류될 수 있도록 접지를 하여야 한다. 다만, 다음 각 호의 경우에는 별도로 접지를 하지 않아도 된다.

① 저장조에 접속되는 금속체 배관이 접지되어 있고, 배관 플랜지 등을 본딩 접속하는 경우

② 원형 수직탱크를 지표면 또는 콘크리트 지반에 설치하는 경우에는 탱크 직경이 6m 이상인 경우. 다만, 토양의 저항률이 큰 지반에 설치할 경우에는 저장조 직경이 15m 이상인 경우에 한한다.

③ 탱크가 인접 건물의 피뢰 설비와 본딩접속이 된 경우

(6) 측면방전방지

피뢰침은 그 주변에 접지된 금속체가 있는 경우에는 피뢰침과 금속제를 본딩하여 측면방전 현상에 따른 설비의 손상이나 화재 등이 발생되지 않도록 하여야 한다.

(7) 피뢰도선

피뢰도선은 가능한 접지극과 최단거리의 경로를 선정하여 설치하되 굴곡부는 내측각이 90° 이상이고 또한 곡률반경이 20cm 이상 되도록 하여 90cm 간격으로 지지물에

견고하게 고정시켜야 한다.

(8) 인하도선 및 본딩선의 굵기

인하도선의 단면적은 $30mm^2$ 이상인 동선, $50mm^2$ 이상의 알루미늄 또는 이와 동등 이상의 도전성의 것을 사용한다.

본딩선의 단면적은 $14mm^2$ 이상의 동선, $22mm^2$ 이상인 알루미늄선 또는 이와 동등 이상의 도전성의 것을 사용한다.

(9) 인하도선의 수

인하도선의 수는 피보호물의 구조가 어떠한 형태이더라도 최소한 2조 이상이 되도록 하여야 한다. 다만, 저장조의 수평투영 단면적이 $50m^2$ 이하인 경우에는 인하도선을 1조로 할 수 있다.

시설물의 둘레가 긴 경우에는 평균 30m 이하 간격으로 인하도선을 균등하게 배치하여야 한다.

(10) 인하도선의 위치

인하도선은 다음 각 호의 조건을 고려하여 설치하되 가능한 한 넓게 분리시켜야 하며 정방형 또는 직사각형 시설물의 경우 상호 대칭되는 모서리 지점을 선정하여야 한다.

① 돌침의 위치
② 피뢰도선을 가능한 곧게 펴서 직선으로 할 수 있는 위치
③ 대지조건
④ 피뢰도선으로 활용 가능한 두께 이상의 큰 금속체의 위치
⑤ 지하에 매설된 금속관의 위치 등

(11) 인하도선의 보호

인하도선은 변형되거나 손상되지 않도록 지면 위로부터 최소한 1.8m까지 보호커버, 보호관, 콜드 등을 사용하여 보호하여야 한다. 인하도선을 금속관 내에 설치할 때에는 인하도선과 금속관의 상하단 두 지점을 본딩시켜야 한다. 부식성 토양에 인하도선을 매설할 때에는 지면 이하 90cm까지 내식성 보호커버를 씌워야 한다.

(12) 가공지선 방식 피뢰설비

가공지선 피뢰설비의 경우에는 단면적 30mm^2 이상의 동선 또는 그 이상의 도전체를 사용하여야 하며, 가공지선 지지용 지선은 그 지지점을 피뢰도선과 완전히 접속시킨다.

가공지선 및 그 지지대는 각 부분이 피보호물로부터 측면방전이 일어나지 않도록 2.5m 이상 이격시켜 설치하여야 한다.

(13) 등전위 접지

피보호물 내·외부에 위치한 모든 접지대상은 피뢰설비와 상호 접속하여 등전위가 되도록 하여야 한다. 상호 접속에 사용되는 도선의 굵기는 30mm^2 이상의 동선을 사용하여야 한다.

(14) 철골조 건물의 피뢰침 설치의 간략법

피보호물의 기둥 및 대들보가 철골조이던지 금속판으로 덮인 구조로서 전기적으로 접속된 경우에는 철골 또는 금속판을 피뢰도선으로 이용하여도 무방하다.

철골조 건물의 경우 피뢰접지는 철제 기둥마다 실시하되 접지개소가 평균 18m를 초과하지 않도록 하여야 하며, 접지선 접속부위는 철제 기둥 최하단부를 선정하되 접속판을 사용하여 견고하게 접속시켜야 한다. 다만, 철제 기둥이 지면으로부터 3m 이상 깊이까지 매설되어 있거나 철골조 피보호물의 합성 접지저항이 5Ω 이하인 경우에는 접지를 생략할 수 있다.

chapter 9
방범설비

9-1 개 요

방범설비(防犯設備)의 계획에 있어서 특히 주의할 점은 오보가 없고, 신뢰도가 높아야 하는 것, 또 시설의 성질상 보수가 용이하고, 항상 작동상태에 있도록 하는 것이다.

다음에 방범의 시스템이 어느 정도 비밀스러운 시설(경우에 따라서는 의식적으로 나타내는 것도 있다)이어야 한다.

건물이나 가로의 물리적 환경의 설계(하드적 기법)에 의해 범죄를 예방하고, '범행기회'를 감축시키는 범죄예방책을 도모하는 방범환경설계의 목표는 침입을 기도하는 자가 물리적, 심리적으로 침입하기 어려운 환경을 만드는 데 있다.

침입방지 4원칙 : 침입자가 "침입하기 어렵다"고 판단하는 요건.

① 시간(침입에 5분 이상 걸리는 것)
② 눈(사람의 눈에 띈다)
③ 빛(밝게 비춘다)
④ 음(경보음 등 큰 음에 의한 위협)

9-2 방범환경설계

방범환경설계CPTED(Crime Prevention Through Environmental Design)는 범죄가 발생하는 물리적 환경이나 상황에 착목한 범죄예방의 기법이다.

물리적 환경을 적절히 정비·관리하여 효과적으로 이용하면 범죄의 기회를 줄일 뿐 아니라 범죄불안을 경감하여 삶의 질을 향상시킬 수 있다.

방범환경설계에는 직접적인 기법으로 '피해대상의 강화·회피'와 '접근의 제어', 간접적인 기법으로 '감시성의 확보'와 '영역성의 강화'가 있고, 이들을 조합하여 시행하는 것이 중요하다(표 9-1).

표 9-1 방범환경설계의 4가지 기법

	피해대상의 강화·회피	접근의 제어
직접적인 기법	범죄의 피해대상이 되는 것을 회피하기 위하여 범죄유발요인의 제거와 대상물의 강화를 도모한다. • 건물의 창이나 현관의 잠금장치를 방범 성능이 높은 것으로 한다. • 방범대책을 갖춘 안전한 주차장을 마련한다.	범죄기도자(범죄를 일으키려고 하는 자)가 피해대상자(물)에 접근하기 어렵게 한다. • 건물의 창 등 침입구가 되는 장소에 발 디딜 자리가 될 수 있는 물건을 두지 않는다. • 도로에는 보차도를 분리하여 오토바이에 의한 날치기를 방지한다.
	감시성의 확보	**영역성의 강화**
간접적인 기법	많은 사람의 시선이 자연스럽게 미치는 전망을 확보한다. • 도로나 공원에 방범등을 설치하여 어두운 곳을 없앤다. • 교차점 등의 모퉁이의 땅은 모서리를 잘라 전망을 개선한다.	영역을 명확히 하여 외부자가 침입하기 어려운 환경을 구축한다. • 주택지와 주차장, 공원 등 부지의 영역을 명확히 하기 위하여 펜스나 화단으로 주변을 둘러싼다. • 낙서나 쓰레기를 없애는 등 깔끔한 시설관리를 행한다.

방범설비의 구축에 있어 방범상의 장애를 고려하여 시설 내의 각 부분이 어떤 성격을 지니고 있는가 대책을 세울 필요가 있다. 부지와 건물 등 물리적인 장소에 착목하여 대책을 수립하는 방법과 그 영역이 지니고 있는 성격에 착목하여 대책을 수립하는 방법이 있다. 표 9-2는 그 후자에 의한 방범대책이다.

표 9-2 부지와 건물의 영역 구분에 따른 방범대책

영역 구분	영역의 설명	방범대책의 개요
공공영역	공도나 공개공지 등 사람의 행동을 제약할 수 없는 영역	직접적인 방범대책은 이루어지지 않기 때문에 자연스러운 감시성이나 커뮤니티의 양성 등 간접적인 기법으로 대응한다.
반공공영역	공공영역에서 용이하게 들어갈 수 있는 영역	점포의 주차장이나 공동주택의 현관까지의 사이 등이 여기에 해당하고, 부지 내임을 알려 관계자 이외는 용이하게 들어오기 어렵도록 영역성을 명확히 한다.
반사적영역	원칙적으로 관계자 이외의 입관·입실을 저지하지만 그 정도는 엄격하지 않아 관계자 이외도 입관 가능한 영역	임대빌딩의 복도나 공동주택의 공용부 등 가능한 범위의 입관·입장 저지의 대책을 시행한다. 또한 점포에서는 침입 절도 이외의 범죄에도 배려한다.
사적영역	회사원·거주자 등 한정된 사람만이 입관·입실할 수 있는 영역	출입 관리 장치 등으로 담보한다. 또한 야간 등 무인시의 침입에의 대응을 행한다. 특별히 중요한 영역은 한층 엄격한 출입관리를 행한다.

9-3 주택에서의 방범환경설계

단독주택과 공동주택에서의 방범환경설계는 표 9-3과 같이 한다.

표 9-3 주택에서의 방범환경설계

	단독주택	공동주택
감시성의 확보	사람의 눈을 의식시킨다. 담은 전망을 확보한다. 인터폰은 TV도어폰으로 한다. 가로등은 밝게 한다.	사각을 만들지 않는다. 방범카메라를 설치한다. 24시간 상주관리한다.
영역성의 강화	아름답게 손질된 오픈 존 주민끼리의 커뮤니케이션 활성화	공용스페이스의 손질 커뮤니티 공간의 충실 주민참여의 공원정비
접근의 제어	사람의 감지센서 부착 조명 홈통이나 가스배관이 발판이 되지 않도록 한다. 보행음이 나는 자갈을 깐다.	부지 내에 통과동선을 만들지 않는다. 자동잠금장치(모니터 확인형식/지문식별) 공용복도, 계단에서 침입하지 못하는 장치
피해대상물의 강화	창은 보조잠금장치를 부착한다. 방범유리로 한다. 진동센서를 설치한다.	방범성이 높은 도어, 잠금장치, Thumb-turn 현관도어는 보조키 설치 1층 주변은 방범유리

9-4 매장에서의 방범환경설계

(1) 금전등록기, 정산코너의 배치

금전등록기 또는 상품을 정산하는 시설은 가능한 한 매장 내 전역의 전망이 효과적인 위치에 마련하도록 노력한다. 또한 금전등록기 주변 등은 항상 정리 정돈하여 금전등록기 내에서 근무하는 종업원의 얼굴 등이 항상 주위에서 보이도록 함과 아울러 종업원으로부터의 시인성을 높이기 위하여 시계를 방해하지 않도록 높은 설비는 가능한 한 피한다.

(2) 상품의 진열선반 등의 배치

상품의 진열선반이나 쇼케이스, 진열방법 등을 재점검하여 금전등록기나 정산코너 등 종업원이 상주하는 장소에서의 시인성을 확보함과 아울러 가능한 한 안쪽 장소가 사각이 되지 않도록 한다.

(3) 필요한 조도의 확보

밝은 장소에서의 범죄가 적은 점에서 매장 내에서 안심감의 조성과 도난 발생을 미연에 방지하기 위해서도 고조도의 조명시설의 설치와 관리에 노력한다.

(4) 매장 내 방범거울의 설치와 확인

금전등록기나 정산코너 등으로부터 비교적 가까운 장소에서 충분한 시인성을 확보할 수 없는 장소에는 방범거울을 설치함과 아울러 설치한 곳의 유효성에 대하여 가능한 한 점검을 한다.

(5) 매장 내외에서 방범카메라의 설치

비교적 광범위한 매장면적을 가진 매장에서는 사각이 없도록 한다. 그리하여 매장 내의 사각을 해소하기 위하여 필요한 수의 방범카메라를 설치하여 상시감시체제로 하고, 안심하고 매장을 즐길 수 있는 환경설계에 배려하고 있는 점을 손님 등에게 강조한다.

또한 녹화기능을 병설하는 경우에는 컴팩트하며 화상해상도가 높은 DVD 등의 디지털 녹화방식을 도입하여 영상을 일정기간 보존하도록 노력한다.

1) 매장 내에서의 방범카메라

① 설치 카메라수, 형상 등

사각이 되는 부분 등을 커버할 수 있도록 효과적인 장소에 설치한다. 이 경우 방범카메라인 것을 다른 곳에서도 분명히 인식할 수 있는 형식을 이용한다. 또한 설치장소에 따라서는 방범거울로서의 기능도 가지는 「거울카메라」 등도 있으므로 용도나 설치장소에 따른 카메라를 선택한다.

설치는 바로 위에서의 촬영이 아니라 촬영대상의 얼굴 등을 분명히 인식할 수 있는 각도에 카메라를 설치하여 조절한다.

② 모니터링 시스템의 활용

모니터링 시스템은 경비원실이나 금전등록기 등에서 녹화하면서 모니터할 수 있는 시스템이며, 손님으로부터도 모니터 화면을 인식할 수 있는 위치에 설치하여 매장 내에서 도난방지대책을 강구하고 있음을 손님에게 강조한다.

2) 주차장이나 입구 등의 방범카메라

집단에 의한 조직적 도난의 준비행위를 재빨리 알 수 있는 외에 발생한 사안에 대처를 목적으로 주차장, 입구홀 등에 방범카메라를 설치한다.

① 주차장에서의 방범카메라 시스템

주차장 부근의 시인성을 확보하기 위하여 옥외용 방범카메라의 설치에 노력한다. 주차장 전역을 커버할 수 있는 수의 도입을 하고, 경비실 등에서 감시, 녹화할 수 있는 시스템이 이상적이다.

② 매장 입구·입구홀 등의 방범카메라

매장 입구 등에서 부드러운 분위기를 연출하는 경우에는 돔형 카메라 등으로 한 번 보아 방범카메라임을 알기 어려운 형상을 도입하는 것이 바람직하다. 경비원실 등에서 감시, 녹화가 가능하도록 배려한다.

9-5 방범 단말검출기의 종류

방식으로는 간소한 단체기기에 의한 것, 외부 관계만의 것, 전체를 시스템적으로 종합 시설하는 것 등이 있다. 이것은 방범의 필요성 정도 및 건물 용도에 따라 여러 가지

감지기 · 장치를 조합하여 시설한다(표 9-1).

감지장치로는 접점에 의한 것(문, 창, 셔터, 외부의 개폐장치), 진동에 의한 것(침입자에 의한 동적인 진동감지), 음에 의한 것(침입자 행동의 잡(소)음감지), 전기적인 파(마이크로파, 음파, 광파 등이 침입자에 의한 흐트러짐을 감지), 보는 것에 의한 것(CCTV에 의한 영상감지), 빛에 의한 것(광파의 레이저나 적외선 등에 의한 침입자의 통과를 감지) 등이 있다.

접점에 의한 것에는 문, 창에 시설하는 전자 근접 스위치(리미터), 마이크로 스위치, 매트스위치, 누름버튼식 등 그 목적 · 용도 · 시설장소에 따라 사용된다.

특수한 것으로는 가는 전선에 의한 단체(單體)물품감지(그 물품을 이동 또는 빼내면 전선이 끊어져 감지되는 것)나 인체의 저항을 이용하여 손이 접촉 혹은 잡으면 감지되는 것 등이 있다.

표 9-4 방범 단말검출기의 원리에 의한 종류

감지방식	종 류	감지방식	종 류
접점기구	limiter(전자근접스위치)	음	집음마이크
	mat switch		도청기기
	auto lock	파	광파
	micro switch		마이크로파
	push button switch		레이더
빛	적외선		음파
	CCTV	진동	바이브레이션
	기타		기타

9-6 주요 단말검출기의 특징 및 용도

(1) 자기근접스위치

일반으로 도어 컨덕트라고 하는 스위치이며, 영구자석의 작은 조각과 접리(接離)에 따라 ON-OFF 접점부로서 세트되어 있다. 접점이 유리관에 밀봉되어 있으므로 부식되지 않아 수명이 길고, 가격도 저렴하므로 널리 사용되고 있다. 주요 설치 장소는 창, 문 등이며, 개폐 1개소마다를 원칙으로 1조로 사용한다.

(2) 리미터

상기의 자기근접스위치가 자기에 의하여 작동하는 데 대하여 이 스위치는 기계적인 조작에 따라 작동하는 것이며, 자동제어로 널리 사용되고 있는 것과 원리적으로 같다. 설치장소는 창, 문, 셔터 등이다.

(3) 초음파식 검출기

공중에 초음파를 발사하여 공간 내 물체의 이동에 따라 생기는 도플러 효과(Doppler's effect)를 이용하여 침입자를 검출하는 것이다. 비교적 저렴하지만 공기를 매체로 하는 음파를 사용하기 때문에 공간 내의 공기대류에 의해 오동작할 우려가 있다. 이 때문에 공기의 이동이 많지 않은 실내에서의 사용에 적당하다. 경계범위는 6m 정도이다.

(4) 전파식 검출기

초음파식과 같은 도플러 효과를 이용하는 검출방식인데 공간 내에 전파를 발사하므로 공기대류에 의한 영향을 받지 않는다.

따라서 실내에서만 울리지 않아 옥외에서의 사용도 가능하지만 종류에 따라서는 강우의 영향을 받는 것도 있다. 전파식 검출기는 발사하는 전파의 파장에 따라 단파식 검출기, 마이크로파식 검출기로 분류된다. 경계범위는 10m 정도이다.

(5) 적외선식 검출기

적외선의 투광기와 수광기를 대향시켜 설치하여 이 광선을 차광한 물체를 검출하는 것이다. 적외선을 사용하고 있으므로 투광선은 인간의 눈에는 보이지 않아 침입자에게 발견될 우려가 적다. 경계거리는 50~600m 정도이지만 기종에 따라 1,000m를 넘는 것도 있다.

(6) 바이브레이션 검출기

경계대상 물체에 부착하여 그 물체의 진동을 검출하는 것이며, 기계적으로 검출하는 것과 전기적으로 검출하는 것의 2종류가 있는데, 가격면에서 일반적으로는 기계적인 것이 많이 사용되고 있다. 기계적인 검출기는 구조가 단순하며, 고장도 적지만 감도조정에 난점이 있어서 감도를 양호하게 하면 역으로 오작동률이 높아지는 결점이 있다.

(7) 매트 스위치

자동 도어에 사용되고 있는 것과 원리적으로는 같으며, 매트에 중량이 걸쳐지면 스위치가 동작하는 것이다. 방범용으로 사용하기 위해서는 침입자에게 발견되지 않도록 매입하든가, 커버 등으로 위장할 필요가 있다.

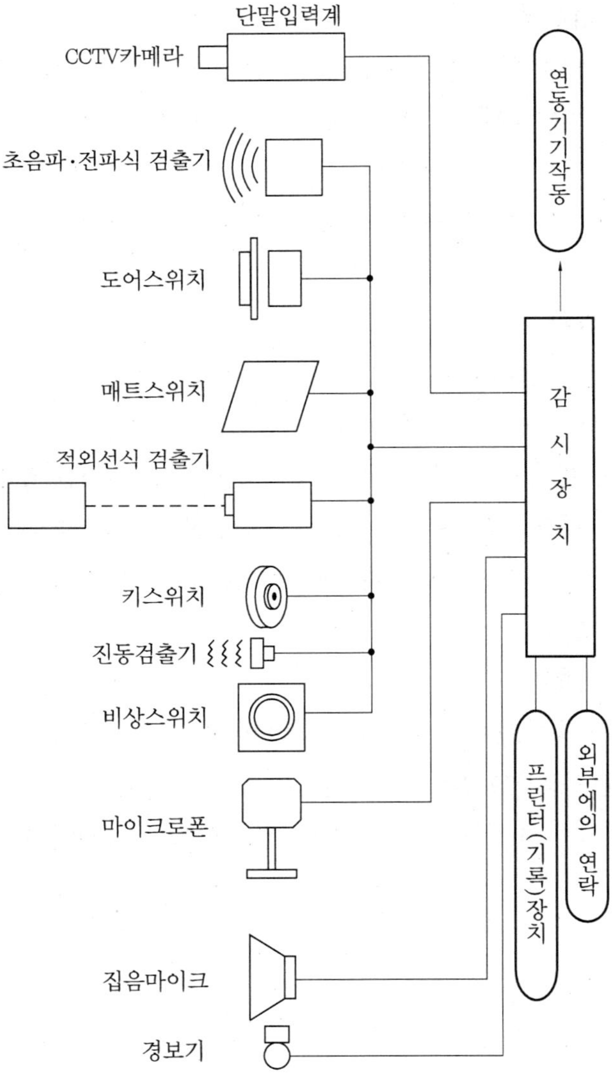

그림 9-1 방범 각 단말기와 감시장치

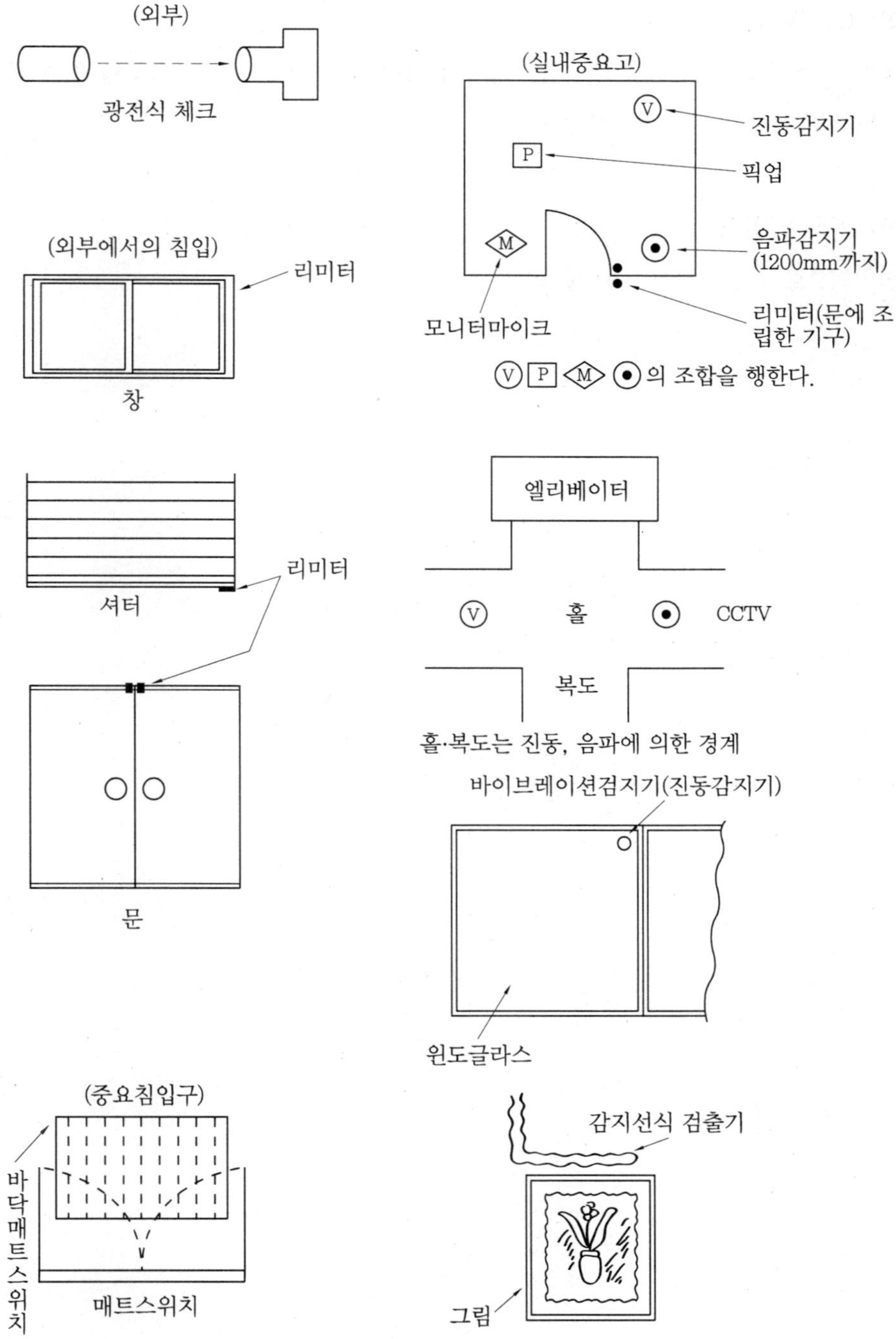

[주] 위 그림은 각 검출기의 주 시설장소의 예이다. 감지방식으로는 스포트적인 것(点), 선상의 것, 면, 입체(공간)적인 각 기능이 있고, 각각의 목적에 따라 시설된다.

그림 9-2 각 장소의 센서 종류와 시설

(8) CCTV 감시

방범 시스템이 있어서 CCTV 감시는 직접 현장의 상황을 모니터 TV에 의해 볼 수 있다는 점에서 매우 우수한 방법이다.

(9) 기타 단말기

인위적으로 누름버튼이나 단체(單體)감지기 등이 있다.

chapter 10
공기조화설비

10-1 개 요

10-1-1 공기조화의 정의

공기조화(空氣調和)는 목적 장소의 공기를 그 사용 목적에 맞게 적합한 상태로 유지하는 것이 바람직하다.

그 주된 과정은 다음과 같다.

① 공기의 냉각, 가열(온도의 조정)
② 공기의 감습, 가습(습도의 조정)
③ 기류의 조정(속도, 기류 분포 등)
④ 공기의 정화(진애의 제거 등)

상기 외에도 탄산가스 농도의 조정, 세균, 취기, 유해가스의 제거 또 이온량의 조정 문제도 포함되어 있다. 기타 기술적인 문제로는 공기조화설비에서 발생하는 소음, 진동의 방지도 중요한 문제이다.

10-1-2 공기조화의 분류

(1) 보건용 공기조화

보건용 공기조화란 통상의 사무 또는 보행 정도의 가벼운 노동을 하는 건강한 재실자의 쾌적조건을 만족시키기 위하여 실시하는 공기조화이다. 표 10-1에 보건용 공기조화의 실내조건(건축법 시행규칙 제23조)을 나타낸다.

표 10-1 보건용 공기조화의 실내 조건

항 목	건축법 시행규칙 제23조	추장치
부유분진의 양	공기 1 m^3 당 0.15 mg 이하	
CO의 함유율	10 ppm 이하	
CO_2의 함유율	1,000 ppm 이하	공조설비가 있는 경우는 0.15%까지 가능
상대습도	40% 이상 70% 이하	하계 45~55% 동계 40~50%
기 류	0.5 m/s 이하	하계 0.1~2.25 m/s 동계 0.13~0.18 m/s

[주] 실내기온은 18~28℃의 범위에 있어야 한다.

(2) 산업용 공기조화

공장에서 제품의 가공 정도나 품질을 확보하기 위해 적절한 온습도의 유지가 필요한 경우가 많다. 제조공정에 있어서 온도나 습도에 따른 신축을 방지하기 위한 것, 고온이나 고습에 의한 변질을 방지하기 위한 것, 저습도에 의한 정전기의 발생을 방지하기 위한 것 등이 있고 필요한 온습도나 허용편차도 여러 가지가 있다.

전자기기 및 정밀기기의 공장이나 시험장에서는 항온항습이나 청정환경을 필요로 하는 장소도 있다. 창고에서는 금속의 녹, 식품의 변질이나 건조에 의한 줄어듦, 곰팡이나 해충의 발생 등을 방지하기 위하여 온습도조절이 필요하다.

도서관이나 박물관에서는 귀중한 문화재를 장기간 보존하기 위하여 온습도조절이 중요하다. 전화교환실에서는 기기의 발열에 의한 온도상승 방지, 고습에 의한 절연저항 저하나 부식의 방지, 저습에 의한 정전기 발생 방지 등을 위해 온습도 조절이 행해진다. 전자계산기실에서는 기기의 발열에 의한 온도상승에 대하여 전자부품이나 반도체의 보호, 습도변화에 의한 종이카드나 종이테이프의 신축방지 등을 위하여 온습도 조절이 필요하다. 또한 이들 실에서는 분진에 의한 오동작을 일으킨다든지, 흡습으로 부식의 원인이 되는 경우가 있으므로 일반사무실보다 고도의 청정도가 필요하다. 병원에서는 의료 활동이나 환자를 위한 의료용 공기조화를 실시한다.

10-1-3 공기조화 장치의 구성

공기조화 장치의 구성을 그림 10-1에 나타낸다.

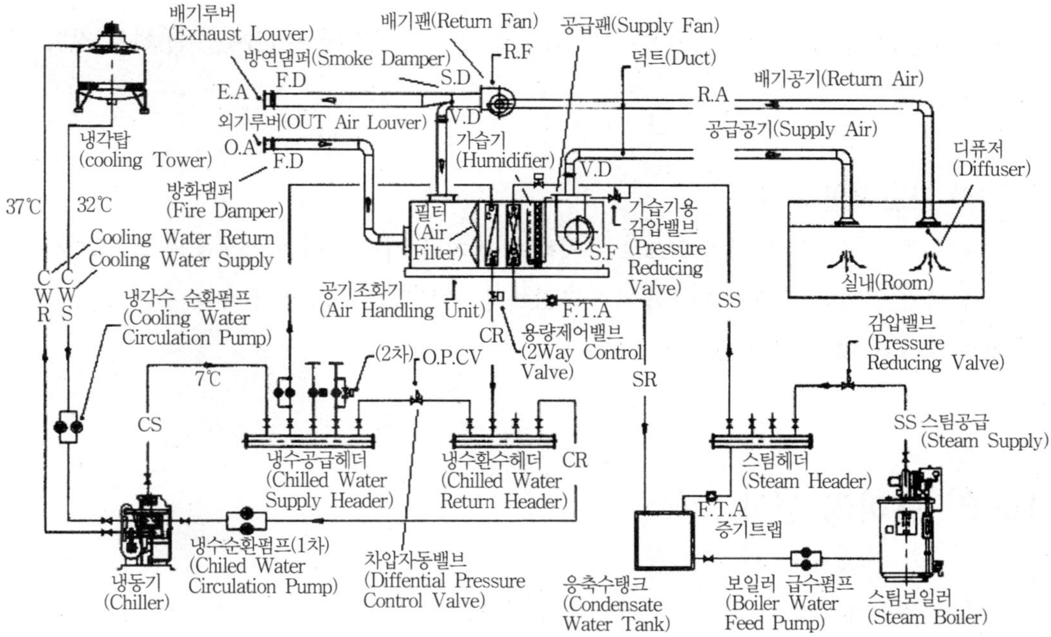

그림 10-1 공기조화설비의 흐름

(1) 공기조화기

공기조화기 내부에서는 실내에서의 재순환공기와 외기를 적당한 비율로 혼합하고, 이것을 공기여과기에서 진애 등을 여과한 후 여름은 냉각 · 감습하여 실내에 송풍한다. 중앙방식의 경우는 집중 관리된 1개소의 공조기에서 이들의 처리를 행하지만 유닛방식에서는 각각의 실내 또는 존에 이것을 설치하여 처리한다. 공조설비 중에서 공기를 목적의 상태로 하는 가장 중요한 기기가 된다.

(2) 송풍장치

덕트에는 실내에서의 반환공기를 공조기에 되돌리기 위한 재순환공기덕트, 옥외의 신선공기를 도입하기 위한 외기덕트, 처리한 공기를 각층의 각 실에 보내기 위한 급기덕트, 실내에서의 반환공기를 옥외에 배출하기 위한 배기덕트 등이 있다. 공기는 이들의 덕트 내를 송풍기에 의하여 보내진다.

(3) 열원 장치

공기를 냉각, 감습하기 위한 냉동기, 공기를 가열하기 위한 보일러가 각각 필요하다. 또한 보일러 대신에 히트 펌프를 이용한다든지, 냉동기 대신에 지하수를 이용하는 것도 있다.

(4) 자동 제어 기기

실내 공기 조건을 일정의 값으로 유지하고, 장치나 기기를 줄곧 정상운전 및 경계운전을 하기 위해서는 자동 제어 장치가 필요하다. 종류로는 전기식, 전자식, 공기식 등이 있고, 목적에 따라 그 사용은 분류된다.

10-2 용어의 정의

① 가열면(heating surface) : 보일러, 온풍난방기 등의 연소가스와 피가열면이 열교환하는 전열면

② 가열코일(heating coil) : 공기를 가열하기 위한 가열기

③ 공기-공기방식(air to air system) : 열펌프방식에서 공기(통상은 외기)를 흡열원으로 하여 직접 실내에의 공급공기를 가열하는 방식

④ 공기덕트(air duct) : 공기를 운반하는 도관

⑤ 공기-물방식(air to water system) : 열펌프방식에서 공기(통상은 외기)를 흡열원으로 하여 물을 가열하는 방식으로 온수를 순환시키는 것

⑥ 공기연결관(air connecter) : 공기덕트나 플레넘과 같은 공기터미널 유닛이나 급기구 또는 배기구 사이의 공기를 이송하는 도관

⑦ 공기정화기(air cleaner) : 가열, 환기 및 공기조절 설비로부터 나온 공기 중의 부유물질을 정전기적 수단으로 제거하는 장치

⑧ 공기조화기(air handling unit) : 송풍기, 온도조절용 열교환기, 가습장치, 공기여과장치 등을 하나의 케이싱 안에 장착시켜 수용. 소정의 온습도의 공기를 공급하

는 장치

⑨ 급기구(air inlet) : 공기가 유입되는 개구부

⑩ 난방부하(heating load) : 난방하는 데 공급해야 하는 필요 열량의 총칭

⑪ 냉각수(cooling water) : 응축기에서 냉매를 냉각하는 것과 같이 다른 물질을 냉각하는 물

⑫ 냉수(chilled water) : 상온 이하로 냉각된 물

⑬ 냉각탑(cooling tower) : 공기와 물을 접촉시켜 물의 기화열(증발잠열)에 의하여 물을 냉각하는 장치

⑭ 냉동(refrigeration) : 자연계에 존재하는 물질(고체, 액체, 기체)에서 열을 빼앗아 자연계의 온도(주변의 온도)보다 낮은 온도로 유지하는 조작

⑮ 냉동기(refrigerating machine) : 증기압축식 냉동 사이클에 사용되는 압축기, 압축기용원동기, 응축기, 기름분리기, 압력계 등으로 구성되는 콘덴싱 유닛(condensing unit)을 말하는 것이 일반적이다. 즉 냉동사이클에서 냉매가스의 재액화 장치

⑯ 냉매(refrigerant) : 냉동 사이클의 작동유체(作動流體)로서 저온의 물체에서 열을 빼앗아 고온의 물체에 열을 운반해 주는 매체의 총칭.

⑰ 냉방(cooling) : 냉동기 등을 이용하여 실내온도를 실외온도보다 낮추는 것

⑱ 냉방부하(cooling load) : 냉방을 할 때 실내의 온도나 습도를 상승시키는 원인이 되는 현열이나 잠열의 부하

⑲ 덕트(duct) : 아연철판 또는 적당한 다른 재료로 만든 그다지 기밀을 요하지 않은 통풍로

⑳ 댐퍼(damper) : 공기 급배기구의 닫힘, 공기량 조절을 위하여 설치하는 가동판

㉑ 드래프트(draft) : 인체가 불쾌하게 느끼는 기류로서, 틈새바람이나 겨울철 창면으로부터의 자연대류 냉풍 등을 말한다.

㉒ 몰리에르 선도(Mollier chart) : 냉매가스, 증기 등의 열역학적 특성을 나타낸 선도. 냉매 사이클 각부의 상태를 선도상에 플롯하여 열량계산을 할 수 있다.

㉓ 물-물방식(water to water system) : 수열원, 수가열히트펌프방식

㉔ 바이패스(by-pass) : 유체가 그 회로 중에 있는 열교환기나 여과기 등을 통과하지 않고 소통하는 회로

㉕ 방연댐퍼(smoke damper) : 공기 배분설비 안에서 공기이동을 제어하는 장치로 화염 및 연기의 확산을 막는 장치

㉖ 방연벽(smoke barrier) : 벽, 바닥 또는 천장 등으로 연기의 이동을 제한하도록 설계된 수직 또는 수평의 연속 막

㉗ 방화댐퍼(fire damper) : 열감지기와 연동하여 자동으로 폐쇄하도록 설계되어 공기의 흐름을 차단하며, 화염의 확산을 막는 공기배분설비에 설치된 장치

㉘ 배기구(air outlet) : 공기가 배출되는 개구부

㉙ 브라인(brine) : 2차냉매라고도 하며, 간접식 냉각시스템에 이용되는 액체로 냉동기의 증발기와 냉각해야 할 장소를 순환하여 열을 증발기로 운반한다.

㉚ 빙축열조(ice thermal storage tank) : 얼음의 상태로 냉열을 축열하는 장치

㉛ 수축열(water thermal storage system) : 물을 축열재로 사용한 축열로 공조용으로 가장 보급된 축열시스템

㉜ 습윤공기선도(psychrometric chart) : 선도상에 건구온도, 습구온도, 절대습도, 상대습도, 노점온도, 엔탈피 등을 기입하여 어느 것이든지 2가지의 값을 정하는 것에 따라 다른 값(상태치)을 전부 구할 수 있는 선도

㉝ 아스펙트비(aspect ratio) : 덕트의 분출구, 흡입구의 그릴 틀 또는 유니버설 분출구틀의 장변과 단변의 비. 장방형 덕트에서는 그 단면의 장변과 단변의 비. 종횡비

㉞ 압축(compression) : 기체의 압력을 높이는 조작

㉟ 압축공기 : 압축되어 대기압보다 높은 압력상태에 있는 공기

㊱ 압축기 : 저압력의 가스를 소정의 고압력까지 압축하는 기계. 증기용 압축식 냉동기는 저압의 냉매증기를 흡입하고, 고압의 작은 용적으로 압축하는 기계

㊲ 열교환기(heat exchanger) : 고온의 유체와 저온의 유체 사이에서 열교환을 하는 장치

㊳ 열펌프(heat pump) : 열을 온도가 낮은 곳에서 끌어내어 온도가 높은 곳으로 열을 이동시키기 위한 펌프

㊴ 엔탈피(enthalpy) : 가스, 증기, 기타 일반 물체의 상태량의 하나이며, 내부 에너지의 총합

㊵ 엔트로피(entropy) : 물질이 절대온도에 대하여 가해진 열의 비율

㊶ 엘리미네이터(eliminator) : 공기세정기나 냉각탑 바람의 흐름 방향 하류측에 설

치하여 물의 비산(carry over)을 방지하는 것

㊷ 유닛(unit) : 기기(압축기, 응축기, 송풍기 등)와 기능부품 등 케이스 내에 일체로 장착되어 공장에서 조립된 것

㊸ 응축(condensation) : 수증기 또는 기타 가스의 증기가 열을 빼앗김에 따라 액체가 되는 것

㊹ 인테리어 존(interior zone) : 건물의 각층을 평면적으로 본 경우 외주부에 면하는 부분(외부존)과 내부(내부존)로 나눌 수 있는데 이 중에서 내부존을 말함

㊺ 정격(rating) : 성능 · 품질을 평가하기 위하여 그것을 지배하는 요소에 대하여 미리 정해진 조건

㊻ 중앙방식(central system) : 열원기기나 공조기를 가능한 한 중앙에 집중한 공조방식

㊼ 천장댐퍼(ceiling damper) : 내화도가 1시간 이상인 천장에 있는 급기구나 배기구를 통하여 방출되는 열의 전달을 제한하는 장치

㊽ 축열(thermal storage, heat storage) : 열을 일시 저장하는 것. 부하가 매우 적을 때 열을 저장하여 부하의 피크시에 이용한다.

㊾ 축열조(thermal storage tank, heat storage tank) : 열매체로서의 온수, 냉수 또는 얼음을 비축하기 위한 통

㊿ 충전재(wetted deck) : 냉각탑의 살수장치 밑에 설치하여 살수된 물이 이것을 통하여 아래쪽으로 흐르는 사이에 공기와의 접촉면적을 크게 하여 물이 흐르도록 하여 냉각되도록 균일한 공기의 통로를 설치한 구조

(51) 페리미터 존(perimeter zone) : 건축평면에 의하여 공조역에서 또한 외벽에서의 열적 영향을 받는 영역. 일반적으로 외벽에서 3~6m 내부 부분까지를 말한다. 일사나 외기온의 변동에 따라 이 부분의 열부하는 시시각각 심하게 변화한다.

(52) 피치(pitch) : 관과 관 사이의 거리. 핀이 달린 냉각관의 핀과 핀 사이의 거리 등 배열된 것의 간격

(53) 핀(fin) : 열교환면적을 증가시키기 위하여 관에 부착한 금속판 또는 열교환면에 지느러미 모양으로 소성 가공한 부분

(54) 코어(core) : 건물의 공용부분(화장실, 탕비실, 엘리베이터실, 창고, 복도 등)을 1개소에 모은 것

(55) 코일(coil) : 연속한 관에 의하여 어느 형태로 형성된 열교환기. 절연전선을 감아 형성한 것

(56) 팽창계수(coefficient of expansion) : 물질이 열을 얻어 팽창할 때 그 늘어남의 정도를 나타내는 계수

(57) 플레넘(plenum) : 하나 이상의 공기덕트가 연결되고 공기배분설비를 구성하는 작은 공간을 말하며, 저장용으로 사용하는 것은 아니다.

(58) 미국난방냉동공조학회 : ASHRAE(American Society of Heating, Refrigerating and Air-Conditioning Engineers)

(59) 영국열량단위 : BTU(British thermal unit), 1 lb의 물을 표준기압하에서 1°F 올리는 데 필요한 열량으로 BTU의 기호로 나타낸다. 1 BTU=0.251996 kcal.

(60) HVAC : 건물의 난방(Heating), 환기(Ventilating), 공기조화(Air Conditioning) 설비를 총체적으로 지칭하는 것

(61) 이상기체(ideal gas) : 탄성 충돌 이외의 다른 상호작용을 하지 않는 점입자로 이루어진 기체 모형이다. 이상적인 온도와 압력에서 많은 실제 기체들은 이상 기체로 근사할 수 있으며, 높은 온도와 낮은 압력일수록 이상 기체에 더 근사하게 된다.

(62) 정압비열 : 압력을 일정하게 유지하면서 가열했을 때 물질이 나타내는 비열

(63) 정적비열 : 체적을 일정하게 유지하면서 가열했을 때의 물질이 나타내는 비열

10-3 공기의 상태량과 공기선도

10-3-1 습윤공기의 상태량

(1) 현열과 잠열

열에는 현열과 잠열이 있다. 현열(sensible heat)은 수증기를 포함하지 않는 열, 잠열(latent heat)은 수증기를 포함한 열이라고 할 수 있다. 텔레비전 등의 가전제품이나 OA기기가 발하는 열, 조명 기구로부터의 열, 벽, 창, 바닥으로부터의 복사열 등은 현열이다. 한편, 호흡을 포함한 인체로부터의 열, 조리에서 나오는 열 등은 잠열이다.

다시 말하면 현열은 어느 물체에 열을 가했을 때 그 물체의 온도상승이 되어 나타나는 열, 또 잠열은 가열해도 그 물체의 온도는 변하지 않고 상태변화로 나타나는 경우이다.

그림 10-2와 같이 처음은 얼음의 상태이며, 이것을 가열하면 온도는 0℃에서 변하지 않는 채로 얼음은 녹아 물이 된다. 이것을 가열하는 데 따라 온도는 상승하고, 1기압 하에서는 약 100℃에서 비등한다. 그동안 온도는 100℃ 그대로 변하지 않고, 모두 증발하면 다시 온도는 상승한다(다만, 이 경우에는 밀폐이며, 압력은 상승한다). 이와 같이 0℃의 얼음이 녹은 상태 또 물이 증기로 바뀌는 동안 가열에너지는 물체의 온도상승 없이 상변화하게 된다.

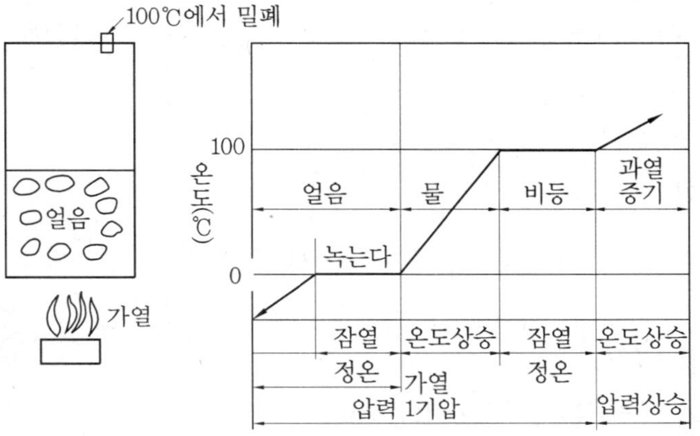

그림 10-2 물의 상태변화

(2) 건조공기

질소, 산소, 탄산가스, 아르곤, 헬륨 등의 혼합 기체

(3) 습공기

건조공기에 수분(수증기)이 혼합된 것

(4) 수증기

물이 증발하고 눈에 보이지 않는 상태가 된 것

(5) 증기

끓고 김처럼 눈에 보이는 상태의 것

이와 같이 건조공기와 수증기를 혼합했을 때 체적은 변하지 않고 중량, 압력은 합해진다(표 10-2).

표 10-2 건조공기와 습윤공기의 관계

	건조공기	+	수분	→	습윤공기
체적	v (m^3)		v (m^3)		v (m^3)
중량	1 (kg)	+	χ (kg)	→	(1 + χ) (kg)
압력	p1 (kg/cm^2)	+	p2 (kg/cm^2)	→	P (kg/cm^2) = p1 + p2

(6) 포화공기

한 온도와 압력에서 수증기로 함유하여 한계에 이른 공기 이때의 온도를 노점온도라고 한다.

(7) 안개공기

노점 이하가 되어 공기 중에 미세한 물방울(안개)이 자욱이 낀 것

(8) 건구온도(t)(℃)

건구온도계가 가리키는 온도, 공기의 온도

(9) 습구온도(t')(℃)

습구온도계가 가리키는 온도

(10) 노점온도(t'')(℃)

공기 중의 수증기가 응축, 결로하기 시작하는 온도 상대 습도 100%가 되었을 때의 공기온도

(11) 상대습도(φ)(%)

어느 공기가 그 온도에서 포화공기에 대해서 어느 정도 젖어 있는지, 공기의 습함을 나타내는 척도

$$\text{상대습도} \quad \Phi = \frac{Pv}{Ps} \times 100 \tag{10.1}$$

여기서, Ps : 포화 상태의 수증기 분압

Pv : 같은 온도에서 불포화 상태의 수증기 분압

(12) 절대습도(χ)(kg/kg')(kg/kgDA)

습윤공기에 함유된 수증기량으로 건조 공기 1kg에 대한 중량비

(13) 엔탈피(h)(kJ/kg')(kJ/kgDA)

어떤 온도를 기준으로 한 유체 1kg 안에 함유되는 전 열량으로 통상은 0℃를 기준으로 한다.

10-3-2 공기선도의 구성

공기선도는 공조계산에 있어서 공기의 여러 가지 상태를 알기 위하여 이용되는 것으로, 선도는 압력의 일정하에서 상태를 나타낸 i-x 선도이며, 여러 가지의 값을 2가지 상태치를 정하는데 따라 결정할 수 있다.

그림 10-3에, 그림 10-4 $i-x$ 선도의 설명도를 나타낸다.

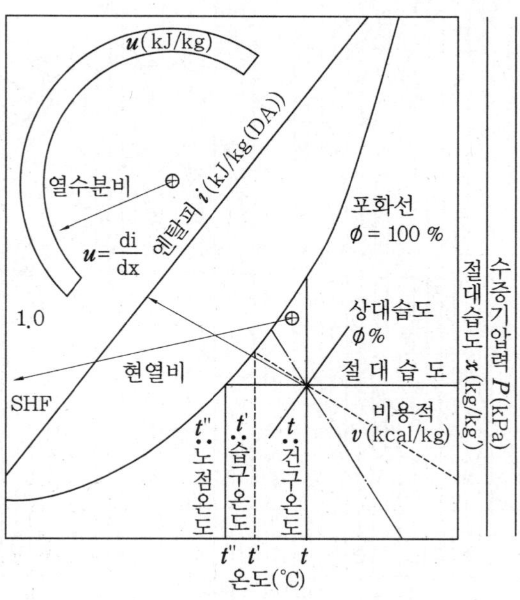

그림 10-3 공기선도의 설명도

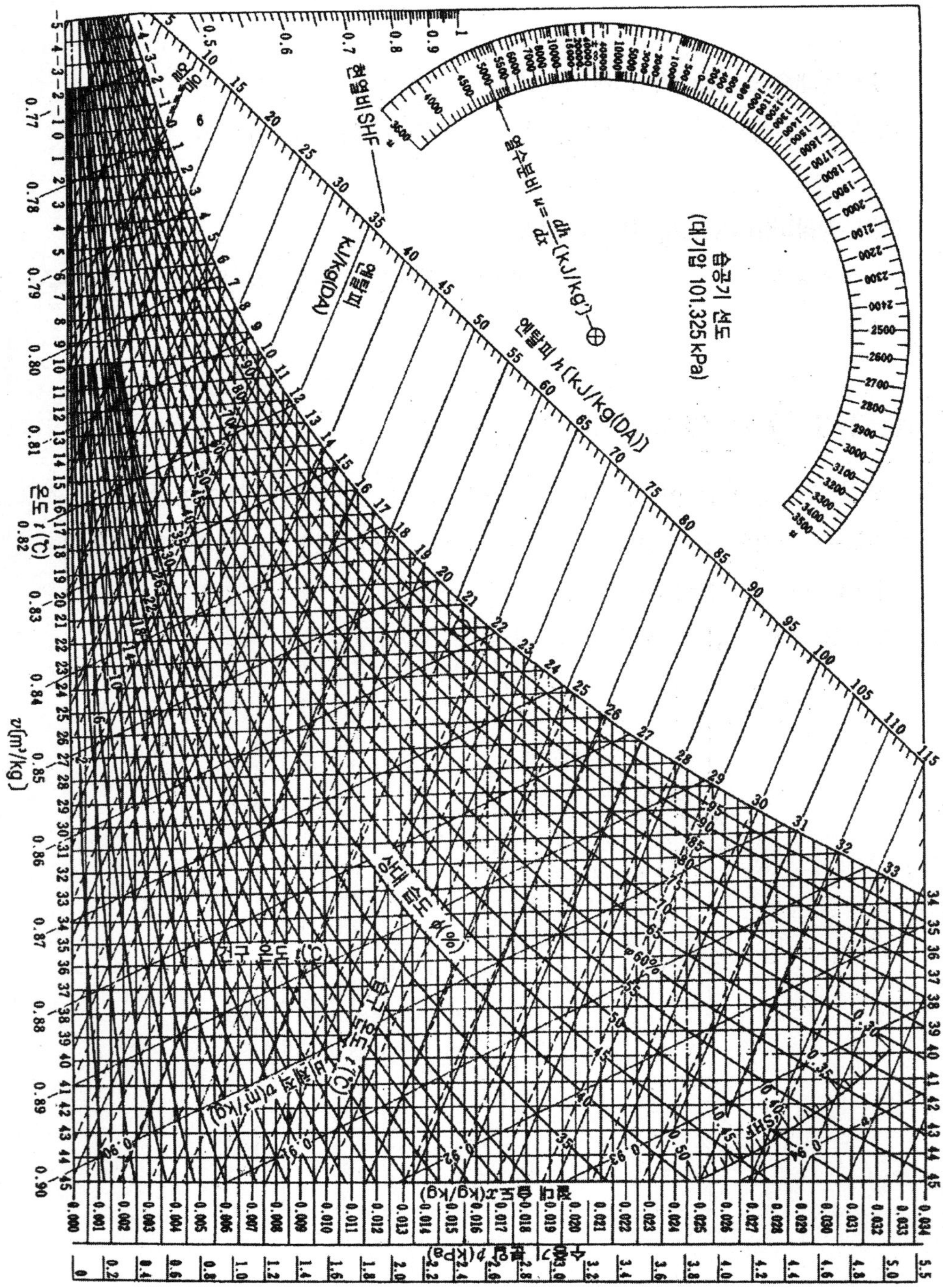
습공기 선도
(대기압 101.325 kPa)
엔탈피 h [kJ/kg(DA)]
현열비 SHF
엔탈피 kJ/kg(DA)
상대 습도 φ(%)
건구 온도 (℃)
온도 t (℃)
v [m³/kg]

그림 10-4 $i-x$ 선도

선도 중에 표시되어 있는 것은 다음의 값이다. 건구온도(DB), 습구온도(WB), 노점온도(DP), 절대습도(x), 상대습도(ϕ), 비용적(v), 수증기압(h), 엔탄피(i), 열수분비(u), 현열비(SHF)

습공기의 상태가 변화할 수 있는 8가지의 과정을 그림 10-5에서 나타내었는데, 공기조화기를 순환하는 동안 몇몇 과정을 거치면서 하나의 사이클을 완성하게 된다.

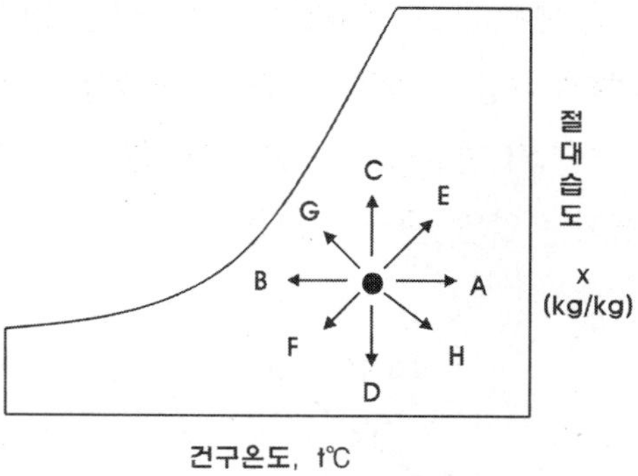

그림 10-5 공기선도 상에서 공기의 상태변화

① OA : 단순 가열 과정(현열변화)
② OB : 단순 냉각 과정(현열변화)
③ OC : 단순 가습 과정(잠열변화)
④ OD : 단순 제습 과정(잠열변화)
⑤ OE : 가열 가습 과정(현열변화+잠열변화)
⑥ OF : 냉각 제습 과정(현열변화+잠열변화)
⑦ OG : 냉각 가습 과정(현열변화+잠열변화)
⑧ OH : 가열 제습 과정(현열변화+잠열변화)

예제 10-1

그림에 제시하는 습윤공기선도에서 상태변화에 관하여 설명하라.

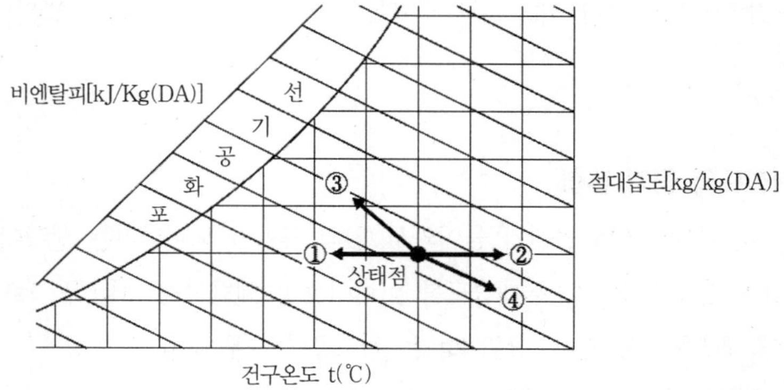

| 해답 | ①은 제습이 없는 냉각이다.
②는 가습이 없는 가열이다.
③은 공기스프레이에 의한 가습이다.
④는 전기가열기에 의한 제습이다.

10-3-3 공기의 상태변화와 공기선도

(1) 공기선도의 수평 변화

①에서 ②로 변화할 때 건구온도, 절대습도, 엔탈피가 t1, χ1, h1에서 t2, χ2, h2로 변화한다면 χ1=χ2 로 고려된다(그림 10-6).

여기서 엔탈피의 증가는 건구온도의 상승과 완전하게 대응하고 있다. 온도 상승에 사용되는 열은 현열로 불린다.

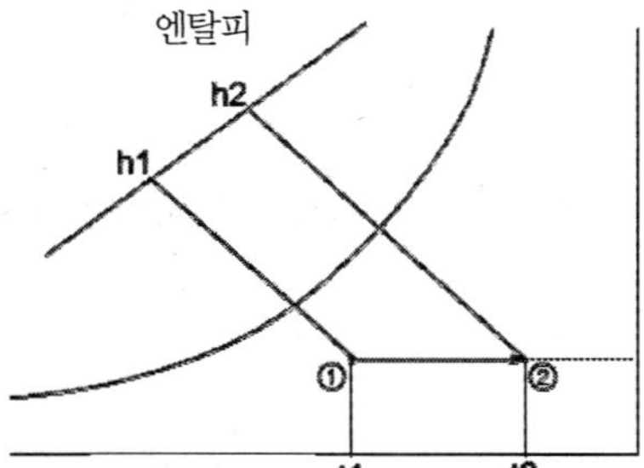

그림 10-6 공기선도의 수평변화

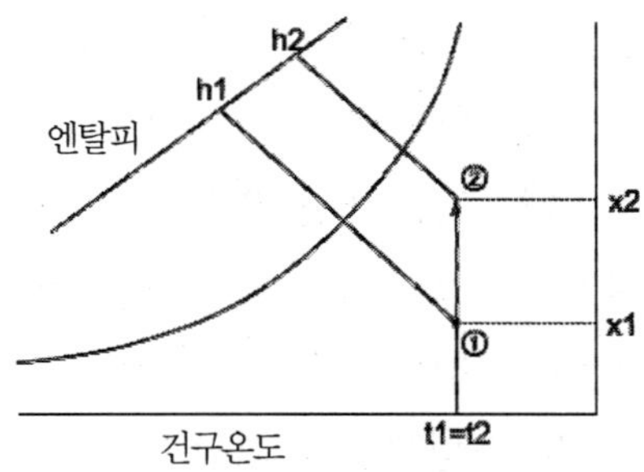

그림 10-7 공기선도의 수직변화

(2) 공기선도의 수직 변화

엔탈피의 증가는 온도에 관계없이, 수증기량이 증가한 경우이다. 이처럼 수증기에 축적된 열을 잠열이라고 한다. 비스듬하게 변화했을 경우는 위의 둘을 조합한 것이다(그림 10-7).

(3) 공기선도의 공기 혼합

그림 10-8은 ①과 ②의 공기가 들어와서 ③의 공기가 되어나가는 상황이다. 공기량을 G(kg′/h]), 온도를 t(℃), 절대습도를 χ(kg/kg′), 엔탈피를 h(kJ/kg′)로서 ①, ②, ③을 덧붙여 구별하도록 한다. 단위 kg′은 건조공기의 무게이다.

그림 10-9에서 ①과 ② 사이를 1−k과 k로 나누는 점이 ③이 된다. k는 혼합비로 하면 다음과 같은 식이 성립한다.

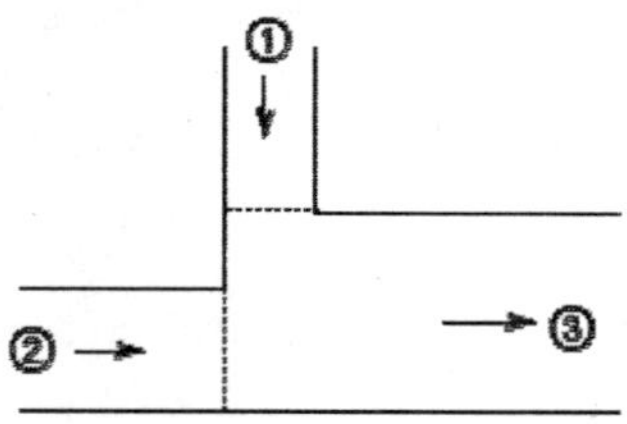

그림 10-8 공기혼합(1)

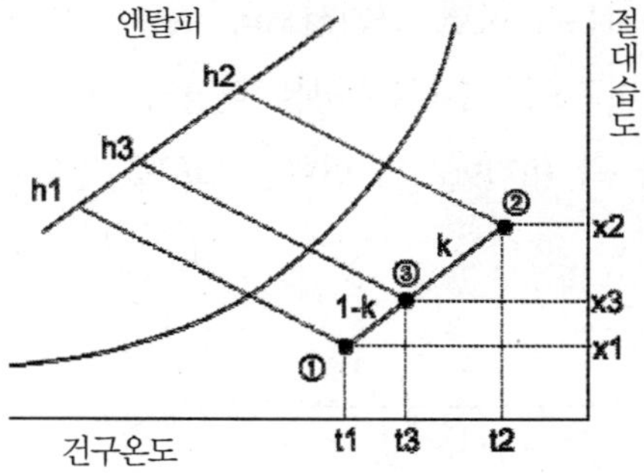

그림 10-9 공기혼합(2)

$$\frac{G_1}{G_1 + G_2} = K \qquad (10.2)$$
$$\frac{G_2}{G_2 + G_1} = 1 - K$$

즉, ①과 ②의 혼합 비율을 조절하면 ③을 직선상 어디에나 가져올 수 있다. 또한 냉방이면 ①의 공기 온도와 수증기량 조절이 가능하다. 난방이면 ②의 공기 조절이 가능하므로 ③은 거의 자유자재로 결정할 수 있다.

여기서, 온도, 절대습도, 엔탈피 각각의 관계를 정리한다.

$$t3 = k \cdot t1 + (1-k)t2$$
$$\chi 3 = k \cdot \chi 1 + (1-k)\chi 2 \qquad (10.3)$$
$$h3 = k \cdot h1 + (1-k)h2$$

이것은, 선분의 비는 어느 방향에 투영해도 같은 비가 되는 것을 이용하고 있다.

(4) 공기와 같은 습구온도의 물이 분무될 때

그림 10-10과 같이 왼쪽에서 도입된 공기에 습구온도와 같은 물이 분무되는 상황을 고려한다. 여기에서는 기온 t(℃), 습구온도 t′(℃), 절대습도 χ(kg/kg′)를 나타낸다. 그러면 습구온도가 t′1의 공기에 t′1의 물이 분무되면, 완성되는 공기 ②는 습구온도 t′1과 같은 것이다. 그것을 바탕으로 공기선도를 그리면 그림 10-11과 같다.

습구온도의 선과, 엔탈피의 선은 거의 평행한 것으로 h1≃h2가 된다. 이 그림에서 알 수 있는 것은 엔탈피를 유지한 채 왼쪽 위로 이동하고 있다는 것이다. 이것이 무엇을 의미하는가 하면, 공기선도의 수평 변화(그림 10-6)와 수직 변화(그림 10-7)를 고려한다. 왼쪽으로 간다는 것은 현열의 감소를, 위로 간다는 것은 잠열의 증가를 의미하고 있다. 즉 여기에서의 변화는 현열을 잠열로 치환한 변화이다.

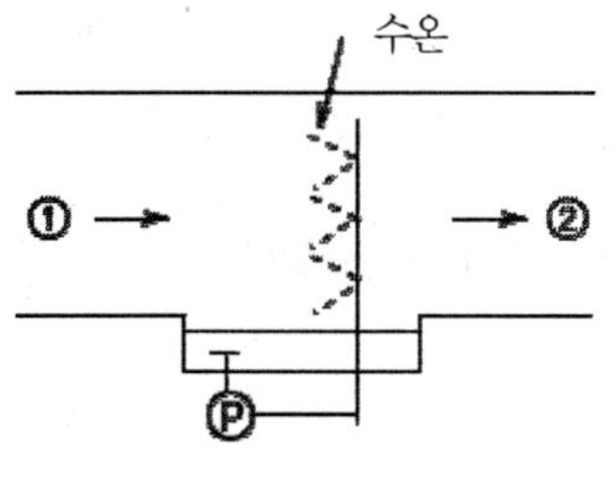

그림 10-10 습구온도의 물(1)

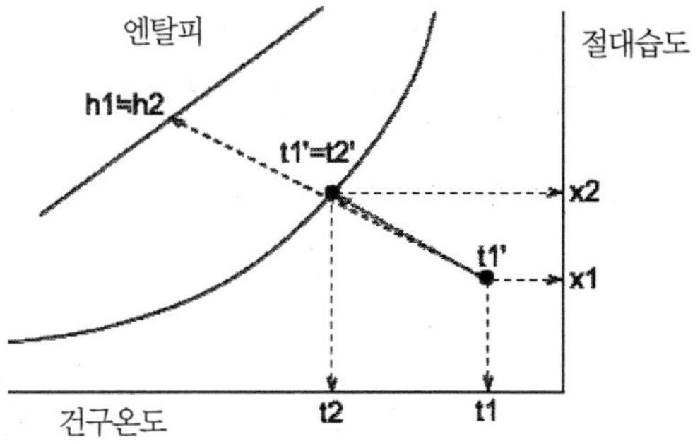

그림 10-11 습구온도의 물(2)

(5) 공조기를 통과한 공기가 방에 분출될 때

공조기를 빠져나간 공기 ①이 분출구에서 방의 공기 ②로 향하여 분출하는 상황을 고려한다. 실무에서는 방의 실내 환경을 설정하고 설계를 시작하므로 ①의 공기 상태를 알기 때문에 현열비를 사용한다(그림 10-12).

위에서 설명했듯이 ②의 상태를 알고 있다. 그래서 이 방의 취득 열량, 즉 이 방에 얼마나 열이 공급되고 있는지 알 수 있다. 이것을 알면, 이 방에 필요로 하는 현열 qS와 잠열 qL을 알 수 있다. qS와 qL의 구하는 방법은 부하 계산으로 행한다.

그림 10-13에서 현열비와 현열비 선과 원점이라는 지금까지는 없었던 선, 점이 그려져 있다. 먼저 이미 알고 있는 현열과 잠열에서 현열비(SHF)를 구한다.

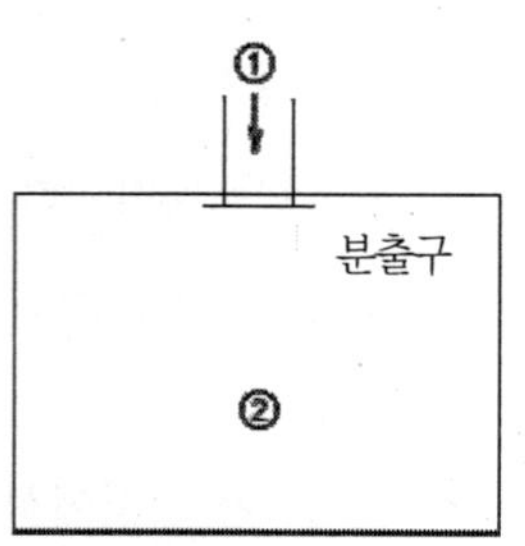

그림 10-12 공기분출(1)

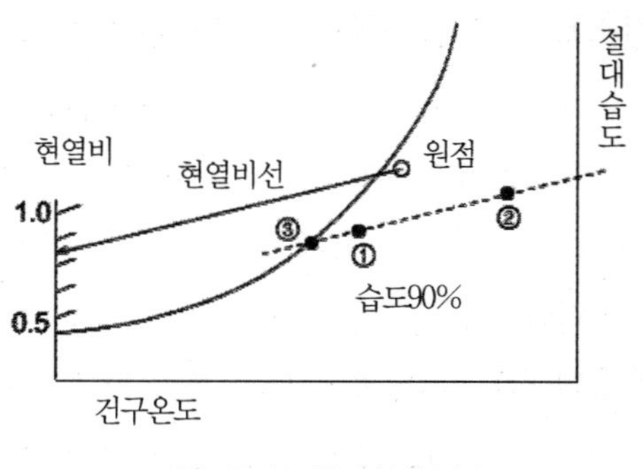

그림 10-13 공기분출(2)

$$SHF = \frac{q_S}{q_S + q_L} = \frac{q_S}{q_T} \tag{10.4}$$

여기서, q_T : 전 열량($= q_s + q_L$)

현열비가 구해지면 왼쪽의 세로축에 점을 잡고, 그것과 원점을 연결한다. 다음에 ②를 알고 있으므로, 현열비 선과 평행으로 ②를 지나는 선을 긋는다. 이 선상에 분출 공기가 실리게 된다. 이 선상의 어디에 실리는가 하면, 상대습도 90%의 위치가 ①이 된다. 이것은 분출 공기가 상대습도 90%로 설계되기 때문이다.

③은 공조기 내의 냉각코일의 평균 표면 온도에 해당하는 점이다. 실외기에서 물이 나오는 것은, 공조기의 냉각코일로 공기가 노점 이하로 차거워지기 때문이다. 즉, 냉각코일을 통과했지만 공기는 상대습도 100%로 그 때에 발생한 이슬이 실외기에서 배출되는 것이다.

(6) 공기선도의 열수분비의 사용방법

열수분비는 열과 수분의 비율이다. 엄밀히 말하면 열량의 변화량과 수분량 변화량의 비율이다.

그림 10-14의 왼쪽에서 공기 ①이 들어와 물 또는 증기에 노출되어 공기 ②로서 나가는 상황을 고려한다.

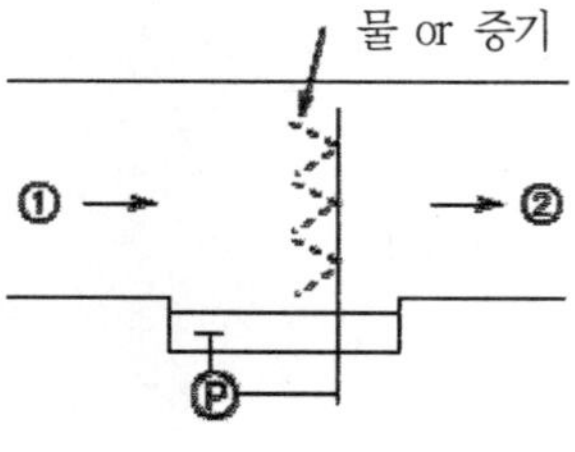

그림 10-14 열수분비(1)

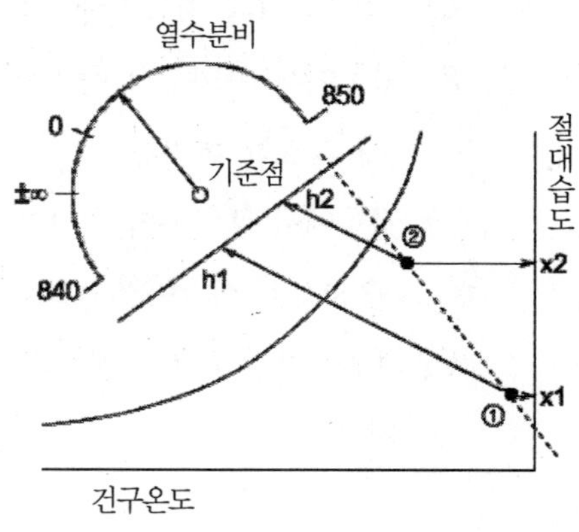

그림 10-15 열수분비(2)

여기에서는 실제 다른 장치로 가열, 냉각을 하는데 그림에서는 그것을 나타내지 않았다. 가열, 냉각을 고려했을 때 열수분비는 다음 식에서 구할 수 있다.

$$u = \frac{h_2 - h_1}{x_2 - x_1} = \frac{q_s}{L} + h_L \tag{10.5}$$

q_s는 공기에 가해진 현열량(w), L 공기에 가해진 수분량(kg/l), h_L은 수분의 엔탈피(kJ/kg)이다. 현열은 다른 가열 냉각 장치의 성능으로 정해진다. 수분량은 분무하는 수분량이므로 분무량으로 정할 수 있다. $h_L \simeq$t 물일 때 분무하는 물의 경우와 증기의 경우에 수분량은 근사식에서 구할 수 있다.

건조공기의 엔탈피 $h_a = C_p \cdot t$ (10.6)

$= 1.01t(kJ/kg)$

수증기의 엔탈피 $h_v = \gamma + C_{vp} \cdot t$ (10.7)

$= 2,501 + 1.85t$

습공기의 엔탈피 $h_w = h_a + \chi \cdot h_v$ (10.8)

$= C_p \cdot t + \chi(\gamma + C_{vp} \cdot t)$

$= 1.01t + \chi(2,501 + 1.85)$

여기서, h_a : 건조공기 1kg에 대한 엔탈피(kJ/kg')

C_p : 건조공기의 정압비열(≒1.01kJ/kg · K)

h_v : 0℃에서 포화수의 증발잠열 +0℃의 증기가 공기의 온도까지 상승하는데 필요한 현열량

γ : 0℃에서 포화수의 증발잠열(≒2,501kJ/kg)

C_{vp} : 수증기의 정압비열(≒1.85kJ/kg · K)

h_w : (건조공기 1kg의 엔탈피)+(수증기 χkg의 엔탈피)

t : 건구온도

공기선도에 나타내면 그림 10-15와 같이 완성된다. 공기선도의 그리는 방법은 열수분비를 이미 구할 수 있으므로 그것을 왼쪽 위의 반원에 뚜렷이 드러나는 기준점으로

잡는다. 그리고 평행한 선 ①을 지나도록 긋는다. 출구 공기의 절대습도를 알고 있으면, 평행선이 출구 공기의 절대습도가 되는 점이 ②가 된다.

예제 10-2

건조 공기 1 kg에 대해서, 0.01 kg의 수증기를 포함한 습공기에 대해서 건구 온도가 26℃일 때 엔탈피를 구하라.

| 해답 | 건조 공기의 엔탈피 ha=1.01×26.0=26.26
수증기의 엔탈피 hv=2501+1.85×26.0=2549.1
엔탈피 h=ha+0.01×hv=51.75[kJ/kg(DA)]

(7) 냉각코일로 냉각했을 때의 상태 변화

냉각코일에 공기가 통과할 때 냉각코일에 접촉하지 않는 공기일까, 접촉한 공기일까. 즉 코일에 접촉하지 않고 그냥 지나치는 공기를 바이패스 에어라 하고, 그 비율을 by-pass factor (BF)라고 한다. 코일과 접촉하여 차가워진 공기를 접촉 에어라 하고, 그 비율을 contact factor (CF)라고 한다.

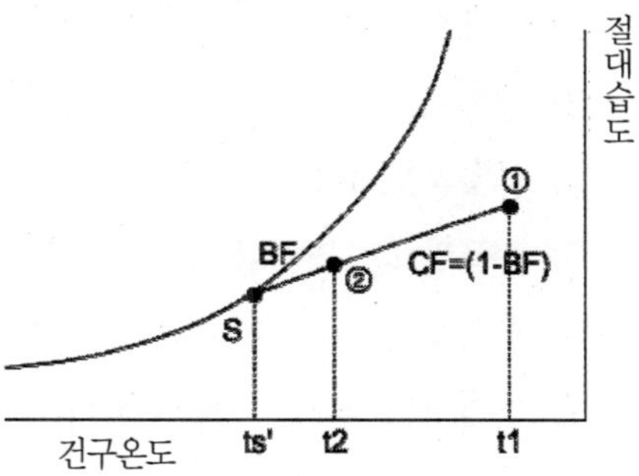

그림 10-16 냉각상태변화

BF와 CF를 공기선도 상에서 나타낸다(그림 10-16).

공기 ①이 표면온도 t′s의 냉각코일을 통과하여 공기 ②가 된다. 이때의 선분비가 BF와 CF이다. 바이패스 팩터는 냉각코일의 구조에 의해서 대략적으로 정해진다.

BF≦ 0.3을 기억한다. 설계에서는 보통 공기 ②를 상대습도 90%로 설계한다.

10-3-4 냉방설계

그림 10-17에서 실내 공기를 ①, 외기를 ②, 혼합 공기를 ③, SA(Supply Air)를 ④로 하고 있다. RA덕트를 지나 RA(Return Air)는 실내공기와 같다. 냉방설계의 순서에 따라 살펴본다.

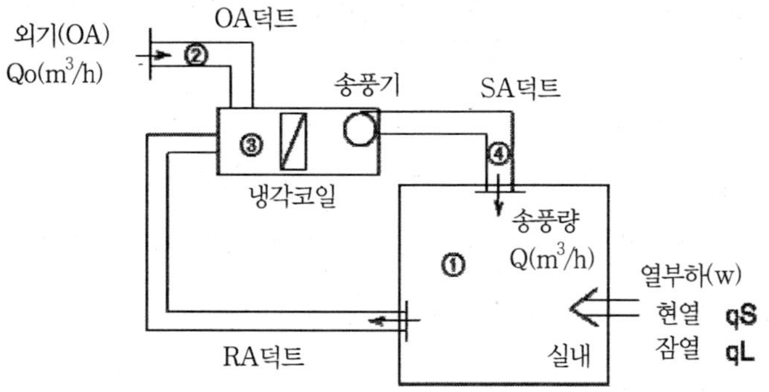

그림 10-17 냉방설계 계통도

냉방설계의 순서

1) 설계 실내공기 ①을 공기선도에 구성한다.
2) 설계용 외기 ②(TAC 2.5%[위험률])을 공기선도에 구성한다.
3) 냉각코일 출구 공기 ④를 공기선도에서 구한다.
4) 분출온도차를 구한다.
5) 송풍량 Q, 외기량 Qo, 혼합비 k를 구한다.
6) 혼합공기 ③을 공기선도에 구성한다.
7) 냉각코일 부하 qc를 구한다.
8) 냉각코일 능력 q′c를 구한다.

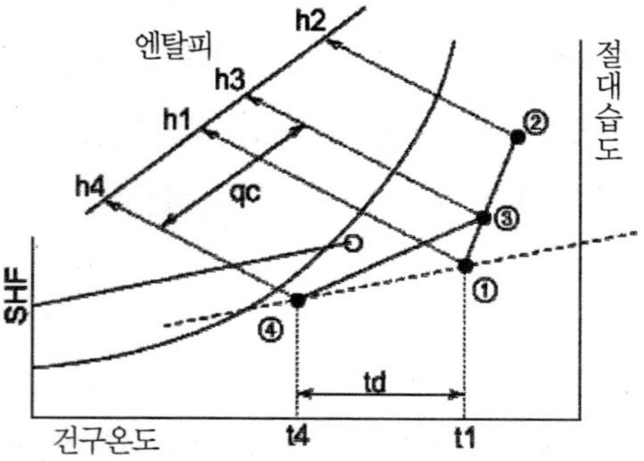

그림 10-18 냉방설계 개요도

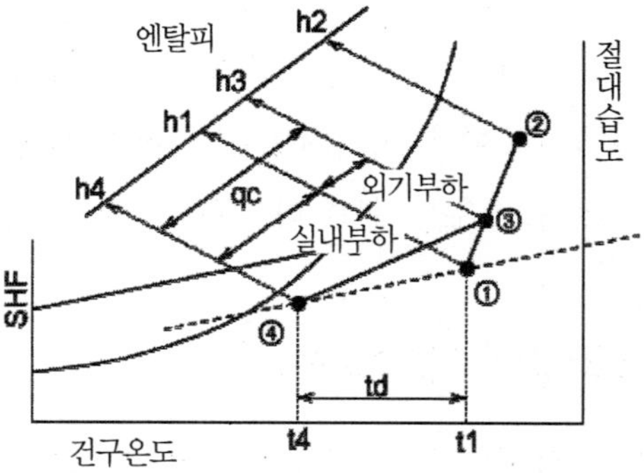

그림 10-19 완성한 냉방설계 공기선도

냉방설계는 공기 ①, ②, ③, ④를 공기선도에 구성하면 거의 끝난다. 그러면 순서에 따라 설명한다.

1), 2)는 설계하는 환경을 정하여 구성할 뿐이다. 실내공기의 설계값은 쾌적 조건이 있으므로 그것을 이용한다. 참고로 일반 빌딩, 주택의 쾌적 조건은 t1=26℃, 상대습도 =50% 이다. 설계용 외기는 설계 온습도 조건이 지역별로 정해져 있으므로 그것을 이용한다.

TAC 2.5%의 기온은 지난 몇 년간의 냉방 시즌(120일)에 2.5%(3일)만 '그 온도'를 뛰어넘는 날이 있는 온도이다. 즉, 120일의 최고 기온에서 2.5%의 발생률이 나타난 기온을 말한다.

3) 출구공기 ④를 구성한다. 방법은 방에 유입된 열량에서 현열비(SHF)를 구한다.

$$SHF = \frac{q_S}{q_S + q_L} = \frac{q_S}{q_T} \tag{10.9}$$

현열비 선이 공기 ①을 지나도록 평행한 선을 긋는다(파선). 그 선과 상대습도 90%의 선이 교차하는 곳이 공기 ④가 된다. 여기서 t4가 14℃ 이상으로 되어 있는지 체크한다.

4) 분출온도차를 구한다. 이는 공기선도 td인 부분이다. 단순히 공기 ①과 공기 ④의 기온의 차를 살펴본다. 여기서 td가 9~12℃은 포함되고 있는지 체크한다.

5) 송풍량 Q, 외기량 Qo, 혼합비 k를 구한다.

$$Q = \frac{q_s}{0.29 \times t_d} \tag{10.10}$$

외기량 Qo는 주택에서 3(m^3/m^2h)와 단위면적당 권장치가 정해져 있으므로 그것을 이용하여 계산한다. 혼합비는 다음 식에서 구한다.

$$k = \frac{Qo}{Q} \tag{10.11}$$

여기서 Q가 환기횟수 6회/h 이상으로 되어 있는지 체크한다.

6) 혼합공기 ③을 공기선도에 구성한다. 5)에서 혼합을 알고 있으므로 그것을 이용하여 공기 ③을 구성한다.

7) 냉각코일 부하 qc를 구한다.

$$q_c = 1.2\,Q(h_3 - h_4) \tag{10.12}$$

8) 냉각코일 능력 q′c를 구한다.

$$q'_c = 1.1q_c \tag{10.13}$$

냉각코일 부하와 냉각코일 능력이 다르다는 것은 덕트를 지나는 사이에 열을 받는 것과 송풍기의 발열을 고려하고 있기 때문이다.

이상으로 검토한 냉방설계를 공기선도에 완성한다(그림 10-19).

예제 10-3

공기조화시스템도에서 냉방 시의 습윤공기선도의 a~d의 각점에 대응하는 위치는?

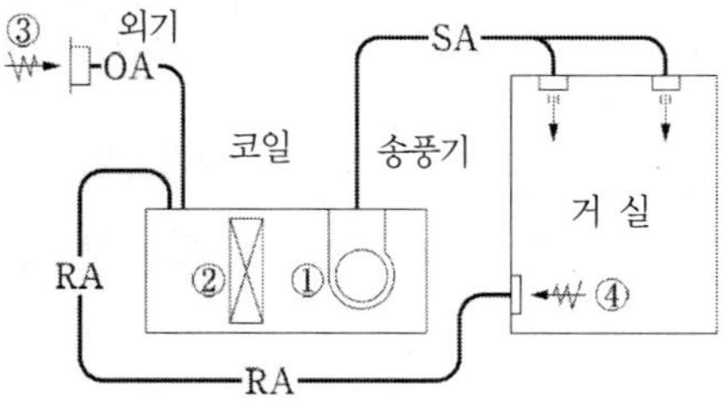

공기조화시스템도

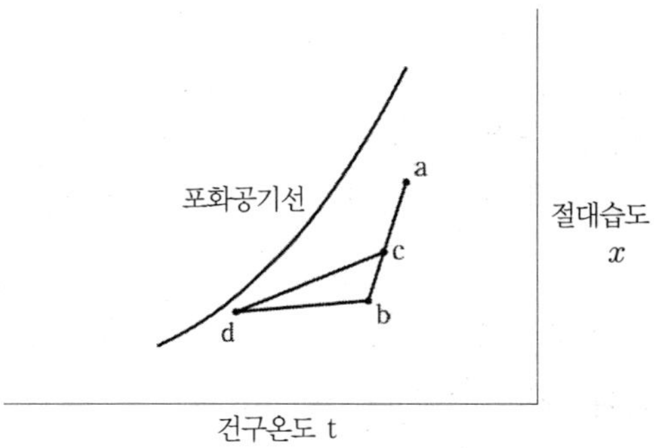

습윤공기선도

| 해답 | a-③ b-④ c-② d-①

예제 10-4

그림과 같은 냉방 시의 습윤공기선도에서 공기조화기의 외기도입량은? 다만, 송풍량은 8,000 m^3/h' 공기밀도는 1.2 kg/m^3으로 한다.

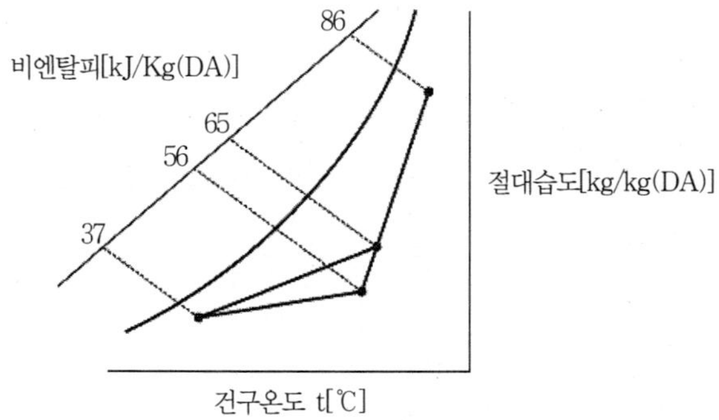

|해답| 기기입구의 엔탈피 = 65, 기기순환 시는 56에서,

외기도입량 = 1.2 × (65 - 56) × 1/36 × 8000 = 2399 ≒ 2400m³/h

예제 10-5

그림과 같은 공조기에서 현열부하 qs=40000kJ/h, 잠열부하 qL=10000kJ/h의 실을 26℃, 50%로 유지할 때 냉방설계를 하여라. 다만 외기는 33℃, 60%이며, 외기량은 송풍량의 30%, 분출온도차는 10℃로 한다.

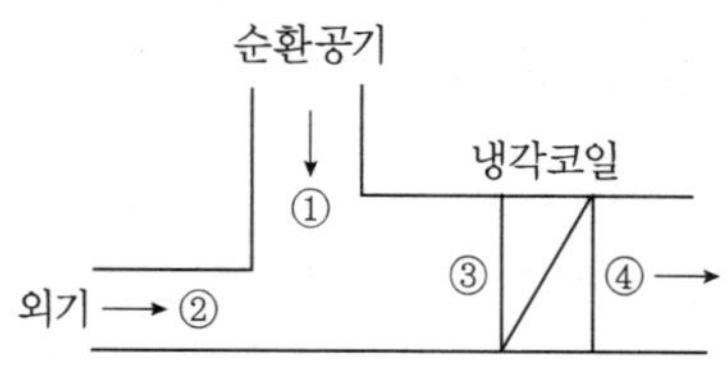

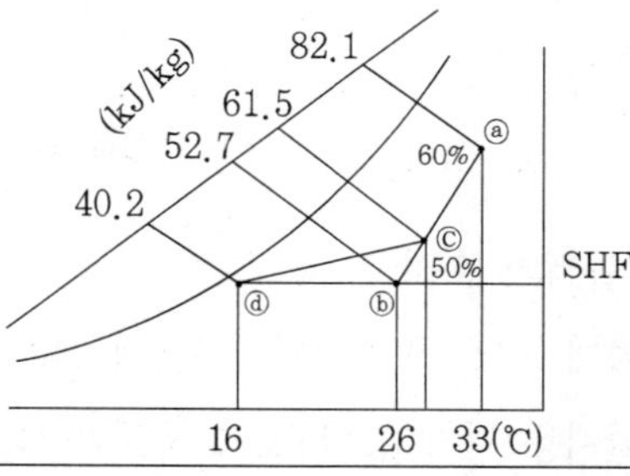

|해답| 1. 기기의 ③점과 선도의 점의 조합은? ③과 ⓒ

2. 이 공조기의 프로세스는 여름의 냉방에서 혼합, 냉각, 분출이다.

3. $SHF = \dfrac{q_S}{q_S + q_L} = \dfrac{40000}{40000 + 10000} = \dfrac{4}{5} = 0.8$

4. 혼합공기의 온도는, $t_3 = \dfrac{26 \times 0.7 + 33 \times 0.3}{0.7 + 0.3} = 28.1℃$

5. 송풍량은, $Q = \dfrac{q_s}{0.24(t_b - t_d)} = \dfrac{40000}{0.24 \times 10} = 16667$ kg/h

6. 건조공기 1kg당의 냉각코일의 부하는, $i_c - i_d = 61.5 - 40.2 = 21.3$ kJ/kg

7. 냉각코일의 부하는, $q_c = Q(i_c - i_d) = 16667 \times 21.3 = 355007$ kJ/h

8. 외기량은 명제에서 송풍량의 30%이므로,
$G_F = 0.3 \times Q = 0.3 \times 16667 = 5000$ kg/h

9. 외기부하는, $q_F = G_F(i_s - i_B) = 5000(82.1 - 52.7) = 147000$ kJ/h

10-3-5 난방설계

그림 10-20에서 실내 공기를 ①, 외기를 ②, 혼합 공기를 ③, 가열 후의 공기를 ④, SA(Supply Air)을 ⑤로 하고 있다. RA덕트를 통과하는 RA(Return Air)는 실내 공기와 같다. 난방설계의 순서에 따라 살펴본다.

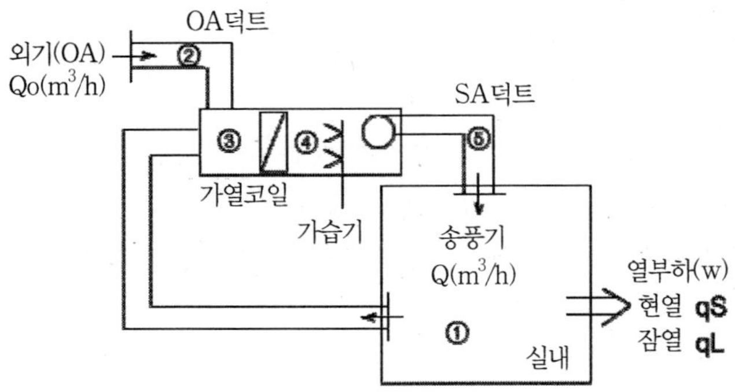

그림 10-20 난방설계 계통도

난방설계의 순서

1) 설계 실내 공기 ①을 공기선도에 구성한다.
2) 설계용 외기 ②(TAC 2.5%[위험률])를 공기선도에 구성한다.
3) 분출 온도차를 구한다.
4) 분출 공기 ⑤를 공기선도에 구성한다.
5) 혼합비 k에서 혼합공기 ③을 공기선도에 구성한다.
6) 열수분비에서 가열 후의 공기 ④를 구성한다.
7) 가열코일 부하 qh를 구한다.
8) 가열코일 능력 q′h를 구한다.
9) 가습량을 구한다.

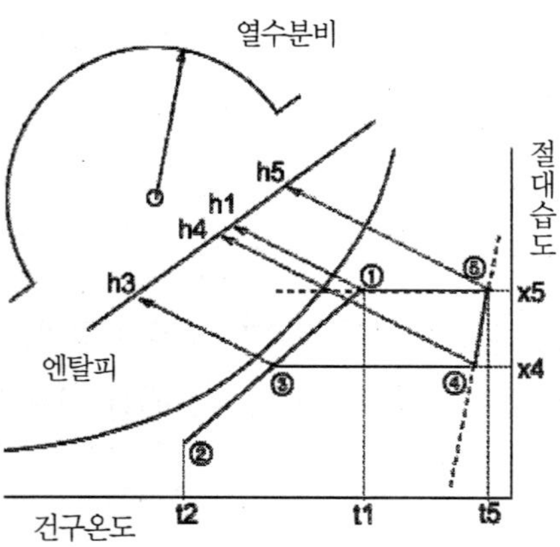

그림 10-21 난방설계 개요도

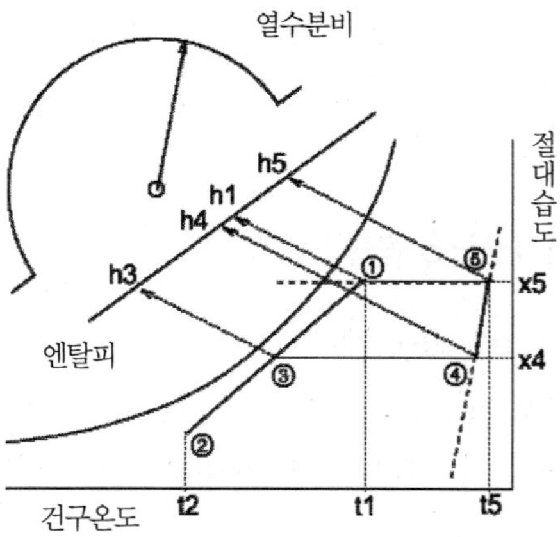

그림 10-22 완성한 난방설계 공기선도

1), 2)는 설계하는 환경을 설정하여 공기선도 그림 10-21에 구성한다. 실내 공기의 설계치, 설계용 외기는 정해진 값을 이용한다. 여기서도 기온은 TAC 2.5%의 온도를 고려한다.

3) 분출 온도를 정한다. 난방 설계에서는 냉방 설계에서 구한 송풍량을 이용한다. 송풍기는 계절마다 교체하는 것은 아니므로 일정하게 고려한다. 그러면 냉방 설계에서 송풍량을 구한 식을 이용하여 분출 온도차 t_d가 구해진다. 현열은 물론 난방설계의 것을 이용한다.

$$Q = \frac{q_s}{0.29 \times t_d} \tag{10.14}$$

4) 분출 공기 ⑤를 구성한다. 여기서도 현열비를 구하여 현열비 선이 공기 ①을 지나도록 평행한 선을 긋는다. 그 선과 3)에서 구해진 t5의 건구온도의 선이 교차하는 곳이 공기 ⑤가 된다. 통상 현열비는 1에 가까운 값이 된다.

5) 혼합공기 ③을 구성한다. 외기량도 냉방과 마찬가지로 고려하므로 혼합비도 냉방 설계 때와 같은 값이다.

6) 열수분비에서 가열 후의 공기 ④를 구성한다. 여기서 열수분비선과 평행으로 공기 ⑤를 지나는 선이 절대습도가 공기 ③과 같아지는 점이 공기 ④이다.

예제 10-6

난방 시 습윤공기선도의 d점에 대응하는 공기조화시스템도 위의 위치는?

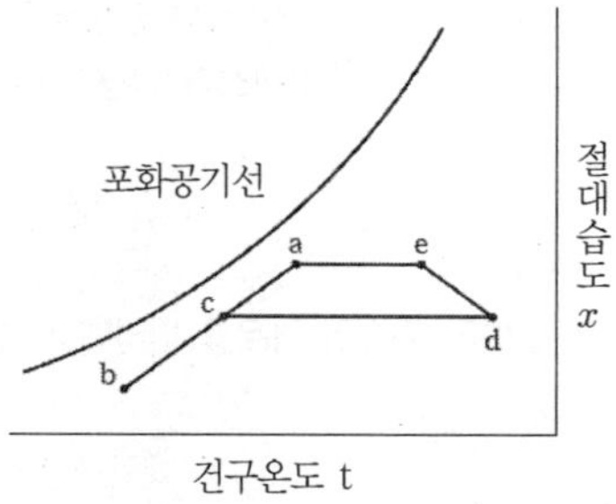

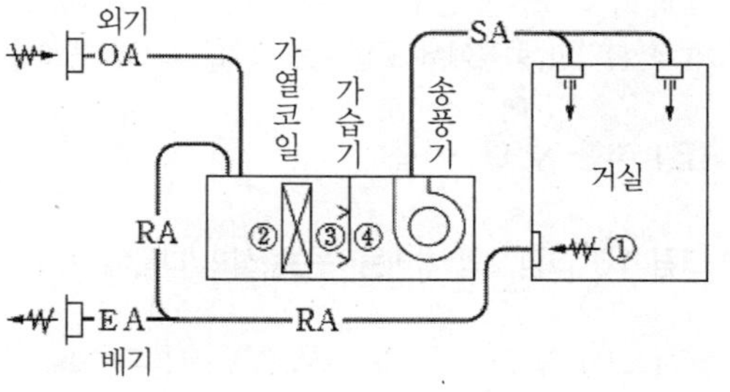

|해답| 난방 시 습윤공기선도에서는 b가 외기, a가 실내공기 ①이 된다. c는 그 혼합된 것으로 ②이다. 가습 전이 d에서 ③이고, 가습 후는 e에서 ④가 된다. 공기의 흐름은 c→d→e→a→c로 흐른다.

7) 가열코일 부하 qh를 구한다.

$$qh = 1.2Q(h4 - h3) \tag{10.15}$$

8) 가열코일 능력 q'h를 구한다.

$$qh' = 1.05qh \tag{10.16}$$

9) 가습량 ℓ 을 구한다.

$$\ell = 1.2Q(\chi 5 - \chi 4) \tag{10.17}$$

예제 10-7

그림과 같은 공조프로세스에서 다음의 질문에 대답하라.

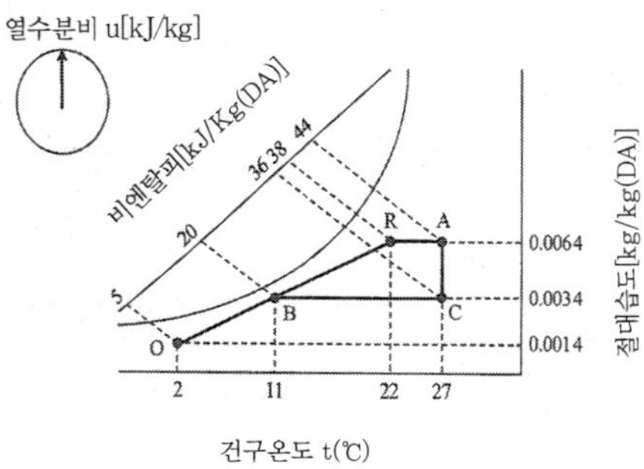

그림 1 난방시의 공조프로세스 (1)

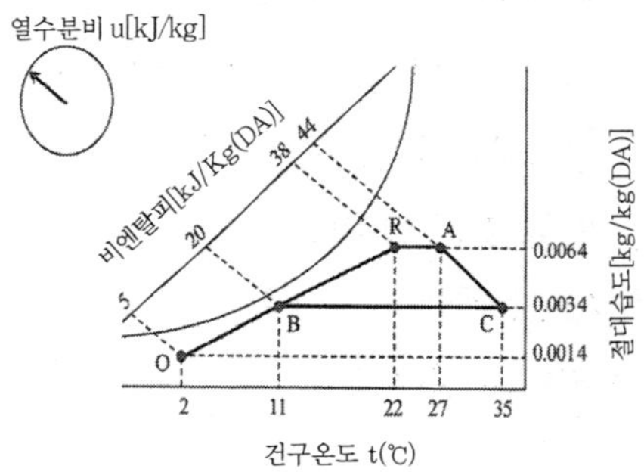

그림 2 난방시의 공조프로세스 (2)

1) 공조프로세스를 공기선도상에 나타내는 데에는 실내온습도 조건의 R점과 외기온습도 조건의 O점을 정하고, 이 2점을 선도상에 플롯하면서 시작한다. 그림 1, 그림 2 함께 실내에서의 순환공기, 즉 R점과 환기의 목적에서 도입하는 외기, 즉 O점을 이용하여 어떤 순서로 프로세스가 진행하는가?

| 해답 | 혼합→가열→가습

2) 그림 1과 그림 2의 차이는 가습방식의 다름에 의하는데, 각각 어떤 가습의 경우를 나타내고 있는가?

| 해답 | 그림 1 - 증기가습, 그림 2 - 물분무가습

3) 여기서 실내에의 송풍량을 1000m^3/h, 공기의 밀도를 1.2kg/m^{3}으로 하면 증기가습을 행하는 경우의 그림의 가열코일 부하는?

| 해답 | $q_h = 1.2Q(h_4 - h_3)$
$= 1.2 \times 1000(36 - 20)$
$= 19200\,(kJ/h)$

10-4 공조부하

10-4-1 계획 실내조건

냉방시에는 옥외에서 실내로 열이 이동하고, 여기서 오는 열이나 실내에서의 발생열을 열취득(heat gain)이라고 하는데, 이 열량을 제거하여야 한다. 이것을 냉방부하(cooling load)라고 한다. 난방시에는 반대로 실내에서 옥외로 열이 이동하고, 이 달아나는 열을 열손실(heat loss)이라 하고, 손실분만큼 열량을 보급해야 한다. 이것을 난방부하(heating load)라고 한다(그림 10-23).

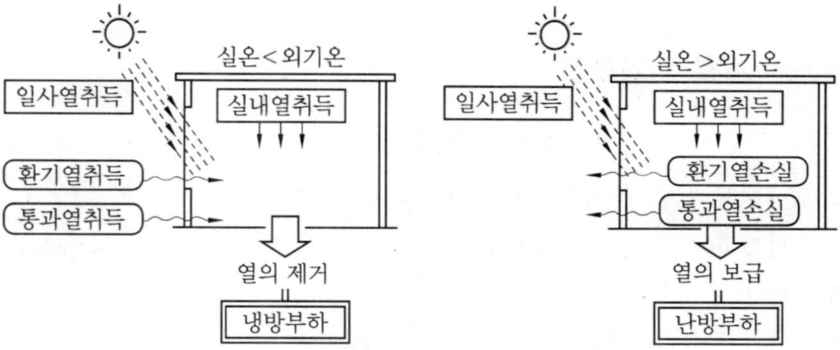

그림 10-23 열취득과 열손실

실내온도를 상승·하강시키는 열량을 현열부하, 실내습도를 상승·하강시키는 수분량을 열량(잠열량)으로 환산하여 잠열부하라고 한다. 또한 흡수할 수 있는 열량을 냉방부하(취득열량), 주어질 수 있는 열량을 난방부하(손실열량)라고 한다.

난방의 경우 실내 발생열은 모두 플러스측으로 작용하는데, 일반적으로는 특히 큰 경우를 제외하고 부하의 경감으로 하지 않으며 여유 있게 생략하는 경우가 많다.

인간의 쾌적도는 실내의 온도, 습도, 기류 및 벽면 온도의 4가지 기후 요소에 의하여 결정된다. 그러나 쾌적도는 착의 및 운동 또는 인종, 개인차에 따라 다르므로 일반적인 쾌적조건을 그 실의 실내조건으로 사용하는 경우가 많다. 표 10-3에 그 기준을 나타낸다.

표 10-3 냉 · 난방설비의 용량계산을 위한 실내 온 · 습도 기준

구분 / 용도	난 방	냉 방	
	건구온도(℃)	건구온도(℃)	상대습도(%)
공동주택	20~22	26~28	50~60
학교(교실)	20~22	26~28	50~60
병원(병실)	21~23	26~28	50~60
관람집회시설(객석)	20~22	26~28	50~60
숙박시설(객실)	20~24	26~28	50~60
판매시설	18~21	26~28	50~60
사 무 소	20~23	26~28	50~60
목 욕 장	26~29	26~29	50~75
수 영 장	27~30	27~30	50~70

10-4-2 계획 외기조건

외기조건이란 자연환경에 의하여 변화하는 것이므로 그 지방에 있어서 과거의 기후자료를 참고해야 한다. 일반적으로는 과거 수년의 평균치를 사용하는 경우가 많지만, 특수한 조건을 요구하는 경우(항온항습실 등)에는 기록의 최고, 최저 조건에 주의하여 설계해야 한다.

외기조건의 설계 기준치로는 여러 가지가 있는데, 가장 합리적인 것으로 외기온도의 누적도 확률에서 구한 TAC(Technical Advisory Committee)온도(위험률 2.5%)가 일반적으로 이용된다.

위험률 2.5%란 난방 또는 냉방기간의 총시간에 대한 온도 출현빈도분포에서 여름의 경우에는 높은 쪽으로부터 겨울에는 낮은 쪽으로부터 총시간의 2.5%를 제외시킨 것을 말한다.

다시 말하면 여름철에서 6, 7, 8, 9월의 총 2,928시간 중 2.5%인 73시간이 냉방설계기준온도를 벗어나는 온도, 겨울철에는 12, 1, 2, 3월의 총 2,904시간 중에서 73시간이 난방설계기준온도를 벗어나는 온도범위를 말한다.

표 10-4에 냉 · 난방설비의 용량계산을 위한 지역별 설계 외기 온 · 습도 조건을 나타낸다.

표 10-4 냉·난방설비의 용량계산을 위한 설계 외기 온·습도 기준

구분 / 도시명	냉방		난방	
	건구온도(℃)	습구온도(℃)	건구온도(℃)	상대습도(%)
서 울	31.2	25.5	-11.3	63
인 천	30.1	25.0	-10.4	58
수 원	31.2	25.5	-12.4	70
춘 천	31.6	25.2	-14.7	77
강 릉	31.6	25.1	- 7.9	42
대 전	32.3	25.5	-10.3	71
청 주	32.5	25.8	-12.1	76
전 주	32.4	25.8	- 8.7	72
서 산	31.1	25.8	- 9.6	78
광 주	31.8	26.0	- 6.6	70
대 구	33.3	25.8	- 7.6	61
부 산	30.7	26.2	- 5.3	46
진 주	31.6	26.3	- 8.4	76
울 산	32.2	26.8	- 7.0	70
포 항	32.5	26.0	- 6.4	41
목 포	31.1	26.3	- 4.7	75
제 주	30.9	26.3	0.1	70

설계용 외기조건은 여름철 오후 1시~3시의 값이므로 계산시간이 다른 경우에는 다음과 같은 시각별 보정을 한다.

표 10-5 외기조건의 시각별 보정

시각	건구온도의 보정(℃)	습구온도의 보정(℃)	시각	건구온도의 보정(℃)	습구온도의 보정(℃)
오전 6시	-6.3	-2.4	오후 2시	0	0
7시	-4.6	-1.8	3시	0	0
8시	-3.2	-1.1	4시	-0.5	-0.2
9시	-2.0	-0.8	5시	-1.3	-0.4
10시	-1.0	-0.4	6시	-2.2	-0.7
11시	-0.6	-0.2	7시	-3.3	-1.1
정오	-0.3	-0.1	8시	-4.0	-1.3
오후 1시	0	0			

표 10-6 상당온도차(ETD)

벽의 종류	방위	시각(태양시)												
		오전							오후					
		6	7	8	9	10	11	12	1	2	3	4	5	6
II	수평	1.1	4.6	10.7	17.6	24.1	29.3	32.8	34.4	34.2	32.1	28.4	23.0	16.6
	N·그늘	1.3	3.4	4.3	4.8	5.9	7.1	7.9	8.4	8.7	8.8	8.7	8.8	9.1
	NE	3.2	9.9	14.6	16.0	15.0	12.3	9.8	9.1	9.0	8.9	8.7	8.0	6.9
	E	3.4	11.2	17.6	20.8	21.1	18.8	14.6	10.9	9.6	9.1	8.8	8.0	6.9
	SE	1.9	6.6	11.8	15.8	18.1	18.4	16.7	13.6	10.7	9.5	8.9	8.1	7.0
	S	0.3	1.0	2.3	4.7	8.1	11.4	13.7	14.8	14.8	13.6	11.4	9.0	7.3
	SW	0.3	1.0	2.3	4.0	5.7	7.0	9.2	13.0	16.8	19.7	21.0	20.2	17.1
	W	0.3	1.0	2.3	4.0	5.7	7.0	7.9	10.0	14.7	19.6	23.5	25.1	23.1
	NW	0.3	1.0	2.3	4.0	5.7	7.0	7.9	8.4	9.9	13.4	17.3	20.0	19.7
III	수평	0.8	2.5	6.4	11.6	17.5	23.0	27.6	30.7	32.3	32.1	30.3	36.9	22.0
	N·그늘	0.8	2.1	3.2	3.9	4.8	5.9	6.8	7.6	8.1	8.4	8.6	8.6	8.9
	NE	1.6	5.6	10.0	12.8	13.8	13.0	11.4	10.3	9.7	9.4	9.1	8.6	7.8
	E	1.7	5.3	11.7	16.0	18.3	18.5	16.6	13.7	11.8	10.6	9.8	9.0	8.1
	SE	1.1	3.6	7.5	11.4	14.5	16.3	16.4	15.0	12.9	11.3	10.2	9.8	8.2
	S	0.5	0.7	1.5	2.9	5.4	8.2	10.8	12.7	13.6	13.6	12.5	10.8	9.2
	SW	0.5	0.7	1.5	2.7	4.1	5.4	7.1	9.8	13.1	16.2	18.5	19.3	18.2
	W	0.5	0.7	1.5	2.7	4.1	5.4	6.6	8.0	11.1	15.1	19.1	21.9	22.5
	NW	0.5	0.7	1.5	2.7	4.1	5.4	6.6	7.4	8.5	10.7	13.9	16.8	18.2
IV	수평	1.7	2.6	4.9	8.5	12.8	17.3	21.4	24.8	27.2	28.4	28.2	26.6	23.7
	N·그늘	1.3	1.9	2.6	3.2	3.9	4.8	5.6	6.4	7.0	7.5	7.8	8.0	8.3
	NE	1.7	4.1	7.1	9.5	10.9	11.2	10.6	10.1	9.8	9.6	9.4	9.0	8.4
	E	1.8	4.6	8.3	11.7	14.2	15.3	14.9	13.6	12.4	11.6	10.9	10.1	9.3
	SE	1.4	2.9	5.4	8.3	11.0	12.9	13.8	13.6	12.6	11.7	11.0	10.2	9.3
	S	1.1	1.1	1.4	2.3	4.0	6.0	8.1	9.9	11.2	11.7	11.6	10.8	9.8
	SW	1.3	1.3	1.6	2.3	3.2	4.3	5.6	7.6	10.2	12.8	15.0	16.3	16.4
	W	1.5	1.4	1.7	2.4	3.2	4.3	5.3	6.5	8.7	11.8	15.0	17.7	19.1
	NW	1.4	1.3	1.6	2.3	3.2	4.3	5.2	6.1	7.0	8.8	11.2	13.6	15.2
V	수평	3.7	3.6	4.3	6.1	8.7	11.9	15.2	18.4	21.2	23.3	24.6	24.8	23.9
	N·그늘	2.0	2.1	2.4	2.8	3.2	3.8	4.5	5.1	5.7	6.3	6.7	7.1	7.4
	NE	2.2	3.1	4.7	6.5	8.1	9.0	9.4	9.4	9.4	9.3	9.2	9.1	8.8
	E	2.3	3.3	5.3	7.7	10.0	11.7	12.6	12.6	12.2	11.8	11.3	10.8	10.2
	SE	2.2	2.6	3.8	5.5	7.5	9.4	10.8	11.6	11.6	11.4	11.1	10.6	10.1
	S	2.1	1.8	1.8	2.1	2.9	4.1	5.6	7.1	8.4	9.5	10.0	10.0	9.7
	SW	2.8	2.4	2.3	2.5	2.9	3.5	4.3	5.5	7.2	9.1	11.1	12.8	13.8
	W	3.2	2.7	2.5	2.7	3.0	3.6	4.3	5.1	6.4	8.3	10.7	13.1	15.0
	NW	2.8	2.4	2.3	2.4	2.9	3.5	4.1	4.8	5.6	6.7	8.2	10.1	11.8

표 10-6 상당온도차(ETD) (계속)

벽의 종류	방위	시각(태양시) 오전 6	7	8	9	10	11	12	오후 1	2	3	4	5	6
VI	수평	6.7	6.1	6.1	6.7	8.0	9.9	12.0	14.3	16.6	18.5	20.0	20.9	21.1
	N·그늘	3.0	2.9	2.9	3.0	3.2	3.6	4.0	4.4	4.9	5.3	5.7	6.1	6.4
	NE	3.3	3.6	4.3	5.4	6.4	7.3	7.8	8.1	8.3	8.4	8.5	8.5	8.5
	E	3.7	3.9	4.9	6.2	7.7	9.1	10.0	10.5	10.7	10.7	10.6	10.4	10.1
	SE	3.5	3.5	4.0	4.9	6.1	7.3	8.5	9.3	9.8	10.0	10.0	9.9	9.7
	S	3.3	4.0	2.8	2.8	3.1	3.7	4.6	5.6	6.6	7.4	8.1	8.4	8.6
	SW	4.5	4.0	3.7	3.5	3.6	3.8	4.2	4.9	5.9	7.2	8.6	9.9	11.0
	W	5.1	4.5	4.1	3.9	3.9	4.1	4.4	4.8	5.6	6.7	8.3	10.0	11.5
	NW	4.3	3.9	3.6	3.4	3.5	3.7	4.1	4.5	5.0	5.6	6.7	7.9	9.2
VII	수평	10.0	9.4	9.0	9.0	9.4	10.1	11.1	12.2	13.5	14.8	15.9	16.8	17.3
	N·그늘	4.0	3.8	3.7	3.7	3.7	3.8	4.0	4.2	4.4	4.7	4.9	5.2	5.5
	NE	4.7	4.7	4.9	5.3	5.8	6.3	6.6	6.9	7.2	7.3	7.5	7.6	7.7
	E	5.4	5.3	5.6	6.1	6.8	7.6	8.2	8.9	8.9	9.1	9.3	9.3	9.3
	SE	5.2	5.0	5.0	5.3	5.8	6.4	7.1	7.6	8.0	8.3	8.5	8.7	8.7
	S	4.6	4.3	4.1	3.9	3.9	4.1	4.5	4.9	5.6	6.0	6.5	6.8	7.1
	SW	6.1	5.7	5.4	5.1	5.0	4.9	5.0	5.2	5.7	6.3	7.0	7.8	8.5
	W	6.8	6.3	6.0	5.7	5.5	5.4	5.4	5.5	5.8	6.3	7.1	8.0	8.9
	NW	5.7	5.3	5.0	4.8	4.7	4.7	4.7	4.9	5.1	5.4	5.9	6.5	7.9

① 위의 표에 있어서 벽, 지붕의 종류는 개략적으로 다음 표에 따른다.

벽의 종류	II	III	IV
구조 예	· 목조의 벽 · 지붕 · 두께합계 20~70 mm의 중량벽	· II+단열층 · 두께합계 70~110mm의 중량벽	· III의 중량벽+단열층 · 두께합계 110~160mm의 중량벽
벽의 종류	**V**	**VI**	**VII**
구조 예	· IV의 중량벽+단열층 · 두께합계 160~230mm의 중량벽	· V의 중량벽+단열층 · 두께합계 230~300mm의 중량벽	· VI의 중량벽+단열층 · 두께합계 300~380mm의 중량벽

② 기준실온은 여름철 26℃이며 설계실온이 다를 경우에는 다음과 같이 보정하여 사용한다.

보정온도(℃)=표의 온도+(26℃－설계실온)

③ 각 지역별 보정은 다음 표를 참고로 하여 적용한다.

보정된 상당온도차(℃)=상당온도+온도보정값

표 10-7 지역별 상당온도보정표

지명	위도	적용치(℃)	지명	위도	적용치(℃)
서울	37.57	−0.5	대구	35.88	−0.1
인천	37.48	−0.5	부산	35.1	+0.1
수원	37.27	−0.4	울산	35.55	0
전주	35.82	0	목포	34.78	+0.6
광주	35.13	+0.1	제주	33.52	+0.8

④ 위에 나타나지 않은 지역은 다음의 위도범위에 따라 보정하여 사용한다.

위도 범위	기준치(℃) (북위)	보정온도(℃/북위 1도)
43 〉 x 〉 37.67	−0.5(37.67)	−0.62
37.67 〉 x 〉 35.67	0 (35.67)	−0.25
35.67 〉 x 〉 35	+0.1(35)	+0.15
35 〉 x 〉 34.67	+0.8(34.67)	+2.10

10-4-3 냉방부하계산

(1) 냉방부하의 분류

냉방부하의 분류를 표 10-8에 나타낸다.

표 10-8 냉방부하의 종류와 발생요인

구분	부하의 발생요인		현열	잠열
실내취득열량	벽체로부터의 취득열량		○	
	유리로부터의 취득열량	직달일사에 의한 것	○	
		전도대류에 의한 것	○	
	극간풍에 의한 취득열량		○	○
	인체의 발생열량		○	○
	기구로부터의 발생열량		○	○
장치로부터의 취득열량	송풍기에 의한 취득열량		○	
	덕트로부터의 취득열량		○	
재열부하	재열기의 가열량(취득열량)		○	
외기부하	외기의 도입으로 인한 취득열량		○	○

(2) 냉방부하의 계산

1) 벽체에서의 취득열량

하기에 일사를 받는 외벽 또는 지붕에서 침입하는 열량은 다음 식에 의하여 계산한다.

$$q_{wo} = A \cdot K \cdot \Delta te \tag{10.18}$$

여기서, q_{wo} : 벽체에서의 취득열량(w)

A : 벽면체의 면적(m^2)

K : 벽체의 열통과율(열관류율) ($w/m^2 \cdot k$)

Δte : 상당온도차(℃) (표 10-6, 10-7)

① 열통과율 : 열통과율은 벽체 표면의 열전달과 내부 열전도 과정을 종합한 계수이다. 열통과율은 다음 식에서 구해진다.

$$\frac{1}{K} = \frac{1}{\alpha_0} + \frac{t_1}{\lambda_1} + \frac{t_2}{\lambda_2} + \cdots\cdots + \frac{t_n}{\lambda_n} + \frac{1}{C} + \frac{1}{\alpha_i} \tag{10.19}$$

여기서, α_0, α_i : 벽체 내(외)부 표면 열전달률($w/m^2 \cdot k$) (표 10-9)

C : 공기층의 열전달률($w/m^2 \cdot k$)

λ : 재질의 열전도율($w/m \cdot k$) (표 10-10)

t : 벽체 구성재료의 두께(m)

표 10-9 표면열전달률($w/m^2 \cdot k$)

α_i, α_0		여름	겨울
벽	α_i (내면)	8.14	8.14
벽	α_0 (외면)	23.3	32.6
지붕	α_0 (외면)	23.3	32.6
바닥, 천장	α_i (내면)	하향 5.8	상향 11.1

[주] 지붕 평균 풍속 : 여름 3.5m/s, 겨울 7m/s

② 상당온도차 : 상당온도차란 태양복사열이 벽체에 미치는 영향을 고려한 가상의 온도차이이다. 이것은 벽체의 재질, 두께, 시간, 방위, 색채 등에 따라 다르다. 표 10-6, 10-7에 나타낸다. 다만, 표 10-6, 10-7을 이용하는 경우 표와 다른 조건일 때에는 보정을 필요로 한다.

표 10-10 건축재료의 열전도율

재 료	열전도율 (w/mk)	밀도 (kg/m^3)
구리	370	8,900
알루미늄합금	200	2,700
강재	53	7,800
아연도금철판	44	7,860
스테인리스강	15	7,400
시멘트모르타르(1 : 3)	1.4	2,000
콘크리트(1 : 2 : 4)	1.6	2,200
철근콘크리트(1%)	2.3	2,300
철근콘크리트(2%)	2.5	2,400
석회석고모르타르	0.7	1,400
석회모르타르	0.87	1,400
석회시멘트모르타르	1.0	1,800
내화벽돌	0.99	1,700~2,000
붉은벽돌	0.96	2,000
시멘트벽돌	0.60	1,700
타일	1.3	2,400
콘크리트블록(경량)	0.7	870
콘크리트블록(중량)	1.0	1,500
대리석	2.8	2,600
화강석	3.3	2,700
천연슬레이트	1.5	2,300
파티클보드	0.15	400~700
석고보드	0.18	700~800
목재(輕量)	0.14	400
목재(中量)	0.17	500
목재(重量)	0.19	600
플라스틱계 바닥재	0.19	1,500
아스팔트계 바닥재	0.33	1,800
비닐계 벽지	0.27	—
종이계 벽지	0.17	700
아스팔트 루핑 17kg	0.19	870

재 료				열전도율 (w/mk)
발포폴리스티렌 보온재	비드법 보온판	1종	1호	0.036
			2호	0.037
			3호	0.040
			4호	0.043
		2종	1호	0.031
			2호	0.032
			3호	0.033
			4호	0.034
	압출법 보온판	보온판	특호	0.027
			1호	0.028
			2호	0.029
			3호	0.031
경질 우레탄폼 보온재	보온판	1종	1호	0.024
			2호	0.024
			3호	0.025
		2종	1호	0.023
			2호	0.023
			3호	0.024
인조광물섬유 보온재	미네랄울	미네랄울		0.044
		보온판	1호	0.037
			2호	0.036
			3호	0.038
		펠트		0.039
		보온통		0.036
	글라스울	글라스울		0.035
		보온판	24k	0.037
			32k	0.036
			40k	0.035
			48k	0.034
			64k	0.034
		보온통		0.036

예제 10-8

모르타르 15mm, 콘크리트 150mm, 루핑지 1mm, 편면 알루미늄박의 공기층 40mm, 베니어판 6mm로 구성되는 외벽의 열통과율을 구하여라. 다만, 편면 알루미늄박의 공기층 열저항은 0.39 m^2/w로 한다.

|해답| $K=\dfrac{1}{\dfrac{1}{23.3}+\dfrac{0.015}{1.4}+\dfrac{0.15}{1.6}+\dfrac{0.001}{0.19}+0.39+\dfrac{0.006}{0.14}+\dfrac{1}{8.7}}$

$=\dfrac{1}{0.7}=1.43\,w/m^2\cdot k$

2) 내벽, 칸막이에서의 취득열량

$$q_{WI}=A\cdot K\cdot \Delta t \tag{10.20}$$

여기서, q_{WI} : 내벽, 칸막이에서 침입하는 열량(w)

A : 내벽, 칸막이면의 면적(m^2)

K : 열통과율($w/m^2\cdot k$)

Δt : 실내・외 온도차(℃)

내벽, 칸막이면의 온도차는 여러 가지 취급방법이 있는데 표 10-11에 일반적인 값을 나타낸다.

표 10-11 내벽, 칸막이벽 또는 바닥면에 대한 Δt

인접실, 상층, 하층이 공기조화되고 있는 일반・인접실이 저온일 때 Δt℃만큼 높을 때	0 Δt
인접실, 상층, 하층이 공기조화되어 있지 않은 일반 보일러실, 주방	$\dfrac{t_0-t_1*}{2}$ 15~20℃
지상의 바닥, 통풍이 없는 바닥	0
필로티 위의 바닥	표 10-6의 북측벽의 상당온도

* t_0, t_1 = 외기온, 실온

3) 유리면에서의 취득열량

일반적으로 판유리는 대부분의 태양 복사열을 통과시키는 동시에 열전도에 의해서도 열의 침입이 있다. 따라서 유리면에서의 취득열량은 2방면에서 구해진다.

유리면에 있어서는 여기에 블라인드를 장치하거나 특수한 열선흡수 유리를 설치하여 복사열에 의한 부하를 경감한다.

$$q_G = q_{GR} + q_{GT} \tag{10.21}$$

$$q_{GR} = I_{gR} \cdot K_s \cdot A_g \tag{10.22}$$

$$q_{GT} = K_g(t_0 - t_i)A_g \tag{10.23}$$

여기서, q_{GR} : 일사에 의하여 침입하는 열량(w)

q_{GT} : 전도에 의하여 침입하는 열량(w)

I_{gR} : 유리창에서의 복사열량(w/m^2) (표 10-12)

K_s : 차폐계수(표 10-13)

A_g : 유리면의 면적(m^2)

K_g : 유리의 열통과율(w/m^2 · k)

유리창 단판 5.5, 유리창 2중 2.2

유리블록 2.9(150×150×100)

t_0, t_i : 외기온, 실온(℃)

표 10-12 유리창의 일사량(북위 35° 7월) (w/m^2)

방향 \ 시각	6	7	8	9	10	11	12	13	14	15	16	17	18
북	79	58	44	44	49	49	49	49	49	44	44	58	79
북동	342	445	392	268	125	51	49	49	49	44	42	33	15
동	386	542	564	497	340	150	49	49	49	44	42	33	15
남동	165	307	377	386	332	233	111	50	49	44	42	33	15
남	15	33	43	69	111	155	171	155	111	69	43	33	15
남서	15	33	42	44	49	50	111	233	332	386	377	307	165
서	15	33	42	44	49	49	49	150	340	497	564	542	375
북서	15	33	42	44	49	49	49	51	124	268	392	445	342
수평	68	240	428	597	716	793	822	793	717	597	428	240	68

[주] 금속제 새시 사용 · 외기 · 노점온도 25℃

표 10-13 유리의 차폐계수 및 열관류율

유리종류	두께 및 구조	가시광선 투과율(%)	차폐계수	열관류율(w/m^2·k)
맑은유리	3mm	91	1.0	5.6
	6mm	89	0.95	5.5
	10mm	87	0.89	5.4
	12mm	86	0.85	5.3
흡수유리	3mm	69	0.84	5.6
	6mm	50~74	0.69	5.5
	10mm	33~64	0.57	5.4
	12mm	28~61	0.53	5.3
반사유리	6mm	40	0.53	5.0
	6mm	30	0.47	5.0
	6mm	20	0.38	5.0
	6mm	15	0.32	5.0
	6mm	8	0.25	5.0
맑은 복층유리	12mm (3+공기층 6+3)	82	0.89	2.8
	16mm (5+공기층 6+5)	81	0.84	2.8
	18mm (6+공기층 6+6)	80	0.82	2.8
	22mm (8+공기층 6+8)	77	0.76	2.8
	24mm (6+공기층12+6)	80	0.82	2.4
	28mm (8+공기층12+8)	77	0.76	2.4
	3중 유리구조	-	0.65	2.0
흡수 복층유리	12mm (3+공기층 6+3)	62~64	0.72	2.8
	16mm (5+공기층 6+5)	49~54	0.61	2.8
	18mm (6+공기층 6+6)	45~49	0.55	2.8
	22mm (8+공기층 6+8)	40~60	0.48	2.8
	24mm (6+공기층12+6)	45~66	0.55	2.4
	28mm (8+공기층12+8)	35~60	0.48	2.4
	3중 유리구조	-	0.40	2.0
복층 반사유리	24mm (6+공기층12+6)	40	0.40	2.4
	24mm (6+공기층12+6)	30	0.38	2.4
	24mm (6+공기층12+6)	20	0.26	2.4
	24mm (6+공기층12+6)	15	0.22	2.4
	24mm (6+공기층12+6)	8	0.20	2.4
	3중 유리구조	-	0.18	2.0

※ 차폐계수는 3 mm 맑은유리의 태양복사열 투과량을 기준(기준값 : 1.0)으로 했을 때에 비교 유리의 태양복사열 투과량 비례치임.

※ 위 표에 사용대상 유리에 해당하는 항목이 없을 경우에는 공기층을 제외한 유리 두께만의 합을 계산하여, 위 표의 해당 유리종류에서 유리의 두께합이 가장 근접한 구조의 차폐계수를 적용함. 또한, 열관류율은 공기층 및 유리두께의 전체 두께를 계산하여 22 mm 이하인 경우에는 3.3 w/m2·k를, 22 mm를 초과할 때에는 2.8 w/m2·k를 적용함.

※ 위 표에 해당되지 아니하는 유리의 경우, 공인기관의 실험결과 및 자료에 의한 값을 사용할 수 있음.

4) 틈새바람에 의한 취득열량

외부에서 실내의 온습도와 다른 공기가 침입하는 경우 부하로서 취급한다. 틈새바람에 의한 부하 q_I(w)는 다음 식에 따라 계산한다.

현열은 공기 온도의 상승과 하강에 영향을 주는 열량이고, 잠열은 습도의 상승이나 하강에 영향을 주는 열량이다.

$$q_I = q_{IS} + q_{IL} \tag{10.24}$$

$$q_{IS} = 0.34\,Q_I(t_o - t) \tag{10.25}$$

$$q_{IL} = 834\,Q_I(x_o - x_i) \tag{10.26}$$

여기서, 0.34 : 단위환산계수(ρ=1.2kg/m^3, C_p : 공기의 정압비열 1.01(kJ/kg℃ 적용)

$$1.2 \times 1.01\left(\frac{1,000}{3,600}\right) \fallingdotseq 0.34$$

834 : 단위환산계수(0℃에서 물의 증발잠열 γ=2,501kJ/kg 적용)

$$1.2 \times 2,501\left(\frac{1,000}{3,600}\right) \fallingdotseq 834$$

$t_{o,}\ t_i$: 외기 및 실내온도(℃)

$x_{o,}\ x_i$: 외기 및 실내의 절대습도(kg/kg')

Q_I : 틈새공기량(m^3/h)

1 W : 1 J/s

일반적으로 공기조화설비에 있어서 신선공기로서 외기를 도입하는 경우, 실내압을 옥외보다 높이면 자연환기에 틈새바람은 무시해도 된다. 그러나 틈새바람이 많은 구조나 창, 문의 개폐에 따라 외기의 침입이 있는 실에서는 계산할 필요가 있다. 틈새바람의 양의 계산에는 여러 가지가 있는데, 일반적으로는 환기횟수에 의한 방법이 흔히 사용된다.

$$Q_I = n \cdot V \tag{10.27}$$

여기서, n : 환기횟수(표 10-14), V : 실용적(m^3)

표 10-14 틈새바람에 의한 환기횟수 n(회/h)

냉방시	실용적(m^3)	50	500	1,000	1,500	2,000	2,500	3,000 이상
	n	0.7	0.6	0.55	0.50	0.42	0.40	0.35

건축구조	냉방시	난방시
콘크리트조(대규모 건축)	0	0~0.2
콘크리트조(소규모 건축)	0.1~0.2	0.2~0.6
양식목조	0.1~0.3	0.3~0.6
한식목조	0.2~0.6	0.5~1.0

[주] 창 새시는 모두 알루미늄새시로 한다.

예제 10-9

18 m×22 m×4 m의 홀에서 틈새바람의 양을 구하여라. 다만, 환기를 위하여 외기를 도입하는 것으로 한다.

| 해답 | 환기횟수를 0.5로 하면,

$18 \times 22 \times 4 \times 0.5 \times 1.2 = 950\,kg/h$

5) 실내에서 발생하는 취득열량

① 인체에 발생하는 취득열량 : 인체에서 발생열은 체표면에서의 대류 및 발한(發汗), 호흡작용에 의한 잠열부하가 있다. 이들 발생열은 인종, 성별, 연령, 운동의 정도 및 실내의 열환경 등에 따라 다르다.

$$q_H = q_{HS} + q_{HL} \tag{10.28}$$

$$q_{HS} = N \cdot H_S \tag{10.29}$$

$$q_{HL} = H_L = N \cdot H_L \tag{10.30}$$

여기서, q_H : 인체발생 열량(w), q_{HS} : 인체발생 현열량(w)

q_{HL} : 인체발생 잠열량(w), N : 재실인원수(인)

H_S : 1인당 인체발생 현열량(w/인)

H_L : 1인당 인체발생 잠열량(w/인)

표 10-15 인체에서의 발생열량(w/인)

작업상태	실온(℃)		28		27		26		24		21	
	적용장소	전발열량	현열	잠열	현열	잠열	현열	잠열	현열	잠열	현열	잠열
정좌	극장	93	47	47	51	42	56	37	61	33	69	24
경작업	학교	106	48	58	51	55	56	50	64	42	72	34
사무소 안에서의 가벼운 보행	사무소 · 호텔 · 백화점	119	48	71	52	66	57	62	65	54	76	43
섰다, 앉았다 걸었다 하는 일	은행	133	48	85	52	80	58	75	68	65	77	56
앉은 동작	레스토랑	145	50	95	59	86	65	80	75	71	85	61
착석작업	가벼운 작업(공장)	198	50	148	59	139	65	133	78	120	97	101
보통의 댄스	댄스홀	226	59	166	65	161	72	154	86	140	106	120
보행(4.8km/h)	공장의 중작업	264	71	193	80	184	66	177	101	163	121	143
볼링	볼링장	384	119	265	123	261	127	257	138	245	161	223

설계시에 재실자인수 N이 불명의 경우는 표 10-16을 참조하여 각 실의 바닥면적에서 N을 구한다.

표 10-16 재실자 1인당 바닥면적(m^2/인)

	사무소건축	백화점 · 상점			레스토랑	극장 · 영화관의 관람석
		평균	혼잡	한산		
일 반	4~7	5~3	0.5~2	5~8	1~2	0.4~0.6
설계치	5	3	1	6	1.5	0.5

② 조명기구에 의한 발생열량 : 최근 건축물은 많은 조명기구를 갖추고 있는 경우가 많아 상당히 안정된 열발생원이 된다.

백열등 $q_{EL} = W \cdot f$ (10.31)

형광등 $q_{EL} = W \cdot f$ (10.32)

$= 1.25 \times W \cdot f$ (형광등의 안정기가 실내에 있을 때 발열량의 20%를 가산한 경우)

여기서, W: 조명기구의 소비전력(kW)

f: 조명기구의 사용률

③ 동력기기에서의 발생열량

· 구동하는 전동기, 기계 둘 다 실내에 있는 경우

$$q_m = W/\eta_m \cdot f \tag{10.33}$$

· 기계만 실내에 있는 경우

$$q_m = W \cdot f \tag{10.34}$$

· 전동기만 실내에 있는 경우

$$q_m = W\frac{(1-\eta_m)}{\eta_m} \cdot f \tag{10.35}$$

여기서, η_m : 전동기의 효율(표 10-17)

f : 전동기의 동시사용률

표 10-17 전동기 효율

전동기 출력(kW)	~0.1	0.1~0.2	0.4~0.75	1.5~3.7	5.5~15	20~
전동기 효율(η_m)	0.5	0.6	0.7	0.8	0.85	0.9

6) 외기에 의한 취득열량

일반적으로 공기조화 방식에 있어서는 실내에 신선한 공기를 공급하기 위하여 옥외에서 외기를 도입하는 경우가 많다. 개산치로는 일반사무소에서 1인당 30 m^3/h 정도가 필요하고, 이 부하의 계산은 틈새바람의 경우와 마찬가지이다.

7) 재열에 의한 열부하

일반적으로 냉각코일에 의하여 공기를 냉각 감습한 경우 그 실이 지니는 부하의 특성(현열, 잠열의 비율)에 맞지 않아 분출 공기조건을 만족시킬 수 없는 경우가 있다. 이 경우 분출 공기를 그 실의 부하 특성에 맞추기 위하여 일단 차가워진 공기를 재열하는 경우가 있다. 이 부하를 재열부하라고 한다.

8) 공조기에서의 취득열량과 안전율

송풍기 동력의 대부분은 공급공기 온도를 높이므로 현열부하로서 계산하여야 한다.

또 덕트에 있어서도 표면에서 열손실이나 시공이 좋지 않은 부분에서의 공기누설에 의한 열손실도 예상해야 한다. 이 외에도 장치의 용량에 여유를 주기 위하여 안전율을 고려하는데 송풍기 손실, 덕트 손실과 안전율을 표 10-18과 같은 개산치로 열부하에 가산한다.

표 10-18 공조기기에서 열취득과 안전율의 개산치

일반의 경우	10%
고속덕트 등 송풍기 정압이 높은 경우	15%
장치용량에 여유를 유지하고, 정도가 높은 실온제어를 하기 쉬운 경우	20%

예제 10-10

그림 10-24와 같은 사무실의 냉방부하를 구하여라.

설계조건 : ① 서울 소재, 3층 건물의 최상층, 시각 16 : 00
② 외기, 실내온습도조건
외기 t=34℃, φ =60%
실내 t=27℃, φ =50%
③ 조명 형광등 20 W/m² 주간도 전 점등
사무기기 2 kW 1대 사용률 60%
④ 거주인원 25인
⑤ 건물 벽체의 열통과율
서쪽 외벽(150 mm, 콘크리트, 내면플라스터 마감) 3.64, 남쪽 외벽 3.47, 내벽 2.95, 천장 1.71, 바닥 2.05, 문 4.42, 창(복층유리, 내측 베니션 블라인드, 밝은 회색) 6.05

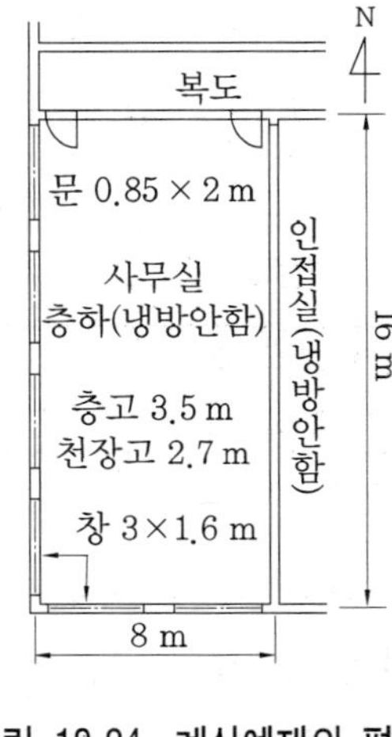

그림 10-24 계산예제의 평면도

|해답| ㉠ 벽체

먼저 외벽면의 상당온도차를 구하면 표 10-4와 표 10-5의 설계조건 건구온도 t= 31.1 − 0.5 = 30.6℃, 실온은 표 10-6, 10-7에서 t_r=26℃가 되므로 보정의 계산식에 의해 보정치를 구하면 다음과 같다.

$$\Delta t_e' = \Delta t_e + (t_0' - t_0) - (t_r' - t_r)$$
$$= \Delta t_e + (34 - 30.6) - (27 - 26)$$
$$= \Delta t_e + 3.4 - 1 = \Delta t_e + 2.4$$

또한 Δt_e는 표 10-6의 콘크리트 15 cm에서 16시, 방위 S 11.6℃, W 15.0℃이고, 이들의 온도차를 이용하여 보정계산 결과를 표 10-19에 나타낸다.

표 10-19 Δt_e 의 보정계산표

방위	W	S	H
Δt_e	15.0	11.6	28.2
Δt_e 의 보정값	2.4	2.4	2.4
$\Delta t_e'$	17.4	14.0	30.6

서측 외벽 면적을 구하면 폭 16 m×높이 3.5 m의 곳에 3×1.6 m의 창유리가 4개소 있으므로 외벽의 실제 면적 $A = 16\times3.5 - 3\times1.6\times4 = 36.8\,\mathrm{m^2}$가 된다. 이들 값에서 서측 외벽에서의 취득열량 q_w를 구하면,

$$q_w = AK\Delta t_e' = 36.8\times3.64\times17.4 = 2,331\ \mathrm{w}$$

마찬가지로 해서 각 방위(동측 간벽, 북측 복도에서의 열취득도 있다), 지붕 및 바닥에서의 열취득을 구한 결과를 표 10-20에 나타낸다.

표 10-20 계산표

방위	벽체	면적 $A(\mathrm{m^2})$	열통과율 $K(\mathrm{w/m^2\cdot k})$	온도차 Δt(℃)	열부하 q_w(w)
W	외벽	16×3.5 − 19.2 = 36.8	3.64	17.4	2,330
S	외벽	8×3.5 − 9.6 = 18.4	3.47	14.0	893
E	내벽	16×2.7 = 43.2	2.95	3.5	450
N	내벽	8×2.7 − 3.4 = 18.2	2.95	3.5	190
N	문	0.85×2×2 = 3.4	4.42	3.5	52
H	지붕	8×16 = 128	1.71	30.6	6,695
	바닥	8×16 = 128	2.05	3.5	916
합 계					11,526

㉡ 유리

창유리에서의 일사량 I_{GR}은 표 10-12에서 각각 방위, 시각의 조건에 따라 서측 564 w/m², 남측 43 w/m², 일반복층유리(그린)에 의한 차폐계수 $K_S = 0.6$(표 10-13)이므로

서측 유리면적 $A_g = 3\times1.6\times4 = 19.2\,\mathrm{m^2}$

$$q_{GR} = I_{GR}\cdot K_S\cdot A_g = 564\times0.6\times19.2 = 6,497\ \mathrm{w}$$

$$q_{GT} = K\cdot A\cdot\Delta t = 6.05\times19.2\times(34-27) = 813\ \mathrm{w}$$

남측 유리면적 $A_g = 3\times1.6\times2 = 9.6\,\mathrm{m^2}$

$$q_{GR} = I_{GR}\cdot K_S\cdot A_g = 43\times0.6\times9.6 = 248\ \mathrm{w}$$

$$q_{GT} = K\cdot A\cdot\Delta t = 6.05\times9.6\times(34-27) = 407\ \mathrm{w}$$

$$\therefore\ q_{GT} = 6,497+813+248+407 = 7,965\ \mathrm{w}$$

㉢ 틈새바람

이 실의 용적 $V = 16\times8\times2.7 = 345.6\,\mathrm{m^3}$이고, 표 10-14에서 $n = 0.6$으로서 틈새바람의 양 $Q_I = n\cdot V = 345.6\times0.6 \fallingdotseq 207\,\mathrm{m^3/h}$가 되고, 온도차 $\Delta t = 34-27 = 7$℃, 절대습도차$\Delta x = 0.0202-0.0112 = 0.009\,\mathrm{kg/kg'}$에서 틈새바람에 의한 현열량 q_{IS}, 잠열량 q_{IL}은 각각 다음

식에 의해 구해진다.

$$q_{IS}=0.34Q_I \cdot \Delta t=0.34\times 207\times 7=493\ \text{w}$$

$$q_{IL}=834Q_I \cdot \Delta x=834\times 207\times 0.009=1,554\ \text{w}$$

㉣ 인체

표 10-16에서 실온 27℃, 사무작업을 행하고 있는 것으로서 1인당 현열(H_S) 52 w, 잠열(H_L) 66 w이고, 설계조건에서와 같이 25인에 대하여 다음과 같이 구한다.

$$q_{HS}=N\cdot H_S=25\times 52=1,300\ \text{w}$$

$$q_{HL}=N\cdot H_L=25\times 66=1,650\ \text{w}$$

㉤ 조명 · 사무기기

형광등에 의한 발생열량, 사용전력 W는 20 W/m^2×바닥면적 128 m^2=2.56 kW이며, 상시 점등하고 있는 것으로서 사용률 100%로 하면,

형광등 $q_E=f \cdot W=1\times 2.56=2.56$ kw

사무기기는 전열기에 상당하는 것을 2 kW로 하여 사용률 60%로 하면,

사무기기 $q_E=f \cdot W=0.2\times 2=0.4$ kw

합계 2.96 kw가 된다.

이상의 계산 결과를 정리한 것이 표 10-21의 ①이 되고, 덕트, 송풍기에서의 취득열량을 ①의 10%로 ②의 값이 되어 ①, ②를 가산하여,

실내 취득현열량 $q_S=26,427$ w

실내 취득잠열량 $q_L=3,524$ w

의 값이 구해진다.

실내부하는 이 2가지를 합한 것이다.

$$q=q_S+q_L=29,951\ \text{w}$$

표 10-21 실내 취득열량 계산 결과(w)

취득열량 구분		현열(q_S)	잠열(q_L)
① 실내 취득열량	1) 벽체	11,526	
	2) 유리창	7,965	
	3) 틈새바람	493	1,554
	4) 재실자	1,300	1,650
	5) 기구	2,960	
	소 계	24,244	3,204
② 덕트, 송풍기의 취득열량(①의 10%)		2,424	320
③ 현열, 잠열부하 합계		26,668	3,524
실내부하 합계		30,192	

10-4-4 난방부하계산

(1) 난방부하의 분류

난방부하의 분류를 표 10-22에 나타낸다. 일반 건물의 경우 기존 난방시에는 이 표의 실내 손실열량과 외기부하의 합계치를 난방부하로 하고, 실내의 인원 및 기구 등의 발생열량은 부하계산상 무시하였다. 즉 인원, 기구 등의 발생열량은 위의 난방부하에서 제외하더라도 상관없었는데 난방개시의 공전을 고려하여 무시한 것이다.

그러나 요즘 난방설비의 고조도화 및 사무의 기계화 등에 의해 빌딩의 실내 발생열은 증대하고, 하계 냉방시와 마찬가지로 부하계산상 무시할 수 없는 건물도 많아졌다. 특히 대형 빌딩에 있어서는 동계 외주부를 난방하고 내부를 냉방하는 특수한 예도 있다. 따라서 내부 발생열을 무시할 수 없는 건물에서는 표 10-23에 포함된 발생열량을 난방부하에서 뺀 값을 이용하여 설계한다.

표 10-22 난방부하의 분류

종류	항목	현열	잠열
실내손실열량	전도에 의한 열량	○	
	틈새 바람에 의한 열량	○	○
외기부하	-	○	○

표 10-23 실내 취득열량 분류

종류	항목	현열	잠열
실내 취득열량	기구에 의한 발생열량	○	○
	인체의 의한 발생열량	○	○

(2) 난방부하 계산

1) 외벽·외창·지붕에서의 손실열량

손실열량 q_{TO}(kw)는 다음 식에 의해 계산한다.

$$q_{TO} = (k+1) \cdot K \cdot (t_i - t_0) \cdot A \qquad (10.36)$$

여기서, k : 부가계수(표 10-26)

K : 열관류율(w/m^2·k)

t_i, t_0 : 실내, 옥외온도(℃), (표 10-3, 10-4)

A : 벽면적(m^2)

손실열량(q_{TO})을 정상상태로 취급한 경우 부가계수는 불필요하지만 실제로는 외기상황, 벽면의 방위로 인한 풍속, 일사 등에 의해 영향이 변동하여 계산치가 매우 불확실하게 되기 때문에 안전율을 고려하여 방위별 부가계수를 곱한다(표 10-24).

표 10-24 방위별 부가계수

방 위	부가계수
북면 외벽 및 외창, 지붕면, 최하층 바닥면	1.15~1.20
북동・북서면 외벽 및 외창	1.15
동・서면 외벽 및 외창	1.10
남동・남서면 외벽 및 외창	1.05
남면 외벽 및 외창	1~1.05

예제 10-11

외부에서 모르타르 5mm, 콘크리트 150mm, 모르타르 5mm, 플라스터 3mm 구조의 외벽에 있어서 외기 30℃, 실내 20℃, 벽면적 15m^{2}로 하면 손실열량은?

|해답| $K = \dfrac{1}{\dfrac{1}{23.3}+\dfrac{0.005}{1.51}+\dfrac{0.015}{1.63}+\dfrac{0.005}{1.51}+\dfrac{0.003}{0.61}+\dfrac{1}{9.3}} = 5.84\,\text{w/m}^2\cdot\text{k}$

$q_{TO} = 15 \times 5.84(30-20) = 876\,\text{w}$

2) 내벽・내창・바닥(천장)에서의 손실열량

손실열량 q_{TI}(w)은 외기의 영향을 받지 않기 때문에 다음 식에 의해 계산한다. 또 지하외벽, 흙에 접하는 바닥・벽도 다음 식에 의해 계산한다.

$$q_{TI} = K \cdot (t_i - t_0) \cdot A \tag{10.37}$$

다만, t_o는 내벽・내창・바닥(천장) 등의 경우는 난방하지 않는 실의 온도로 하지만 개산으로서는 난방하고 있는 실의 온도와 외기온도 중간온도로 한다.

3) 틈새바람의 의한 손실열량 및 외기부하

각 부하의 계산식은 냉방시와 같이 다음 식에 의해 계산한다.

$$q_{IS} = 0.28\,G_I(t_i - t_0) = 0.34\,Q_I(t_i - t_0) \tag{10.38}$$

$$q_{IL} = 694\,G_I(x_i - x_0) = 834\,Q_I(x_i - x_0) \tag{10.39}$$

$$q_{FS} = 0.28\,G_F(t_i - t_0) = 0.34\,Q_F(t_i - t_0) \tag{10.40}$$

$$q_{FL} = 694\,G_F(x_i - x_0) = 834\,Q_F(x_i - x_0) \tag{10.41}$$

4) 실내취득열량

계산은 냉방시와 같은 식을 이용하여 계산하지만 산정치는 난방부하치에서 빼주기 때문에 산청치의 안전측이 냉방부하계산과 반대가 된다는 점에 주의해야 한다. 계산식은 냉방부하의 5)항을 참조하기 바란다.

10-4-5 공조설비의 에너지 절약

공조설비 에너지 절약 방법은 ① 건축구조상의 측면(계획, 건물 외피, 자연에너지의 이용), ② 설비시스템상의 측면(공조시스템, 반송시스템, 열원시스템, 에너지시스템 등에서의 부하 삭감), ③ 운전관리, 사용방식상의 측면 등 3가지로 분류된다.

건축구조상 방법을 구체적으로 살펴보면 건물 외피의 단열성능 강화, 문틈의 기밀화, 유리창의 복층화, 루버 설치, 벽면에 대한 개구부 면적 축소, 적정한 실내조명기구 선정, 건물의 남향배치, 조경수의 적절한 배치 등이 있다.

설비시스템상 방법을 살펴보면, 공기조화방식 중 초기설비비가 많이 들더라도 Building Life Cycle Cost 측면에서 유리한 방식의 채택이 필요하고, 건물에서 사용 후 버려지는 열의 회수장치인 전열교환기와 Heat pipe의 사용 등을 고려할 수 있다.

운전관리, 사용방식상 방법을 살펴보면, 건물 내부를 부하별, 방위별, 용도별, 사용시간별, 사용자별로 존을 나누어 공조를 실시하는 것, 봄, 가을에 외기를 도입하여 실내로 송풍하면 냉동기 가동 없이도 냉방할 수 있는 것(즉, 외기냉방) 등이 있다.

이들 방법은 상호 관련이 있고, 건축계획, 설비계획을 추진할 때 어느 방법을 채용하는가를 종합적으로 검토해야 한다. 또 주택이나 학교 등과 같이 공조설비의 비중이 적은 건축물에서는 주로 건축구조상의 측면과 사용방식상의 측면이 에너지 절약에 기여한다.

공조설비의 에너지 절약에서 보면 연간열부하계수(perimeter annual load : PAL)와 공조에너지 소비계수(coefficient of energy consumption : CEC)의 지표에 의하여 구조상 측면과 운전관리, 사용방식상의 측면에 있어 가능한 한 공조부하를 삭감하고, 설비시스템 측면에서 에너지 공급의 효율 향상을 도모하는 것이 필요하다.

$$\text{PAL} = \frac{\text{외주 존의 연간 열부하(Mcal/년)}}{\text{외주 존의 바닥면적}(\text{m}^2)} \tag{10.42}$$

$$\text{CEC} = \frac{\text{연간 에너지 소비량(Mcal/년)}}{\text{연간 가상 공조부하(Mcal/년)}} \tag{10.43}$$

PAL이란 건축물의 실내주변공간(perimeter zone : 외벽·창 등을 통하여 외계 기상조건의 영향을 받는 부분)의 연간공조부하를 그 산출대상면적으로 나눈 값이다. 이 PAL값으로 외벽·평면계획을 평가할 수 있다.

CEC란 설계한 설비를 표준조건에서 산출한 1년간에 소비하는 에너지량을 가상공조부하(건물용도면적에서 추계한 표준적인 공조부하) 또는 가상에너지소비량(표준적인 설비를 사용한 경우의 에너지소비량)으로 나눈 값이다. 에너지절약을 행하는 것에서 분자(연간에너지소비량)가 감소하므로 CEC의 수치는 작아진다. 건축주의 판단기준은 건축물의 에너지절약이 목표가 되고 있다. 그 값 이하가 되도록 설계하는 것이 요구되고 있다.

10-5 공기조화설비의 계획

10-5-1 공기조화의 계획

(1) 공조설계

공조방식, 열원방식 등을 결정하는 공조계획을 거친 다음 순서로 공조설계를 한다.

① 각 실마다의 취득열량, 손실열량을 상세히 계산하고 피크시의 부하에 대하여 공조용 풍량, 냉방부하, 난방부하를 구한다.

② 이러한 부하에서 열원기기를 선택한다. 필요할 때에는 축열조를 사용하여 이 계획을 행한다.

③ 각 존마다의 부하에 따라 공조기(냉각코일·가열코일·가습장치 등)를 설계한다.

④ 이상에 따라 결정한 기기를 다시 기계실 내에 배치해 보고 기계실 치수를 검토한다.

⑤ 계획시에 결정한 덕트 경로에, ①에 의하여 구한 설계풍량을 기입하고 이에 따라 덕트의 설계를 한다. 여기에서 구한 덕트 저항과 전에 구한 공조기 각 기기 저항의 합이 팬의 필요압력이 되고 이것과 취급 풍량에 따라 팬을 선택한다.

⑥ 열원기기와 각 공조기기 및 냉각탑을 연결하는 배관의 치수를 결정, 여기에서 배관의 저항이 구해진다. 이것과 수량 등에서 사용 펌프를 선정한다.

⑦ 이상에 따라 구한 기기를 도면상에 적용해 본다. 만일 이 때 스페이스의 과부족이

있을 때는 건축도면을 수정하여 충분히 수납될 크기로 한다.

⑧ 필요할 때는 연간소비에너지 및 운반비를 구한다.

(2) 조닝

일반 공기조화설비에서는 건물 내를 몇 개의 구역으로 나누어 각각 계통별 공조기, 덕트, 냉·온수에 의하여 조정되고 있다. 이것은 같은 건물 내에서 각기 부하조건 또는 실내조건이 다르기 때문이며 최근과 같이 초고층 빌딩 등의 경우 최상층 부근의 실에서는 부하조건이 정반대로 되게 하는 경우도 고려된다. 이와 같이 건물에 구역 분할하는 것을 조닝(zoning)이라 하고, 각 구역을 존(zone)이라 한다. 조닝은 부하특성이 비슷한 부분으로 분할하는 경우와 사용시간대와 사용조건별로 분할하는 경우가 있다.

조닝을 필요로 하는 것은 연면적 3,000 m^2 이상의 건물이며, 1층분의 바닥면적이 200 m^2 이하의 소규모 건물에서는 설비비, 경상비의 관계에서 조닝을 행하지 않는 것이 보통이다.

1) 부하별 조닝

건축물의 외주부(perimeter zone 또는 exterior zone)에서는 외벽을 통하여 실내·외의 온도와 일사의 강약에 따라 시각적으로 부하가 변동한다. 한편 외벽으로부터 비교적 떨어진 건물의 내부(interior zone)에서는 외기 조건의 영향을 받기 어렵고, 또 인체, 조명, 전기기기에서의 방열은 연간을 통하여 대체로 일정하며, 여름에는 냉각할 필요가 있다.

따라서 건물은 부하에 따라 분류할 필요가 있다. 외주 존에는 방의 방향에 따라 열부하의 변동이 있고, 표 10-25와 같이 유리를 통하는 일사부하의 시간적 변화가 크기 때문에 동서남북의 방위별 조닝이 필요하게 된다.

이것을 평면화한 것이 그림 10-25(a)이고, 여기에 나타난 바와 같이 외벽의 부하특성에서 외부존의 폭은 외벽면에서 약 6 m 정도가 되는 것이 보통이다. 이 방법으로 계획하면 적어도 5계통이 필요하게 되는데 동서면이 벽에 창이 없는 경우, 그림 10-25(b)와 같이 내부존 외에도 외부존으로서 합계 3존으로 처리할 수 있다. 그림 10-25에서 B의 폭이 10 m 이내이면 내부존을 설치하지 않는다.

표 10-25 방위별 존의 부하 성질

구분		부하 성질
외부존	동측	아침 8시의 냉방부하가 최대이며 오후는 작아진다.
	서측	아침의 냉방부하는 작지만, 오후 4시의 부하가 최대가 된다. 겨울의 북서풍이 있을 때 난방부하는 북측에 대하여 크다.
	남측	여름의 냉방부하는 크게 되지만, 중간기(4월, 10월)의 정오의 냉방부하는 여름의 동서면과 같은 정도가 된다.
	북측	냉방부하는 작지만 일사가 없는 겨울의 바람막이가 강하므로 난방부하는 다른 존에 비하여 크다.
내부존		난방부하는 작고 겨울에도 오전 중의 예열부하를 제외하면 전등, 인원에 대한 냉방부하만으로 된다. 다만, 최상층의 내부존은 종일 난방부하를 발생한다.

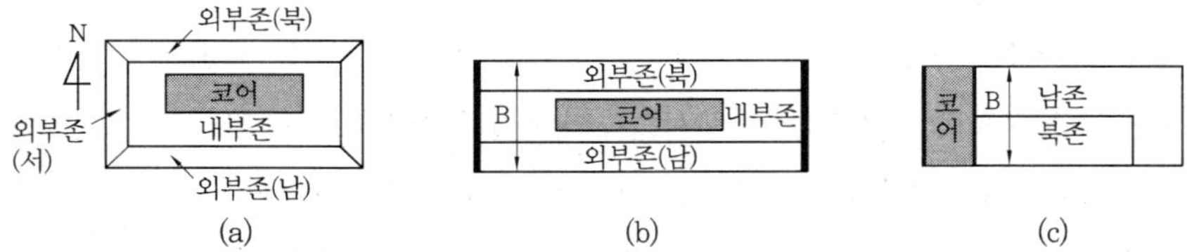

그림 10-25 방위별 존의 분류방법

중규모의 경우는 그림 10-25(c)와 같이 2계통으로 하는 경우가 많다.

2) 용도별 조닝

이 조닝의 방법은 분명히 사용 목적이 다른 실(실내 온습도가 다른 실)을 분할하여 질적으로 다른 공조를 행하는 방법이다. 예를 들면 병원의 경우 진료, 병동, 수술실, 검사, 분만, 방사선, 관리 등 조건이 다른 실이 많고 이것을 동일 계통으로 취급할 수는 없다. 표 10-26에 예를 나타낸다.

표 10-26 용도별 존의 분류방법

구분	분류방법
사무소 건축	일반 사무실은 각층마다 나눌 수도 있다(각층 유닛). 이 외에는 대회의실(또는 강당) · 식당 · 중역실 · 숙직실 등을 각각 별도 계통으로 한다. 특히 전자계산기실은 패기지 유닛을 사용하여 독립계통으로 한다.
공회당 · 극장	관객석(오디토리엄) · 입구홀 · 회의실 · 관리실 · 분장실 등을 각각 별도 계통으로 한다.
병원	진료실 · 수술실 · 신생아실 · 검사실 · 병실 · 관리제실 등을 각각 별도 계통으로 한다.

3) 시간별 조닝

공기조화의 계통을 사용하는 시간대에 의하여 분할하는 것이 시간별 조닝이다. 사무소 빌딩의 경우 일반 사무실, 대회의실, 전화교환실, 전자계산기실, 식당, 후생시설, 숙직실 등 각각 사용 시간이 다르고 이에 수반하여 부하도 다르다.

4) 사용자별 조닝

이 조닝의 방법은 단일건물 내에 여러 사용자가 존재하는 경우 사용자별로 조닝하여 운전 및 유지비의 부과를 나누어 할 수 있도록 한다. 예를 들면 임대사무소 건물처럼 여러 사용자가 존재하는 경우에 편리하다.

10-5-2 공기조화 방식

(1) 방식의 분류

공기조화 방식의 분류에는 열매(열을 운반하는 물질)의 운반방식, 공기조화기의 설치방법, 온도조절의 방법에 따라 분류된다.

1) 열매의 운반방식에 따른 분류

- 중앙식
  - ① 전공기방식
    - 단일덕트방식
      - 정풍량방식
      - 변풍량방식
    - 2중덕트방식
    - 멀티존유닉방식
  - ② 수공기 병용 방식
    - 각층 유닛방식
    - 유인유닛방식
    - 팬코일 유닛 덕트 병용 방식
    - 복사패널, 덕트 병용 방식
- 개별식
  - ③ 전수방식－팬 코일 유닛방식
  - ④ 냉매방식－패키지 유닛방식

2) 공기조화기의 설치방법에 의한 분류

상기의 ①, ②에 해당하는 것으로 이것을 중앙식이라고 하며, 냉동기·보일러·조화기 등의 열원기기를 기계설에 집중시키고, 여기에서 집중관리를 하는 방식이며, 대규모 건물에서 전관 공조를 하는 경우에 적합하다. 기계실이 분리되어 있으므로 소음, 진동 등의 문제도 적고, 보수관리도 용이하다. ③, ④는 개별식이라고 하며, 중앙식에 비하여 소규모 건물에 적합하다. 각 기기는 공장에서 생산되는 것이므로 설치, 이동이 간단하며 이미 건축된 건물에 나중에 공조기를 설치하는 경우에도 간단히 행할 수 있다. 그러나 각 실에 유닛을 설치하기 때문에 바닥면 스페이스, 소음, 진동 등의 문제가 있다. 그림 10-26～10-29에 그 예를 나타낸다.

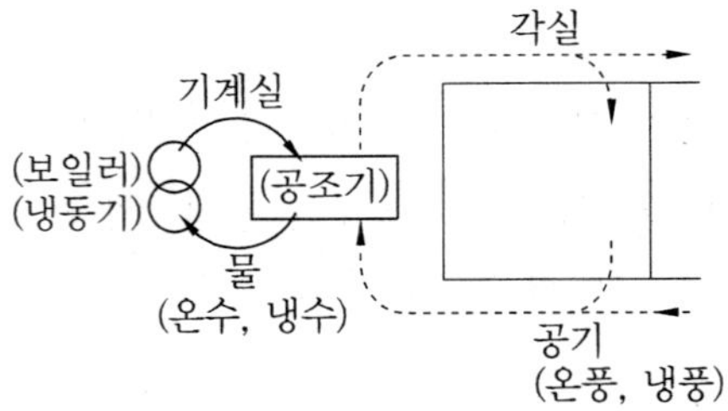

그림 10-26 전공기방식

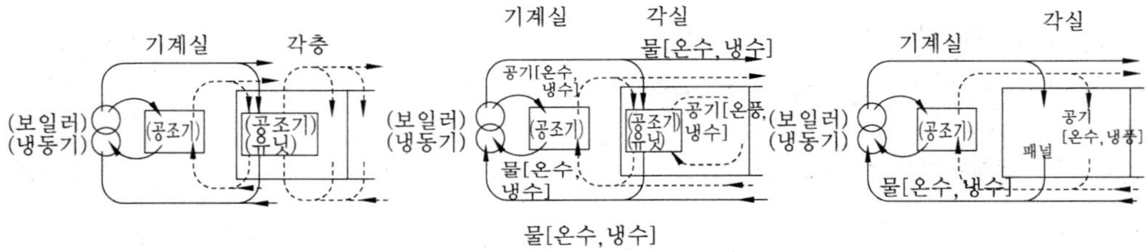

그림 10-27 공기 병용 방식

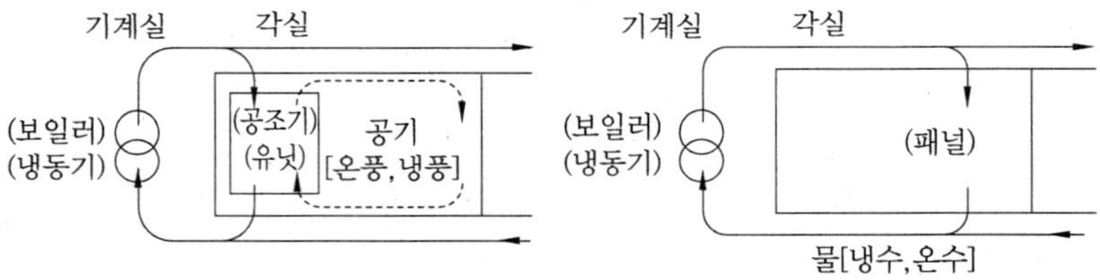

그림 10-28 전수방식

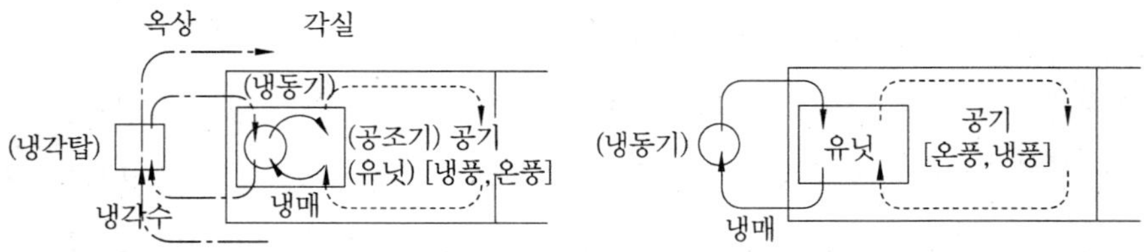

그림 10-29 냉매방식

상기 ①의 전공기방식은 실내공기오염을 적게 발생시키고 외기냉방을 할 수 있다는 장점이 있으나, 큰 덕트 스페이스가 필요하고 팬의 동력이 커진다는 단점이 있다. 상기 ③의 전수방식은 덕트 스페이스가 필요 없고 열운반동력이 작으며 개별 제어가 쉽다는 장점이 있으나, 신선한 외기인입이 불가능하여 실내공기오염이 우려되어 유닛의 실내 설치로 바닥이용도가 떨어진다는 단점이 있다.

(2) 단일 덕트방식

한 대의 공조기에 한 개의 급기덕트만 연결하여 공조하는 방식으로 풍속에 따라 저속(15 m/s 이하)과 고속(15~25 m/s)이 있고, 풍량에 따라 정풍량방식과 변풍량방식이 있다.

1) **정풍량방식**(CAV, constant air volume system)

이 방식은 가장 표준적인 공조방식이며 건축의 규모, 종별에 관계없이 가장 많이 사용되고 있다. 이유는, ① 공조기가 기계실에 있기 때문에 운전・보수가 용이하며 완전한 공기여과를 행할 수 있고 진동, 소음의 전달 우려가 적다. ② 송풍량이 크기 때문에 환기량도 충분하며, 특히 리턴 팬을 부착하면 동계 중간기의 외기 냉방을 행할 수 있다. ③ 존의 수가 적을 때 설비비는 타 방식에 비하여 저렴하게 되기 때문이다.

이상의 점에서 본 방식은 연면적 2,000 m^2 이하의 소규모 건축에 널리 사용되고 있는 외에 대규모 건축에서는 공장이나 극장 관객석과 같은 대공간의 공조 및 연면적 5,000 m^2 이상의 다층 건축 내부존의 공조에 많이 사용되고 있다.

그림 10-30에 단일덕트 CAV방식의 계통도를 나타낸다. 본 방식은 중앙에 공조기를

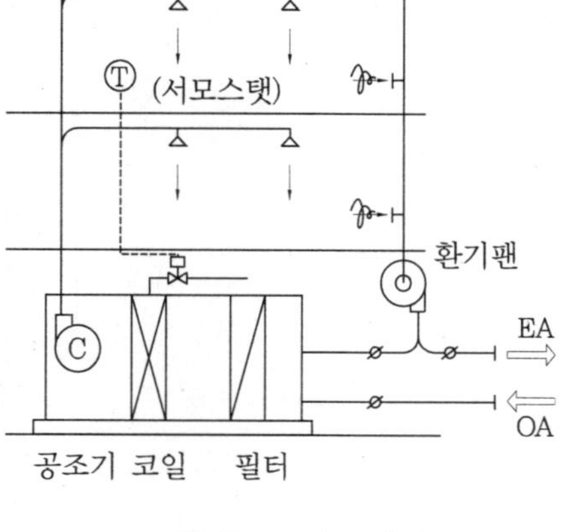

그림 10-30 CAV방식

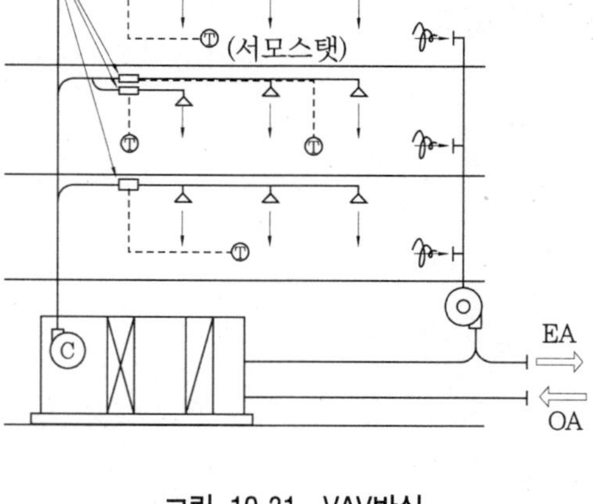

그림 10-31 VAV방식

설치하여 공기를 처리한다. 또 그림과 같이 하나의 공조기로 많은 실을 담당하게 될 때 각 실에 부하의 경향이 같아지게 되지 않을 때는 서모스탯을 설치한 실만이 소정의 실내조건을 만족하고, 타실에서는 흩어짐이 일어난다. 이것을 피하기 위해서는 공조기계통을 같은 부하의 실마다 하나에 모아 세분하든가 혹은 부스터 코일을 각 분기에 설치하는 등의 대책이 필요하다.

그림과 같이 환기팬을 부착할 때는 중간기에서 동기에 걸쳐 외기에 의한 냉방이 가능하다.

2) **변풍량방식**(VAV, variable air volume system)

분출구 1개 또는 수 개마다 변풍량 유닛(VAV 유닛)을 설치하여 실온에 의하여 분출풍량을 제어한다. 이 방법에서 열원부하는 증대하지 않으며, 피크시 이외(off peak)에 있어서 송풍량의 감소로 전력소비는 절감되고 연간의 송풍동력은 정풍량방식 또는 2중덕트방식에 비해 매우 적게 되어 이 양쪽을 합하면 에너지절약 효과는 현저하다(그림 10-31).

이와 같이 변풍량방식의 장점은 ① 타 방식에 비하여 현저히 에너지 절약이 된다. ② 각 실의 실온을 개별로 제어할 수 있다. ③ 대규모의 경우 덕트나 공조기의 용량은 동시사용률을 고려하여 정풍량방식의 80% 전후로 적게 할 수 있는 등 외에도 전공기방식의 장점을 가진다. 반면, ① 변풍량 유닛의 코스트가 가산되므로 정풍량방식에 비하여 설비비가 높아지고, ② 병원의 청정구역 등 실내공기의 청정화를 위하여 대풍량을 필요로 하는 경우는 부적당하다. 내부존을 변풍량방식으로 하는 경우 동계에 페리미터존은 난방부하가 생기고 이것을 처리하기 위하여 어떠한 난방시스템을 별도로 설치할 필요가 있다.

예제 10-12

냉방 시에 정풍량 단일덕트방식의 습윤공기선도에 대하여 설명하라.

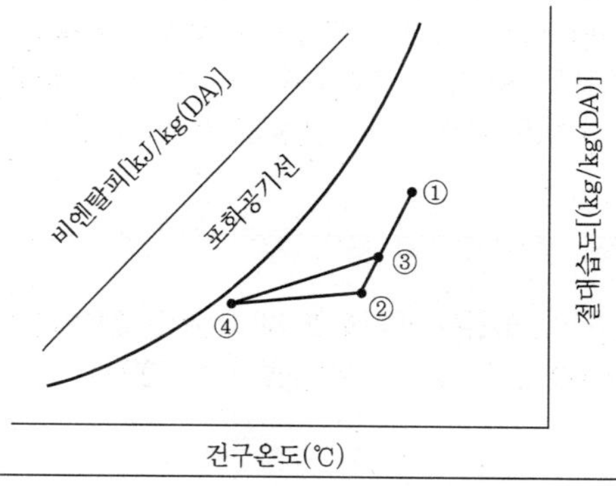

|해답| 1. 점 ③은 코일 입구의 상태점이고, 외기량이 적어질수록 점 ③은 점 ②에 다가간다.

2. 현열비가 작으면 수분이 증발할 양이 많아 절대 습도가 상승한다. 따라서 ④→②의 기울기가 커진다. 현열비가 100%이면 증발하는 수분이 제로, 기울기 제로가 되어 옆으로 이동한다.
3. 실내 부하는 점 ②와 점 ④의 비엔탈피 차이와 송풍량을 곱하여 구할 수 있다.
4. 점 ④은 실용적으로는 상대습도가 90%의 선상에 취하는 경우가 많다.

예제 10-13

어느 사무실에서 단일덕트방식의 공기조화설비의 개략도이다. 그림 중의 ⓐ~ⓓ의 명칭은 무엇인가?

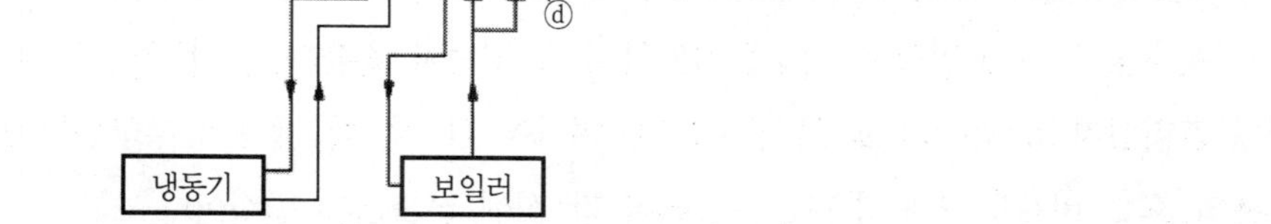

|해답| 단일 덕트 방식은 열원 장치(냉동기, 보일러), 공기조화기, 덕트에 의한 냉난방 방식으로 공기조화기는 에어 필터, 냉각 코일, 가열 코일, 가습기, 송풍기 등으로 구성된다.

ⓐ 냉동기의 찬물을 부하에 맞추어 환류 순환시키기 위한 삼방밸브

ⓑ 순환풍(리턴 에어) 및 외기 중의 진애를 여과하는 에어 필터
ⓒ 냉동기의 찬물을 코일 모양 관내에 흘려 공기를 냉각하는 냉각 코일
ⓓ 보일러의 증기를 공기 중에 분무하고 가습을 하는 수증기 가습기
또한 엘리미네이터는 물을 직접 공기 중에 분무하는 물 분무 가습기를 설치하는 경우, 에어 워셔(다수의 분무 노즐에서 물을 분사하고 그곳을 통과하는 공기 세척 가습하는 장치)를 설치하는 경우 등에, 공기 중의 물방울을 제거하기 위해서 설치하는 장치이다.

예제 10-14

아래 그림에 나타낸 난방 시의 습윤공기선도에 관하여 ①에서 ⑤까지에 대하여 설명하라. 다만, 공기조화방식은 정풍량 단일덕트방식, 가습방식은 물가습방식으로 한다.

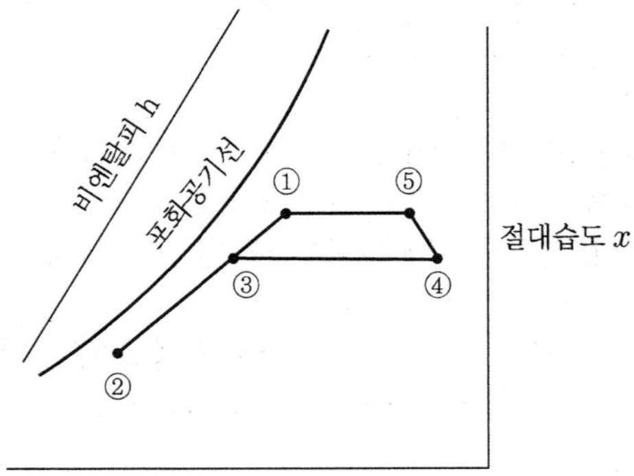

| 해답 | 실내공기의 상태점은 ①이다.
외기온은 ②이다.
코일 입구공기의 상태점은 ③이다.
가습에 의한 상태변화는 ④에서 ⑤이다.
공기조화기의 출구 공기의 상태점은 ⑤이다.

(3) 2중 덕트방식

2중 덕트방식(dual duct system)은 그림 10-32~10-33과 같은 중앙식 공조기에서 냉풍과 온풍을 동시에 만들고 이것을 2본의 고속 덕트로 송풍하고, 각 실, 각 계통마다 설치된 혼합상자(mixing box)로 유도하고, 여기에 각 실, 각 계통의 부하변동에 따라 냉온풍의 혼합 비율을 자동적으로 조절하여 각 실에 분출하는 방식이다.

그림 10-34와 같이 혼합상자를 각 분출구에 하나씩 설치하는 경우와 설비비와 덕트 스페이스 절약을 위해 존별로 모아 하나의 혼합상자에서 처리하는 방식이 있다.

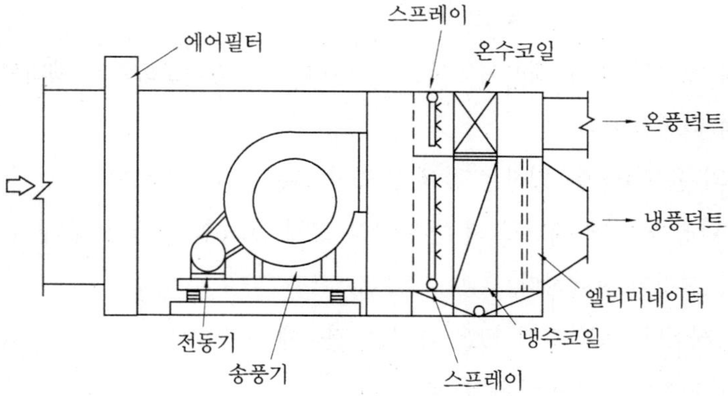

그림 10-32 2중 덕트형 공조기

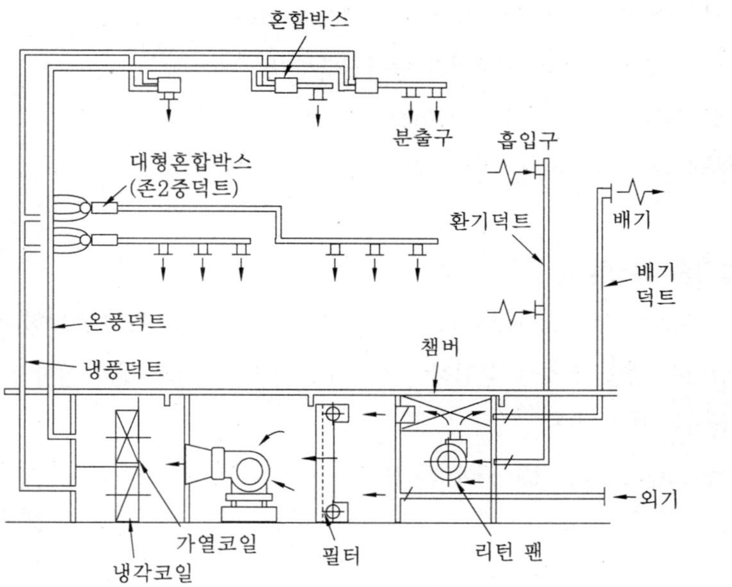

그림 10-33 2중 덕트방식

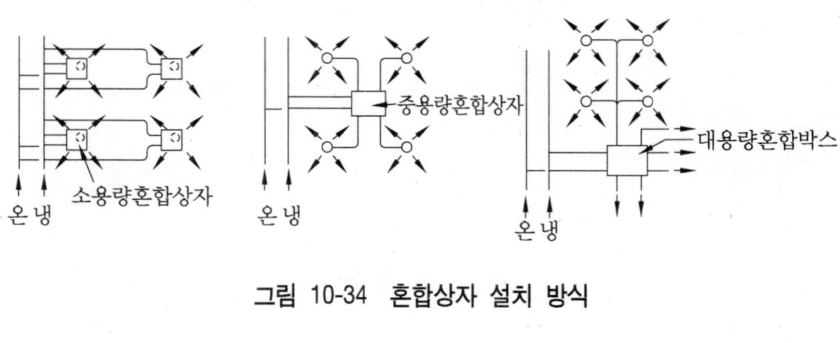

그림 10-34 혼합상자 설치 방식

1) 장점

① 다수의 개별실, 존에 대하여 1대 또는 여러 대의 공기조화기로 행하므로 기계실이 비교적 작아진다.

② 각 실의 온도조건을 원하는 값에 가까이 하는 것이 가능하다.

③ 냉방, 난방을 함께 하므로 계절에 따라 교체, 조닝할 필요가 없다.

④ 칸막이 변경이 용이하다.

⑤ 각 실 제어나 존의 수가 많은 대규모 건물에 적당하다.

⑥ 동계 중간기에 외기냉방을 할 수 있다.

2) 단점

① 단일 덕트방식에 비하여 덕트 스페이스가 크다(약 1.6배).

② 혼합 유닛이 고가로 설비비가 높아진다.

③ 온도 제어에 비하여 습도 제어가 뒤떨어진다.

④ 냉풍과 온풍의 혼합에 의한 에너지 손실이 크다.

(4) 멀티존 유닛방식

멀티존 유닛방식(multizone unit system)은 2중 덕트방식을 간소화한 것으로 하나의 공조기 안에서 냉풍, 온풍을 혼합하여 부하조건이 다른 여러 개의 존마다 그에 따른 공기를 공급하는 방식이다.

그 예를 그림 10-35~10-36에 나타낸다.

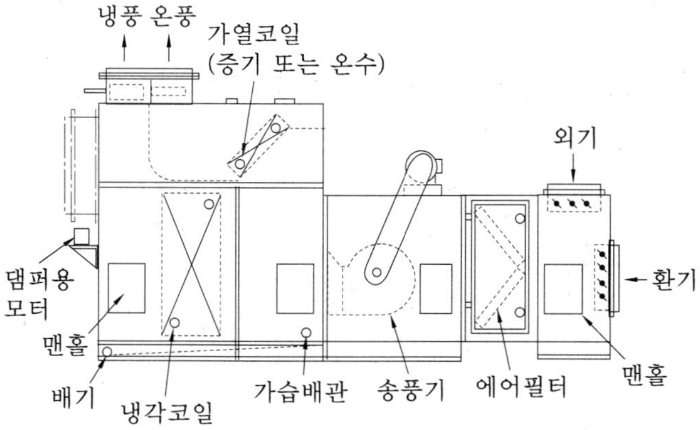

그림 10-35 멀티존형 공조기

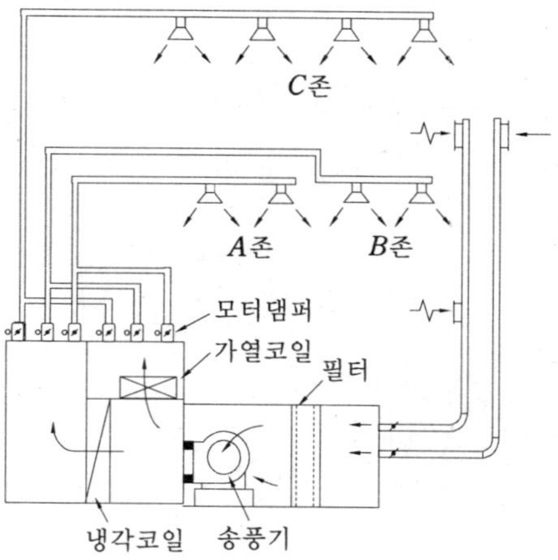

그림 10-36 멀티존 유닛방식

1) 장점

① 중·소규모 공조 스페이스를 더욱 세분한 계통으로 분류하는 것이 가능하다.

② 각 존마다 온도조건을 원하는 값에 가깝게 할 수 있다.

③ 연간 냉난방을 할 수 있다.

④ 2중 덕트방식에 비해 설비비는 저렴하다.

2) 단점

① 각 존마다 각각 독립된 덕트를 필요로 하고 덕트 스페이스가 커진다.

② 한 존의 풍량조절이 다른 존에 영향을 미치는 경우가 있다.

③ 열적 혼합손실을 수반한다.

④ 존을 세분할 수 없다.

(5) 각층 유닛방식(존 유닛방식)

그림 10-37과 같이 공기조화를 행하는 실 가까이에 각 계통마다 공기조화기를 설치하고, 이 유닛에 중앙기계실의 냉동기, 보일러에서 만들어진 냉온수를 수배관에 의하여 보내진다. 신선 공기는 중앙기계실의 조화기에 따라 처리하여 각 계통에 송풍한다.

다층 건물에서 계통을 각 층별로 분류할 때 각층 유닛방식(every floor unit system)이라고 한다(그림 10-38).

1) 장점

① 각 계통마다 부분운전을 할 수 있고 사무소에 있어서 조업, 잔업시간에 따른 공기조화를 할 수 있다.

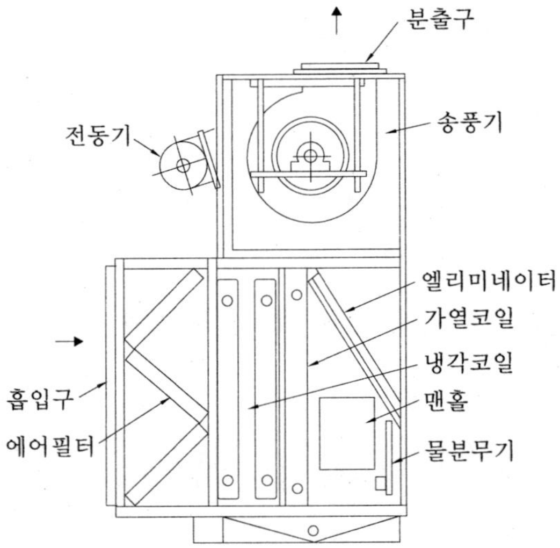

그림 10-37 공조유닛(에어핸들링 유닛)

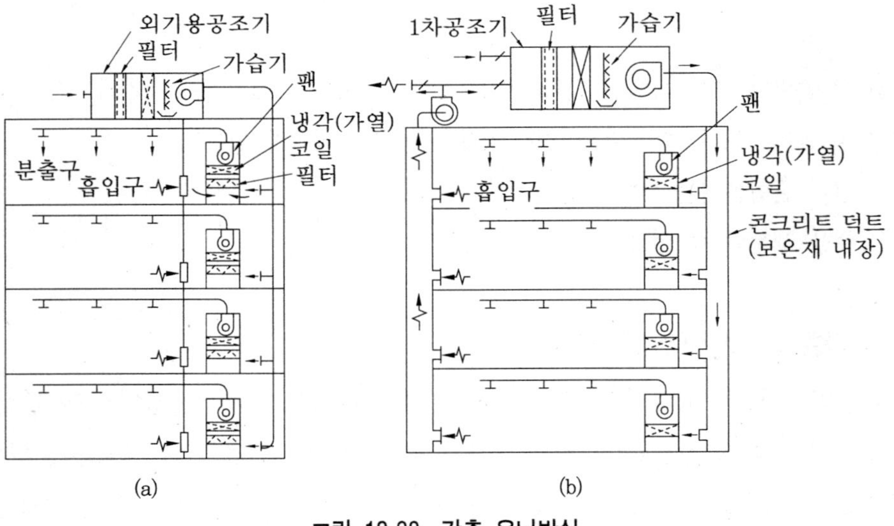

그림 10-38 각층 유닛방식

② 각 계통에 보내는 수온을 조절하는 것에 따라 개별 온도 제어를 할 수 있다.

③ 단일 덕트방식에 비하여 주 덕트의 스페이스는 작아진다.

2) 단점

① 조화기 수가 많아지므로 설비비가 늘어나고 보수·관리에 잔손질이 부가된다.

② 각 계통마다 기계실이 필요하고 면적이 커진다.

③ 각 층 또는 각 존마다 공조 유닛을 설치하므로 소음이나 진동의 원인이 된다.

(6) 유인 유닛방식

중앙식의 기계실에 있는 공조기(1차 공조기)와 각실 또는 외부존의 창가에 설치된 유인 유닛(2차 공조기)으로 되어 있다. 이 방식은 1차 공조기에서 신선 공기를 처리하고, 이것을 고속의 콘듀트 덕트에서 각 유인 유닛까지 송풍하고 유닛 내의 노즐에서 고압으로 분출한다. 이때 생기는 유인작용에 의하여 실내 공기가 순환되고, 냉·온수코일에서 냉각 또는 가열되어 혼합공기가 되어 실내로 분출한다.

실내에의 분출력을 노즐에 의한 유인작용으로 행하므로 유인 유닛방식(induction unit system)이라고 하는 것이다. 그 예를 그림 10-39에 나타낸다.

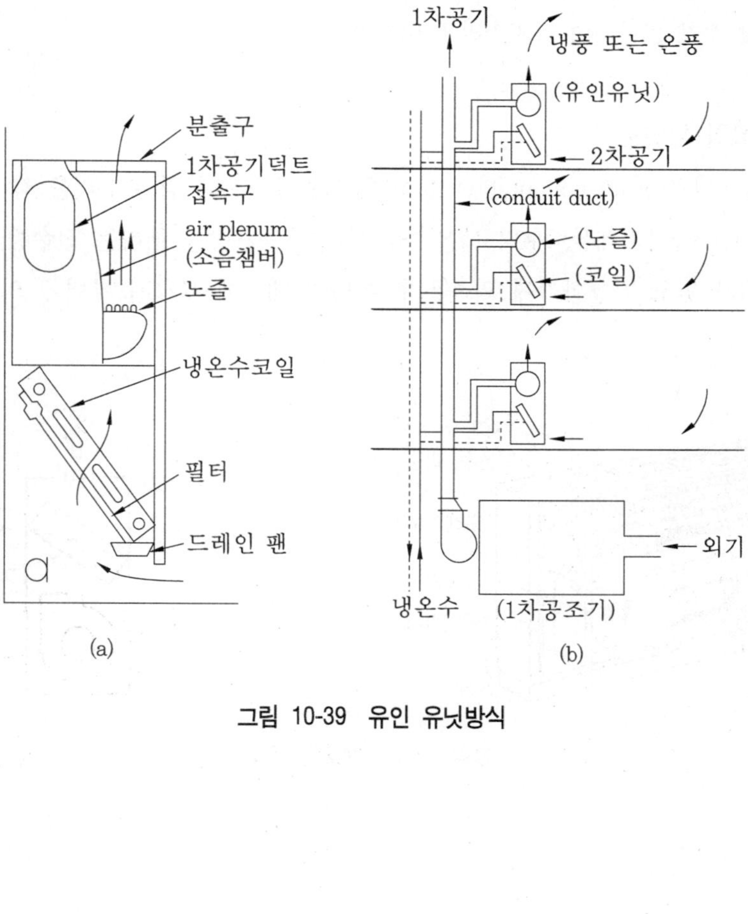

그림 10-39 유인 유닛방식

1) 장점

① 유닛 조절장치에 따라 각 실마다 개별 제어가 가능하다.

② 각 유닛에 보내는 공기, 냉·온수의 온도, 유량을 조절하여 2원적(온도와 습도)인 제어를 할 수 있고 연간 공조를 행할 수 있다.

③ 대규모 건물의 외주부 존에 적합하다.

④ 유닛 내에 소음이나 진동을 발생하지 않는다.

⑤ 1차 공기는 고속 덕트에 의하여 각 실에 송풍되므로 덕트 스페이스도 단일 덕트 방식에 비하여 1/6~1/7 정도가 된다.

2) 단점

① 유닛을 창 아래에 설치하기 때문에 창 아래에 공간이 필요하다.

② 안길이가 깊은 실(6 m 이상)은 분출공기가 도달하지 못하므로 별도 계통의 공조 방식이 필요하다.

③ 유닛 내 공기의 흐름이 약하므로 필터에 성능이 좋은 것을 사용할 수 없으므로 고청정의 공기처리가 불가능하다.

④ 유닛 수가 많아지면 유지관리에 비용이 더 소요된다.

(7) 팬코일 유닛방식

팬코일 유닛방식(fan coil unit system)은 그림 10-40과 같은 유닛을 각 실에 설치하고, 여기에 중앙기계실로부터 냉온수를 보내어 냉난방을 행하는 전수방식이다. 환기에 문제가 있고 자연환기에 의하든가, 유닛의 배면에 부착된 루버에 의하여 도입된다.

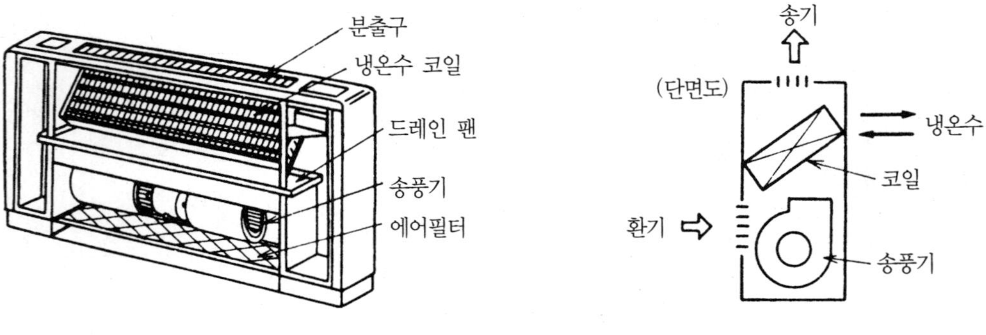

그림 10-40 팬코일 유닛

따라서 이 방식은 주택, 아파트, 여관, 호텔 등 비교적 거주밀도가 적은 건물 또는 기설의 건물에 나중에 부착하는 경우에 흔히 사용된다. 그러나 극장 같은 대공간이나 유닛이 실내에 설치되므로 방송국 스튜디오에는 부적당하다.

1) 장점

① 덕트가 필요하지 않으므로 설비비도 저렴하다.

② 각 유닛마다 개별 제어가 가능하다.

③ 기설 건물에서도 간단히 설치할 수 있어서 리모델링시 다른 방식에 비해 유리하다.

④ 건물의 외주부 존에 사용하기 적합하다.

2) 단점

① 외기 도입, 습도 조절에 난점이 있다.

② 유닛에는 간단한 필터밖에 사용하지 않으므로 고도의 공기처리를 할 수 없다.

③ 유닛수가 많아지면 유지관리에 비용이 더 소요된다.

④ 유닛을 창 아래에 설치하므로 창 아래에 공간이 필요하게 된다.

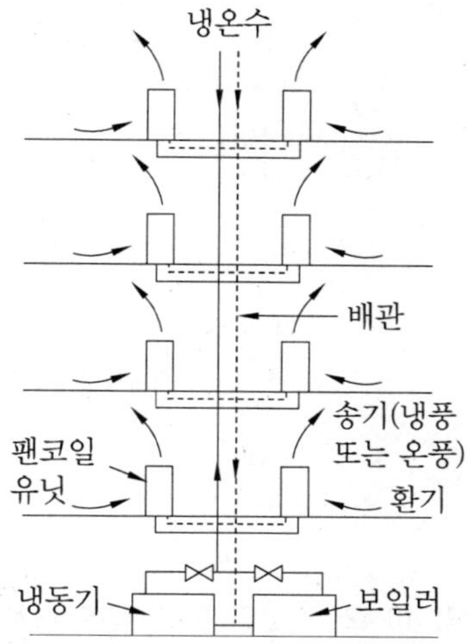

그림 10-41 팬코일 유닛방식

(8) 덕트 병용 팬코일 유닛방식

이 방식은 실내에 팬코일 유닛을 설치하고 기계실에 설치된 공조기에 의하여 외기를 공급한다. 팬코일 유닛에는 냉·온수를 보내고 나서 실내부하를 처리한다. 덕트에는 환기상 필요한 외기만을 중앙 공조기가 처리하여 송풍한다. 그림 10-42~10-43에 설치 예를 나타낸다.

1) 장점

① 온도, 습도의 2원적인 제어를 할 수 있다.

② 각 유닛마다 온도조절 등을 자유로이 할 수 있다.

③ 송풍량은 환기에 필요한 외기뿐이고, 중앙 공조기 및 덕트는 작다.

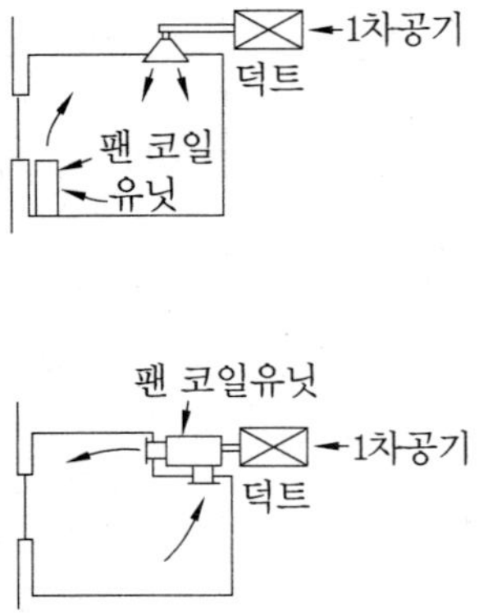

그림 10-42 팬코일 유닛, 덕트 병용 방식의 설치 예

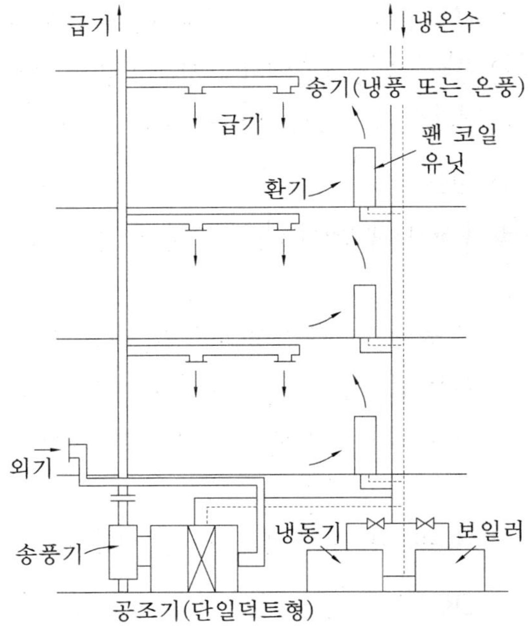

그림 10-43 팬코일 유닛, 덕트 병용 방식

2) 단점

① 덕트를 병용하고 있기 때문에 팬코일 유닛방식보다 설비비가 높아진다.

② 유닛에는 간단한 필터를 사용하지 않는다.

③ 유닛수가 많아지면 유지관리에 비용이 많이 소요된다.

(9) 복사 패널, 덕트 병용 방식

이 방식은 천장 혹은 바닥에 매입한 관에 냉수 및 온수를 통과시켜 실내 현열부하의 50~70%를 처리하고 동시에 외기를 포함한 공기를 외기 덕트에 의하여 송풍하는 방식이다. 외기는 별도의 공조기에서 처리한다. 그림 10-44에 그 예를 나타낸다.

1) 장점

① 복사열에 의한 공조이므로 쾌감도가 높다.

② 실내에 유닛류를 설치하지 않으므로 바닥 면적을 넓게 이용할 수 있다.

③ 송풍량은 환기에 필요한 외기뿐이고, 처리하는 중앙공조기 및 덕트도 작다.

④ 현열부하가 큰 방송국 스튜디오에 적합하다.

2) 단점

① 복사 패널 시공을 위한 설비비가 높아진다.

② 패널의 수리, 교환이 곤란하다.

③ 냉방시 패널면에 결로를 생기게 할 수도 있다.

④ 송풍량이 적기 때문에 덕트 전용 방식에 비해 공기분포가 좋지 않다.

(10) 패키지 유닛방식

그림 10-45~10-47과 같은 패키지 유닛(packaged unit)을 각 실에 1대 또는 각 존에 1대씩 설치하여 공조를 행하는 방식으로 일부는 덕트를 병용하는 경우도 있다.

패키지형 공조기에는 설치방법에 따라 바닥설치형, 창걸이형, 천장현수형 등이 있고, 응축기의 냉각방법에 따라 수냉식과 공랭식으로 분류된다. 패키지 유닛방식이 적용되는 건물에는 상점, 레스토랑, 다방, 주택, 소규모의 건물뿐만 아니라 대규모 건물의 독립된 계통 운전에도 사용된다.

1) 장점

① 취급, 설치가 간단하여 누구나 쉽게 운전할 수 있다.

② 공랭식의 경우는 히트 펌프 방식에 의하여 난방운전도 간단히 할 수 있다.

③ 수냉식의 경우 가열 코일, 보일러의 설치에 의하여 난방을 행한다.

④ 각 유닛을 각각 단독으로 조절할 수 있다.

2) 단점

① 유닛을 실내에 설치하는 경우는 외기의 도입이 곤란하고, 실내공기가 좋지 않고 소음이 문제된다.

② 용량이 작으므로 대규모 건물에는 적합하지 않다.

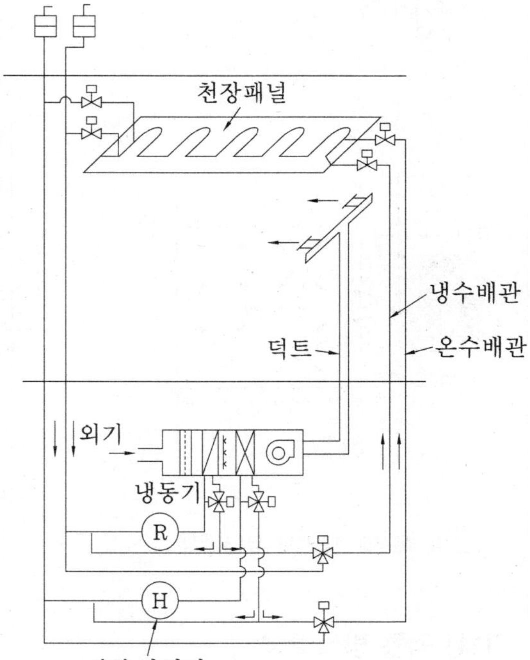

그림 10-44 복사패널, 덕트 병용식

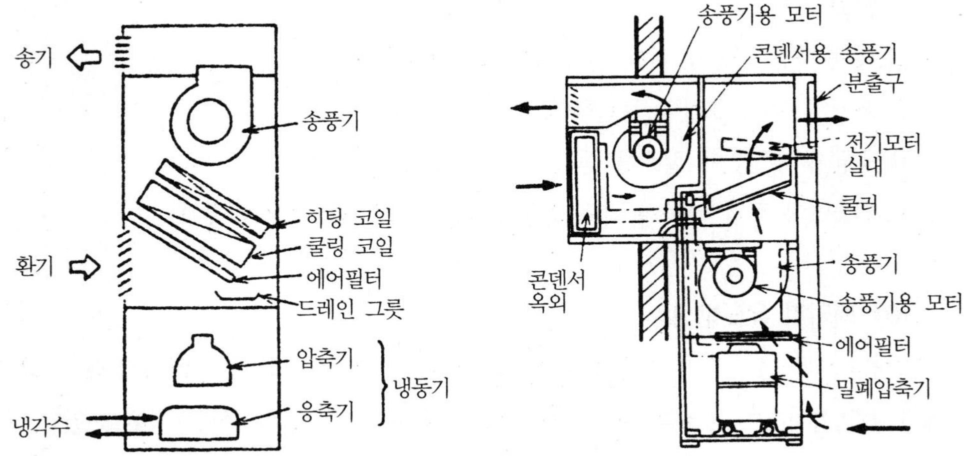

(a) 바닥설치형 (b) 창걸이형

그림 10-45 패키지 유닛

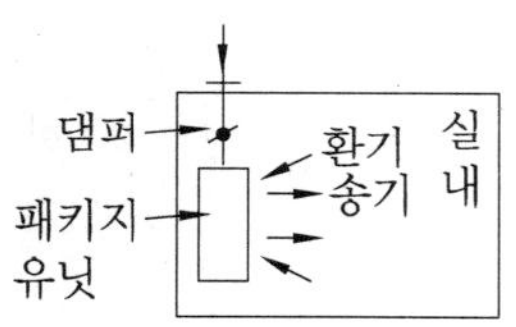

(a)

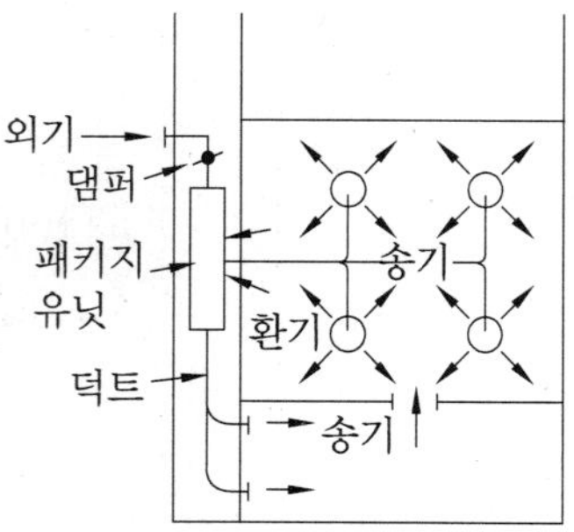

(b)

그림 10-46 패키지 유닛방식

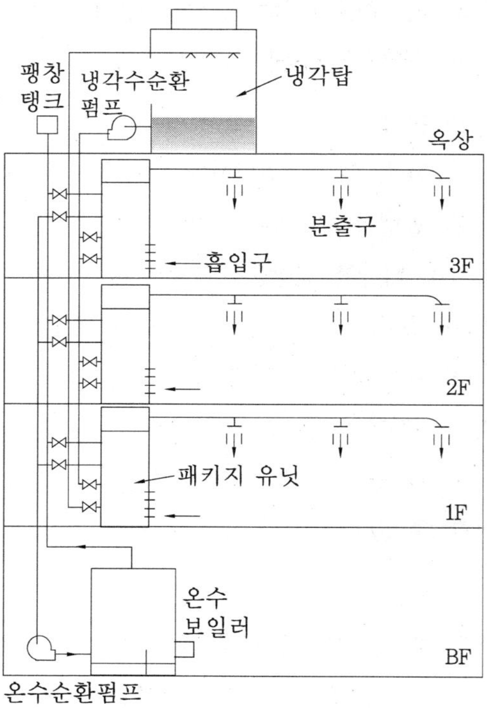

그림 10-47 패키지 유닛(각층에 설치)

(11) 각종 방식 비교

표 10-27에 각종 공기조화방식의 비교를 나타낸다.

표 10-27 각종 공조설비의 비교

분류	공조방식	설비비	동력·에너지 손실	기계실·덕트 스페이스	경상비	보수관리	개별제어	부분공조	외기냉방	칸막이변형	비 고
전공기방식	단일 덕트 방식	저~(중)	A	C	A	A	–		가	(가)	중급빌딩
	멀티존 유닛 방식	중	C	C	B	A	가	가	가	(가)	각종 사무소 빌딩
	이중 덕트 방식	중~고	C	C	B	B	가	가	가	가	고급빌딩
	변풍량 방식	고	A	C	A	B	–		가	가	〃
공기-수방식	단일 덕트 방식	고	B	C	B	B	가	가	가	가	〃
	각층 유닛 방식	중	A	C	B	B	–	가	가	(가)	각종 사무소 빌딩
	팬 코일 유닛 덕트 병용 방식(2관식)	저~중	A	B	B~(C)	B	가	–	–	가	사무소, 호텔, 병원
	팬 코일 유닛	중~(고)	B	B	B~(C)	B	가	–	–	가	고급 사무소 빌딩
	덕트 유닛 방식 (4관식)										호텔
	유인 유닛 방식 (2관식)	중	B	B	B~(C)	B	가	–	–	가	사무소, 호텔, 병원
	유인 유닛 방식 (3관식)	중~(고)	B	B	B~(C)	B	가	–	–	가	고급 사무소 빌딩
	복사 냉난방 덕트 병용 방식	고	A	B	A	B	가	–	–	(가)	고급 사무소 빌딩
수방식	팬 코일 유닛 방식	중	A	A	A~(C)	(B)~(C)	–	가	–		주택, 사무소 빌딩
냉매방식	패키지 유닛 방식	저~(중)	A	A	A~(C)	A~(C)	–	가	–	(가)	중·소 건물, 대구모 건물의 부분공조

[주] 1) ( )의 것은 시공·운전방법에 의한다.
2) A가 우수하다.

10-5-3 각종 건물에의 적용

(1) 사무소 건축

실내의 발열(전등·인원)은 바닥 면적당 25~35 kcal/m^2으로 중 정도이고, 초과근무 혹은 일요 출근처럼 부분 운전을 필요로 하는 것이 특징이다. 연면적 10,000 m^2를 넘는 대규모의 경우는 페리미터와 인테리어로 나누어 조닝한다. 전자는 스페이스 때문에 FCU,

후자는 변풍량 또는 정풍량의 단일 덕트방식을 사용하는 경우가 많다. 이 단일덕트방식에서는 부분 운전을 가능하게 하기 때문에 각층 유닛을 채용하는 예가 증가하고 있다.

연면적 2,000 m² 이하의 소규모 경우는 페리미터 존을 분리하지 않고 그림 10-47에 예시한 PAC를 이용하는 각층 유닛방식이 사용된다. 예산에 여유가 있다면 변풍량 방식의 PAC로 한다. 만일 각층의 중간에 칸막이가 있어서 2개의 존으로 분리되는 경우는 각층에 2대의 PAC를 사용한다.

(2) 병원

① 병원의 공조조닝은 부하, 사용별의 외에 공기 청정도에 의한 조닝을 필요로 한다. 즉 수술 · 신생아실 · ICU(집중강화치료실 : Intensive Care Unit) 등의 청정구역은 각각 독립된 존으로 하고, 이러한 실에는 FCU는 설치하지 않으므로 그림 10-48에 예시한 바와 같이 패키지(PAC)를 사용하여 각 실마다 재열기(TRH)를 설치한다. 분출구 직전에 고성능 필터(HF)를 필요로 하고, 팬 정압이 부족할 때에는 도시한 바와 같이 부스터 팬(BF)을 설치한다.
이들 부분은 심야의 공조를 필요로 하는 경우가 많고, 이 때문에 공기열원 HP식의 PAC를 설치하든가 혹은 일반 공조기를 사용하는 축열조를 설치하여 심야에는 이 열을 이용한다. 이 방법은 구급부 · 간호부도 마찬가지이다.

② 병동부는 창 아래에 FCU를 설치하여 스킨 로드를 처리하고, 환기횟수 N = 3~4회/h 정도의 송풍을 행한다. 이 중 외기는 1/3~1/2로 한다. 병동부의 심야 운전 정지시에 연돌효과에 의하여 덕트를 통해 하층의 공기가 상층으로 올라가고 여기에 수반하여 원내 감염을 생기게 한 예가 있다. 이를 방지하기 위하여 각층 유닛을 채용하는 것이 바람직하다. 각층 공통의 공조기를 사용할 때에는 각층마

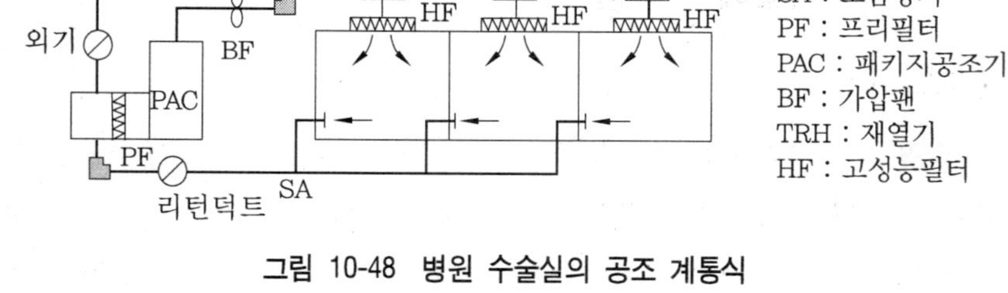

그림 10-48 병원 수술실의 공조 계통식

다 방연 댐퍼를 자동복귀형으로 하고 팬과 연결하여 팬 정지시는 댐퍼를 폐쇄하도록 설계한다.

③ 외래 부분도 창측에 FCU 또는 VAV방식, 인테리어는 단일덕트 정풍량방식으로 공조한다. 실내의 분출풍량 · 흡입풍량을 조절하여 처치실 · 진료실 · 대합홀 순으로 공기가 흐르도록 한다. 사무실 · 식당 · 원장실 · 의료국 등은 타부분에 비하여 청정도의 요구는 낮으므로 여기의 인테리어에는 변풍량방식을 사용해도 된다.

(3) 극장 · 공회당

관객석의 공조는 정풍량 단일덕트방식을 사용한다. 5,000 m^2 이상 대규모의 경우 무대의 공조는 관객석과 별도 계통으로 설치한다. 이외에 관객로비 · 식당 · 리허설실 · 분장실 등은 각각 별도의 계통으로 하고 유리창이 있는 실에는 FCU를 설치한다.

(4) 호텔

객실은 각 실마다 FCU 또는 IDU를 설치하고, 또 바닥면적당 5 m^3/m^2h 정도의 1차 공기(전 외기)를 송풍한다. 객실 부속 욕실의 배기는 1실당 100 m^3/h 정도를 필요로 하고, 객실의 송풍량이 여기에 적합하지 않을 때에는 배기량과 같은 송풍량을 사용한다.

연면적 3,000 m^2 이하의 소규모 온천호텔과 같은 경우는 PAC에 의한 각층 유닛방식을 사용하는 경우가 많다. 이 경우 객실의 욕실은 축류팬에 의한 단독 배기를 이용한다. 연회장 식당 혹은 현관로비 등은 정풍량 또는 변풍량의 단일덕트방식을 사용하고 창이 있는 부분은 FCU를 설치한다. 객실은 심야에도 공조를 필요로 하기 때문에 대형 축열조를 설치하여 주간에 저수된 냉수 또는 온수를 사용하고, 심야에는 냉동기(또는 보일러)를 운전하여 공조를 행한다.

(5) 백화점 · 슈퍼마켓

각층의 매장에 따라 조명부하 · 인원부하가 현저히 변동하고 수년에 1회 매장 배치의 변경이 있으므로 각층의 유닛방식이 최적이다. 운전이 용이한 것과 설비비가 저렴하기 때문에 패키지를 사용하는 각층 유닛의 예가 많은데, 이 방식의 운전비는 흡수 냉동기를 사용하는 중앙식보다 높다. 페리미터 부분에 사무실이나 라커룸 등을 배치하는 경우 이것은 덕트만 별도의 계통으로 하고, 덕트 내에 재열기를 설치하여 겨울의 실온이 내려가지 않도록 한다.

(6) 공장

실내 온습도의 조정은 일반건축에 대하여 엄중하고, 특히 합성섬유 공장이나 인쇄, 사진필름 등의 공장은 극히 엄격하다. 또 전자관·제약 등의 공장은 공기 청정도가 문제되어 각종 클린룸을 필요로 한다. 중기계 공장과 같은 천장고가 높은 경우는 분출방법을 적당히 하여 거주공간만의 공조를 유효하게 행하는 방법도 고안되어 있다.

(7) 음식점

음식물의 취기 제거를 위해서도 다량의 환기가 필요하여 덕트방식이 바람직하다. 소규모 건물에서는 패키지 공조기를 사용하고 있는 곳이 많은데 이 경우에 충분한 환기를 해야 한다. 한편 주방에서는 다량의 배기를 하므로 객석부에서 주방에 공기를 흐르게 해도 되지만 강한 기류가 발생하여 음식물이 오염되는 일이 없도록 주의해야 한다. 또 객석부에서는 인체에서의 발열이 많으므로 일반 사무실보다 실온을 약간 낮게 해도 된다.

또한 실내에서는 좌석이 창 근처나 벽 근처에 설치되는 경우가 많으므로 분출기류에 따른 드래프트를 느끼기 쉽고, 특히 패키지 공조기를 실내에 설치할 때는 주의해야 한다. 주방은 고온이 되지만 보통은 냉방을 하지 않는 곳이 많다. 그러나 종업원을 위해 스포트 쿨링을 하는 것이 바람직하다.

(8) 주택

주택은 전실 냉난방을 하는 경우에도 덕트방식으로 하면 충분한 조닝이 되지 않는 경우가 많고 팬코일 유닛방식을 이용한 것이 실온조절에 용이하다. 또한 냉방을 부분적으로 행한다든지, 각 실에 동시에 행하지 않는 곳에서는 각 실마다 룸 에어컨을 이용하는 것이 경제적이다. 일반적으로 재실 인원이 적고, 1인당 기적이 크고, 또한 실의 출입도 잦으므로 외기도입을 생략하는 곳도 있다. 이와 같이 하면 설비가 간단하여 저렴하게 되지만 시가지의 공동주택 등에서는 환기설비를 행하거나 창에 전열교환기가 부착된 환기팬을 사용해도 된다.

난방만을 하는 경우는 온수난방 또는 온풍난방이 행해지지만 온풍난방기를 이용하는 곳에서는 실내 상하의 온도구배가 커지기 쉬우므로 분출구의 배치에 주의하고, 창이나 외면의 유리문 가까운 바닥면에 분출구를 설치하는 것이 바람직하다. 또한 1대의 온풍난방기에서 각 실로 송풍을 하게 되므로 실온의 편차도 비교적 커진다. 온수난방에서는 방열기에 의한 것과 패널난방이 있다. 바닥 패널난방은 실내의 온도구배가 작아서 쾌적하다.

10-6 공기조화장치

공기조화장치는 공기조화시스템을 구성하는 서브 시스템의 하나이며, 공기조화시스템에 사용되는 장치는 공조방식 등에 따라 다르지만, 대별하면 공기조화기, 열원기기 및 열매반송계통의 기기 등으로 구분되며, 이들에 대한 주요한 내용은 표 10-28과 같다.

공기조화기는 공기의 온습도 조정을 행하는 것이지만 공기정화장치를 내장하는 것이 많으며, 또 공기조화기에는 덕트에 의하여 각 실에 냉온풍을 송풍하는 중앙식과 실내에 설치하는 개별식이 있다.

열원기기는 냉수 또는 증기, 온수 등의 열매를 생산하는 것으로 냉열원에는 냉동기,

표 10-28 공기조화장치

구분	방식, 열원	기기의 종류, 형식, 기능
공기조화기	중앙식	단일덕트형 멀티존형 이중덕트형
	개별식	팬코일형 인덕션 유닛(유인유닛) 패키지형 공기조화기
열원기기	냉열원 온열원	냉동기-냉각탑 열펌프 보일러-버너(기름, 가스), 급수펌프 온풍난방기 열교환기(온수가열기)
반송계통	공 기 냉온수 증 기 내 맹 연 료	송풍기-덕트-분출구, 흡입구 펌프-배관-팽창수조, 축열조 배관-트랩-환수조(응축수) 배관-팽창밸브(냉매밸브) 가스배관 기름탱크-기름펌프-배관
공기정화장치		공기여과기, 전기집진기 활성탄필터, 화학흡착제
제어장치	자동제어장치 중앙관제장치	온습도조절기, 압력조절기, 조작밸브 중앙감시, 원격제어, 기록, 집계

온열원에는 보일러가 일반적으로 사용되지만, 열펌프 또는 흡수식 냉온수기와 같이 냉온열원이 겸용인 것과 패키지형 공조기나 온풍난방기와 같이 열원기기와 공기조화기가 일체로 되어서 직접 냉풍이나 온풍을 만들어 내는 것도 있다. 반송계통의 기기에는 공기를 보내는 송풍기, 덕트 및 그 부속기기와 증기, 냉온수 냉매를 반송 순환하는 펌프, 배관 및 이들의 부속기기가 포함된다. 아울러 이들 기기나 시스템을 제어하기 위한 자동제어장치와 설비 전체의 감시 제어를 위한 중앙관제장치가 사용된다.

10-6-1 공기조화기

공기조화기는 공기의 가열, 냉각, 가습, 감습, 정화작용을 한다. 공기조화장치는 공기냉각기, 공기가열기, 가습기, 에어필터, 송풍기 등으로 구성된다. 그 외에 냉동기를 장착한 패키지 에어컨도 있다. 또한 이 장치에는 덕트를 이용하여 중앙에 설치하는 대형기와 실내에 설치하는 소형기가 있다. 이와 같이 공기조화장치에는 많은 종류가 있는데, 그 주된 것을 분류하면 다음과 같다.

- 중앙식(덕트접속형)
  - 공기조화기(현장조립식)
  - 에어핸들링유닛(공장조립식)
  - 중앙식 패키지 에어컨
- 개별식(실내설치형)
  - 팬코일유닛
  - 인덕션유닛
  - 분산식 패키지 에어컨

공기조화기에는 현장조립식과 공장조립식이 있다. 현장조립식은 대규모 또는 특수 용도의 경우에 이용된다. 공장조립식은 중소규모의 경우에 이용되고, 일반적으로 에어핸들링유닛 AHU(Air Handling Unit)이라고 한다.

그림 10-49은 현장조립식의 공기조화기의 일례인데, 현장의 상황에 따라 여러 가지 형상으로 조립된다. 그림 10-50은 공장조립식의 에어핸들링유닛의 일례이다. 기타 송풍기, 외기도입량 등을 최적화한 고도의 제어기능을 장착한 시스템화된 에어핸들링유닛도 있다. 어느 것이나 덕트를 접속하여 이용된다. 공기조화장치 내부의 기기 구성은 표 10-29와 같다.

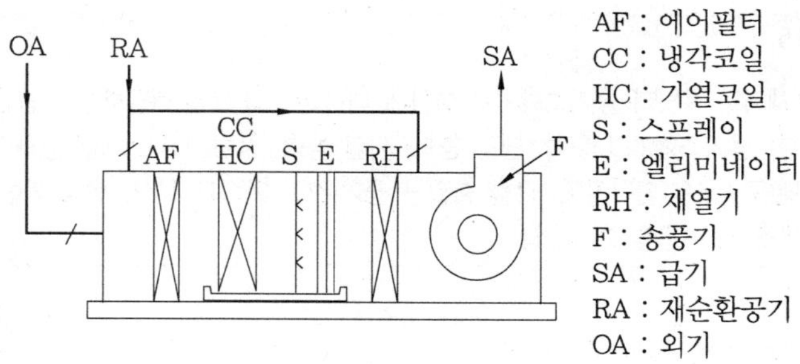

그림 10-49 공기조화기(현장조립식)

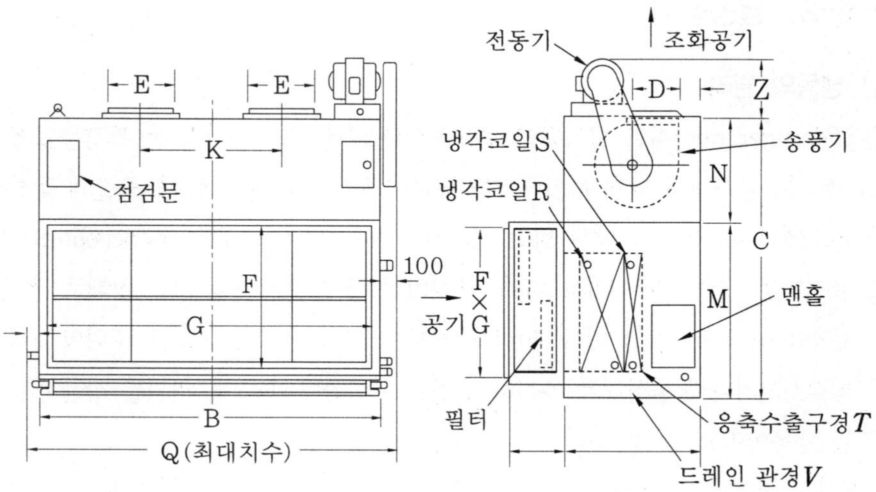

그림 10-50 에어핸들링유닛(공장조립식)

표 10-29 공기조화기 내의 기기

항목	기기류의 명칭과 약호	
온 도	예냉기	냉각코일(CO), 공기세정기(AW)
	예열기	가열코일(HC), 공기세정기(AW)
	냉각기	냉각코일(CO), 공기세정기(AW)
습 도	가열기	가열코일(HC), 공기세정기(AW)
	재열기	가열코일(HC)
	가습기	스프레이장치(S), 공기세정기(AW)
	방수판	엘리미네이터(E)
청 정	공기여과기	에어필터(AF)
송 풍	송풍기	팬(F)
	풍량가감판	댐퍼(ϕ)
	방진이음	캔버스이음(CJ)
공 기	외기(OA), 재순환공기(RA), 급기(SA), 배기(EA)	

예제 10-15

건축설비도에 기재되는 유닛형 공기조화기의 설명에 대하여 A와 B에 해당하는 내용은?
설계도에는 유닛형 공기조화기의 형식, 냉각 능력, 가열 능력, 풍량, (A), 코일 통과 풍속, 코일 열수, 수량, 냉수 입구온도, 온수 입구온도, 코일 출입구 공기온도, 가습기 형식, 유효 가습량, 전동기의 전원 종별, (B), 기초 형식 등을 기재한다.

| 해답 | A는 외부 정압, B는 전동기 출력

10-6-2 냉동장치

(1) 냉동의 원리

냉동(Refrigeration)이란 인위적인 수단을 이용해서 어느 공간 또는 특정물질의 온도를 그 주위의 온도보다 낮게 하거나 저온을 유지하는 조작을 말한다. 물질의 동결점 이상의 온도에서, 즉 얼리지 않은 범위 내에서 온도를 낮추는 것을 냉각(cooling), 이 상태로 유지하는 것을 냉장이라고 하며, 물질의 동결점 이하에서 얼린 상태로 유지하는 것을 동결(freezing)이라고 한다. 따라서 냉동은 어떤 물질의 온도를 주위의 온도보다 낮게 냉각시키거나 동결상태로 유지하는 것을 포함한다. 뜨거운 커피를 상온까지 식히는 것은 냉동이라고 할 수 없다.

액체가 증발(evaporation)해서 기체상태로 상(phase)을 변화하기 위해서는 주위로부터 증발에 필요한 열을 흡수해야 하는데 이를 증발잠열이라고 한다. 냉동장치에서는 저온(-30℃~-40℃)에서도 증발을 활발하게 하는 암모니아, 프레온 등의 냉매를 냉각관 속에서 증발시킴으로써 관을 냉각시키고, 냉각된 관이 주위의 공기나 어떤 물질을 냉각하도록 한다.

액체의 증발열을 이용하는 방법 이외에 고체의 융해열이나 승화열을 이용하는 방법도 있으며, 이와 같이 온도를 낮추기 위한 방법으로 물질의 특성, 즉 잠열을 이용하는 방법을 자연냉동이라고 한다.

또한 기계적인 일이나 열에너지를 소비하여 요구되는 소정의 장소인 저온영역에서 열을 흡수하여 이용가치기 없는 장소로 열을 방출하는 것을 기계냉동이라고 한다. 기계식 냉동방법으로는 증기압축식 냉동기, 흡수식 냉동기, 증기분사 냉동기, 공기압축식 냉동기, 전자냉동법 등을 들 수 있으며, 증발잠열을 이용하는 증기압축식 냉동기(압축기, 응축기, 팽창밸브, 증발기)가 공업적으로 가장 널리 사용되고 있다.

(2) 냉동기의 종류

공기조화를 위한 냉열원기기로 이용되는 냉동기에는 실내설치형 패키지유닛용 소형 냉동기에서부터 지역냉난방용 대형 냉동기까지 여러 종류가 있다. 냉동기는 냉동원리에 따라 증기압축식과 흡수식으로 분류된다. 공기조화용으로 일반적으로 이용되고 있는 것을 표 10-30에 나타낸다.

냉동기는 온도를 낮추기 위하여 히트펌프를 응용하여 열을 이동시키는 열원설비(열원기계)이다.

표 10-30 냉동기의 종류

<table>
<tr><th>방 식</th><th colspan="2">종 류</th><th>사용냉매</th><th>용 량</th></tr>
<tr><td rowspan="5">증기압축식</td><td colspan="2">왕복동식(레시프로 냉동기)</td><td>R-22, R-12, R-502</td><td>소・중</td></tr>
<tr><td rowspan="3">회전냉동기</td><td>로터리냉동기</td><td>R-22, R-12</td><td>소</td></tr>
<tr><td>스크롤냉동기</td><td>R-22</td><td>소</td></tr>
<tr><td>스크루냉동기</td><td>R-22, R-12</td><td>중・대</td></tr>
<tr><td colspan="2">원심냉동기(터보냉동기)</td><td>R-11, R-113, R-12, R-500</td><td>대</td></tr>
<tr><td rowspan="2">흡수식</td><td colspan="2">흡수냉동기</td><td rowspan="2">H_2O(흡수식 LiBr)</td><td rowspan="2">중・대</td></tr>
<tr><td colspan="2">흡수냉온수기</td></tr>
</table>

표 10-31 냉동기의 비교

종 류	연료	동력	배열	점검	COP	특 징	냉 매
증기압축 냉동기	무	중	소	생략	4.0~6.5	초기비용이 낮다.	암모니아・탄화수소・이산화탄소
물-취화리듐 흡수식냉동기	다	소	다	번잡	0.7~1.5	본체의 운전에 면허가 불필요	취화리듐수용액
암모니아흡수 냉동기	다	소	다	번잡	0.7~1.5	브라인에 의한 냉동이 가능	암모니아
흡착냉동	무	소	다	생략	0.5~0.7	보다 저온 배열의 이용이 가능	제올라이트(zeolite)・실리카겔

1) 압축식 냉동기

냉매액을 팽창밸브를 통해 감압하여 증발시키면 냉매체액은 냉매가스가 되고, 그때 주위에서 증발하는 잠열을 빼앗아 냉각작용을 한다. 이 과정을 연속시키기 위해서는 냉매가스를 다시 응축시켜 액체로 해야 한다. 따라서 냉매가스는 압축・냉각한다. 냉각에는 외기, 상온의 물 등이 이용되므로 상온보다 고온도에서 응축하도록 압축기를 이용하여 냉매가스를 고압으로 압축한다. 이 순환과정을 증기압축 냉동사이클이라 한다. 이 압축 냉동사이클에 의하여 냉각하는 것이 증기압축식 냉동기이다.

그림 10-51에 나타난 바와 같이 왕복동식 냉동기는 압축기, 응축기, 팽창밸브, 증발기, 접속배관으로 구성된다. 냉매가스는 압축기에서 가압되어 고온·고압의 가스가 되고, 응축기에서 냉각되어 액화한다. 이 액은 팽창밸브를 통해서 저압의 증발기에 분출하고, 주위에서 열을 빼앗아 증발한다. 증발한 저압의 냉매가스는 다시 압축기에 흡입된다. 이와 같이 냉동기에서는 증발기에서 열을 빼앗아 냉각작용을 하는 한편 응축기에서는 열을 밖으로 방출하여 가열작용을 하고 있다.

그 밖의 냉동기도 원리적으로는 왕복동식 냉동기와 거의 같은 구조이다. 그림 10-52에 원심식 냉동기를 나타낸다.

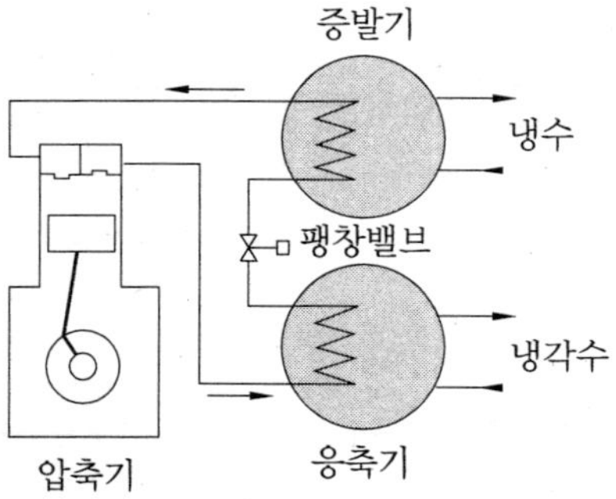

그림 10-51 왕복동식 냉동기

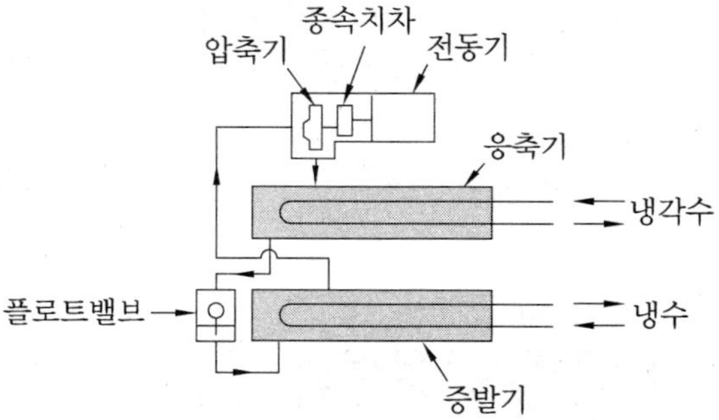

그림 10-52 원심식 냉동기

2) 흡수식 냉동기

그림 10-53과 같이 취화리듐수용액은 수증기를 흡수하므로 물은 증발이 촉진되고, 그때 주위에서 증발의 잠열을 빼앗아 냉각작용을 한다. 이 과정을 연속시키기 위해서는 취화리듐수용액을 재생시켜야 한다. 그러므로 취화리듐수용액을 가열하여 분리한 수증기를 냉각·응축시켜 순환한다. 이 순환과정을 흡수 냉동사이클이라고 한다.

그림 10-54에 흡수 냉동사이클을 나타낸다. 증발기 A는 그림 10-53의 용기 A에 해당하고, 증발기 B는 그림 10-53의 용기 B에 해당한다. 재생기 C에서 수증기를 흡수하여 농도가 저하한 취화리듐수용액을 농축하여 흡수능력을 회복시킨다. 응축기 D에서는

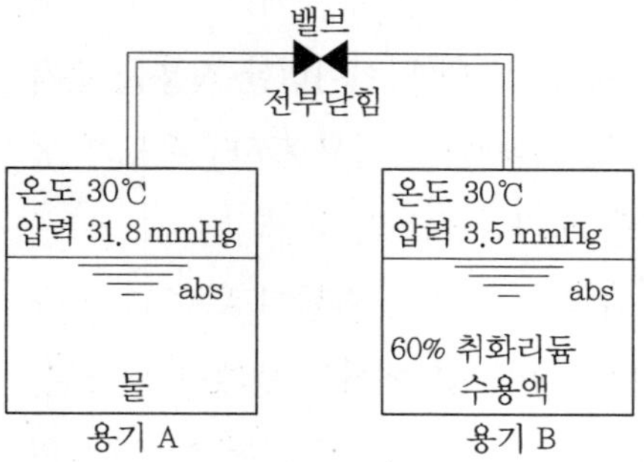

그림 10-53 흡수 냉동의 원리

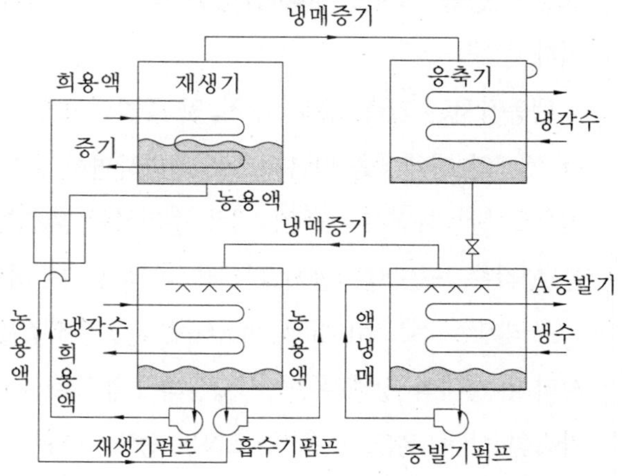

그림 10-54 흡수 냉동사이클

재생기에서 발생한 수증기를 냉각하여 응축시킨다.

취화리듐수용액과 같이 수증기의 흡수에 이용되는 용액을 흡수액이라 한다. 물은 증발, 응축에 의하여 열의 이동을 하는 냉매로서 이용된다.

예제 10-16

그림은 흡수냉동기의 냉동사이클을 나타낸 것이다. 그림의 A~D에 해당하는 용어는?

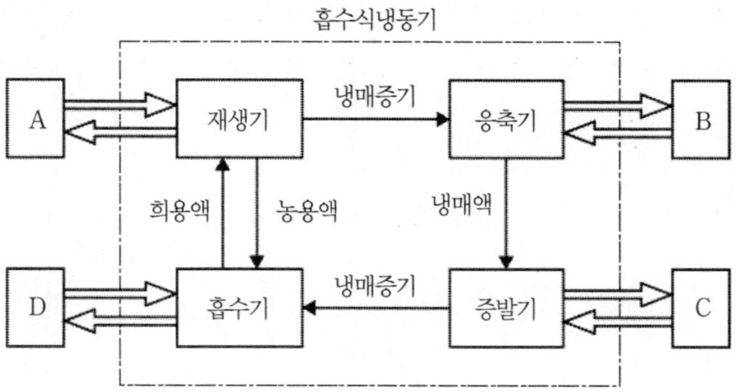

|해답| A-증기 및 배수 B-냉각수 C-냉수 D-냉각수

(3) 냉매의 순환과정

냉동장치 내를 순환하고 있는 냉매가스는 그 상태가 끊임없이 변화한다. 따라서, 냉동장치의 각 부분에서의 냉매의 상태를 예측할 필요가 있고, 효율 및 냉동능력이나 소요동력 등을 계산할 필요가 있을 때에는 냉매의 상태를 정확히 추정하는 것이 필수적이다.

냉동장치는 압축, 응축, 팽창 및 증발의 4가지 과정을 반복하는데, 냉매는 이 장치 내를 액체와 기체상을 반복적으로 변화하면서 순환하고 있다. 냉매는 이러한 작용을 순차적으로 반복하면서 냉동기 내를 순환하여 온도가 낮은 물체나 공간으로부터 온도가 높은 냉각수 또는 냉각공기로 열을 이동시키는 역할을 한다.

몰리에르 선도(Mollier chart)에서는 수직축을 압력, 수평축을 엔탈피로 하고 있다. 따라서 냉매의 상태는 이 선도상의 1점으로 나타낸다. 이 선도에서는 냉매의 액 또는 가스의 상태, 온도, 비용적, 포화도 등도 나타나 있다. 그림 10-55에 몰리에르 선도상의 기본적인 압축 냉동사이클을 나타낸다.

점 A는 증발기를 나와 압축기에 들어가는 상태에서 포화증기선상에 있다. 포화증기선이란 이 선의 우측에서 냉매는 완전히 기체가 되지만 이 선의 좌측에서 기체와 액체의 혼합상태임을 나타낸다. 이 냉매가스를 압축할 때 단열·압축되는 것으로 하면 점 A는 점 B로 변화한다. 압축된 냉매를 응축기 내에서 냉각하면 압력은 변하지 않고 엔탈피가 감소하고, 냉매의 전부가 액화되면 점 A는 포화액선상의 점 C로 변화한다. 포화액선이란 이 선의 좌측이 완전히 액체임을 나타낸다. 이 냉매액을 팽창밸브를 통해 단열·팽창시키면 엔탈피는 변하지 않고 압력이 강하하여 냉매상태는 점 C에서 점 D로 변화한다. 점 D에서 냉매는 액체와 기체의 혼합상태이지만 이 상태에서 증발기에 들어가 주위에서 열을 빼앗아 냉매는 가열되고 엔탈피가 증가하여 완전히 증발하면 점

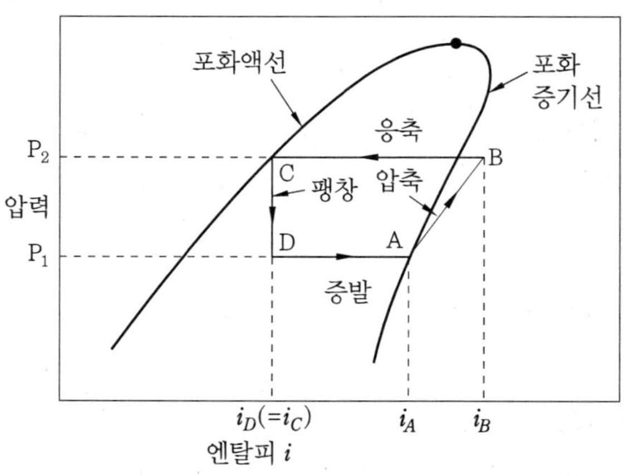

그림 10-55 몰리에르 선도상의 압축 냉동사이클

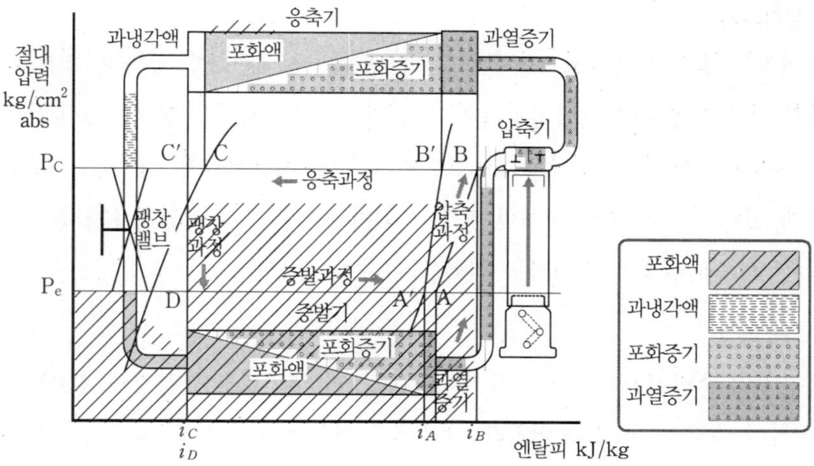

그림 10-56 냉매의 상태변화 과정

A로 변화한다. 이 사이클에서 냉매에 사용되는 열량은 점 A와 점 D 엔탈피와의 차이 $(i_A - i_D)$와 냉매순환량을 곱하면 산출된다. 또한 압축기의 일량은 열량으로 환산하면 점 B와 점 A의 엔탈피 차$(i_B - i_A)$와 냉매순환량을 곱하면 산출된다(그림 10-56 참조).

1) 압축과정

압축기에서는 냉매증기를 압축하는 과정이다. 이 과정은 열의 출입 과정에 따라 몇 가지로 생각할 수 있으나, 일반적으로 단열압축과정이라고 가정한다. 따라서 압축과정은 등엔트로피선을 따라 응축압력에 도달하게 된다. 압축기에 흡입된 증기는 실린더 내에서 피스톤에 의하여 압축된다. 압축과정은 냉동기나 냉매에 따라 상온의 물이나 공기 등으로 냉각과정을 갖는 경우도 있다.

2) 응축과정

응축기 내에서 냉매가 응축되는 과정을 말하며, 냉매는 응축기 외부의 물이나 공기에 의해 냉각되어 기체에서 액체로 변화한다. 압축기에서 나온 고압의 냉매가스는 상온의 냉각수나 냉각공기에 의하여 쉽게 액화할 수 있는 상태가 되며, 이때 냉각수나 냉각공기로 방출되는 열을 응축열량이라고 한다. 이 응축열량은 냉매가 증발기에서 흡수한 열과 압축기에서 압축에 가해진 열을 합한 열량이 된다. 응축과정도 증발과정과 마찬가지로 응축기 내에서의 냉매는 증기와 액이 공존하고 있는 상태이며, 기체에서 액체로 냉매의 상이 변화하는 동안에는 응축압력과 응축온도는 일정하다.

3) 팽창과정

팽창과정은 냉매가 팽창밸브를 통과할 때 냉매의 상태변화를 말하며, 외부와의 열 출입이 없는 단열팽창으로 엔탈피의 변화가 없다. 이 팽창과정은 응축기에서 응축된 액체 냉매가 증발기에서 쉽게 증발할 수 있도록 압력을 저하시키며, 팽창과정 동안 온도도 저하하게 된다. 팽창밸브는 냉매의 팽창이 일어나는 것으로 감압작용과 함께 증발기로 유입되는 냉매의 유량을 조절하는 역할을 한다.

4) 증발과정

냉동장치의 증발기에서 액체상의 냉매는 냉각관 주위로부터 증발에 필요한 증발잠열을 흡수하여 증발과정이 이루어진다. 냉매에게 열을 빼앗긴 주위의 공기나 물질은 냉각되어 저온으로 유지되며, 냉매가 액체에서 기체로 증발하는 과정의 냉매 온도와 압력은 일정하게 유지된다.

(4) 냉동사이클의 계산

몰리에르 선도상에는 냉동장치의 측정값이나 설계값을 기준으로 다음과 같은 상태량을 구할 수 있다.

① 증발압력에서 증발온도
② 응축압력에서 응축온도
③ 압축기로 흡입되는 냉매가스의 엔탈피 및 비체적
④ 압축기에서 토출되는 냉매가스의 엔탈피 및 온도
⑤ 팽창밸브 직전의 액냉매의 온도에서 그 엔탈피 및 팽창 후의 건조도

1) 냉동효과

단위질량의 냉매가 증발기 내에서 흡입하는 열량으로 증발기 내를 흐르는 단위냉매의 엔탈피 차이를 냉동효과라고 한다. 그림 10-57에서 증발기 입・출구 지점을 4, 1점이라고 하면 냉동효과는 식 (10.44)와 같이 계산한다. 그림에서 1 상태로 압축기로 흡입될 때를 과열압축, 1′ 상태에서 압축될 경우를 건조포화압축, 1″ 상태에서 압축될 경우를 습압축이라고 한다.

$$q_e = i_1 - i_4 \text{ (kJ/kg)} \qquad (10.44)$$

2) 압축기의 압축일량

압축기가 증발기로부터 흡수한 냉매가스를 압축하는데 필요한 동력의 단위 시간당 일량(kgm/h)을 열량으로 환산하기 위해서는 일의 열당량 $A=1/427$ kJ/kgm를 곱하여야 한다. 그러나 몰리에르 선도상에서는 그림 10-58과 같이 일을 직접 열량으로 구할 수 있다. 즉 냉매 1kg을 압축하는데 필요한 일의 열당량은 압축과정의 엔탈피 차이로 다음과 같이 나타낼 수 있다.

$$A_w = i_2 - i_1 \text{ (kJ/kg)} \tag{10.45}$$

3) 응축열량

그림 10-59에서와 같이 압축기에서 토출된 냉매가스는 응축기에서 열을 방출하고 응축하게 되는데, 이때 방출하는 열량은 에너지 보존법칙으로부터 증발기에서 흡수한 열량과 압축기에서 주어진 일량과의 합으로 다음과 같이 구할 수 있다.

$$q_c = q_e + A_w \text{ (kJ/kg)}$$

$$q_c = (i_1 - i_4) + (i_2 - i_1) = i_2 - i_4 \text{ (kJ/kg)} \tag{10.46}$$

$$i_3 = i_4$$

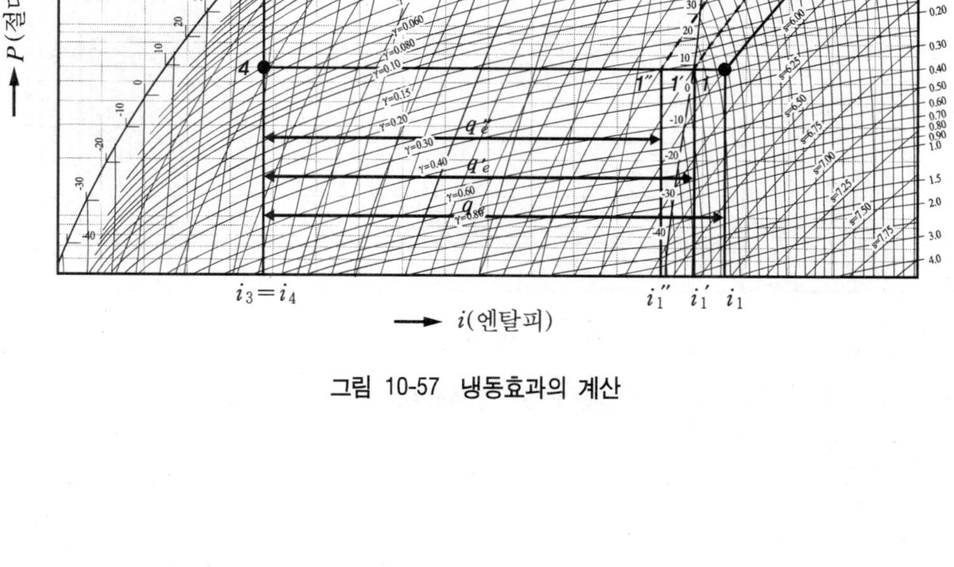

그림 10-57 냉동효과의 계산

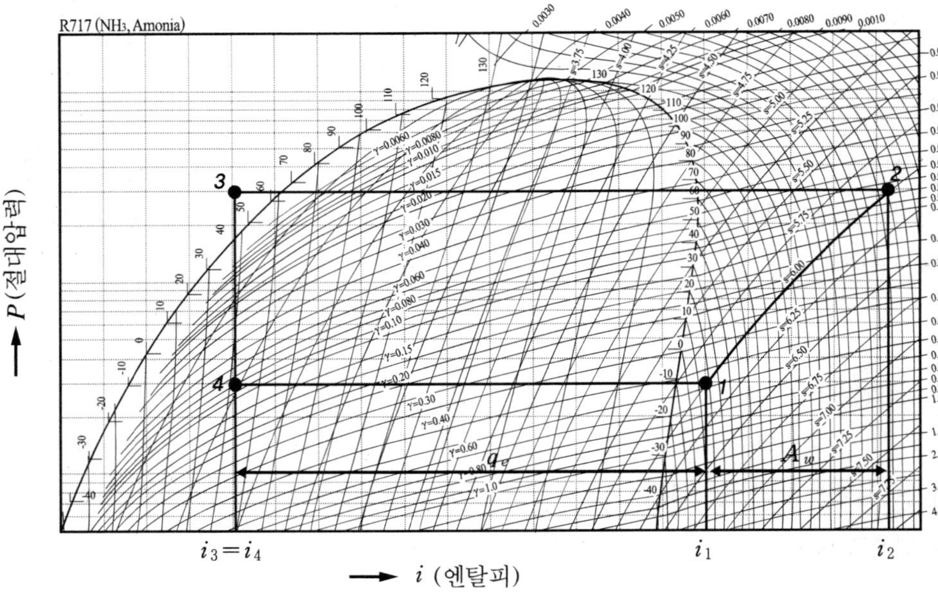

그림 10-58 압축일량의 계산

4) 냉동능력

냉동장치에서 필요한 냉동능력을 얻기 위해서는 얼마만큼의 냉매량을 증발기에 공급

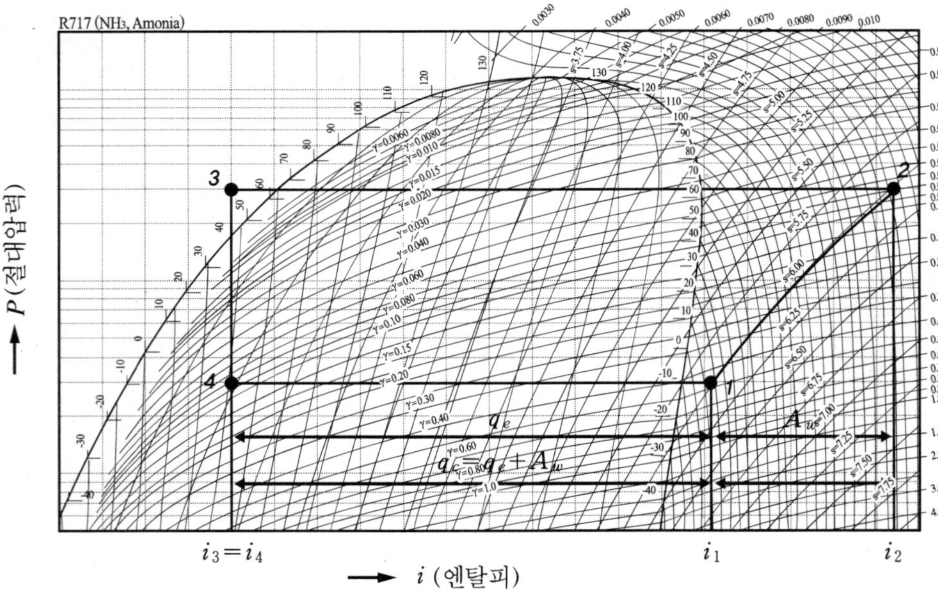

그림 10-59 응축열량의 계산

하여 증발시켜야 하는가. 즉 단위 시간당 몇 kg의 냉매량이 증발기에 공급되는가를 나타낸 것이 냉매순환량이며, 냉동능력은 냉매 순환량과 주어진 조건에서 냉매 1 kg이 흡수할 수 있는 냉동효과를 이용하여 구할 수 있다.

또한 필요한 냉동능력을 얻기 위하여 공급되는 냉매 순환량을 처리하는 압축기의 크기를 결정하기 위해서는 이 냉매 순환량을 압축기의 흡입 가스량 V (m3/h)으로 환산해야 한다. 흡입가스량 환산을 위하여 압축기 입구 냉매상태에서 냉매의 비체적을 알아야 한다. 따라서 다음 식에 의하여 냉매 증기순환량(압축기의 피스톤 압축량) V (m3/h)를 구할 수 있다.

$$Q_l = c_{pl} m_l \Delta t_l / 3600 (\text{kw})$$

$$Q_l = m_r q_e / 3600 = \frac{m_r (i_1 - i_4)}{3600} (\text{kw}) \tag{10.47}$$

$$m_r = \frac{V}{v_1} \eta_v (\text{kg/h})$$

여기서, Q_l : 냉동능력(kw)

c_{pl} : 비열(kJ/(kg·K))

m_l : 브라인이나 공기 등의 이차냉매의 유량(kg/h)

m_r : 냉매유량(kg/h)

q_e : 냉매 1(kg)이 저온측(증발기)에서 흡수하는 열량(냉동효과) $i_1 - i_4$ (kJ/kg)

V : 피스톤 압축량(m^3/h)

v_1 : 압축기 입구 냉매가스의 비용적(m^3/kg)

η_v : 체적효율

예제 10-17

다음의 괄호에 적합한 용어를 넣어 문장을 완성하라.
냉동사이클에서 엔탈피의 값은 냉매가 보유하고 있는 단위질량당의 현열량과 잠열량의 합계를 나타낸다. 그림 10-55의 냉동사이클을 히트펌프로 이용하고 있는 것에 의하여 사이클 내의 열을 (①)부에서 (②)부로 이동시켜 난방에 이용할 수 있다. 이것은 냉동사이클상에서는 증발온도를 (③)부보다 낮게, 응축온도를 (④)부보다 높게 유지함에 따라 냉매가 (⑤)부에서 열을 빼앗아 (⑥)부로 열을 방출하기 때문이다.

| 해답 | ① 저온, ② 고온, ③ 저온, ④ 고온, ⑤ 저온, ⑥ 고온

예제 10-18

냉동기와 관련 기기의 정지 순서는?

| 해답 | 냉동기 → 냉각수펌프 → 냉각탑 → 냉수펌프

예제 10-19

어느 냉동장치의 수냉응축기에서 냉각수 입구온도 25℃, 출구온도 30℃, 냉각수량 300 ℓ/min, 압축기의 압축동력 30 kw로 할 때 이 냉동장치의 냉동능력 [kw](KRt)을 구하여라.

| 해답 | 물의 비열, 4.18605 (kJ/kg·K)

가열능력 Q_h 의 단위는, (kJ/(kg·K)) (ℓ/min) (kg/ℓ)(min/h) (k) h/s) = (kJ/s) = (kW)

압축능력 $\eta_m W = 30$ (kW)에서,

냉동능력 $Q_l = Q_h - \eta_m W = \dfrac{c_{ph} m_h \Delta t_h}{3600} - \eta_m W$

Q_l = 4.18605 (kJ/(kg·K))×300 (ℓ/min)×1 (kg/ℓ)×60 (min/h)×(30−25) (K) ÷3,600 (s/h)−30 (kW)=74.65 (kW)

예제 10-20

응축기 입구의 냉각수 온도를 26℃로 하고, 출구온도를 32℃로 하면 필요한 냉각수량은 얼마인가?

| 해답 | 응축기의 방열량을 증발기에서 흡수한 열량의 1.25배로 하면,

$$G = \frac{3{,}320 \times 1.25}{60 \times (t_2 - t_1)} \ \ell/\mathrm{min}\,(1RT\text{당})$$

$$G = \frac{3{,}320 \times 1.25}{60 \times (32 - 26)} = 11.6\ \ell/\mathrm{min}\,(1RT\text{당})$$

예제 10-21

응축기의 열부하를 냉동부하의 1.3배로 하고, 표준온도로 냉각수량을 1냉동톤당 12ℓ/min으로 하면, 냉각수의 온도 상승은 얼마인가?

| 해답 | $q_c = G \times C \times (t_2 - t_1)$

$$(t_2 - t_1) = \frac{q_c}{G \times C} = \frac{3{,}320 \times 1.3}{12 \times 60} = 6.0\,℃$$

예제 10-22

냉동능력 20kw, 압축동력 6kw, 응축기 입구수온 22℃ 및 동 냉각수량 60ℓ/min에서 운전되고 있는 냉동기가 있다. 이 경우의 응축기 출구수온(℃)을 구하라.

| 해답 | 가열능력 $Q_h = Q_l + \eta_m W = 20(\text{kw}) + 6(\text{kw}) = 26(\text{kw})$

가열능력 $Q_h = c_{ph} m_h \Delta t_h / 3600 = 4.18605(\text{kJ}/(\text{kg}\cdot\text{k})) \times 60(\ell/\text{min}) \times 1(\text{kg}/\ell) \times 60(\text{min/h}) \times (t_{h2} - 22)(\text{k}) \div 3600(\text{s/h})$ ······(kw)

양자는 같으므로,

응축기 냉각수 $t_2 = \dfrac{26}{4.18605} + 22 = 28.2(℃)$

응축기 냉각수는 Q_h를 흡수하므로 출수하는 수온은 상승한다($t_{h2} = t_{h1} + \Delta th$).

5) 성능계수

냉동사이클의 효율을 나타내는 데는 성능계수(COP : Coefficient of Performance)가 사용된다. 일반적으로 열기관에서는 효율이란 용어를 사용하는데, 냉동사이클은 열기관과 달리 열을 저온에서 고온으로 이동시키는 열펌프 작용을 하므로 압축기에 가해진 일량과 실제 출력으로 나타나는 일, 즉 냉동효과를 비교하면 냉동효과 쪽이 훨씬 큰 값이 된다. 따라서 일반적으로 효율이라 하지 않고 성능계수라고 한다. 그림 10-60에서 성능계수를 구할 수 있다.

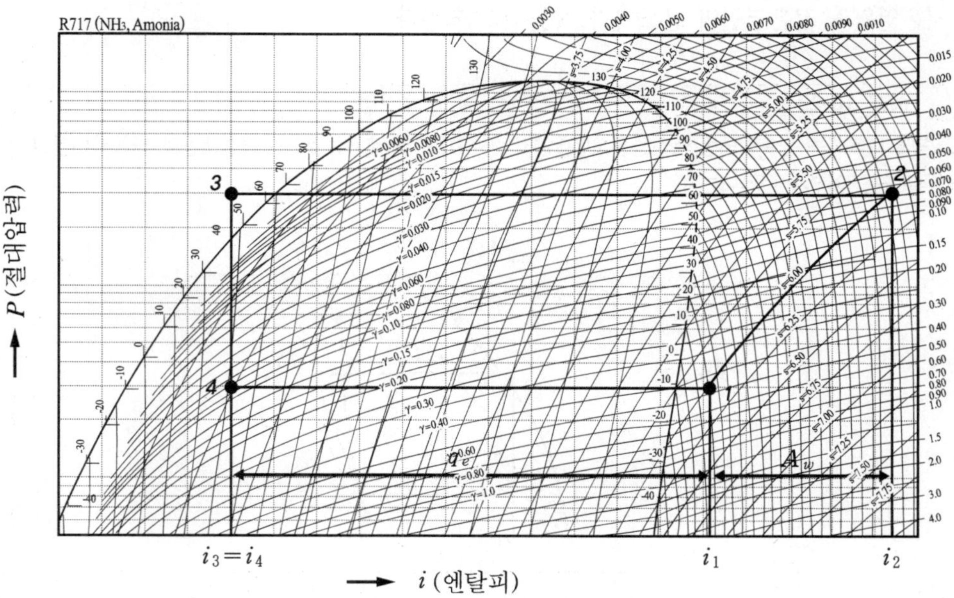

그림 10-60 성능계수의 계산

$$성능계수(COP) = \frac{냉동효과(q_e)}{압축기\ 소요일량(A_w)} = \frac{i_1 - i_4}{i_2 - i_1} = \frac{i_1 - i_3}{i_2 - i_1} \quad (10.48)$$

냉동 사이클에서는 증발압력 P_1이 낮을수록 i_A는 작고, 응축압력 P_2가 높을수록 i_B는 커진다. 따라서 이들의 변화에 의해 냉동능력은 저하하고, 입력 에너지는 커지므로 COP_R는 작아진다. 실제의 냉동기에서는 손실을 수반하므로 이상적 냉동기보다 COP는 약간 작아진다.

성능계수는 냉방기기 등의 에너지 소비효율의 기준으로 사용되는 계수이다. 소비전력 1kW당의 냉각·가열능력을 나타낸 값이다. 냉방기기를 어느 일정 온도조건에서 운전한 경우(정격조건)의 성능을 평가하는 점에서 정격에너지 소비효율이라고도 하고, 정격냉방·정격난방시의 소비전력 1kW당의 냉방·난방능력을 나타낸 것이다.

그 값은 냉방기기의 경우,

$$냉방능력(kW) \div 냉방소비전력(kW) = 냉방COP$$

로 나타낸다. 또한 이상적인 경우 다음과 같은 관계가 성립한다.

$$히트펌프의\ 성능계수 = 냉동기로서의\ 성능계수 + 1$$

저온열원과 고온열원의 온도차가 작을수록 커진다.

예제 10-23

그림에 나타내는 압축식냉동기의 냉동사이클에서 ①→②는 압축과정일 때, 증발과정과 냉동사이클의 성적계수는 어떻게 나타내는가?

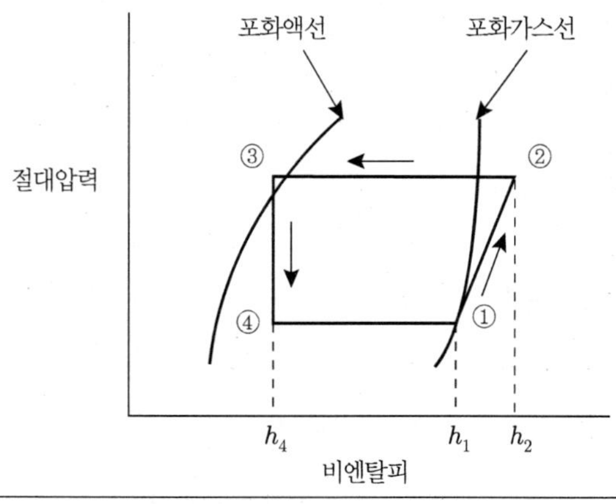

|해답| 왼쪽 곡선이 과냉각액상, 오른쪽 곡선이 불포화기상, 좌우의 곡선으로 둘러싸인 범위가 기액혼합상, 증발과정은 기액혼합상에서 불포화(또는 포화)기상으로 상태변화가 된다(④ → ①). 성적계수는 펌프 압축일에 대하여 증발에 의한 냉각을 한 지표이므로 ④ → ①의 냉동의 엔탈피 변화를 압축 엔탈피 변화로 나눈 값, $\dfrac{h_1 - h_4}{h_2 - h_1}$ 이다.

예제 10-24

그림은 냉매의 압력-엔탈피 선도(몰리에르 선도)에 이상적인 냉동사이클을 그린 것이다. (a) 냉매순환량이 1,500 kg/h일 때 증발기에서의 냉각열량(kw), (b) 냉동사이클의 성능계수를 구하여라.

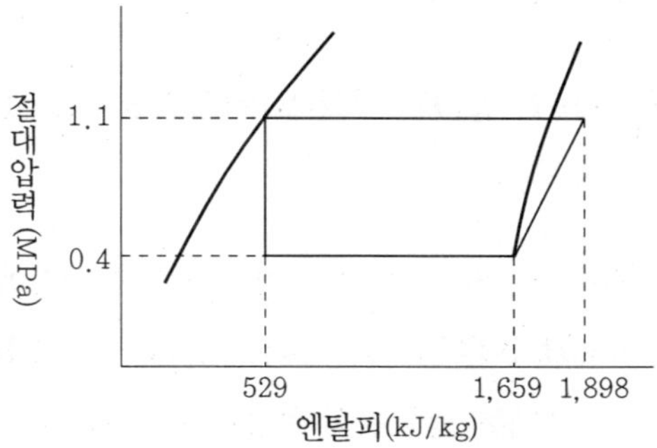

그림 10-61

|해답| (a) $Q_e = G \cdot (i_A - i_D) = \dfrac{1{,}500 \times (1{,}659 - 529)}{3{,}600} = 470.8\ \mathrm{kw}$

(b) 식 (10.48)에서

$$\mathrm{COP_R} = (i_A - i_D)/(i_B - i_A) = (1{,}659 - 529)/(1{,}898 - 1{,}659) = 4.73$$

6) 냉매의 성질과 냉동톤

냉매는 안정된 화합물로서 증발, 응축을 반복해도 분해하지 않고 적당한 온도·압력에서 증발, 응축하며 금속에 대하여 부식성이 적고, 누설되더라도 인축에 무해한 것이 조건이다. 또 냉매는 냉동기 안에서 열을 운반하는 역할을 하고 재순환할 뿐이며 소비되는 것은 아니다.

냉동기 능력은 냉동톤으로 나타낸다. ASHRAE에서 채용되고 있는 표준냉동톤은 얼음 1 t(2,000 lb)을 융해하는 데 필요한 열량, 즉 1 t(2,000 lb)의 얼음을 융해하여 24시간에 0℃(32°F)의 물로 변할 때 흡수하는 열량으로 하고 있다.

따라서 융해열을 144 BTU/lb로 하면 1냉동톤은 다음과 같이 된다.

$$1\text{냉동톤} = 144 \times 2,000 = 288,000\,\text{BTU/24h} \tag{10.49}$$
$$= 12,000\,\text{BTU/h} = 200\,\text{BTU/min}$$
$$1\,\text{BTU} = 1.055\,\text{kJ이므로}$$
$$1\,\text{USRT} = \frac{12,000\text{BTU/h} \times 1.055\text{kJ/BTU}}{3,600\text{s/h}}$$
$$= 3.52\,\text{kw}$$

0℃의 물 1,000kg을 24시간에 0℃의 얼음으로 하는 데 필요로 하는 열량은 융해열을 79.68kcal/kg로 하면,

$$1\text{냉동톤} = 79.68 \times 1,000 = 79,680\,\text{kcal/24h} = 3,320\,\text{kcal/h}$$
$$= 3.86\,\text{kw}$$

일본에서는 이것을 채용하고 있다. 우리나라에서도 마찬가지이다.

미국에서는 1냉동톤 = 12,000BTU/h×0.252kcal/BTU = 3,024kcal/h = 3.52kw이다.

냉동기에 사용되고 있는 냉매는 냉동기의 종류나 용도에 따라 다르다.

냉매는 처음에는 암모니아가스를 사용했지만 현재는 프레온을 사용하고 있다. 그러나 프레온은 오존층을 파괴하는 물질로 규정되어 지금은 대체 냉매가 개발 중에 있다.

예제 10-25

온도 10℃의 물이 50t이 있다. 이것을 30분 동안 6℃의 온도로 내리는 데 필요한 냉동기의 능력을 냉동톤으로 계산하여라.

|해답| $\frac{4.2 \times 50 \times 1,000 \times (10-6)}{0.5 \times 3,600} = 467\,\text{kw}$

$\therefore \text{냉동톤} = \frac{467}{3.86} ≒ 120\,\text{RT}$

7) 가열능력

저온측에서 고온측으로 운반되는 열류량, 가열능력에 주목하고, 이것을 이용하여 난방이나 급탕 등의 가열을 행할 때 이 냉동장치를 히트펌프 또는 열펌프(Heat pump)라고 한다.

가열능력은 냉매 1(kg)이 고온측(응축기)에서 흡수하는 열량과 냉매유량을 이용하거

나, 또는 공기나 (냉각)수 등의 유량, 비열과 입구와 출구의 온도차를 이용하여 구할 수 있다.

$$Q_h = c_{ph} m_h \Delta t_h / 3600(\mathrm{kw}) \tag{10.50}$$

여기서, Q_h : 가열능력(kw)

c_{ph} : 비열(kJ/(kg·k))

m_h : 공기나 (냉각)수 등의 유량(kg/h)

Δt_h : 입구와 출구의 온도차(℃, K)

10-6-3 냉방장치

(1) 냉방설비 방식의 분류

에너지이용합리화를 위한 "건축물의 냉방설비에 대한 설치 및 설계기준"(산업통상자원부 고시 제2014-69호)에서 건축물의 신축, 개축, 재축 또는 별동으로 증축하는 건축물의 냉방설비에 대하여 적용한다.

1) 축냉식 전기냉방설비

심야시간에 전기를 이용하여 축냉재(물, 얼음 또는 포접화합물과 공융염 등의 상변화물질)에 냉열을 저장하였다가 이를 심야시간 이외의 시간(이하 "그 밖의 시간"이라 한다)에 냉방에 이용하는 설비로서 이러한 냉열을 저장하는 설비(축열조) · 냉동기 · 브라인펌프 · 냉각수펌프 또는 냉각탑 등의 부대설비(축열조 2차측 설비는 제외)를 포함하며, 다음과 같이 구분한다.

① 빙축열식 냉방설비 : 심야시간에 얼음을 제조하여 축열조에 저장하였다가 그 밖의 시간에 이를 녹여 냉방에 이용하는 냉방설비

② 수축열식 냉방설비 : 심야시간에 물을 냉각시켜 축열조에 저장하였다가 그 밖의 시간에 이를 냉방에 이용하는 냉방설비

③ 잠열축열식 냉방설비 : 포접화합물(Clathrate)이나 공융염(Eutectic Salt) 등의 상변화물질을 심야시간에 냉각시켜 동결한 후 그 밖의 시간에 이를 녹여 냉방에 이용하는 냉방설비

심야시간이라 함은 23 : 00부터 다음 날 09 : 00까지를 말한다. 다만, 한국전력공사에

서 규정하는 심야시간이 변경될 경우는 그에 따라 상기 시간이 변경된다.

2차측 설비라 함은 저장된 냉열을 냉방에 이용할 경우에만 가동되는 냉수순환펌프, 공조용 순환펌프 등의 설비를 말한다.

이용이 가능한 냉열량이라 함은 축열조에 저장된 냉열량 중에서 열손실 등을 차감하고 실제로 냉방에 이용할 수 있는 열량을 말한다.

축냉식 전기냉방기기이라 함은 심야시간에 전기를 이용하여 축냉한 후 그 밖의 시간에만 냉방에 이용할 수 있는 소용량의 축냉식 냉방기기로서 이동형 냉방기 및 고정형 패키지에어컨 등을 말한다.

축열률이라 함은 통계적으로 연중 최대냉방부하를 갖는 날을 기준으로 그 밖의 시간에 필요한 냉방열량 중에서 이용이 가능한 냉열량이 차지하는 비율을 말하며 백분율(%)로 표시한다.

$$\text{축열률}(\%) = \frac{\text{이용이 가능한 냉열량(kcal)}}{\text{그 밖의 시간에 필요한 냉방열량(kcal)}} \times 100 \tag{10.51}$$

2) 전체축냉방식

그 밖의 시간에 필요한 냉방열량의 전부를 심야시간에 생산하여 축열조에 저장하였다가 이를 이용하는 냉방방식

3) 부분축냉방식

그 밖의 시간에 필요한 냉방열량의 일부를 심야시간에 생산하여 축열조에 저장하였다가 이를 이용하는 냉방방식

4) 가스를 이용한 냉방방식

가스(유류포함)를 사용하는 흡수식 냉동기 및 냉・온수기, 가스엔진구동 열펌프시스템

5) 지역냉방방식

집단에너지사업법에 의거 집단에너지사업허가를 받은 자가 공급하는 집단에너지를 주열원으로 사용하는 흡수식냉동기를 이용한 냉방방식과 지역냉수를 이용한 냉방방식

6) 신재생에너지를 이용한 냉방방식

신재생에너지를 이용한 냉방방식

7) 소형 열병합을 이용한 냉방방식

소형 열병합발전을 이용하여 전기를 생산하고, 폐열을 활용하여 냉방 등을 하는 설비

(2) 냉방설비의 설치기준

1) 냉방설비의 설치대상 및 설비규모

"건축물의설비기준등에관한규칙" 제23조 제2항의 규정에 따라 다음 각 호에 해당하는 건축물에 중앙집중 냉방설비를 설치할 때에는 해당 건축물에 소요되는 주간 최대 냉방부하의 60% 이상을 심야전기를 이용한 축냉식, 가스를 이용한 냉방방식, 집단에너지사업허가를 받은 자로부터 공급되는 집단에너지를 이용한 지역냉방방식, 소형 열병합발전을 이용한 냉방방식, 신재생에너지를 이용한 냉방방식, 그 밖에 전기를 사용하지 아니한 냉방방식의 냉방설비로 수용하여야 한다. 다만, 도시철도법에 의해 설치하는 지하철역사 등 산업통상자원부장관이 필요하다고 인정하는 건축물은 그러하지 아니한다.

① 판매시설, 교육연구시설 중 연구소, 업무시설로서 해당 용도에 사용되는 바닥면적의 합계가 3천제곱미터 이상인 건축물

② 공동주택 중 기숙사, 의료시설, 수련시설 중 유스호스텔, 숙박시설로서 해당 용도에 사용되는 바닥면적의 합계가 2천제곱미터 이상인 건축물

③ 제1종 근린생활시설 중 목욕장, 운동시설 중 수영장(실내에 설치되는 것에 한정한다)으로서 해당 용도에 사용되는 바닥면적의 합계가 1천제곱미터 이상인 건축물

④ 문화 및 집회시설(동·식물원은 제외한다), 종교시설, 교육연구시설(연구소는 제외한다), 장례식장으로서 해당 용도에 사용되는 바닥면적의 합계가 1만제곱미터 이상인 건축물

2) 축냉식 전기냉방의 설치

축냉식 전기냉방으로 설치할 때에는 전체 축냉방식 또는 축열률 40% 이상인 부분축냉방식으로 설치하여야 한다.

10-6-4 축열장치

(1) 이용 목적

① 냉방부하의 최대치가 냉방부하의 평균보다 현저히 클 때

② 냉방시간과 냉동기의 운전시간이 엇갈릴 때

③ 태양열의 채열이나 건물 내부의 배열회수 등을 행할 때와 냉난방 시간이 엇갈릴 때

(2) 축열재의 종류

1) 현열축열재

① 고체 : 암석, 토양, 콘크리트 등이 있다.

② 액체 : 물이 가장 일반적으로 이용되고 있다.

③ 복합매체, 분산매체 : 에멀션(emulsion)과 같은 액액계, 캅셀(capsule)이나 고체입자를 함유한 고액계, 복합재료와 같은 고고계가 있다.

2) 잠열축열재

물이 가장 일반적인 것은 안전하며 저렴하고 잠열이 크다는 데 있다. 중・저온역에서는 이외에 파라핀(paraffin)류, 지방산 등도 이용된다. 고온역에서는 용융염이나 액체금속이 이용된다.

3) 축열관련재

축열시스템에서는 축열재 외에 저온역에 걸치는 전열매체로서의 브라인, 그리고 모든 열의 이용에 중요한 매체로서의 물과 공기가 필요하다.

(3) 축열운전방식

1일 중 건물의 부하가 낮을 때 열원기기를 운전하여 축열해 놓고, 고부하시에 그것을 사용하여 1일의 부하를 처리하는 것에 의해 열원기기의 용량은 작게 할 수 있고, 효율이 높은 전 부하 운전 부근에서 연속운전을 할 수 있다(그림 10-62 참조).

축열조의 평균 수온은 고・저온의 물의 혼합에 있어 냉수의 경우는 냉동기의 출구수온보다 높고, 온수의 경우는 온열원의 출구 온도보다 낮게 한다. 냉수의 경우 냉동기의 출구수온이 5℃ 정도일 때, 조 안의 평균수온은 통상 6~8℃ 정도가 된다. 이것은 공조기의 코일열수가 증가하는 등 2차측 기기에 영향을 미치므로 설계시 충분히 주의해야 한다.

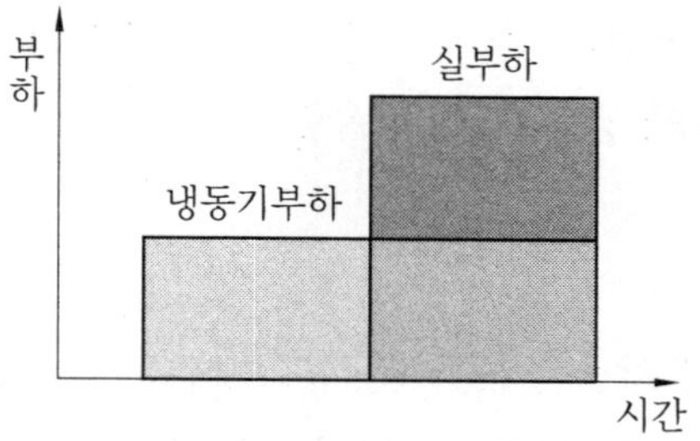

그림 10-62 축열운전의 예

(4) 수축열시스템

수축열시스템은 심야전력으로 히트펌프를 가동하여 냉온열을 발생시켜 수축열조에 냉수 또는 온수로 저장하는 방식으로 주간에 그 열을 이용하여 건물에 냉난방, 급탕을 공급하는 방식이다. 이것은 지하의 2중 슬래브를 수축열조로 이용할 수 있고, 부하의 변동에 관계없이 가장 효율적인 일정 운전이 가능하며 사용전력을 저감할 수 있다. 냉·온수를 저장할 수 있어 냉난방 이용이 가능하고, 별도의 저온용액(브라인)을 사용하지 않아 환경친화적이고, 기존에 사용중인 냉동기에 축열조를 설치하면 냉방능력을 증가할 수 있으며, 열원기의 일시적인 고장이 발생하는 경우에도 축열조에 비축된 열에

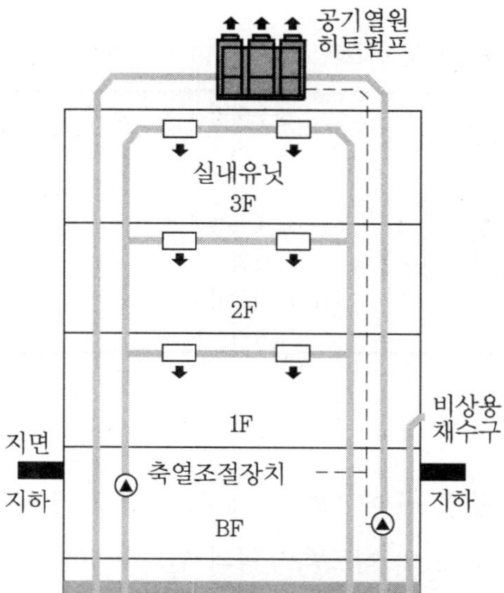

그림 10-63 수축열시스템

너지를 방열할 수 있다. 또한 축열층은 방수·단열공사가 필요하고, 축열층의 물은 화재시의 소화용수, 재해시의 생활용수에 활용할 수 있다(그림 10-63).

(5) 빙축열시스템

빙축열시스템은 저렴한 야간전력을 이용하여 축열조 내에 제빙하여 주간의 냉방부하 피크시에 얼음이 융해할 때의 잠열을 이용하는 것이다. 빙축열시스템의 목적은 여름의 냉방부하에 의한 편중된 전력수요를 평준화하는 것이고, 전력플랜트의 억제, 공조설비의 소형화를 도모하는 데 있다.

축열재로 얼음이 사용되는 이유는 냉방에 이용하는 목적으로 물에 비축되는 열량은 냉방에 이용할 수 있는 온도가 15℃ 이하이기 때문에 물 1kg당 33.5kJ이지만, 얼음은 398kJ이고, 12배 정도 많이 축열하는 것이 가능하다. 따라서 같은 열량을 축열한다면 빙축열의 축열조가 규모면에서는 컴팩트하게 된다.

종래의 수축열은 현열축열인 데 대하여 빙축열은 고액 사이의 상태변화에 수반하는 잠열축열이고, 다른 축열물질에 비하여 저렴하고 안전하며 축열용량도 많아 우수한 축열재가 되고 있다. 수축열과 비교하면 얼음의 축열능력은 수십 배의 차이가 있다. 표 10-32에 참고로 수축열시스템과 빙축열시스템을 비교한 경우의 차이가 나타나 있다.

표 10-32 수축열과 빙축열시스템의 비교

항 목	냉수축냉	빙축열
축열조 용적	크다	냉수축냉의 1/3~1/4
축열조 출구 냉수온도	5~7℃	2~4℃
축열조 효율	약간 낮다	높다
운전관리비	낮다	약간 높다
압축기	기종의 선정이 자유	직팽식에서 터보냉동기는 부적합
냉난방축열기	높다	낮다

(6) 지중축열시스템

지중축열시스템은 그림 10-64에 나타난 것처럼 3개의 계로 구성되어 있다. 즉 지중축열계, 태양열 등의 열원계 및 히트펌프 등의 열회수계이다. 각각의 계에는 각종방식이 있고, 그 계의 구성에 따라 많은 이용형태가 검토된다.

지중열원에는 온열저장과 냉열저장, 온냉열저장이 있다. 또한 그 열회수를 하는 데에 직접냉온수를 순환하는 방법과 히트펌프(또는 냉동기)를 이용하는 방법이 있다.

한편 히트펌프 또는 냉동기에서 보면 토양은 히트펌프의 저온열원, 냉동기의 고온열원이 된다. 양자는 자연계의 장기축열체로서의 토지를 이용하고 있다. 한랭지에서 토양열원 히트펌프만을 이용하는 경우에도 같은 구조이고, 자연계의 장기축열 효과를 이용하고 있다. 겨울의 난방과 여름의 냉방을 구성한다면 겨울의 히트펌프의 증발열에 의한 장기냉열 저장과 여름의 냉동기 응축열에 의한 장기온열저장이 상승효과를 발생하여높은 효율이 기대된다. 특히 여름의 냉방이 냉동기를 이용하지 않고 순환냉방을 한다면 높은 에너지절약이 도모될 것이다.

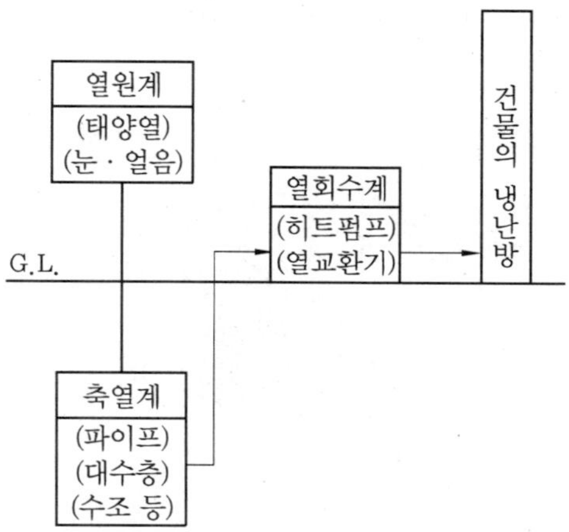

그림 10-64 지중축열시스템의 구성

표 10-33에 이용형태의 분류와 그 내용을 나타낸다.

표 10-33 이용형태에 의한 분류

	이용형태	온열원 또는 냉열원	난방 또는 냉방	비고
1	온열저장에 의한 난방	여름의 태양열, 하천수, 도시배열, 산업배열	히트펌프 난방 또는 직접난방	온열저장이 주체
2	냉열저장에 의한 냉방	겨울의 설빙, 하천수, 대기, 호소, 해수	냉동기 냉방 또는 자연냉방	냉열저장이 주체
3	토양열원히트펌프에 의한 난방	자연계 토양의 온열원을 이용	히트펌프 난방	히트펌프의 열원이 주체
4	토양열원히트펌프에 의한 난방과 토양냉열원에 의한 자연냉방	동계의 냉열저장에 의한 토양의 저온을 이용하여 냉수를 펌프로 순환하여 자연냉방을 한다.	히트펌프 난방 물순환에 의한 냉방	히트펌프의 열원과 냉열저장이 주체
5	토양열원에 의한 히트펌프난방과 냉방	동계의 냉열저장과 하계의 온열저장을 함께 이용한다.	히트펌프 난방과 냉동기 냉방	온열저장과 냉열저장이 주체

(7) 태양열축열시스템

태양열이용시스템은 태양광선의 파동 성질을 이용하는 태양에너지 광열학적 이용 분야로 태양열의 흡수·저장·열변환 등을 통하여 건물의 냉난방 및 급탕 등에 활용하는 기술이다.

태양열 시스템은 집열부·축열부·이용부로 구성되어 있으며, 또 각 구성부 사이의 열전달 방법은 자연순환방식에 의한 자연형(passive) 시스템, 기계적 강제순환방식에 의한 설비형(active) 시스템, 자연순환방식에 의하지만 약간의 강제순환도 첨가한 것을 혼합형(hybrid) 시스템으로 대별한다(그림 10-65).

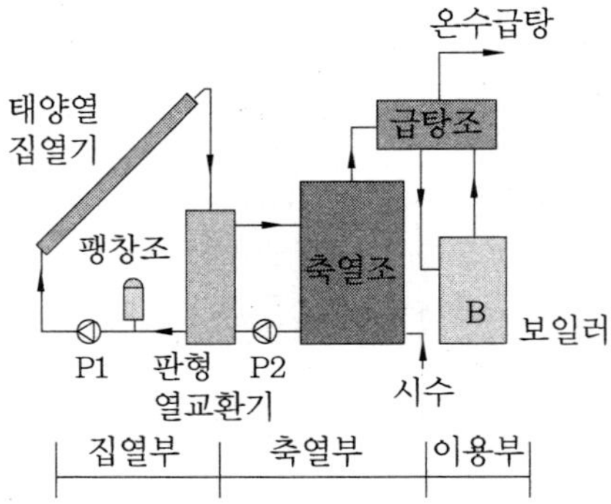

그림 10-65 태양열 온수·급탕시스템

태양열 축열방법은 대별하여 축열조형, 지중축열형 및 하우스벽축열형으로 분류된다. 축열조형에도 축열매체, 형식 및 설치장소 등에 의하여 각종 방법이 있는데 일반적으로 이것은 수일간 정도의 중기축열용이다. 지중축열형은 장기축열용, 저온 열원용이고, 자연의 토지를 이용하므로 저비용이고, 바닥면 난방과의 구성도 용이하다. 그러나 지하수 등의 방수대책, 주위 지표면에의 방열방지책이 필요하다.

하우스벽축열형은 콘크리트제의 Trombe벽, 벽돌제의 Adobe벽이라고 하는데 그림 10-66과 같은 방법이며, 건물의 남면벽에 일사시의 태양에너지를 직접 축열하여 야간의 난방에 이용하는 것이다. 또한 솔라하우스시스템이라고 하여 그림 10-67과 같이 하우스 지하의 토양층을 축열·축냉층으로 옥상 및 지하의 집열판을 이용하여 여름의 태양에너지를 축열하여 겨울의 난방에, 겨울의 냉기를 축냉하여 여름의 냉방에 이용하는 장기축열도 개발되어 있다.

태양의 빛 에너지를 흡수하여 전기로 변환하는 에너지 변환을 '태양전지(PV : Photovoltaic)'라고 한다. 태양전지의 표면에 햇빛을 비추면 －전기를 띤 전자들이 태양전지의 －극(p형 반도체)쪽으로 이동하게 되고, ＋전기를 띤 전자들은 태양전지의 N형 반도체 쪽으로 이동하게 된다. 전자가 이동된 태양전지에서는 전위차가 생기고, 이때 태양전지의 양끝에 전선을 연결시키면 전류가 흐르게 된다(그림 10-68).

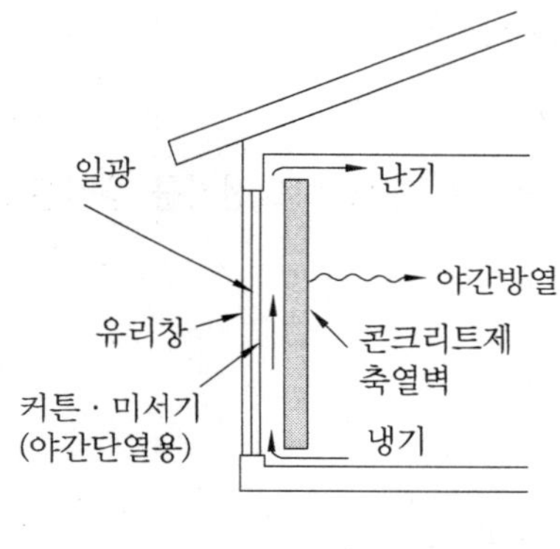

그림 10-66 Trombe wall

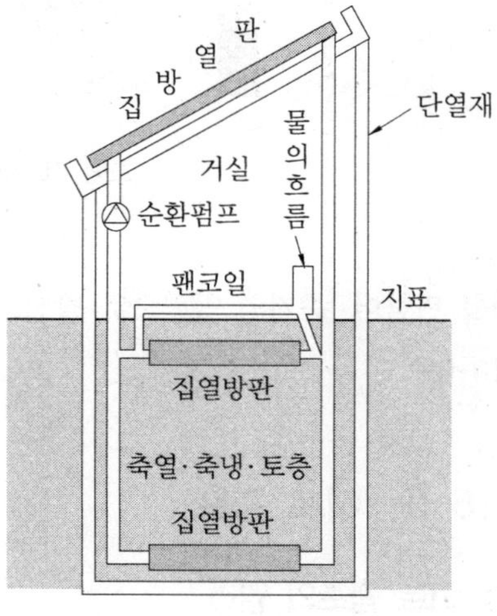

그림 10-67 솔라하우스시스템

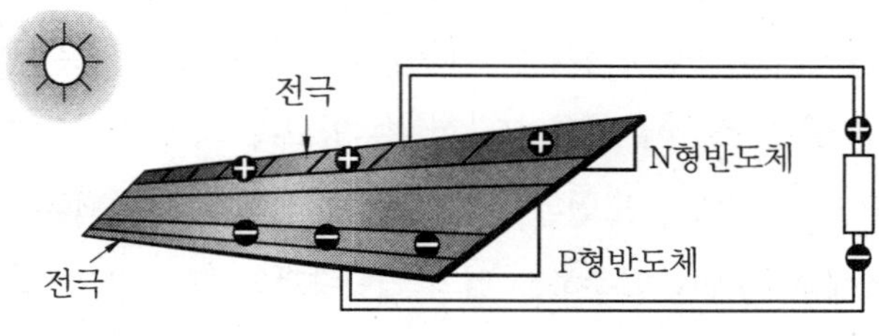

그림 10-68 태양전지의 원리

이와 같이 태양전지에 햇빛을 비추면 전기가 발생하는데 이는 전자가 움직이면서 전기를 발생시키고, 발생된 전기는 배선을 따라 전기를 일정한 양으로 만들어 주는 전력조절장치로 흘러간다. 그리고 교류로 바꾸어 주는 인버터로 흘러 들어가게 되어 전기를 사용할 수 있다.

태양열 발전(Solar Thermal Electric Power)은 태양전지와는 다른 방식으로 전기를 생산한다. 대부분 햇빛을 한 점에 집광하여 열을 발생시키고 이 열을 이용해 물을 데워

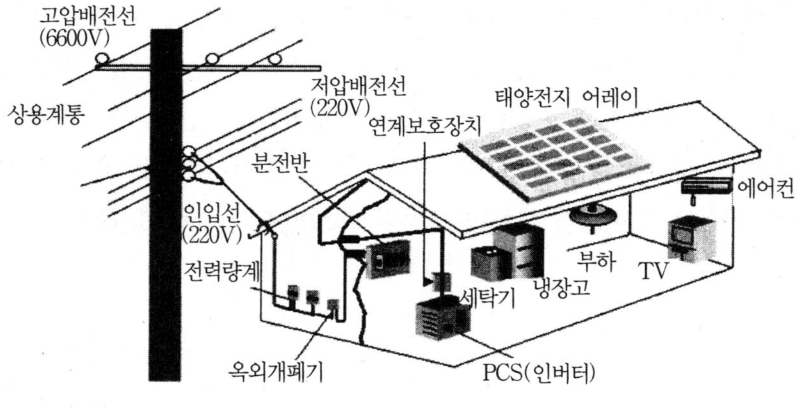

그림 10-69 태양광 발전시스템

증기를 만들어, 증기의 압력으로 발전기의 터빈을 돌리는 방식으로 전기를 생산한다(그림 10-69).

10-6-5 히트 펌프

(1) 히트 펌프의 원리

냉방일 때는 증발기를 실내에 응축기는 실외에 놓고 증발기측에서 얻어지는 냉풍을 이용하며 응축기에서 생기는 온풍은 외기로 방출한다. 겨울철에는 그림 10-70의 좌우를 치환하여 증발기는 외측에 응축기는 실내에 있도록 한다. 이것은 반드시 위치를 바꾸지 않아도 배관의 밸브 조작에 의해서도 할 수 있도록 되어 있다. 따라서 저온도의 외기는 저열원이 되고, 여기에서 도입된 것이 고온도가 되어 방출되는 열량이 난방열량이다. 증발기의 수열량과 냉매를 압축하는 일의 열당량과의 합이 응축기의 방출열량이 된다.

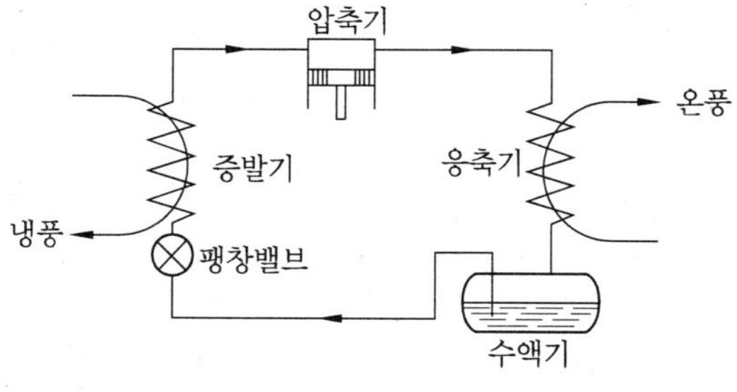

그림 10-70 히트 펌프의 사이클

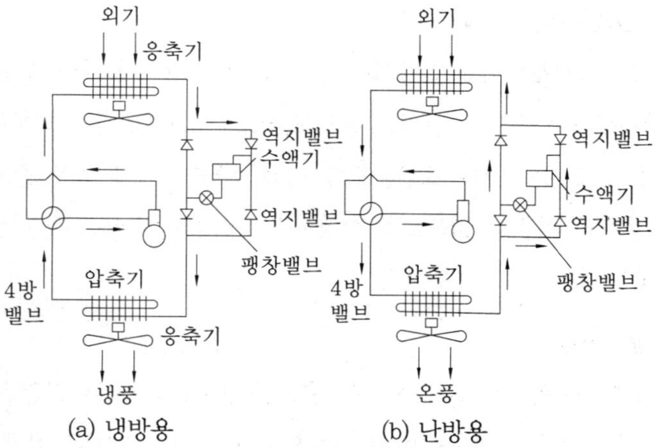

그림 10-71 히트 펌프

그림 10-71과 같이 냉매회로를 전환하는 것에 의해 1대의 냉동기를 난방용과 냉방용으로 전환하여 사용할 수 있다.

(2) 히트 펌프의 특징

열역학적 관점에서 히트 펌프에는 다음과 같은 특징이 있다.

① 저온도에 있는 열을 고온도로 높여 사용할 수 있다. 예를 들면 소요의 온도보다 저온이더라도 그것이 충분한 열량만 지닐 수 있으면 히트 펌프의 열원으로서 이용할 수 있다. 이와 같은 경우에는 히트 펌프에 의해서만 비로소 실현할 수 있는 점이다.

② 운전에 소비된 에너지보다 대량의 열에너지가 얻어지고, 즉 성적계수가 1보다 커진다. 이 또한 히트 펌프만의 특징이다.

③ 하나의 장치를 가열이나 냉각에 이용할 수도 있고, 경우에 따라서는 양쪽의 목적을 동시에 겸할 수도 있다.

(3) 히트 펌프의 열원

히트 펌프는 열원에서 열을 흡수하고, 그 열을 난방이나 급탕에 이용하지만 열원온도가 낮으면 증발압력이 낮아지므로 COP가 저하하여 효과는 그다지 기대할 수 없다. 히트 펌프의 열원으로서는 공기, 물 및 본래 버려지는 배열이 있다.

1) 공기열원 히트 펌프

공기를 열원으로 하므로 비교적 용이하게 설치할 수 있어서 널리 이용되고 있다. 그러나 겨울의 난방부하가 큰 날에는 외기온도도 낮으므로 COP가 저하하여 능력 부족이 되는 경우가 있다. 또 증발기의 표면온도가 빙점 이하가 되면 공기 중의 습도에 의해 서리(frost)가 생기고, 이것이 얼음으로 성장하면 작동불능이 되므로 제상(defrost)기능을 가지는 것이 많다.

2) 물열원 히트 펌프

지하수나 하천수 등 비교적 온도가 높은 충분한 열량을 가지는 열원을 이용할 수 있는 경우에 한하지만 높은 COP를 기대할 수 있어서 에너지상 매우 유효한 수단이다.

3) 열회수 히트 펌프

빌딩 공조 등에서는 동계에도 냉방부하가 발생한다. 이와 같은 경우 냉방부하를 열원으로 하는 것에 의해 냉방과 난방을 동시에 행할 수 있으므로 에너지 이용률을 높일 수 있다.

수돗물은 그 이용과 열원 이용도가 일치하지 않으면 비경제적이다. 또 온도가 낮아 동결의 우려도 있으며, 지열, 태양열은 건설비가 고가이므로 이들은 보조적으로 이용하면 편리하다.

10-6-6 냉각탑

냉각탑(cooling tower)은 냉동기의 응축기에서 사용하는 냉각수를 순환 사용하기 위하여 외기로 냉각하는 것이다. 냉각탑의 구조는 송풍기, 케이싱, 살수장치, 충전재, 엘리미네이터, 하부수조, 보급수 장치 등으로 구성된다.

냉각탑에서는 물의 증발이나 물방울의 일부가 기류에 의하여 탑 밖으로 나가므로 순환수량의 1~3% 정도의 보급수가 필요하다. 또 냉각수는 대기 중의 아황산가스 등을 흡수하여 물이 산성으로 된다든지, 먼지가 들어와 물이 더러워지기 쉬우므로 가끔 블로다운을 행한다든지, 수질처리제를 투입하는 등의 처리가 필요하다. 냉각탑의 계산기준으로는 1냉동톤마다 필요수량을 6.5ℓ · ℃/min로 하고 있다.

냉각탑에 의해 냉각되는 수온은 공기의 습구온도나 탑의 높이에 따라 다르다. 수온은 냉각탑 입구 공기의 습구온도까지 밖에 내려갈 수 없다. 탑 내에 충전물을 넣어 물과 공기의 접촉면적을 증가시키고, 또 기류에 의해 없어지는 물방울의 보충이나 물방울의 산란을 방지하기 위하여 엘리미네이터를 이용한다.

냉각탑의 능력은 냉방부하, 즉 냉동기의 응축기 능력에 상당하는데 압축식에서는 1.3배, 흡수식에서는 2.5배가 된다.

수온과 외기습구온도의 관계를 그림 10-72에 나타낸다.

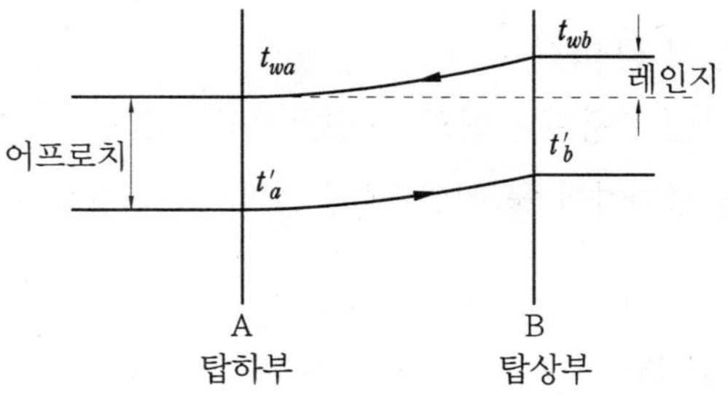

그림 10-72 어프로치와 레인지

냉각장치의 물 출구온도와 외기의 습구온도와의 차 $t_2 - t'$를 어프로치(approach)라고 하며 5deg가 된다. 또 물의 입구와 출구의 온도차 $t_1 - t_2$를 냉각범위(또는 range)라고 하며 압축식에서는 5deg, 흡수식에서는 6~9deg가 된다.

또한, 위 조건에 의한 냉각수 순환량 L(kg/h) 및 냉각탑의 송풍량 G(kg/h)는 다음 식으로 계산된다.

$$L = \frac{q_c}{(t_{w1} - t_{w2}) \cdot C} \tag{10.52}$$

$$G = \frac{q_c}{(h_2 - h_1)} \tag{10.53}$$

여기서, q_c : 냉각열량(kJ/h)(압축식 냉동기에서는 냉동기부하의 약 1.3배, 흡수식에서는 2.5배 정도)

t_{w1}, t_{w2} : 냉각탑 입구 및 출구 수온(℃)

C : 물의 비열 4.2kJ/kg·k

h_2, h_1 : t_2', t_1'에서 포화공기의 엔탈피(kJ/kg)

냉각탑의 설치장소로는 충분한 통풍이 확보되는 곳, 먼지나 매연을 흡입하지 않는 곳, 풍압이나 지진에 충분히 견딜 수 있는 곳, 소음의 영향을 피할 수 있는 곳이 좋다.

1) 대(對)향류 압입식 냉각탑

그림 10-73(a)와 같이 송풍기를 냉각탑의 하부에 배치하여 탑 내에 송풍하는 형식이다. 냉각탑 내는 대기에 대하여 정압측이 되고, 하방에서 상방으로 향하여 토출되는 공기와 상방에서 하방으로 향하여 떨어지는 물방울이 탑 내에서 향류(counter flow) 접촉하여 냉각이 행해진다.

2) 대(對)향류 흡입식 냉각탑

그림 10-73(b)와 같이 송풍기는 탑의 최상단에 설치된다. 외기는 탑체 하부에서 흡입되고, 탑 내 충전재를 통과하여 물과 열교환을 행한 후 최상부에서 쌍방으로 향하여 토출된다.

3) 직교류 흡입식 냉각탑

그림 10-73(c)와 같이 송풍기는 탑 최상부에 설치한다. 외기는 탑체 측면에서 흡입되고, 탑 내부는 수평으로 통과하여 탑 최상부에서 상방으로 향하여 토출된다. 냉각수는 최상부에 있는 살수장치에 따라 탑 단면에 일정하게 분포되고 하방으로 적하한다.

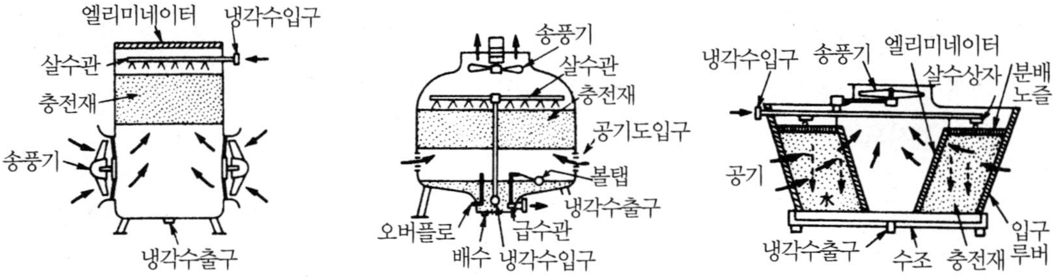

(a) 향류 압입식 (b) 향류 흡입식 (c) 직교류 흡입식

그림 10-73 냉각탑

예제 10-26

냉동기부하 247,800 kJ/h일 때의 냉각탑 용량을 구하여라.

| 해답 | $q_c = 247,800 \times 1.3 = 322,140 \text{(kJ/h)}$

예제 10-27

압축식 냉동장치의 냉각탑에서 18냉각톤을 방출할 때, ① 냉각수 순환량 L(kg/h)와 ② 송풍량 G(kg/h)를 구하여라. 단, 냉각탑 입구공기의 습구온도는 27℃(상대습도 60%), 어프로치는 4℃, 레인지는 5℃, 입구공기의 습구온도와 출구공기의 습구온도차는 5℃이며, 또한 출구공기의 상대습도는 70%이다.

|해답| ① 냉각열량 $q_c = 3,860 \times 18 = 69,480\ \mathrm{w}$

냉각수 출구온도 $t_{w2} = t_1 + \text{어프로치} = 27 + 4 = 31$ ℃

냉각수 입구수온 $t_{w1} = t_{w2} + \text{레인지} = 31 + 5 = 36$ ℃

따라서 냉각수 순환량 L(kg/h)은 식 (10.52)에 의해

$$L = \frac{69,480 \times 3.6}{4.2 \times (36 - 31)} = 11,910\ \mathrm{kg/h}$$

② 입구공기와 출구공기의 엔탈피는 습윤공기선도에서 각각 $h_1 = 54\ \mathrm{kJ/kg}$, $h_2 = 61\ \mathrm{kJ/kg}$이다.

따라서 송풍공기량 G(kg/h)는 식 (10.53)에 의해

$$G = \frac{69,480 \times 3.6}{61 - 54} = 35,733\ \mathrm{kg/h}$$

10-6-7 보일러

(1) 보일러의 종류

난방에 이용되는 보일러를 구성하는 재료 및 본체의 구조에서 다음과 같이 분류할 수 있다.

=구성하는 재료= / =본체의 구조=

- 주철제 보일러
- 강판제 보일러
  - 원통 보일러
    - 노통 보일러
    - 연관 보일러
    - 노통 연관 보일러
    - 입형 보일러
  - 수관 보일러
  - 관류 보일러

주철제 보일러는 본체를 주철로 제작한 분할형의 것이며, 저압(1 kg/cm^2 이하)에만 이용된다. 원통 보일러는 강판제 드럼 내에 노통이나 연관을 배치한 것이며, 본체가 용적이 큰 보일러 몸통을 주체로 하고, 10 kg/cm^2 전후의 압력까지 사용할 수 있다.

수관 보일러는 지름이 작은 수관을 주요 전열면으로 하는 보일러이며, 고압, 대용량

에 적합한 형식이고, 단위 전열 면적당 수부가 작은 보일러이다.

관류 보일러는 일련의 긴 관군에 의하여 구성되고 일단에서 급수, 타단에서 증기 또는 온수가 나오는 보일러이다.

보일러는 냉온열원장치를 구성하는 기기의 하나이며, 표 10-34와 같은 종류가 있다.

표 10-34 공기조화용 보일러의 종류

종 류	용량(t/h)	압력(MPa)	효율(%)	비 고
주철 보일러	0.1~5	(증기)~0.1 (온수)~50 mAq	70~85	빌딩용 외
입형 보일러	~0.6	~1	50~70	산업용 주택용(소형온수보일러)
노통 연관 보일러	0.6~18	~1.6	75~88	빌딩용 산업용
수관 보일러	1~3,000	0.4~30	75~90	산업용 지역냉난방용

보일러는 그 열매에 의하여 증기 보일러 및 온수 보일러로 구별된다. 증기 보일러나 온수 보일러 모두 부속기기에 차이는 있으나 보일러 본체는 같다.

그림 10-74와 같이 증기 보일러에서 발생한 증기는 배관을 경유하여 각 실의 방열기에서 방열되는 경우와 기계실의 열교환기나 코일에서 방열되고 온수 또는 온기를 얻는 경우가 있다.

온수 보일러는 열매가 되는 온수를 직접 보일러에서 가열하는 것이며, 각 실의 방열

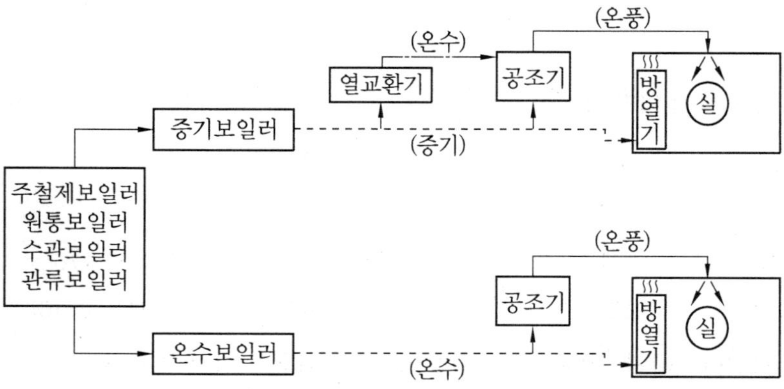

그림 10-74 보일러의 종류와 그 이용 예

기에서 방열되는 경우와 기계실의 공조기에서 온기를 얻는 경우가 있다.

(2) 급수순환장치

1) 급수장치

급수는 보일러에 직접 보내주지 않고, 일반적으로 반환관에 보내주는 경우가 많은데 온수 보일러의 경우는 팽창탱크에서 급수하며, 증기 보일러의 경우 급수압력은 보일러 압력보다 높고, 최대 증발량 이상의 급수능력을 갖춘 장치가 필요하다.

① 워싱턴 펌프

증기를 이용하여 왕복 펌프를 구동시켜 보일러에 급수한다. 중·소형의 보일러에 이용하고, 보일러가 연소하기 시작할 때 전동 펌프를 보조로 이용한다.

② 터빈 펌프

전동기를 이용하여 다단의 날개차를 구동시켜 보일러에 급수한다. 대형의 보일러에 이용하고, 보일러의 급수를 연속적으로 보내줄 수 있다. 다단이므로 고압보일러의 급수펌프로 많이 사용한다.

③ 인젝터

인젝터(injector)는 증기 분자에 의하여 급수를 보일러에 압입하는 장치로서 보일러에서 발생한 증기를 혼합노즐을 통하여 고속흐름으로 하고 주위의 급수를 흡입 복수시키면서 혼합하여 토출노즐로 물의 속도를 고압력으로 바꾸고 체크밸브를 열어 보일러 내로 흐르게 한다. 또한 고압보일러의 급수장치로 사용되며 증기노즐, 혼합노즐, 방출노즐로 구분된다(그림 10-75).

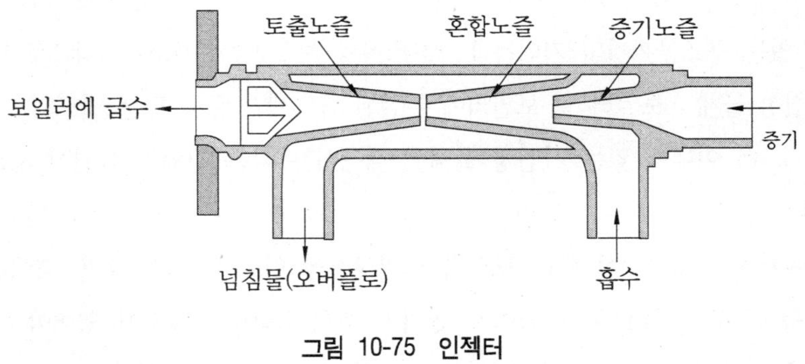

그림 10-75 인젝터

2) 순환장치

배관 내의 응축수 또는 저온이 된 온수를 보일러에 되돌리고, 다시 증기 또는 고온의 온수에 의하여 방열기 등에 보내는 장치이다.

① 온수순환 펌프

보일러와 방열기 사이에서 강제적으로 온수를 순환시키기 위한 펌프이며, 양정이 0.2 ~2mAq 정도의 와권 펌프가 이용된다.

② 응축수 펌프

환수관을 자연유하한 응축수가 저수탱크에 일정량이 모이면 부저 스위치가 작동하여 급수펌프(와권 펌프)로 보일러에 급수한다. 환수관의 길이가 매우 길거나 응축수 저수탱크가 높은 곳에 있어 중력만으로 응축수 환수가 어려울 때 사용한다.

③ 진공급수펌프

급수펌프와 진공펌프를 조합시킨 것이다. 환수관 내를 100~200mmHg의 진공상태로 하려는 공기 및 응축수를 저수탱크에 진공펌프로 흡인하고, 급수펌프(와권 펌프)로 보일러에 급수한다. 진공환수식 증기난방장치에 이용된다.

(3) 보일러의 설치기준

보일러를 설치하는 경우에는 다음과 같은 규정(KSB 6233-75)을 만족시켜야 한다.

① 설치장소 : 전용의 건물 또는 건물 내의 불연성 물질이 격벽으로 구분된 장소에 설치한다.

② 출입구 : 2개소 이상의 출입구를 설치한다.

③ 설치위치 : 보일러 동체 최상부로부터 천장, 배관 또는 그 밖의 보일러 동체 상부에 있는 구조물까지의 거리는 1.2m(소용량 보일러는 0.6m) 이상으로 한다.

④ 가연성 물체 : 보일러 및 보일러에 부설된 금속제와 굴뚝 또는 연도의 외측으로부터 0.3m 이내에 있는 가연성 물체에 대해서는 금속 이외의 불연성 재료로 피복한다.

⑤ 연료저장 : 보일러실 또는 보일러 설치장소에 연료가 저장되었을 때에는 보일러 외측으로부터 2m 이상 떨어져 있거나 방화격벽이 설치되어 있어야 한다(다만, 소용량 보일러는 1m 이상 떨어졌거나 반격벽으로 할 수 있다).

(4) 보일러의 안전장치

보일러 가운데는 고압증기나 고온수가 충만되어 있으므로 사고를 방지하기 위하여 안전장치가 필요하다. 그 중 중요한 것은 다음과 같다.

1) 안전밸브(도피밸브)

보일러의 압력 이상으로 고압이 되었을 때 증기를 방출하는 밸브이며 크기, 개수에 대해서는 법령으로 정해져 있다. 또 온수보일러의 경우는 도피밸브라고 한다.

2) 고압스위치

고압스위치는 안전밸브가 작동하기 전에 버너를 정지시키는 것으로 보일러가 상용압력을 초과하면 작동한다. 온수보일러의 경우는 온도스위치가 여기에 상당하고 온도가 이상하게 상승했을 때는 버너의 운전을 정지시킨다.

3) 수위검출기

보일러의 수위 유지는 중요한 항목이며, 항상 상용 수위의 변동 폭 가운데에서 보일러를 운전해야 한다. 따라서 수위조절기가 있고 수위에 따라 보일러 급수펌프를 자동 발정한다.

4) 화염검출기

화염검출기는 버너의 연소상태를 감시하는 것으로 만일 실화 등으로 연소 불량이 발생한 경우는 곧 버너를 정지시킨다. 화염검출에는 다음의 3가지가 있다.

① 광전관 : 검지 끝에서 광량을 검지하여 연소상태를 판단한다.

② 카드뮴셀(Cds) : 빛의 세기에서 저항치가 변화하는 것을 이용하여 연소상태를 판단한다.

③ 자외선 화염검출기(ultra vision) : 화염 가운데의 자외선을 감지하여 연소상태를 판단한다.

(5) 보일러의 성능

1) 발생열량 q(kJ/h)

$$q\ (\mathrm{kJ/h}) = (G_s h_2 - G_w h_1) \tag{10.54}$$

여기서, G_s : 증기발생량(kg/h)

G_w : 보일러에 대한 급수량(kg/h)

h_1, h_2 : 각각 급수 및 발생증기의 엔탈피(kJ/kg)

2) 환산 증발량 G_e(kg/h)

$$G_e = q / 2{,}257 \tag{10.55}$$

여기서, q는 1)에서 구한 발생열량(kJ/h)이며, 2,257는 100℃의 수증기 증발잠열(kJ/kg)

3) 상당 방열 면적 A_g(m^2)

$$A_g = q / 0.756 \tag{10.56}$$

여기서, 0.756 kw/m^{2}는 증기를 이용하는 주철방열기의 방열면적당 표준 방열량(증기 102℃, 공기 18.5℃일 때)

4) 보일러 마력 BHP

보일러 마력은 1시간에 100℃의 물 15.65 kg을 전부 증기로 증발시키는 능력을 의미하며, 그 전열면적은 0.929 m^{2}이다.

$$\text{BHP} = G_e / 15.65 = q / 35{,}322 \tag{10.57}$$

여기서 15.65는 19C경 증기기관에 있어서 1마력을 발생하기 위한 필요 증기량(kg/h)

5) 보일러 효율 η_B

$$\eta_B = \frac{q}{G_f \times h_f} \times 100 \tag{10.58}$$

여기서, q : 상기의 1)에서 규정된 발생열량(kJ/h)

G_f : 연료의 소비량(kg/h) 또는 (m^3/h)

h_f : 연료의 저발열량(kJ/kg) 또는 (kJ/m^3)

(6) 보일러의 출력

$$\text{상용출력(kcal/h)} = \text{난방부하} + \text{급탕부하} + \text{배관부하} \tag{10.59}$$

상용출력은 보일러를 운전할 때 보일러의 부하로서 걸리는 통상의 부하량이다. 난방부하는 실의 전 손실열량이며, kcal/h로 구하지만 상당방열면적(m^2)으로 산출해도 된다. 급탕부하는 주방, 욕실 등에 탕을 공급하는 데 필요한 열량이며 일반적으로 1ℓ/h당 60kcal/h로서 구한다. 배관부하는 배관에서의 손실열량이다.

$$\text{정격출력(kcal/h)} = \text{난방부하} + \text{급탕부하} + \text{배관부하} + \text{예열부하} \tag{10.60}$$

정격출력은 보일러의 용량을 표시하는 것으로 최대 연속부하에 있어서 매시의 증발량이다. 보일러의 최대능력을 표시하며, 상용출력에 점화하기 시작할 때의 여유부하를 더한 것이다.

(7) 굴뚝의 크기

굴뚝의 지반면으로부터 높이는 중유·경유·코크스를 사용하는 보일러에서 9m 이상, 기타에서는 15m 이상으로 하며, 굴뚝의 단면적은 윌리엄 켄트(William Kent)의 식에서 구한다.

$$Q \leqq (147A - 27\sqrt{A})\sqrt{H} \tag{10.61}$$

여기서, Q : 연료소비량(kg/h)

A : 굴뚝의 최소 단면적(m^2)

H : 보일러 화격자면에서 굴뚝 끝까지의 높이(m)

또, 보일러의 연료소비량은 표 10-35와 같다. 또한 표 10-36은 식 (10.61)을 계산한

표 10-35 보일러 연료소비량 규준

보일러의 형식	화격자면적 1m^2당 연료소비량(kg/h)
수관식 보일러	화격자면적 4m^2 이하의 부분에 대해서 130 화격자면적 4m^2 이상이 되는 부분에 대해서 160
랭커셔 보일러	130
코니시 보일러	화격자면적 1m^2 이하의 부분에 대해서 110 화격자면적 1m^2 이상이 되는 부분에 대해서 130
입형 보일러	화격자면적 0.2m^2 이하의 부분에 대해서 50 화격자면적 0.2m^2 이상이 되는 부분에 대해서 110
주철제 보일러	화격자면적 1m^2 이하의 부분에 대해서 40 화격자면적 1m^2 이상이 되는 부분에 대해서 80
횡형 연관식 및 기관차형 보일러	화격자면적 1m^2 이하의 부분에 대해서 110 화격자면적 1m^2 이상이 되는 부분에 대해서 150

것이다.

표 10-36 굴뚝의 크기

굴뚝 (원형) 직경 (cm)	단면적 (m^2)	유효면적 $E=A-0.18\sqrt{A}$ (m^2)	굴뚝의 높이(m) 15	16	17	18	20	22	24	27	30	33	38	45	55	굴뚝 1번의 길이 (cm)
			석탄의 소비량(kg/h)													
35	0.0962	0.0383	22.5	23.2	24.0	24.6	26.0	27.4	28.5							30
40	0.1257	0.0602	35.0	36.2	37.0	38.3	40.0	42.5	44.2							34
45	0.159	0.0853	49.8	51.2	53.0	54.4	57.2	60.0	62.7							39
50	0.196	0.144	66.0	68.5	70.5	72.5	76.5	80.5	84.0							44
55	0.238	0.148	86.0	89.0	91.5	94.0	99.5	104	109	115						48
60	0.283	0.185	107	110	114	117	124	130	135	144	152					53
65	0.332	0.226	131	135	140	144	151	159	166	176	186	194				58
70	0.385	0.274	159	164	169	174	184	193	201	213	225	236	254			62
80	0.503	0.372	216	223	230	236	250	262	273	290	307	320	344	374		71
90	0.636	0.489		293	308	318	328	344	360	380	402	420	452	481	543	80
100	0.785	0.621			384	395	416	437	456	484	510	535	575	625	690	90
120	1.131	0.935				595	625	660	686	730	770	805	865	940	1,040	107
140	1.540	1.310					880	925	960	1,020	1,075	1,130	1,210	1,316	1,450	124
160	2.011	1.748						1,230	1,280	1,360	1,435	1,500	1,620	1,755	1,940	142
180	2.545	2.251							1,650	1,750	1,850	1,935	2,080	2,260	2,500	160
200	3.142	2.814								2,180	2,310	2,420	2,600	2,820	3,120	177
240	4.524	4.130									3,400	3,560	3,820	4,150	4,580	213
280	5.309	4.884										4,200	4,500	4,900	5,420	230
320	8.043	7.518										6,450	6,950	7,550	8,350	284
360	10.179	9.589										8,250	8,860	9,630	10,630	320
400	12.566	11.911										10,200	11,000	12,000	13,200	356

[주] 유류를 연료로 사용할 때는 석탄의 1/2로 한다.

예제 10-28

보일러 하나의 화상면적이 2,249 m^2인 주철제 보일러를 3대 설치하는 경우에 연료소비량과 굴뚝 상단의 내경과 높이를 구하여라.

|해답| 보일러 3대의 화상면적 $=2.249\times3=6.747\,m^2$

화상면적 1 m^2까지의 것에 대한 연료소비량=40 kg/h

화상면적 1 m^2 이상에 대한 연료소비량 $=(6.747-1)\times80=459.76$ kg/h

$\therefore\ 40+459.76=499.76$ kg/h

표 10-37에서 구하는 굴뚝의 크기는 직경 95 cm, 높이 45 m, 중유를 연료로 사용하는 경우

$499.76\times\frac{1}{2}=249.88$ kg/h

따라서 직경 70 cm, 높이 38 m로 한다.

10-6-8 냉수(온수)펌프 · 냉각수 펌프

터보냉동기, 레시프로 냉동기용 냉각탑은 일반적으로 냉각수 출입구 온도차 5℃(37℃~32℃)에 있어서 냉각능력 3,900 kw, 수량 13 ℓ /min이지만, 흡수식 냉동기, 냉온수 발생기의 단효용 또는 이중효용의 냉각능력은 이보다 훨씬 큰 능력이 된다.

단효용과 이중효용과의 냉각능력을 비교해보면 표 10-37과 같다.

표 10-37 단효용과 이중효용의 냉각능력

	출입구 온도조건(℃)	온도차(℃)	냉각능력(kw)	수량(ℓ /min)
단효용	39~32 39~31 41~32	7 8 9	약 8,000	14~19
이중효용	37.5~32 38~32 37.6~32	5.5 6 5.6	약 5,800	16~17

(石渡憲編, 新編冷凍空調實務讀本, オーム社, 1986)

냉온수, 냉각수에 사용하는 펌프는 일반적으로 와권펌프라고 하는 벌류트 펌프 또는 터빈펌프를 사용한다. 양정을 구하는 식은 다음과 같다.

$$H=(H_1+H_2)+H_3+H_4 \tag{10.62}$$

여기서, H : 전양정(m)

H_1 : 배관의 마찰손실수두(직관)(m)

H_2 : 배관의 마찰손실수두(곡관)(m)

H_3 : 기기(냉동기의 냉각기)의 마찰손실수두(m)

H_4 : 기기(공조기의 냉수코일)의 마찰손실수두(m)

10-6-9 열교환기

열교환기란 증기나 고온수에서 저온의 물에 열을 전달하여 온수를 만든다든지, 냉수와 보통의 물과 열교환을 행하는 장치이다.

(1) 온수용 열교환기

온수난방 또는 급탕 등을 위하여 이용되는 것이며, 급속 온수기와 저탕식 온수기의 2 종류가 있다. 가열방법은 다음의 3가지가 있다.

① 증기 또는 온수의 열원으로 하는 방법
② 연료를 직접 연소하는 방법
③ 전열을 열원으로 하는 방법

1) 급속 온수기

온수의 사용량이 대부분 일정한 경우에 적합하다. 열효율이 좋고, 보수가 용이하고, 온수난방, 병원, 사무소건축, 대욕장 등의 급탕용에 적합하다(그림 10-76).

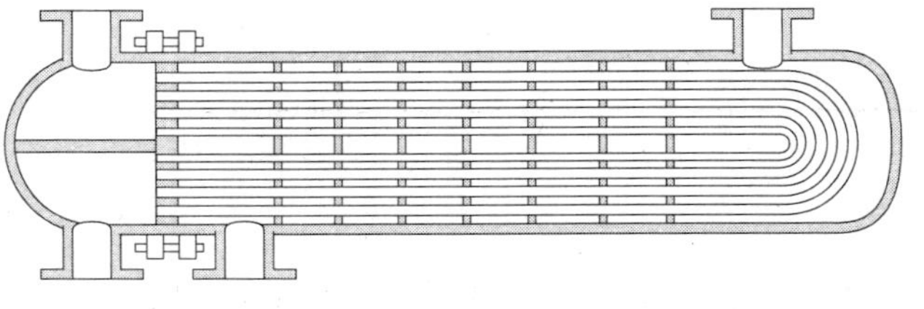

그림 10-76 급속 온수기

2) 저탕식 온수기

온수의 사용량이 항상 일정하지 않고 변동할 때나 다량의 온수를 단시간 안에 필요로 할 때 적합하다. 여기에는 수평형과 세로형이 있다(그림 10-77).

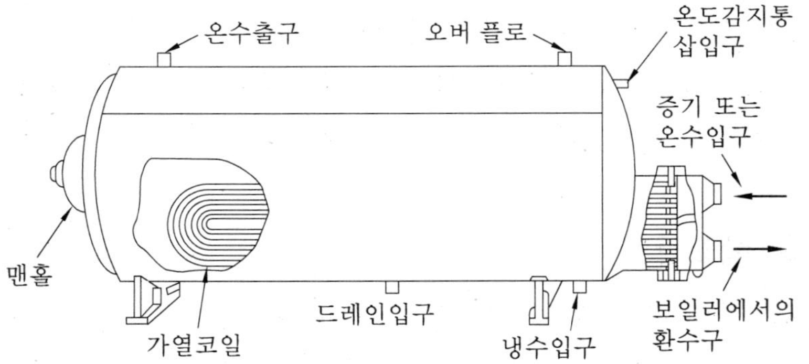

그림 10-77 저탕식 온수기

예제 10-29

회전형 전열교환기에 대하여 송풍기의 설치 위치가 적절한가? 적절하지 않다면 적절하게 나타내시오.

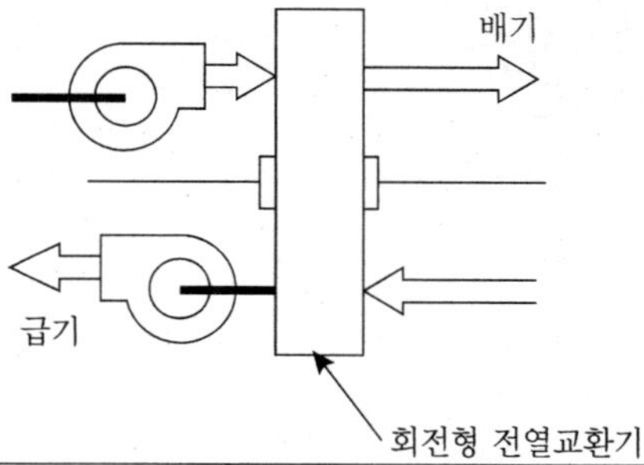

|해답| 이와 같이 설치하면 배기가 급기 측으로 들어간다. 따라서 열교환기의 앞에 설치한다.

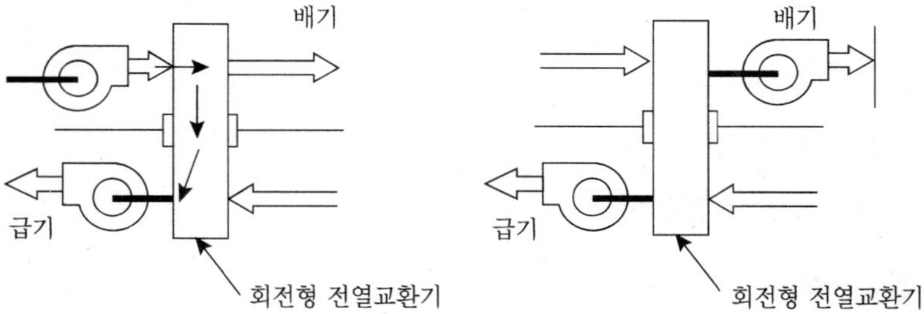

위와 같이 더러운 배기가 급기로 돌아온다. 따라서 상기와 같이 장착한다.

(2) 공기 냉각 코일

관 내를 흐르는 냉각매체에 의하여 분류하면 다음의 2종이 있다. 관 내의 유속은 1 m/sec 정도이고 공기의 풍속은 2~3m/sec 정도이다.

① 냉수코일 : 관 내에 냉수를 통과시키는 것이며, 냉수온도는 보통 5~15℃ 정도이다.

② 직접 팽창 코일 : 관 내에 냉매를 직접 증발시키는 것이며, 증발온도는 0~10℃ (보통 5℃) 전후이다.

다음에 핀의 형상에 의하여 분류하면 다음의 2종이 있다.

① 에로핀 코일 : 그림 10-78과 같이 관의 외표면에 나선상의 핀을 감은 것이다.

② 플레이트 핀 코일 : 금속판에 구멍을 내어 판에 직각으로 관을 통과한 것이며 그림 10-79에 나타낸다.

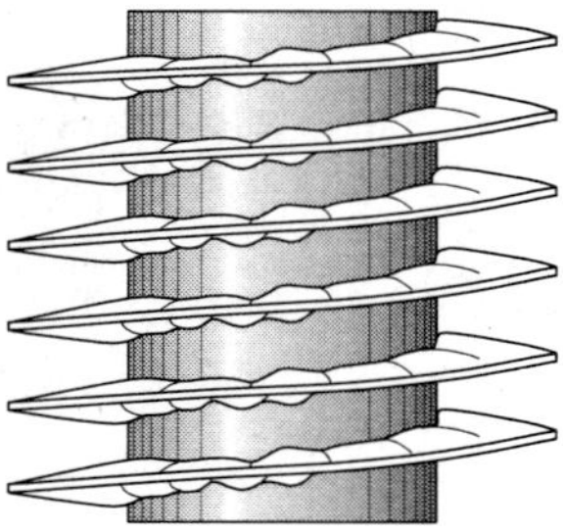

그림 10-78 에로핀 코일

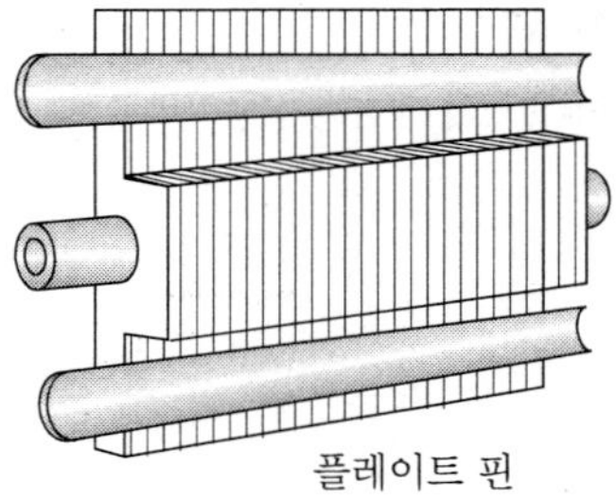

그림 10-79 플레이트 핀 코일

공기가 통과하는 냉수코일의 정면면적과 면풍속은 다음 식에 의해 구한다.

$$v_a = \frac{Q}{3,600 \times A} \tag{10.63}$$

여기서, v_a : 면풍속(m/s)

Q : 처리풍량(m^3/h)

A : 코일 정면면적(m^2)

또한 필요수량은 다음 식에 의해 구한다.

$$Q_w = \frac{q_T}{60 \times \Delta t} \tag{10.64}$$

$$\text{튜브 1본당 수량} = \frac{Q_w}{\text{튜브수}}$$

여기서, Q_w : 수량(ℓ/min)

q_T : 전 부하(kcal/h)

(3) 공기 가열기

관 내의 유속은 1m/sec 정도이고 공기의 풍속은 4m/sec 정도이다. 공기 가열기에는 열원에 따라 증기용, 온수용, 냉매용(히트 펌프의 경우)이 있다.

1) 증기 가열 코일

관 내에 증기를 통하는 것이며, 증기압은 보통 저압(0.4kg/cm²) 정도이지만 고압의 경우도 있다. 코일의 형식은 냉각코일의 경우와 같다(그림 10-80).

2) 온수 가열 코일

관 내에 온수를 통하는 것이며, 온수온도는 80℃ 이하에서 이용된다. 구조는 냉수코일과 같다. 핀의 형상에 따라 에로핀 코일, 플레이트 핀 코일로 나눈다.

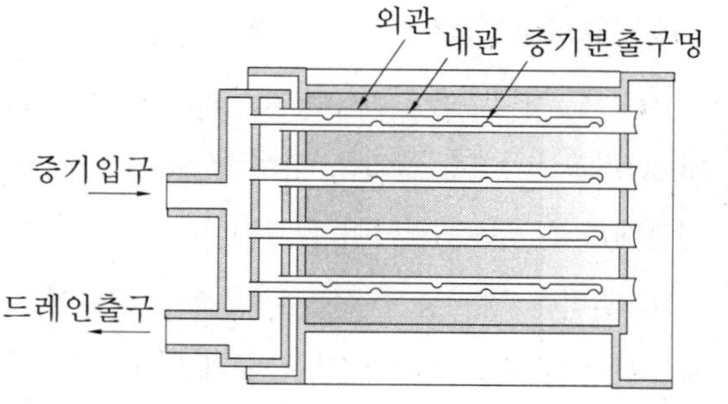

그림 10-80 증기가열 코일

10-6-10 공기 여과기

(1) 유닛형 공기 여과기

금속 또는 공기의 케이싱에 여과재를 채워 넣은 것이며, 건식과 점식이 있다. 여과재로서의 건식에는 글라스 울, 스펀지, 종이, 면, 점식에서는 동박(銅箔)이나 코퍼 울(copper wool)이 사용된다(그림 10-81).

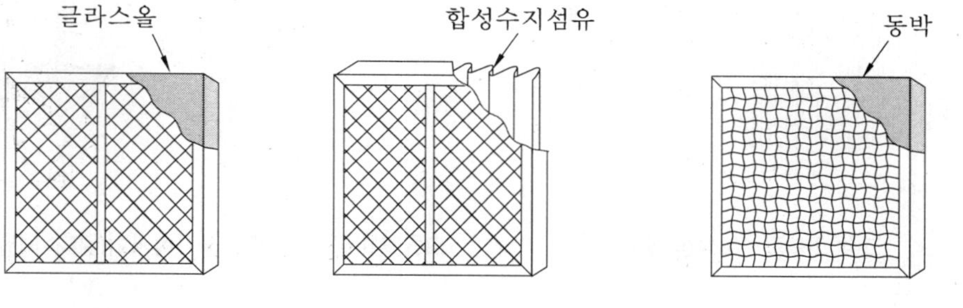

(a) 건식 공기여과기(여재교환형) (b) 건식 공기여과기(정기세정형) (c) 점착식 공기여과기(유닛형)

그림 10-81 유닛형 여과기

여과재가 더러워지면 유닛을 교체하는 것(유닛 교환형), 더러워진 여과재를 버리고 새로운 것으로 교체하는 것(여과재 교환형), 여과재가 더러워졌을 때 이것을 떼어내어 세정하여 재사용하는 것(정기 세정형)이 있다.

유닛형 필터는 공기저항이 작고, 섬유질의 진애에는 큰 여과효율을 나타내지만 유성(油性) 진애에서는 필터의 눈이 막히기 쉽고 공기저항도 커진다.

(2) 고성능 필터

HEPA 필터(high efficiency particulate air filter) 또는 앱서루트 필터(absolute filter)라고도 하며, 글라스 파이버(glass fiber)나 아스베스토 파이버(asbestos fiber)를 여과재로 한 유닛 필터이다(그림 10-82).

이 필터는 방사성 물질을 취급하는 시설이나 클린 룸(clean room) 등의 높은 제진 효율이 요구되는 곳이나 세균의 제거에도 유효하기 때문에 병원 수술실 등에도 이용된다. 고가이므로 사용 시간을 늘려 프리필터(pre filter)로서 값이 싼 필터를 앞 단에 사용한다.

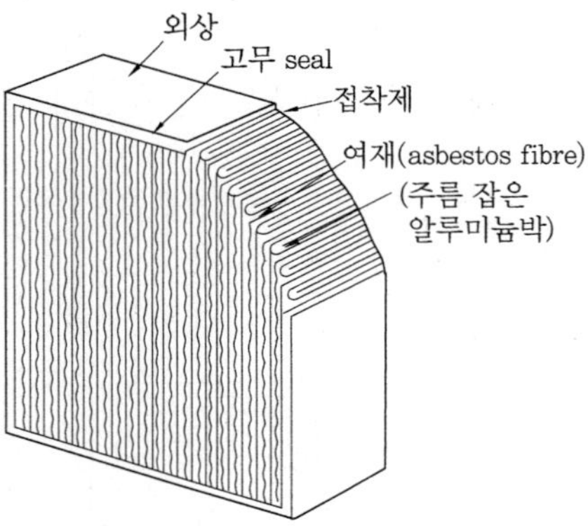

그림 10-82 고성능 필터

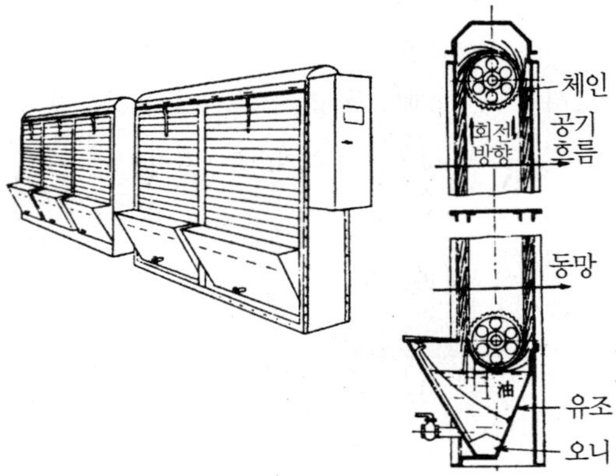

그림 10-83 연속형 공기여과기(멀티 패널형)

(3) 자동식 공기여과기

멀티 패널형 필터(multi-panel type filter)가 그 대표적인 것이며, 다수의 틀에 달린 금속망을 체인(chain)에 부착하여 일정 속도로 연속적으로 회전하고, 이 망의 커튼(curtain)이 하부의 유조(油槽)를 통과할 때 망에 부착한 진애가 씻겨 떨어진다(그림 10-83).

여과재의 교환에 시간이 걸리지 않고 장시간 연속적으로 사용할 수 있으므로 다량의 분진이 발생하는 공장이나 큰 빌딩에 적합하지만 보수를 게을리 하면 기름이 더러워져 집진효율이 매우 저하한다.

(4) 전기 집진기

정전기에 의한 고능률의 집진을 행하는 것이며, 가장 우수한 집진효과를 갖는다. 공기조화용으로는 2단 전하식(電荷式)이 사용된다. 0.1μm 이상의 진애에 대해서는 85~90%의 집진효율을 나타내고, 0.01~0.05μm의 작은 입자도 제거되므로 세균 제거도 가능하고, 수술실, 약품공업 등에 사용한다. 전리부(電離部)에는 약 13,000 V, 집진부에는 6,000 V의 직류가 사용된다.

집진방식에 따라 세정식, 응집식, 유전식(誘電式)이 있다(그림 10-84).

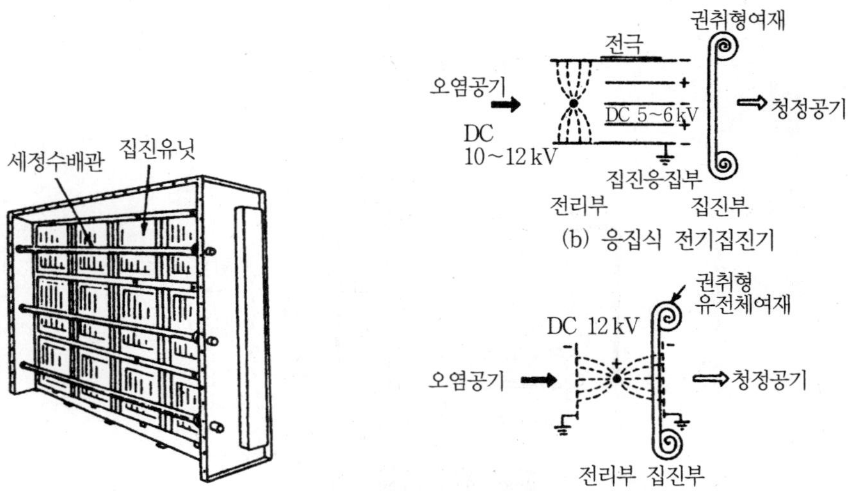

(a) 세정식 전기집진기(정기세정형) (b) 응집식 전기집진기 (c) 유전식 전기집진기

그림 10-84 전기집진기

(5) 흡착식 공기여과기

공조용에서는 일반적으로 활성탄 필터가 흔히 사용되고, 그림 10-85와 같이 활성탄을 패널형 또는 원통형의 유닛에 넣어 활성탄의 흡착작용에 따라 취기의 제거 및 아황산가스 등 유해 가스의 제거에 이용된다. 흡착능력이 저하한 활성탄은 신품과 교환하든지 또는 고온에서 재생하여 사용한다.

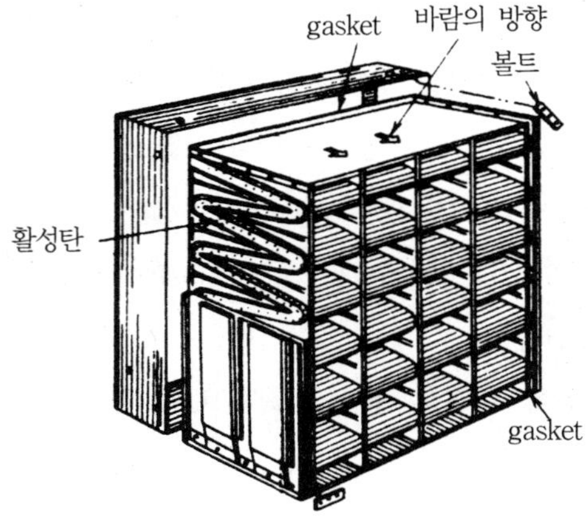

그림 10-85 활성탄 필터

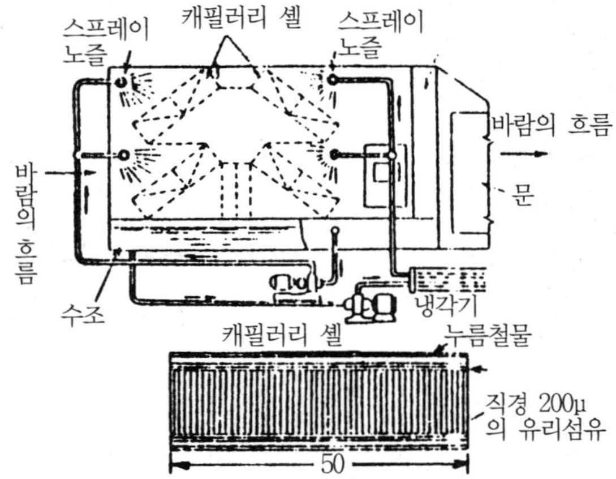

그림 10-86 캐필러리 필터

(6) 습식 공기여과기

공조용에서는 일반적으로 캐필러리(capillary)가 흔히 사용되고, 그림 10-86과 같이 글라스 섬유를 이용한 필터에 물, 가성소다와 같은 약품을 함유한 액체를 분무상으로 하여 기류 중에 불어 넣고 여기에 분진을 용해 또는 부착시켜 제거하는 것이다. 특히 가스상의 가용성 물질 제거에 이용된다.

(7) 공기여과기의 성능

공기여과기의 성능은 포집효율, 처리공기량 압력손실에서 나타나고, 어느 정도의 양까지 포집할 수 있는가를 나타내는 집진 용량도 필터의 경제성을 판단하는 데 중요하다.

포집효율은 또 오염제거율, 제진효율, 여과율이라고 하며, 다음 식으로 나타낸다.

$$\eta_f = \frac{C_1 - C_2}{C_1} \times 100 = \left(1 - \frac{C_2}{C_1}\right) \times 100\ (\%) \tag{10.65}$$

여기서, C_1 : 필터 입구측의 진애농도(mg/m^3)

C_2 : 필터 출구측의 진애농도(mg/m^3)

예제 10-30

필터 입구측 진애농도 0.3 mg/m^3, 출구측 진애농도 0.05 mg/m^{3}의 집진효율을 구하여라.

| 해답 | $\eta_f = \frac{0.3 - 0.05}{0.3} \times 100 ≒ 83\ (\%)$

10-6-11 공기세정기(air washer)

기류 중에 대량의 물을 분무하는 장치이고, 그림 10-87과 같이 입구루버, 케이싱, 탱크 및 엘리미네이터로 구획된 세정실에 분무 노즐을 설치한 것이 기본적인 구성이다.

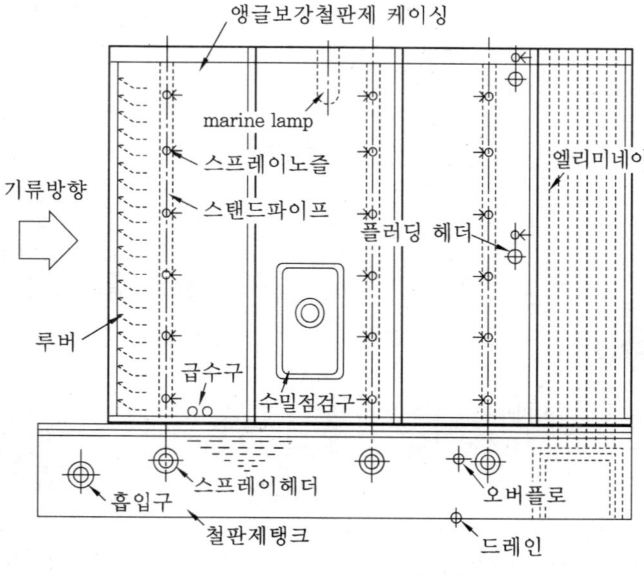

그림 10-87 에어워셔의 구조

분무된 물방울은 대부분 탱크 중에 낙하하고, 일부 기류에 실린 것도 엘리미네이터(수분침입방지기)의 지그재그를 통과하는 도중에 포착되어 마찬가지로 탱크 중에 회수된다.

공기가 분무실을 통과하는 유속은 2.5~3.5m/sec이고, 스프레이 노즐의 분무압력은 1~2.5kg/cm^{2}이다.

분무수는 수조→스프레이 헤더→스탠드 파이프→스프레이 노즐 순으로 순환된다.

에어워셔, 즉 공기세정기는 현재 공기의 정화에 이용되는 것은 적고, 온습도 조정을 목적으로 하는 것이 대부분이다. 그 대부분은 공기조화기에 구성되지만, 대형의 것에서 분리되어 설치되는 것, 반대로 에어 핸들링 유닛과 마찬가지로 공장에서 유닛화된 것 등도 있다.

10-6-12 가습기

공조설비의 가습장치에는 중앙식 공조설비에 이용되는 냉각기능을 겸한 공기 세정장치와 패키지형 공조기 및 팬 코일 유닛 및 덕트 내에 설치하는 가습기로 대별한다.

가습기에 요구되는 조건으로는 증기와 마찬가지로 가는 입경인 것, 원수에 용해 또는 혼합되어 있는 불순물이 섞이지 않는 것, 증발률이 좋은 것, 드레인 양이 작은 것, 증발잔사가 작고, 처리하기 쉬운 것 등을 들 수 있다. 그러나 이들 조건은 상반되는 경우가 많고, 예를 들면 증발을 촉진시키면 잔사는 반드시 생기고, 이것을 없애는 데는 순수를

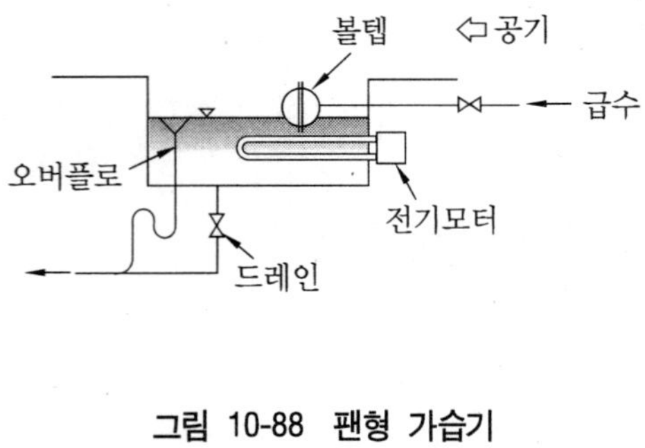

그림 10-88 팬형 가습기

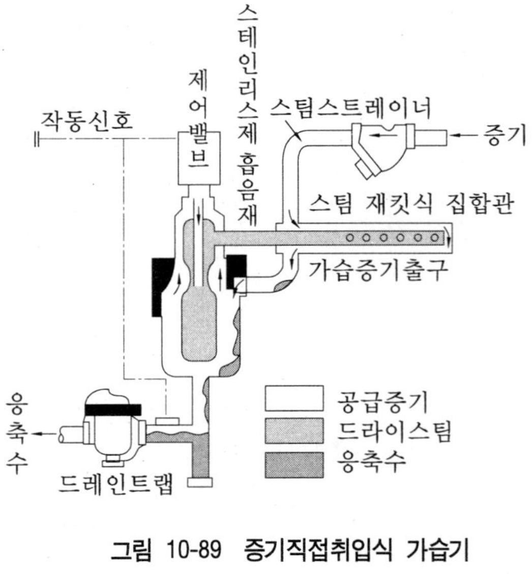

그림 10-89 증기직접취입식 가습기

원수로 할 필요가 있다.

일반적으로 사용되는 가습기는 그 용량범위와 경제성에서 증기분무식, 가압분무식이 많고, 다음에 팬(pan)형 가습기이다. 0.1~0.35 kg/cm^{2}의 저압증기 공급이 가능하면 거의 건구온도를 일정하게 가습할 수 있고, 불순물의 섞임도 거의 없고, 습도제어도 행하기 쉬운 점 등으로 증기 분무식이 바람직하다.

가압분무식은 가압펌프와 구경 0.2 mm 정도의 노즐에 의하여 분무하는 것인데, 다른 형식의 것을 포함하여 물을 증발시키는 형식의 것에 대해서는 공기에 대하여 증발잠열분의 가열을 필요로 한다. 팬형 가습기는 수조 내에 전기모터 및 증기코일을 넣어 가열, 증발시키는 형식의 것이다. 응용범위가 넓지만 수조 내부에 있어서 스케일의 부착 등 보수상 문제가 있다.

10-6-13 제습기

제습만 또는 제습을 주 목적으로 하는 기기로서는 화학적 제습기와 자기재열형 제습기를 들 수 있다.

제습기에서 수증기는 결국 물(액상) 또는 그것과 유사한 상태에서 제거되므로 응축의 잠열을 제거하지 않으면 온도는 상승한다. 또 그 이상의 발열을 수반하는 과정도 있고, 무엇인가의 냉각장치를 필요로 하는 것이 보통이다.

액체흡수제에 의한 제습기는 흡수식 냉동기와 마찬가지로 화학물질이 강한 수용성을 이용한 것이며, 흡수제로는 염화리튬 등이 일반적이다. 그림 10-90에 그 플로 시트의 일례를 나타낸다.

액체흡수제는 용액의 온도와 농도를 선정하는 것에 따라 폭넓게 온도와 습도를 조합할 수 있으므로 높은 정밀도를 필요로 하는 항온항습실에 흔히 이용된다. 특히 노점온도가 0℃에 가깝게 되는 경우에는 냉각감습방식에서 코일에 서리가 낄 위험이 있으므로 이 방식에 의한 것이 많다.

고체흡착제에 의한 제습기는 실리카겔이나 활성 알루미나 등 극히 미소한 무수의 공극을 지니고, 분자 레벨에서 수증기를 흡착하는 물질을 이용하는 것이다. 제습성능은 높고, 장치도 비교적 간단하지만 액체흡수제와 같이 흡수와 재생의 양 과정을 연속으로 행할 수 없으므로 연속 운전을 행하기 위해서는 그림 10-91과 같이 2계통으로 하고, 상호 사용하는 방식으로 할 필요가 있다. 액체흡수제, 고체흡착제의 어느 것도 재생에는

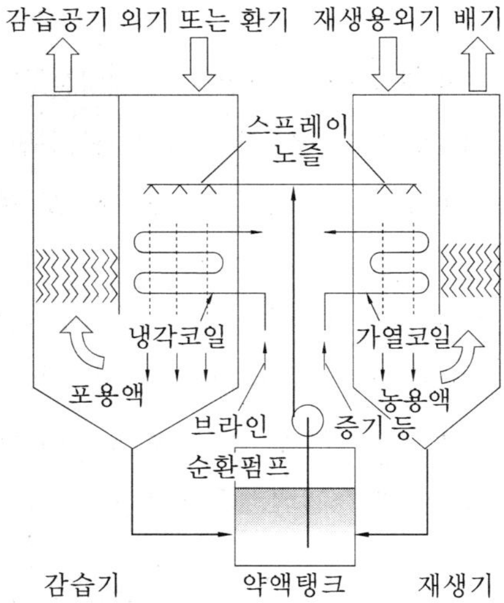

그림 10-90 Li, Cl제습기(Kathabar)의 플로 시트

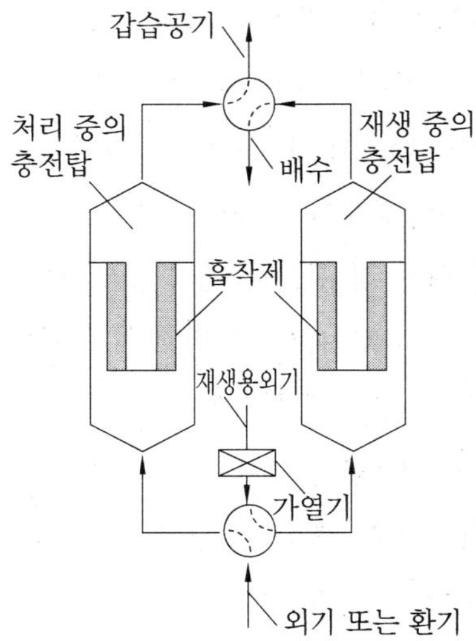

그림 10-91 고체흡착제 제습기의 플로 시트

다량의 열을 필요로 한다.

10-6-14 송풍기

공기조화기 내에서 처리된 공기를 실내에 송출하는 힘을 주는 것이 송풍기이다. 일반적으로 공조용 송풍기에서는 높은 정압(靜壓)을 필요로 하는 것은 적고 100 mmAq 이하의 것이 많다. 특히 높은 경우에도 300 mmAq 이하이다.

(1) 송풍기의 종류

기류의 방향 및 날개차의 형식에 따라 분류하면 다음과 같다. 표 10-38에 각종 송풍기의 비교를 나타낸다.

1) 원심 송풍기

와권형 케이싱 내에서 날개차를 회전시켜 원심력에 따라 송풍한다. 공조용의 송풍기로서 널리 사용된다.

① 다익 송풍기(sirocco fan)

앞의 경사진 폭이 좁은 날개(48~64매)를 지닌 송풍기이다(그림 10-92). 일반적으로 정압 100 mmAq 이하의 송풍압에 이용되고, 효율은 별로 좋지 않지만 풍량에 비해 회

표 10-38 송풍기의 종류와 성능

종류		원심송풍기				축류 송풍기
		다익 송풍기	터보 송풍기	익형 송풍기	리밋로드 송풍기	
날개의 형상		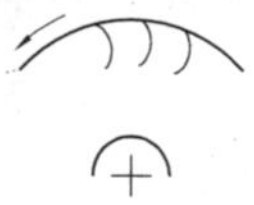			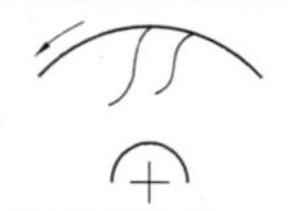	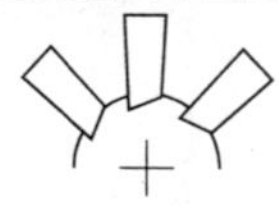
비교	크기	②	⑤	④	③	최소 ①
	축동력	최대 ⑤	③	①	④	②
	소음	④	③	②	⑤	최대 ⑥
풍량(m^3/min)		60~3,000	20~3,000	60~3,000	20~3,200	15~10,000
정압(mmAq)		10~125	30~1,000	100~150	10~150	0~55
효율(%)		45~60	60~70	70~85	55~65	50~85
80폰을 나타내는 정압(mmAq)		50	100	150	40	30
용도		국소통풍 저속 덕트용	고속 덕트용	고속 덕트용	국소통풍 중속 덕트용	국소통풍 냉각탑용 냉각팬

전수도 낮은 소형이므로 팬 코일 유닛, 패키지 유닛 소형의 공조기에 이용된다. 크기의 호칭치수 번호(No.)는 날개차의 직경을 150 mm로 나눈 수로 나타낸다. 예를 들면 300 mm의 날개 지름은 300/150 = No.2이다.

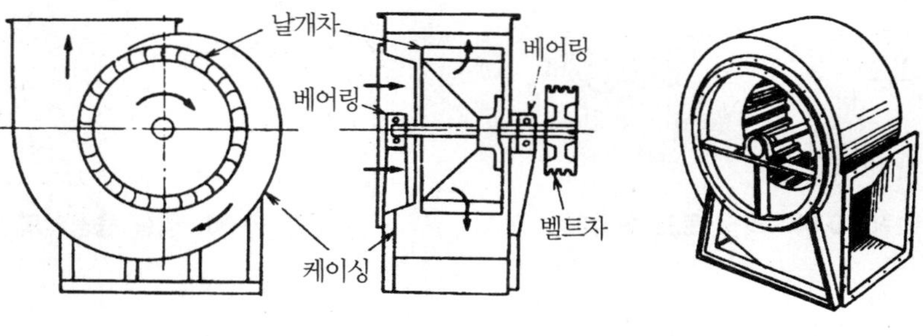

그림 10-92 다익송풍기

② 터보 송풍기(turbo fan)

그림 10-93과 같이 12~16매의 뒤가 경사진 폭이 넓은 날개를 지닌 송풍기이다. 회전수가 높기 때문에 두꺼운 판으로 만들고 효율은 좋지만 소음이 크다. 필요정압이 높은 대형 공조기에는 대부분 이 송풍기가 사용된다. 소음을 작게 한 것으로 날개의 형을

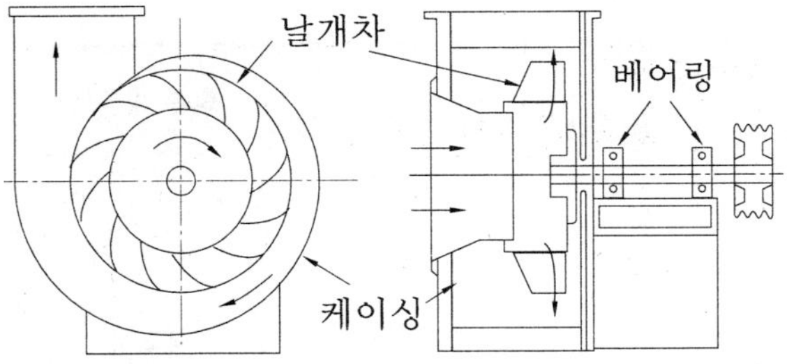

그림 10-93 터보 송풍기(단면도)

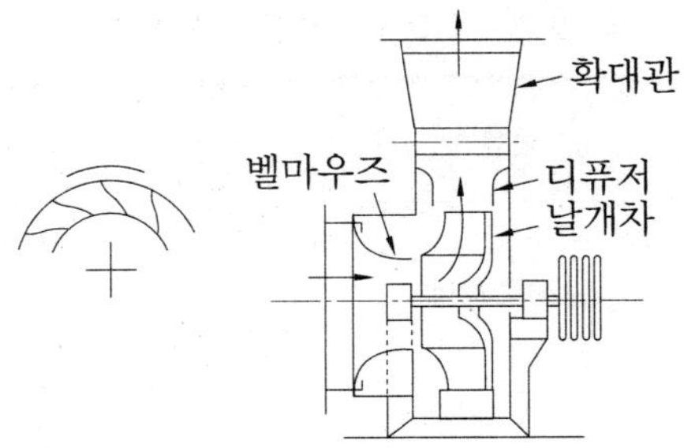

그림 10-94 사일런트 팬

역S자형으로 한 사일런트 팬이 있다(그림 10-94). 흡입구에는 벨 마우스(bell mouth)를 설치하여 흡입 상태를 좋게 하고 있다. 효율이 좋고 소음이 작으므로 고속덕트에 이용된다.

③ 리밋 로드 송풍기(limit load fan)

그림 10-95와 같이 S자형의 날개를 지닌 것으로 다익 송풍기와 터보 송풍기의 중간적 성격을 가지는 중속 덕트용으로 이용된다. 풍량을 많게 하여 사용해도 리밋 로드성(과부하운전으로 되지 않는)을 가지는 장점이 있다.

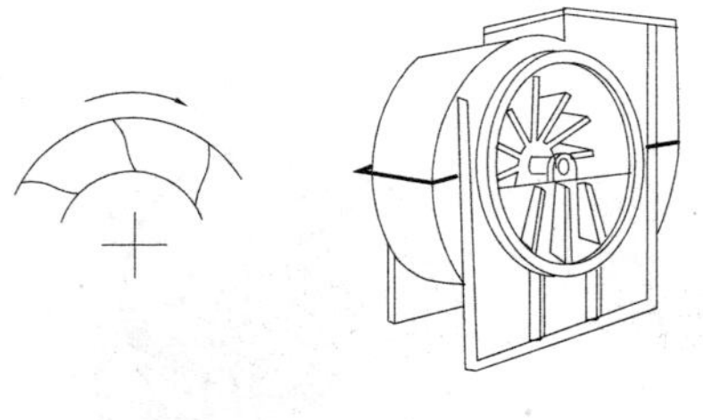

그림 10-95 리밋 로드 송풍기

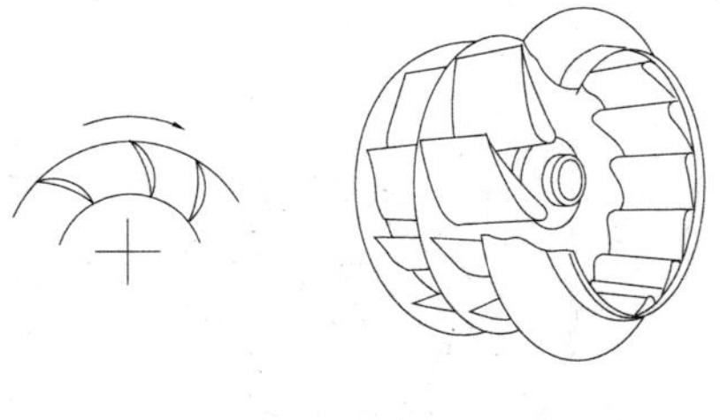

그림 10-96 익형 송풍기의 날개차

④ 익형 송풍기(airfoil fan)

그림 10-96과 같이 얇은 판을 구부려 익형으로 제작된 뒤가 경사진 두께의 날개를 지니고, 공기의 흐름의 무리를 없게 한 송풍기이다. 고효율이며 리밋 로드의 특성도 있고 고압(250~300 mmAq)에 사용할 수 있다.

⑤ 방사익 송풍기(plate fan)

그림 10-97과 같이 두꺼운 평판의 큰 직선 날개를 축에 방사형으로 부착한 송풍기이다. 날개는 교환할 수 있으므로 마모나 부식의 우려가 있는 시멘트 등의 기송(氣送),

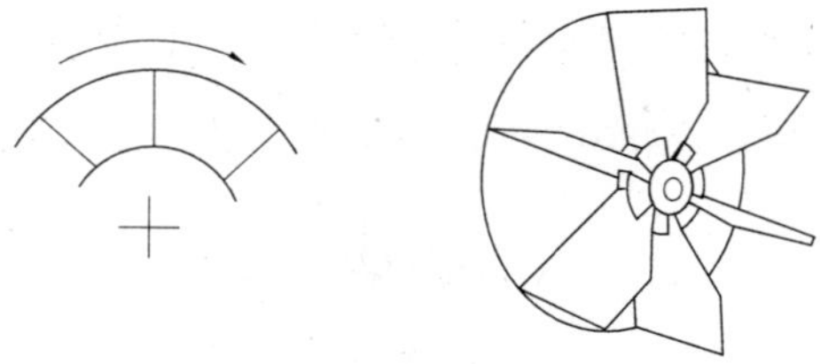

그림 10-97 방사익 송풍기의 날개차

배진(排塵)장치, 보일러의 흡인 통풍 등 특수한 용도에 이용된다.

2) 축류 송풍기

프로펠러의 회전에 의하여 기류가 회전축의 방향으로 흐르는 것이며, 환기팬이나 유닛 필터, 냉각탑(cooling tower) 등의 저압으로 다량의 공기를 보내는 경우에 이용한다(그림 10-98).

대체로 같은 성능의 경우에는 원심 송풍기보다 소음이 크다. 크기의 호칭치수 번호(No.)는 날개차의 직경을 100 mm로 나눈 수로 나타낸다. 예를 들면 300 mm의 날개지름은 300/100 = No.3이다.

3) 관류 송풍기(cross flow fan)

그림 10-99와 같은 형상은 다익 송풍기와 비슷하지만 날개의 폭이 직경에 비하여 크고, 기류는 축에 직각 방향으로 흡인된다. 일반적으로 압력은 낮고, 효율도 별로 높지 않지만 폭이 넓은 대상(帶狀)의 기류가 얻어지므로 에어 커튼 등에 이용된다.

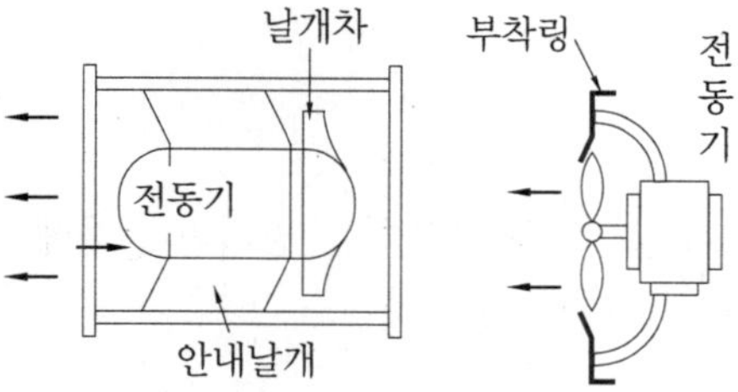

그림 10-98 축류 송풍기

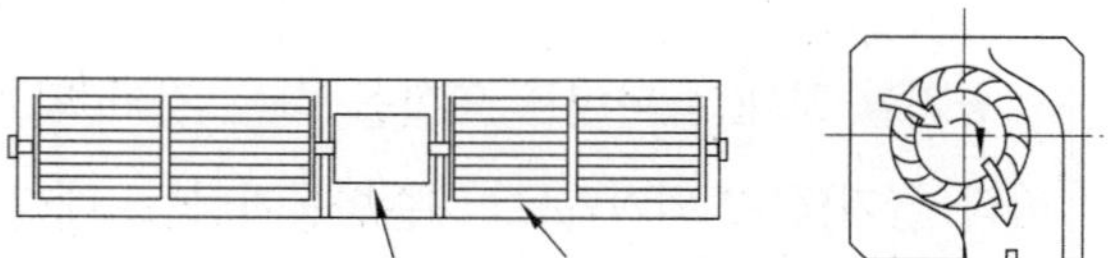

그림 10-99 관류 송풍기

(2) 송풍기의 성능

송풍기를 공기가 통과하는 동안에 날개 및 케이싱과의 마찰손실, 흐름의 방향 전환이나 단면 변화에 의한 동력손실, 저압측에의 누설손실 등 많은 손실이 있다.

같은 송풍기를 다른 회전수(rpm) n_1, n_2로 운전할 때는 다음의 관계가 있다.

풍량 : $$Q_2/Q_1 = n_2/n_1 \quad (10.66)$$

풍압 : $$P_2/P_1 = (n_2/n_1)^2 \quad (10.67)$$

소요동력 : $$L_2/L_1 = (n_2/n_1)^3 \quad (10.68)$$

예제 10-31

500 rpm, 300 m³/min으로 운전되고 있는 송풍기의 회전수를 750 rpm으로 올렸다. 공기량은 어느 정도 되겠는가?

|해답| $Q_2/Q_1 = n_2/n_1 = 300 \times 750/500 = 450\ \text{m}^3/\text{min}$

예제 10-32

시운전시에 측정 풍량이 약 10% 적었다. 현상은 송풍기의 회전수 910 rpm, 소비전력은 정격출력 3.7 kW에 대하여 2.7 kW 상당의 전류치라고 한다. 대처방법을 구하여라.

|해답| 송풍기의 방법을 응용하여 송풍량을 10% 증가한다.

$n_2/n_1 = 1.1,\ n_2 \fallingdotseq 1{,}000\text{rpm}$

동력의 증가는

$(n_2/n_1)^3 = (1{,}000/910)^3 \times 2.7\text{kW} = 3.6\text{kW} < 3.7\text{kW}$

이고, 전기설비에의 영향은 없다.

10-6-15 덕트

공기를 보내는 파이프 역할을 하는 것이 덕트이다. 그 안을 통과하는 공기의 종류에 따라 급기덕트, 외기덕트, 재순환공기덕트, 배기덕트로 분류된다.

(1) 덕트의 방식

덕트의 방식은 일반적으로 덕트 내의 풍속이 15m/s 이하의 것을 저속덕트, 15m/s 이상의 것을 고속덕트라고 한다. 각각에 대하여 풍속을 표 10-39, 덕트 내 풍량에 따른 권장치를 표 10-40에 나타낸다.

표 10-39 고속덕트, 저속덕트의 풍속

덕트지름		200 cm ф 이상	200~100 cm ф	100~50 cm ф	50 cm ф 이하
분류	고속덕트	25 m/s 이상	20~25 m/s	15 m/s 전후	10 m/s
	저속덕트	15~20 m/s	10~15 m/s	10 m/s 전후	3~6 m/s

표 10-40 덕트 내 풍량에 따른 권장 풍속

덕트 내 풍량(m^3/min)	최대 풍속(m/sec)
1,700~1,101	30
1,100~ 701	25
700~ 426	25.5
425~ 281	20
280~ 171	17.5
170~ 86	15
85~ 30	12.5

덕트의 배치방식은 일반적으로 주관, 간선 방식, 개별 방식, 환상 방식 등이 있고, 그림 10-100에 나타낸다.

① 간선 방식 : 가장 간단하며 설비비가 싸고 덕트스페이스가 작아도 된다.

② 개별 방식 : 분출구마다 덕트를 단독으로 연결하는 방식으로 멀티존 공조 방식과 유사하다. 덕트의 수가 많아지므로 설비비가 비싸며 덕트 스페이스도 많이 차지한다.

③ 환상 방식 : 덕트를 루프형으로 연결하는 방식이다.

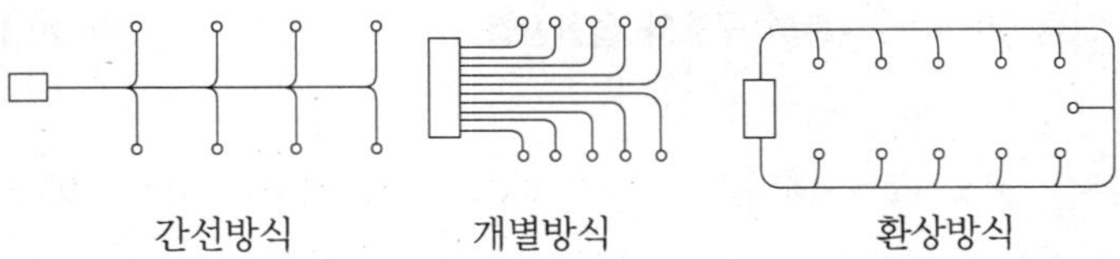

그림 10-100 덕트의 배치법

덕트의 용도는 표 10-41과 같다.

표 10-41 덕트의 사용 장소

덕트의 용도	사용장소	주의사항
일반 환기용 덕트	신선공기 도입 덕트, 송기덕트, 배기덕트	보온이 필요 없음
공조용 덕트	신선공기 도입 덕트 송기 덕트 재순환용 반환 공기 덕트 배기덕트	보온 불요 보온 필요 보온 필요 경우에 따라 보온 필요
국소배기용 덕트	가스 기타의 연소 후의 폐가스용 취사 기타의 수증기 배출용, 동위원소(isotope) 취급용 후드용, 화학약품 취급용 드래프트 챔버 등	보온 불요 부식, 고온 가스 등에 주의

(2) 덕트의 종류, 구조

덕트는 장방형이나 원형의 단면의 것이 이용되고, 아연철판을 접어 잇기로 제작한다. 그림 10-101에 이음매를 나타낸다.

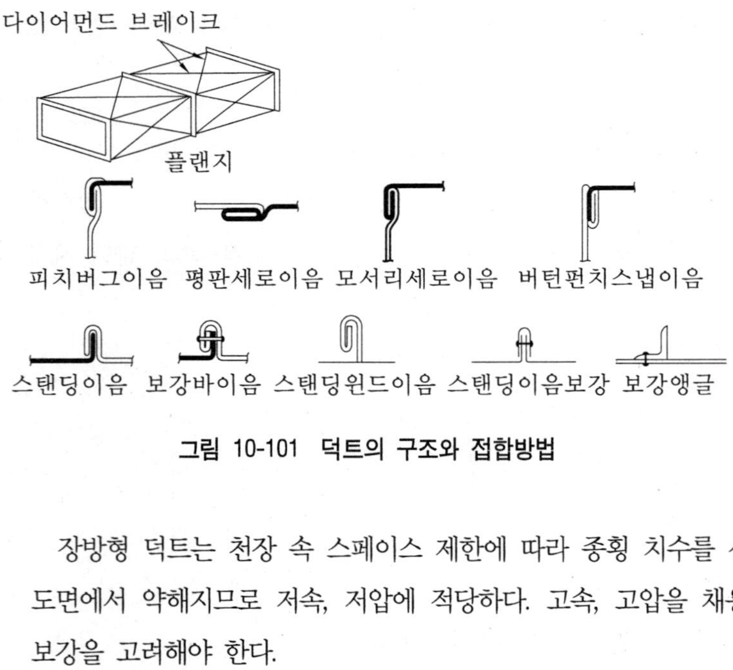

그림 10-101 덕트의 구조와 접합방법

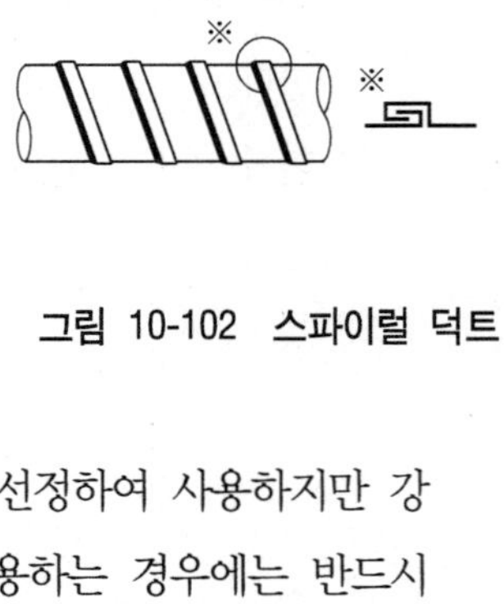

그림 10-102 스파이럴 덕트

장방형 덕트는 천장 속 스페이스 제한에 따라 종횡 치수를 선정하여 사용하지만 강도면에서 약해지므로 저속, 저압에 적당하다. 고속, 고압을 채용하는 경우에는 반드시 보강을 고려해야 한다.

원형 덕트는 강도면에서 우수하므로 고속, 고압에 유리하지만 천장 속 스페이스면에 있어서 대형의 것은 층고가 높아지므로 사용에 제한을 받는다. 그림 10-102의 스파이럴 덕트는 최근 대형 주차장의 환기용에 많이 사용된다.

(3) 댐퍼

댐퍼의 종류로는 크게 풍량조절 댐퍼, 방화댐퍼, 방연댐퍼로 나누어진다.

풍량조절 댐퍼(Volume damper)는 통과풍량의 조절 또는 폐쇄에 이용되는 기구인데 그 기구상에서 보아 그림 10-103에 나타낸 바와 같이 5종류로 분류할 수 있다. 일반적으로 날개 1매의 버터플라이 댐퍼는 소형의 것에 이용되고, 대형은 다익형이 이용된다. 다익형에서는 평행익의 것보다 대향익이 제어성이 좋다. 이들 댐퍼를 전폐해도 통과풍량은 수 %의 공기누설은 있다. 스플릿댐퍼는 덕트의 분기부에 이용되고, 슬라이드댐퍼는 배기후드의 넥 등에 사용되고 있다 댐퍼를 그 용도에 따라 분류하고, 그 설치위치의 개요를 표 10-42에 나타낸다.

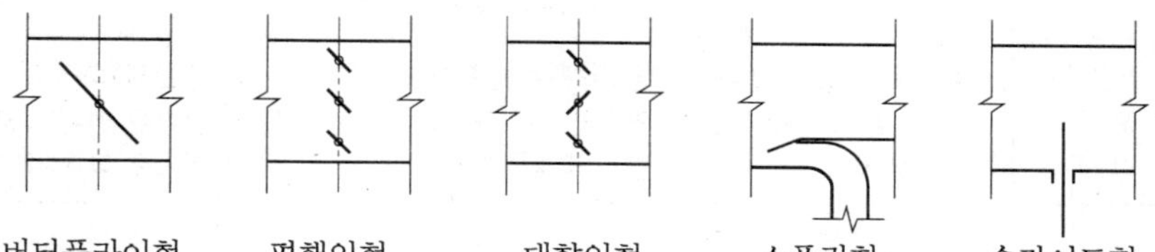

그림 10-103 댐퍼의 분류

표 10-42 댐퍼의 종류와 설치위치

댐퍼의 종류	주된 사용목적	주된 설치위치	조작원
풍량조절 댐퍼 VD	·풍량조절용 ·전환운전용 ·정압조절용	·송풍기, 공조기의 토출측 및 흡입측 ·분기덕트에서 풍량조절을 필요로 하는 개소 ·덕트계에서 전환하여 사용할 수 있는 개소	수동
모터 댐퍼 MD	·풍량의 자동조절용 ·전환운전의 자동화 ·역류방지용	·외기량 제한을 행하는 공조기 등의 외기덕트 ·자동적으로 전환하여 사용하는 덕트 ·공통샤프트 등에서 역류방지를 할 필요가 있는 개소	전기 또는 공기
체크 댐퍼 CD	·역류방지용	·공통샤프트 등에서 역류방지를 할 필요가 있는 개소 ·큰 구경일 때는 압력손실을 체크한다.	자력식 (한편의 흐름방향에 대해서는 기류 압력으로 열리지만 역방향으로는 열리지 않는다)

표 10-42 댐퍼의 종류와 설치위치 (계속)

댐퍼의 종류		주된 사용목적	주된 설치위치	조작원
방화댐퍼	온도퓨즈식 FD HFD (배연용)	· 화재가 덕트를 통하여 다른 방에 연소하는 것을 방지	· 방화구획을 관통하는 덕트 · 연소의 우려가 있는 부분에 위치한 외벽개구부 · 주방용 배기덕트에서 불을 사용하는 것의 후드 부근	덕트 내 기류가 72℃ 이상이 되면 퓨즈가 녹아 자동적으로 날개가 닫힌다(HFD는 280℃).
	연기감지기 연동식 SD	· 화재시 연기가 덕트를 통하여 상층으로 퍼지는 것을 방지 · FD를 겸용하는 경우는 SFD가 된다.	· 2 이상의 층에 미치는 덕트의 방화구획 관통개소에서 다음 부분 ① 관통 덕트가 슬래브를 관통하는 개소 ② 샤프트 내의 관통 덕트에까지 덕트가 접속하는 개소 ③ 수혈구획을 관통하는 덕트	연기감지기에서의 신호로 댐퍼를 전기식 또는 공기식으로 폐쇄시킨다.
	열감지기 연동식 HFD	· 화재가 덕트를 통하여 다른 방에 연소하는 것을 방지	· 방화구획을 관통하는 덕트 · 연소의 우려가 있는 부분에 위치한 외벽개구부	열감지기에서의 신호로 댐퍼를 전기식 또는 공기식으로 폐쇄시킨다.
가스압작동댐퍼 GD		· 할론가스소화 또는 탄산소화를 행하는 방에서 소화시 덕트를 통해 소화용 가스가 누설하여 소화작용이 저하하는 것을 방지	· 할론가스소화 또는 탄산가스소화를 행하는 방(전기실, 전산기실, 주차장, 원면창고, 고무류저장소 등)	감지기연동 원격조작 또는 수동으로 소화용 가스봄베를 개방하면 그 가스압으로 댐퍼가 폐쇄된다.

(4) 가이드베인

덕트의 굴곡된 부분의 기류를 안정시켜 저항을 줄이기 위해 사용한다.

(a) 부착시 (b) 미부착시

그림 10-104 가이드베인 부착효과

(5) 흡음 장치

덕트에 전해지는 소음의 원인은 그 대부분이 송풍기에 의한 것이다. 이 소음은 실내에 분출하는 허용 소음까지 감쇠시켜야 한다. 이를 위해 덕트 사이에 부착되는 것이 그림 10-105와 같은 흡음 장치이다.

(a)는 내장 면적이 송풍기 출구 면적의 10배 이상이 되지 않으면 흡음 효과가 올라가지 않으므로 격벽을 설치하는 등 흡음 면적의 증가를 도모하는 것이 저항도 증대한다. 이것은 주로 송풍기에서 발생한 저주파의 음을 흡수하는 것을 목적으로 한다. (b)는 덕트 내부에 흡음기를 내장한 것이며, 가장 널리 이용된다.

소음의 감쇠량은 내장길이에 비례하고, 덕트 단면의 둘레길이와 단면적비에 비례하지만 이 외에도 흡음재의 흡음률에 따라 크게 영향을 받는다. (c), (d)는 덕트의 단면적이 큰 경우에 이용되는 것이며, 내장 덕트의 효과 외에도 단면변화에 의한 음의 감쇠를 염두에 둔 것이다. (e)는 덕트의 주위에 이것을 둘러싸는 공명기를 부착한 것이며, 저주파분을 흡음시키는 데 이용된다. (f), (g)는 분출구의 흡음면을 나타낸 것이며, (g)는 고속덕트에 이용된다.

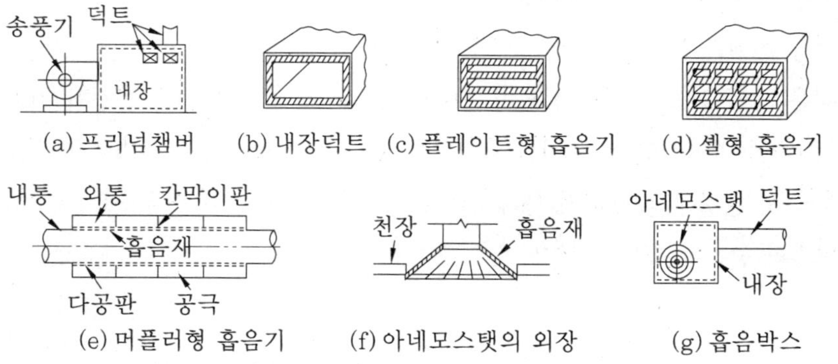

그림 10-105 흡음기

(6) 덕트의 단열

냉방용 냉풍이나 난방용 온풍의 송풍덕트는 보냉, 방로, 보온의 목적에서 전면적으로 단열한다. 다만, 외기도입용 덕트나 배기덕트 등에서 결로의 우려가 없는 경우에는 단열하지 않아도 된다. 또한 재순환공기 덕트는 주위 공기의 온습도상태에 의하여 단열하는 경우와 그러지 않는 경우를 구분한다.

10-6-16 분출구, 흡입구

분출구나 흡입구는 성능 외에 건물의 실내 의장 문제나 기류분포에도 큰 영향을 미치므로 건축 설계와 병행하여 계획·설계하는 것이 바람직하다. 분출구는 급기덕트의 말단에, 흡입구는 재순환공기덕트의 선단에 부착한다. 분출구는 기류의 방향에 따라 복류식(輻流式)과 축류식(軸流式)으로 대별되고, 또 부착위치에 따라 천장용, 벽용, 바닥용으로 분류된다.

(1) 복류 분출구

1) 아네모스탯형 분출구(anemostat type diffuser)

원형과 각형이 있고, 코운(cone)의 조절에 따라 기류의 분출방향을 조절할 수 있고, 재실자에 대한 드래프트(draft), 인간에게 불쾌감을 주는 기류를 없게 할 수 있다. 천장 부착용 분출구로 가장 좋고 확산반경이 크며 도달거리는 짧은 편이다. 이 분출구의 계획에 대해서는 확산 반경에 주의하여 계획한다(그림 10-106). 그림 10-107은 확산반경을 나타낸 것이다. 분출구에서의 분출기류에 따라 거주구역 내에 드래프트가 없는 상태에서 평균풍속이 0.1～0.175m/s 이내가 되는 반경이 최대 확산 반경이며, 그 외측에서는 공기가 정체한다.

또 같은 상태에서 그 평균 풍속이 0.125～0.25m/s 이내가 되는 반경이 최소 확산이며, 이 이내에 벽이 있다든지 인접 분출구의 최소 확산 반경과 중복되면 드래프트가 생긴다. 따라서 분출구의 배치에 대해서는 그림 10-108과 같이 상호 간격을 최대, 최소 확산 반경의 중간이 되도록 한다.

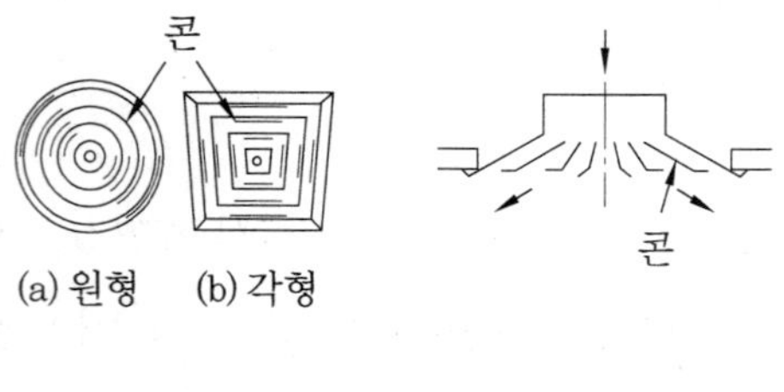

그림 10-106 아네모스탯형 분출구

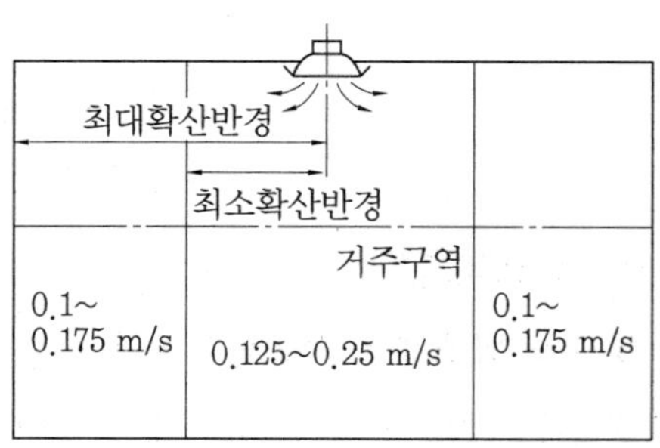

그림 10-107 최대·최소 확산반경

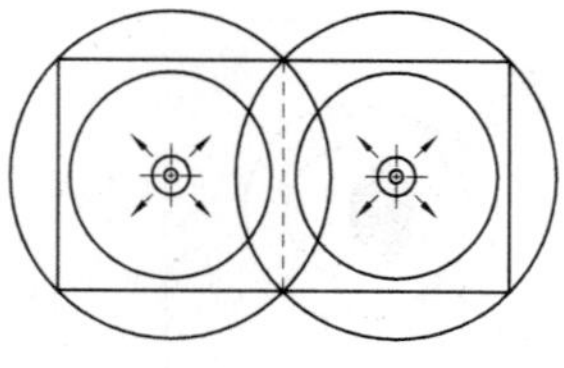

그림 10-108 아네모스탯형 분출구의 배치

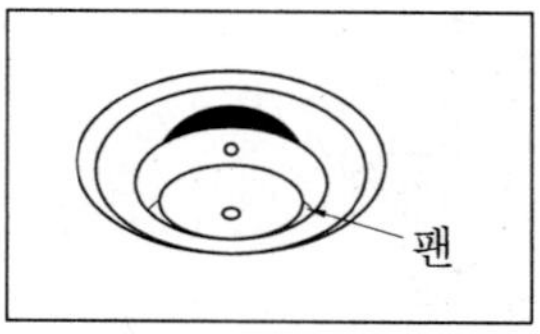

그림 10-109 팬형 분출구

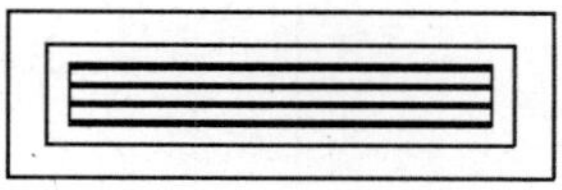

그림 10-110 슬로트형 분출구

2) 팬형 분출구(pan outlet)

원형과 각형이 있고, 평판의 상하에 따라 분출기류의 형을 바꿀 수 있고, 재실자에게 드래프트를 주지 않는다(그림 10-109).

3) 슬로트형 분출구(slotted outlet)

각형 아네모스탯 분출구를 세장(細長)으로 한 것이며, 1방향용과 2방향용이 있고, 기류는 천장면에 따라 분출한다(그림 10-110).

(2) 축류 분출구

1) 그릴(grille)형 분출구

기류의 방향을 조절하는 날개의 위치에 따라 V형, H형, VH형, HV형으로 분류된다. 가동 날개에 따라 분출 방향의 각도를 90° 정도까지 자유로이 바꿀 수 있다(그림 10-111).

2) 레지스터(register)형 분출구

그릴형 분출구에 셔터가 조립된 것이며, 풍량의 조절이나 기류의 조절을 할 수 있다(그림 10-111). 그림 10-113, 10-114에 분출 상태와 기류의 상태를 나타낸다. 분출구의

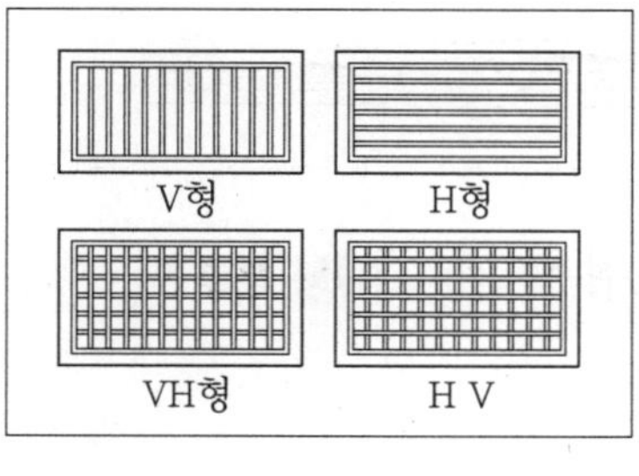

그림 10-111 그릴형 분출구

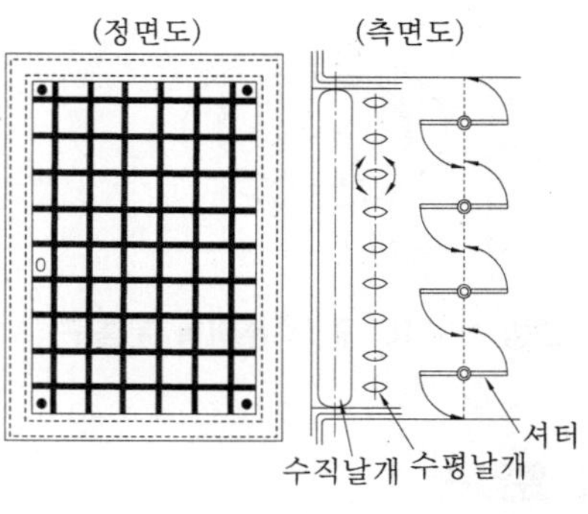

그림 10-112 레지스터형 분출구

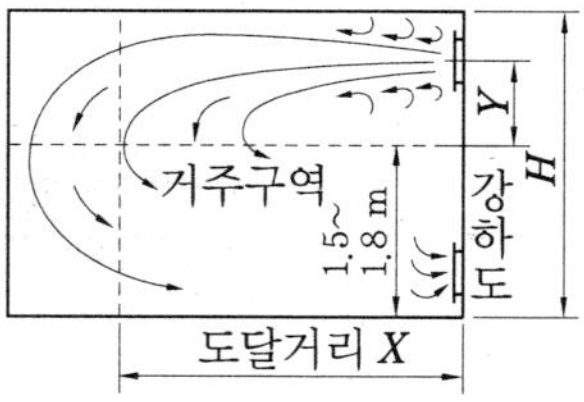

그림 10-113 분출의 상태

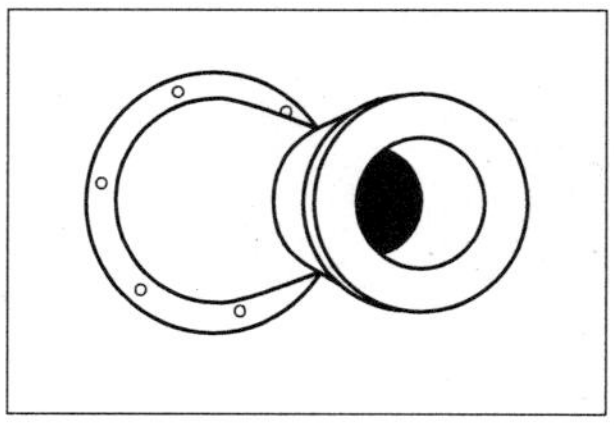

그림 10-114 노즐형 분출구

위치는 분출된 공기가 흡입구에 단락(short circuit)하는 것, 실내에 적정한 기류를 만들어 일정하게 분포하도록 고려하여 그 종류 및 크기를 결정해야 한다. 따라서 분출풍량이나 풍속 외에도 도달거리, 강하도, 분출온도차 등의 요소를 고려하여 결정한다.

3) 노즐(nozzle)형 분출구

기류의 도달거리가 크고, 소음이 작으므로 용적이 큰 체육관이나 극장에 적합하다(그림 10-114). 벽이나 높은 천장 등에 설치하여 분출시킨다.

4) 펑커 루버(punkah louver)

기류의 분출방향이 자유로이 변하는 특징이 있고, 풍량의 조절도 할 수 있으므로 공장, 주방 등의 국부냉방(spot cooling)에 적합하다(그림 10-115).

5) 라인(line)형 분출구

폭이 좁은 슬릿(slit)에 가동 날개를 부착하여 분출방향을 조절한다. 창에서의 복사열을 방지하기 위하여 에어커튼에 사용한다든지, 형광등과 조합시켜 이용한다(그림 10-116).

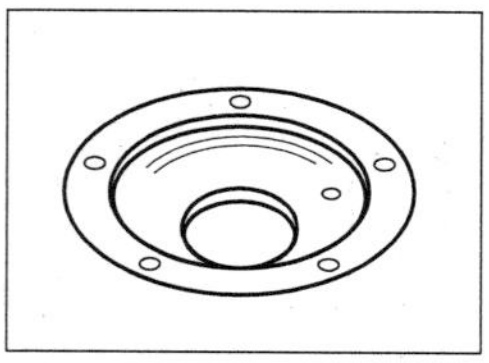

그림 10-115 펑커 루버형 분출구

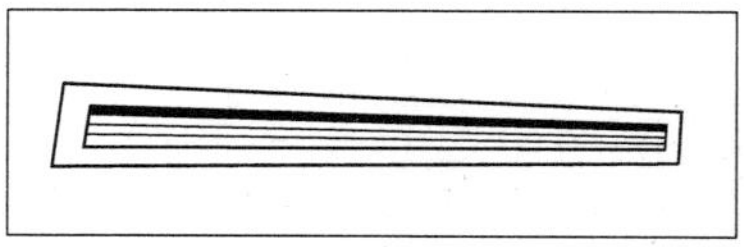

그림 10-116 라인형 분출구

(3) 흡입구

흡입구는 재순환공기 덕트에 공기를 흡입하는 것이 목적이고, 형으로는 분출구와 같은 형의 것도 이용하지만 기류의 방향을 조절하는 구조는 필요 없다. 복도를 리턴스페이스로 하여 사용하는 경우 흡입 풍속은 1~1.5m/s 또 거주구역 내 흡입구에서 좌석이 먼 경우는 3~4m/s, 거주구역의 상방에 있는 경우는 4m/s 이상으로 하면 된다.

1) 머시룸형 흡입구(mushroom type inlet)

두꺼운 철판이나 철물로 만든 원형의 것이며 바닥면의 기류 침체를 방지할 수 있고 버섯모양이다(그림 10-107). 고정 격자가 있는 극장 등에 적합하다.

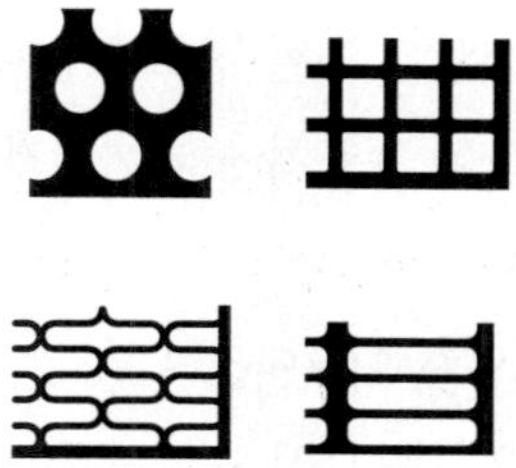

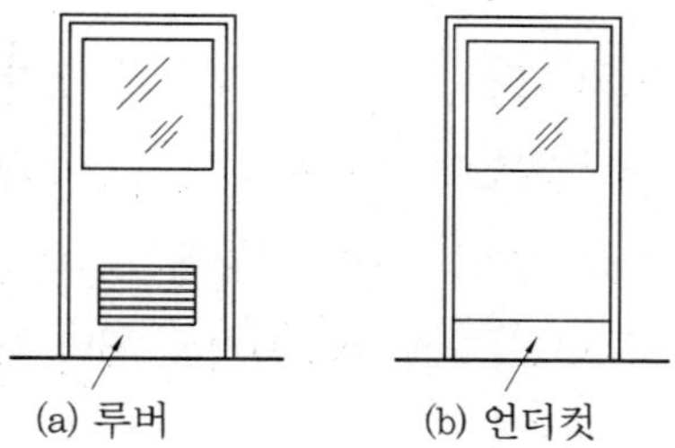

그림 10-117 머시룸형 흡입구 **그림 10-118 펀칭형 흡입구** **그림 10-119 도어형 흡입구**

2) 펀칭(punching)형 흡입구

얇은 금속판에 본을 대고 그 본의 모양대로 구멍을 뚫은 판을 틀로 짠 것이며 배기용으로 많이 이용된다(그림 10-118).

3) 도어용 흡입구

도어의 하부에서 복도측으로 되돌아가는 공기를 내보내고, 도어 갤러리용의 불투시 루버나 언더컷(undercut)이 이용된다(그림 10-119).

흡입구의 크기를 계산하여 구하는 경우 다음 식에 의한다.

$$A = \frac{V}{3{,}600\,kv} \tag{10.69}$$

여기서, A : 분출구의 전면적(m^2), V : 분출풍량(m^3/s)

v : 분출속도(m/s), k : 자유면적비

예제 10-33

도어그릴에서 흡입되는 공기량이 20 m^3/min이었다. 흡입속도를 2 m/s, 자유면적비를 0.7로 하는 도어그릴의 크기를 구하여라.

|해답| $A = \frac{V}{3,600kv} = \frac{1,200}{3,600 \times 0.70 \times 2} = 0.24\,m^2$

$\therefore$ 0.4 m×0.6 m의 도어그릴

10-7 자동제어

제어의 대상이 되는 양(제어량)을 검출하고, 목적의 값(목표치 또는 설정치)과 비교하여 만일 차이가 있다면 그 편차에 의한 조절 신호를 보내고 이에 의하여 밸브나 댐퍼를 조작한다. 이 결과 제어량이 변하여 목표치에 가까워진다. 이 일련의 동작을 자동적으로 행하는 것을 자동제어라고 한다. 자동제어 시스템의 기본적 구성은 조절기와 조작부 및 양자를 작동시키는 에너지원으로 이루어진다.

조절기란 온도·습도·압력·수위 등의 상태를 검출하고, 조작기구에 필요한 동작 또는 신호로서 송출하는 기구로 서모스탯(thermostat), 휴미디스탯(humidistat), 압력조절기 등이 대표적이다. 조작부란 조절기에서 보내진 신호 또는 동작으로 조작요소의 흐름을 제어하는 부분을 말한다. 밸브, 댐퍼, 릴레이, 펌프 및 송풍기를 움직이고 있는 모터 등이다.

이와 같이 신호의 전달이나 조작에 전기를 이용하는 것을 전기식, 압축공기를 이용하는 것을 공기식이라 한다. 공기식에서는 공기압축기나 공기의 감습장치 등이 필요하며, 일반적으로 대규모 설비에 이용된다. 또 전기식에서 전자증폭기를 이용하는 정밀도가 높은 제어를 행하는 것을 전자식이라 하여 구별하고 있다. 조절기에 전자식을, 조작부에 공기식을 이용하는 전자공기식도 이용되는 경우가 있다. 또한 전기 및 압축공기와

표 10-43 제동제어기기의 종류

방 식	정밀도	가 격	적 용
전기식	중	중	중·소규모의 장치·터미널 유닛*
전자식	고	고	중~대규모의 장치
공기식	중	중	대규모 장치·조작기를 다수 이용하는 것
전자공기식	고	고	고정밀도를 요하는 것
자력식	저	저	방열기밸브·플로트 밸브 등

* 단일덕트(오로지 고속덕트) 방식에서 분출구의 말단에 부착하는 유닛

같은 보조동력을 필요로 하지 않는 자력식의 것도 간단한 제어에 이용되고 있다. 이들 각 방식의 특징을 표 10-43에 나타낸다.

10-8 중앙관제장치

중앙관제장치는 실내온습도나 냉동기, 보일러, 기타 운전상태의 감시에 필요한 온도, 압력 등의 지시 또는 기록, 전동기의 운전정지 지시, 여러 가지의 경보 및 기기류의 원격조작을 중앙감시실에 있어서 집중적으로 행하는 것이다. 이들에 의하여 대규모 장치의 운전을 신속・확실히 행함과 동시에 적은 인원으로 관리・운전할 수 있어서 경제적이다. 또 사고의 방지, 조기 발견에도 유효하다.

원격조작에는 전동기의 운전정지, 이들의 인터록(interlock)의 접속 해제, 밸브나 댐퍼의 전환 등의 운전조작 및 온습도 등의 설정점의 변경, 댐퍼 개도의 변경 등이 행해진다.

중앙감시반에는 이들의 지시 또는 기록계, 경보장치, 전동기의 운전정지 램프 등이 구성되어 있다.

chapter 11
난방설비

11-1 개 요

난방(暖房)의 가장 원시적인 모습은 덮개 등이 없이 노출된 불길에 의한 채난이며, 조리용과 병용하여 이용한 것으로 여겨진다. 우리나라의 '온돌'은 방바닥을 따뜻하게 하는 전통적인 가옥 난방 방법이다. 한옥의 아궁이에서 불을 피우고, 아궁이에서 생성된 열기를 머금은 뜨거운 연기가 방바닥에 깔린 구들장 밑을 지나면서 난방이 되고, 그 연기는 구들장 끝 굴뚝으로 빠져나가는 방식의 난방이다.

건물의 내부를 따뜻하게 하고, 실내를 따뜻하게 하기 위해서는, 1) 실내온도를 높이고, 2) 높아진 온도를 내려가지 않도록 유지하는 2가지의 과정이 있다. 또한 난방장치는 열의 발생장치, 열의 운반장치, 방열장치의 3가지 주요부분으로 이루어진다. 발생장치로는 간단한 난로에서부터 대규모 보일러나 히트펌프 등이 있고, 운반장치에는 매체에 온수, 증기, 공기를 사용한다. 방열장치에는 라디에이터, 패널히터, 팬코일 유닛 등이 있다. 난방 방식으로는 개별식과 중앙식이 있고, 그 대규모적인 것은 지역난방이다.

11-2 난방설비의 종류

난방설비에는 실내에 방열기를 설치하고 여기에 증기를 보내는 증기난방(steam heating), 온수를 보내는 온수난방(hot water heating), 실내의 복사 패널에서의 복사열로 난방하는 복사난방(radiant heating), 덕트에서 실내에 온풍을 보내는 온풍난방(hot air heating) 등이 있다. 이 중 앞의 3가지를 직접난방, 온풍난방을 간접난방으로 분류하기도 한다.

이러한 난방의 종류와 특징을 표 11-1에 나타낸다. 표 11-2에는 증기난방과 온수난방의 비교를 나타낸다.

표 11-1 난방의 종류와 특징

난방방식 / 항 목	증 기	온 수		복 사	온 풍	
		보통온수	고온수		코일식	온풍로식
열매 열매온도	저압증기 100~110℃	온수 80/70℃	고온수 150/110℃	온수 60/50℃	공기 30/20℃	공기 50/20℃
열원 동력사용기계	보일러 진공응축펌프	보일러 또는 열교환기 온수 순환 펌프			보일러 송풍기	온풍로(기) 송풍기
방열체 방열량 (kcal/m^2·h)	방열기 650	방열기 450	방열기 600	패널 100	없음	없음
설비비 대규모 중소규모	A B	C A	A C	D D	C D	B B
쾌감도 환기의 병용	C D	B D	C D	A D	A A	B B
운전비 유지관리 자동제어	B C C	B A A	A A A	B A B	C B A	A A A
적용건물 (예)	지역난방 공장 학교 대규모 빌딩	중소규모빌딩 단독주택 집합주택 병원	지역난방 공장 학교 주택군 저층의 대규모빌딩	홀 공장 주택	공장 사무소 대규모빌딩	공장 사무소 주택

[주] 80/70℃는 공급 80℃, 반환 70℃를 나타냄.
A, B, C, D는 A가 가장 우수 또는 용이, B, C, D의 순으로 뒤떨어짐. 또는 곤란. 수치는 일반적인 값을 나타냄.

표 11-2 증기난방과 온수난방의 비교

	증기난방	온수난방
보일러	압력·수위의 조절, 점검이 필요 탱크수의 처리나 블로(blow)가 필요	취급이 간단하며 안전 물처리도 거의 불필요
방열기	방열면적이 작다. 가습기를 설치하여 실내의 가습을 간단히 할 수 있다.	방열면적이 크다. 방열면의 온도가 낮으므로 쾌감도가 높다.
제 어	일반으로는 제어가 어렵다.	제어가 용이하며, 외기온에 따른 공급온도의 스케줄 제어나 방열기용 조절밸브에 의한 제어가 행해지고 있다.
열용량	열용량이 작으므로 시동시 따뜻해지는 것이 빠르다.	열용량이 크므로 시동시간이 길어지지만, 보일러를 정지해도 펌프의 운전만큼 얼마동안은 난방효과가 있다.
동 결	난방 정지 후에 방열기나 배관 내에 물이 거의 남아 있지 않으므로 동결의 위험성이 없다.	한랭지에서는 난방 정지시 동결의 우려가 있다.
설비비	방열기·배관이 작으므로 싸다.	일반으로 증기난방보다 비싸다.
운전비	일반으로 온수난방보다 높다.	제어성이 좋으므로 증기난방보다 싸게 할 수 있다.
적 용	사무소·학교·공장 등	주택·병원·호텔 등

[주] 본 표는 저압증기난방과 보통 온수난방의 비교를 나타냄.

11-3 개별 난방설비의 기준

공동주택과 오피스텔의 난방설비를 개별 난방방식으로 하는 경우에는 "건축물의설비기준등에관한규칙"에 의하면 다음 각호의 기준에 적합하여야 한다.

① 보일러는 거실 외에 다른 곳에 설치하되 보일러를 설치하는 곳과 거실 사이의 경계벽은 출입구를 제외하고는 내화구조벽으로 구획한다.

② 보일러실의 윗부분에는 그 면적이 $0.5m^2$ 이상인 환기창을 설치하고, 보일러실의 윗부분과 아랫부분에는 각각 지름 10cm 이상의 공기흡입구 및 배기구를 항상 열려 있는 상태로 바깥공기에 접하도록 설치할 것. 다만, 전기보일러의 경우에는 그러하지 아니하다.

③ 보일러실과 거실 사이의 출입구는 그 출입구가 닫힌 경우에 보일러가스가 거실에 들어갈 수 없는 구조로 한다.

④ 기름보일러를 설치하는 경우에는 기름저장소를 보일러실 외의 다른 곳에 설치한다.

⑤ 오피스텔의 경우에는 난방구획마다 내화구조로 된 벽·바닥과 갑종방화문으로 된 출입문으로 구획한다.

⑥ 보일러의 연도는 내화구조로서 공동연도로 설치한다.

11-4 온돌의 설치기준

(1) 온수온돌

1) 온수온돌이란 보일러 또는 그 밖의 열원으로부터 생성된 온수를 바닥에 설치된 배관을 통하여 흐르게 하여 난방을 하는 방식을 말한다.

2) 온수온돌은 바탕층, 단열층, 채움층, 배관층(방열관을 포함한다) 및 마감층 등으로 구성된다.

① 바탕층이란 온돌이 설치되는 건축물의 최하층 또는 중간층의 바닥을 말한다.

② 단열층이란 온수온돌의 배관층에서 방출되는 열이 바탕층 아래로 손실되는 것을 방지하기 위하여 배관층과 바탕층 사이에 단열재를 설치하는 층을 말한다.

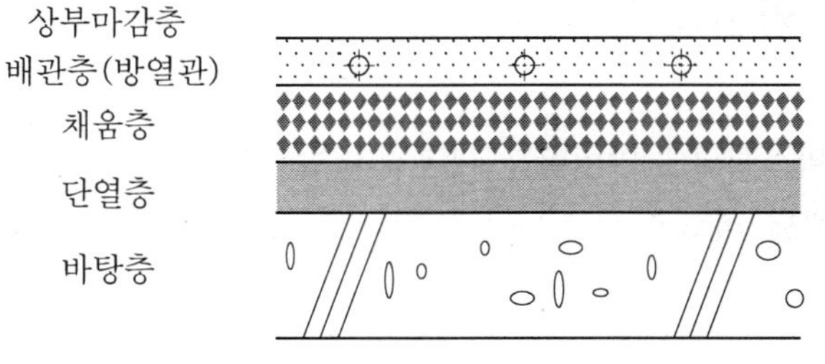

그림 11-1 온수온돌의 구조

③ 채움층이란 온돌구조의 높이 조정, 차음성능 향상, 보조적인 단열기능 등을 위하여 배관층과 단열층 사이에 완충재 등을 설치하는 층을 말한다.

④ 배관층이란 단열층 또는 채움층 위에 방열관을 설치하는 층을 말한다.

⑤ 방열관이란 열을 발산하는 온수를 순환시키기 위하여 배관층에 설치하는 온수배관을 말한다.

⑥ 마감층이란 배관층 위에 시멘트, 모르타르, 미장 등을 설치하거나 마루재, 장판 등 최종 마감재를 설치하는 층을 말한다.

3) 온수온돌의 설치 기준

① 단열층은 바닥난방을 위한 열이 바탕층 아래 및 측벽으로 손실되는 것을 막을 수 있도록 단열재를 방열관과 바탕층 사이에 설치하여야 한다. 다만, 바탕층의 축열을 직접 이용하는 심야전기이용 온돌(「한국전력공사법」에 따른 한국전력공사의 심야전력이용기기 승인을 받은 것만 해당한다)의 경우에는 단열재를 바탕층 아래에 설치할 수 있다.

② 배관층과 바탕층 사이의 열저항은 층간 바닥인 경우에는 해당 바닥에 요구되는 열관류저항의 60% 이상이어야 하고, 최하층 바닥인 경우에는 해당 바닥에 요구되는 열관류저항이 70% 이상이어야 한다. 다만, 심야전기이용 온돌의 경우에는 그러하지 아니하다.

③ 단열재는 내열성 및 내구성이 있어야 하며 단열층 위의 적재하중 및 고정하중에 버틸 수 있는 강도를 가지거나 그러한 구조로 설치되어야 한다.

④ 바탕층이 지면에 접하는 경우에는 바탕층 아래와 주변 벽면에 높이 10 cm 이상의 방수처리를 하여야 하며, 단열재의 윗부분에 방습처리를 하여야 한다.

⑤ 방열관은 잘 부식되지 아니하고 열에 견딜 수 있어야 하며, 바닥의 표면온도가 균일하도록 설치하여야 한다.

⑥ 배관층은 방열관에서 방출된 열이 마감층 부위로 최대한 균일하게 전달될 수 있는 높이와 구조를 갖추어야 한다.

⑦ 마감층은 수평이 되도록 설치하여야 하며, 바닥의 균열을 방지하기 위하여 충분하게 양생하거나 건조시켜 마감재의 뒤틀림이나 변형이 없도록 하여야 한다.

⑧ 한국산업규격에 따른 조립식 온수온돌판을 사용하여 온수온돌을 시공하는 경우에는 ①부터 ⑦까지의 규정을 적용하지 아니한다.

(2) 구들온돌

1) 구들온돌이란 연탄 또는 그 밖의 가연물질이 연소할 때 발생하는 연기와 연소열에 의하여 가열된 공기를 바닥 하부로 통과시켜 난방을 하는 방식을 말한다.

2) 구들온돌은 아궁이, 온돌환기구, 공기흡입구, 고래, 굴뚝 및 굴뚝목 등으로 구성

된다.

① 아궁이란 연탄이나 목재 등 가연물질의 연소를 통하여 열을 발생시키는 부위를 말한다.

② 온돌환기구란 아궁이가 설치되는 공간에서 연탄 등 가연물질의 연소를 통하여 발생하는 가스를 원활하게 배출하기 위한 통로를 말한다.

③ 공기흡입구란 아궁이가 설치되는 공간에서 연탄 등 가연물질의 연소에 필요한 공기를 외부에서 공급받기 위한 통로를 말한다.

④ 고래란 아궁이에서 발생한 연소가스 및 가열된 공기가 굴뚝으로 배출되기 전에 구들 아래에서 최대한 균일하게 흐르도록 하기 위하여 설치된 통로를 말한다.

⑤ 굴뚝이란 고래를 통하여 구들 아래를 통과한 연소가스 및 가열된 공기를 외부로 원활하게 배출하기 위한 장치를 말한다.

⑥ 굴뚝목이란 고래에서 굴뚝으로 연결되는 입구 및 그 주변부를 말한다.

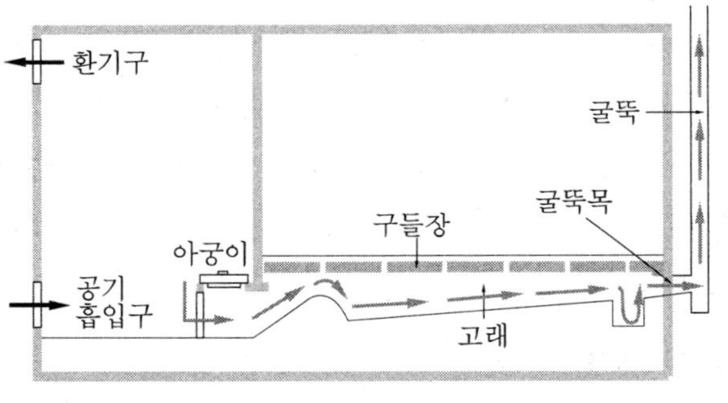

그림 11-2 구들온돌의 구조

3) 구들온돌의 설치 기준

① 연탄아궁이가 있는 곳은 연탄가스를 원활하게 배출할 수 있도록 그 바닥면적의 10분의 1 이상에 해당하는 면적의 환기용 구멍 또는 환기설비를 설치하여야 하며, 외기에 접하는 벽체의 아랫부분에는 연탄의 연소를 촉진하기 위하여 지름 10 cm 이상 20 cm 이하의 공기흡입구를 설치하여야 한다.

② 고래바닥은 연탄가스를 원활하게 배출할 수 있도록 높이/수평거리가 1/5 이상이 되도록 하여야 한다.

③ 부뚜막식 연탄아궁이에 고래로 연기를 유도하기 위하여 유도관을 설치하는 경우

에는 20도 이상 45도 이하의 경사를 두어야 한다.

④ 굴뚝의 단면적은 150 cm^2 이상으로 하여야 하며, 굴뚝목의 단면적은 굴뚝의 단면적보다 크게 하여야 한다.

⑤ 연탄식 구들온돌이 아닌 전통 방법에 의한 구들을 설치할 경우에는 ①부터 ④까지의 규정을 적용하지 아니한다.

11-5 난방용 방열기

11-5-1 방열기의 종류

난방용 방열기에는 표 11-3과 같은 여러 가지가 사용되고 있다.

표 11-3 난방용 방열기의 종류

종 류	열 매	주요한 방열방식	용 도
주철 방열기	증기・온수	자연대류・복사	주택・학교・사무소 등
강판 방열기	증기・온수	자연대류・복사	〃
알루미늄 방열기	증기・온수	자연대류・복사	〃
base board heater	증기・온수	자연대류	〃
convector	증기・온수	자연대류	〃
fan coil unit	온수	강제대류	주택・학교・사무소 등
unit heater	증기・온수	강제대류	공장・작업장 등
floor heater	온수・전기	복사	주택・유치원 등
적외선 난방기	가스・전기 고온수 증기	복사	공장・작업장・체육관 등

주철 방열기는 최근 사용압력이 5 kg/cm^2 이하인 온수 또는 증기에 사용하며, 3세주 방열기 5세주 방열기・벽걸이 방열기의 3종류가 있다.

강판 방열기는 주철 방열기와 같은 형상으로 강판을 프레스 및 용접하여 제작한 것이며 보다 고압에 견딜 수 있고, 보다 소형으로 만든 것이다. 형상・치수는 주철제에 준하여 고려하면 되지만 일반적으로 각 섹션의 길이가 작아지므로 어느 정도 면적당의 성능이 저하한다.

알루미늄 방열기는 특수 알루미늄으로 제조한 것이며, 주철제에 비하여 중량이 1/4 정도로 가볍고 견고하며 컬러로 생산되고 있다. 베이스보드 히터(baseboard heater)는

표 11-4 주철 방열기의 성능

형식(높이)		방열면적 (표면적 m^2)	내용적 (l)	중량 (kg)	EDR (m^2)	비 고
5세주	950	0.40	1.30	11.64	0.34	1섹션의 길이 50mm
	800	0.33	1.20	9.54	0.28	
	700	0.28	1.10	8.70	0.25	
	650	0.26	1.00	8.04	0.23	
	600	0.23	0.90	7.10	0.20	
	500	0.19	0.85	6.34	0.17	
3세주	800	0.19	0.80	6.54	0.18	1섹션의 길이 50mm
	700	0.16	0.73	5.24	0.16	
	650	0.15	0.70	5.00	0.15	
	600	0.13	0.60	4.20	0.13	
	500	0.11	0.54	3.70	0.11	
2세주	850	0.35	3.60	12.24	0.32	
	800	0.29	2.85	9.54	0.27	
	700	0.25	2.50	9.20	0.24	
	650	0.23	2.30	9.80	0.22	
	600	0.21	2.10	7.54	0.20	
	500	0.17	1.73	6.64	0.17	
벽걸이	360	0.60	5.70	20.00	0.62	수평형
	540	0.60	5.10	20.00		수직형

핀(fin)에 달린 관의 엘리멘트를 커버로 수납한 것이며 벽면 하부에 설치한다.

컨벡터(convector)는 강판제의 케이싱 안에 플레이트 팬(plate fan)의 열교환기를 내장한 것이다.

상기와 같은 자연대류식 방열기는 난방부하가 가장 큰 외벽의 창 아래에 설치한다. 이것은 창면에서 찬공기가 실내로 흘러 들어오는 것을 방지하기 위한 것이다.

팬 코일 유닛은 송풍기와 냉온수 코일을 가진 강제 대류식이며, 난방 전용의 것은 냉난방용보다 온수온도가 높으므로 소형이지만 분출공기 온도가 높으므로 실내 상하의 온도구배를 작게 하기 위하여 하향으로 분출시키는 것도 있다.

유닛 히터(unit heater)는 프로펠러 팬(propeller pan)으로 강제 통풍하는 형식이며 방열 능력은 자연대류형보다 상당히 크다.

복사 방열기는 일반적으로 패널라디에이터라고 하며, 2매의 평판 모양의 강판에 열매 통과가 될 수 있도록 凹凸을 부착하여 용접한 것으로 판면 전체가 가열되어 복사방열한다.

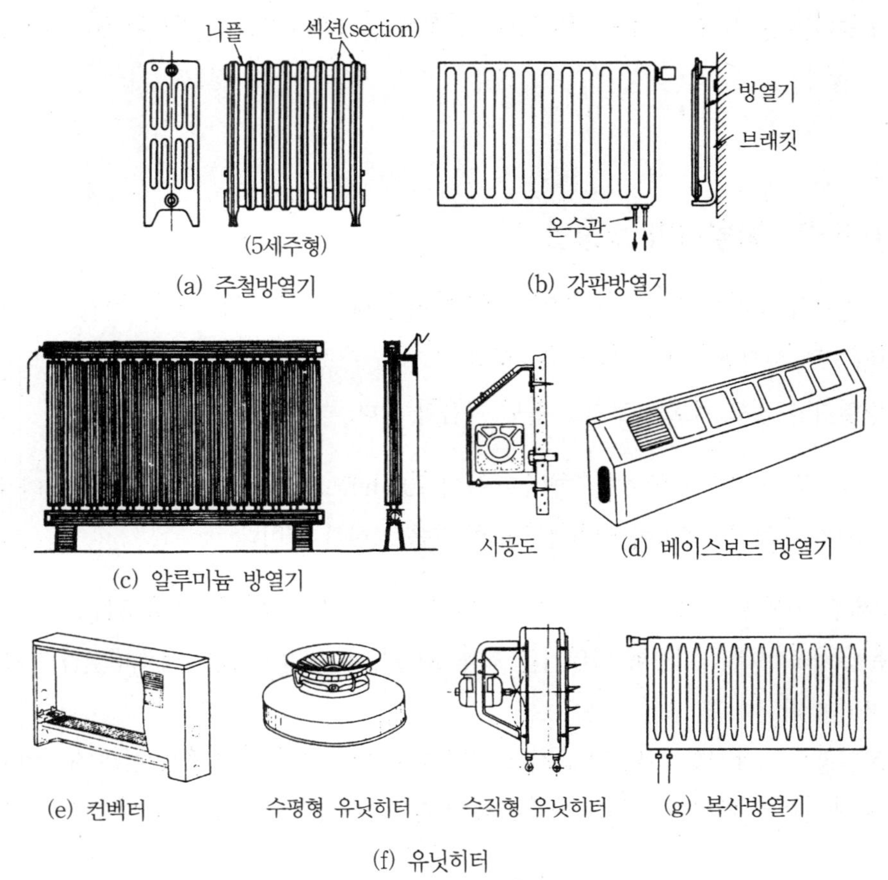

그림 11-3 방열기의 종류

방열기는 설치방법에 따라 방열량이 35%까지 감소하는 경우가 있으며, 특히 방열기에 장식용 커버를 씌울 경우 그림 11-4에서 보는 바와 같이 방열기의 방열량은 20% 정도 감소하므로 유의하여야 한다.

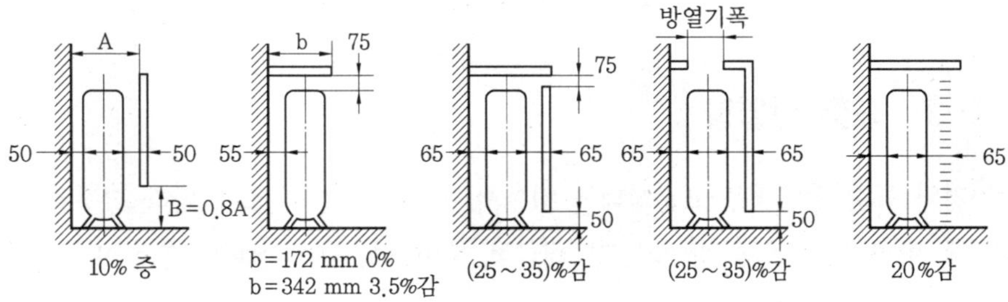

그림 11-4 방열기 설치방법과 방열량의 변화

방열기는 창문 앞 등 열손실이 가장 큰 곳에 설치하며 벽과의 거리는 50~60 mm 정도가 좋다.

11-5-2 방열기의 호칭법

방열기의 호칭은 종류×형×절수로 표시하며, 3세주는 3, 5세주는 5, 벽걸이는 *W*, 수평형은 *H*, 수직형은 *V* 기호로 표시한다.

방열기의 표시 기호를 보기로 들면 다음과 같다.

① 5−700×20은 기둥수가 5개이고 높이 700 mm, 절수는 20개를 조합한 것이다.

② *W*−*V*×5는 벽걸이 수직형 5절(마디)을 조합한 것이다.

3세주·5세주의 한 마디 두께는 49 mm이고, 벽걸이 *H*형의 폭은 540 mm, *V*형의 폭은 360 mm이다. 기둥형 방열기는 최대 35절까지, 벽걸이 방열기는 15절까지 조립하여 사용한다.

도면상으로 표시할 때는 원을 3등분하여 그 중앙에 방열기 종별과 형을 표시하고, 상단에 섹션수를, 하단에 유입관과 유출관 관경을 표시한다. 예를 들면 다음과 같다.

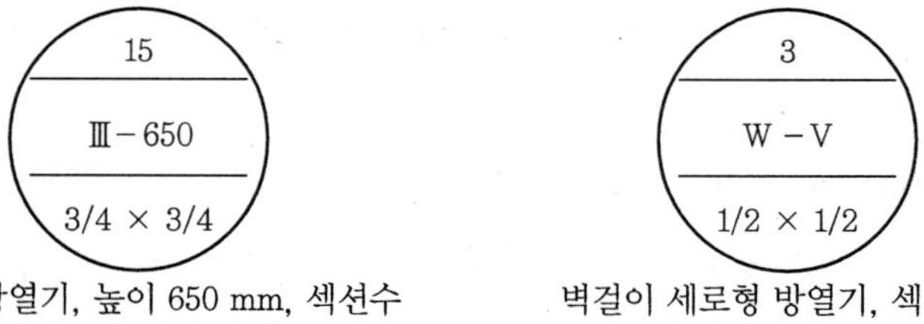

3주형 방열기, 높이 650 mm, 섹션수 15, 유입관과 유출관의 관경 3/4인치

벽걸이 세로형 방열기, 섹션수 3, 유입관과 유출관의 관경 1/2인치

그림 11-5 방열기 도시법

11-5-3 표준 방열량

방열기의 표준 방열량은 표준상태에 있어서 온도 및 열매온도에 따라 결정된다.

주철제 방열기, 강판제 방열기 및 대류형 방열기의 표준상태와 표준 방열량을 표 11-5에 나타낸다.

표 11-5 표준 방열량

열 매	표준방열량 (kw/m²)	표준상태에 있어서 온도		방열계수	상당방열면적 (EDR : m²)
		열매온도(℃)	실내온도(℃)		
증기	0.756	102	18.5	7.8	H_L/0.756
온수	0.523	80	18.5	7.2	H_L/0.523

[주] H_L : 손실열량(kw)

방열기의 방열량은 상당방열면적(EDR : equivalent direct radiation)(m^2)으로 나타내는 것이 보통이며, 표준상태에 있어서 방열기의 전 방열량을 Q(kw), 표준 방열량을 q_0(kw/m^2)로 하면 상당방열면적은 식 (11.1)로 나타난다.

$$\text{상당방열면적(EDR)} = \frac{Q}{q_0}(m^2) \tag{11.1}$$

실온 및 열매온도가 표준량과 다를 때는 그 방열량이 증감하므로 보정할 필요가 있다. 방열기 1개의 방열면적은 10m^2 이하가 되도록 한다.

예제 11-1

전 손실열량 30kw의 사무실에 설치하는 가열기의 소요수를 구하라. 다만, 방열기는 3세주 650mm를 설치하고, 증기난방을 실시한다.

|해답| 식 (11.1)에서

$$\text{상당방열면적(EDR)} = \frac{Q}{q_0} = \frac{30}{0.756} \fallingdotseq 39.68\,m^2$$

표 11-4에서 1섹션의 방열면적은 0.15m^2이므로 필요 섹션수$= \frac{39.68}{0.15} = 265$절(섹션)

11-5-4 어느 상태에 있어서 방열량

표준상태에 있어서 방열량을 q_0(kcal/h), 어느 상태에 있어서 방열량을 q(kcal/h)로 하고 그 보정계수를 C로 하면 q는 다음 식에 의하여 구해진다.

$$q = \frac{q_0}{C} \tag{11.2}$$

C의 값은 다음 식에 의하여 구한다. 주철제 방열기, 강판 방열기에 대하여

$$증기:\ C=\left(\frac{83.5}{t_s-t_r}\right)^{1.3} \tag{11.3}$$

$$온수:\ C=\left(\frac{61.5}{\frac{tw_1+tw_2}{2}-t_r}\right)^{1.3} \tag{11.4}$$

대류형 방열기에 대하여

$$증기:\ C=\left(\frac{83.5}{t_s-t_r}\right)^{1.4} \tag{11.5}$$

$$온수:\ C=\left(\frac{61.5}{\frac{tw_1+tw_2}{2}-t_r}\right)^{1.4} \tag{11.6}$$

여기서, t_s : 어느 상태에 있어서 증기 온도(℃)

t_r : 어느 상태에 있어서 실내 온도(℃)

tw_1, tw_2 : 어느 상태에 있어서 방열기 입구 및 출구에 있어서 온수 온도(℃)

11-5-5 증기응축량

방열기의 증기는 실내에 열을 흡수시켜 응축수로 된다. 이 응축량은 다음 식으로 계산한다.

$$G_s=\frac{q_0}{증기의\ 증발잠열} \tag{11.7}$$

여기서, G_s : 증기응축량(kg/m^2 · h)

q_0 : 방열기의 방열량(kcal/m^2 · h)

간헐난방으로 야간에 냉각되고 있는 방열기를 다음 날 아침이 되어 통기를 시작하면 통기 개시 후 20분간 평균 응축량은 보통 때 응축량의 약 2배로 된다.

11-5-6 부속품

(1) 방열기 밸브

방열기 입구에 설치하여 증기나 온수의 양을 가감하는 장치이다. 실온에 따라 개폐하

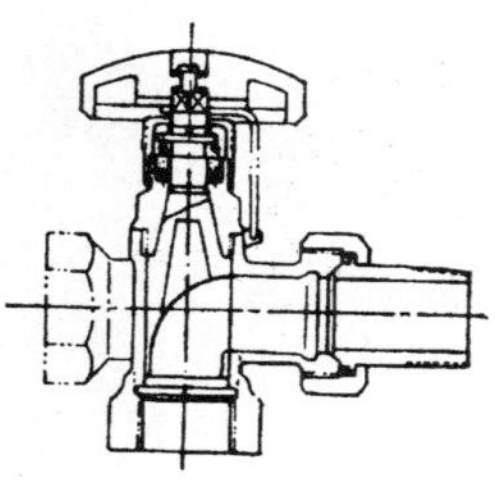

(a) 온수용 방열기 밸브

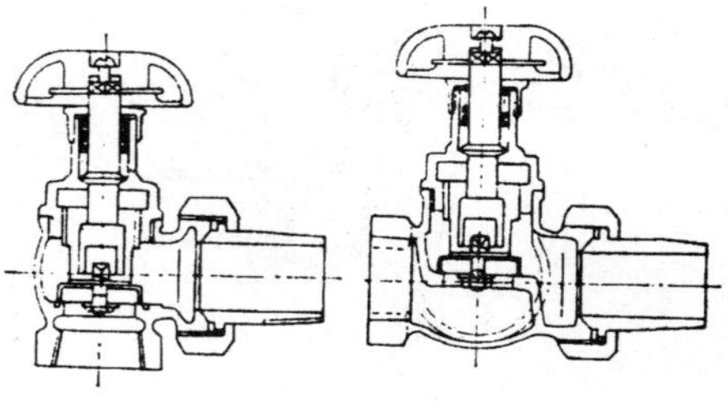

(b) 증기용 방열기 밸브

그림 11-6 방열기 밸브

는 것이므로 새지 않는 구조로 한다. 그림 11-6에 방열기 밸브를 나타낸다.

1) **증기용 방열기 밸브**

다이어프램 또는 벨로즈가 들어 있는 패크리스(packless)구조의 것으로 한다. 표면은 크롬도금 마감을 하고 합성수지제 핸들이 달린 것으로 한다.

2) **온수용 방열기 밸브**

앵글 밸브형 또는 스트레이트형으로 표면은 크롬도금 마감을 하고 합성수지제 핸들이 달린 것으로 한다.

(2) 증기트랩

방열기 출구에 설치하여 응축수와 공기를 통하지만 증기를 통하지 않는 구조이다. 내부에 청동제 벨로즈가 들어 있고 열에 의한 신축작용에 따라 밸브를 개폐하는 구조로 되어 있다.

벨로즈 안에는 에테르와 같은 휘발성 액체가 봉입되어 있다. 증기가 벨로즈를 둘러쌀 때에는 다량의 열을 가지고 있으므로 곧 벨로즈는 고열이 되어 팽창하여 밸브를 닫는다. 응축수 및 공기는 열량이 적으므로 벨로즈는 곧 냉각되어 밸브를 닫게 된다. 방열기 트랩은 방열면적에 따라 크기를 결정한다. 그림 11-7에 방열기 트랩의 일례를 나타낸다.

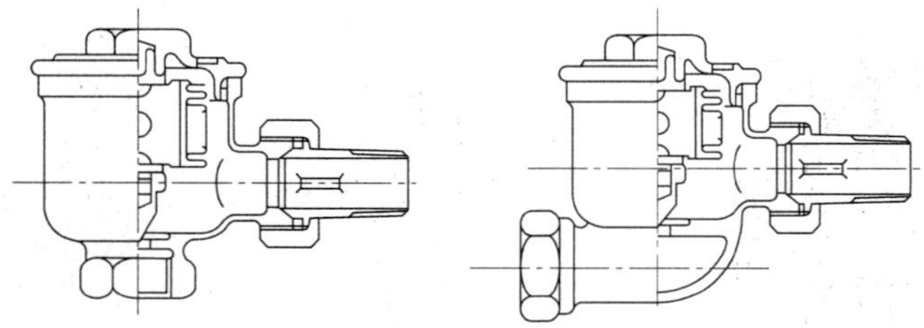

(a) 앵글형 열동식 트랩 (b) 스트레이트형 열동식 트랩

그림 11-7 방열기 트랩

1) 열동 트랩

실르폰 트랩이라고도 하고, 금속 벨로즈 안에 휘발성 액체를 봉입하여 증기가 벨로즈에 닿으면 안의 액체가 팽창하여 밸브를 닫고, 응축수 또는 공기가 닿으면 수축하여 밸브를 연다. 밸브의 작동은 간헐적이며, 일반적으로 저압용의 방열기, 소형 가열기나 관말 트랩용에 사용된다.

2) 버킷 트랩

그림 11-8에 나타난 것처럼 버킷의 자중과 그 부력의 차에 의하여 밸브를 개폐한다. 밸브의 작동은 간헐적이며, 증기관과 환수관의 압력차로 응축수를 배출하므로 유체의 온도는 별로 상관이 없고, 중・고압용에 사용되며, 구조도 간단하고 고장이 잘 나지 않는다.

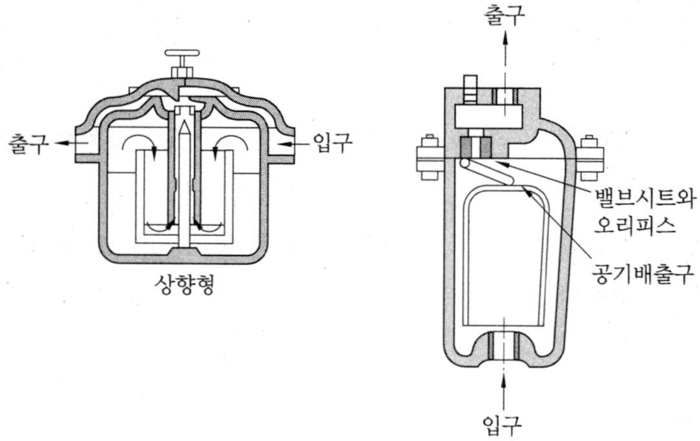

그림 11-8 버킷 트랩

3) 플로트 트랩

그림 11-9에 나타난 것처럼 플로트의 부침에 의하여 밸브를 개폐한다. 플로트 트랩만으로는 공기의 배출 능력이 없으므로 열동 트랩을 부속하여 공기를 배출한다. 밸브의 작동은 연속적이며 다량의 응축수를 배출할 수 있지만 트랩의 형상이 크다.

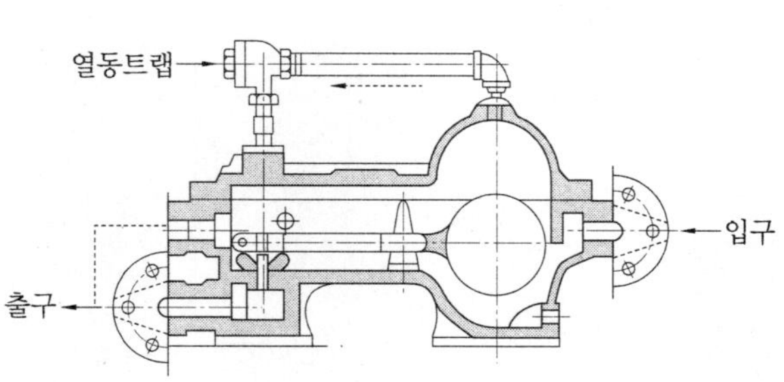

그림 11-9 플로트 트랩

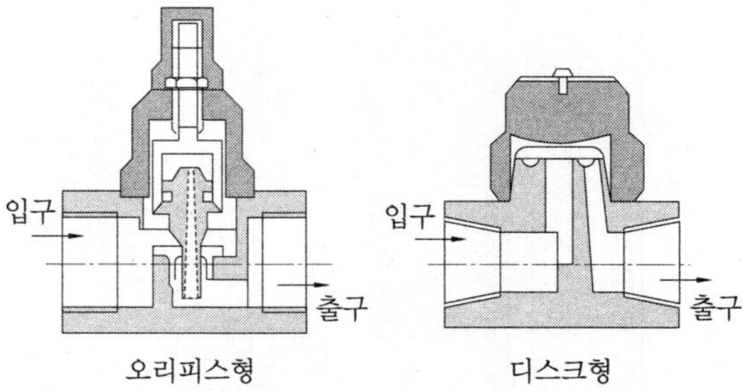

그림 11-10 충격식 트랩

4) 충격 트랩

그림 11-10에 나타난 것처럼 트랩의 입구측과 출구측의 중간에 설치한 제어실의 압력강하에 따라 밸브를 연다. 이 트랩은 소형이며 비교적 큰 배출량을 지니고, 구조가 단순하며 부착은 어떤 위치에도 좋다. 작동은 보통 간헐적이지만 응축수가 많을 때는 연속적으로 배출한다.

(3) 공기빼기 밸브

방열기나 배관의 공기를 제거하기 위하여 사용된다. 방열기 안에 공기가 고이면 방열 능력이 저하하므로 진공환수식 증기난방 이외에는 공기빼기 밸브를 설치한다. 공기빼기 밸브는 자동식과 수동식(주로 pet cock)이 있다. 증기난방에 있어서 방열기 내의 공기는 증기보다 무거우므로 공기빼기 밸브는 방열기 하부에 부착한다. 온수난방에서 상향 공급식은 방열기의 상부에, 하향 공급식에서는 필요하지 않다. 그림 11-11에 자동 공기빼기 밸브를 예시하는데 이것은 밸브 내에 응축수가 오면 플로트 작용으로 밸브를 닫고 증기가 오면 벨로즈 작용으로 밸브를 닫아 공기가 흘러 넘쳐 상부에서 배수된다.

(4) 유니언 엘보

엘보의 한쪽 입구에 유니언을 설치하는 이음을 말하며, 방열기와 리턴 파이프 사이에 사용하거나 중력순환식 온수난방 또는 중력환수식 증기난방에서 방열기 트랩을 설치하지 않는 때에 사용한다.

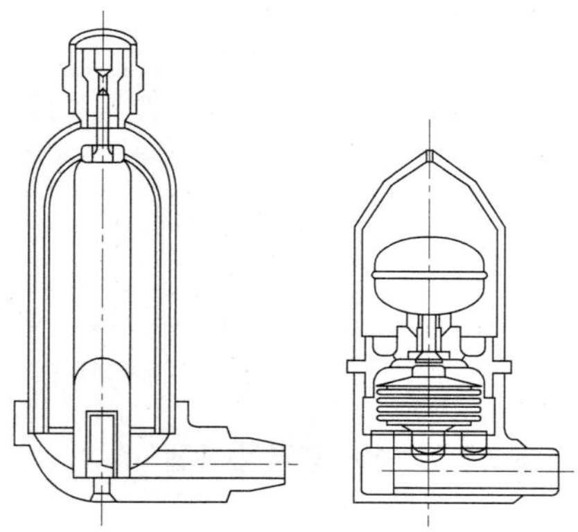

(a) 온수용 자동공기 빼기밸브 (b) 증기용 자동공기 빼기밸브

그림 11-11 자동공기빼기밸브

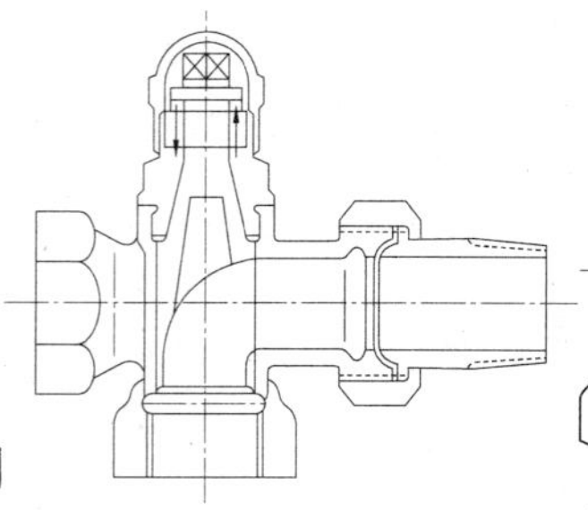

그림 11-12 온수용 리턴 콕

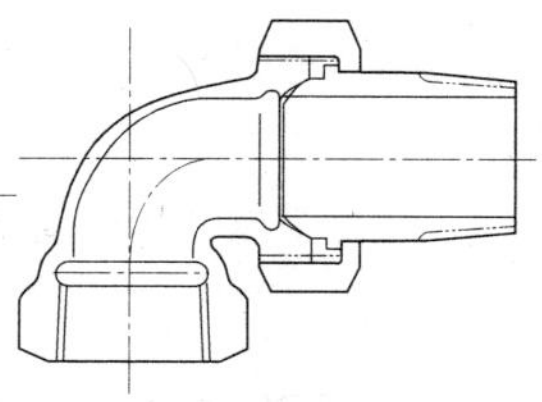

그림 11-13 리턴 유니언

(5) 리턴 콕 및 리턴 유니언

온수용 리턴 콕은 방열기의 출구측에 설치하여 온수의 유량을 조절한다. 리턴 콕은 조작할 때만 상부의 캡을 풀고, 핸들 또는 드라이버에 의해 개도를 조절한다. 이 유량 조절을 할 수 없는 것은 리턴 유니언이다.

(6) 2중 서비스 밸브

한랭지에 있어서 하향 급기식 배관에서는 방열기 밸브를 달기 때문에 하향 수직관 내의 응축수가 동결하는 경우가 있는데, 이를 방지하기 위해 방열기 밸브와 열동 트랩을 조합한 밸브를 사용한다. 이를 2중 서비스 밸브라 한다(그림 11-14).

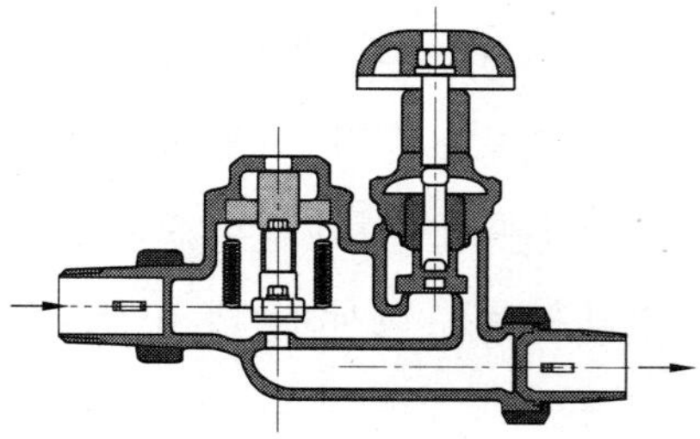

그림 11-14 2중 서비스 밸브

11-6 증기난방

11-6-1 개요

그림 11-15에 나타난 바와 같이 열매에 증기를 이용하여 보일러에서 발생하는 증기가 갖고 있는 압력에 의하여 배관 중으로 수송되고, 실내에 설치되어 있는 각 방열기에 보내게 된다.

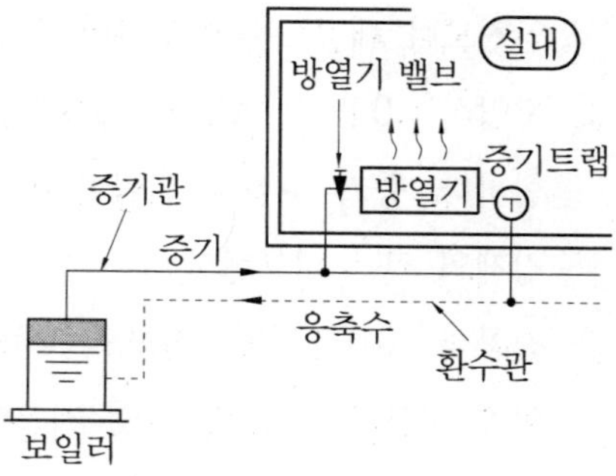

그림 11-15 증기난방

방열기에서 방열한 증기는 응축하여 온수(응축수 또는 환수)가 되고, 중력 또는 펌프에 의하여 보일러에 되돌아가고, 여기서 다시 가열되어 증기가 되어 장치 내를 순환한다.

(1) 증기난방의 특징

1) 장점

① 온수난방에 비하여 배관경이나 방열기가 작아진다.

② 예열시간이 짧고, 간헐운전에 적합하다.

③ 층고에 관계없이 증기를 쉽게 운반할 수 있다.

④ 한랭지에 있어서 난방운전을 멈추었을 때 동결에 의한 파손의 위험이 적다.

⑤ 환수관의 관경이 작아도 되며 설비비가 저렴하다.

2) 단점

① 증기의 유량 제어가 어려우므로 실온 조절이 곤란하다.

② 방열기 표면의 온도가 높기 때문에 불쾌감을 준다.

③ 스팀 해머를 발생할 수 있다.

④ 보일러의 취급에 자격을 필요로 하는 경우가 있다.

11-6-2 증기난방 방식

(1) 증기압력에 의한 분류

① 저압식 : 0.01～0.05 MPa 정도의 증기를 이용하고, 일반 건물의 난방에 적합하다. 안전도나 쾌감도는 양호하며, 보일러 및 방열기에 주철제의 것이 사용될 수 있다.

② 고압식 : 0.1～0.3 MPa 정도의 증기를 이용하고, 공장의 난방이나 지역난방에 적합하다. 증기 누설의 위험이나 취기에 의한 불쾌감이 있고, 보일러 및 방열기에 강제의 것을 사용한다.

③ 진공식 : 0.02 MPa～진공도 200 mmHg 정도의 증기를 이용하고, 일반 건물의 난방에 적합하다. 진공펌프를 사용한다.

④ 베이퍼(vapour)식 : 0.02 MPa～진공압의 증기를 사용하고, 진공펌프는 사용하지 않는다.

(2) 배관방식에 의한 분류

1) 단관식

그림 11-16에 나타난 바와 같이 증기와 응축수를 동일 배관에서 운반하는 것이며, 일반적으로 소규모 건물의 일부밖에 이용되지 않는다. 증기와 응축수가 동일 배관 내를 흐르기 때문에 스팀 해머를 생기게 할 수 있다.

2) 복관식

그림 11-17에 나타난 것처럼 증기와 응축수를 별도의 배관에서 운반하는 것이며 규모가 큰 건물에도 이용된다.

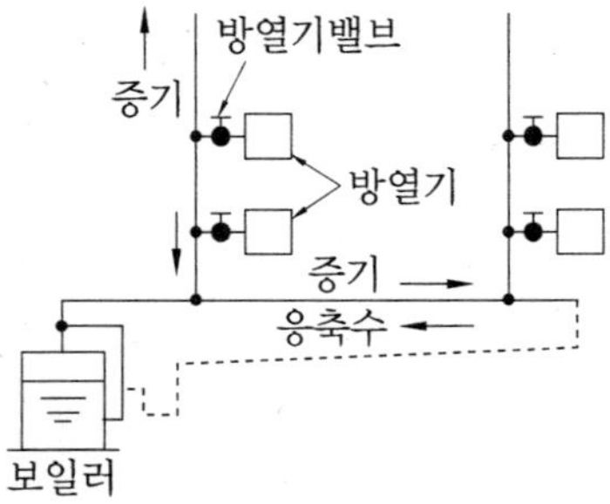

그림 11-16 단관식 배관법

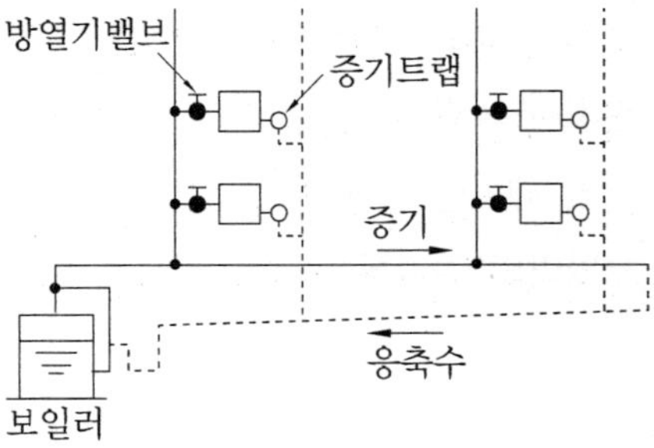

그림 11-17 복관식 배관법

(3) 공급방식에 의한 분류

1) 상향식

그림 11-18에 나타난 것처럼 증기주관을 최하층의 천장 속 등에 배관하고, 여기에서 분기관을 수직으로 올려 증기를 밑에서 위로 향해 공급한다.

2) 하향식

그림 11-19에 나타난 바와 같이 증기주관을 최상층의 천장 속 등에 배관하고, 여기에서 분기관을 수직으로 내려 증기를 위에서 밑으로 향해 공급한다.

(4) 환수배관방식에 의한 분류

1) 습식

그림 11-18에 나타난 바와 같이 수평의 환수주관이 보일러 수면보다 아래의 위치에 있는 경우이며, 환수주관에서는 트랩을 생략할 수 있다.

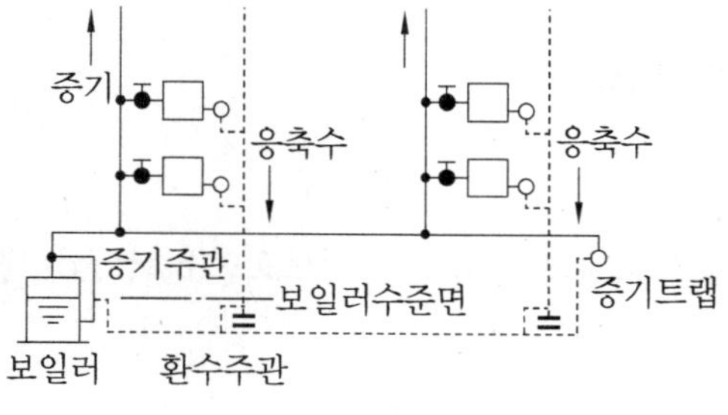

그림 11-18 상향식 공급법(습식)

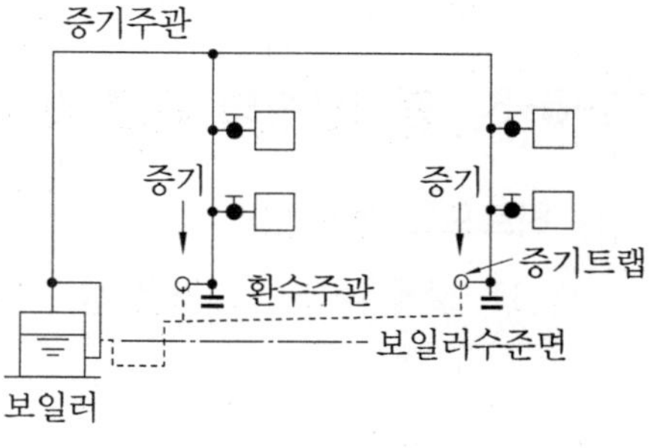

그림 11-19 하향식 공급법(건식)

2) 건식

그림 11-19에 나타난 바와 같이 수평의 환수주관이 보일러 수면보다 위의 위치에 있는 경우이며 진공펌프를 이용하여 배관 중의 공기를 배출할 수 있는 것은 건식뿐이다.

(5) 공기배출 방식에 의한 분류

1) 자연배기식

그림 11-20에 나타난 것처럼 각 방열기 및 증기관의 말단에 공기빼기 밸브를 설치하여 배관 내의 공기를 배제하는 것(에어 벤트식)과 건식의 환수관의 말단에서 배관 내의 공기를 배제하는 것(에어 리턴식)이 있다.

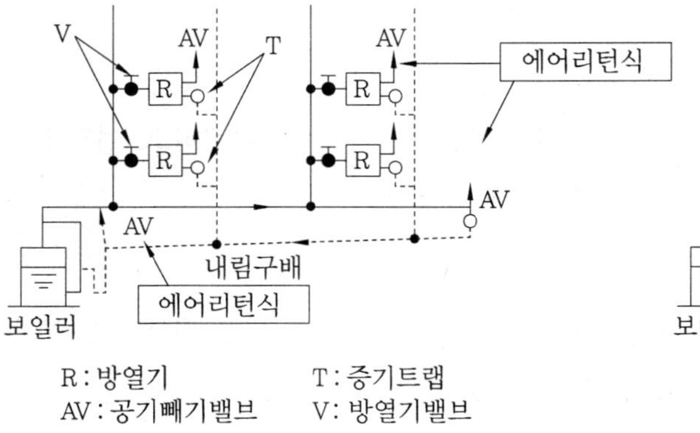

그림 11-20 자연배기식(에어 벤트와 에어 리턴식)

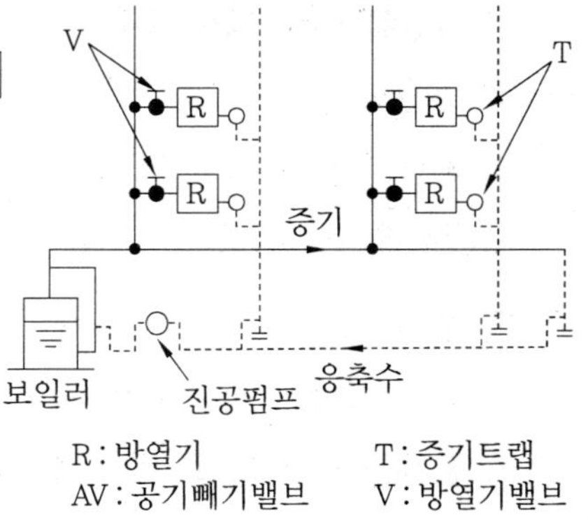

그림 11-21 기계배기식

2) 기계배기식

그림 11-21에 나타난 것처럼 환수관의 말단에 진공펌프를 설치하여 배관 내의 공기를 배제하는 것이며, 통기가 확실하게 되어 대규모 건물에 적합하다.

11-6-3 증기난방의 배관 및 이음 장치

(1) 하트포드 접속(법)

그림 11-22에 나타난 것처럼 환수주관에서 보내진 응축수는 하트포드(hartford) 접

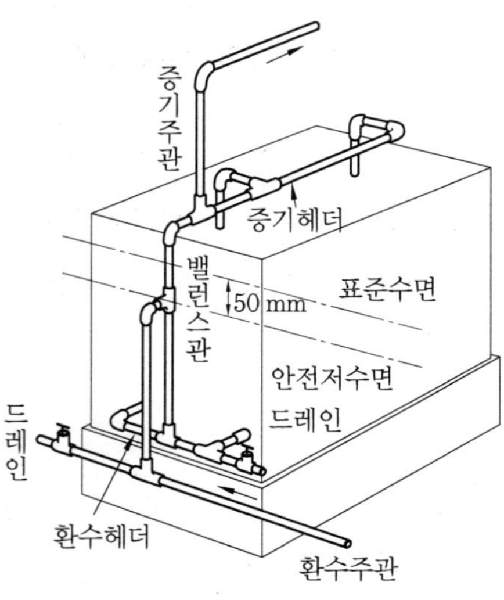

그림 11-22 하트포드 접속(법)

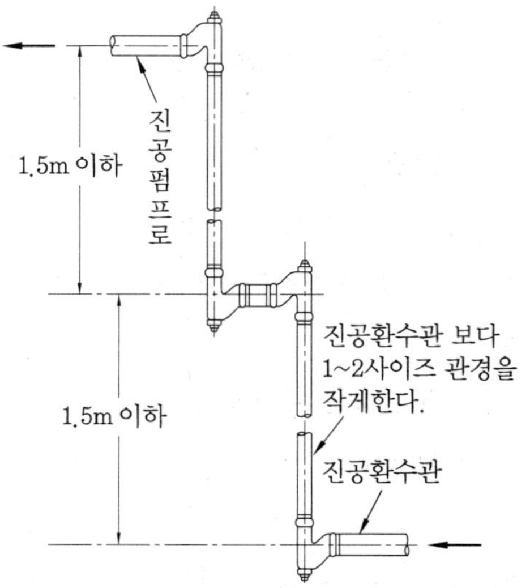

그림 11-23 흡상이음(리프트 이음)

속관을 지나 보일러에 돌아온다. 이 방식을 이용하는 것에 따라 환수관의 도중에서 물이 새는 경우에 보일러 수면 저하가 접속점 높이에서 멈춤으로 최저 수위 이하에서의 연소를 방지할 수 있고, 증기압과 환수압을 균형 있게 하며 환수주관 안에 침적된 찌꺼기는 보일러에 유입시키지 않는다. 또 접속점은 보일러 수준면보다 약 50 mm 하방으로 한다.

(2) 흡상이음(lift fitting)

그림 11-23에 나온 것처럼 진공환수방식에 있어서 환수관에 내림구배를 취하지 않을 때나 환수관을 수직으로 올려야 하는 경우에 이용한다. 또 이 이음은 가능한 한 환수주관의 말단 진공 펌프 가까이에 설치하고, 수직올림관은 환수관보다 크기가 1~2 정도 작은 구경의 관을 사용한다. 1단의 흡상 높이는 1.5m 이내이고, 2단, 3단, 직렬 연속으로 접속하여 빨아올리는 경우도 있다.

(3) 방열기 주변 배관

그림 11-24에 나타난 바와 같이 방열기 배관의 수직 올림관과 방열기용 지관 연결의 관에 대해서도 마찬가지의 스위블형 이음을 이용한다.

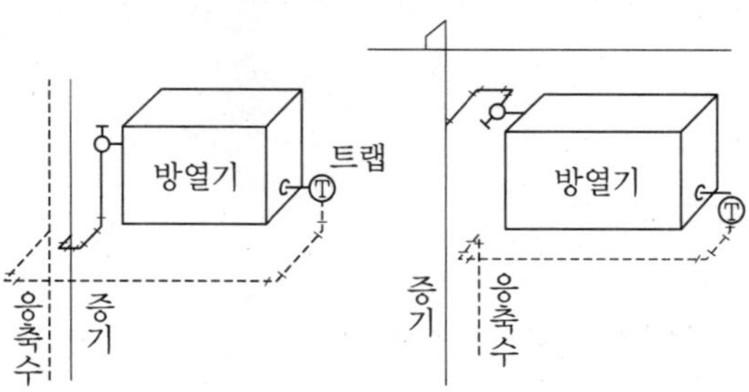

그림 11-24 방열기 주변

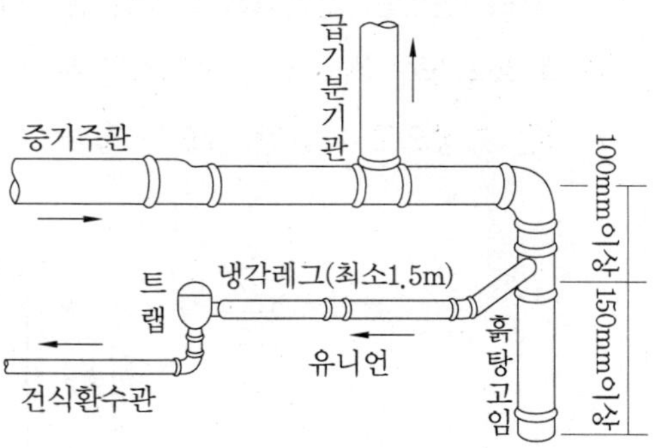

그림 11-25 냉각레그

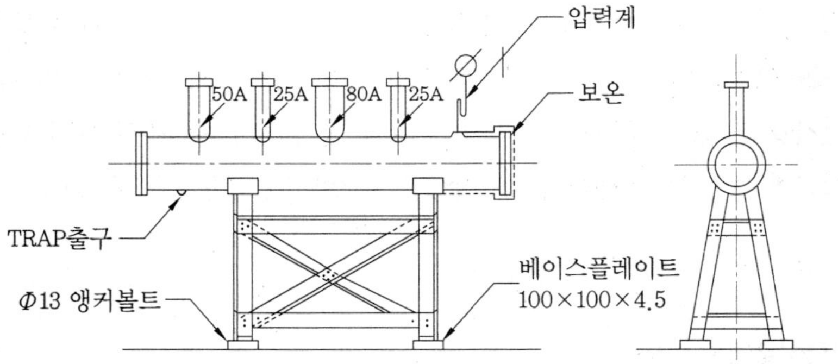

그림 11-26 증기헤더

11-7 온수난방

11-7-1 개요

현열을 이용한 난방으로 그림 11-27에 나타난 바와 같이 열매에 보일러나 열교환기에서 만들어진 온수를 이용하여 실내에 설치되어 있는 각 방열기에 보낸다.

방열에 따라 온도가 강하한 온수는 밀도차 또는 펌프의 작용에 의하여 보일러에 돌아가고 여기서 다시 가열되어 장치 내를 순환한다.

고온수 난방은 일반적으로 공급 온수를 140℃ 또는 160℃ 정도로 하고, 방열기에 따라 20deg 또는 30deg의 온도차를 두어 방열시킨다. 100℃를 넘는 온수를 만드는 데는 대기압 이상으로 가압할 필요가 있다.

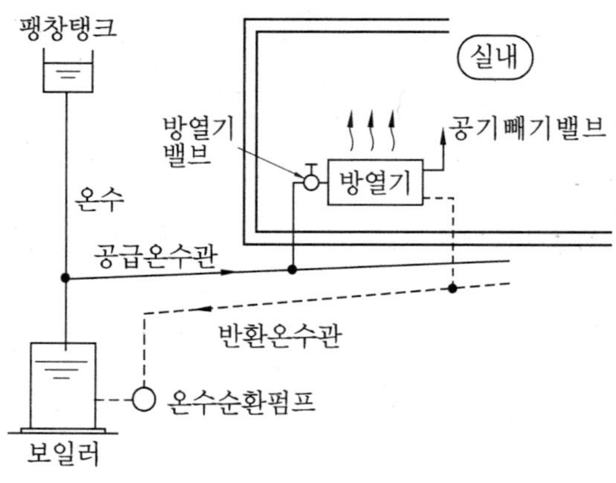

그림 11-27 온수난방

표 11-6 고온수 난방의 압력과 온수온도

지상에 있어서 게이지 압력 P_G(kg/cm²) (포화압력)	0.43	1.72	3.82	9.19	14.82	22.63
위와 같은 상태에 있어서 최대온수온도 tw℃	110℃	130℃	150℃	180℃	200℃	220℃

가압 방법에는 질소(N_2)가스 가압, 증기 가압, 펌프 가압, 공기 가압 등이 있는데 소규모 장치에서는 공기 가압, 중규모 가압에서는 질소가스 가압, 또 대규모에서는 질소가스 가압이나 펌프 가압의 경우가 많다.

(1) 온수난방의 특징

1) 장점

① 방열 온도가 높지 않으므로 난방의 느낌이 부드럽다.

② 예열시간이 많이 걸리지만 열이 빨리 식지 않는다. 즉 열용량이 크므로 열부하 변동에 대하여 온도조정이 쉽다.

③ 외기온도에 비례하여 온수온도를 제어하면 각 방열기마다 제어할 필요 없이 실온을 거의 일정하게 유지할 수 있다.

④ 주택 등 소규모 건물에서는 증기난방 등에 비하여 시공이 용이하고 설비비도 저렴하다.

⑤ 온수 보일러의 취급이 용이하고, 주택 등의 경우에는 누구나 운전할 수 있다.

2) 단점

① 방열기나 배관이 증기난방에 비하여 커진다. 따라서 주택 등 소용량 설비를 제외하면 설비비는 높아진다.

② 난방 개시시 시간이 걸리므로 간헐난방에는 부적합하다.

③ 추운지방에서는 난방정지시 배관 중의 물이 동결할 우려가 있으므로 그 대책을 필요로 한다.

④ 배관의 굴곡부에서 공기 정체에 따른 순환저해가 생길 수 있다.

(2) 고온수 난방의 특징

1) 장점

① 공급과 반환의 온수 온도차가 20~30deg 정도로 크게 행해지므로 송수량이 적어

도 되고 그 때문에 배관지름이 작아도 된다. 설비비도 증기 배관에 비하여 저렴하다.

② 증기배관에 비해 지면의 凹凸에 관계없이 용이하게 시공할 수 있다.

③ 증기배관에 비하여 온열원의 이용상 효율이 높다. 증기배관에서는 관내 응축이 있어 열원으로 이용할 수 없지만 고온수는 전 온수를 열원으로 이용할 수 있다.

④ 증기난방과 비교하면 같은 부하로 운전할 때 연료비가 20~40% 절감된다.

⑤ 방열기는 보통 온수에 비하여 작아도 된다. 이것은 방열기 표면온도가 100℃ 이상으로 높기 때문이다.

⑥ 새로운 급수를 하지 않기 때문에 배관부의 부식이 적다.

2) 단점

① 고온과 동시에 고압을 유지해야 하기 때문에 보일러로부터 배관, 방열기 및 팽창탱크에 이르기까지 밀폐 사이클로 되어 있어야 한다.

② 방열면의 온도는 높고, 또 누수 등에 대하여 위험하다.

③ 고층 건축물에 대하여 지하 부분에서는 건물높이의 정수두가 가압분에 플러스되므로 배관 등의 내압에 주의할 필요가 있다.

④ 증기를 필요로 할 때 별도로 증기 발생기를 설치할 필요가 있다.

⑤ 배관의 시공 방법, 배관의 팽창·신축에는 충분한 주의를 요한다.

⑥ 열용량이 증기난방의 경우보다 훨씬 크기 때문에 난방개시시 예열에 많은 열량이 필요하다.

11-7-2 온수난방의 방식

(1) 온수 온도에 의한 분류

1) 저온수식

일반적으로 65~80℃의 온수를 이용하고, 주철제 보일러와 장치의 최고부에 개방식 팽창탱크를 설치하여 온수 온도를 100℃ 이하로 제한한다.

2) 고온수식

120~180℃의 온수를 이용하고, 기계실 등에 강판제 보일러와 밀폐식 팽창탱크를 설치하고 대기압 이상으로 장치 내를 가압하여 온수 온도를 100℃ 이상으로 한다.

(2) 배관방식에 의한 분류

1) 단관식

그림 11-28에 나타난 것처럼 1본의 주관 안을 온수가 순환하고, 방열기의 공급관 및 반환관을 이 주관에 접속한다. 각 방열기가 동일 방열량에서는 보일러에서 먼 방열기일수록 치수를 크게 할 필요가 있고, 소규모의 건물 이외에는 별로 이용되지 않는다.

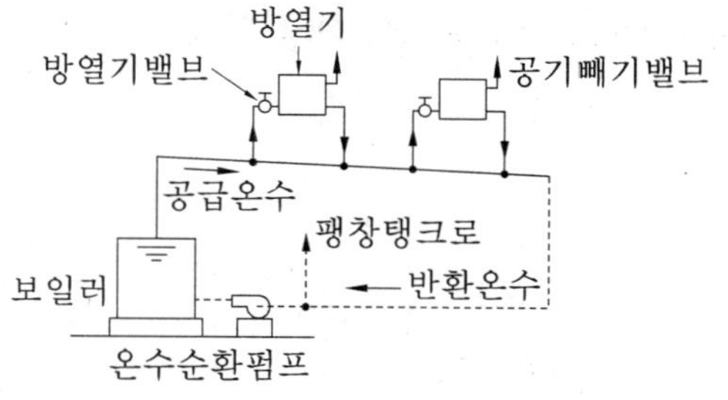

그림 11-28 단관식 배관법

2) 복관식

그림 11-29에 나타난 바와 같이 공급온수관과 반환온수관을 별도로 한 것이며, 배관의 손실이 없으면 각 방열기의 공급온수 온도는 일정하게 된다. 반환관의 배관법에는 그림 11-29(a)에 나타난 직접 환수식(direct return system)과 (b)에 나타난 역환수식(reverse return system)이 있다. 직접 환수식은 보일러에 가까운 방열기일수록 배관저항이 적으므로 온수가 순환하기 쉽지만, 먼 쪽의 방열기에는 순환이 불충분하게 된다. 이 결점을 보안한 것이 역환수식이며 온수를 모두 방열기에 균등히 공급할 수 있다. 역

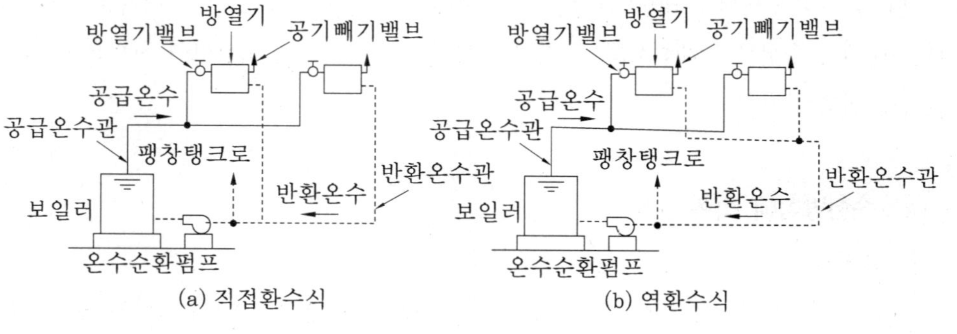

그림 11-29 복관식 배관법

환수식은 마찰저항을 균일하게 해야 하기 때문에 보일러와 방열기 사이의 공급온수관과 반환온수관의 길이를 같게 배관하는 방법이다.

(3) 공급방식에 의한 분류

1) 상향식

그림 11-30에 나타난 바와 같이 온수의 공급 주관을 지하층의 천장 등에서 수평으로 설치하여 거기에서 상향으로 수직관을 연결하고 여기에서 지관으로 각 방열기에 접속시킨다.

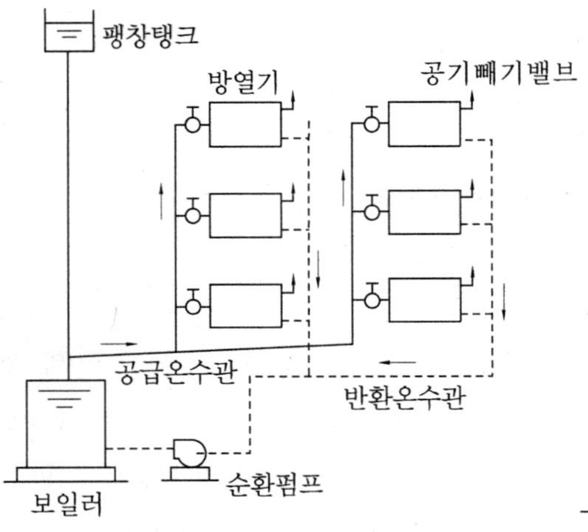

그림 11-30 상향식 공급법(강제식)

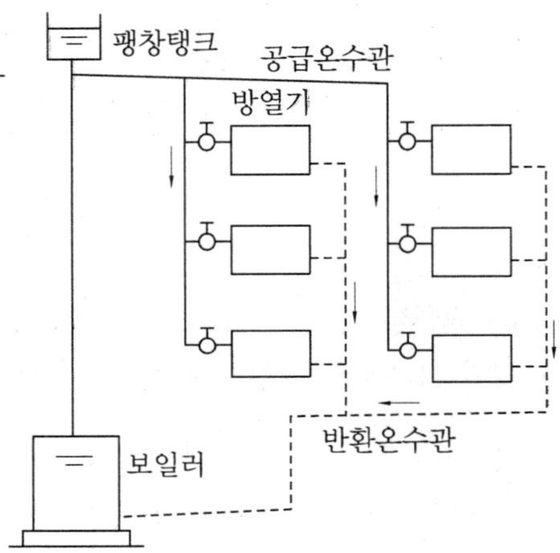

그림 11-31 하향식 공급법(중력식)

2) 하향식

그림 11-31에 나타난 바와 같이 온수의 공급 주관을 먼저 수직으로 세워 최고부층의 천장 등에서 수평으로 배관하고, 거기에서 하향으로 수직관을 연장하여 지관으로 각 방열기에 접속시킨다.

(4) 순환방식에 의한 분류

1) 중력식

그림 11-31에 나타난 바와 같이 장치 내의 온수 온도차에 의한 밀도차에 따라 배관 내를 온수가 자연순환한다. 방열기는 보일러보다 항상 위에 설치하고 소규모 건물에 적

합하다. 순환은 간단하지만 순환력이 약하므로 근래에는 거의 사용되지 않고 있다.

2) 강제식

그림 11-30에 나타난 것처럼 순환펌프를 이용하여 온수를 강제적으로 순환시킨다. 이 방식은 확실하고 온수를 빠르게 순환시킬 수 있으므로 대규모 건축물에 한정되지 않고 널리 사용되고 있다.

11-7-3 온수난방 설계

① 난방실의 난방부하를 구한다.

② 방열기 입구 및 출구의 온수 온도를 조사하여 필요 방열기 면적을 계산하고, 각 실내에 방열기를 배치하고, 개수를 결정하여 필요 방열 면적을 각 방열기에 분배함으로써 방열기와 보일러를 연결하는 합리적인 배관도를 작성한다.

③ 온수순환량, 순환수두, 허용 저항손실을 계산한다.

④ 허용 저항손실과 온수순환량에서 각계 배관의 관경을 구한다.

⑤ 온수순환량이 각 배관으로 흐를 때 전 저항손실을 각 배관 구간에서 구하고, 이들의 합계와 순환수두가 같도록 관경을 변경한다. 정확히 일치하지 않을 때에는 방열기 출구에 리턴콕을 설치하여 조정한다.

⑥ 전 손실 열량에서 보일러 용량을 계산한다.

⑦ 최후에 팽창탱크의 용량을 결정한다.

11-8 복사난방

11-8-1 개요

그림 11-32에 나온 것처럼 열매에 온수나 증기 등을 이용하고 이것들을 바닥, 천장, 벽 등에 파이프를 매입한 방열면(패널)에 보내고, 이 방열면의 복사열에 의하여 실내를 난방한다.

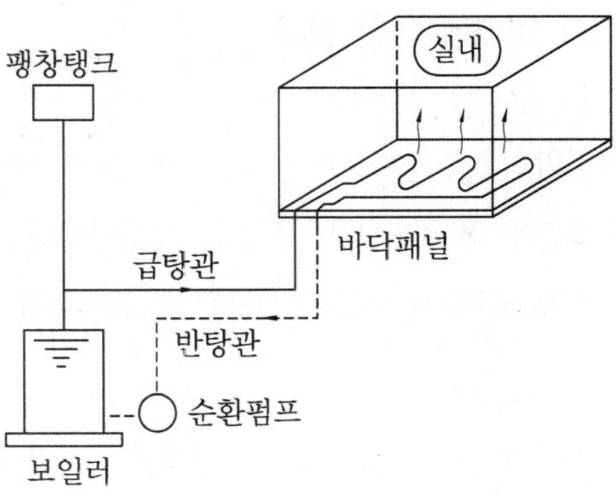

그림 11-32 복사난방

방열에 따라 온도가 강하한 온수나 응축수는 보일러에 돌아가고, 다시 가열되어 방열면으로 순환한다.

(1) 복사난방의 특징

1) 장점

① 방열기가 없으므로 방의 바닥면적 이용도가 높아진다.
② 실내공기의 온도분포가 고르게 되고, 복사열에 의하므로 쾌적성이 우수하다.
③ 실내의 평균 온도가 낮기 때문에 같은 방열량에 대하여 손실열량이 적다.
④ 실내공기의 대류가 적기 때문에 바닥면에서의 진애 상승이 거의 없다.
⑤ 방을 개방상태로 해도 난방효과가 우수하다.
⑥ 천장이 높은 방에 적합하다.

2) 단점

① 배관을 매설하므로 정성들인 시공이 필요하며, 수리 및 고장난 곳을 발견하기가 어렵다.
② 증기난방 방식이지만 온수난방방식에 비하여 설비비가 높다.
③ 구조체를 가열해야 하므로 예열시간이 길고 일시적인 난방에는 적합하지 않다.
④ 방열면의 배면에서 열손실을 방지하는 구조로 해야 한다.
⑤ 바닥 슬래브의 하중이나 두께가 증가한다.

11-8-2 복사난방 방식

(1) 열매에 의한 분류

1) 온수식

일반적으로 많이 사용되고, 파이프를 매입한 구조체나 구조체 외표면에 부착한 특수 방사면에 온수를 보낸다. 저온복사난방에는 80℃ 이하의 저온수가 사용되고, 중온 및 고온복사난방에는 150~200℃의 고온수를 이용한다.

2) 증기식

일반적으로 저압증기가 이용되고, 그림 11-33과 같이 특수 방열면이나 바닥 아래의 틈새에 넣은 파이프에 증기를 보낸다. 파이프를 매입한 구조체(패널)에는 증기식을 이

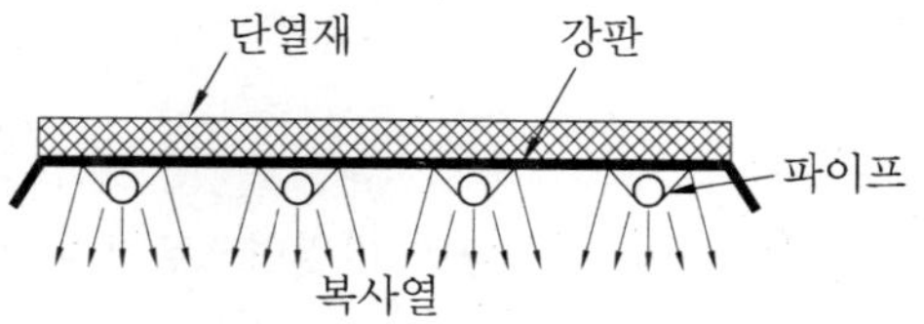

그림 11-33 특수 방열면

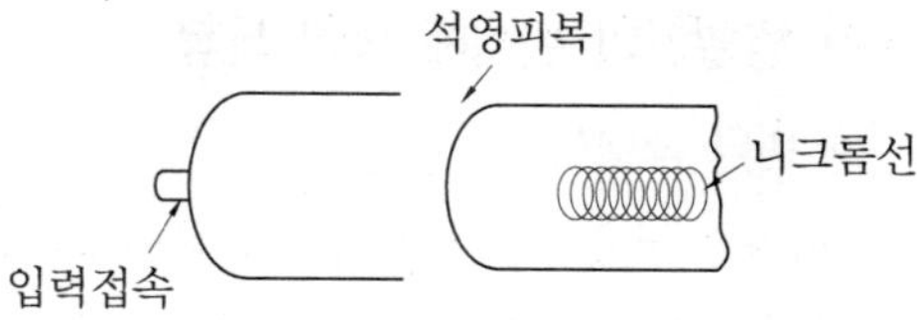

그림 11-34 적외선 램프

용하지 않는다. 천장이 높은 공장 등에 이용되는 천장 방열면에는 고압증기를 이용한다.

3) 전기식

특수한 전열선을 구조체에 매입한다든지, 그림 11-34처럼 적외선 램프를 이용하고, 가열판의 표면온도를 800℃ 이상으로 올려 적외선을 방출시킨다.

4) 온풍식

온풍을 구조체 내의 덕트에 통과시켜 바닥 등을 따뜻하게 하는 방식으로 열효율은 좋지 않고, 구조체는 온풍이 새지 않도록 기밀하게 할 필요가 있다.

5) 연소가스식

그림 11-35와 같이 가스 연소기를 이용하고 가스를 직접 연소시켜 도기의 판을 800~900℃로 적열시켜 복사열을 방출시킨다. 가스 연소기의 경우는 배기가스 처리를 위하여 환기나 결로방지 등의 배려가 필요하다.

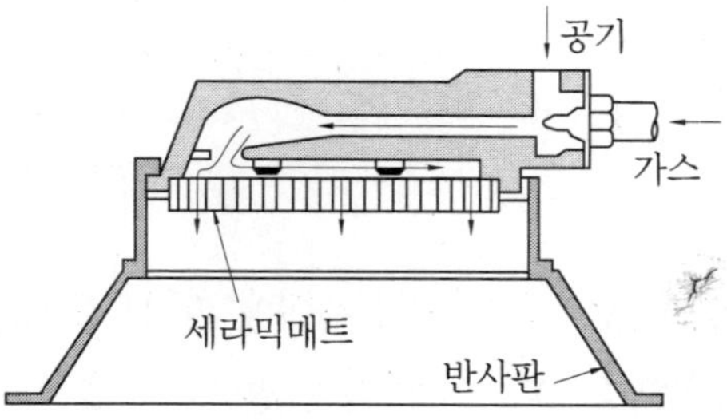

그림 11-35 (bank형)적외선 복사난방기

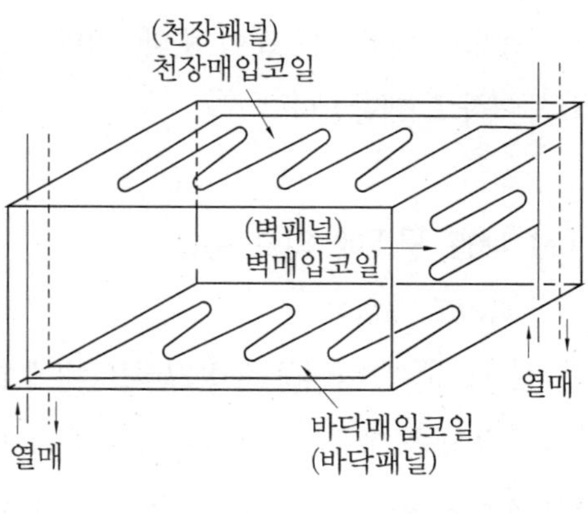

그림 11-36 방열면 위치에 따른 패널의 분류

(2) 방열면의 위치에 의한 분류

1) 바닥 패널식

그림 11-36에서처럼 바닥면에 배관 파이프나 전열선을 설치하여 방열면으로 하는 방식으로 바닥의 표면온도는 높아지지 않으므로 천장 패널식에 비하여 방열면이 넓어진다. 바닥의 표면온도는 30℃ 이하로 하지 않으면 발바닥에 불쾌감을 느낀다.

2) 천장 패널식

그림 11-36은 천장을 방열면으로 한 것으로 바닥 패널식에 비하여 시공이 어렵고 플라스터에 균열이 생길 우려가 있다. 천장의 표면온도가 높으면 두부가 더운 느낌이 들므로 표면온도는 약 43℃ 이하로 하고, 천장고 3m 이하에서는 40~30℃의 표면온도로 한다. 공장, 체육관 등 천장이 높은 실에는 그림 11-37처럼 방열면에 고온수나 고압증기 등으로 표면온도를 높여서 복사 가열한다.

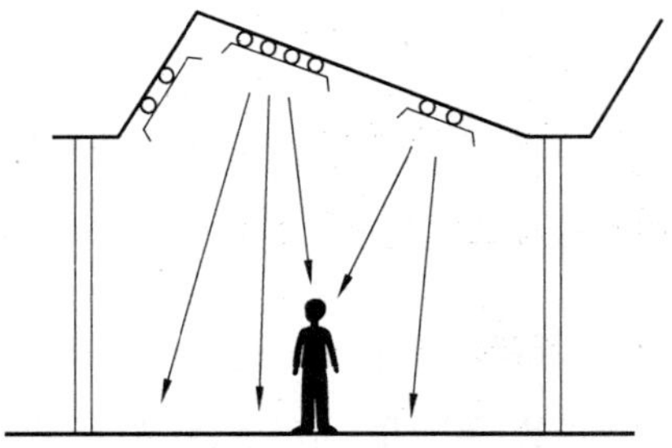

그림 11-37 천장패널(고온복사패널)

3) 벽 패널식

그림 11-36처럼 벽면을 방열면으로 한 것인데 특수한 벽체구조로 하지 않으면 열손실이 커진다. 또 실내의 가구 등에 의하여 방열이 방해를 받으므로 다른 패널식의 보조적 기능으로 이용하는 것이 좋다. 벽면의 표면온도는 건축재료의 균열방지를 위하여 약 43℃ 이하로 제한한다.

(3) 패널 구조에 의한 분류

1) 파이프 매입식

그림 11-38에 파이프를 콘크리트 내에 매입한다든지 2중 천장 사이에 파이프를 부착하여 구조체를 따뜻하게 하는(저온 복사 난방) 방식이다. 이 방식은 일반 거실을 비롯하여 천장이 높은 강당이나 회의장 등에 사용된다. 또 파이프 코일 대신에 특수한 전열선을 이용하는 경우도 있다.

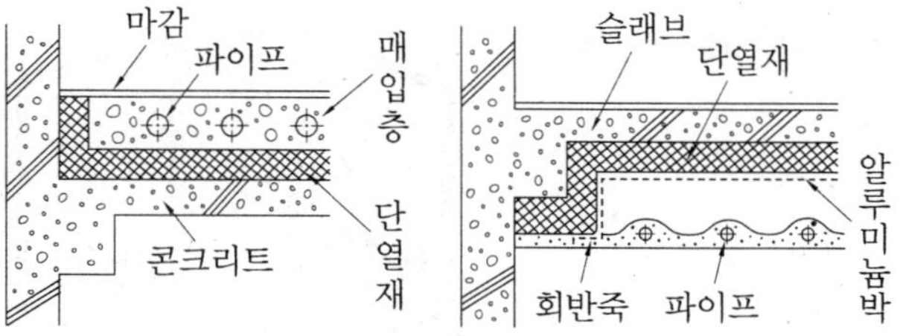

(a) 콘크리트 바닥패널(중간층) (b) 회반죽 매입 천장패널(중간층)

그림 11-38 파이프 매입식

2) 특수 패널식

그림 11-33처럼 주철제 또는 동판제의 패널을 천장, 벽 등의 표면에 부착한다. 여기에 150~200℃의 고온수 또는 증기를 통과시켜 패널을 가열하고 패널의 표면온도를 140~150℃로 유지하고 이 패널 표면에서의 복사열에 의하여 난방(고온 복사 난방)하는 방식이다. 기계 공장 등과 같이 건물의 면적이 넓고 천장이 높은 건물에 적합하다.

3) 적외선 패널식

그림 11-34, 11-35처럼 적외선 램프나 가스연소기 등의 고온 복사판을 이용하고, 가열판 표면 온도를 800℃ 이상으로 올려 적외선을 방출시켜 난방(적외선 복사 난방)하는 방식이다. 공장, 체육관 외에도 차고, 창고, 백화점 등 출입구의 국부난방, 개방 작업장의 국부난방에도 적합하다. 다만, 패널 설치 높이가 4m 이하의 경우에는 일반적으로 사용하지 않는다.

4) 덕트식

그림 11-39에서 구조체에 콘크리트 또는 타일로 중공부를 만들고 이 안에 열풍을 통과시켜 구조체를 따뜻하게 하는 방식이다. 이 방식은 주택이나 소규모의 건물 등에 이용되는 데 지나지 않는다.

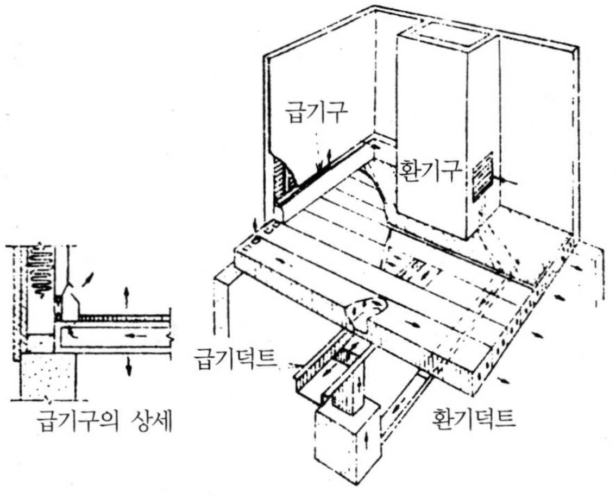

그림 11-39 덕트식

11-8-3 복사난방 장치

(1) 배관 예

1) 보통 복사난방법

그림 11-40의 이 방식은 온수난방의 경우와 마찬가지로 관 내의 공기는 개방식 팽창탱크에 모이도록 구배를 둔다. 또 패널배관이 높은 곳에 공기빼기 밸브를 설치하는데 코일에는 구배를 두지 않아도 된다.

2) 병용식 복사난방법

그림 11-41의 이 방식은 패널에 의한 복사식과 방열기에 의한 대류식을 병용한 것이

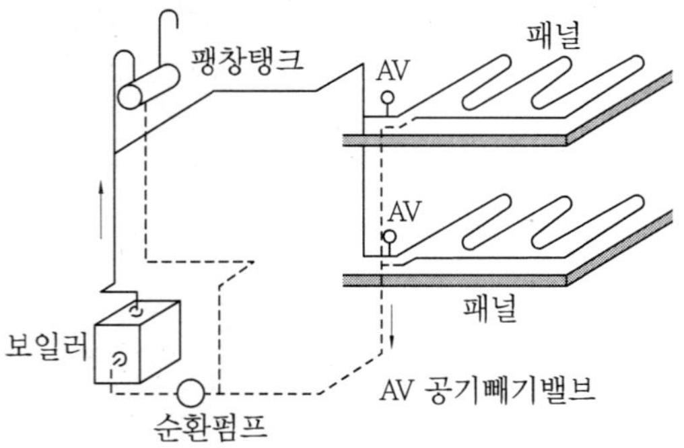

그림 11-40 보통 복사난방법(바닥패널)

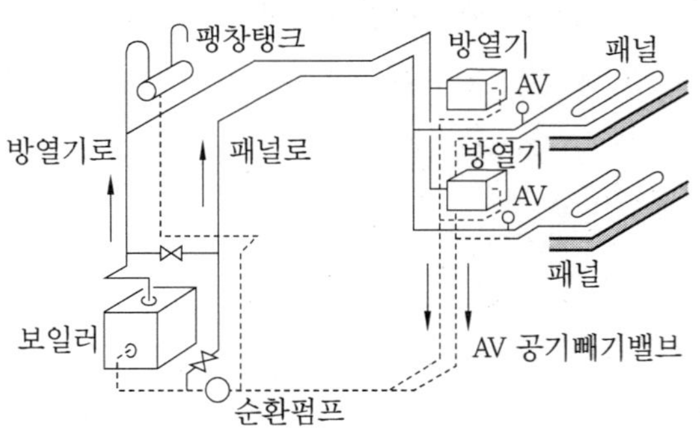

그림 11-41 병용식 복사난방법(바닥패널)

다. 그러나 온수의 사용온도가 다르므로 패널로 보내는 온수는 방열기에서의 되돌아오는 온수를 혼입하여 온도를 내리고, 일부는 보일러에 되돌린다. 그밖에 모두 강제순환식 온수난방의 경우와 같다.

(2) 방열면(패널)

1) 바닥 방열면

그림 11-42처럼 (a), (b), (c)는 콘크리트 바닥에 파이프를 매입하고, 하방으로 열이 새지 않도록 코르크판, 글라스울판, 석고층 등으로 보온층을 만든 것이다. (d)는 공기층 안에 코일을 설치하여 열이 하방으로 달아나지 않도록 알루미늄박 등의 방열판을 단열재 위에 설치한 것이다. 공기는 열전도율이 낮으므로 온수온도는 (a)나 (b), (c)의 경우보다 높아야 한다.

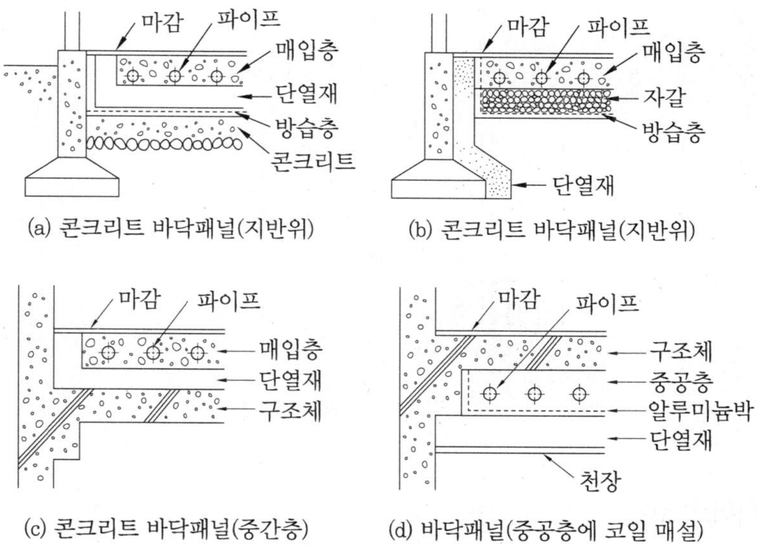

(a) 콘크리트 바닥패널(지반위)
(b) 콘크리트 바닥패널(지반위)
(c) 콘크리트 바닥패널(중간층)
(d) 바닥패널(중공층에 코일 매설)

그림 11-42 바닥 방열면

2) 천장 방열면

그림 11-43처럼 (a)는 콘크리트 슬래브의 하면에 파이프를 매입하고 석회마감을 한 것이다. (b)는 콘크리트 타설 후에 파이프를 인사이드로 현수 철물에 고정시키고 그 위에 모르타르 마감을 한 것이다. (c)는 파이프를 천장면에 매달고, 메탈라스를 바르고 석회마감을 한 것이다.

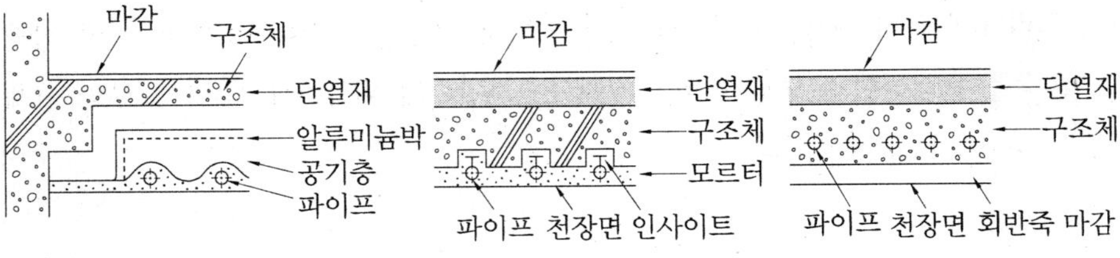

(a) 콘크리트 천장패널　(b) 모르타르매입 천장패널　(c) 회반죽매입 천장패널

그림 11-43 천장 방열면

3) 벽 방열면

그림 11-44처럼 (a)는 벽체의 내측에 코일을 설치하고 석회마감을 한 것이다. (b)는 미장철판을 이용한 것이다. 벽 방열면은 배면의 열손실이 크고, 창, 출입구 등에 따라서 한정된 위치에 설치해야 하므로 일반적으로 보조적인 역할로 이용한다.

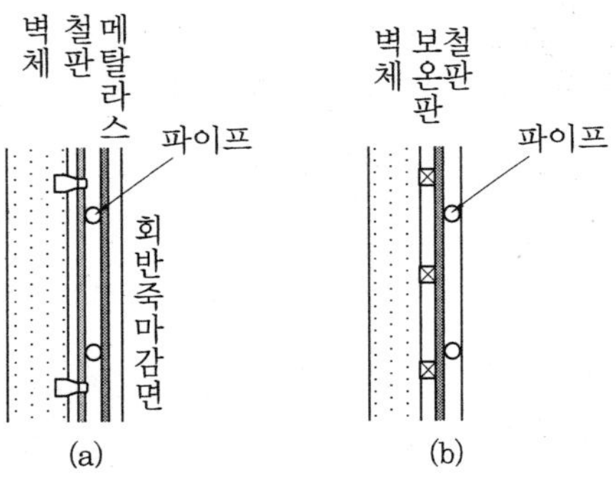

그림 11-44 벽 방열면

(3) 파이프 코일

1) 관 재료와 코일 간격

가스관, 동관, 폴리에틸렌관을 이용하고, 바닥 패널용으로 15~20A 정도, 천장 패널용으로는 이보다 크기가 작은 것이 사용된다. 코일의 간격은 짧게 하면 온도분포는 양호하지만 비경제적이고, 넓게 하면 표면온도의 분포가 좋지 않으므로 표 11-7의 값이 이용되는 것이 일반적이다.

표 11-7 코일의 피치

관경(A)	관경(B)	간격(mm)	최소간격(mm)
15	1/2	150~250	90
20	3/4	200~300	100
25	1	250~375	150
32	1 1/4	300~500	200
40	1 1/2	300~600	250

2) 파이프 배치

그림 11-45와 같은 코일 모양으로 배치하고 매입은 수평으로 행한다. (a)~(c)의 벤드코일 방식에 있어서, (a)는 온도분포가 불균일하며 왕복관의 위치가 떨어져 있기 때문에 시공이 불편하다. (b)는 왕복관의 위치가 인접해 있으므로 좋지만 온도분포는 불균일하다. (c)는 (a), (b)의 결점이 제거되어 양호하다. (d)의 글리드 코일방식은 배관저항이 적어지므로 좋지만 유량의 균일화가 어렵다.

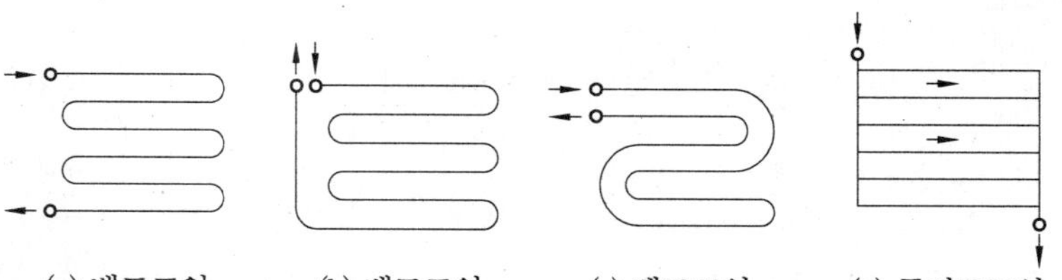

(a) 벤드코일 (b) 벤드코일 (c) 벤드코일 (d) 글리드코일

그림 11-45 파이프의 배치법

3) 코일의 시공

패널면은 가열에 의하여 팽창하므로 구조체에서 패널 이외의 부분 사이에서 새는 것을 방지할 필요가 있다. 1본의 코일길이는 50m 이내로 하고, 이음은 모두 용접구조로 하고, 나사조임이음은 사용하지 않아야 하며, 코일 구부림의 최소 곡률반경은 관경의 약 12배 전후로 해야 한다.

또 콘크리트 내에 매입하는 경우 관의 상표면보다 마감면까지의 두께는 관경의 1.5~2.0배 이상으로 한다.

11-9 온풍난방

11-9-1 개요

그림 11-46에서 열매에 온풍로나 공기조화기로 마련한 온풍을 이용하고 송풍기로 덕트를 경유하여 실내에 반송한다.

실내에서 분출한 온풍은 실내를 따뜻하게 하고 다시 온풍로나 공기조화기에 되돌아간다. 그리고 옥외의 신선 외기와 혼합하여 공기여과기를 거쳐 가열·가습시킨다. 또한 소용량의 온풍로는 실내에 설치되어 직접 실내에 온풍을 분출하는 방식의 것이 많다.

공기의 가열원으로는 경유나 등유, 중유, 가스를 연소시켜 그 연소가스와 공기를 열교환시키는 온풍로방식과 증기 및 온수를 공기가열기(공기조화기)에 보내어 공기를 가열하는 가열코일방식이 있는데 여기서는 온풍로방식을 중심으로 다룬다.

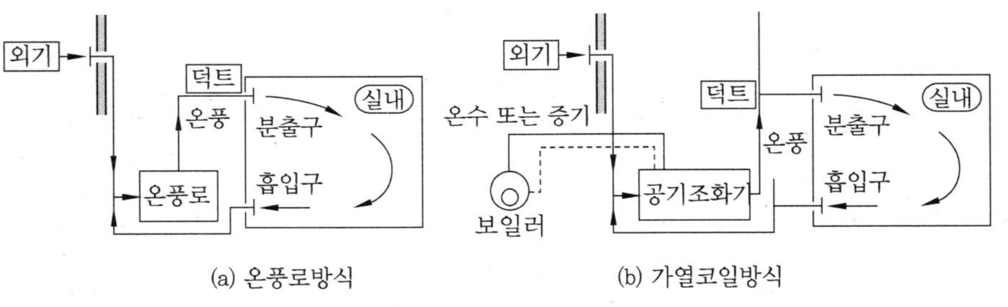

그림 11-46 온풍(로)난방

(1) 온풍난방의 특징

1) 장점

① 예열시간이 짧아 손쉽게 온풍난방을 할 수 있고 가열코일방식에 비하여 장치가 간단하여 설비비가 적게 들며 취급이 용이하다.

② 가열공기를 보내어 난방부하를 조달함과 동시에 습도의 제어도 가능하다.

③ 온풍로의 상부에 직팽형 공기냉각기를 구성하면 쉽게 냉방을 할 수 있다.

④ 보일러나 배관을 필요로 하지 않는다.

2) 단점

① 고온 열풍 때문에 실내의 상하 온도차가 뚜렷하게 되고 불쾌할 수도 있다.

② 연료와 고온의 연소가스를 취급하므로 안전을 위한 충분한 주의가 필요하다.

③ 버너의 연소음이 덕트를 통하여 실내에 전해지는 경우가 있다.

11-9-2 온풍난방의 방식

(1) 통과방식에 의한 분류

1) 자연대류식

스토브나 플로어 퍼니스(floor furnace) 등으로 공기를 가열하고 그 대류작용을 이용한 것이다. 그러나 이 방식은 주택이나 소규모의 사무실 등에 이용되는 데 지나지 않는다.

2) 강제 통풍식

그림 11-47에 나타난 것처럼 온풍로에 송풍기를 구성하여 강제적으로 실내에 송풍하는 것이고, 이 방식이 일반적으로 흔히 사용된다.

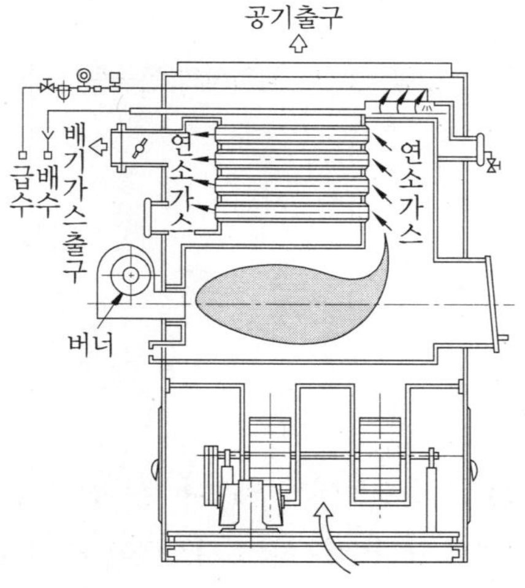

그림 11-47 강제 통풍식 온풍로

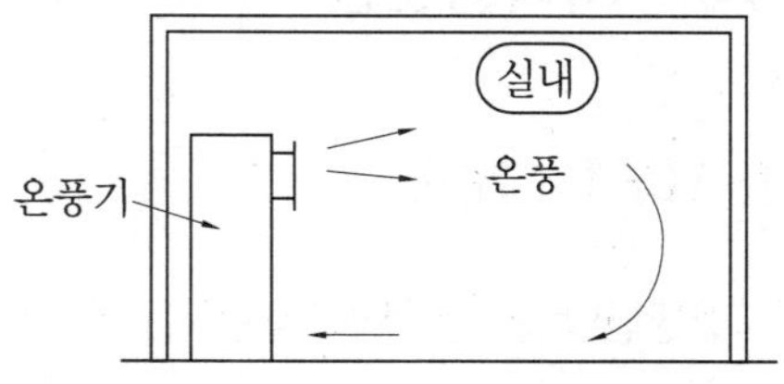

그림 11-48 직접식의 온풍로 난방

(2) 설치방식에 의한 분류

1) 직접식

그림 11-48처럼 소형의 온풍로를 실내에 설치하여 실내로 온풍을 직접 분출시켜 난방하는 방식이다. 그림 11-49와 같이 대공장의 온풍로 난방에서는 대용량의 온풍로를

여러 대 실내에 설치하여 덕트를 이용하지 않고 온풍을 직접 실내로 분출시켜 난방하는 경우도 있다. 이 경우에는 분출한 온풍에 의하여 공기의 난류 성층이 만들어지고 천장면에서의 냉기 하강, 침입을 방지하며 유효한 난방이 이루어진다.

2) 덕트식

그림 11-50처럼 대형의 온풍로를 기계실에 설치하여 덕트를 통과시켜 실내에 온풍을 분출시켜 난방하는 방식이다.

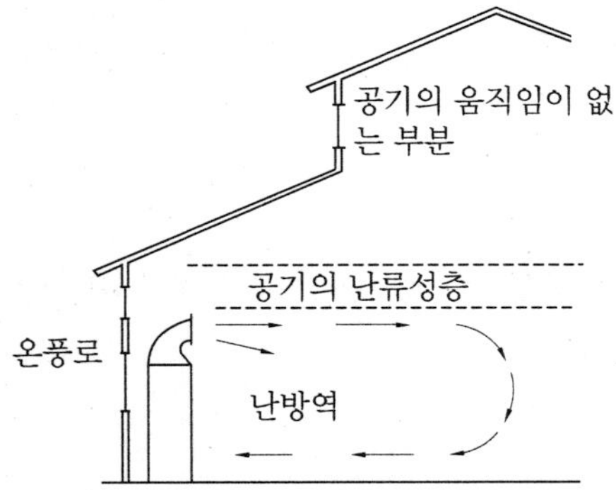

그림 11-49 공장에 있어서 온풍난방(직접식)

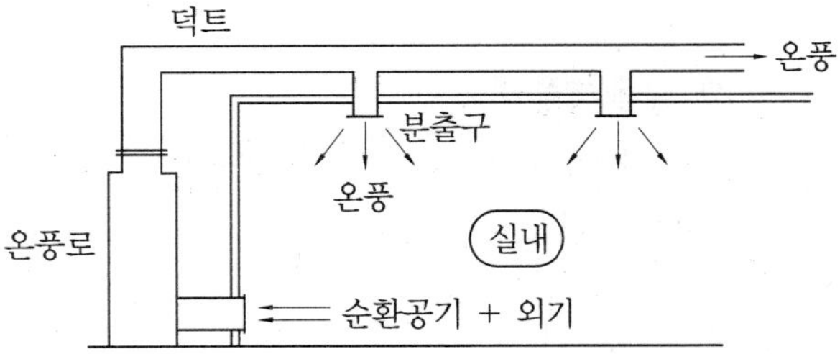

그림 11-50 덕트식의 온풍로 난방

11-10 지역냉난방

11-10-1 개요

지역냉난방은 한 개소 또는 수 개소의 열공급 플랜트에서 냉수나 온수를 만들어 배관을 통하여 지역 내의 건물에 공급하여 그 열로 냉난방을 하는 시스템이다. 이와 같이 지역냉난방은 넓은 지역에 산재해 있는 각종 건물·시설에 열매(냉·온수 및 증기)를 필요에 따라 중앙 열원 플랜트로부터 배관을 통해 공급하는 시설이다(규모가 작은 경우에는 그룹 또는 블록 냉난방이라고도 한다). 지역난방은 1870년대에 유럽 및 미국에서 증기기관의 배기를 주변 건물에 공급하여 난방이나 공업 프로세스에 이용하기 위해 출현된 것이 그 시초였다. 그 후, 20세기에 들어와 구미 각지에서 서서히 발전되기 시작하였으며, 특히 유럽에서는 제2차 세계대전 후의 전후 부흥과 주택단지 건설에 적극적으로 채용됨으로써 급격한 보급·발전을 보게 된다. 이런 배경 하에서, 현재는 구미 각국의 주요 도시에서 거의 지역난방이 설치되고 있다.

우리나라는 1973년에 대한주택공사가 건설한 서울의 반포아파트 단지에서 지역난방 방식을 최초로 채택하였으며, 이후 많은 새로운 아파트 단지에서 이 방식을 보급·발전시켰다. 이 가운데서, 가장 대규모라고 할 수 있는 것은 서울의 신시가지로 일컬어지는 목동지구 아파트단지로서 1987년에 열병합발전 설비의 형식으로 완공된 지역난방 방식이며, 이를 계기로 대단위 주거단지의 난방을 위한 지역난방 방식을 기타 여러 지역 및 지구에서 활발히 채택하고 있는 실정이다.

지역냉난방은 단독의 건물 등에서 개별로 열원설비를 설치하는 것보다 다음과 같은 이점이 있다.

- 열 이용의 시간차에 따라 열원용량의 감축이 가능하다.
- 개별 설치보다 설치면적이 줄어든다.
- 대규모화에 의한 기기의 효율 향상이 가능하다.
- 미이용 에너지 이용에 의한 에너지절약·온실효과 가스 배출량 삭감이 보다 용이하다.
- 소수의 운전요원으로 운용할 수 있다.

그리고 다음과 같은 단점이 있다.

- 배관의 부설 등 초기투자가 커진다.
- 관로가 길어지면 유지관리나 열매의 반송비용이 증대한다.

11-10-2 열원 플랜트 방식

열원 플랜트 방식에는 지역냉난방만을 목적으로 한 전용 열원 플랜트 방식과, 발전·쓰레기소각 등의 배열을 지역냉난방에 사용하는 열·발전 병용 플랜트 방식, 원자력 이용방식 등이 있다.

지역냉난방의 열공급 목적으로는 난방용·냉방용·급탕용·공업프로세스용의 4종류가 있지만, 이 중에서 어느 것과 어느 것을 조합해서 공급하느냐 하는 것은 그 공급지역의 기상 조건, 건물 용도, 경제 조건 등에 의해 결정된다. 여기에서 난방용·냉방용·급탕용의 3종류로 제한한 경우, 열공급 목적에 의한 방식으로는 다음의 5종류를 들 수 있다.

① 난방용+냉방용
② 난방용·냉방용 교체전환
③ 난방용+냉방용+급탕용
④ 난방·급탕 겸용+냉방용
⑤ 난방용·냉방용 교체전환+급탕용

이들 가운데서 ①, ③, ④는 연간을 통해서 냉난방이 가능하지만 급탕부하에도 대응할 수 있는 ④의 방식이 현재까지는 가장 일반적으로 사용되고 있다. 또한 ②, ⑤는 봄, 가을의 적당한 시기에 난방용 열매와 냉방용 열매를 교체하는 것이다.

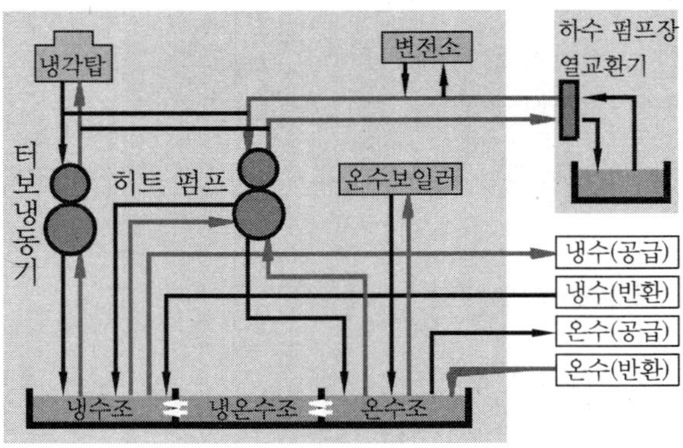

그림 11-51 지역냉난방시스템

(1) 열전용 플랜트 방식

열전용 플랜트 방식은 지역냉난방에 필요한 열매를 지역냉난방전용의 열원 플랜트에서 생산하여 지역에 공급하기 때문에 도시재개발, 신도시 건설 등에서 지역냉난방을 채용하는 경우에 가장 전형적인 것이다. 열전용 플랜트 방식에서는 중앙열원 플랜트에 난방·급탕용으로 보일러를, 냉방용으로 냉동기를 설치한다. 보일러는 압력과 발생열량에 의해 노통연관 보일러·수관 보일러가 쓰이며, 열매로 온수를 사용하는 경우에는 온수보일러를 사용하거나 증기를 냉동기의 구동용으로 사용하고 있을 때에는 열교환기에 의해 온수를 제조한다.

냉동기는 보일러 용량·설비비·운전비 등이 조건을 고려하여 선정해야 하는데, 일반적으로 냉동기로는 원심식과 흡수식이 사용된다.

비교적 소규모인 것에서는 전동기 구동 원심식 냉동기와 흡수식 냉동기가 많고, 대규모인 것에는 증기터빈 구동 원심식 냉동기와 배압 증기터빈 구동 원심식 냉동기와 흡수식 냉동기의 조합방식 등이 사용되고 있다.

(2) 열병용발전 플랜트 방식

열병용발전(CHP : Combined Heat and Power) 플랜트 방식은 화력발전·쓰레기 소각·공업 프로세스용 열원의 배열과 잉여열을 지역냉난방용의 열원으로 이용하는 데 연료를 연소시켜 터빈을 통해 전기를 생산하고 동시에 그 폐열을 유효하게 이용하는 종합적인 발전시스템이다. 현재까지의 발전 방식은 전기만 생산하였다. 발전소에서 전기 에너지를 발전하는 동안 발생하는 폐열 및 송배전에서 발생되는 손실 등으로 그 효율이 35% 정도에 그치고 있다. 이에 비해 열병용발전 방식은 전기를 발생시키는 동시에 폐열을 이용하여 냉·난방을 위한 열에너지로 이용함으로써 전력 수요와 열 수요를 합하여 에너지 효율을 70~80% 정도까지 향상시킬 수 있다.

일반적으로 가장 많이 채용되고 있는 방식은 전동식 냉동기와 증기 또는 온수 보일러를 조합시킨 것이며 사용 에너지는 전력과 석유 또는 가스이다. 열펌프 방식은 전력만을 에너지원으로 하여 압축식 냉동기의 흡열측과 방열측을 냉온열원으로 이용하는 것이며, 열회수 열펌프 방식에서는 석유, 가스 등의 보조 에너지를 필요로 하는 경우가 있다.

전 연료 방식은 석유, 가스 등의 연료 에너지의 연소에 의하여 보일러에서 증기를 발생시켜서 난방에 이용하고 흡수식 냉동기 또는 증기터빈구동 원심식 냉동기에 의하여 냉방을 행하는 방식이며, 전력에너지를 사용하지 않으므로 수전설비가 필요 없는 이점이 있다.

태양열이용 방식은 겨울이나 여름에 집열기에서 태양열을 집열하여 흡수식 냉동기 또는 랭킨 사이클(Rankine Cycle : 2개의 단열 변화와 2개의 등압 변화로 구성되는 사이클에서 작동 유체가 증기와 액체의 상변화를 일으킨다.) 냉동기를 구동하는 방식이며, 자원절약적이지만 열밀도가 낮아서 대용량에는 적합하지 않다.

열병용발전 방식은 소위 토털 에너지방식(total energy system)으로 코제네레이션 시스템(cogeneration system)이라고도 하며, 가스, 석유 등의 연료를 에너지원으로 하여 터빈 또는 엔진을 구동시켜 발전하고 그 배열을 이용하여 냉방·난방·급탕을 행하는 방식으로 조건에 따라서는 에너지 절약성이 높아 최근 많은 분야에서 보급·이용되고 있다.

(3) 원자력 이용방식

우라늄이나 플루토늄 등의 원자핵이 분열할 때 생기는 질량의 결손 에너지로 물을 끓여 증기를 만들고 이 증기로 발전기의 터빈을 돌려 전기를 얻는다. 이 때 핵분열을 일으키게 하는 장치를 원자로라 한다. 냉각재로서 보통의 물을 이용하는 방법이 경수로인데 냉각수가 오염될 가능성이 있으므로 2차 증기를 만들어 터빈으로 보내는 간접순환방식을 많이 사용하고 있다. 그런데 원자력 발전은 이산화탄소를 배출하지 않으므로 환경 보전에 공헌하며 연료비와 운영비가 저렴하고 다른 산업으로의 파급 효과가 크지만, 건설비가 많이 들고 방사능 누출 및 핵폐기물 처리가 어려운 점이 있다.

이 원자로시스템에는 전기와 증기를 공급하는 전열 겸용 공급로형과 증기만을 공급하는 열공급로형이 있다. 원자로에서의 열(증기)을 직접 지역난방용 등으로 비교적 저온의 열원으로 이용하는 것이 열공급로이다.

열공급용원자로는 화석연료로에 비하여 아황산가스 등 삼림에 유해한 가스를 방출하지 않으므로 대기오염방지면에서도 유용하고, 탄산가스, 아황산가스 등의 온실효과가스를 방출하지 않으므로 지구온난화방지면에서도 유익하다. 또한 원자로를 장기연료교환기간 또는 운전간소화(또는 운전자유)의 설계로 하면 원격지용으로, 또한 수동적 안전기능을 다수 갖춘다면 수요지 근접입지도 가능하다.

지역에의 열공급은 비교적 온도가 낮은(100～160℃ 정도) 증기를 공급하므로 열공급로의 로심출력밀도는 낮게 설계된다. 또한 물체의 중력낙하, 대기의 자연대류, 물의 자연순환, 물의 증발 등 수동적 안전기능(정적 안전기능이라고도 한다)도 설계에 채용하기 쉽다. 따라서 열공급로의 설계에서는 수동적 안전기능을 다수 도입하는 것이 보통이다.

chapter 12
환기설비

12-1 개 요

환기(換氣)는 높은 실내 공기질(즉, 산소 보충, 온도 제어, 또는 습기, 냄새, 연기, 열, 먼지, 부유세균, 이산화탄소를 제거)을 제공할 수 있는 공간을 변경 또는 공기를 교체하는 과정이다. 환기는 불쾌한 냄새 및 과도한 습기를 제거하고, 외부 공기를 도입하며, 건물 내부 순환공기를 유지하고, 실내 공기의 정체를 방지하는 데 있다.

환기를 통하여 냄새가 희석되고, 이산화탄소 및 먼지, 연기, 휘발성유기화합물(VOCs) 등의 공기 중 오염 물질의 농도가 제한된다. 환기 공기는 가끔 난방, 냉방, 습도와 공간 제습을 기계 시스템에 의해 공간으로 전달된다. 건물로의 공기 움직임은 건물 구조나 고의적 자연 환기 전략의 사용과 같은 외부공기의 제어되지 않은 침투에서 발생할 수 있다.

12-2 용어의 정의

① 환기 : 의도적으로 자연적인 수단이나 기계적인 수단을 이용하여 특정 공간에서 또는 특정 공간으로의 공기 공급 및 제거함을 말함. 일반적으로는 신선한 외기에

의해 상대적으로 오염된 실내공기를 교체하는 것을 의미함.

② 자연환기 : 건물 내부와 외부간의 온도차(밀도차) 또는 외부 바람에 의한 풍압차로 건물 외벽체의 개구부 등을 통해 실내로 외부공기의 유동이 발생함으로써 실내공기가 교환되는 현상을 의미함. 일반적으로 외부의 풍속, 풍향, 온도 및 다른 건물 또는 구조체나 수목 등의 유무에 의하여 공기유동량이 크게 영향을 받으므로 일정한 환기량을 유지하기 어려움.

③ 기계환기 : 송풍기(팬) 등과 같은 기계장치의 구동력을 이용하여 외부공기를 실내로 공급하거나, 실내공기를 외부로 배출하여 실내공기를 교환하는 것을 의미함.

④ 환기횟수 : 외부공기에 의해 교체되는 실내공기의 체적 비율을 의미하며, 대상공간에 공급되는 외부공기의 총 체적풍량을 실내 총 체적으로 나눈 값으로 1시간당 실내공기의 교체횟수(회/h)로 표시함.

⑤ 환기효율 : 실내로 공급되는 외부공기의 체적풍량을 실의 체적으로 나눈 명목시간상수(nominal time constant)에 대한 실내의 평균 공기연령(age of air)의 비율을 말하여, 일반적으로 오염된 실내공기가 신선한 외부공기로 얼마나 교환되었는지를 의미함. 실제로 환기가 된 공기유동량은 대상공간 내부에서의 기류의 혼합특성과 균질성 모두에 좌우된다. 실제로 환기횟수 1회/h로 환기하였다는 것은 1시간 후 대상공간 전체가 반드시 새로운 공기로 완전히 대체되었음을 의미하는 것이 아니며 희석에 의한 전형적 완전혼합(well-mixed) 환기의 경우에도 환기횟수 1회/h로 환기를 하였을 때, 실제로 대체되는 공기량은 이론적으로 약 60~70% 내외임.

⑥ 필요환기량 : 쾌적하고 건강한 실내공기질을 유지하기 위하여 필요한 최소환기량을 의미함.

⑦ 침기량 : 건물외피의 틈새를 통하여 실내로 유입되는 침입외기의 단위시간당 체적을 말하며 단위시간당 체적(m^3/h)으로 표시

⑧ 누기량 : 송풍기 등 기계적 수단에 의해 실내외 압력차를 일정하게 유지하면서 실내로 급기되는 공기량을 말하여 단위시간당 체적(m^3/h)으로 표시.

⑨ 공기유동 : 공간사이의 압력차로 발생하는 공기(질량 또는 체적)의 움직임에 대한 총칭. 자연적이나 기계적 수단에 의해 일어나는, 의도하였거나 또는 의도하지 않은 모든 공기의 흐름을 방향성 없이 움직임 그 자체만을 의미하는 경우에 사용함.

⑩ 공기유동량 : 방향성을 고려하지 않은 공기 움직임의 총량을 말하며, 일반적으로 환기횟수와 동일한 의미로 사용됨.

⑪ 제거·여과장치(공기여과기) : 공기에 포함되어 있는 입자형, 가스형 또는 생물학적 오염물질을 제거할 수 있는 기기

⑫ 배기 : 배기구를 통해 실외로 배출되는 오염된 실내공기

⑬ 급기 : 공기흡입구를 통해 실내로 공급되는 신선한 외부공기

⑭ 외기 : 환기설비에 의하여 실내로 도입되는 외부공기

⑮ 공기공급체계(급기 시스템) : 신선한 외부공기를 실내로 공급할 수 있도록 하기 위하여 송풍기 등을 설치한 시스템을 의미함.

⑯ 공기배출체계(배기 시스템) : 오염된 실내공기를 외부로 배출하기 위하여 송풍기를 설치한 시스템을 의미함.

⑰ 압력손실 : 공기유동을 방해하는 저항에 의하여 공기유동량이 저하되는 것을 의미함. 압력손실이 발생하는 주요 부위로는 덕트(분기관, 곡선부위 등), 공기여과기 등이 있음.

⑱ 폐열회수용 환기장치 : 배기열을 회수하는 기능을 갖는 환기장치

⑲ 유효환기량 : 폐열회수형 환기장치에서 급기량과 누기량의 차이 풍량(m^3/h)

12-3 자연환기설비

(1) 환기 기본원칙

자연 환기의 구동력은 건물의 열 부력과 풍압이다. 건물의 디자인, 창의 형태와 위치는 실내 기후의 질에 중요한 영향을 미친다.

1) 한 측면 환기

창은 방의 측면에서만 열 수 있다. 실내로 들어오는 신선한 공기의 양은 한 측면 환기에 의해 제한된다. 방의 깊이는 천장고의 2.5배를 초과해서는 안 되며, 회의실, 강의실 또는 이와 유사한 공간에는 사용하지 않는 것이 좋다(그림 12-1).

2) 통풍

2개 이상의 정면의 창은 방의 통풍을 할 수 있다. 환기는 주로 바람에 의해 이루어지

므로 창 개구부가 있는 정면의 풍압에 차이가 발생한다. 원칙적으로 통풍은 실내의 깊이가 실내 천장고의 최대 5배인 경우 효과적으로 사용할 수 있다(그림 12-2).

3) 연돌 환기

연돌 환기는 창 사이에 높이차가 있을 때 발생한다. 즉 정면과 지붕 창 사이. 이러한 유형의 환기는 주로 따뜻한 공기가 맨 위로 올라가 환기를 유도하는 압력차를 발생시킴으로써 유발된다. 풍압이 가변압의 증가에 기여하도록 자연 환기용 개구부를 배치할 때 최상의 효과가 얻어진다(그림 12-3).

4) 하이브리드 환기

자연 환기의 이점을 활용하는 하이브리드 환기 시스템을 설치하고 이를 기계 환기와 함께 적용할 수 있다.

하이브리드 환기에는 두 가지 유형이 있다.

1. 매우 환기가 잘되는 곳에서 기계 환기를 통해 자연 환기가 이루어진다.
2. 열 회수가 필요한 매우 추운시기에 기계 환기가 사용될 때 기계 환기를 통해 자연 환기가 이루어진다.

그림 12-1 한 측면 환기 그림 12-2 통풍 그림 12-3 연돌 환기

(2) 풍압에 의한 자연환기

건물에 풍압이 작용하는 것에 의하여 환기가 생긴다. 벽면의 창의 틈새나 환기구 등의 개구부가 있으면 풍압이 높은 쪽에서 낮은 쪽으로 공기가 흐른다. 이 경우에는 풍향이나 풍속에 의하여 환기량이 좌우되므로 건물에 환기구를 설치할 때에는 부착위치를 고려해야 한다.

(3) 온도차에 의한 자연환기

실내·외의 온도차에 의하여 환기가 생긴다. 실내의 공기온도가 외기온도보다 높은 경우는 실내의 공기밀도가 작아지므로 실내공기는 부력을 발생시키고, 건물이 하측에서는 실내에 옥외의 공기가 들어오고, 상측에서는 옥외로 나가는 경향으로 있다.

표 12-1은 외벽 면적에 대한 개구부의 면적비가 평균 25%이며 외부 노출이 일반 상태일 때의 주거용 건물에 대한 환기량 자료이다. 한쪽 벽면에만 창이 있는 실에서 24시간 창을 열어 놓았을 때 환기량은 시간당 약 10회가 된다.

공장이나 산업용 건물에 있어서의 시간당 환기횟수에 의한 계산방법의 사용은 창의 형태나 전체 외벽 면적에 대한 상대적 창의 면적비가 크게 달라지므로 적합하지 않다.

표 12-1 환기량

실의 종류	시간당 환기횟수
창 또는 외부에 면한 문이 없는 실	0.5
한쪽 면에만 창 또는 외부에 면한 문이 있는 실	1
2면에 창 또는 외부에 면한 문이 있는 실	1.5
3면에 창 또는 외부에 면한 문이 있는 실	2
입구홀	2

[주] 창틀을 기밀하게 한 실에 대해서는 이 값의 2/3를 사용한다.
*출처 : ASHRAE Handbook of Fundamentals(1981)

(4) 자연 환기의 장점

① 실내 공기질(IAQ)의 개선

② 에너지 절약

③ 온실 가스 배출량의 감소

④ 사용자 제어

⑤ 새집증후군에 따른 사용자 질병의 감소

⑥ 증가된 근로자의 생산성

(5) 자연환기설비 설치 길이 산정방법 및 설치 기준

공동주택 및 다중이용시설의 환기설비에 있어서 신축 또는 리모델링하는 경우 시간당 0.5회 이상의 환기가 이루어질 수 있도록 자연환기설비를 다음의 자연환기설비 설치길이 이상으로 설치한다.

1) 설치 대상 세대의 체적 계산

필요한 환기횟수를 만족시킬 수 있는 환기량을 산정하기 위하여, 자연환기설비를 설치하고자 하는 공동주택 단위세대의 전체 및 실별 체적을 계산한다.

2) 단위세대 전체와 실별 설치길이 계산식 설치기준

자연환기설비의 단위세대 전체 및 실별 설치길이는 한국산업표준의 자연환기설비 환기성능 시험방법(KSF 2921)에서 규정하고 있는 자연환기설비의 환기량 측정장치에 의한 평가 결과를 이용하여 다음 식에 따라 계산된 설치길이 L값 이상으로 설치하여야 하며. 세대 및 실 특성별 가중치가 고려되어야 한다.

$$L = \frac{V \times N}{Q_{ref}} \times F \qquad (12.1)$$

여기서, L : 세대 전체 또는 실별 설치길이(유효 개구부길이 기준, m)

V : 세대 전체 또는 실 체적(m^3)

N : 필요 환기횟수(0.7회/h)

Q_{ref} : 자연환기설비의 환기량 측정장치에 의해 평가된 기준 압력차(2Pa)에서의 환기량(m^3/h·m)

F : 세대 및 실 특성별 가중치

일반적으로 창틀에 접합되는 부분(endcap)과 실제로 공기유입이 이루어지는 개구부 부분으로 구성되는 자연환기설비에서, 유효 개구부길이(설치길이)는 창틀과 결합되는 부분을 제외한 실제 개구부 부분을 기준으로 계산한다.

주동형태 및 단위세대의 설계조건을 감안한 세대 및 실 특성별 가중치는 다음과 같다. 단, 세대조건과 실 조건이 겹치는 경우에는 가중치가 높은 쪽을 적용하는 것을 원칙으로 한다.

일방향으로 길게 설치하는 형태가 아닌 원형, 사각형 등에는 상기의 계산식을 적용할 수 없으며, 지방건축위원회의 심의를 거쳐야 한다.

구 분	조 건	가중치
세대 조건	1면이 외부에 면하는 경우	1.5
	2면이 외부에 평행하게 면하는 경우	1
	2면이 외부에 평행하지 않게 면하는 경우	1.2
	3면 이상이 외부에 면하는 경우	1
실 조건	대상 실이 외부에 직접 면하는 경우	1
	대상 실이 외부에 직접 면하지 않는 경우	1.5

(6) 신축공동주택 등의 자연환기설비 설치 기준

신축공동주택 등에 설치되는 자연환기설비의 설계·시공 및 성능평가방법은 다음 각 호의 기준에 적합하여야 한다.

1. 세대에 설치되는 자연환기설비는 세대 내의 모든 실에 바깥공기를 최대한 균일하게 공급할 수 있도록 설치되어야 한다.
2. 세대의 환기량 조절을 위하여 자연환기설비는 환기량을 조절할 수 있는 체계를 갖추어야 하고, 최대개방 상태에서의 환기량을 기준으로 설치길이 이상으로 설치되어야 한다.
3. 자연환기설비는 순간적인 외부 바람 및 실내외 압력차의 증가로 발생할 수 있는 과도한 바깥공기의 유입 등 바깥공기의 변동에 의한 영향을 최소화할 수 있는 구조와 형태를 갖추어야 한다.
4. 자연환기설비의 각 부분의 재료는 충분한 내구성 및 강도를 유지하여 작동되는 동안 구조 및 성능에 변형이 없어야 하며, 표면결로 및 바깥공기의 직접적인 유입으로 발생할 수 있는 불쾌감(콜드드래프트 등)을 방지할 수 있는 재료와 구조를 갖추어야 한다.
5. 자연환기설비는 도입되는 바깥공기에 포함되어 있는 입자형·가스형 오염물질을 제거 또는 여과할 수 있는 일정 수준 이상의 공기여과기를 갖추어야 한다. 이 경우 공기여과기는 한국산업표준(KSB 6141)에서 규정하고 있는 입자 포집률[공기청정장치에서 그것을 통과하는 공기 중의 입자를 포집(捕執)하는 효율을 말한다]을 중량법으로 측정하여 50% 이상 확보하여야 하며 공기여과기의 청소 또는 교환이 쉬운 구조이어야 한다.

6. 자연환기설비를 구성하는 설비 · 기기 · 장치 및 제품 등의 효율과 성능 등을 판정함에 있어 이 규칙에서 정하지 아니한 사항에 대하여는 해당 항목에 대한 한국산업표준에 적합하여야 한다.
7. 자연환기설비를 지속적으로 작동시키는 경우에도 대상 공간의 사용에 지장을 주지 아니하는 위치에 설치되어야 한다.
8. 한국산업표준(KSB 2921)의 시험조건하에서 자연환기설비로 발생하는 소음은 대표길이 1m(수직 또는 수평 하단)에서 측정하여 40dB 이하가 되어야 한다.
9. 자연환기설비는 가능한 외부의 오염물질이 유입되지 않는 위치에 설치되어야 하고, 화재 등 유사시 안전에 대비할 수 있는 구조와 성능이 확보되어야 한다.
10. 실내로 도입되는 바깥공기를 예열할 수 있는 기능을 갖는 자연환기설비는 최대한 에너지 절약적인 구조와 형태를 가져야 한다.
11. 자연환기설비는 주요 부분의 정기적인 점검 및 정비 등 유지관리가 쉬운 체계로 구성하여야 하고, 제품의 사양 및 시방서에 유지관리 관련 내용을 명시하여야 하며, 유지관리 관련 내용이 수록된 사용자 설명서를 제시하여야 한다.
12. 자연환기설비는 설치되는 실의 바닥부터 수직으로 1.2m 이상의 높이에 설치하여야 하며, 2개 이상의 자연환기설비를 상하로 설치하는 경우 1m 이상의 수직간격을 확보하여야 한다.

12-4 기계환기설비

12-4-1 기계환기 방식

기계환기에서도 자연력은 작용하지만, 그것은 보통 기계력에 비교하여 작으므로 거의 일정한 환기량을 확보할 수 있다. 이 기계력을 실의 급배기에 어떻게 적용하는가에 따라 표 12-2에 나타낸 바와 같은 환기방식의 명칭에 있고, 각각 환기량, 실내외압력차 등의 점에서 특징이 있다.

표 12-2 환기방식

방 식	명 칭	급 기	배 기	환기량	실내외 압력차
기계환기	병용식(제1종환기)	송풍기	송풍기	일정	임의
	압입식(제2종환기)	송풍기	개구부	일정	정압
자연환기	흡출식(제3종환기)	개구부	송풍기	일정	부압
	흡출식(제4종환기)	개구부	자연환기기	부정	부압
	-	개구부	개구부	부정	부정

(1) 병용식 기계환기(제1종 기계환기)

그림 12-4처럼 송풍기와 배풍기를 이용하여 강제적으로 외기를 실내에 도입하고, 오염된 실내 공기를 강제적으로 배출하는 방식이다. 이 방식은 가장 완전한 환기를 행할 수 있으며, 극장, 영화관, 지하가, 실험실, 주방, 기계실, 전기실, 보일러실, 옥내주차장, 창고 등에 적용되고 있다.

또 급기량과 배기량의 조절에 따라 그림 12-5와 같이 실내의 기류분포나 압력 제어도 용이하다.

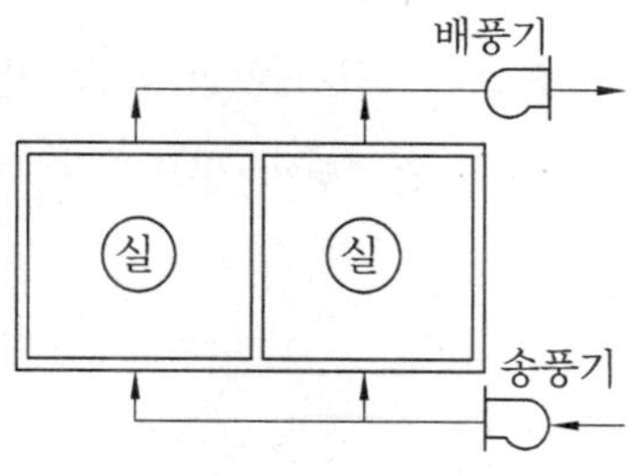

그림 12-4 병용식 기계환기

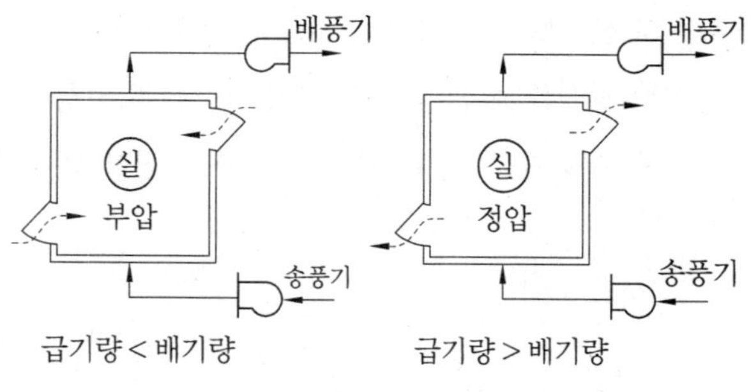

그림 12-5 병용식 기계환기방식의 응용

(2) 압입식 기계환기(제2종 기계환기)

그림 12-6에서처럼 송풍기에 의하여 강제적으로 외기를 도입하고, 오염된 실내공기를 배기구나 개구부의 틈새에서 자연으로 배출하는 방식이다.

이 방식은 실내의 기압이 정압이 되므로 취기가 발생하는 방에 적용하면 건물 내에 취기가 확산되므로 바람직하지 않다. 그러나 그림 12-7은 다른 실에서 오염된 공기의 침입을 방지할 수 있으므로 청정 환경실(clean room), 보일러용급기, 발전기용급기 등에 유효하다. 또 건물 내의 필요공기를 공급하는 경우에 적합하다.

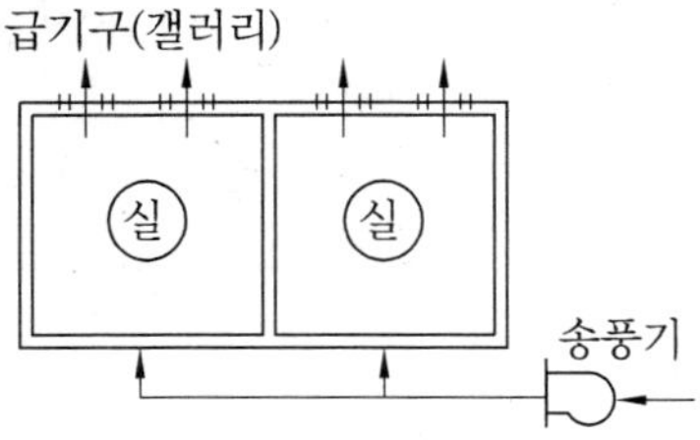

그림 12-6 압입식 기계환기

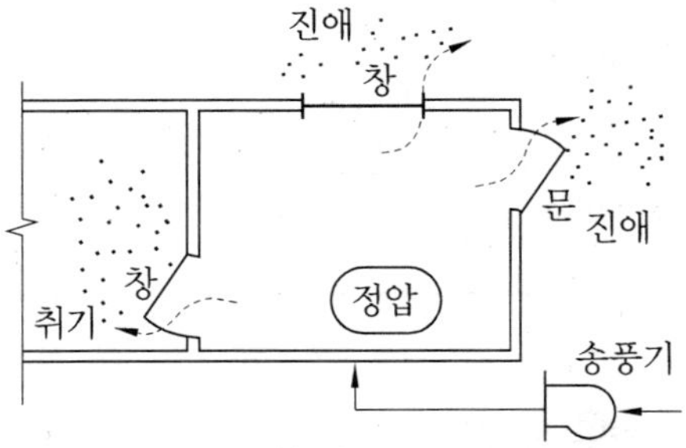

그림 12-7 청정 환경실

(3) 흡출식 기계환기(제3종 기계환기)

그림 12-8은 급기구나 개구부의 틈새에서 외기를 자연력에 의하여 실내에 도입하고, 오염된 실내공기는 배풍기에 의하여 강제적으로 실외로 배출하는 방식이다.

이 방식은 실내의 기압이 부압으로 되므로 오염된 공기가 다른 실로 누출되는 것을 방지할 수 있고, 그림 12-9는 취기가 발생하는 주방·화장실·축전지실·수증기를 발생하는 욕실·탕비실·유해가스를 발생하는 실험실·공장 등에 적합하다.

이 환기방식은 직접 외기를 급기하거나 복도 등에서 간접적으로 외기를 급기하는 방식으로 분류할 수 있으며, 후자의 경우는 전자보다 20% 증가의 환기량이 필요하다.

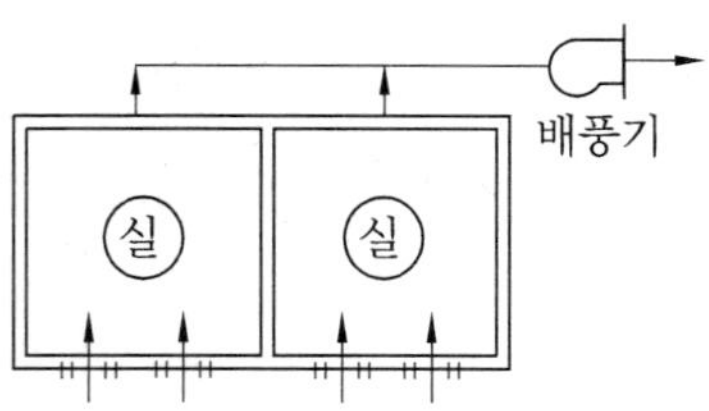

그림 12-8 흡출식 기계환기

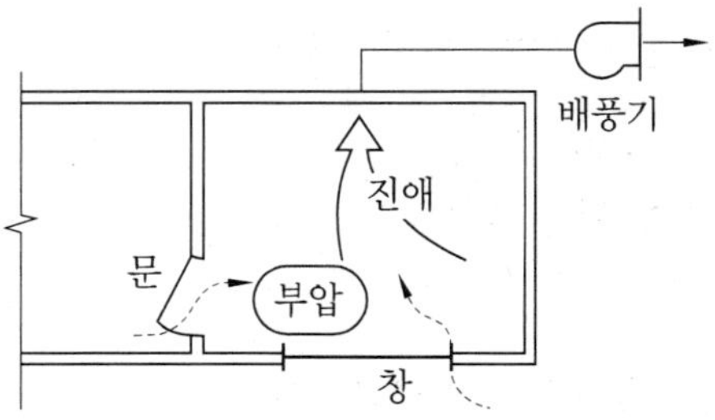

그림 12-9 오염공기발생실

12-4-2 기계환기 장치

(1) 환기팬

그림 12-10처럼 프로펠러형 송풍기를 외벽면에 부착하여 실내공기를 배기한다. 주

방 · 화장실 · 복사실 · 사무실 등에 흔히 이용되고, 일반적으로 비의 침입방지용 갤러리가 달려 있으며, 갤러리의 개폐는 전동기의 운전과 연동식으로 되어 있다. 이 장치는 외부에서의 역풍이 있는 경우 환기능력은 저하한다.

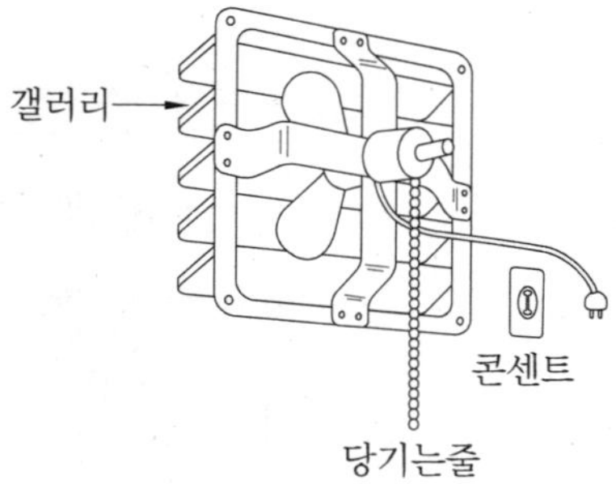

그림 12-10 환기팬(프로펠러형 송풍기)

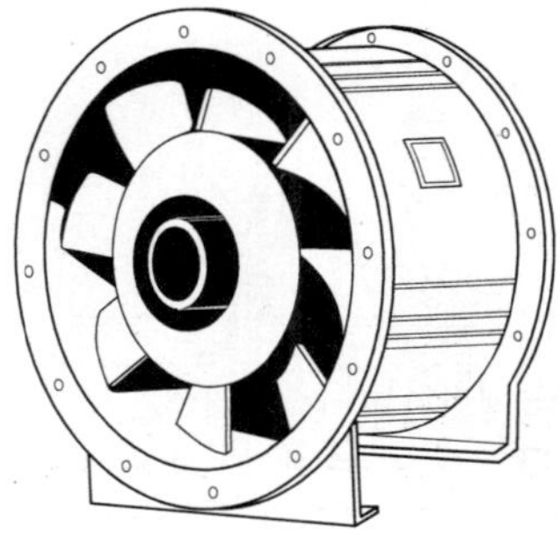

그림 12-11 원통케이싱달린 축류송풍기

(2) 원통 케이싱 달린 축류 송풍기

그림 12-11처럼 기계실 · 전기실 · 창고 등의 배풍기로서 이용된다. 전체적으로 형상이 작고, 풍도(덕트) 사이에 부착되는데 소음이 커지는 것이 결점이다.

(3) 루프 벤틸레이터

그림 12-12의 원통 케이싱 달린 축류 송풍기에 비의 침입과 풍향에 의한 역류를 방지하기 위하여 삿갓을 씌운 것이다. 대량의 열이나 진애가 발생하는 공장 지붕에 설치하고, 공장 내의 전반 환기를 행하는 데 이용한다. 또 아파트의 공동 배기덕트 최상부에 설치하여 배풍기로서도 이용하다.

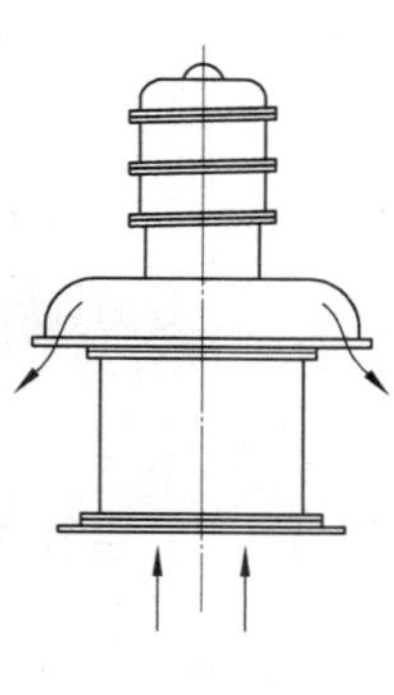

그림 12-12 루프 벤틸레이더

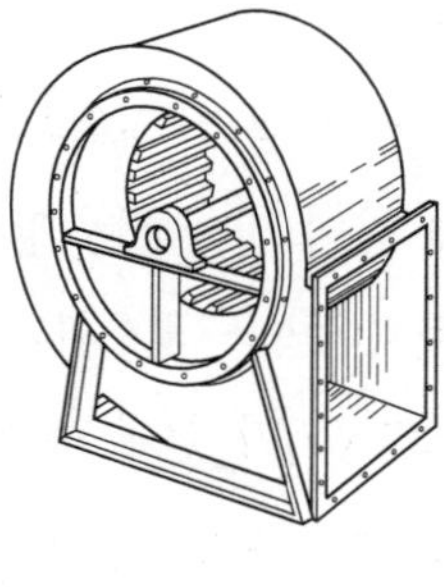

그림 12-13 다익송풍기

(4) 다익송풍기(시로코 팬)

환기량이 많은 경우나 도중에 공기정화장치를 설치하여 환기를 행하는 경우에는 그림 12-13과 같이 다익송풍기에 풍도(덕트)를 접속하여 이용한다.

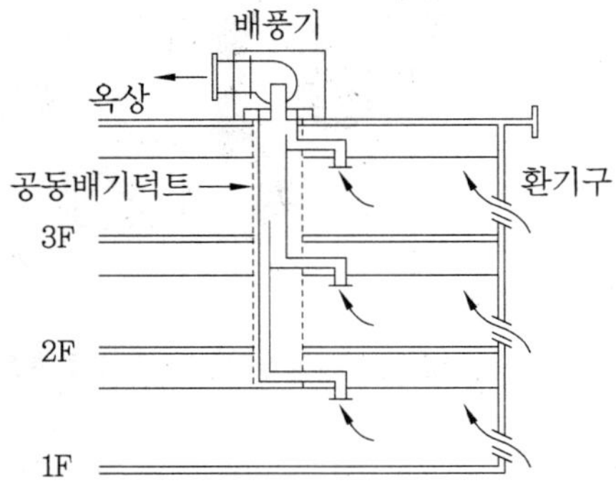

그림 12-14 공동배기 덕트와 배풍기

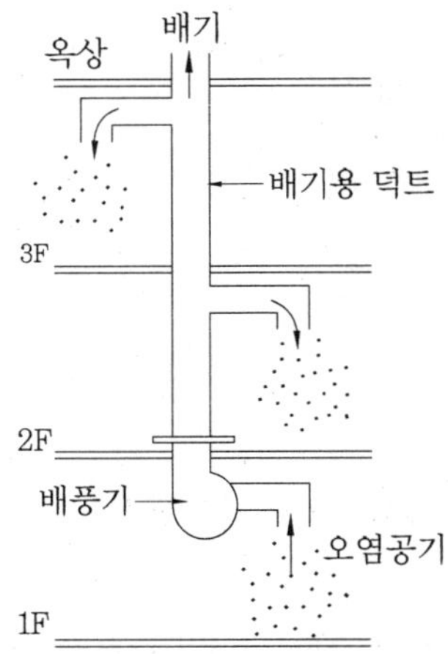

그림 12-15 배풍기설치 위치의 잘못된 예

그림 12-14는 공동 배기덕트에 있어서 설치 예이며, 배기계통의 말단부에 부착하여 배풍기로서 이용한다.

그림 12-15는 배기덕트의 도중에 배풍기를 부착하면 덕트를 통하여 오염된 공기가 다른 실에 역류할 우려가 있다. 일반적으로 배기용 덕트는 실내를 통과하지 않도록 하고, 공기오염의 우려가 없는 부분의 환기계통과는 별도의 계통으로 한다.

12-4-3 국소환기 장치

(1) 후드

주택이 주방·공장 등의 정위치(국소 개소)에 있어서 대량의 연소가스, 연기, 열기, 증기, 취기, 진애 등이 발생하는 경우에 그림 12-16의 후드로 포집하여 옥외로 배기한다. 이와 같은 배기방법을 국소환기 또는 국소배기라고 한다.

국소환기는 오염공기가 실내 전체에 퍼지는 것을 방지하고, 그 실의 환기량도 적어지므로 위생적인 면이나 경제적인 면에서도 양호하다.

오염공기(배기가스, 수증기 등)는 일반적으로 상승하는 데 따라 퍼지는 경향이 있으므로 후드는 작업면보다 넓어야 한다. 또 작업면에서 후드의 간격이 벌어짐에 따라 오염공기를 붙잡기 위한 흡입풍속은 커지고, 배기량도 다량이 된다.

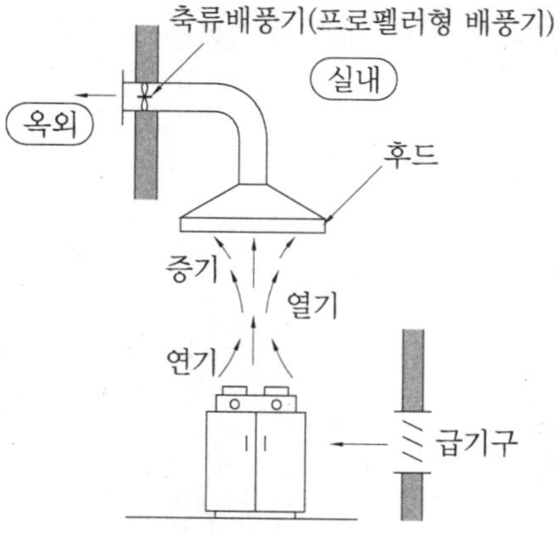

그림 12-16 후드(국소환기)

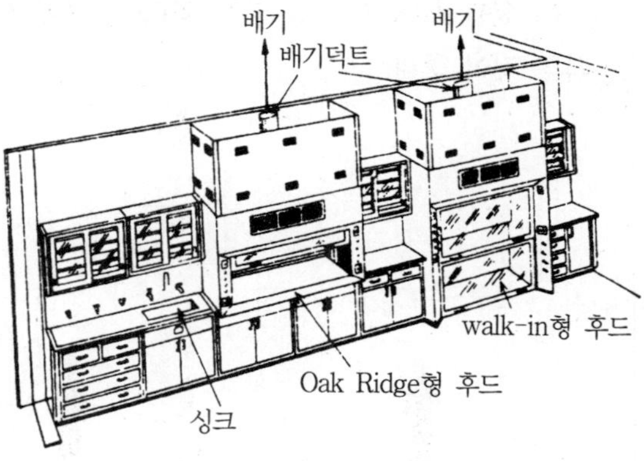

그림 12-17 드래프트 챔버

오염물을 포착하는 데 필요한 풍속은 1 m/s 전후이고, 오염물이 배기덕트에 부착되는 것을 방지하기 위한 덕트 내 풍속을 표 12-3에 나타낸다.

표 12-3 국소배기 덕트 내 풍속

물 질	덕트 내 풍속
가스, 연기	10 m/s 전후
톱밥, 글라이더 분진	15~20 m/s

(2) 드래프트 챔버(draft chamber)

열이나 수증기 외에 유해가스가 발생하는 화학실험을 행하는 경우 오염공기가 실내에 유출되지 않도록 발생원을 둘러싼 장치이다.

그림 12-17은 내부에 가스전, 수도전, 조명 전원, 싱크 등이 딸려 있고 드래프트 챔버의 측벽 상하에 설치된 배기구에 의하여 자연환기 또는 기계환기한다.

드래프트 챔버 내부는 실내보다도 부압으로 유지하고, 다른 실의 일반 환기덕트와는 별개로 하고, 드래프트 챔버, 배기통, 배기덕트, 배풍기 등은 내식성 재료를 사용한다.

(3) 에어 커튼

그림 12-18은 건물의 출입구에 있어서 실내 공기의 유출이나 외기, 진애의 침입을 분출기류로 차단하는 장치이다. 이 장치에는 분출구와 흡입구를 설치하여 공기를 순환시키는 것과 분출만 하는 것이 있는데, 확실한 효과를 얻는 데는 공기류를 순환시키는 방식의 것이 좋다.

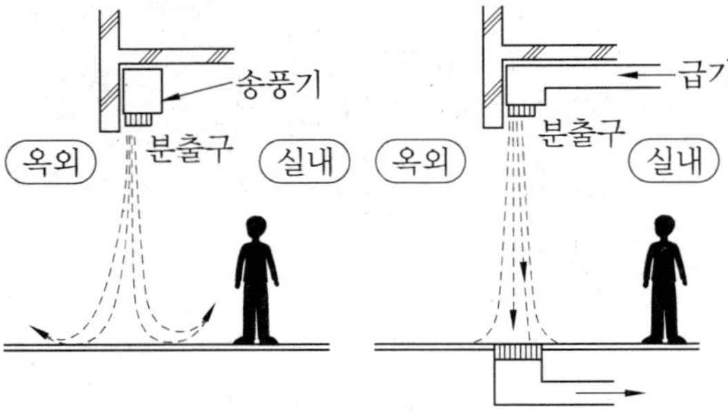

그림 12-18 에어 커튼

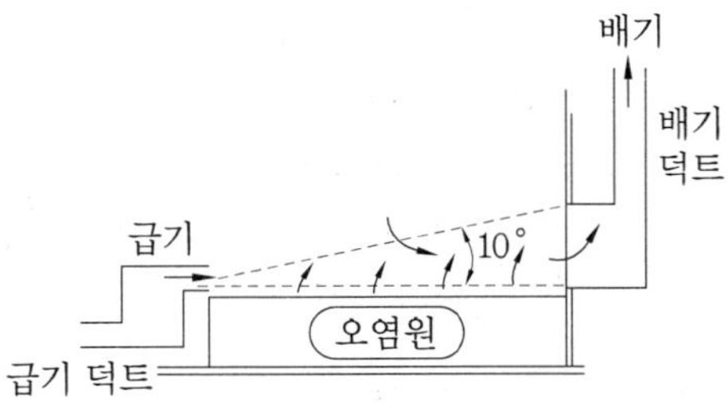

그림 12-19 푸시 · 풀형 배기 장치

분출 풍속은 일반적으로 옥외에 설치하는 것은 10~15m/s, 옥내에 설치하는 것에는 5~10m/s의 범위가 선정되는 경우가 많다.

최근에는 공장의 유해가스 발생원의 차폐에도 이용되고, 그림 12-19에 나온 것처럼 에어 커튼의 일종(Push pull형)이 이용되고 있다.

12-5 혼합형 환기설비

혼합형(mixed-mode) 환기설비 또는 하이브리드(hybrid) 환기설비는 기계 및 자연 환기 프로세스를 사용한다. 기계적 및 자연 구성요소는 하루 중 다른 시간에 개별적으로 또는 서로 함께 사용될 수 있다. 예측할 수 없는 외부 기상 조건에 따라 때로는 자연의 구성 요소는 항상 원하는 공간을 환기하기에 충분하지 않을 수 있다. 기계적 구성 요소는 원하는 내부 조건이 충족되도록 전체적인 환기율을 증가시키기 위해 사용된다. 대안적 기계적 구성 요소는 예를 들어 높은 풍속의 기간 동안 공기 변화율을 제한하기 위해, 자연 환기 과정을 조절하는 제어 수단으로 사용될 수 있다.

혼합형은 창(수동 또는 자동 제어) 및 냉방을 위한 공기 분배 장치 및 냉동기 등의 기계 시스템에서 자연 환기의 조합을 사용하여 공간의 조화에 대한 하이브리드 접근 방식을 의미한다. 양호하게 설계된 혼합형 건물은 냉방 부하를 최소화하기 위해 지능적인 외관 디자인을 강구한다. 필요한 경우 상당한 에너지 사용과 일 년 내내 에어컨의 운영비를 피하면서 쾌적성을 극대화하기 위해, 자연 환기가 가능하거나 바람직할 때마다의 사용과, 에어컨의 사용을 통합한다.

이러한 하이브리드 환기설비는 운용적인 측면에서 자연환기와 기계환기 방식이 독립적으로 운용(change over)되느냐 또는 동시운용(concurrent)되느냐에 따라 구분되기도 하는데, 적용원리와 방법에 따라 크게 3가지로 대별할 수 있다(그림 12-20).

① 자연환기+기계환기방식 : 이 방식은 자연 및 기계환기의 적절한 전환에 초점이 맞추어진 것으로 중간기에는 자연환기 설비를 적용하고, 하계와 동계에는 기계환기설비를 활용할 수 있도록 계획된 환기방식이다. 또한, 재실자의 수가 증가하였을 때에는 기계환기설비를, 하계의 야간 냉각(night cooling)을 위해서는 자연환기를 선택적으로 사용할 수 있도록 되어 있다.

② 자연환기+보조팬 환기방식 : 배기 및 급기를 위한 보조팬을 자연환기와 결합한 것으로 저압의 보조팬을 이용하여 자연환기의 구동력이 약하거나 환기량을 늘려야 할 기간에 환기량을 적절히 증대할 수 있으며, 최근 가장 많이 개발, 적용되고 있는 방식이다.

③ 연돌효과+기계환기방식 : 자연환기의 구동력을 최대한 유효하게 활용하는 기계환기설비에 근거를 두고 있으며, 자연환기의 구동력이 필요환기량의 일부를 담당할 수 있도록 조절이 가능한 방식이다.

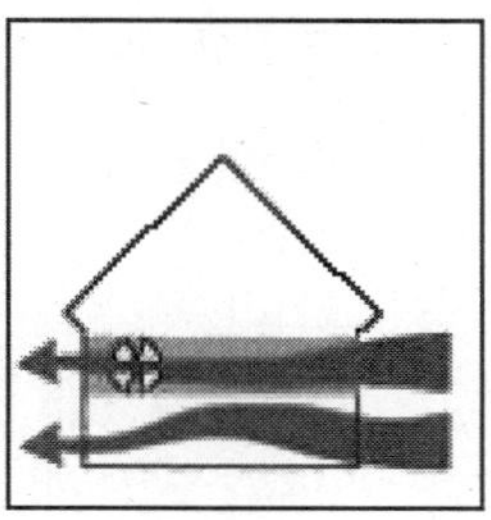

① 자연환기+기계환기

② 자연환기+보조팬

③ 연돌효과+기계환기

그림 12-20 혼합형환기 방식(하이브리드 환기방식)의 유형

12-6 에너지 회수형 환기 시스템

열회수형 환기장치(HRV : Heat Recovery Ventilation) 또는 기계적 환기 열회수장치(MVHR)는 열회수형 환기장치, 열교환기, 공기 열교환기 또는 공기-공기 방식 열교환기 등의 장치를 사용하는 에너지 회수형 환기 시스템(energy recovery ventilation system)이다. 인 바운드 및 아웃 바운드(inbound and outbound) 공기 흐름 사이에서 향류 열교환기(counter-flow heat exchanger)를 채용한다. 또한 난방(냉방)을 줄여 에너지를 절약하는 동안 HRV는 신선한 공기와 개선 기후 제어를 제공한다.

(1) 장점

건물 효율은 단열 및 방풍으로 향상되기 때문에, 건물은 의도적으로 더 밀폐되고, 결과적으로 환기가 더 적게 되었다. 모든 건물은 신선한 공기의 공급원을 필요로 하기 때문에, HRVs의 필요성은 명백해지고 있다. 창을 열면 환기가 이루어지는 동안 건물의 열과 습도는 여름에 취득하고 겨울에 손실되는 실내 기후 및 에너지 효율성에 대한 바람직하지 않는 공조 시스템을 보완해야 한다. HRV는 효율적인 에너지 사용을 추진하면서 건물에 신선한 공기를 도입하고 기후 조절을 도모한다.

(2) 기술

HRVs 및 ERVs은 독립적으로 기능하는 독립형 장치일 수도 있고 빌트-인, 또는 기존의 HVAC 시스템에 추가될 수 있다. 거의 모든 방은 외벽이 있는 작은 건물의 경우, HRV/ERV 장치는 작아 방 하나를 환기할 수 있다. 큰 건물은 여러 개의 작은 장치, 또는 대형 중앙 장치가 필요하다. 건물에 대한 유일한 요구 사항은 직접 외벽에서 또는 덕트로 연결하여 공기를 공급하고, 풍력 에너지 또는 전기로 팬을 돌리고 공기 순환을 위해 에너지를 공급한다, '중앙' HVAC 시스템과 함께 사용되는 시스템은 '강제 공기' 방식이다.

(3) 공기-공기 방식 열교환기

1) 종류

열회수형 환기-HRV 장치에 사용될 수 있는 열교환기의 형식은 여러 가지가 있다.

- 직교류 열교환기는 최대 60% 효율(패시브)

- 폐열회수장치(recuperator) 또는 크로스 플레이트 열교환기, 향류형 열교환기
- 더멀 휠(thermal wheel), 또는 로터리 열교환기(휠을 돌리는 모터가 필요하다)
- 히트 파이프
- 얇은 다중 열선(가는 전선 열교환기)

2) 도입 공기

열교환기에의 유입 공기는 0℃ 이상이어야 한다. 그렇지 않으면 유출 공기의 습도가 응축되고 동결되어 열교환을 차단할 수 있다.

충분히 높은 유입 공기 온도는 다음에 의해 달성될 수 있다.

- 필요한 경우(공기질의 손실을 초래) 배기의 일부를 재순환
- 매우 작은(1kw) 히트 펌프는 유입 공기가 HRV에 들어가기 전 빙점을 웃돌게 예열(이 히트 펌프의 '차가운' 면은 따뜻한 공기 분출구에 위치하고 있다.)
- 목재 연소 보일러로부터 열원, 예를 들면 온수 회로에서 공급된 열에 의해 난방 "배터리"를 사용

(4) 접지-공기 방식 열교환기

접지-공기 방식 열교환기는 일반적으로 약 30~40 m 길이와 직경 20 cm, 약 1.5 m 지면 아래 매설한 접지 예열 배관(접지 연결 열교환기)에 의해 수행될 수 있다(그림 12-21~그림 12-22).

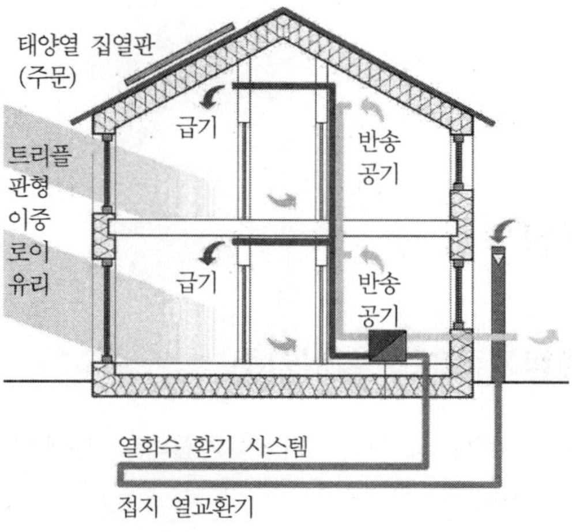

그림 12-21 열회수형 환기시스템

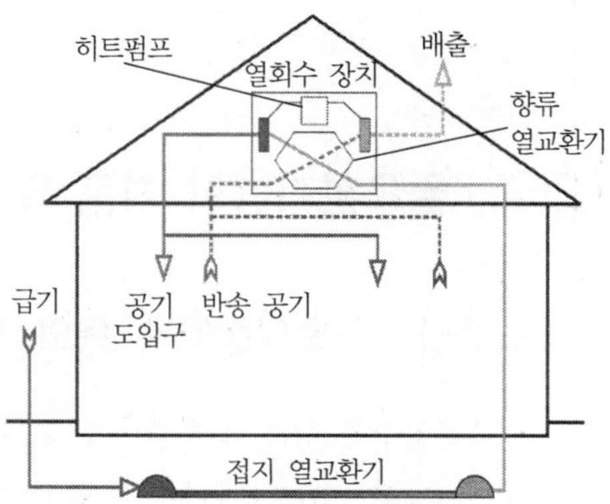

그림 12-22 히트 펌프 및 접지 열교환 환기장치

습기가 높은 지역에서 내부 결로는 곰팡이를 발생시키는데, 공기오염에 따른 튜브에서 성장하는 곰팡이의 방지 대책은 다음과 같다.

• 튜브 배수 보장
• 정기적인 청소
• 은 이온으로 코팅되어 내장된 살균제 튜브(인간을 위한 비독성)
• 트랩 형(2 & 20 마이크로 미터 사이의 크기)에 에어필터 F7/EU7(>0.4 마이크로 미터)
• UV 공기 정화
• "물" 열교환기에 접지 이용

배관은 가스/액체의 전송을 방지하기 위해 응축수를 배수하고, 열전달을 강화하기 위해 골지거나 홈(corrugated/slotted)을 낼 수 있다.

(5) 접지-물 방식 열교환기

대안인 접지-공기 방식 열교환기는 접지-물 방식 열교환기이다. 이것은 일반적으로 토양에 EAHX(earth-to-air heat exchanger)의 유사한 깊이의 수평 내장한(또는 수직 파이프가 될 수 있음) 지열 히트 펌프 튜브와 유사하다. 그것은 EAHX에 비해 80 m 주위, 즉 35 mm의 약 두 배의 배관 길이를 사용한다. 열교환기 코일은 HRV의 공기 입구 앞에 배치된다. 일반적으로 식염수(소금물)는 약간 더 효율적이고 폴리프로필렌 열전달 액체보다 친환경적인 열교환 유체로서 사용된다.

공기조화 시스템에 의존하지 않고 여름에는 쾌적한 냉방에 충분한 패시브하우스와 같은 에너지 효율적인 건물에 적합하다.

12-7 필요환기량의 기준 및 계산

12-7-1 신축공동주택 등의 기계환기설비의 설치기준

신축공동주택 등의 환기횟수를 확보하기 위하여 설치되는 기계환기설비의 설계·시공 및 성능평가방법은 다음 각 호의 기준에 적합하여야 한다.

1. 기계환기설비의 환기기준은 시간당 실내공기 교환횟수(환기설비에 의한 최종 공기

흡입구에서 세대의 실내로 공급되는 시간당 총 체적 풍량을 실내 총 체적으로 나눈 환기횟수를 말한다)로 표시하여야 한다.

2. 하나의 기계환기설비로 세대 내 2 이상의 실에 바깥공기를 공급할 경우의 필요 환기량은 각 실에 필요한 환기량의 합계 이상이 되도록 하여야 한다.
3. 세대의 환기량 조절을 위하여 환기설비의 정격풍량을 최소·적정·최대의 3단계 또는 그 이상으로 조절할 수 있는 체계를 갖추어야 하고, 적정 단계의 필요 환기량은 신축공동주택 등의 세대를 시간당 0.5회로 환기할 수 있는 풍량을 확보하여야 한다.
4. 공기공급체계 또는 공기배출체계는 부분적 손실 등 모든 압력 손실의 합계를 고려하여 계산한 공기공급능력 또는 공기배출능력이 환기기준을 확보할 수 있도록 하여야 한다.
5. 기계환기설비는 신축공동주택 등의 모든 세대가 규정에 의한 환기횟수를 만족시킬 수 있도록 24시간 가동할 수 있어야 한다.
6. 기계환기설비의 각 부분의 재료는 충분한 내구성 및 강도를 유지하여 작동되는 동안 구조 및 성능에 변형이 없도록 하여야 한다.
7. 기계환기설비는 다음 각 목의 어느 하나에 해당되는 체계를 갖추어야 한다.
   가. 바깥공기를 공급하는 송풍기와 실내공기를 배출하는 송풍기가 결합된 환기체계
   나. 바깥공기를 공급하는 송풍기와 실내공기가 배출되는 배기구가 결합된 환기체계
   다. 바깥공기가 도입되는 공기흡입구와 실내공기를 배출하는 송풍기가 결합된 환기체계
8. 바깥공기를 공급하는 공기공급체계 또는 바깥공기가 도입되는 공기흡입구는 입자형·가스형 오염물질을 제거 또는 여과하는 일정 수준 이상의 공기여과기 또는 집진기 등을 갖추어야 한다. 이 경우 공기여과기는 한국산업표준(KS B 6141)에서 규정하고 있는 입자 포집률[공기청정장치에서 그것을 통과하는 공기 중의 입자를 포집(捕執)하는 효율을 말한다]이 비색법·광산란 적산법으로 측정하는 경우 80% 이상, 계수법으로 측정하는 경우 40% 이상인 환기효율을 확보하여야 하고, 수명연장을 위하여 여과기의 전단부에 사전여과장치를 설치하여야 하며, 여과장치 등의 청소 또는 교환이 쉬운 구조이어야 한다.
9. 기계환기설비를 구성하는 설비·기기·장치 및 제품 등의 효율 및 성능 등을 판

정함에 있어 이 규칙에서 정하지 아니한 사항에 대하여는 해당 항목에 대한 한국산업표준에 적합하여야 한다.

10. 기계환기설비는 환기의 효율을 극대화할 수 있는 위치에 설치하여야 하고, 바깥공기의 변동에 의한 영향을 최소화할 수 있도록 공기흡입구 또는 배기구 등에 완충장치 또는 석쇠형 철망 등을 설치하여야 한다.
11. 기계환기설비는 주방 가스대 위의 공기배출장치, 화장실의 공기배출 송풍기 등 급속 환기 설비와 함께 설치할 수 있다.
12. 공기흡입구 및 배기구와 공기공급체계 및 공기배출체계는 기계환기설비를 지속적으로 작동시키는 경우에도 대상 공간의 사용에 지장을 주지 아니하는 위치에 설치되어야 한다.
13. 기계환기설비에서 발생하는 소음의 측정은 한국산업규격(KS B 6361)에 따르는 것을 원칙으로 한다. 측정위치는 대표길이 1m(수직 또는 수평 하단)에서 측정하여 소음이 40dB 이하가 되어야 하며, 암소음은 보정하여야 한다. 다만, 환기설비 본체(소음원)가 거주공간 외부에 설치될 경우에는 대표길이 1m(수직 또는 수평 하단)에서 측정하여 50dB 이하가 되거나, 거주공간 내부의 중앙부 바닥으로부터 1.0~1.2m 높이에서 측정하여 40dB 이하가 되어야 한다.
14. 외부에 면하는 공기흡입구와 배기구는 교차오염을 방지할 수 있도록 1.5m 이상의 이격거리를 확보하거나, 공기흡입구와 배기구의 방향이 서로 90도 이상 되는 위치에 설치되어야 하고 화재 등 유사 시 안전에 대비할 수 있는 구조와 성능이 확보되어야 한다.
15. 기계환기설비의 에너지 절약을 위하여 폐열회수형 환기장치를 설치하는 경우에는 한국산업표준(KS B 6879)에 따라 시험한 폐열회수형 환기장치의 유효환기량이 표시용량의 90% 이상이어야 하고, 폐열회수형 환기장치의 안과 밖은 물 맺힘이 발생하는 것을 최소화할 수 있는 구조와 성능을 확보하도록 하여야 한다.
16. 기계환기설비는 송풍기, 폐열회수형 환기장치, 공기여과기, 공기가 통하는 관, 공기흡입구 및 배기구, 그 밖의 기기 등 주요 부분의 정기적인 점검 및 정비 등 유지관리가 쉬운 체계로 구성되어야 하고, 제품의 사양 및 시방서에 유지관리 관련 내용을 명시하여야 하며, 유지관리 관련 내용이 수록된 사용자 설명서를 제시하여야 한다.

17. 실외의 기상조건에 따라 환기용 송풍기 등 기계환기설비를 작동하지 아니하더라도 자연환기와 기계환기가 동시 운용될 수 있는 혼합형 환기설비가 설계도서 등을 근거로 필요 환기량을 확보할 수 있는 것으로 객관적으로 입증되는 경우에는 기계환기설비를 갖춘 것으로 인정할 수 있다.
18. 중앙관리방식의 공기조화설비(실내의 온도·습도 및 청정도 등을 적정하게 유지하는 역할을 하는 설비를 말한다)가 설치된 경우에는 다음 각 목의 기준에도 적합하여야 한다.
   ① 공기조화설비는 24시간 지속적인 환기가 가능할 것. 다만, 주요 환기설비와 분리된 별도의 환기계통을 병행 설치하여 실내에 존재하는 국소 오염원에서 발생하는 오염물질을 신속히 배출할 수 있는 체계로 구성하는 경우에는 그러하지 아니하다.
   ② 중앙관리방식의 공기조화설비의 제어 및 작동상황을 통제할 수 있는 관리실 또는 기능이 있을 것

12-7-2 필요환기량의 기준

기계환기설비를 설치하여야 하는 다중이용시설 및 각 시설의 필요환기량에 대하여 "건축물의설비기준등에관한규칙"에 의하면 다음과 같다(표 12-4).

표 12-4 기계환기설비를 설치하여야 하는 각 시설의 필요환기량

구 분		필요환기량(m^3/인·h)	비 고
지하시설	1) 지하역사	25 이상	
	2) 지하도상가	36 이상	매장(상점) 기준
문화 및 집회시설		29 이상	
판매시설		29 이상	
운수시설		29 이상	
의료시설		36 이상	
교육연구시설		36 이상	
노유자시설		36 이상	
업무시설		29 이상	
자동차 관련 시설		27 이상	

표 12-4 기계환기설비를 설치하여야 하는 각 시설의 필요환기량(계속)

구 분	필요환기량(m^3/인 · h)	비 고
장례식장	36 이상	
그 밖의 시설	25 이상	

[주] 1. 연면적 또는 바닥면적을 산정할 때에는 실내공간에 설치된 시설이 차지하는 연면적 또는 바닥면적을 기준으로 산정한다.
2. 필요환기량은 예상 이용인원이 가장 높은 시간대를 기준으로 산정한다.
3. 의료시설 중 수술실 등 특수 용도로 사용되는 실(室)의 경우에는 소관 중앙행정기관의 장이 달리 정할 수 있다.
4. 자동차 관련 시설의 필요환기량은 단위면적당 환기량($m^3/m^2 \cdot h$)으로 산정한다.

12-7-3 환기량의 계산

(1) 용도별 실내 필요환기량 계산방법

1) 1인당 점유하는 면적에서 구하는 방법

성인 남자가 조용히 앉아있을 때 CO_2 배출량을 기준으로 한 필요환기량으로 20은 20(m^3/h · 인)의 의미이다.

주거공간의 거실에서 1인당 점유면적의 합이 10(m^2)을 초과할 때에는 10(m^2)으로 한다.

$$\text{필요 환기량}(m^3/h) = 20 \times \text{실의 면적}(m^2) \,/\, \text{1인당 점유하는 면적}(m^2/h \cdot \text{인}) \quad (12.2)$$

2) 환기횟수로 결정하는 방법

$$\text{매시 필요환기횟수}(\text{회}/h) \times \text{실의 용량}(m^3/h) \quad (12.3)$$

3) 실 면적당 환기량으로 계산하는 방법

$$\text{필요환기량}(m^3/h) = \text{실의 실면적당 환기량}(m^3/m^2h) \times \text{실면적}(m^2) \quad (12.4)$$

(2) 실내공기질에 따른 필요환기량 계산방법

발열량, 수증기량, 유해가스, 끽연량, 진애 등이 발생하는 부하를 알면 허용량을 바탕으로 하여 표 12-5에 환기량 계산을 행할 수 있다. 또한 환기의 항목이 중복되어 있는 실의 필요환기량은 각각 항목별로 환기량을 산정하여 그 중의 최대치를 그 실의 필요환기량으로 한다.

표 12-5 필요환기량의 계산식

항 목	내 용	필요환기량(m^3/h)	비 고
발열량	실내 열원에서의 발열량	$Q=\frac{H_s}{0.3(t_i-t_0)}$	H_s : 발열량(현열)(kcal/h) t_i : 허용실내온도(℃) t_0 : 도입외기온도(℃)
수증기량	실내에 발생하는 수증기량	$Q=\frac{W}{1.2(x_i-x_0)}$	W : 수증기 발생량(kg/h) x_i : 허용실내절대습도(kg/kg) x_0 : 도입외기절대습도(kg/kg)
유해가스	실내 연소물에서의 유해가스, 실내 용기에서의 유해가스	$Q=\frac{K}{P_i-P_0}$	K : 유해가스 발생량(m^3/h) P_i : 허용농도(m^3/m^3) P_0 : 도입외기 가스농도(m^3/m^3)
끽연량	그 실의 끽연량	$Q=\frac{M}{C_a}=\frac{M}{0.017}$	M : 끽연량(권련 1 g/본, 보통끽연 5.4 g/h) 60% 중량을 끽연하는 것으로 고려한다. C_a : 1m^3/h의 환기량에 대한 자극을 한계점 이상으로 억제할 수 있는 허용담배연소량 0.017(g/h)(m^3/h)
진애	그 실의 발진량	$Q=\frac{K}{P_i-P_0}$	전외기도입 때 K : 진애발생량(개/h) 또는 (mg/h) P_i : 허용진애농도(개/h)또는 (mg/m^3) P_0 : 도입외기의 진애농도(개/h) 또는 (mg/m^3)
실내 연소형 기구	가스스토브, 석유스토브 등으로 연돌이 없는 경우	$Q=\frac{K}{P_0-P_c}$	K : 산소소비량(m^3/h) P_0 : 외기산소농도(m^3/m^3) 0.21 m^3/m^3 P_c : 한계산소농도(m^3/m^3) 0.19 m^3/m^3
연돌부착 기구	연돌 부착된 실내장치의 석유스토브 등	$Q=mQ_r$	Q_r : 연소에 필요한 이론공기량(m^3/h) m : 과잉공기율 1.2 이상

[주] 1) 외기는 실내공기보다 청정한 것, 2) 전실환기의 경우 계산식이다.

예제 12-1

어느 실에서의 탄산가스(CO_2)의 발생량이 0.3 m^3/h, 환기량을 1,000 m^3/h로 하면 실내 농도는 얼마가 되는가? 다만, 외기의 탄산가스농도(용적비)는 0.03%로 한다.

| 해답 | 표 12-5의 유해가스의 필요환기량을 구하는 식에 의하여

$$Q=\frac{K}{P_i-P_o} \text{ 에서}$$

$$P_i=\frac{K}{Q}+P_o=\frac{0.3}{1,000}+0.0003=0.0006\ (m^3/m^3)=0.06\%$$

예제 12-2

재실 인원이 21명인 거실에서 이산화탄소 농도를 1,000ppm 이하로 유지하기 위한 필요한 최소환기량은? 다만 외기의 이산화탄소 농도는 300ppm, 인체에서의 이산화탄소 발생량은 0.02m3/h · 人으로 한다.

| 해답 | 환기량=0.02(m^3/h人)×21명/0.001—0.0003(m^3/m^3)=0.42/0.0007=600(m^3/h人)

예제 12-3

실용적 3,000 m^3, 재실자 350인의 집회실이 있다. 실내기온을 19℃로 하기 위한 필요환기량을 구하라. 다만, 외기온 15℃, 재실자 1인당 발열량 80 w/h, 실의 전열량은 4,000 w/h이다.

| 해답 | 환기에 의하여 없어지는 열량 $H_s = 80 \times 350 - 4,000 = 24,000$(w/h)

환기량 $Q = \dfrac{H_s}{0.34(t_i - t_o)} = \dfrac{24,000}{0.34 \times 4} = 17,647$ (m^3/h)

환기횟수 $N = \dfrac{Q}{V} \fallingdotseq 6$ (회/h)

예제 12-4

공기 청정 장치를 통해서 외기로 환기를 할 경우 정상 상태에서 실내 공기의 오염 농도를 나타내는 식은? 다만 틈새 바람은 없는 것으로 한다.

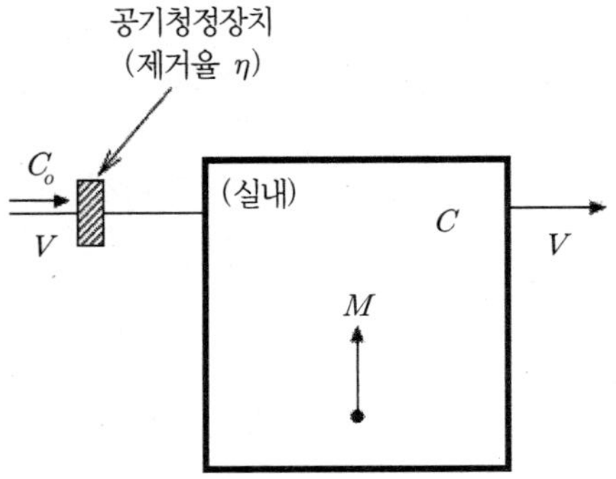

여기서,

C : 실내공기의 오염농도(mg/m^3)

C_o : 외기의 오염농도(mg/m^3)

M : 실내의 오염물질발생량(mg/h)

V : 외기량=환기량(m^3/h)

η : 공기청정장치의 오염물질 제거율

| 해답 | $C = \dfrac{M}{V} + (1-\eta)C_o$

$V = M/(C - C_o)$에서 청정기가 있으므로 외기에 포함되는 오염물질 η에서 실내로 들어가는 양은 $(1-\eta)$이다. C_o를 $C_o(1-\eta)$으로 치환하면 C가 구해진다.

12-8 공기의 정화

공기 중에 부유하는 오염물질에는 다음과 같은 것이 포함되어 있다.

① 고체(분진, 꽃가루, 포자, 세균, 가연성 분진, 방사성 분진)

② 액체

③ 기체(취기, 유독가스, 가연성 가스)

오염물질은 지역, 환경, 시각에 따라 여러 가지로 다르다. 대기오염 방지법에서는 외기 중 부유입자상 물질의 크기는 10μm 이하로 정해져 있다. 대기 중의 진애량은 도시에서 0.1~0.2mg/m^{3}이지만, 공업지역에서는 10~100mg/m^{3}에 달하는 곳도 있다. 공조계획에서는 외기 분진농도를 0.2mg/m^3 정도로 고려하면 되고, 공기조화장치에서는 일부 신선공기로서 외기를 도입하는데 대부분은 실내 공기를 재순환하여 사용한다. 실내 방생 진애, 취기, 유독가스는 물론 외기의 오염에 대해서도 공기여과를 통해 청정화할 필요가 발생한다. 따라서 공기의 오염도, 외기의 오염용량 등을 조사할 필요가 있다.

12-9 공기중의 진애량

(1) 대기 진애

외기 중에 부유하는 진애는 여러 가지의 형상, 크기가 있다. 입자의 직경의 크기에 따라 진애의 불리는 이름도 다르다. 공기 중의 세균 수도 진애의 수와 관련이 있다. 또 대기 중에 진애 외에 유해한 SO_2나 NOx 등의 기체도 많이 포함되어 있다.

(2) 실내 발생 진애

인간이 실내에서 작업을 할 때 그 작업에 따라 발진량이 달라진다. 또 끽연에 의한 발진량도 일반 사무실에서는 6mg/h·人이지만, 회의실 등에서는 발진량이 2배 정도로 증가하기도 한다.

(3) 틈새바람에 의한 진애

틈새바람에 대하 풍향, 풍속, 실내의 온도차, 창호의 기밀성 등에 의하여 영향을 받는

데, 틈새 길이에 비례한 침입공기량이 있다.

12-10 진애 측정 방법

진애 측정 방법에는 중량법, 비색법(변색도법), DOP법(농도 또는 계수법) 등의 3가지가 있다.

(1) 중량법

일반 공조용 기계식 필터로 입경 1μm 이상의 분진을 취급하는 경우에 적합한 방법이다. 공시필터에 정격풍량이 흐르도록 풍량조절을 하므로 대기 진애에 가까운 시험용 혼합분체를 일정의 농도(30±10mg/m^3)로 공급하고, 하류측에 장치된 고성능 필터로 공시 필터를 통과한 분진량을 포집한다.

(2) 비색법

일반적으로 입경 1μm 이하의 분진을 취급하는 정전식 필터나 고성능 필터의 분진 포집률을 측정하는 데 적합한 방법이다.

비색법은 공시 필터의 상하류가 정해진 위치에서 여과지 등의 여과체를 통하여 등속으로 공기를 취급하고, 여과체의 오염도를 비교하여 분진 포집률을 구하는 방법이다.

(3) DOP법

매우 높은 포집률을 지닌 고성능 필터(HEPA)의 포집률을 측정에 이용하는 방법이다. 이 방법은 DOP(dioctyl phthalic acid)의 스모크를 고도로 청정한 건조공기 흐름에 혼합 포화시키면 극히 균일한 0.3μm의 미립자가 얻어진다. 또 이 스모크는 광학적으로 매우 예민한 편향성을 가지고 있다.

12-11 클린룸

공기청정실(clean room)은 반도체 제조 · 전자기기 · 정밀기계 · 의약품 · 식품 등의 공업분야에서 의료 · 농림축산 분야까지 이용범위가 넓어지고 있다.

건축설비로서 클린룸은 실내환경으로서 제품 등에 오염을 극히 감소시키기 위하여 공기의 청정도를 제어한 실로서 이용범위는 표 12-6과 같다. 클린룸의 기준은 $1\,ft^3$ 중의 $0.5\,\mu m$ 이상의 미립자 개수로 표시되고 있다.

HEPA 필터(high efficiency particulate air filter)나 ULPA 필터(ultra low penetration air filter)의 개발에 따라 $0.1\,\mu m$ 입자를 99.9999% 이상, 공기 흐름에서 분리 · 포집할 수 있게 되었다.

HEPA 필터에 의한 입자의 포집은 에어로졸 입자의 필터 섬유에의 침착이고, 관성력과 브라운운동의 동역학적 성질과 중력, 원심력, 정전기력, 확산영동력 등의 작용력에 의하고 있다. 필터에 의한 입자의 포집기구에서 필터가 미세한 체와 같은 작용을 하고, 그 구멍보다 큰 입자만이 포집되는 것으로 흔히 오해하는데 섬유층의 내부에서 미립자

표 12-6 클린룸의 이용 분야

- 클린룸
  - 급기처리에 의한 것
    - 일반 진애입자의 제거를 목적으로 하는 것 (산업용 클린룸)
      - 정밀기계공업
      - 광학기기공업
      - 사진 · 자기 필름공업
      - 전자공업
      - 인공위성조립 등
    - 생물미립자의 제거를 대상으로 하는 것 (bioclean room)
      - 병원
      - 실험동물시설
      - 의료품제조공업
      - 식품공업
      - 유전자 관련산업
  - 배기처리에 의한 것
    - 유해물질을 함유하는 것
      - RI(방사성 동위원소)시설
      - 실험동물시설 (chemical hazard 방지)
    - 유해미생물을 함유하는 것 (biohazard 방지)
      - 실험동물시설
      - 병리 실험 시설
      - 유전자 실험 시설

의 섬유 표면에의 충돌과 부착에 의하여 포집되는 것이다. 또 입경에 대한 포집 효율은 입경이 작을수록 낮아지는 것은 아니고 HEPA 필터나 ULPA 필터에서는 0.1～0.2μm에서 최저로 되어 있다.

클린룸을 기류의 흐름 쪽에서 분류하면 표 12-7과 같이 단일 방향 흐름과 비단일 방향 흐름이 된다. 전자는 종래의 수직류형·수평류형이고, 클린룸에 있어서 오염 입자를 단일 방향의 기류에 의하여 흡입구로 흐르는 방식이다. 단일방향의 기류라 하여도 거시적으로 평평한 기류이고, 유체역학적으로는 난류이며, 기류의 혼란이나 작은 소용돌이 등은 존재한다. 후자는 종래의 난류형 등이고, 오염 입자를 HEPA 필터나 ULPA 필터에서의 청정공기로 희석하는 방식이다.

표 12-7 클린룸의 분류와 특징

기류방향	단일방향		비단일방향
분 류	수직류방식	수평류방식	난류방식
기류형상	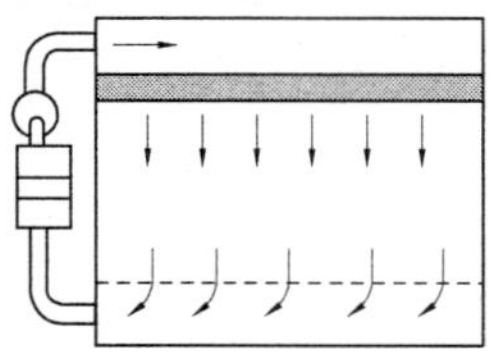	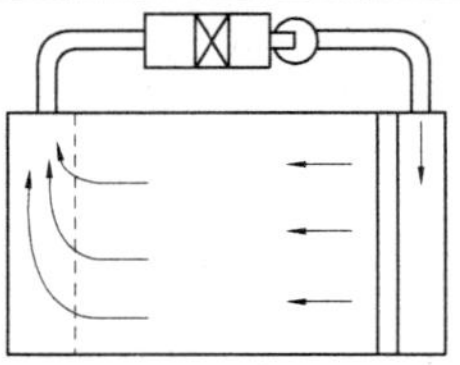	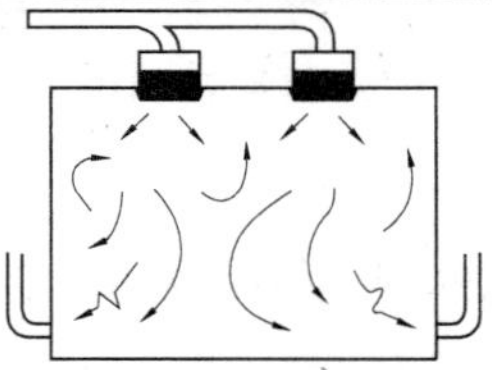
특징과 운용	클린룸 내 전역을 최고 청정도로 유지한다. 발생한 진애는 즉시 하류로 흐르기 때문에 다른 역에 영향을 미치는 경우가 적다. 중요작업역의 상류에서 발진되지 않는 한 오염되는 일은 없기 때문이다. IC, LSI 공장의 wafer 공정에 많이 채용되고, 일부 1,000 m^2 이상의 대규모인 것도 있다.	수평류의 상류에서는 최고 청정도를 유지하지만 하류에서는 사람이나 작업의 발진을 골라내기 때문에 청정도는 떨어진다. 실내 전역을 최고 청정도로 유지할 필요가 없고 어느 부분만 고청정도를 요하는 경우에 적용된다. 무균수술실, 무균병실, 식품의 포장 공정 등 bioclean에 적용되는 경우가 많다.	기본적 청정방식으로 각 분야에서 널리 채용된다. 실내에서 발생하는 진애를 청정공기로 희석하여 청정도를 높이는 방식이다. 송풍량이 많을수록 청정도가 높아지지만 기류가 난류이기 때문에 청정도에 한계가 있다. 다른 청정 방식과 병용되는 경우가 많다.
환기횟수	300～500회/h	100～300회/h	15～80회/h
분출풍속	0.25～0.5 m/s	0.45～0.6 m/s	1～3 m/s
정 압 도	0.5 mmH_2O 정도	0.5 mmH_2O 정도	0.5～2.0 mmH_2O
건 설 비	최대	대	소
운전경비	최대	대	소
가 변 성	용이	어렵다	어렵다
유지관리	용이	용이	보통
소 음	최대	대	소

(Science Forum編, 超LSI 프로세스 환경제어·방화안전대책)

chapter 13
전원설비

13-1 전기설비의 개요

13-1-1 전기역사

전기를 영어로 electricity라고 하는데 이것은 그리스어 electron에서 유래한 말로 본래는 호박을 의미한다. 기록에 의하면 기원전 600년경 그리스 사람들은 호박을 마찰하면 물체가 흡인되는 것을 알고 있었고, 이것이 전기현상을 발견한 최초라고 전해 내려오고 있다.

즉 장식품으로 사용하던 호박을 헝겊으로 문지르면 먼지나 실오라기 따위를 끌어당기는 이른바 마찰전기 현상이 일찍부터 알려져 있었다고 한다. 동양에서 쓰는 전기의 전(電)자는 번개를 뜻하는 뢰(雷)자에서 유래했고 번개도 구름에 마찰전기가 일으키는 불꽃이다.

우리나라의 전기역사는 1887년 3월 6일 경복궁 내 건천궁에서 최초로 전등불을 밝혔고, 1898년에 고종은 한성전기회사를 설립하였으며, 1899년에는 동대문과 서대문을 오가는 최초의 전차가 운행되었다. 1900년 4월 10일 종로에 가로등을 설치해 거리 조명이 등장하고, 이때부터 최초의 민간전기점등이 시작되면서 전등공급이 확대되었다. 1910년 부산에 전구를 만드는 공장이 들어서 우리나라 곳곳에 백열전구가 켜지기 시작했다. 1944년에는 대규모 수력발전이 건설되었으며, 1978년에는 경남 양산 고리에 원자력 1호기가 준공됨으로써 원자력시대가 개막된 것이다.

13-1-2 전기설비의 분류

건축전기설비를 분류하면 다음과 같다.

- 전원설비 (강전)
  - 수변전설비
  - 예비전원설비
    - 자가발전설비
    - 축전지설비
- 부하설비 (강전)
  - 조명설비
  - 동력설비
- 정보설비 (약전)
  - 청장치 설비
  - 시장치 설비
  - 시청장치 설비
- 수송설비 (강전) — 엘리베이터, 에스컬레이터, 이동보도

13-1-3 전기설비의 기초

(1) 전압

$$V = IR$$

여기서, V : 전압(V)
I : 전류(A)
R : 저항(Ω)

(2) 저항

$$R = \rho \frac{L}{S}$$

여기서, L : 전선의 길이(cm)
S : 전선의 단면적(cm^2)
ρ : 비저항

(3) 주파수

1초간의 사이클 수를 주파수라 하며 우리나라는 60사이클을 사용한다.

(4) 전력

단위는 W(watt)이고, 전력량은 전기가 하는 일의 양을 말한다.

① 직류 : $W = VI = I^2R$
② 단상교류 : $W = VI \times$ 역률(power factor)
③ 3상교류 : $W = VI \times \sqrt{3} \times$ 역률

(5) 전열

$$1\text{KW} = 860\,\text{kcal/h}$$

13-1-4 용어의 정의

① 수전방식 : 특고변전소의 수전방식은 신뢰도, 경제성에 대한 평가에 의하여 결정한다.
② 수전반 : 수전에 필요한 기기류(차단기, 계전기, 계기 등)를 부착하고 있는 배전반
③ 동력설비 : 건축전기설비 중에서 건물에 설치되어 있는 각종 전동기의 전원, 제어용의 반 및 배선 등의 설비
④ 간선(main line) : 변전실의 배전반에서 분전반, 제어반까지의 대전류배선
⑤ 축전지 : 2개의 전극과 전해액으로 구성되고, 전지 내의 화학반응이 가역성이 있고, 충전을 반복하는 전지
⑥ 제어반 : 전동기 등의 제어에 필요한 각종 개폐기, 계전기, 계기 기타의 기구를 강판제의 상자에 장착한 것
⑦ 분전반 : 강판제의 상자 안에 모선, 분기회로용 과전류보호기 등을 장착한 것. 간선에서 배선을 분기하는 개소에 설치한다. 용도에 따라 전등용, 동력용 등이 있다.
⑧ 발전기 : 구동장치에 직결하여 구동장치의 회전력에 의하여 발전하는 장치
⑨ 와트 : 전기에너지가 1초 동안에 할 수 있는 일의 양을 전력이라 하고, 전력은 P로 부호하고, 그 단위는 W로 나타낸다. 1W는 1V 전압 사이를 1A의 전류가 흐를 때 하는 일의 양. $1\text{W} \fallingdotseq 1\text{V} \times 1\text{A}$

⑩ 전기수용설비 : 수전설비와 구내배전설비

⑪ 수전설비 : 타인의 전기설비 또는 구내발전설비로부터 전기를 공급받아 구내배전설비로 전기를 공급하기 위한 전기설비로서 수전지점으로부터 배전반(구내배전설비로 전기를 배전하는 전기설비를 말한다)까지의 설비

⑫ 구내배전설비 : 수전설비의 배전반 이후에서부터 전기사용기기에 이르는 전선로·개폐기·차단기·분전함·콘센트·제어반·스위치 그 밖의 부속설비

⑬ 저압 : 직류에서는 750V 이하의 전압을 말하고, 교류에서는 600V 이하의 전압

⑭ 고압 : 직류에서는 750V를 초과하고 7,000V 이하인 전압을 말하고, 교류에서는 600V를 초과하고 7,000V 이하인 전압

⑮ 특고압 : 7,000V를 초과하는 전압

⑯ 전기통신 : 유선·무선·광선 및 기타의 전자적 방식에 의하여 부호·문언·음향 또는 영상을 송신하거나 수신하는 것

⑰ 전기통신설비 : 전기통신을 하기 위한 기계·기구·선로 기타 전기통신에 필요한 설비

⑱ 국선 : 사업자의 교환설비로부터 이용자전기통신설비의 최초 단자에 이르기까지의 사이에 구성되는 회선

⑲ 긍장(亘長·Line Length) : 송배전 선로나 통신 선로에서 일정한 구간의 수평거리

⑳ 강전류전선 : 전기도체, 절연물로 싼 전기도체 또는 절연물로 싼 것의 위를 보호피막으로 보호한 전기도체 등으로서 300V 이상의 전력을 송전하거나 배전하는 전선

㉑ 교환설비 : 다수의 전기통신회선을 제어·접속하여 회선 상호간의 전기통신을 가능하게 하는 교관기와 그 부대설비

㉒ 전송설비 : 교환설비·단말장치 등으로부터 수신된 전기통신부호·문헌·음향 또는 영상을 변환·재생 또는 증폭하여 유선 또는 무선으로 송신하거나 수신하는 설비로서 전송단국장치·중계장치·다중화장치·분배장치 등과 그 부대설비

㉓ 선로설비 : 일정한 형태의 전기통신신호를 전송하기 위하여 사용하는 동선·광섬유 등의 전송매체로 제작된 선조·케이블 등과 이를 수용 또는 접속하기 위하여 제작된 전주·관로·통신터널·배관·맨홀·핸드홀·배선반 등과 그 부대설비

㉔ 전력유도 : 전기공작물 또는 전철시설 등이 그 주위에 있는 전기통신설비에 대하

여 정전유도 및 전자유도 등에 의한 전압이 발생되게 하는 현상

㉕ 전원설비 : 수변전장치, 정류기, 축전기, 전원반, 예비용 발동발전기 및 배선 등 통신용 전원을 공급하기 위한 설비

㉖ 단말장치 : 전기통신망에 접속되는 단말기기 및 그 부속설비

㉗ 구내통신선로설비 : 국선접속설비를 제외한 구내 상호간 및 구내·외간의 통신을 위하여 구내에 설치하는 케이블, 선조, 이상전압전류에 대한 보호장치 및 전주와 이를 수용하는 관로, 통신터널, 배관, 배선반, 단자 등과 그 부대설비

㉘ 이동통신구내선로설비 : 전기통신사업자로부터 이동전화 역무 및 무선호출역무 등을 제공받기 위하여 지하건축물에 건축주가 설치·운용 또는 관리하는 설비로서 관로·전원·단자·케이블·안테나·통신용접지설비와 그 부대시설

㉙ 중간배선반(intermediate distribution frame) : 전화배선수가 많은 단자함에서는 수용할 수 없는 경우에 사용하는 것을 배선반이라고 한다. 또한 빌딩 내에서 중간에 설치하는 배선반을 중간배선반이라고 한다.

㉚ 본배선반(main distribution frame) : 국선의 인입 및 구내교환기에서 구내선로에 이르는 최초의 배전반. 인입케이블의 종단, 교환기회로, 구내선로, 시험탄기, 피뢰기탄기 등을 수용하고 벽걸이형과 자립형이 있다.

㉛ 광케이블 : 전기신호를 빛의 강약에 의하여 전송하는 것으로 모발보다 가느다란 섬유 또는 플라스틱으로 만들어지고 있다. 광파이버는 도선에 비하여 고속 또는 대량의 데이터를 적은 손실로 전송할 수 있고, 전자유도를 받지 않는 장점이 있다. 디지털 통신의 주역으로 널리 이용되고 있는데 도선과 다른 전류를 흐르게 할 수 없기 때문에 반드시 별도로 전원을 필요로 한다는 약점도 있다.

㉜ 빌딩자동화시스템(Building Automation System) : 공조설비, 전기설비, 급배수 위생설비, 방재·방범설비 및 기계설비(엘리베이터 등)를 종합적으로 관리하는 시스템, 첨단적인 정보처리, 통신기술이 적용되고 있다. 운전제어기능, 감시·표시, 기록기능, 계측기능, 데이터처리기능 등에 의하여 실내환경의 쾌적화, 에너지 절약의 실현, 방재·방범설비의 감시, 건물관리의 생력화 등에 효과가 높고, 인텔리전트 빌딩이 갖추어야 할 시스템의 하나가 되고 있다.

㉝ 역률개선용 콘덴서 : 역률(유효전력과 피상전력의 비)을 개선하기 위하여 전동기와 병렬로 시설하는 콘덴서를 말한다.

㉞ 전압강하 : 인입전압(또는 변압기 2차전압)과 부하측 전압과의 차를 말하며 저항이나 인덕턴스에 흐르는 전류로 강하하는 전압을 가리키는 경우를 말한다.

㉟ 변압기손실 : 변압기 권선에 부하전류가 흐를 때 생기는 부하손실과 부하를 걸지 않았을 때, 즉 2차권선을 개방한 상태에서 생기는 무부하손실을 말한다.

㊱ 직접 강압방식 : 수전된 특별고압 또는 고압전력을 건축물의 조명, 동력 등의 해당 부하설비에 적합한 전압으로 직접 변압하여 공급하는 방식을 말한다.

㊲ 부하 중심점 : 각 부하에 이르는 전압강하가 동일하게 되는 조건에서 소요 전선량의 합이 최소가 되는 위치를 말한다.

㊳ 인버터 : 정지형 전력변환기로 전동기의 가변속 운전을 위하여 시설하는 장치를 말한다.

13-2 수변전설비

13-2-1 개요

건물에서 사용되는 조명, 동력, 전열 등의 부하설비에 전력을 공급하기 위해서는 각 설비에 적합한 전압으로 공급하여야 한다. 그러나 통상 이들의 설비를 합계하면 소요 전력은 수백~수천kW가 되므로 이것을 직접 사용 전압으로 공급받으면 전선이 매우 커지게 되고, 경제적이나 배선기술상으로도 바람직하지 않으므로 특별고압 또는 고압으로 수전하고, 이것을 변압기에서 고압 또는 저압으로 변압하는 설비가 수변전설비이고 전원설비가 된다. 일반적으로 계약 전력이 50kW를 넘으면 변전설비를 필요로 한다.

13-2-2 수변전설비의 계획

(1) 설비계획의 순서

수변전설비 설계는 다음과 같은 순서로 한다.

① 부하설비 용량을 추정한다.

② 수변전설비 용량을 추정한다.

③ 계약전력을 추정한다.

④ 수전전압과 수전방식을 결정한다.

⑤ 주회로를 구성한다.

⑥ 배전방식을 결정하고, 주회로의 결선도를 작성한다.

⑦ 변전설비의 형식을 선정한다.

⑧ 제어방식을 결정한다.

⑨ 변전실의 위치와 넓이를 정한다.

⑩ 기기의 배치를 정한다.

⑪ 기기, 공사의 시방서 및 계산을 작성하고 계약을 한다.

(2) 부하설비 용량의 추정

설계 초기에는 부하가 불분명하므로 건물의 용도, 규모에 따라 과거의 실적을 토대로 하여 각 부하마다 소요전력을 추정해야 한다. 일반적으로 단위면적의 소요전력, 즉 부하밀도(VA/m^2)에 의한 산출방법이 채용되고 있다(표 13-1 참조).

$$\text{부하설비 용량} = \text{부하밀도}(VA/m^2) \times \text{연면적}(m^2) \tag{13.1}$$

표 13-1 부하밀도표

건물의 종류	전등(VA/m^2)	동력(VA/m^2)	냉방(VA/m^2)	합계(VA/m^2)
사무실(20,000 m^2 이상)	30	33	34	97
사무실(15,000~20,000 m^2)	29	28	22	89
사무실(15,000 m^2 이하)	24	25	31	80
점포	61	41	52	156
모텔	29	23	38	90
공장	45	44	39	128
주택	20	18	30	68

예제 13-1

연면적 5,000 m^2의 사무실용 빌딩의 부하설비 용량(kVA)은?

| 해답 | 15,000 m^2 이하의 사무실 부하밀도는 전등부하 24 VA/m^2, 동력부하 25 VA/m^2, 냉방부하 31 VA/m^2이므로

$(24+25+31)\times 5,000 = 400,000(VA) = 400(kVA)$

(3) 수전설비 용량

부하설비 용량이 추정되면 그 값을 그대로 수전설비 용량으로 하면 너무 과다한 설비가 된다. 그러므로 수전설비 용량의 결정은 다음과 같이 한다.

① 최대 사용전력 계산 : 전등부하 및 동력부하 설비용량에 수용률을 곱하여 개개의 최대 사용전력을 구한다.

$$\text{최대 사용전력(kW)} = \text{부하설비 용량(kW)} \times \text{수용률} \qquad (13.2)$$

② 수용률, 부등률, 부하율

㉠ $\text{수용률} = \dfrac{\text{최대수용전력}}{\text{부하설비용량}} \times 100(\%) \qquad (13.3)$

㉡ $\text{부등률} = \dfrac{\text{각 부하의 최대수용전력 합계}}{\text{부하의 합성 최대수용전력}} \times 100(\%) \qquad (13.4)$

㉢ $\text{부하율} = \dfrac{\text{평균수용전력}}{\text{최대수용전력}} \times 100(\%) \qquad (13.5)$

표 13-2 부하의 수용률, 부등률, 부하율

구 분	종 별	백화점, 점포	사무실
수용률	전등부하	74.1~100.5	43.2~78.4
	동력부하	38.0~63.3	41.0~53.8
	냉방부하	44.7~57.7	56.3~89.2
	종합부하	47.9~62.7	41.4~56.1
부등률	전등상호간	1.135	
	전동기상호간	1.580	
	전등과 전동기간	1.100	
부하율	여 름	40.2~46.2	
	겨 울	43.7~57.5	

예제 13-2

어느 상가의 설비용량이 3,500(kW), 부하역률 90(%), 수용률 65(%)이다. 수전설비 용량(kVA)은?

|해답| 수전설비 용량은 부하설비 용량에 대하여 수용률을 곱한 값, 즉 최대 사용전력을 말한다. 그리고 부하설비 용량은 단위를 (kVA)로 고쳐서 계산해야 한다.

$$\frac{3,500}{0.9} \times 0.65 = 2,528(\text{kVA})$$

(4) 계약전력의 결정

수전용량이 추정되면 전력회사의 전기공급 규정으로 계약전력이 추정되어 이것으로 공급전압이 결정된다.

빌딩이나 공장에서의 전력회사와의 계약종별은 다음과 같다.

① 업무용 전력 : 사무실, 빌딩, 백화점, 극장, 병원, 학교, 방송국, 호텔에서와 같이 전등과 동력을 병용하는 곳으로 계약전력은 20(kW) 이상
② 소부하 전력 : 소규모의 공장으로 50(kW) 이상, 500(kW) 미만
③ 대부하 전력 : 대규모의 공장으로 500(kW) 이상

(5) 수전전압

수전전압은 전력회사의 전기공급 규정으로 결정되는데, 대체적인 표준은 다음과 같다.

① 업무용 전력으로 계약전력이 20(kW) 이상 1,000(kW) 미만－고압 3.3(kV), 6.6(kV)
② 업무용 전력으로 계약전력이 1,000(kW) 이상－특고압 10(kV) 이상
③ 소·대 부하전력으로 계약전력이 50(kW) 이상 1,000(kW) 미만－고압 3.3(kV), 6.6(kV)
④ 대부하전력으로 계약전력이 1,000(kW) 이상－특고압 10(kV) 이상

(6) 수전방식

수전방식에는 1회선 수전방식과 2회선 수전방식이 있으나 보통 1회선 수전방식이 많다.

① 1회선 수전방식은 배전선 고장의 경우에는 정전을 피할 수 없다.
② 2회선 수전방식에는 평행 2회선식, 루프 회선방식, 예비 회선방식 등이 있고, 어느 것이나 정전시에는 예비회선으로 수전할 수 있어서 공급 신뢰도는 높아지지만 설비비가 비싸진다.

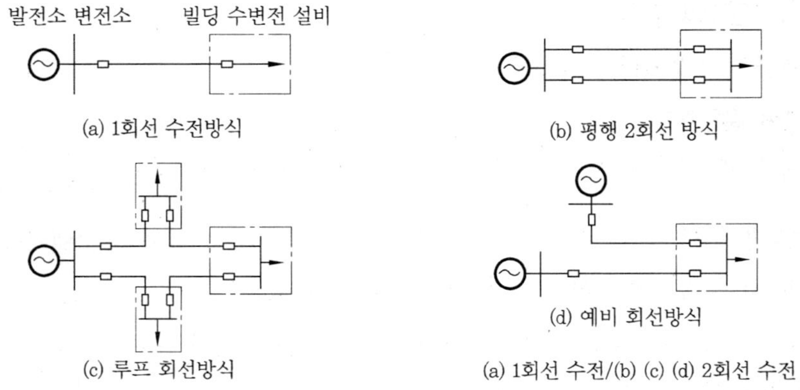

그림 13-1 수전방식

(7) 배전방식

배전방식에는 다음과 같은 방식이 있다.

1) 단상 2선식 110V

보통 주택, 사무실 등의 소부하의 배전으로 널리 사용되는 방법이다.

2) 단상 3선식 220/110V

일반 주택보다 큰 부하를 필요로 하는 백화점, 학교, 빌딩, 공장 등에 사용되는 방식이다. 이 방법은 단상 2선식에 비하여 전력손실이 적고 경제적인 동시에 전압도 110(V) 및 220(V)의 두 종류를 얻을 수 있으므로 220(V)의 조명 및 전열회로 등에 사용할 수 있다.

3) 3상 3선식 220V

주로 동력용 부하, 즉 3상 부하(220V)에 사용되는 배전방식으로 변압기의 결선은 그림 13-4와 같이 성형(星形) 결선, 3각 결선, V결선 등이 있는데 보통 3각 결선이 사용된다.

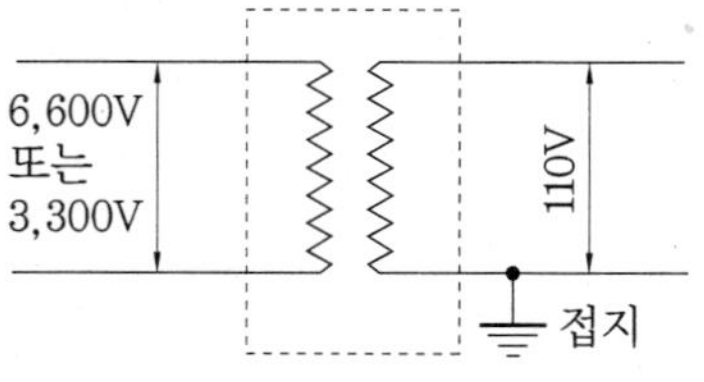

그림 13-2 단상 2선식

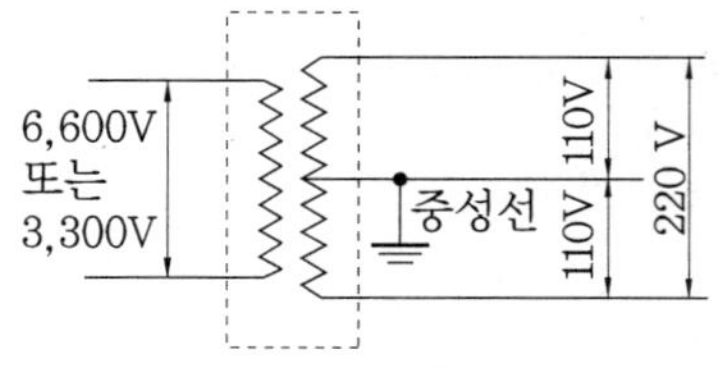

그림 13-3 단상 3선식

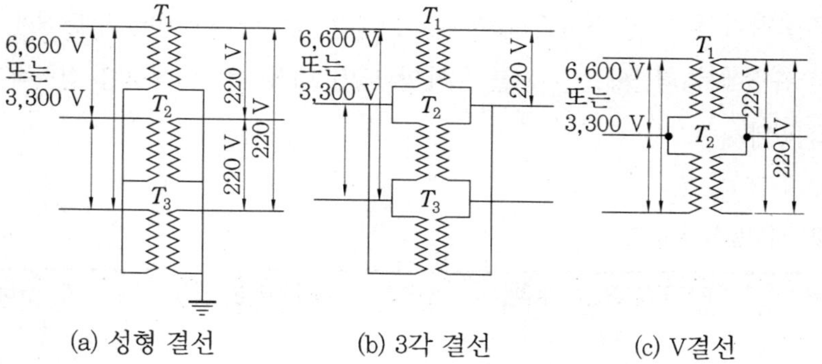

그림 13-4 3상 3선식

4) 3상 4선식 208/120V(460/265V, 220/380V)

대규모 건물에서 여러 종류의 전압이 필요할 때 선택되며, 우리나라에서는 주로 220/380 V를 사용한다. 최근에 400(V) 배전방식이 권장되고 있는데 이 방식에 의하면 배전설비비의 대폭적인 절감과 효율성이 뛰어난 전력이 이용되는 유리한 점이 있다. 그러나 110(V)용 부하에 대해서는 그림 13-5에 표시한 바와 같이 단권 변압기를 많이 필요로 하는 결점이 있다.

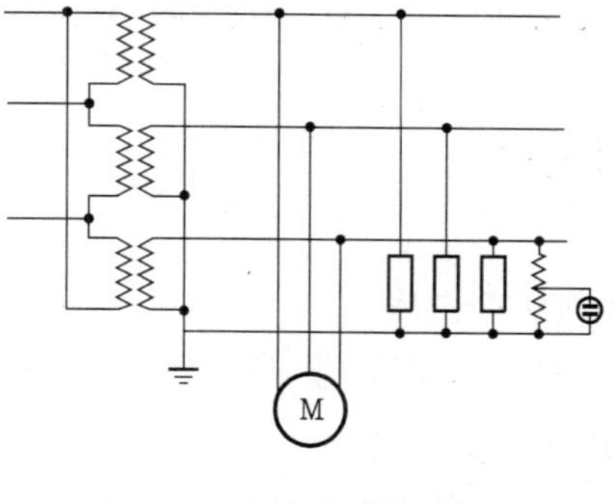

그림 13-5 3상 4선식(400V배전)

(8) 변전설비의 형식

변전소의 형식을 분류하면 옥외식과 옥내식, 개방형과 폐쇄형 등이 있다.

빌딩에서는 특별한 경우를 제외하고는 옥내식으로 한다. 그리고 공장에서는 특별고압 수전의 경우 수전 및 변전설비(1차 변전설비)를 옥외식으로 하며, 2차 변전설비는 옥내식이거나 옥외 폐쇄형으로 한다. 이는 높은 전압을 옥내식으로 하는 경우, 넓은 면적과 높이가 필요하며 용지 및 건물비가 증대되기 때문이다. 따라서 이들의 단점을 보완하고, 재해방지 측면에서 최근에는 기기를 철제함 내에 내장시킨 폐쇄형이 점차적으로 많이 사용되고 있다.

표 13-3 시설형식의 비교

	프레임組 오픈(노출형)	盤큐비클·기기프레임 오픈	큐비클
약단면도 (略斷面圖)	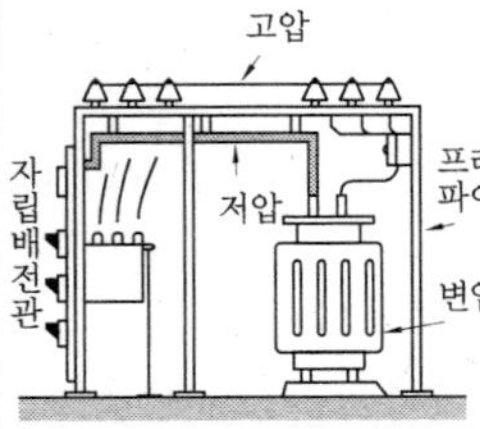	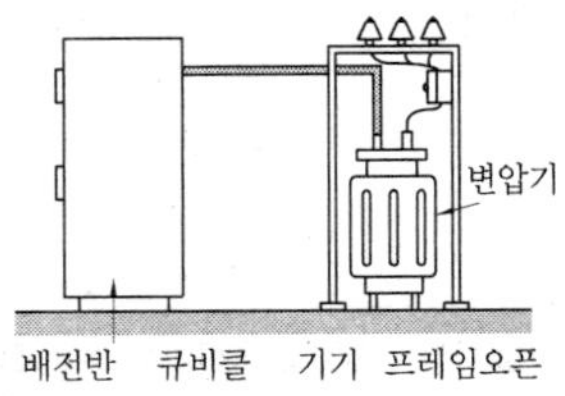	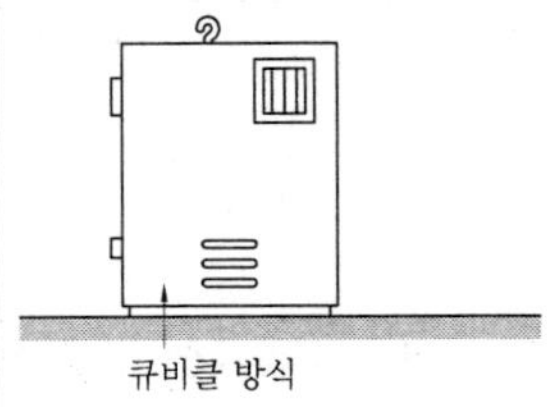
설치장소	옥내에 설치 또는 배전반만을 옥내에 시설하고, 변압기는 옥외에 설치하는 경우도 가능	주로 옥내에 설치한다. 또 배전반을 방수로 하여 옥외에도 설치 가능함.	옥내, 옥외 어느 곳에도 설치 가능, 용량이 작은 것은 간이 큐비클로서 또 대용량의 것까지 광범위하게 사용
장단점	가격은 싸지만, 면적이 약간 커진다.	全 프레임 오픈과 큐비클의 병용이고, 全 큐비클보다 약간 싸다.	면적은 프레임 오픈에 비하여 적게 차지한다. 다만, 가격은 비싸다.
비 고	증설, 변경에 대응하기 쉽다. 현장작업이 많다.	중규모 용량에 적합하다.	증설, 변경에 대응하기 어렵다. 현장작업이 적다.

(9) 변전실의 위치와 넓이

1) 변전실의 위치

① 위치 선정상 고려해야 할 사항

㉠ 부하 중심에 가깝고 배전에 편리한 장소일 것

㉡ 전원의 인입이 편리해야 한다.

㉢ 기기의 반출, 반입이 편리해야 한다.

㉣ 습기, 먼지가 적은 장소이어야 한다.

㉤ 기기에 대하여 천장 높이가 충분해야 한다.

㉥ 물이 침입하거나 침투할 우려가 없어야 한다.

㉦ 발전기실, 축전지실과의 관련성을 생각하여 가급적 인접한 장소이어야 한다.

② 변전실의 설치장소

일반적으로 빌딩의 주 변전실은 동력부하가 많은 지하층에 설치된다. 그러나 침수의 우려가 있는 경우 또는 지하층에 변전실을 설치할 수 없는 경우에는 지상층 또는 옥상층에 설치된다. 또 고층빌딩에서는 중간층에 설치하고 옥상층에, 제2, 제3변전실을 만드는 것이 배전상 유리하다.

2) 변전실의 구조

① 기기에 대하여 충분한 천장높이를 가질 것, 고압의 경우 천장높이는 보 아래 3.0 m 이상이며, 특별고압의 20~30kV의 경우 보 아래 4.5m 이상으로 한다.

② 바닥하중은 변압기, 콘덴서 등의 중량물에 견디는 구조로 한다(500~1,000 kg/m^2).

③ 바닥에는 케이블, 비트, 배관 등을 고려하여 콘크리트를 200~300mm로 친다.

④ 완전한 방화구획으로 하고, 옆방과의 벽은 콘크리트조 또는 블록조의 벽으로 한다.

⑤ 출입구의 문은 갑종 또는 을종방화문으로 하고, 문의 너비, 높이는 기기반출입에 충분한 크기로 한다.

수변전설비를 수용하는 각방에 대하여 건축상 고려해야 할 점들을 열거하면 표 13-4와 같다

표 13-4 전기설비 관계실의 건축상의 고려사항

실 명	고 려 사 항
변압기실	1. 유입변압기의 경우는 타실과 격절한다(화재방지). 2. 벽, 문, 창 등은 방음, 방화구조로 한다. 3. 자냉식 변압기에 대해서는 충분한 배기공을 설치한다. 4. 소화장치를 고려한다. 5. 기기반입구, 배열 등에 충분한 넓이와 높이를 확보한다(벽과는 0.4m 이상, 천장과의 간격은 1~1.5m 정도). 6. 견고한 기초의 내진장치를 시공한다.
모선 및 차단기실	1. 가능하면 다른 것과 격절한 방으로 한다. 2. 적당한 격벽, 컴파트먼트를 모선 또는 기기간에 설치한다. 3. 분출유의 배기구를 설치한다. 4. 기기반출 및 조업에 충분한 공간을 설치한다.
배전반실 또는 감시제어실	1. 공기조절, 조명, 음향 등의 쾌적한 환경을 만든다. 2. 운전조각, 감시제어에 지장이 없는 충분한 공간을 갖는다. 배전반과 벽과의 거리 전면 3~4m(최소 1.5m) 측면 1~2m(최소 1.0m) 배면 1.0~1.5m(최소 0.6m)
축전지실	1. 가능하면 변압기 등의 한 구석으로 배전반실에 가까운 곳에 설치한다. 2. 일광의 직사를 피한다. 3. 실내마감은 어느 정도 내산성으로 한다. 4. 배수, 환기에 주의한다.

3) 변전실의 넓이

기존에는 대체로 다음과 같은 식이 사용되었다.

$$A_t = 3.3\sqrt{W_t} \quad (13.6)$$

여기서, A_t : 변전실 면적(m^2)

W_t : 변압기 용량(kVA), (보통 고압수전)

그러나 최근에는 0.5승에 비례하지 않고 0.7승에 비례하는 다음의 식이 신뢰성이 있다.

$$A_t = K_s \times W_t^{0.7} \quad (13.7)$$

여기서, K_s : 정수(0.4~1.3)(중앙치 : 0.98)

특별 고압수전인 경우에는 특고 변압기 용량과 변전실 총면적(감시·제어반실 등을 포함)과의 관계는

$$A_t = K_s \times W_{th}^{0.7} \quad (13.8)$$

여기서, K_s : 정수(1.0~3.0) 중앙치 1.7(특고로부터 보통 고압으로 변압)

(1.0~2.0) 중앙치 1.4(특고로부터 400V급으로 변압)

W_{th} : 특고변압기용량(kVA)

A_t : 변전실 총면적(m^2)

표 13-5 변전실 면적 계산표(특별고압수전)

특고변압기 용량 W_t(kVA)	변전실 총면적 A_t(m^2)	
	특고에서 3(kV) 또는 6(kV)로 변압*	특고에서 직접 400(V)급으로 변압**
1,000	210	175
2,000	350	280
3,000	460	380
4,000	570	470
5,000	660	540
6,000	750	610
7,000	830	690
8,000	900	740
9,000	990	820
10,000	1,090	900

*$A_t = 1.7 \times W_t^{0.7}$에 의함.
**$A_t = 1.4 \times W_t^{0.7}$에 의함.

표 13-6 변전실 면적 계산표(보통 고압수전)

A_t : 면적 단위(m^2)

수전 변압기 총용량 W_t(kVA)	$A_t=3.3W_t^{0.5}$	$A_t=0.98W_t^{0.7}$	수전 변압기 총용량 W_t(kVA)	$A_t=3.3W_t^{0.5}$	$A_t=0.98W_t^{0.7}$
50	23	15	700	87	96
75	30	20	800	93	106
100	33	25	900	99	115
150	40	33	1,000	104	123
200	47	40	1,100	109	132
250	52	47	1,200	114	140
300	57	53	1,300	119	148
400	66	65	1,400	123	156
500	74	76	1,500	129	164
600	81	80	2,000	148	200

표 13-5와 13-6은 정수 K_s의 중앙치를 이용하여 구한 변압기 용량과 변전실 면적과의 관계이다.

13-2-3 수변전용 기기

수변전설비의 주요 기기는 배전반(차단기 · 계기 · 계전기 등을 장치하는 것)과 변압기를 주축으로 구성되고 있다(표 13-7).

배전반이라는 명칭은 광범위하게 이용되고, 고압반 · 저압반 · 계전기반 · 조작반 · 감시반 등의 총칭이다. 따라서 구성되는 장치에 따라 여러 가지가 있다. 차단기를 구성한 것, 변압기, 그리고 진상용 축전기나 기타 기기를 구성한 것이 있다.

형상도 자립 오픈형, 큐비클(鐵筋)형 등이 있고, 큐비클형으로는 상자 모양의 것, 책상 모양의 것, 기타 조합에 의한 것 등이 있다.

표 13-7 수변전설비의 주요 기기

		종 류	비 고
전압을 바꾸는 역할 기타	변압기 진상축전기 (콘덴서)	油式 乾式 (기타)	전력용 변압기가 주이고, 기타 계량용으로서 계기용 변압기(PT), 변류기(CT), 변성기(PCT 또는 MOF) 등이 있다. 진상축전기(콘덴서)는 고압과 저압이 있다. 대용량의 콘덴서를 사용할 때는 reactor를 시설한다.

표 13-7 수변전설비의 주요 기기(계속)

		종 류	비 고
보호장치	차단기 피뢰기 (기타 보호 계전기류)	油式 乾式	油入, 공기, 磁氣, 진공 등의 차단기가 있다(OCB · ACB · MCB · VCB · ABB · MBB 등). 피뢰기는 낙뢰 등 이상 전압의 보호로써 설치한다. 기타 접지, 누전, 과전류, 과전압 등의 보호 릴레이 등이 있다.
배전장치	배전반	자립식 큐비클식	고압배전반, 저압배전반이 있고, 고압배전반에 대해서는 차단기 및 계기류를 수납한 것으로, 고압수전반이라고 한다. 저압배전반은 간선에의 배전으로 저압차단기(MCB) 또는 나이프 스위치(KS) 및 계기류를 수납하고 있다.
개폐기	단로기	퓨즈있음 퓨즈없음	차단기는 사고시의 대전류를 차단하는 역할을 하고 있지만 단로기는 회로의 개폐(단로)만을 담당하는 것이다(DB · PCS · OS · VS 등).
계 량	계기류	보통형 광각형	전압, 전류, 전력, 역률, 주파수, 무효전력, 적산전력량 등의 계기이다(V · A · W · PF · F · VAR · WHM 등).

13-3 예비 전원설비

(1) 개요

전력은 일반적으로 전력회사로부터 배전받지만 송배전이 정지되었을 때에도 중요한 부하 설비만큼은 송전을 계속해야 할 필요가 있으므로 전기를 스스로 만들지 않으면 안 된다. 자가발전설비는 이를 위해 필요한 설비이고, 예비전원설비이다.

자가발전은 축전지에 비하여 큰 전력을 일으킬 수 있으나 소요전압을 얻기까지 다소의 시간이 걸린다. 따라서 소규모의 건물이라면 축전지설비에 의하여 어느 정도는 조달할 수 있으나 장시간 또는 용량이 큰 건물에는 발전설비를 설치하는 것이 바람직하다.

예비전원은 건축법, 소방법에 의하여 규제되고 있는 정전시의 자가용 전원시설, 즉 자가용 발전설비 또는 축전지 설비 등을 말한다.

예비전원이 필요한 장소로는 병원 수술실, 은행 현금취급소, 백화점과 같이 사람의 출입이 많은 건물, 비상용 엘리베이터, 비상콘센트, 소화펌프, 배수펌프, 양수펌프, 도난경보장치, 확성장치 등이 있다.

(2) 예비전원이 갖추어야 할 특징

예비전원 중 비상 전용 수전설비를 제외하면 다음과 같은 것이 있다.

① 충전기를 갖춘 축전지

② 자가용 발전설비
③ 충전기를 갖춘 축전지와 자가용 발전설비와의 병용

이러한 예비전원이 비상시에 그 기능을 완전히 발휘할 수 있게 하려면 다음과 같은 특성을 구비해야 한다.

① 축전지는 충전을 하지 않는 상태에서 30분 이상 방전할 수 있을 것.
② 자가용 발전설비는 비상시 10초 이내에 기동하여 전압을 규정값으로 유지하고, 30분 이상 안정적으로 전력을 공급할 수 있어야 한다.
③ 충전기를 갖춘 축전지와 자가용 발전설비를 병용하는 경우에는 자가용 발전설비가 비상시에 45초 이내에 기동하여 30분 이상 안정된 전력을 공급할 수 있어야 하며, 축전지는 정전 후 20분 이상 방전에 견딜 수 있는 용량의 것을 필요로 한다. 또한 엘리베이터, 배연설비가 있을 때는 1시간 이상의 전원공급이 필요하다(법규상은 30분 이상).

13-3-1 자가용 발전설비

(1) 개요

예비전원으로서 소규모인 곳에는 축전지를 설치함으로써 어느 정도의 시간에 대비할 수 있지만 장시간 또는 용량이 큰 곳에는 비상용(예비용) 자가발전설비를 설치하지 않으면 안 된다.

자가용 발전설비의 용량은 건물에 따라 다르지만 보통 수전설비용량의 20 % 정도이다.

(2) 자가용 발전설비의 분류

1) 내연기관에 의한 분류

내연기관은 시동이 빠른 점, 동작이 확실하고, 신뢰도가 높은 점, 자동화가 용이한 점, 취급과 보수가 용이한 점, 효율이 좋은 점 등의 특징 때문에 원통기로서 널리 사용되고 있다. 내연기관은 디젤기관, 가솔린기관, 가스터빈 및 증기터빈으로 나누어지며 자가용 발전설비로는 일반적으로 디젤기관이 사용된다.

2) 사용목적에 의한 분류

디젤 발전장치는 사용목적에 따라 고정식과 이동식으로 나누어진다.

① 고정식 : 일정한 기초 위에 설비한 것(빌딩, 공장, 상하수도설비, 방송 통신설비 등의 보안 및 비상용 전력의 공급).
② 이동식 : 차량용 또는 산업기계용으로 소형 경량급이 많다(토목, 건축, 도로공사 등의 가설전원으로 사용).

(3) 자가용 발전장치의 설치 장소

자가용 발전설비를 설치하는 경우는 일반적으로 다음의 조건을 만족하는 설치 장소를 선정한다.

① 수변전실과의 평면적, 입체적 관련이 충분할 것
② 전력을 공급하는 부하의 중심일 것
③ 온도가 고온이 되지 않을 것
④ 습도가 많지 않을 것
⑤ 발생 소음 및 진동이 다른 것에 영향을 주지 않을 것
⑥ 실내의 환기가 충분히 이루어질 것
⑦ 원동기의 배기가 용이할 것
⑧ 원동기의 냉각수 또는 냉각용 공기가 충분히 얻어질 것
⑨ 기기의 반출입이 쉽고, 운전·보수면에서 편리할 것

(4) 발전기실의 주위 조건

설치 장소의 주위 조건에 따라 특성상 큰 차이가 생기지만, 특히 저온도에 대해서는 충분한 배려를 필요로 한다. 주위 온도가 5℃ 이하가 되면 상용 전원이 정전되어도 내연기관이 시동 곤란으로 된다든지 또 시동해도 법적 시간 내에서의 전압 확립이 불가능으로 될 때도 있다. 따라서 주위 온도가 5℃ 이하가 되는 경우는 한랭대책이 필요하다. 한랭대책에 대해서는,

① 엔진 보온을 위하여 온수순환을 필요로 하기 때문에 부속품으로서 히터, 온수순환 펌프 등이 필요하다.
② 연료에 부동액을 혼입시켜 순환유도에 특수한 것을 필요로 한다.
③ 수조냉각방식의 경우는 감압수조의 물이 동결되지 않도록 보온재를 시공하든가, 히터 등을 사용하여 동결방지를 행할 필요가 있다.

이와 같이 기관의 형식에 따라 부속품을 설치해도 시동 불능의 경우가 있으므로 기관 메이커와 충분히 협의할 필요가 있다.

(5) 발전기실의 크기

기관, 발전기 본체 및 필요한 보조기와 제어반 관계에 있어서 보안 거리를 고려하고, 운전, 보안에 지장이 없는 크기로 선정할 필요가 있다. 일반적으로 발전기실의 넓이는 다음 식에서 주어진다.

$$S > 1.7\sqrt{P}\,(\mathrm{m}^2) \tag{13.9}$$

$$\text{권장치 } S \geq 3\sqrt{P}\,(\mathrm{m}^2)$$

여기서, S : 발전기실의 필요 바닥면적(m^2)

P : 마력(PS)

또 발전기실의 높이는 일반적으로 다음 식에서 주어진다.

$$H = (8 \sim 17)D + (4 \sim 8)D \tag{13.10}$$

여기서, D : 실린더 지름(mm)

$(8\sim17)D$: 실린더 상부까지의 기관 높이(속도에 따라 결정)

$(4\sim8)D$: 실린더 떼어내는 데 필요로 하는 높이(체인 블록의 유무에 따라 결정, 체인블록이 없을 때 $4D$ 정도)

예제 13-3

엔진 출력 400(PS)인 자가발전설비의 발전기실 넓이는?

|해답| 발전기실의 넓이 $S > 1.7\sqrt{P} = 1.7\sqrt{400} = 34\ (\mathrm{m}^2)$

예제 13-4

엔진의 실린더 지름이 250(mm)인 자가발전기실의 천장 높이는?

|해답| 발전기실의 높이 $H = (8\sim17)D + (4\sim8)D = (8\sim17)250 + (4\sim8)250$

$= 3{,}000 \sim 6{,}250(\mathrm{mm}) = 3 \sim 6(\mathrm{m})$

(6) 발전기 선정

발전기는 다음에 주의하여 선정한다.

① 용량 : 부하(주로 전동기)의 출력, 효율, 역률, 시동방식, 시동시 용량(시동 kVA), 허용전압 강하율 등을 고려하여 결정한다.

② 전압 : 110 V, 220 V, 440 V, 3,300 V, 6,600 V를 표준으로 한다.

(7) 원동기 선정

원동기를 선정하는데 필요한 사항 및 사용시 주의점은 다음과 같다.

1) 종류

비상용 발전설비에 사용되는 대표적인 원동기는 디젤기관 및 가스 터빈 기관이다.

2) 출력

발전기 용량에 대한 원동기의 필요 출력은 PS로 나타내고, 다음 식에 의하여 구할 수 있다.

$$\mathrm{PS} = \frac{\mathrm{kVA} \times \eta_L}{\eta_G \times 0.736} \ (\mathrm{PS}) \qquad (13.11)$$

여기서, kVA : 발전기 정격출력

η_L : 발전기 역률(일반적으로 0.8)

η_G : 발전기 효율

예제 13-5

발전기의 용량이 1,500(kVA), 역률 80(%), 효율이 95(%)인 것을 운전하는 데 필요한 디젤기관의 출력(PS)은?

|해답| 기관출력(PS) $\geq \frac{\text{발전기 용량(kVA)} \times \text{역률}}{\text{발전기 효율}} \times \frac{1}{0.736} = \frac{1,500 \times 0.8}{0.95} \times \frac{1}{0.736}$

$= 1,716$ (PS)

3) 사용 연료

일반적으로 디젤기관에 있어서는 A중유, 경유를 사용하고 가스 터빈 기관에서는 A중유, 경유, 등유를 사용한다.

4) 냉각수

가스 터빈은 불필요하지만 수냉식 디젤기관의 경우는 운전 시간분의 냉각수 확보가 필요하다.

5) 환기량

연소에 필요한 공기량을 확보하는 것은 물론이고, 발전기실 내의 온도상승을 억제하기 위하여 환기는 반드시 행해져야 한다.

6) 배기장치

원동기에서 배출되는 고온의 배기가스를 옥외로 유도하기 위한 배기관을 설치한다. 또한 이 때의 배기소음은 100~110 phon 정도이므로 소음기(消音器) 등에 의해 감음하여 외부로 유도할 필요가 있다. 또 배기관의 길이, 구부림 등에 의해 기관에 악영향을 주는 경우가 있으므로 사전에 충분히 검토한다.

(8) 시공

발전설비의 기기를 빌딩이나 공장에 설치하는 경우는 다음의 사항에 주의해야 한다.

발전기의 기초는 발전기의 자중과 운전에 의하여 발생하는 진동력에 충분히 견디는 강도로 하고, 하부에 방진고무나 스프링을 장착하여 전달되는 진동을 작게 하고, 방진장치 및 내진 처리를 강구한다.

발전기실의 바닥면에는 전기배선용 피트 및 연료유, 냉각수 등의 배관 피트가 설치된다. 기기반입 전까지는 완성되어 있어야 한다. 소형의 기기를 제외하고 천장에는 반입, 설치, 점검을 위한 I빔을 설치한다든지, 소음기를 설치하기 위한 앵커볼트를 시공해둔다.

발전설비 기기를 반입할 때는 사전에 건축업자와 협의하고, 반입 루트를 설정하며, 경우에 따라서는 벽 또는 천장을 반입한 후에 시공하기도 한다. 배기관이나 통기관에 있어서도 충분한 협의가 필요하다. 관련 공사로서 발전기실과 급유구 사이의 인터폰 설비, 급유·급수설비 공사와의 구성, 수변전반과의 연락 배선 등이 있다.

13-3-2 축전지 설비

(1) 개요

축전지 설비는 축전지, 충전장치, 보안장치, 제어장치 등으로 구성된다. 축전지는 독립된 전력원이며, 순수한 직류 전원인 점, 경제적이고 또한 보수가 용이한 점 등의 특징을 지니고 있다. 예비전원으로서의 축전지 설비는 상용 전원이 정전했을 때 자가용 발전설비가 기동하여 정격전압을 확보할 때까지 중간 전원으로서 사용되는 경우가 많다. 축전지 설비는 유도등, 전기시계, 화재경보기, 비상방송, 감시반의 전원, 전화 등 통신신호 등의 전원으로 사용된다.

(2) 축전지의 종류

1) 극판 형식에 의한 분류

① 연(鉛) 축전지

② 알칼리 축전지

2) 설치형식에 의한 분류

① 거치형 : 기기제어용, 전화교환 설비용 등

② 이동형 : 차량용 등

3) 구조에 의한 분류

① 밀폐형(sealed type)

축전지로부터 산(酸)이나 알칼리 가스가 나오지 못하며, 또한 사용과정에서 물의 보충을 필요로 하지 않는 구조로 된 것이다.

② 통풍형(vented type)

연 축전지에서는 배기전(排氣栓)에 필터를 설치하여 산무(酸霧)가 나오지 못하게 한 구조로 된 것이며, 알칼리 축전지에서는 적당한 방말(防沫) 장치를 한 배기전을 설치함으로써 많은 가스가 나오지 못하도록 된 구조의 것을 말한다.

③ 개방형(opened type)

통풍형에서와 같이 산이나 알칼리 가스의 제거 장치가 달리지 않은 것을 말한다.

(3) 충전장치의 동작 및 구조

① 전원 전압의 ±10%의 변동에 대해서도 기능에 이상 없이 충전할 수 있는 것

② 자동적으로 충전하는 것에서 정전 회복 후에는 자동적으로 회복 충전을 행하고, 종료 후에는 자동적으로 활동 또는 세류(細流, trickle) 충전으로 되돌아가는 것, 균등 충전이 용이하게 행해지고, 충전 종류 후는 자동적으로 활동 또는 세류 충

전으로 되돌아가는 것

③ 충전 완료한 전지를 당해 부하에 의하여 축전지의 공칭전압 80%까지 충전시킨 후 24시간 이내에 충전 완료하는 것

④ 축전지설비는 전용 불연실에 설치해야 하는데, 전기실, 기계실 등에 설치하는 경우는 정해진 구조기준에 적합한 큐비클 구조로 할 것

(4) 연 축전지와 알칼리 축전지의 특성을 비교하면 표 13-8과 같다.

표 13-8 축전지의 비교

구 분	연 축전지	알칼리 축전지
기 전 력	2.05~2.08(V)	1.32(V)
공칭전압	1cell당 약 2(V)	1cell당 약 1.2(V)
최대 방전전류	1.5(C)	포켓 2(C), 소결 10(C)
정격용량	10시간 방전율	5시간 방전율
전기적 강도	과충방전에 약하다	과충방전에 강하다
기계적 강도	약하다	강하다
충전시간	길다	짧다
온도특성	뒤떨어진다	우수하다
수 명	10~20년	30년 이상
가 격	싸다	비싸다

연 축전지 1대의 단자전압은 2V이므로 100V의 전등용에는 50대를 직렬로 접속한다. 즉 필요전압에서 축전지의 소요개수가 결정된다. 축전지의 용량은 암페어시(時)(Ah)로 나타낸다. 이것은 축전지로부터 흐르는 전류(A)와 축전지의 전압이 90%로 내려가기까지 방전할 수 있는 시간수(h)를 곱한 것이다.

예제 13-6

100V 50W의 전등을 10개, 5시간 점등했을 때의 필요전류는?

|해답| $\frac{50\text{W}}{100\text{V}} = 0.5\text{A}$, $0.5\text{A} \times 10$개$\times 5$시간 $= 25\text{Ah}$

즉 25Ah의 축전지를 50개 직렬로 하여 사용하면 된다.

(5) 축전지 설비 설치상 주의점

1) 축전지 설비를 설치하는 장소

① 천장높이는 2.6m 이상으로 한다.

② 화재의 피해를 받을 우려가 없고, 물이 침입 또는 침투할 우려가 없는 장소일 것

③ 축전지를 설치하는 실에는 충전 중 수소가스의 발생이 있으므로 옥외에 면하는 유효한 환기설비를 할 것

④ 통풍, 채광 및 조명이 양호하고 진동이 없을 것

⑤ 벽, 바닥은 내산처리 하고 배선은 비닐전선을 사용하며 조명기구도 내산성으로 할 것

⑥ 기기의 반출입이 쉽고, 운전·보수가 용이한 곳

⑦ 전력을 공급하는 부하의 중심일 것

2) 내진장치

축전지 설비는 지진에 의한 진동으로 이동한다든지, 전도의 우려가 없도록 바닥, 벽 또는 기둥 등에 견고히 고정시켜야 한다.

chapter 14
부하설비

14-1 조명설비

14-1-1 빛의 기초

(1) 방사와 빛

자외선에서 가시광을 지나 적외선에 도달하는 전자파에 의한 에너지의 전파를 방사(radiation)라고 한다. 단위시간당 방사의 양은 방사속(radiant flux)이라 하고, watt(약호 W)라는 단위를 이용한다.

방사속에 대응하는 측광량이 광속(luminous flux, 보통 기호 F로 나타낸다)이다. 즉 광속은 표준비시감도곡선 종류의 감도를 지닌 눈이 방사속을 빛으로 느끼는 능력에 의해 측정된 양이고, 단위는 lumen(약호 ℓm)이다. 따라서 방사의 발광효율(luminous efficacy(of radiation)), 즉 광속/방사속을 나타내는 단위는 $\ell \mathrm{m}/W$가 된다.

(2) 측광량

① 조도 : 빛을 받는 면의 단위면적당 입사하는 광속이 조도(illuminance, 약호 E)이다.

② 광속발산도 : 빛을 발하는 면(반사면이라고 해도 좋다)의 단위면적당에서 발산하는 광속이 광속발산도(luminous emittance, 약호 M)이다.

③ 광도 : 빛을 발하는 점에서 어느 방향으로 향한 단위입체각당의 발산광속이 광도 (luminous intensity, 약호 I)이다.

예를 들면 그림 14-1과 같이 LA, LB, LC, LD로 이루어지는 입체각 중에서 1 ℓm의 광속이 있고, L에서 1m에 위치한 a면의 조도를 1 ℓx로 하면 2m에 위치한 b면의 면적은 a면의 4배가 되므로 b면의 조도는 1/4 ℓx가 된다.

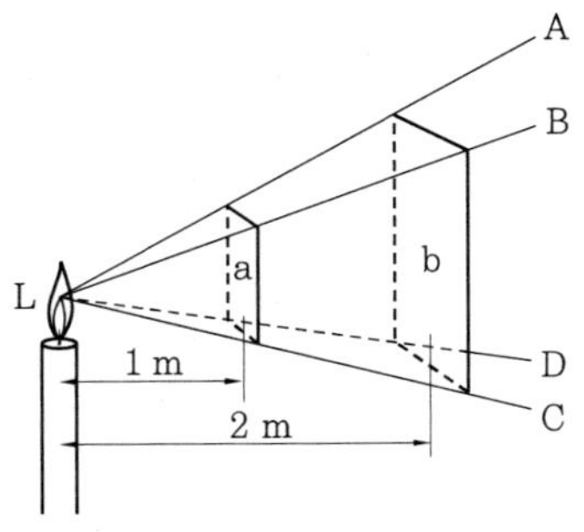

그림 14-1

예제 14-1

40W의 백열전구 전광속이 440 ℓm으로서 이 광속은 전구에서 모든 방향으로 일정하게 나오고 있는 것으로 한다. 이 전구의 광도 및 2m 떨어진 광선에 대하여 직각으로 놓여진 평면상의 조도는?

| 해답 | 광도 $= \dfrac{\text{전광속}}{\text{전입체각}} = \dfrac{440}{4\pi} \fallingdotseq 35\text{cd}$, 조도 $= \dfrac{\text{광도}}{(\text{거리})^2} = \dfrac{35}{2^2} \fallingdotseq 9l\text{x}$

④ 휘도 : 빛을 발하는 면(광원 없는 반사면도 무관함)을 어느 방향에서 보았을 때 그 면이 어느 정도 밝은가를 나타내는 것이 휘도(luminance, 약호 L)이다. 휘도의 크기는 cd/m^{2}로 되는데 이것을 그대로 단위로 사용한다. 휘도에는 지금 흔히 사용되는 단위 apostilb(약호 asb)가 있다. 1 cd/m^2 = πabs의 관계가 있다. 가상적인 완전확산, 반사율 100%의 면이 1 ℓx의 조도를 받을 때 그 면의 휘도는 1 asb가 된다. 반대로 말하면 apostilb는 이와 같은 편의 때문에 정해진 단위이다.

이상의 광속, 조도, 광속발산도, 광도, 휘도 등의 측광량의 개요를 표 14-1에 정리한다.

표 14-1 측광량

측광량	기호	정의 식	단위	단위약호	크기
광 속	F	$F=K_m\int_{380}^{780}V(\lambda)P(\lambda)d\lambda$	lumen	ℓ m	ℓ m
조 도	E	$E=\dfrac{dF}{dS}$	lux	ℓx	$\dfrac{\ell m}{m^2}$
광속발산도	M	$M=\dfrac{dF}{dS}$	radlux	rℓx	$\dfrac{\ell m}{m^2}$
광 도	I	$I=\dfrac{dF}{d\omega}$	candela	cd	$\dfrac{\ell m}{sr}$
휘 도	L	$L=\dfrac{dI}{dS\cos\theta}$	$\dfrac{candela}{m^2}$	$\dfrac{cd}{m^2}$	$\dfrac{\ell m}{m^2 sr}$

K_m : 최대시감도＝680(lm/W), $V(\lambda)$: 표준비시감도, $P(\lambda)$: 방사속의 분광분포

(3) PSALI

PSALI(Permanent Supplementary Artificial Lighting of Interiors : 주간인공조명)는 주간의 실내조명에 있어서, 창에서 들어오는 주광과 실내의 인공조명을 쾌적하고 합리적으로 양호한 조명 환경을 형성하는 것을 의미한다.

일반 빌딩이나 오피스 등에서 인공조명의 사용시간은 야간보다 주간이 훨씬 길고 중요하다. 따라서 조명설계의 대상은 야간보다 오히려 주간을 중심으로 설계해야 한다. 이 의미에서 자연주광의 채광과 공존하여 융합한 새로운 인공조명설계기술이 필요하다고 할 수 있다. 주간의 인공조명의 고려방법으로 2가지를 들 수 있다.

① 권장조도를 만족하기 위해 채광설계에 의한 주광만으로는 얻을 수 없는 부족을 보충한다.

② 조도가 낮을 뿐 아니라 창밖의 밝은 하늘이나 경치를 보는 데 따른 눈의 순응을 위해 실내가 주관적으로 어둡다는 느낌을 해결한다. 즉 인공조명에 의해 실내의 휘도를 높여 하늘에서의 눈부심을 방지하는 것이라고 할 수 있다.

14-1-2 조명의 요건

(1) 조도, 조도분포

1) 조도

어느 면이 얼마만큼 밝게 비춰지고 있는가, 즉 그 면이 단위면적당 어느 정도의 빛이

입사하고 있는가를 나타내는 것이 조도이고, 조명 설계하는 경우의 가장 큰 목표로 되는 것이다. 눈으로 보는 밝기는 휘도로 표시되고, 시각과 직접 관련하여 시력, 보기 쉬움 혹은 글레어(glare) 등과 연결짓는 것은 휘도이다. 조도를 결정할 때에는 시작업성, 쾌적성, 경제성 등 3요소를 고려한다. 이 조도는 주로 시(視)작업면(특별히 시작업면의 지정이 없을 경우에는 바닥 위 85 cm, 앉아서 하는 일인 경우에는 바닥 위 40 cm, 복도 및 옥외 등은 바닥면 또는 지면)에 있어서의 수평면 조도를 나타내지만 작업내용에 따라서는 수직면 또는 경사면의 조도를 표시하는 것도 있다. 또 이 조도는 설비 초기값은 아니고, 항상 유지해야만 하는 값을 나타낸다. 국부조명을 사용하여 기준 조도에 맞추는 경우 전체 조명의 조도는 국부조명에 의한 조도의 10% 이상인 것이 바람직하다. 또한, 인접한 방, 방과 복도 사이의 조도차는 현저하지 않도록 한다.

2) 조도 레벨

표 14-2는 CIE(국제조명위원회)의 「옥내조명가이드」에서 추장하는 조도 레벨이다. 조도 레벨의 경우는 1.5배 단계이고, 실제 장소의 조도는 램프의 광속 저하나 기구, 실내면의 더러움 등에 의하여 점점 저하하는데 표에 나타난 값의 80% 이하가 되지 않도

표 14-2 옥내의 추장조도

분 류	추장조도(ℓx)	작업의 형
A 별로 사용하지 않는 장소 혹은 단순한 보임이 필요한 장소의 전반 조명	20 30 50	주변의 어두운 공공장소
	50 75 100	단시간 출입할 때의 방향
	100 150 200	연속적으로는 사용하지 않은 작업실, 예 : 창고, 현관홀
B 작업실의 전반조명	200 300 500	한정된 조건의 시작업, 예 : 거친 기계작업, 강의실
	500 750 1,000	보통의 시작업, 예 : 보통의 기계작업, 사무소
	1,000 1,500 2,000	특별한 시작업, 예 : 조각, 직물공장의 검사
C 정밀한 시작업의 부가조명	2,000 3,000 5,000	극히 장시간의 정밀 시작업, 예 : 촘촘한 회로나 시계조립
	5,000 7,500 10,000	예외적인 정밀한 시작업, 예 : 극미전자 부품조립
	10,000 15,000 20,000	극히 특별한 시작업, 예 : 외과수술

록 하고 있다. 또한 대상물의 반사율이나 대비(contrast)가 낮을 때, 위험작업, 과실에 의한 손해가 클 때, 고연령 작업자일 때 등은 각각 1단계(1.5배)씩 조도를 높이는 것이 바람직하다고 한다. 우리나라에서는 기존의 KS 조도기준을 1993년에 전면 개정하여 KS A 3011-1993을 확정하였는데 설정된 표준조도 및 고도 범위는 표 14-3과 같고, 각 시설의 조도기준은 표 14-4와 같다.

표 14-3 조도분류와 일반 활동유형에 따른 조도값

활동유형	조도분류	조도범위(ℓx)	작업면 조명방법
• 어두운 분위기 중의 시식별 작업	A	3~4~6	공간의 전반조명
• 어두운 분위기 중의 간헐적인 시작업	B	6~10~15	
• 어두운 분위기 중의 단순 시작업	C	15~20~30	
• 잠시 동안의 단순 시작업	D	30~40~60	
• 빈번하지 않은 시작업	E	60 100~150	
• 고휘도대비 혹은 큰 물체 대상의 시작업	F	150~200~300	작업면 조명
• 일반휘도대비 혹은 작은 물체 대상의 시작업	G	300~400~600	
• 저휘도대비 혹은 매우 작은 물체 대상의 시작업	H	600~1,000~1,500	
• 비교적 장시간 동안 저휘도대비 혹은 매우 작은 물체 대상의 시작업 수행	I	1,500~2,000~3,000	전반조명과 국부조명을 병행한 작업면 조명
• 장시간 동안 힘이 드는 시작업 수행	J	3,000~4,000~6,000	
• 휘도대비가 거의 안 되며 작은 물체의 매우 특별한 시작업 수행	K	6,000~10,000~15,000	

비고 : 조도범위에서 좌측은 최저, 밑줄 친 중앙은 표준, 우측은 최고 조도이다.

표 14-4 표준 조도 및 조도 범위

구 분	분 류	조도(ℓx)
학 교	구내통로	3~4~6
	옥외운동장	15~20~30
	농구장, 테니스코트	30~40~60
	관리실, 라커룸, 복도, 계단, 화장실, 강당	60~100~150
	일반교실, 연구 및 실험실, 서고, 교직원실, 회의실, 실내운동장	150~200~300
	흑판면, 도서열람, 재봉, 미술, 공예조작, 정밀조작	300~400~600
	정밀제도, 정밀실험, 재봉	600~1,000~1,500
공 장	건조작업	30~40~60
	거친작업, 절연처리	60~100~150
	보통작업, 배선, 일반도장	150~200~300
	정밀작업, 권선, 조선, 검사	300~400~600
	초정밀작업	600~1,000~1,500

표 14-4 표준 조도 및 조도 범위(계속)

구 분	분 류	조도(ℓx)
병 원	심야의 병실, 복도	3~4~6
	문진실, 물리치료실, 소독실, 병실, 복도, 암실	60~100~150
	침대의 독서, 거즈 교환, 깁스포대, 진찰실, 처치실	150~200~300
	사진, 주사, 조제, 기공검사, 수술실, 세균검사	300~400~600
	부검, 구급처치, 분만실	600~1,000~1,500
주 택	재봉	600~1,000~1,500
	공부, 독서, 재봉	300~400~600
	세탁, 조리, 화장, 식사, 오락	150~200~300
	거실, 서재, 응접실, 아동실, 식당, 욕실	60~100~150
	현관, 복도, 화장실	30~40~60
	침실, 차고	15~20~30
호 텔 여 관	정원, 통로, 비상계단	30~40~60
	객실, 욕실, 오락실, 바, 로비, 복도, 화장실	60~100~150
	프런트, 사무실, 현관, 식당, 조리, 책상 위, 식탁, 거울	150~200~300
	회계사무실	300~400~600
경기장	관람석	30~40~60
	일반경기, 레크리에이션	150~200~300
	일반경기	300~400~600
	공식경기	600~1,000~1,500
설계사무실	밝은 테이블	60~100~150
	고명도 대비소재, 세밀한 일, 그래픽, 사진, 청사진	300~400~600
	설계와 예술품제작, 암갈색물감인쇄, 저명도대비 소재, 색상선택, 해도, 지도제작	600~1,000~1,500
일반사무실	로비, 응접실, 휴게실, 계단, 복도, 엘리베이터, 세면장, 화장실	60~100~150
	오프셋 인쇄와 복사, V30~40~60T가 있는 장소, 회의실, 시청각실	150~200~300
	키보드식별, 우편물분류, 금전출납부	300~400~600
간이음식점 레스토랑 식 당	세면장, 화장실, 객실, 대합실, 현관	150~200~300
	조리실, 집회실, 식탁, 계산대, 화물접수대	300~400~600
	진열대	600~1,000~1,500
도서관	서가	30~40~60
	서가 일반, 시청각실, 음향실, 선실, 대출대, 목록제작실, 제책실	150~200~300
	카드목록대	300~400~600
박물관	영사전시부	15~20~30
	미술품진열실, 박제품, 표본	60~100~150
	교실, 소강당, 공예품, 동양화, 일반진열품	150~200~300
	서양화, 입구, 홀, 조각(나무, 종이, 플라스틱)	300~400~600
	조각(금속, 돌), 모형, 조형물	600~1,000~1,500

표 14-4 표준 조도 및 조도 범위(계속)

구 분	분 류	조도(ℓx)
서비스공간	계단, 복도, 엘리베이터, 세면장, 화장실, 여객운송, 화물운송	60~100~150
가전제품 악기점	연출부전반	150~200~300
	상담코너, 점포내 진열, 진열상품 중점부, 장식창 전반, 점포내 전반	600~1,000~1,500
	장식창 중점, 점두진열	1,500~2,000~3,000
귀금속판매점 예술품판매점	장식창 중점, 점포내 전반	150~200~300
	디자인코너, 상담코너, 접대코너	300~400~600
	일반진열, 점포내 중점진열	1,500~2,000~3,000
백화점 안경점	상담코너, 안내코너, 일반부 전반, 점포내 진열, 중점부 전반, 특매장전반	600~1,000~1,500
	장식창 중점, 점포내 중점진열, 전시	1,500~2,000~3,000
수예점 카메라판매점 화훼전문점	특별부전반	60~100~150
	상담코너, 점포내 전반, 점포내 진열	30000~600
	장식창 전반, 점포내 중점진열	600~1,000~1,500
슈퍼마켓 편의점	교외상점	300~400~600
	도심상점	600~1,000~1,500
	특별진열부	1,500~2,000~3,000
시계판매점 의류용장신구	특별부전반	150~200~300
	점포내 전반, 특별부진열	300~400~600
	디자인코너, 중점진열	600~1,000~1,500
	장식창 중점	1,500~2,000~3,000
식품점 잡화점	점포내 전반	150~200~300
	점두, 중점부분	300~400~600
	중점진열	600~1,500~1,500
육아용품점 주방기구판매점	상담코너, 점포내 전반	300~400~600
	장식창 중점, 전시	600~1,000~1,500
의류판매점	점포내 전반	150~200~300
	갱의실, 디자인코너, 상담코너, 접대코너	300~400~600
	일반진열, 점포내 중점진열	600~1,000~1,500
	장식창 중점	1,500~2,000~3,000
일반공통	휴게실	60~100~150
	상담실, 응접실	150~200~300
	세면장, 화장실	150~200~300
	에스컬레이터, 엘리베이터	150~200~300
	계단, 복도	150~200~300
	계산대, 포장대	600~1,000~1,500

(2) 글레어

글레어(눈부심)란 시야 중에 휘도가 뛰어나게 높은 것이 있다든지, 지나치게 강한 휘도대비가 있다든지 하는 것이 원인에서 대강의 보기 쉬움을 해친다든지, 불쾌를 느끼게 된다든지 하는 현상을 말한다.

글레어는 시선에서 30° 이내의 시야 안에서 생기기 쉽고 이 범위를 글레어대역(帶域)이라고 할 수 있다.

(3) 연색성

연색성(演色性)은 램프 등 빛을 발하는 도구·장치가 어떤 물체를 비추었을 때 그 물체의 색이 보이는 방법에 미치는 광원의 성질을 나타내는 것이다. 광원의 질을 나타내는 지표의 하나로 램프 등 인공조명에서 발산되는 빛이 자연광을 기준으로 얼마나 색깔을 충실히 재현할지를 판단하는 지표가 된다.

연색성의 평가에는 연색성을 수치화한 '평균연색평가수(Ra : average of Rendering index)'가 이용되는데, 광원으로부터 조명된 물체의 색과 기준 광원으로 조명된 물체의 색이 어느 정도 다른지를 나타내는 척도로서 Ra 0~100으로 나타낸다.

Ra가 100에 가까울수록, 조사(照射) 대상 본래의 색깔을 재현할 수 있다. 반대로 Ra가 0에 가까울수록 색의 재현이 어렵다고 판단한다. 일반 조명 환경에서는 Ra 70 이상의 연색평가수가 요구되며, 전시 등을 하는 장소에서는 Ra 95 이상이 바람직하다.

백열전구는 Ra=100, 형광등은 Ra 70~90, 수은등은 Ra 60, 고압나트륨램프는 Ra 25 정도를 나타낸다. LED조명도 Ra 70 이상의 기구가 일반적으로 유통되고 있고, Ra 95 등 고연색성의 기구도 보급되어 있는데, 연색성을 높이면 광속이 저하하므로, 조도를 요구하는 계획에서는 주의를 요한다.

(4) 조명의 심리 효과

조명계획에 있어서는 작업면과 그 주변의 검토뿐만 아니라 시환경 전체가 지닌 분위기에도 주의하여 조명방식 및 광색을 선택할 수 있다. 예를 들면 광천장은 조도분포나 글레어에 대해서는 유리한 반면에 음영이 생기기 어렵고, 또 천장의 분할선이 약하면 시각적으로 단조롭게 될 우려가 있다.

또한 빛의 색의 심리효과도 중요하다. 푸른 계통의 빛은 시원한 느낌을, 붉은 계통의 빛은 따뜻한 느낌을 주는 것은 그 예이다. 일반적으로 실내의 빛환경은 상호 반사에 의한 간접광을, 때로는 창에서의 주광을 포함한 것이므로 광원의 분광분포만 아니라 실내 마감의 색도 고려한 조명계획이 필요하다.

작업 이외의 목적을 지닌 조명의 경우에는 이 심리효과가 중요시된다. 예를 들면 최근 지하가 등에서 흔히 보게 되는 익사이트 라이팅(excite lighting)이라는 조명방식의 작업조명은 글레어나 연색성 면에서 용인될 수 없는 고휘도 및 고채도의 색 광원을 활용하고, 시선을 끌어 활기에 넘친 분위기를 만들어내는 데에 성공하고 있다.

(5) 기타

1) 조명과 안전

조명 부족이나 글레어 등에 의한 시각장애가 원인이 되어 발생하는 사고도 무시할 수 없는 것이다. 특수한 램프에 따르는 자외선이나 적외선이 지나치게 강하면 눈에 질환을 일으킬 수 있다는 것도 주의할 필요가 있다. 자외선은 주로 각결막염, 적외선은 백내장의 원인이 된다. 휘도가 높은 광원, 예를 들면 아크등이나 태양을 직사하면 황반화상을 일으킬 수 있다.

2) 유지관리(保守)

램프의 감광, 광원이나 기구에의 먼지 퇴적, 실내면의 오손에 의한 반사율 저하 등으로 조명시설은 점차 조도, 기타 조명효과가 저하한다. 이에 대하여 램프의 교환, 기구 기타의 청소, 실내면의 청소 및 재도장의 보수가 필요하다. 보수 효과로는 조도의 향상 외에 휘도분포가 개선된다.

3) 경제성

조명의 제 요건을 만족하고 그 효과를 유지하는 것은 눈에 의해 가장 중요한 것임과 아울러 작업의 안전성을 높이고, 생산성을 향상시키는 효과가 있다.

14-1-3 광원

(1) 백열등

에디슨에 의해서 발명된 이래 일반 주택의 조명용으로 오래 사용되어 왔다. 유리구로 밀폐된 안에 아르곤 가스 등이 채워져 있으며 그 중 가는 코일형의 필라멘트에 전류를 흘려 고온으로 하여 발광하는 램프이다.

백열등은 저렴하게 제조할 수 있고, 연색성도 좋아 일반 주택에 널리 사용되어 왔다. 그러나, 필라멘트의 수명이 짧은 것과 램프 효율이 좋지 않아 점차 사용되지 않게 되고, 형광등이나 LED램프로 바뀌고 있다.

백열등의 주된 종류는 다음과 같다(그림 14-2).

① 일반 전구

화이트 등이라고도 불리며, 종전의 일반 주택용 램프로 가장 많이 쓰이고 있었다. 눈부심을 덜어주도록 안쪽에 백색 페인트가 칠해져 있다. 램프 효율이 좋지 않고 수명도 짧기 때문에 생산을 중단하고 있다.

② 클리어램프

클리어램프는 유리구가 백색 도장되지 않은 투명한 것이다. 반짝 반짝 빛나 아름다운 장식용의 샹들리에 등에 사용되고 있다.

③ 크립톤램프

일반 백열등에는 아르곤 가스가 채워져 있지만 크립톤 가스가 채워진 것은 크립톤램프로 불리고 있다. 크립톤 가스에 의해서 필라멘트의 수명이 긴 특징을 가지고 있다.

④ 볼램프

문자 그대로 둥근 공 모양을 한 백열전구이다. 투명한 클리어, 백색 도장, 여러 가지 색깔로 도장된 것이 있다. 주로 점포 등의 장식용으로 사용되고 있다.

⑤ 할로겐램프

유리구 안에 할로겐 가스가 채워져 있어 할로겐램프이다. 매우 밝은 램프이어서 스포트라이트와 자동차 전조등에도 사용되고 있다. 램프 효율도 좋고 수명도 긴 점이 특징이다.

⑥ 반사형 백열전구

유리구 안쪽의 후방에 알루미늄의 반사경을 붙인 램프이며 효율적으로 전방에 빛을 쪼일 수 있다. 다운라이트나 스포트라이트의 용도로 사용되고 있다.

일반전구 클리어램프 크립톤램프 볼램프 할로겐램프 반사형백열전구

그림 14-2 백열등의 종류

(2) 형광등

형광등이 발광하는 구조는 방전 전자가 수은 원자에 충돌함으로써 발생한 자외선이 형광의 안쪽에 칠해진 형광 물질에 접촉하여 발광하는 것이다. 램프 효율이 좋고 수명도 긴 것(약 6,000~24,000시간)이 장점이다. 현재 가장 일반적인 램프로, 일반 주택과 사무실 등에서 사용되고 있다. 단점은 형광등에는 점등하기 위해서 필요한 방전을 안정시키는 안정기가 부착되어 있다(그림 14-3).

형광등을 색으로 구분할 때는 보통 주광색, 주백색, 전구색 등 3가지로 나눈다. 이렇게 구분하는 기준은 온도이다. 빛은 온도가 높을수록 푸른빛을 띠게 되고, 온도가 낮을수록 노란빛을 띤다.

주광색의 경우는 온도가 약 6,500K로 태양빛보다 강하기 때문에 푸른빛을 띠며, 시원하고 산뜻하며 깔끔해 보이는 인상의 빛이라고 할 수 있다. 공부방이나 사무실 등 집중력을 높여야 하는 장소에 사용하는 것이 적절하다.

주백색은 태양빛에 가장 가까운 자연스러운 빛으로 온도가 약 5,000K이다. 주백색은 주광색보다 푸른 기가 적어 희게 보인다. 생생하고 자연스러운 색으로 거실이나 부엌 등에 사용하는 것이 좋다. 특히 평소에 가장 오랫동안 머무는 장소에 사용하면 좋다.

전구색은 따뜻한 느낌을 주는 오렌지색 계열로 온도가 약 3,000K이며, 침착하고 안정되며 편안함을 느낄 수 있는 색이다. 따라서 침실 또는 욕실이나 음식점의 실내에 잘 어울린다.

형광등에는 3개의 점등 방식이 있다.

① 스타터(starter) 방식

글로램프(glow lamp)로 불리는 점등관을 사용하여 점등한다. 가장 오래된 방식으로 필라멘트를 달구어 방전을 발생시키기 때문에 점등에는 2~3초 정도의 시간이 걸린다.

② 래피드 스타트(rapid start) 방식

점등관을 필요로 하지 않는 방식으로 스위치를 넣으면 즉시 점등이 가능하다.

③ 고주파 점등 방식

고주파 점등 방식(FHF : Flourescent High frequency)은 가장 새로운 방식으로 인버터로 불리는 안정기를 사용하여 교류를 직류로 바꾸고 고주파로 변환하여 점등한다. 즉시 점등이 가능하고 어른거림도 적고 램프 효율도 좋아 최근 가장 많이 이용되고 있는 점등 방식이다.

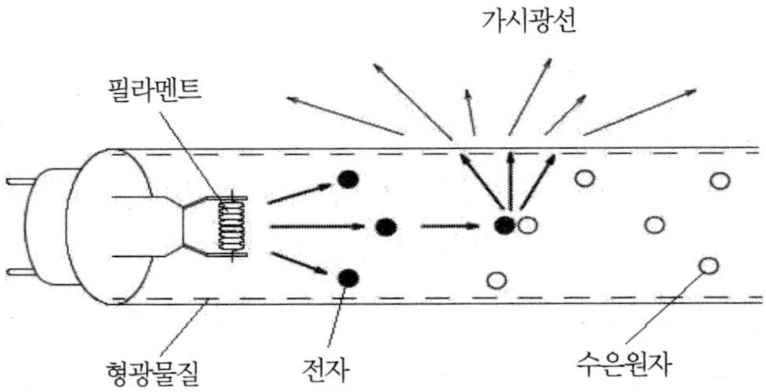

그림 14-3 형광등의 구조

(3) HID램프

고휘도 방전등(HID : High Intensity Discharge)은 형광등보다 높은 압력에서 방전되는 램프이다. 그래서 광속이 커지고 체육관과 야외의 그랜드나 야구장 등 넓은 공간의 조명에 적합하다. 램프 효율이 좋고, 휘도가 높고, 수명이 길다(약 10,000~20,000시간)는 장점은 있지만 연색성이 떨어지고, 점등까지에 시간이 걸리는 단점이 있다.

HID램프의 종류는 다음과 같다(그림 14-4).

① 고압수은램프

고압수은램프는 창백한 빛을 발하는 램프에서 연색성은 좋지 않다. HID램프 중 가장 저렴하게 제조할 수 있다. 옥외의 넓은 시설, 그랜드, 가로등에 사용되고 있다.

② 고압나트륨램프

고압나트륨램프는 오렌지색 빛을 발하는 램프이며 연색성이 뛰어나다. 창고, 공장 등의 시설과 가로등에 사용되고 있다.

③ 메탈핼라이드램프(metal halide lamp)

고압수은과 할로겐 화합물의 혼합에 의한 램프로 연색성이 뛰어나다. 램프 효율도 좋

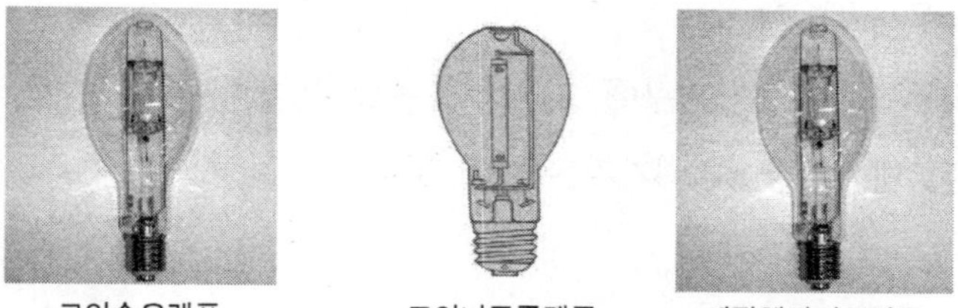

그림 14-4 HID램프

아 실내의 대형 상업 시설 등에 주로 사용되고 있다.

(4) LED램프

LED(Light Emitting Diode : 발광 다이오드)는 직류 전류로 빛나는 반도체의 일종으로 램프 효율이 뛰어나고 수명도 길어(약 40,000시간) 차세대의 램프로 기대되고 있다. 가격면에서 아직 과제가 남아 있는데, 기존의 램프에 비하여 뛰어난 오랜 수명과 소비 전력이 적고, 유해 물질을 포함하지 않으며, 빛의 밝기 조절과 색채 창출이 용이하고, 점멸 동작이 빠르다는 등 뛰어난 특징을 많이 지니고 있다. 단점은 고온·고열에 약하지만 향후 점점 보급되어 갈 것으로 예상한다.

LED램프의 종류는 다음과 같다(그림 14-5).

① 전구형 LED램프

전구형 LED램프는 백열전구와 같은 금속마개가 되어 백열등에서의 변경이 용이하다. 종류가 풍부하고 또 광색에도 여러 가지 유형이 있다. 스포트라이트에 사용하는 할로겐램프형, 샹들리에, 촛불의 불꽃 무늬 샹들리에 전구형이 있다.

그림 14-5 LED램프

② 직관형 LED

직관형 LED에는 기존 형광등의 기구에 그대로 사용할 수 있는 유형, 안정기를 떼어 사용하는 유형, 컨버터 내·외장형의 3가지 유형이 있다.

(5) 유기 EL

유기 EL(Organic Light-Emitting Diode, OLED : 유기 발광 다이오드)은 빛을 내는 층이 전류에 반응하여 빛을 발산하는 유기 화합물의 필름으로 이루어진 박막 발광 다이오드(LED)이다. 유기 재료를 도포한 기반에 전압을 부하함으로써 발광한다. 연색성이 뛰어나고 얇은 형태로 제작되어 면 발광이 가능하다. 향후 새로운 조명 방법으로 기대되고 있는데 일부 디지털 카메라의 액정 화면이나 텔레비전에는 이미 사용되고 있다.

14-1-4 조명방식과 조명기구

(1) 조명방식

배광에 의해 조명방식을 분류하면 직접조명, 간접조명, 반직접조명, 전반확산조명, 반간접조명 등으로 나눌 수 있다.

공항 로비나 체육관 등의 높은 천장에 사용되고 있는 반사판이 달린 HID(고휘도 방전) 램프나 오피스 공간에 보이는 하면개방형의 형광등 매입기구는 직접 작업면의 효율성을 좋게 하기 위해 밝히는 것으로 직접조명이라고 한다. 또 점포조명과 같이 스포트라이트에서 빛의 리듬을 공간에 창조해 내는 방식을 포함하여 이 조명에 의한 용도는 폭넓다.

직접조명 방식에 대하여 부드럽고 차분한 조명의 분위기를 표현하기 위해서는 광원을 직접 볼 수 없고, 천장이나 벽면에 빛을 조사하여 그 반사광을 생활에 이용하는 방식을 간접조명이라고 한다.

간접조명은 광원의 눈부심과 그림자를 완전히 없앤 일종의 이상적인 조명이다. 그러나 음영이 없기 때문에 사물의 입체감이 결여된다든지, 작업면 조도가 낮아져 생기가 결여되는 흠이 있다.

반직접조명, 전반확산조명, 반간접조명은 직접조명과 간접조명의 중간적인 성질을 가진다. 또한 기구의 배치에 의해 작업면에 있어서 조도분포는 전반조명, 국부조명, 전반국부병용 조명으로 나눌 수 있다.

전반조명은 작업면의 전반에 걸쳐 고른 조도를 주는 조명법으로서 광원은 거의 일정한 높이와 간격으로 배치되며, 사무실, 공장 등에 사용된다.

국부조명은 작업면의 작업 장소만을 고조도로 하는 조명법으로서 경제적이며, 작업에 주의를 집중하기 쉽다는 등의 장점이 있지만, 실내의 명암 대비가 커지며 글레어를 발생시킨다든지, 눈이 피로하기 쉽다는 등의 결점이 있다.

전반 국부 병용 조명은 작업면의 전반에 걸쳐 적당한 조도를 주고, 또 필요한 개소에 고조도를 주는 조명법이다. 이 경우 전반조명의 조도는 국부조명 조도의 1/10 이상이 바람직하다. 정밀공장, 조립 및 가공공장, 실험실 등에 주로 적용한다.

(2) 건축화조명

건축화조명(Architectural lighting)이란 천장이나 벽 등 건축물 자체에 광원을 구성하는 조명방법이다. 광원의 존재를 느끼지 않도록 하는 간접조명의 하나이다. 본디 건축화조명의 목적은 상업공간의 효과적・개성적인 야간조명이 중심이었다. 그러나, 광원이 보이지 않으므로 눈부심을 방지할 수 있고, 벽면이나 천장을 비추는 것에서 공간을 넓게 느끼게 되는 등의 효과에서 주택에도 보급되었다. 천장 전체를 비춘다든지, 벽면에 빛이 흐르는 연출을 시도한다든지, 새로운 기법이 점차 고안되고 있다. 건축조명의 효과를 충분히 얻는 데에는 천장, 벽면, 벽면과 천장이 만나는 코너를 이용하는 등 건축설계 단계부터의 계획이 필요하다(그림 14-6).

① 광천장조명(Luminous ceiling)

광천장조명은 천장면에 확산투과재(유백플라스틱 등)를 붙이고 천장 내부에 광원을 배치하여 부드러운 빛과 선명한 조명효과가 얻어지는 조명기법이다. 현관홀이나 전시실, 기구의 비춤이 적은 점에서 발변전소의 제어실 등에 적용된다.

직관형형광등의 경우, 커버면에 밝음이 얼룩지지 않도록 램프의 간격은 커버면에서 램프까지의 거리 1.5배 이내로 한다. 확산투과재에 의해 램프 이미지가 강한 경우가 있으므로 소재에 따라 배치간격을 검토한다.

② 루버천장조명(Louvered ceiling)

천장 전면에 루버를 부착하고, 그 상부에 광원을 배치한 것으로 광천장의 확산투과재가 루버로 치환한 것이다. 광천장과의 다름은 루버를 통하여 아랫방향으로 수직광이 비추고, 루버의 보호각에 따라 램프가 직접 보이지 않도록 설계되고 있다. 일반적으로 보호각은 30°와 45°로 하고 있다.

직관형형광등의 경우, 루버면에 밝음이 얼룩지지 않도록 하고, 직접 램프가 눈에 들어오지 않도록 램프간격은 루버면 위에서 램프까지의 거리에 대하여 보호각 30°의 경우는 1.5배, 45°의 경우에는 1.0～1.5배 이내로 한다.

③ 코브조명(Cove lighting)

코브조명은 모든 빛을 천장에서 나오는 간접조명으로 실내를 부드러운 분위기로 하지만, 얻어지는 밝기는 악센트가 없는 저조도의 빛이므로 보조조명으로 이용된다. 또한 천장이 높은 경우나 천장고가 급히 변화하는 장소에 사용하면 높이가 보다 강조된다. 이 조명은 천장이 백색 또는 백색에 가까운 색의 경우에만 사용할 수 있다.

④ 코퍼조명(Coffers lighting)

천장 또는 돔에 조명기구를 매입한 간접조명을 중심으로 한 방법이다. 유리판 또는 플라스틱판의 위에서 조명하는 방법과 Silver bowl 전구 등을 중심으로 한 그 반사광으로 간접조명하는 방법이 있다. 은행의 영업실, 임원실 빌딩의 홀, 레스토랑 등 근대적이며 호화로운 분위기를 연출하는 곳에 사용된다.

⑤ 다운라이트(Down lighting)

다운라이트는 광원을 천장 내에 매입하고, 이 구멍에서 빛을 바닥에 비추는 천장매입조명방식이다. 천장 직접 부착이나 펜던트(pendant)의 조명과 다르게 작은 구멍이 다수 천장면에 배치되어 천장면을 보았을 때 시계가 방해되지 않고, 건축공간을 유효하게 사용하는 것이 특별히 뛰어나다.

⑥ 코너조명(Corners lighting)

천장과 벽면과의 경계의 각에 기구를 배치하여 천장과 벽면을 동시에 비추면서 실내를 조명하는 방법이다. 비교적 부드러운 빛이 얻어져 요정의 큰 방이나 지하도의 조명에 흔히 사용되고, 천장이 낮은 장소에 적합하다.

⑦ 트로퍼조명(Troffer lighting)

아치형 천장 등과 함께 흔히 이용되고, 천장공간에 명암의 변화가 얻어진다. 램프가 직접 보이지 않도록 시선방향에 주의한다. 램프 차광각은 45° 이상 필요하다.

⑧ 코니스조명(Cornice lighting)

코니스조명은 빛을 전부 밑으로 향하여 비추는 방식으로 벽, 커튼, 창 등을 아름답게 표현한다. 창의 위와 천장과의 사이가 좁고, 밸런스조명하는 스페이스가 없는 창에도 사용된다. 천장이 낮은 경우에 적합한 조명방식이다.

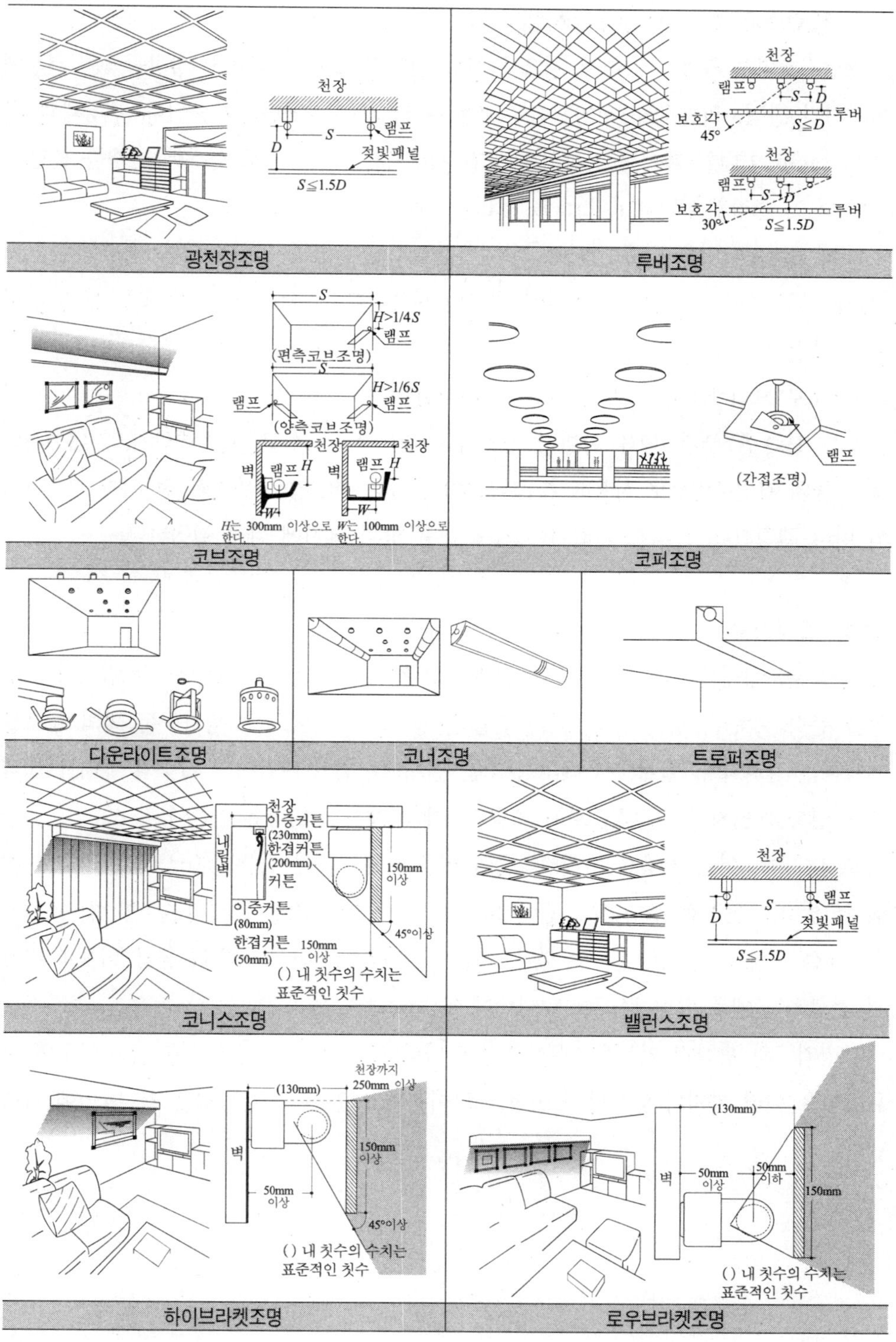
천장
램프
S
D
젖빛패널
S≦1.5D
광천장조명
천장
램프
보호각 45°
루버
S≦D
보호각 30°
S≦1.5D
루버조명
H>1/4S
램프
(편측코브조명)
H>1/6S
(양측코브조명)
천장
벽
H는 300mm 이상으로 한다.
W는 100mm 이상으로 한다.
코브조명
(간접조명)
코퍼조명
다운라이트조명
코너조명
트로퍼조명
내림벽
이중커튼 (230mm)
한겹커튼 (200mm)
커튼
이중커튼 (80mm)
한겹커튼 (50mm)
150mm 이상
45°이상
( ) 내 칫수의 수치는 표준적인 칫수
코니스조명
밸런스조명
천장까지 250mm 이상
(130mm)
50mm 이상
50mm 이하
150mm
하이브라켓조명
로우브라켓조명

그림 14-6 건축화조명

⑨ 밸런스조명(Valances lighting)

밸런스조명은 창에 사용하는 것으로 항상 커튼과 함께 사용된다. 상방광속은 천장에 반사시킨 간접조명으로서, 하방광속은 커튼에 악센트를 가하여 사용된다. 천장과의 간격이 25 cm 이내일 때에는 천장의 휘도가 지나치게 높아지므로 상부에 덮개를 붙인다.

⑩ 하이 브라켓조명(Wall brackets high type)

하이 브라켓조명은 빛을 상하로 비추는 간접조명의 방법이다. 장식상, 배광상에서 밸런스조명과 조화를 도모하기 위하여 벽면에 사용한다. 부착 높이는 창 또는 문의 높이에 따라 결정한다.

⑪ 로우 브라켓조명(Wall brackets low type)

로우 브라켓조명은 벽을 특별히 강조하는 경우 또는 싱크, 가스레인지, 침대에서의 독서 등의 작업조명으로 사용된다. 부착높이는 사용자의 앉은 위치와 선 위치의 눈높이에 따라 결정한다. 브라켓의 길이는 가구 또는 방의 크기에 따라 결정한다.

(3) 조명기구

빛의 분포상태는 실내의 분위기를 좌우하고 작업의 능률이나 안전성 · 보건위생에 영향을 준다. 광원은 공급할 수 있는 빛을 발생하는 장치이고, 조명기구는 빛의 분포를 제어하는 장치이다. 실내에서 빛의 분포는 실내 각 면의 마감이나 가구의 배치에 의해서도 영향을 받지만 결정적으로는 조명기구에 의해서도 영향을 받는다.

조명기구는 어떤 방향으로 얼마만큼의 빛을 방출하는가 하는 것(配光)에 의하여 직접 조명기구, 반직접 조명기구, 전반확산 조명기구, 직접간접 조명기구, 반간접 조명기구, 간접 조명기구로 분류할 수 있다. 이들의 상반구, 하반구에 빛의 공급 비율과 각각의 전형적인 예를 그림 14-7에 나타낸다.

조명기구의 광학적 기능은 배광 특성에 나타난다. 배광 특성에 의한 조명기구의 분류방법은 여러 가지가 있으나 일반적으로 이용되고 있는 분류 방법을 표 14-5에 나타낸다.

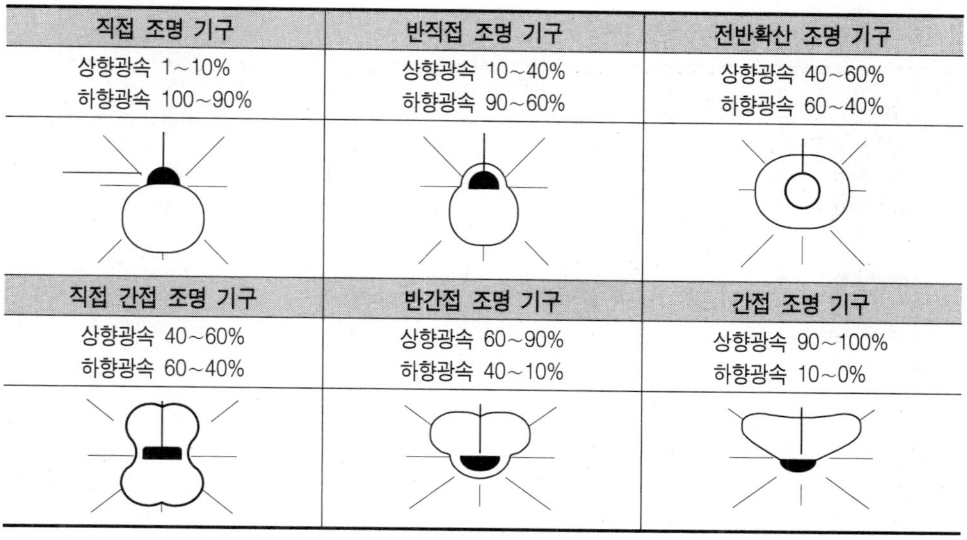

그림 14-7 배광에 의한 조명 기구의 분류
(CIE의 분류에서는 직접간접 조명기구는 전반확산 조명기구에 포함된다.)

표 14-5 조명기구의 배광에 의한 분류

	분 류	직접조명형	반직접 조명형	전반확산 조명형	반간접 조명형	간접 조명형
배광	상향광속 / 하향광속	0/100 10/90	40/60	60/40	90/10	100/0
	배광곡선	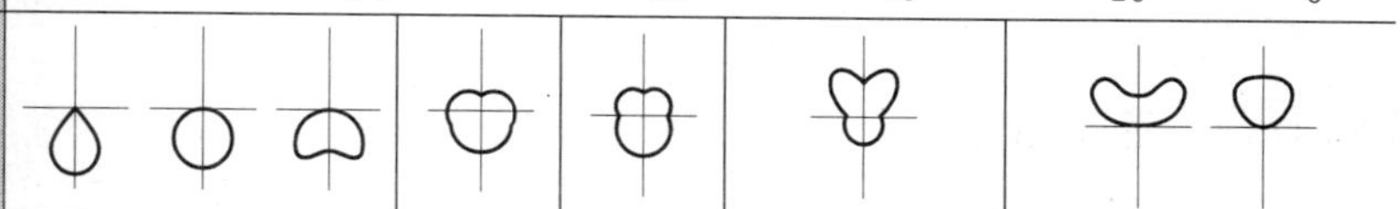				
특 징		▪ 조명률은 높다. ▪ 실내반사율의 영향이 작다. ▪ 동일 조도를 얻기 위한 설비비가 싸다. ▪ 보수비가 싸다. ▪ 국부적으로 높은 조도를 얻기 쉽다. ▪ 천장이 어두워지기 쉽고 짙은 그림자가 생기기 쉽다. ▪ 높은 천장의 방·경제적 효율이 좋은 조명을 행한 경우 국부조명에 적합하다.	▪ 조명률 중 ▪ 실내 반사율의 영향 중 ▪ 동일 조도를 얻기 위한 설비비는 중 ▪ 보수비 중 ▪ 천장이나 벽에도 빛이 확산되므로 실 전체가 밝은 느낌을 주고 그림자도 많다. ▪ 어느 정도의 분위기와 경제성을 중요시하는 사무소·학교의 조명에 적합하다.		▪ 조명률 낮다. ▪ 실내반사율의 영향이 크다. ▪ 동일 조도를 얻기 위한 설비비가 높다. ▪ 보수비가 높다. ▪ 그림자가 거의 생기지 않고, 부드러운 빛이 비치는 조명이 형성된다. ▪ 경제성보다 분위기를 중요시하는 장소에 적합하고, 높은 조도가 요구되는 전반조명에는 적합하지 않다.	

표 14-5 조명기구의 배광에 의한 분류(계속)

<table>
<tr><th rowspan="3">배광</th><th>분 류</th><th>직접조명형</th><th>반직접 조명형</th><th>전반확산 조명형</th><th>반간접 조명형</th><th>간접 조명형</th></tr>
<tr><td>상향광속
하향광속</td><td>0/100   10/90</td><td>40/60</td><td>60/40</td><td>90/10</td><td>100/0</td></tr>
<tr><td>배광곡선</td><td colspan="5">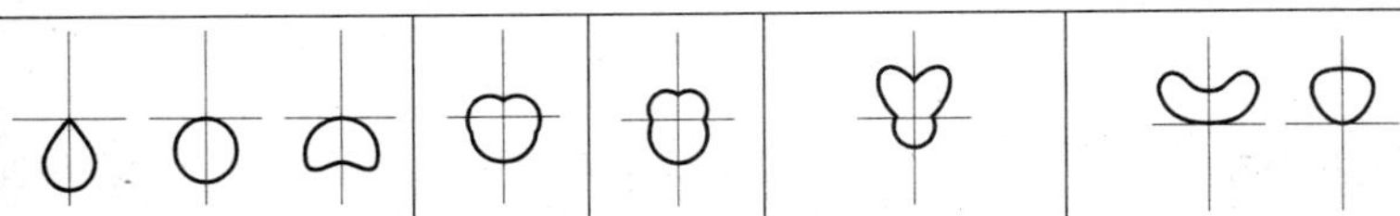</td></tr>
<tr><td rowspan="3">조명
기구
예</td><td>백열전구용</td><td>
금속제반사갓 매입다운라이트</td><td colspan="2">
포제반사갓 글라스블록 투영글라스제 반사그릇</td><td colspan="2">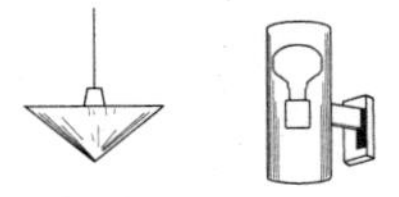
금속제 반사그릇 금속제푸드(반사형 전구상향)</td></tr>
<tr><td>형광램프용</td><td>
금속제반사갓
매입형반사갓</td><td colspan="2">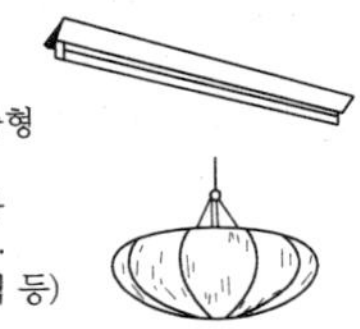
램프노출형
커버부착 (창호지 · 플라스틱 등)</td><td colspan="2">
cove 조명기구</td></tr>
<tr><td>고압방전램프</td><td>
금속제반사갓 매입다운라이트</td><td colspan="2">
브래킷(글라스블록)</td><td colspan="2">
브래킷(금속제 커버)</td></tr>
</table>

14-1-5 조명설계

(1) 설계 순서

다음의 순서에 따라 조명설계를 한다.

① 조도 결정

② 광원 선정

③ 조명방식 선정

④ 조명기구 결정

⑤ 조명계산

⑥ 광원의 수 및 크기 결정

(2) 조명계산

조명계산에는 일반적으로 실내에 시설하는 조명을 위한 광속법과 가로조명이나 보조조명(국부조명 등) 및 주위에서의 반사광을 고려하여 직사조도만으로 구하는 축점법이 있다. 여기서는 주로 계획에 필요한 광속법에 대하여 설명한다. 구하는 것으로는 그 옥내 각 실의 필요조도에 의하여 등수(개수)를 산출하는 계산식이다.

1) 광속법에 의한 조명계산

실내를 한 가지로 조명하는 방법이 전반조명이고, 이 경우 조도계산의 방법으로서 일반적으로 광속법이 사용된다. 광속법이란 실의 천장면에 균등하게 배치된 광원에서 광속이 작업면에 균일하게 분포된 것으로 소요의 수평면 평균조도에 대한 광원수를 구하는 것이며, 조명기구의 배광, 실의 치수·형상, 천장·벽·바닥의 반사율 및 광원의 특성, 조명기구, 실의 더러움 등을 고려하여 계산한다. 소요의 수평면 조도는 조명의 목적에 따라 다르지만 조도기준에 규정되어 있으므로 그에 의거하여 행한다.

2) 계산법

① 실지수(RI)

실의 형상, 크기, 광원의 위치에 의하여 결정하는 계수가 실지수이다.

$$\text{실지수}(RI) = \frac{XY}{H(X+Y)} \tag{14.1}$$

다만, 간접, 반간접 조명일 때는

$$RI = \frac{3}{2} \cdot \frac{XY}{H(X+Y)} \tag{14.2}$$

여기서, X : 방의 가로길이(m)

Y : 방의 세로길이(m)

H : 작업면에서 광원까지의 높이(m)

② 실내 반사율

실내의 천장·벽의 반사율을 그 마감에 따라 선정한다. 특히 주의할 것은 창이 있는 벽면의 반사율을 결정하는 방법이다. 실의 상태(투명, 젖빛, 투영 등)에 의해 반사율이 크게 변하기 때문이다. 따라서 벽면 전체의 반사율로서는 창의 상태 및 점유면적을 고려하여 평균치로서 구하는 것이 필요하다. 또 바닥면의 반사율은 14% 이하의 경우에는 고려할 필요가 없다.

③ 조명률(U)

조명률은 광원의 전광속과 작업면에 생기는 유효 광속과의 비율이며, 실지수 및 실의 반사율, 기구의 배광, 효율에서 구한다. 따라서 조명률이란 조명시설 전체로서의 종합적인 조명효율이라는 것이다.

④ 보수율(M)

시설 후의 실·기구 등의 더러워짐, 램프의 광속 저하 등에 의해 평균 조도는 저하하지만 소요 평균조도를 유지하기 위하여 계산에서 이 조도에 대응 계수를 포함시키면 계산조도를 하회하는 것은 아니다. 이 계수가 보수율(유지율)이며 기구의 구조, 실의 더러워짐의 상황에 따라 다른 값이 된다. 감광보상률(D)의 역수를 보수율이라 한다. 보통 직접 조명에서는 D를 1.3～2.0(간접조명 $D=1.5\sim2.0$) 정도로 계산한다.

⑤ 감광보상률(D)

조명기구는 사용함에 따라 작업면의 조도가 점차 감소한다. 이러한 감소를 예상하여 소요광속에 여유를 두는데 그 정도를 감광보상률이라 한다.

⑥ 소요램프 수(N)

조명률이 결정되면 다음 식에서 램프 본수를 구할 수 있다.

$$N = \frac{AED}{FU} = \frac{AE}{FUM} \tag{14.3}$$

여기서, A : 실면적(m^2), M : 보수율(유지율)

E : 소요평균조도(ℓx), D : 감광보상률

F : 사용 램프의 전광속(ℓm), U : 조명률

상기의 N은 램프수이므로 예를 들면 2등용 기구에서는 $N/2$가 기구 대수가 된다.

⑦ 기구의 배열

조명계산에 의해 기구의 대수가 산출되면 평면도에 기구의 배치를 행한다. 그런데 사용 상황 및 실내환경, 기구의 종류에 의한 배광을 고려하여야 한다.

광원 상호간의 거리(S)

$$S \leqq 1.5H \tag{14.4}$$

벽측의 광원과 벽과의 거리(S_o)

· 벽측에서 작업하지 않는 경우

$$S_o \leqq H/2 \tag{14.5}$$

· 벽측에서 작업을 하는 경우

$$S_o \leqq H/3 \tag{14.6}$$

조명기구의 배열은 조도의 고르지 못함을 작게 하는 것은 물론 건축의장과의 관련도 있고, 인테리어 및 외관도 고려하여 배치해야 한다.

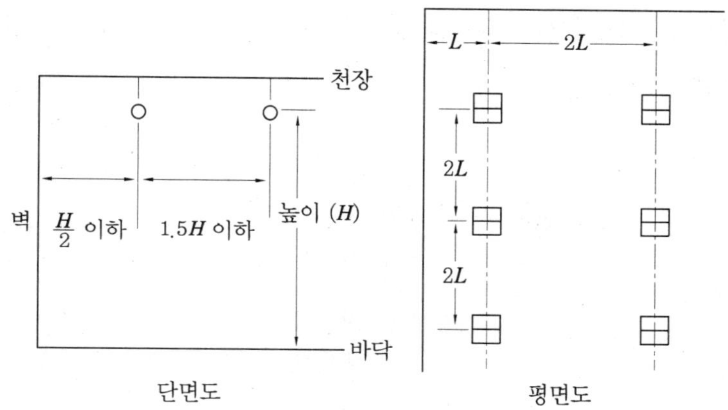

그림 14-8 조명기구의 배치 간격

14-2 동력설비

14-2-1 개요

각 부하설비 중 동력설비는 부하용량의 가장 큰 설비이다. 전 부하용량의 55~70% 정도가 일반적인 동력설비이다. 그 중에서도 주로 실개환경구조에서 공기조화설비가 가장 큰 비중을 차지하고 있다.

따라서 동력설비계획에 있어서 중요한 요소는 에너지 유효이용에 의한 제어(컨트롤)와, 부하내용에 의한 수요율(가동률)의 상정이다. 이들은 설비비나 운영비(운전비)에 큰 영향을 미치게 한다. 동력설비는 공조설비, 급배수, 위생, 소화설비 및 건축계획 등의 방식에 의한 영향이 크고, 전기설비에 있어서 단독으로 처리(계획)할 수 없는 부분이다.

또 동력부하의 용량 및 분포는 간선설비, 변전설비, 중앙감시설비의 방식에 영향을 미치고, 각 시설 위치, 필요면적 등을 결정하는 하나의 요소가 된다.

14-2-2 동력용 전동기

(1) 전동기의 종류 및 특성

동력설비의 부하기기는 주로 전동기이며, 일부 전열기, 기타 실험용, 시험용 등의 장치가 있다. 건물 내 전체의 전력부하 중에서 동력부하는 전체의 1/3 정도이고, 건물 내의 분포 예에서는 기계실 설치 위치의 부하밀도가 가장 높다. 전동기의 종류를 크게 분류하며 다음과 같다.

- 전동기
  - 교류 전동기
    - 유도 전동기
    - 동기 전동기
    - 교류 정류자 전동기
  - 직류 전동기
    - 직권 전동기
    - 분권 전동기
    - 복권 전동기

전동기의 역할은 전기에너지를 입력하여 기계적 에너지를 변환하고, 환경설비의 구동에, 그리고 생산설비의 구동에 역할을 하는 것이다. 전동기에는 직류와 교류가 있고, 전차, 엘리베이터 및 사무기, 통신기기를 제외하고는 그 대부분이 교류전동기이고, 교류전동기에서는 유도전동기가 그 주류를 이루고 있다. 직류전동기는 속도조절이 용이하고 시동 토크(torque)가 크지만 전원이 교류이므로 교류를 직류로 변환하는 정류기가 필요하며 가격이 비싼 단점이 있다. 표 14-6에 전동기의 종류와 주요 전동기의 특징을 나타낸다.

표 14-6 주요 전동기의 특징

종 류	특 징	내 용
유도 전동기	1. 구조가 간단하며 견고 2. 가격도 저렴 3. 취급이 간단 4. 각 제작소에서 양산하고 있으므로 구입 및 후일의 수리 등에도 편리하다.	1. 단상 유도 전동기는 농사용, 가정 전기기구 등의 소동력용에 적합하다. 2. 보통 농형－3.7 kW 이하 특수 농형－5.5 kW 이상 3. 50・60 Hz 겸용 정격 출력 저압 220 V 0.2～37 kW 정격 출력 고압 3,300 V 37～200 kW (200 kW 이상도 제작되고 있다)
동기 전동기	1. 역률이 양호 2. 조정을 임의로 행할 수 있다. 3. 그 전력 계통의 역률을 개선할 수 있다. 4. 대용량 저속도용에 적합하다(직류 여자를 가감하여 역률을 100%로 하고, 또 진행역률로서 진상용 콘덴서 대신으로 할 수도 있다).	1. 시동 전류가 크므로 반드시 기동기를 사용 2. 여자용 직류전원을 필요로 하는 결점이 있다. 3. 특히 큰 시동회전력을 필요로 하는 부하에는 클러치(clutch) 부착 동기 전동기나 초동기 전동기가 적합하다(클러치 부착은 무부하에서 시동하고 동기 속도에 달했을 때 자기연결자를 작동시켜 부하에 연결시킨다). 4. 시멘트 공장, 제조공장용, 화학공장용 압축기
정류자 전동기	1. 광범위하게 속도 제어가 가능 2. 속도 조정에 따라 전력손실은 없다. 3. 저속도에서 높은 역률을 유지 4. 능률이 좋고, 기동회전력도 크다. 또 기동전류도 비교적 작다.	1. 정류자를 지니는 특수한 교류 전동기이며, 정류자 위의 탄소봉을 이용할 뿐이며, 동기속도의 상하에 또 연속적으로 속도를 조절할 수 있다. 2. 유도 전동기에 대하여 상당 가격이 높다. 3. 고압회로에 직접 접속할 수 없다. 4. 특별히 필요로 하는 경우 이외는 별로 사용되지 않는다. 대출력의 터보 송풍기, 재료시험 등에 사용
직류 전동기	1. 직권 전동기는 기동회전력이 크다. 또 광범위로 속도 제어할 수 있다. 2. 분권 전동기는 정속도 운전용에 적합하다. 3. 복권 전동기는 분권직권의 권선비에 따라 양자이 임의의 특성을 얻을 수 있다.	1. 직류의 전원을 필요로 하는데, 일반적인 것은 아니다. 2. 직권 전동기, 기중기, 윈치(winch), 전기철도용 등에 사용되고 있다. 3. 분권 전동기, 일반 공장용, 펌프용, 송풍기용 등에 적합하다. 또 계자제어에 따라 30% 정도까지의 속도제어가 연속적으로 가능 4. 고속 엘리베이터, 고급 공작기계 등에는 직류 전원으로서 전용의 전동발전기를 둔다(ward-leonard 방식).

[주] 이외에도 최근에 유도 동기 전동기도 그 경제성이 떨어지고, 밀(mill) 운전용 등의 중부하 시동용으로서 사용되고 있다. 유도 동기 전동기는 여자재를 지니는 권선형 유도 전동기이며, 큰 시동 회전력을 얻을 수 있다.

(2) 전동기 용량의 산정

1) 펌프용 전동기

$$P = \frac{9.8\,QHk}{\eta}\ (\mathrm{kW}) \tag{14.7}$$

여기서, P : 전동기 용량(kW)

Q : 양수량(m^3/s)

H : 전양정(m)

η : 펌프 효율

k : 계수(1.1~1.2)

예제 14-2

양정 20 m, 양수량 0.5 m^3/s의 양수펌프용 전동기의 소요출력은? 다만, 펌프의 효율은 80%, 여유도를 20%로 한다.

|해답| 전동기의 소요출력 $P=$(14.7)식에 $H=20$, $Q=0.5$, $\eta=0.8$에 대입하고, 또 그것을 1.2 배하여 구한다.

$$P=\frac{9.8\times0.5\times20}{0.8}\times1.2 \fallingdotseq 147\ (\mathrm{kW})$$

2) 송풍기용 전동기

$$P=\frac{9.8\,QHWk}{\eta}\ (\mathrm{kW}) \tag{14.8}$$

여기서, P : 전동기 용량(kW)

Q : 풍량(m^3/s)

H : 풍압(mmHg)

W : 기계의 밀도(kg/m^3)

η : 송풍기 효율

k : 계수(1.1~1.5)

예제 14-3

송풍량 10 m^3/s의 공기를 풍압 100 mmAq로 송풍하는 송풍용 전동기의 용량은? 다만, 송풍기의 효율을 75%, 여유도를 20%로 한다.

|해답| 식 (14.8)에서 전동기 용량 P는,

$$P=\frac{9.8\times10\times(100/1{,}000)}{0.75}\times(1+0.2)=15.7\ (\mathrm{kW})$$

3) 권상기용 전동기

$$P=\frac{9.8WV}{\eta}\ (\mathrm{kW}) \qquad (14.9)$$

여기서, P : 전동기 용량(kW)

W : 권상하중(t)

V : 권상속도(m/s)

η : 권상기 효율

예제 14-4

중량 60t의 물체를 속도 매분 2m로 권상하는 데 필요한 권상용 전동기의 소요출력은? 다만, 권상기의 효율은 75%로 하고, 여유도는 고려하지 않는 것으로 한다.

|해답| 전동기의 소요출력 P는 식 (14.9)에서

$$P=\frac{9.8\times60\times(2/60)}{0.75}=26.1\ (\mathrm{kW})$$

4) 엘리베이터용 전동기

$$P=\frac{LV\beta}{4{,}500\eta}\times0.746\ (\mathrm{kW}) \qquad (14.10)$$

여기서, P : 전동기 용량(kW)

β : 평형추 계수(보통승용 0.6, 화물용 0.5)

L : 적재하중(kg), V : 속도(m/min)

η : 권상기 효율 ┌ gearless 0.85~0.8
└ geard 0.55~0.4

예제 14-5

엘리베이터에 있어서 정원 10인, 속도 60m/min인 경우 소요전동기의 출력은? 다만, 권상기 효율은 0.8로 한다.

|해답| 전동기의 소요출력 P는 식 (14.10)에서

$L=10\times70=700$ kg(1인 평균 70kg으로 한다)

$$P = \frac{700 \times 60 \times 0.6 \times 0.746}{4{,}500 \times 0.8} = 5.22\,(\mathrm{kW})$$

14-2-3 동력설비의 구성

거주(집무)환경시설의 파워 관계 부하 및 장치에 전력공급, 제어, 안전시설을 행하고, 그림 14-9에 나타내는 바와 같이 부하기기(장치)에 대하여 그것을 기동, 정지 등 컨트롤을 주목적으로 한다.

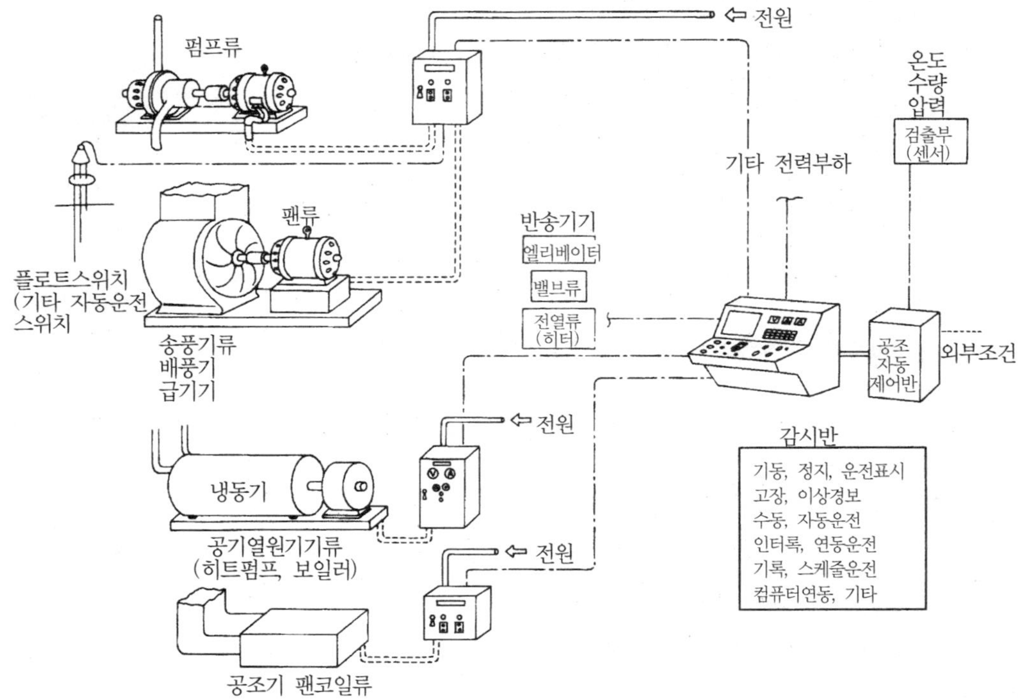

그림 14-9 감시반 제어개념도

조작 또는 제어장치를 필요로 하고, 그들에 전원공급을 위한 배선, 그리고 회로보호를 위한 보호(분전반)가 설치된다. 이들의 조합 및 명칭은 부하의 종류, 크기, 수량 등에 따라 다소 다르지만 그 구성은 같다.

부하의 용량, 수량 등의 분포에 의한 배전방식이 간선방식, 전원장치의 위치, 방식 등에 관련은 있으나 동력설비 계획에 있어서 중요한 점은 제어장치이다.

14-2-4 감시 및 제어

대규모 동력 설비에서는 멀리 떨어져 있는 감시실과 같은 곳에서 건물 전체의 동력 시설을 하나의 반으로 감시, 제어하는 시스템을 채용하는 경우가 많다. 이를 동력감시반이라고 한다.

동력감시반은 각 전동기의 운전상태나 각종 수조의 수위를 감시하고, 전동기의 고장, 수조의 수위에 이상이 생긴 경우 즉시 반표면에 장치되어 있는 표시창의 점등, 벨 또는 버저에 의해 울리는 경보를 울리도록 되어 있다.

또 원격조작에 의한 제어 방법으로는 개개의 전동기를 1대씩 수동 조작하는 방법이나, 전동기를 사용 목적에 의해 여러 그룹으로 분류하여 그룹마다 운전지령을 주고 자동적으로 순차 발정(發停)시키는 방법(그룹 발정), 시간을 갖추어 1일의 예정 혹은 1주간의 예정을 프로그래밍하여 자동발정시키는 방법(Pin board system) 등이 있다. 동력 설비에서는 사용상의 안전 확보를 위하여 접지(어스)가 중요한 시설이고, 표 14-7에 사용 전압에 의한 접지의 종류, 표 14-8에 공급 전압과 전동기 용량, 표 14-9에 접지 배선 방식을 나타낸다.

표 14-7 전압과 접지의 종류

기기의 사용전압	접지의 종류	접지 장소	사용장소
3,300V, 6,600V	제1종	10Ω 이하 (수도관, 기타 금속 어스의 경우 3Ω 이하)	기기의 외상(外箱)
220V, 110V	제3종	100Ω 이하 (수도관, 기타 금속 어스의 경우 3Ω 이하)	기기의 외상, 철대(전선관, 덕트)
400V급	특별제3종	10Ω 이하 (수도관, 기타 금속 어스의 경우 3Ω 이하)	기기의 외상, 철대

표 14-8 공급전압과 전동기 용량

전기방식	전동기의 용량
3상 3,300V급	보통 37kW 이상
3상 400V급	5~500kW(일반적으로는 300kW까지)
3상 220V급	보통 37kW 이하
단상 220V	400W 이하(분상기동)
단상 220V	750W 이하(반발기동)
단상 110V	220, 400W 이하

표 14-9 접지방식의 종류

접지방식	비 고
단독접지	대수가 적은 경우에 행한다. 각 기기마다 어스를 시설한다.
공통모선접지	접지간선에서 각 기기에 접지배선을 행하고, 기기에 접지
단독·공통 병용 접지	단독접지와 공통모선접지를 기기의 분포에 따라 병용하여 행하는 접지

또한 전동기의 계통이 현재 어떠한 상태에 있는가를 확인하는 것은, 운전조작시는 물론 보수관리의 견지에서도 매우 중요하다. 이러한 감시방법으로는 다음과 같은 것을 들 수 있다.

(1) 전원 표시

동력 전원이 살아 있는지 여부를 알고 있으면 전동기 등의 운전에 매우 편리하다. 즉 전원이 살아 있는 데도 불구하고 전동기가 가동하지 못하면 운전기구에 어떠한 고장이 있음을 예측할 수 있다.

이 표시는 전동기 설치 위치 부근의 조작제어반 또는 전동기의 설치 위치로부터 떨어진 곳에 있는 중앙감시반에서 램프를 통하여 행한다.

(2) 운전 표시

전동기가 현재 운전 중에 있는지 또는 정지 중에 있는지를 표시하는 것을 말한다. 이 표시는 조작제어반이나 중앙감시반 어느 쪽에서도 할 수 있다. 보통은 운전상태를 적색 램프, 정지상태를 녹색 램프로 표시하는 2등식이 많이 이용된다.

(3) 고장 표시

단락사고 또는 과부하 고장 등 전동기 보호계통에 일어난 고장을 표시하는 것으로서 조작제어반이나 중앙감시반에 표시하게 할 수 있다. 보통은 오렌지색 램프를 점등하게 하고, 동시에 벨, 버저 등에 의한 경보를 통해 보수원에게 고장 발생을 알린다.

(4) 램프 점검

램프를 사용한 표시 방법은 여러 가지가 있으나 램프의 단선 유무를 점검할 필요성이 있다. 따라서 램프의 건전 여부를 필요할 때 점검할 수 있도록 회로를 구성해 놓으면 편리하다.

(5) 집중 제어

여러 대의 전동기를 운전할 때 전동기의 운전 및 제어, 감시를 어느 1개소에서 행하는 방식을 중앙집중감시방식이라고 한다.

보통은 조작반과 운전상태를 알기 위한 도시판(graphic panel)으로 구성한다. 운전자는 중앙감시실에서 전동기의 운전상태를 보면서 운전, 정지를 마음대로 할 수 있는 점이 특색이다.

조작반 및 도시반은 변전, 발전설비에 대하 중앙감시반, 화재경보장치의 수신반, 시계의 모시계 및 기계설비에 속하는 냉동기반 등과의 협조를 받아 한 방에 시설한다.

중앙감시방식이 되면 감시 대상물에 대한 운전조작용 및 감시용 제어선이 매우 많이 필요하게 된다. 예를 들어 30,000 m^2 정도의 사무용 빌딩이면 제어선은 대략 800회선 정도가 되는 것이 보통이다.

표 14-10 제어종별 일람표

감시제어의 종별	조작표시법	목 적
전원 표시	백색 램프 PL	전원의 유무 표시
운전 표시	적색 램프 Ⓡ	운전상태 표시
정지 표시	녹색 램프 Ⓖ	정지상태 표시
고장 표시	오렌지색 램프, 버저 또는 벨 Ⓞ	전동기의 과부하 단상, 역상상태 표시
경보 표시	백색 램프, 버저 또는 벨 Bz	수위(水位)의 이상상태 표시
계측	전류계, 전압계	전원상태의 정상 확인
조작 수동	누름단추 스위치, 조작용 돌리기 개폐기군, 선택에 의한 순차기동, 시간발생 장치와 핀보드와의 조합에 의한 종합적 자동제어	운전, 정지
조작 자동		자동운전, 정지
감시	오토그래픽, 그래픽 패널	

14-3 항공장애표시등

14-3-1 항공장애표시등의 종류와 성능

항공장애표시등이란 비행 중인 조종사에게 장애물의 존재를 알리기 위하여 사용되는 등화를 말한다.

지표면이나 수면으로부터 높이가 60m 이상의 구조물에는 항공장애 표시등을 설치하여야 한다.

항공장애 표시등의 설치 목적은 항공기에 지상 장애물의 존재를 표시해 줌으로써 위험을 줄이려는 것으로, 장애물에 의하여 발생될 수 있는 운항제한을 반드시 감소시키는 것은 아니다.

항공장애 표시등의 종류와 성능은 표 14-11과 같다.

표 14-11 항공장애표시등의 종류와 성능

성능 / 종류	색채	신호형태 (섬광주기, 분당섬광/fpm)	배경휘도별 최고광도(cd)		
			500cd/m^2 이상(주간)	50-500cd/m^2 (박명)	50cd/m^2 미만(야간)
저광도 A형태 (고정표시등)	붉은색	고정	비해당	비해당	10
저광도 B형태 (고정표시등)	붉은색	고정	비해당	비해당	32
저광도 C형태 (이동표시등)	노란색/ 파란색(a)	섬광 (60~90fpm)	비해당	40	40
저광도 D형태 (지상유도 차량)	황색	섬광 (60~90fpm)	비해당	200	200
중광도 A형태	흰색	섬광 (20~60fpm)	20000	20000	2000
중광도 B형태	붉은색	섬광 (20~60fpm)	비해당	비해당	2000
중광도 C형태	붉은색	고정	비해당	비해당	2000
고광도 A형태	흰색	섬광 (40~60fpm)	200000	20000	2000
고광도 B형태	흰색	섬광 (40~60fpm)	100000	20000	2000

14-3-2 항공장애표시등의 설치위치

1. 항공장애 표시등은 다음 각 목을 고려하여 설치하여야 한다.

가. 표시등은 표시등의 수평빔 확산각도 및 설치 위치, 배열 등을 고려하여 임의의 방향에서 접근하는 조종사가 표시등을 볼 수 있도록 설치하여야 한다(각 층당

최소 설치 개수=360/수평빔 확산각도).

나. 표시등이 설치된 장애물의 다른 면 또는 인접 장애물에 의하여 차폐되는 경우에는 표시등이 보이는 위치에 추가 표시등을 설치해야 한다. 다만, 차폐된 표시등이 장애물 확인에 도움이 되지 않는 경우에는 그러하지 아니하다.

다. 한 개 이상의 표시등을 구조물의 정상에 근접하게 설치해야 한다. 정상에 설치해야 할 표시등은 장애물 제한표면과 관련하여 가장 근접하거나 초과하는 위치의 정상 또는 가장자리에 설치해야 한다. 다만, 굴뚝 또는 그와 같은 기능을 가진 다른 구조물의 경우에 정상에 설치하는 표시등은 연기 등으로 그 표시등의 기능이 저하되는 것을 최소화하기 위하여 정상에서 아래쪽으로 1.5~3m 낮은 곳(플레어 스택의 경우 1.5~6m)에 위치하도록 설치할 수 있다(그림 14-10 참조).

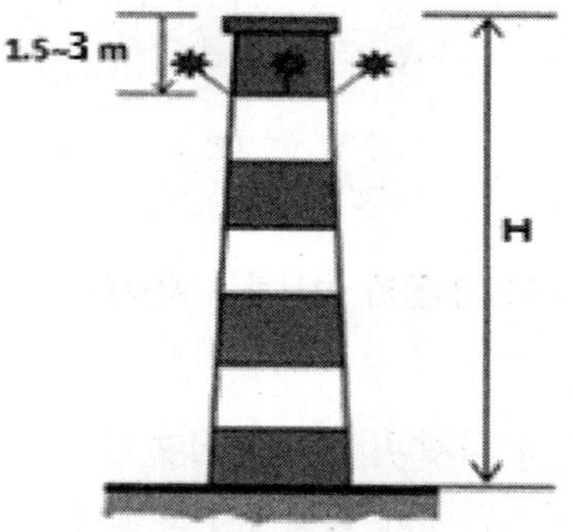

그림 14-10 굴뚝 등에 설치하는 표시등의 설치 예

라. 장애물 제한표면이 기울어져 있고 장애물 제한표면보다 높거나 가장 근접한 지점이 그 물체의 정상점이 아닌 경우에는 그 물체의 정상점에 표시등을 추가로 설치해야 한다.

마. 굴뚝 또는 그와 유사한 연속된 단일 장애물에 설치해야 하는 표시등의 최소 수량은 해당 장애물의 최상부 직경에 따라 결정하여야 한다.

바. 광범위하게 펼쳐진 한 무리의 수목 또는 빌딩과 같은 물체 또는 하나의 그룹으로 근접하게 모여 있는 물체의 경우에 정상에 있는 표시등은 물체의 범위 및 전체적인 윤곽이 나타나도록 장애물 제한표면과 관련하여 가장 높은 물체의 정상 또는 가장자리에 설치하되, 두 개 이상의 가장자리가 같은 높이일 경우에는 착

륙지역에서 가장 가까운 가장자리에 설치해야 한다.

2. 넓은 범위에 걸친 단일 물체나 서로 떨어져 있는 여러 개의 물체들이 밀접하게 모여 형성된 하나의 집단에 대한 전체적인 윤곽을 나타내기 위하여 저광도 표시등을 설치할 경우, 수평간격은 45m를 초과할 수 없다(그림 14-11 참조).

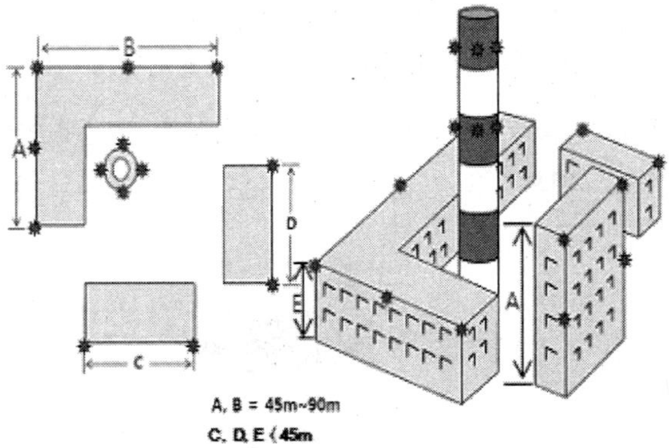

그림 14-11 건물에 설치하는 저광도 표시등의 설치 예

3. 넓은 범위에 걸친 단일 물체나 서로 떨어져 있는 여러 개의 물체들이 밀접하게 모여 형성된 하나의 집단에 대한 전체적인 윤곽을 나타내기 위하여 중광도 표시등을 설치할 경우, 수평간격은 900m를 초과할 수 없다.

4. 고광도 표시등을 설치할 경우에는 다음 각 목을 고려하여 설치하여야 한다.

가. 고광도 표시등은 주간 및 야간용으로 사용될 수 있으나, 눈부심을 주지 않도록 설치하여야 한다.

나. 단일 물체나 서로 떨어져 있는 여러 개의 물체들이 밀접하게 모여 형성된 하나의 집단에 설치된 고광도 A형태 표시등은 동시에 섬광되어야 하며, 수평간격은 900m를 초과할 수 없다.

다. 고광도 B형태 표시등은 다음의 경우와 같이 설치하여야 한다.

1) 가공선이나 케이블, 현수선 등을 지지하는 탑에 고광도 B형태 표시등을 설치할 경우에는 다음의 각 위치에 최소 2개 이상의 표시등을 설치하여야 한다.

가) 탑의 정상(상부 등(燈))

나) 가공선이나 케이블, 현수선의 늘어진 부분 중 가장 낮은 부분(하부 등(燈))

다) 위 두 높이의 대략 중간(중간 등(燈))

2) 가공선이나 케이블, 현수선등을 지지하는 탑에 설치하는 고광도 B형태 표시등은 중간 등, 상부 등, 하부 등의 순서로 섬광되어야 한다.

chapter 15
정보설비

15-1 전화설비

(1) 주택용 전화

1) 단체 전화

옛날부터 있는 일반적인 형으로 일반 주택의 대부분은 이것을 사용하고 있다.

2) 꽂음 전화

미리 설치해 놓은 전화용 콘센트에 꽂아서 사용하는 타입으로 자유로이 장소를 이동하여 사용할 수 있다.

3) 모자(母子)전화

모자전화에는 브랜치(branch)식과 교체식이 있다. 어느 것이나 전화기 2대~3대를 각 방마다 설치하여 가장 가까운 전화기를 이용할 수 있다.

4) 홈 텔리폰(home telephone)

홈 텔리폰은 1본의 전화로 4대까지 사용하고, 어느 전화기에서도 자유로이 걸거나 받을 수 있는 타입이다. 또 사용 중인 전화를 다른 전화기로 전송(傳送)할 수 있고, 인터폰의 기능도 행할 수 있으므로 대가족의 주택에 적합하다.

(2) 빌딩용 전화

1) 업무전화(business phone)

비교적 소수의 국선과 전화기의 경우에 사용하는 것으로 버튼 전화라고도 하며, 소규모 회사나 의원 등에서 사용되고 있다. 최대 국선은 8회선, 전화기는 20대까지 사용할 수 있다. 각 전화기는 교환의 기능과 각 전화기끼리의 내선 연락 기능을 행하는 것으로 손쉽게 사용할 수 있고, 설비비도 경제적이다. 또 부가 기능으로서 스피커 호출이나 비화(秘話)장치 등도 설치할 수 있다.

2) 교환기(PBX, private branch exchange)

구내교환기를 설비한 구내교환전화[PBX, 자동의 경우에는 PABX(private automatic branch exchange)]의 기구는 구내교환설비(구내교환기, 전력설비, 보안설비, 배선반, 단자함, 보조설비로 구성된다), 내선전화기(내선과 전화기로 구성된다)와 국선으로 이루어진다. 구내교환전화의 간단한 정의와 술어를 표 15-1에 나타낸다.

표 15-1 PBX의 정의와 내용

항 목	내 용
구내교환전화(PBX)	구내교환기, 전력설비, 보안설비, 배선반, 단자함, 국선, 내선, 보조설비, 국선전화기 등으로 구성되는 설비의 총칭
구내교환설비	구내교환기, 전력설비, 보안설비, 배선반, 단자함, 보조설비 및 이들 상호 접속하는 배선
구내교환기	국선과 임의의 내선 및 임의의 내선 상호간을 접속하는 일련의 장치
전력설비	축전지, 정류장치, 신호기, 전력배선반의 구내교환설비용 전원장치
배선반	구내교환기의 국선회로 및 내선회로를 내장하고 있는 배선반
단자함	옥내단자함, 배선함 등의 내선전화기에의 배선에 사용하는 함.
보조설비	구내교환전화의 운영상 필요한 기록대, 안내대, 감독대 등 보안상 필요한 시험장치, 시험기 등
배선 전화기	구내교환전화의 전화기 및 단자함까지의 배선
국 선	소속전화국과 구내교환설비의 배선반 사이의 구내교환전화의 전화선
내 선	구내교환기의 내선회로부터 내선전화기까지의 전화회로

구내교환기의 교환방식에 따라 분류하면 다음과 같다.

- 교환방식
  - 수동식
    - 자석식
    - 공전시
  - 자동식
    - 스텝 바이 스텝(step by step)식 (A형, H형)
    - 크로스 바(cross bar)식

① 자석식 교환기

통신용 전지를 각 전화기에 두고 호출신호는 손으로 돌리는 자석 발전기에 의하며 교환 접속은 교환원이 한다. 최근에는 일부 지역에서만 사용되고 있는 데 불과하다.

② 공전식 교환기

통신용 전원이나 신호 전원이 모두 교환기에 부속하는 것을 사용하고, 송화기, 수화기를 들면 교환원이 나와 수동으로 교환 접속을 하는 방식으로 수용 가능 회선, 기체의 형식, 접속끈의 유무에 따라 여러 가지 기종이 있다. 전화기는 60대까지 설치하고, 전화교환원의 자격이 없는 자도 중개·조작할 수 있는 것으로 소규모 사업체나 여관, 병원 등에 적합하다.

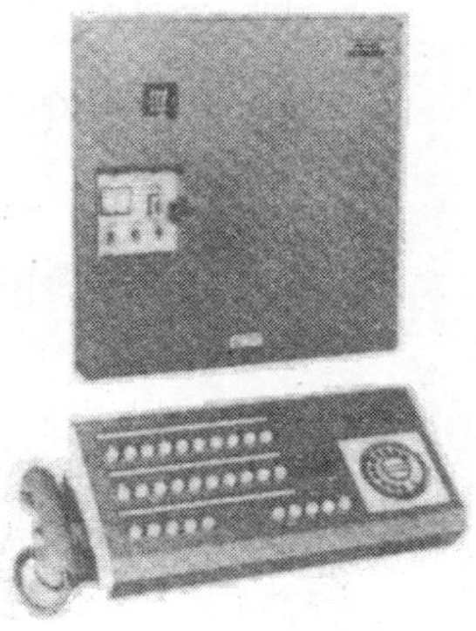

그림 15-1 공전식 PBX
(상 : 교환기, 하 : 중계기)

③ 자동식 교환기

발신 접속은 발신자의 다이얼 조작에 의해서 모두가 자동적으로 이루어지고, 외부로부터의 착신 접속은 교환원의 수동조작에 의해 접속된다. 단독 제어식의 A형(strowger system) 및 H형(siemens-halske system)이 가장 많이 보급되고 있으나 공통 제어식의 X형(cross bar system) 교환기도 점점 많이 사용되고 있다. 이들을 비교하면 표 15-2와 같다.

표 15-2 자동교환기의 비교

항 목	크로스바 방식	스텝 바이 스텝 방식	전자식
통화품질	극히 양호	잡음이 많다	극히 양호
회로구성	복잡	간단	복잡
소비전력	많다	적다	적다
기기의 조정	불필요	일정 주기마다 실시	불필요
수 명	약 40년	약 25년	
보수인원	소수	규모에 따라 증대한다	소수

표 15-2 자동교환기의 비교(계속)

항 목	크로스바 방식	스텝 바이 스텝 방식	전자식
건설비경비	높다	싸다	높다
보수경비	싸다	높다	적다
바닥면적	적다	크다	적다

㉠ 로터리식 PBX－전화교환원의 자격을 지닌 자가 중개조작을 하는 것으로 전화기는 89대까지 설치한다.

㉡ 크로스바식 PBX－대규모 사업체 등에 사용되는 것으로 전화기는 500대까지 설치할 수 있다. 중계대에서 중개조작을 하는 자는 유자격자에 한하고, 수신은 모두 교환원을 통하여 행한다. 외부에의 발신은 각 전화기에서 자동적으로 교환원을 통하지 않고 할 수 있는 시스템으로 되어 있다.

㉢ 전자식 PBX－크로스바식을 전자화한 방식으로 서비스 기능이 풍부하고, 장치가 소형 경량이며 고장이 적다.

그림 15-2 로터리식 PBN
(좌: 중계대, 우: 교환기)

그림 15-3 크로스바식 교환기
(좌: 중계대, 우: 교환기)

(3) 전화교환기 시스템의 구성

전화교환기 시스템은 집중식과 집단전화 시스템으로 분류할 수 있다.

1) 집중식

현재 일반 건물에서 행하고 있는 것으로 외부에서의 전화는 교환원에 의하여 내선에 접속되고 내부에서의 외부로 거는 경우는 영발신으로 자유롭게 걸게 되어 있다. 다만, 시외통화는 교환대를 통하여 걸도록 되어 있는 것이다.

2) 집단전화(centrex)

외부에서 전화가 걸려온 경우 각각의 전화기(모두 번호가 다름)에 벨이 울려 교환원을 필요로 하지 않는다. 내선 상호는 국선을 돌려 내선만을 회전하는 것에 따라 통화할 수 있다. 다만, 외선에서와 내선에서 벨의 음이 달라 구별할 수 있다. 또 외선은 집중식과 같이 0을 돌려서 각 상대방의 국번·전화번호를 돌리는 것에 의하여 걸도록 된 시스템이다.

(4) 구내교환설비의 설계 순서

① 전화회선수의 선정

㉠ 건물의 용도 및 규모

㉡ 국선·내선수의 산정

② 인입조사

③ 교환방식 및 교환기의 선정

④ 교환기 및 중계대의 배치, 크기의 검토

⑤ 배선설계

(5) 국선 및 내선수의 수량

1) 전화기 설치대수에 의한 산출

구내통신선로설비에는 구내로 인입되는 국선의 수용, 구내회선의 구성 및 단말장치 등의 증설에 지장이 없도록 충분한 회선을 확보하여야 한다.

$$\text{내선수량} = \text{각 실별 설치전화 대수 합계} + \text{증설예상 대수}$$

2) 건축연면적에 의한 산출

$$\text{내선수량} = \frac{\text{건축연면적}(\mathrm{m}^2)}{10(\mathrm{m}^2)} \times \mathrm{k}_1$$

여기서, k_1은 표 15-3을 참조한다.

표 15-3 업무용건물의 구내통신회선수 산출기준

업 종		$10m^2$당 표준전화회선수	
		국선인입 회선수	실내 회선수
상사, 회사		0.5	1.3
은행		0.4	0.8
일반사무실		0.4	0.8
백화점		0.5	1.0
관공서		0.4	1.0
신문사		0.4	1.0
병원	사무실	0.3	1.0
	입원실	0.1	0.5
증권회사		0.5	1.0
연쇄점		0.5	1.0

[비고]
1. 전용면적에 대한 산출기준이며, 연면적으로 산출하는 경우에는 이의 80%를 적용한다.
2. 회선수 산출기준의 적용에 있어서 단위장소의 면적이 1단위면적 미만인 경우에는 1단위 장소의 기준을 적용하고, 단위면적을 초과하는 1단위면적 미만의 면적은 반올림하여 적용한다.
3. 위의 표에 명시되지 아니한 업종에 대하여는 유사한 업종의 기준을 적용한다.

3) 건물사용자수에 의한 산출

내선수량 = 건물사용자수 × k_2

여기서, k_2는 표 15-4를 참조한다.

표 15-4 건물사용자수에 의한 내선수량

업 종	표준내선수량(k_2)	업 종		표준내선수량(k_2)
상사, 회사, 은행	1~1.2	백화점	매 장	3~5
일반사무실	1~1.3		사무실	1~1.5
증권회사, 관공서	0.8~1.2	병 원	병 실	작은실 1개
신문사	2~5			큰실 2개 이상
공 장	4.0~7.0		사무실	1.5~2.0

[비고] 1인당 수량기준

(6) 구내통신실의 면적

"전기통신설비의 기술기준에 관한 규칙"에 의한 구내통신실의 설치가 필요한 건축물의 범위와 면적확보기준은 표 15-5와 같다.

표 15-5 구내통신실의 면적확보기준

대상건축물	구내통신실 면적
6층 이상이고 연면적 5,000m^2 이상인 업무용 건축물	① 각층별 전용면적이 1,000m^2 이상인 경우에는 각층별로 10.2m^2 이상으로 1개소 이상 ② 각층별 전용면적이 800m^2 이상인 경우에는 각층별로 8.4m^2 이상으로 1개소 이상 ③ 각층별 전용면적이 500m^2 이상인 경우에는 각층별로 6.6m^2 이상으로 1개소 이상
6층 미만 또는 연면적 5,000m^2 미만인 업무용 건축물	5.4m^2 이상으로 1개소 이상

(7) 모사전신(FAX, facsimile)

팩시밀리(FAX)란 송신측에서 한자를 포함한 문자나 기호, 도형 등을 화소(畵素)로 분해하여 전기신호로 교환하여 전송로에 송출하고, 수신측에서는 전송된 전기신호에 따라 화소를 구성하여 영구기록화상(hard copt)을 재현하는 기록 통신의 한 방식이다.

이 화상에 중간조(half tone)를 포함한 것을 사진전송 또는 사진전신이라 하고, 백·흑 2가지만의 경우를 팩시밀리라 하고 있다. 일방, 화상을 재생하는 점에서는 TV와 같지만 TV는 동적 화상을 대상으로 하는 데 대하여 FAX는 정적 화상을 대상으로 하고, 또 TV는 기록이 남지 않지만, FAX는 기록이 남는다는 점에서 다르다. 정적 화상, 동적 화상의 통신을 일반적으로 화상통신이라고 한다.

(8) 가입전신(telex)

텔렉스란 영어의 Teletypewriter Exchange에서 온 것으로 교환 기능을 가지는 인쇄전신기이다. 결국 텔렉스는 가입자 집에 설치된 인쇄전신기의 조작에 따라 상대방 가입자를 선택하고, 회선을 접속하여 가입자 상호간에 직접 문자에 의한 통신을 행하는 것이다.

텔렉스는 텔레타이프(teletype)와 자주 혼동하는데 텔레타이프는 기업간 또는 사업체간의 특정 대지(對地)를 회선으로 직접 연결하여 오로지 특정 대지 상호간의 통신을 가지지만 텔레타이프는 없다. 또 텔렉스는 전기통신공사 직영이고, 텔레타이프는 자영 설비이다.

(9) 데이터 통신

컴퓨터와 통신망을 연결하여 정보처리를 행하는 시스템이며, 특정의 이용자별로 각종 기능이 부가된다. 은행의 온라인시스템 등에도 사용되고 있다.

15-2 인터폰 설비

인터폰은 통신설비의 일종으로 의지의 전달을 언어로 행하는 것이며, 전화설비와 거의 동일 기능이다. 전화설비는 전기통신공사 회선을 다용하는 것이며, 내부 및 외부(외선)로 통화 가능하지만 인터폰은 내선뿐이며, 전기통신공사 회선을 접속하지 않는 것이다. 따라서 형식은 박스형, 탁상형, 벽걸이형과 전화자기와 같은 형의 것에서 간이형까지 다양하다.

통화방식도 일반 가정에서 사용하는 도어폰(door phone)과 같이 프레스 토크(press talk)식, 동시통화식, 상호통화식 등이 있고, 고급인 것에서는 교환기능까지 갖춘 것도 있다. 따라서 일반교환기방식을 설치해도 전기통신공사 회선에 접속하지 않는 인터폰 설비가 된다.

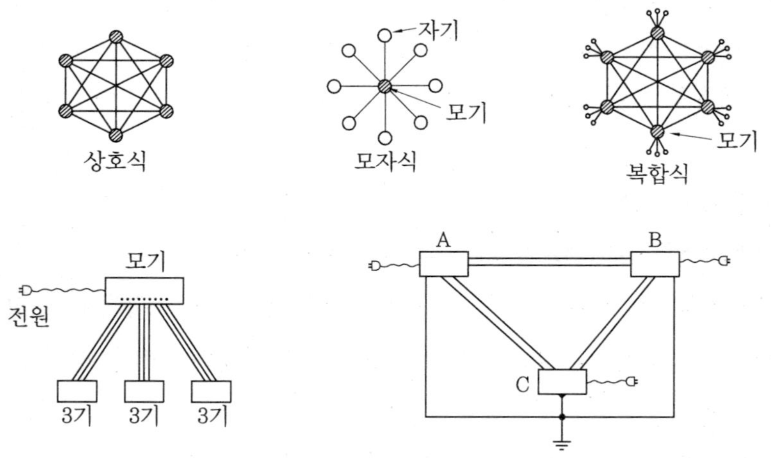

그림 15-4 인터폰의 방식에 의한 종류

표 15-6 편통화와 동시통화의 비교

프레스 토크(press talk) 방식	동시 통화 방식
스위치 조작에 의해 이야기·듣기를 일방통행으로 행한다(교대로 행한다).	이것은 스위치 조작이 불필요하며, 항상 서로 이야기하는 동시에 듣기도 한다.
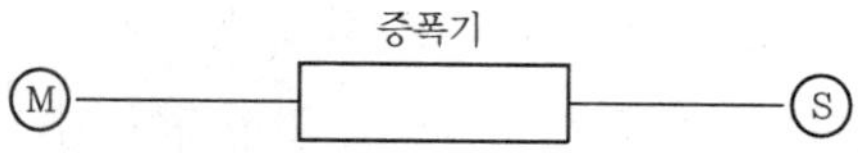	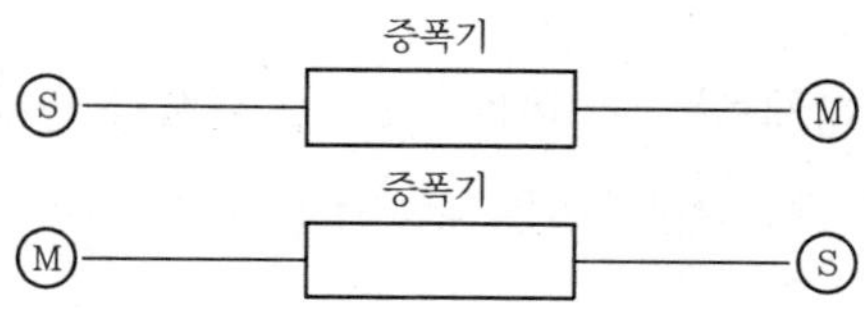
스피커와 마이크로폰을 겸용하고, 토크 스위치의 전환 조작에 의해 어느 때는 마이크로폰으로서, 또 어느 때는 스피커로서 작용하고, 하나의 증폭기를 송화 또는 수화기로 교대로 사용하고 있다.	마이크로폰과 스피커가 별개로 있고, 증폭기도 송화·수화 전용의 2개가 있다. 토크 스위치는 불필요하므로 매우 편리하지만 스피커와 마이크로폰이 접근하므로 'howling'의 현상이 일어나므로 주의한다.

[주] 보통 회화할 때의 소음은 60phon 정도이고, 상당히 큰 소음이 직접 마이크로폰에 주어지면 대화가 방해되는 경우가 있다. 소음이 약 75phon 정도까지 사용할 수 있다.

인터폰은 일반적으로 특정 장소 사이의 연락에 사용한다. 1 : 1의 경우, 1 : 다수의 경우 또는 다수상호식 등이 있고, 그것도 특수용도에 따른 연락이 많다.

이상과 같이 흔히 사용하고 있는 간단한 특정 장소용의 박스형(4각형)의 경우는 교환원이 없는 고성 전화기로서 스위치 조작으로도 간단히 통화할 수 있고, 전화기와 같이 수화기를 설치하지 않아도 일을 하면서 목적을 달성할 수 있다.

표 15-7 접속방식에 의한 분류

접속방식	내 용
모자식	1대의 모기(母機)에 임의대수의 자기(子機)를 접속한 것으로 배선방식은 간단하지만 사용빈도가 많은 장소에는 적합하지 않다.
상호식	모기를 경유하는 것이 아니라 각 기가 상대를 직접 선택하여 통화할 수 있다. 배선본수가 많아진다.
복합식	상호식의 기기를 각각 모기로 하여 자기를 분기 편성한 것으로 각 기기가 모↔자의 편성으로 되어 있다.
1대향	특정의 2개소 사이에서만 통화

(1) 병원용 인터폰(nurse call interphone)

병원의 안전 간호를 위한 너스 콜 장치와 간호원이 응답·통화하기 위한 모자식(母子式) 인터폰을 조합시켜 간호의 신속화와 노력의 절약을 도모하는 것이다.

① 편통화방식
② 간이동시통화식(automatic press talk)
③ 동시통화식

형체로는 모자식이지만 등 표시가 잔류식이 되는 모기, 자기 및 복도 등, 호출 코드가 달린 누름 버튼, 복구누름 버튼, 베드 마이크 등 각종 부속품으로 구성되어 있다.

(2) 베드 라디오 수신장치(라디오 공동청장치)

병원 요양소에 설치하는 라디오 수신 출력을 각 병실 베드에 보내어 인터폰과 선국 스위치에 의하여 선택·청취하는 것이며, 라디오 수신부는 특정 수신부, 자유 선택부로 이루어지고, 특정 수신부 3, 자유 선택부 1, 계 4 채널식이 가장 많이 사용되고 있다.

(3) 무선 유도식 개별 호출장치(personal call pager)

이 장치는 호출 센터에 비치되어 있는 송신장치와 가슴 포켓 등에 휴대할 수 있는 복수개의 소형 수신기로 구성된다(무선 유도의 이용).

15-3 확성설비

확성설비(擴聲設備)는 인간의 의지, 상황, 기타 행위 등을 전달하기 위한 장치이며, 음성을 전기적으로 확대하여 다수의 사람들에게 알리는 것이다. 건축에서는 건물 내·외에 스피커를 설치하여 연락·안내·통보 등을 행하는 것이며, 일반방송, 비상방송, 극장이나 홀 등의 연출용 방송 등으로 나누어져 있다. 또 이 장치는 라디오, TV, 스테레오 등으로 구성되고, 다방면에 이용되어 업무용, 오락용에 각각의 목적과 역할을 한다.

확성설비의 구성은 장시간 말을 할 수 있는 마이크로폰, 음성을 확대하는 증폭기, 확대한 음성을 전하는 스피커 3요소가 주를 이루고, 거기에 여러 가지의 부속 장치가 조합된다. 테이프리코더, 라디오, 레코드플레이어 등 각 시스템에 필요한 장치가 부가되어 구성된다.

극장이나 오디토리엄, 체육관, 강당 등은 일반 확성설비와 별도로 홀 음향으로서 그

목적상 별도로 계획한다. 또 방재설비에 필요한 비상방송도 그 구성과 목적은 같다. 부분적으로 구조 및 소프트에 약간 차이가 있을 뿐이다.

건물 내에서도 부분적인 로컬 확성설비를 설치하는 경우가 있다. 예를 들면 식당, 집회실, 회의실 등에서 단독의 시스템을 설치한다. 또한 회의실 등에서는 회의용 확성설비로서 발언자마다 마이크로폰을 설치하여 사용하는 것이다. 기타 확성설비의 이용으로는 동시통역장치나 와이어리스 마이크 시스템 등이 있다.

(1) 확성설비의 구성

① 출력계통 : 스피커 및 배선

② 증폭기

③ 입력계통 : 마이크로폰, 레코드플레이어, 테이프리코더, 라디오

④ 기타 : 특수 수신 기타

표 15-8 각 기기의 특징과 용도

기 기	내 용	특 징	용 도
micro phone	condenser	특성 양호, 취급이 어렵다. 전원을 필요로 한다.	특히 고성능이 요구될 때
	단일지향성(單一指向性)	특성 양호, howling이 일어나기 어렵지만 약간 고가, 600Ω 밸런스형	스테이지용 마이크의 주력 옥내용
micro phone	velocity mic	쌍지향성, howling이 일어나기 어렵다. 약간 고가이며 바람에 약하다.	스테이지용, 회의용, 옥내 전용
	dynamic(무지향성)	600Ω 고급품과 high impedance 보급품이 있다. 견고하며 특성도 양호	일반용, 고급품은 스테이지에서도 사용한다.
	crystal ceramic	싸다. 특성은 좋지 않다.	강당용으로는 권장할 수 없다.
증폭기 (amplifier)	휴대용		주로 옥외용
	탁상용 · 표준	특성 중(中) 정도, 견고, 취급 간단, 15~30W 정도로 증설할 수 있다. 싸다.	음향처리가 좋지 않은 곳이나 아나운서 전용에 좋다.
	탁상 고급형	특성 양호, 고급 microphone이 사용된다. 30W 정도로 증설 가능	일반체육관 · 강당용으로 가장 적합하다. radio tuner는 없어도 좋다.
	monaural desk	특성 양호, 취급하기 쉽고, 고급 50~200W	방송실을 갖출 수 있는 약간 큰 곳에 좋다.
	stereo	특성은 앰프에 따라 다르지만 대체로 양호	2원 또는 stereo를 재생용 음향처리된 건물에 좋다.

표 15-8 각 기기의 특징과 용도 (계속)

기 기	내 용	특 징	용 도
speaker	trumpet	능률적, 음질은 좋지 않고, 지향성 있다.	주로 옥외용, 호출 전용
	박스 안에 넣어진 스피커	특성 中, 지향성 없다.	보조, 호출용, BGM용, 분산배치용
	지향성 합성형 스피커	특성 양호, 지향성 있고, 스피커 수량 최저 4개	강당용으로서 최적, 1~3개 사용
	고급 스피커 시스템(박스)	특성 양호, 지향성에 주의, 고가	스테이지용, proscenium에는 지향성 있는 것을 사용할 것
record player	crystal PU부착 magnetic PU부착	특성 中, 취급용이, 싸다. 특성 양호, 고가, 취급주의	
tape recorder	수동 1 모터 3~4 speed motor식	중급품 고급 고가	일반용에 충분 고급장치와 조합된다.
기타	repeater switch board		마이크 증설용, 이동용 분산방식에서는 반드시 이용할 것
	wireless mic	40·68 MC는 무면허, 장내에서 이동하여 사용하므로 극히 편리	일반용, 금후는 필수품으로 되어야 하는 것
	입력·출력 분전반	입·출력 선택 접촉하는 것, 출력 분전반은 switch board+bolume box로 고려하면 좋다.	배선이 복잡한 대강당의 방송실에 사용, 특별 주문품이 된다.

(2) 스피커의 배치

스피커의 배치는 표 15-9와 같은 특성이 있다.

표 15-9 스피커의 특징과 용도

	장 점	단 점
집중방식	·방향감이 있다. ·시간차가 있다. ·공사비는 싸다.	·균일한 음압이 얻어지기 어렵다. ·대출력이 필요 ·반사가 커지면 알아들을 수 없다.
분산방식	·균일한 음압레벨 ·소음이 많더라도 소출력이어서 괜찮다. ·반사가 많은 방, 천장이 낮은 방에 좋다.	·방향감이 없다. ·명료도가 좋지 않게 된다. ·공사비가 높다.

(3) 환경음악(BGM)

BGM(Back Ground Music)은 정신적인 스트레스를 없애고, 휴먼릴레이션스의 향상에 유용하고, 그 결과 일의 능률, 접객 태도, 생산성을 향상시킨다. 인간의 피로는 생리적인 것뿐만 아니라 심리적인 것도 많고, 그것은 대체로 30분마다 일어나 점차 긴장감의 저하를 오게 하는 것이며, 이에 대하여 BGM의 음악이 비속사적 자극으로 작용하여 긴장을 풀어주는 것이다.

BGM의 음량은 장애를 주지 않도록 작게, 또 음이 어디에서 나오는지를 분명히 알 수 없도록 한다. 은행 · 상점 · 백화점 등의 접객 부분 외에 공장, 키펀치실 등 단순작업에 병용하면 효과가 있다고 한다.

(4) 와이어리스 마이크로폰

와이어리스 마이크로폰은 FM 송신기와 수신기의 조합으로 되어 있다. 특징은 다음과 같다.

① 마이크로폰과 본체 증폭기 사이가 무선이므로 자유로운 위치, 방향에서 사용할 수 있다.

② 소형, 경량으로 비밀장치의 마이크로서 사용한다.

③ 마이크로폰과의 거리가 비교적 짧고 일정하므로 음향의 음질 변화가 작다.

④ 옥외에서 보통 100m, 실내에서도 20~40m의 거리까지 사용한다.

⑤ FM 송신이므로 음질은 좋으나 송신기의 안정도는 방송기와 같이 충분하지 않다.

(5) 기타 기기

시각장치로서 증폭기에 시각 자시계가 포함되는 자명금(orgel), music chime 등이 있다.

15-4 안테나설비

(1) 각종 통신설비용 안테나

① VHF(초단파), ② UHF(극초단파), ③ 기타 일반 라디오 수신용 안테나

(2) TV 공동 시청 설비

1본 또는 수본의 안테나에서 잡은 전파를 다수의 수상기에 분배하는 동작을 하는 것

으로 시설하는 장소에 따라 강전계의 경우와 약전계 또 빌딩, 큰 아파트 등에서 시설하는 경우와 단독 주택에서 공동으로 시설하는 경우로 분류된다.

여기서는 빌딩 및 아파트의 공동 시청 설비에 대하여 나타낸다. 공동 시청으로는 1조의 안테나 장치와 시청자실까지 전파를 전송하는 선로 및 분배 장치, 전송 손실을 보충하기 위하여 삽입되는 증폭 장치(없는 경우도 있다)를 사용하여 전파를 분배한다.

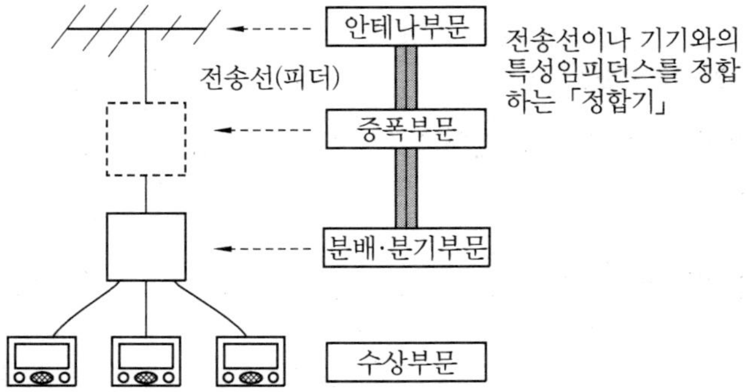

그림 15-5 TV공동수신장치의 구성

1) 안테나

TV 전파는 90~222 MHz에 이르는 초단파(VHF)와 470~770 MHz의 극초단파(VHF)를 이용하는데, 이것을 채널에서 주파수대로 분류하여 사용하고 있다. VHF용 TV 안테나의 길이는 수신 전파의 반파장에 비례하므로 전 채널용보다도 로 채널과 하이 채널용으로 나누어 수신한 쪽이 감도가 좋게 된다. 또 전파는 빛과 같이 직진하므로 수신 안테나는 이것을 보충하기 위하여 지향성이 예민한 것이 요구된다. 수신 위치에서의 TV 전파의 세기, 즉 전계 강도가 TV 수상의 정밀도를 결정하는 요소가 된다(거리에 역비례).

2) 정합기

TV 전파가 안테나에 수신되면서 전송선을 경유하여 수상기에 보내지기까지 고주파의 선로에서는 임피던스의 정합이 중요하다. 예를 들면 안테나 평형 300의 전송선으로 일반적으로 사용되고 있는 동축 케이블의 불평형의 75Ω에 접속하는 경우, 정합기를 사용하여 변환을 행한다. 수상기의 접속도 같은 TV 콘센트 플레이트가 달린 정합기를 사용한다.

3) 분배장치, 분기장치

안테나에서 수신한 TV 전파를 고주파 동축 케이블로 전송하고, 각 수상기에 규정의 신호 레벨로 일정하게 분배하기 위한 장치이다. 분배기와 방향성 결합기(분기기)로 구별된다.

① 분배기 : 4분배기, 2분배기
② 방향성 결합기 : 1방향성, 2방향성, 4방향성

4) 증폭기

약전계 이하의 난시청 구역이나 분배수가 지나치게 많아 입력 레벨이 적당한 크기 이하가 되어 수상기 입력 단자에 의하여 54dB 이하가 될 때, 수본의 전용 안테나의 입력을 1본의 케이블에 혼합될 때에는 증폭기가 사용된다.

5) 전송선

① 평형형 : 평형 2도선에서 임피던스 300Ω의 평행피더(feeder)
② 불평형형 : 동축 케이블 등(규격은 3C-2V, 5C-2V, 7C-2V, 10C-2V)

16대 이상의 경우는 분기기와 각 분배기를 조합하여 행한다.

6) 동축 케이블

공청시설 가운데 화상의 품위를 결정하는 가장 큰 요소는 전송선의 선택이며, 빌딩 공청에 있어서는 동축 케이블이 가장 적합하다. 동축 케이블의 이점으로는 방해전파나 잡음전파가 많은 장소에 가설하는 경우 철근콘크리트 등의 건조물 벽 내부에 배선하는 경우, 안정된 화상이 얻어져야 하는 경우 등의 사용에 적합하다. 또 FM 방송도 동축 케이블을 사용하고 있으면 안심이다. 그러나 감쇠가 큰 결점이 있고, 공사상의 문제와 경비면에서 허용된다면 가능하면 외경이 큰 케이블을 사용하는 것이 손실이 작아진다.

(3) 전파장애

TV 수신(안테나) 장치에서는 다른 건물에서, 또 자기 건물에서 전파장애, 즉 빌딩 그림자 및 빌딩 반사에 의한 난시청구역이 생긴다. 이는 계획시 그 지역을 조사하고, 그에 대한 대책을 고려해야 한다. 다른 건물에 의한 경우는 외부적인 처리를 하고, 자기 건물에서는 난시청(전파장애 부분)에 대하여 보장대책을 마련해야 한다. 자기 건물용 안테나와 동시에 빌딩 그림자에 의한 난시청 부분용 안테나를 설치하여 대처하는 경우가 많다. 또 상황에 따라 보상비를 지불하는 경우도 있다.

15-5 CCTV

CCTV(Closed-Circuit Television)는 전화나 확성설비와 같이 듣는 설비에 대하여 보는 것에 의한 정보설비이고, 인간의 시환경을 렌즈에 의하여 확대 및 확각 등으로 하여 영상시키는 것이다.

먼 곳이나 옥외 등 현지에서 행하는 것에 의하여 인간이 보고 확인하고 정보를 얻는 것을 빛의 전송에 따라서 집중감시가 이루어지고, 생력화로서 또 상황에 따라 위험성을 작게 하고, 넓은 시야로 감시하는 등의 역할을 달성한다.

원리로는 빛을 전기에너지로 변환하여 유선 또는 무선으로 전송하고, 다시 빛으로 변환하여 영상시키는 것이다. 구성은 카메라・조작장치・모니터 TV로 이루어지고, 각각 사용 목적에 따라 부속장치가 가미된다. 공업용이나 산업용 외에 교육, 의학, 서비스, 교통관계, 기타 각 분야에서 정보전달, 기록, 서비스, 감시, 관찰, 방범, 조합(照合) 등의 목적에 널리 이용되고 있다.

표 15-10 CCTV의 주용도

용 도	장소・목적	용 도	장소・목적
감시용	출입구(진입자) 기계장치, 옥외・옥내 주차장	사무용	문서전송 TV・전화 병용 분실(分室)정보교환
교습용	회의용 강습용 교재화상	기 타	광고선전 방재감시 방범감시

표 15-11 부속장치

자동 회전 장치	TV 카메라의 회전대에 의해 매초 3° 정도의 회전을 행하는 것이다.
영상 전환기	다수의 TV 카메라를 교체하여 1대의 수상기로 보는 경우에 사용한다.
자동 조리개 렌즈	고조도 및 저조도에 있어서 감도 조정을 렌즈로 행하고, 영상 신호출력을 일정하게 유지할 수 있다.

15-6 CATV설비

CATV(Community Antenna Television)는 당초 일반 TV수신의 난시청 해소책으로 고려된 유선 TV이다. 이것이 발전하여 여분 채널을 이용하여 그 지구에서 타지역의 TV를 수신한다든지, 자체 방송 프로그램을 작성하여 그 유선 TV에 맞추어 방송하여 현재의 CATV가 되는 것이다.

CATV는 어느 블록(지역 · 지구)에서의 유선 TV이며, 일반 TV 수신과 동시에 자유 프로그램작성에 의하여 그 블록 내에 여러 가지 정보를 제공하는 것이다. 따라서 기업 내의 정보용, 학교 교육용, 단지의 매물, 기타 정보용, 병원의 진찰, 모든 운용관리, 생활 향상 등에 대한 정보제공 · 교환으로서 이용할 수 있다.

원리로는 일반 TV와 같이 공중으로 전파를 방사하는 것이 아니라 케이블에 실어 각 수신장치로 송신하는 것이다.

이상과 같이 CATV는 소프트로서 연구 · 검토하고, 제안하는 것에 따라 다방면에 이용 · 응용이 가능하다.

표 15-12 CATV의 활용범위

<table>
<tr><th>용 도</th><th>항 목</th><th>용 도</th><th>항 목</th></tr>
<tr><td>발송</td><td>구역 내 재방송
구역 외 재방송
녹화(VTR) 재방송
자체 제작 프로그램 방송
레코드, 테이프에 의한 방송
FM 재방송
전화정보 장치연동
모임물 중계</td><td>회의
기타</td><td>회의 중계
TV 회의 검토
의료상담
사고정보
시청률 조사
학교간 정보전송</td></tr>
<tr><td rowspan="2">안내</td><td rowspan="2">주차장 상황안내
매물안내
교통정보
주가안내
탈것안내
빈자리 안내
흥행물 안내
기상정보</td><td>검침</td><td>자동검침
요금안내
기타</td></tr>
<tr><td>방재</td><td>방재정보(피난, 기타)
공해감시
방범감시
기타</td></tr>
</table>

15-7 HA 시스템

각 가정에서 사용하고 있는 여러 가전제품의 기능을 보다 크게 하고, 또 기능을 효율적으로 하기 위하여 각 기기를 상호 결합하며, 컴퓨터나 외부의 정보와도 접속하여 종합적으로 제어하려는 것이 홈오토메이션(Home Automation)이다.

HA 시스템은 주택의 규모 및 요구에 따라 여러 가지 기종을 선택할 수 있다. 하우스 키핑(house keeping)으로서의 홈 시큐리티(home security) 기능을 기본으로 하여 정보계의 구분으로는,

① 인터폰 내장형
② 홈 텔레폰 내장형

구성상의 구분으로는,

① 단독 사용형
② 모듈화된 유닛을 조합 사용할 수 있는 표준형 등이 있다.

15-8 지능형 건축물

(1) 정의

지능형 건축물은 건축, 통신, 사무자동화, 빌딩 자동화 등의 4가지 시스템을 유기적으로 통합하여 첨단 서비스 기능을 제공함으로써 경제성, 효율성, 쾌적성, 기능성, 신뢰성, 안전성을 추구한 첨단 정보 빌딩이다. 건물의 냉·난방, 조명, 전력 시스템의 자동화와 자동 화재 감지 장치, 보안 경비, 정보통신망의 기능과 사무 능률 및 환경을 개선하기 위한 사무 자동화를 홈 네트워크로 통합한 건축물이다.

(2) 구성요소

1) 정보통신(TC : Telecommunication)시스템

정보통신 시스템은 디지털 PABX를 중심으로 OA 및 BA 기능을 통합·운용하여 사무실, 회사 및 빌딩 내를 네트워크화 함은 물론 외부 통신망과의 접속에 의한 정보 교

환이 가능하도록 함으로써 필요한 정보를 얻을 수 있다. 정보통신 시스템은 다기능 전화 이용이나 Fax, Videotex 및 화상 통신이 가능한 전송 교환 서비스, 음성메일과 문서메일 등의 전자메일 서비스, 원격지간 TV 회의를 포함한 통신회의 서비스 등을 들 수 있다.

2) 사무자동화(OA : Office Automation)시스템

사무 자동화는 종래의 수작업으로 처리하던 업무를 컴퓨터 등 각종 기기를 디지털 PABX, LAN1) 등 정보 통신 Network와 통합 운용함으로써 정보 처리 및 사무 처리를 보다 능률적이고 경제적으로 수행하는 것을 의미한다. 따라서 사무 자동화 시스템의 설계 시에는 기계가 인간능력의 연장선상에 있도록 해야 한다. 그러므로 사무 자동화를 도입할 경우에는 첨단 자동화 기기를 구매하여 상용한다는 단순한 기술적 차원이 아닌 조직의 변화가 뒤따라야 한다고 인식하는 것이 중요하다.

3) 빌딩자동화(BA : Building Automation)시스템

빌딩자동화 기능은 크게 빌딩 관리 시스템(BMS: Building Management System), 시큐리티(Security) 시스템 및 에너지 절약 시스템 등의 3 가지 요소로 구성되며, 통신 시스템과 통합 운용함으로써 고도의 환경 제어에 의한 쾌적화, 빌딩 운용 관리의 경제화, 효율화를 이룰 수 있다.

4) 건축환경(AE : Architectural Environment)시스템

업무의 복잡 다양화, 정보화에 따라 OA 기기의 발열, 소음 외에도 밀폐된 공간 속에서 외기와 접할 수 없는 등 사무 환경이 악화되어 능률이 저하됨에 따라 이를 개선하기 위하여 최근에는 대규모의 아트리움 등이 준비되고 있으며 식당, 라운지 등에 쾌적한 휴식 공간을 마련하고 건강관리를 위한 헬스클럽 등도 중요하게 취급되고 있다.

또한 쾌적한 환경 대책의 일환으로 인간공학에 입각한 사무용 가구의 선택 및 배치, 소음, 조명 대책, 실내 인테리어 등 공간 계획이 중요도를 더해가고 있으며 자연광을 이용한 조명, 실내 정원 등을 설치하여 환경에 인간적인 요소를 더해가고 있다.

chapter 16
배선설비

16-1 전 선

(1) 절연 전선

전선은 나전선의 표면에 절연물의 피복을 한 것이다. 절연물로서 현재 많이 사용되고 있는 것은 면, 고무, 합성수지 등이다. 절연물은 유연하며 강도가 크고, 절연저항, 내열성이 큰 것이 필요하며, 사용 장소에 따라 내산성, 내유(耐油) 등이 요구된다.

일반적으로 사용되고 있는 절연 전선에는 그림 16-1에서와 같이 ① 고압 절연 전선, ② 600 V 비닐 절연 전선, ③ 옥외용 비닐 절연 전선, ④ 600 V 폴리에틸렌 절연 전선, ⑤ 600 V 플루오르수지 절연 전선, ⑥ 600 V 고무 절연 전선 등의 종류가 있다.

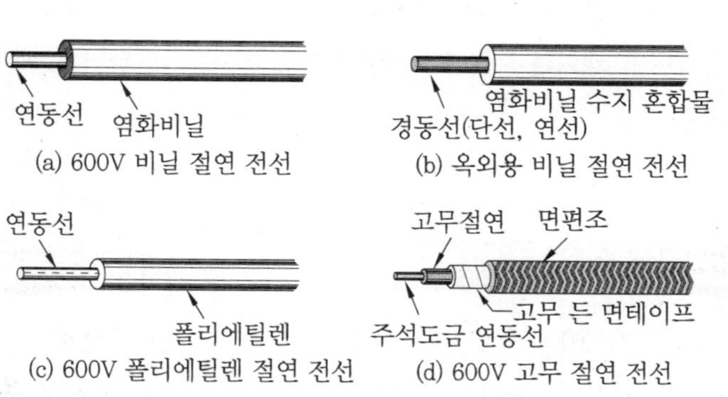

그림 16-1 여러 가지 절연 전선

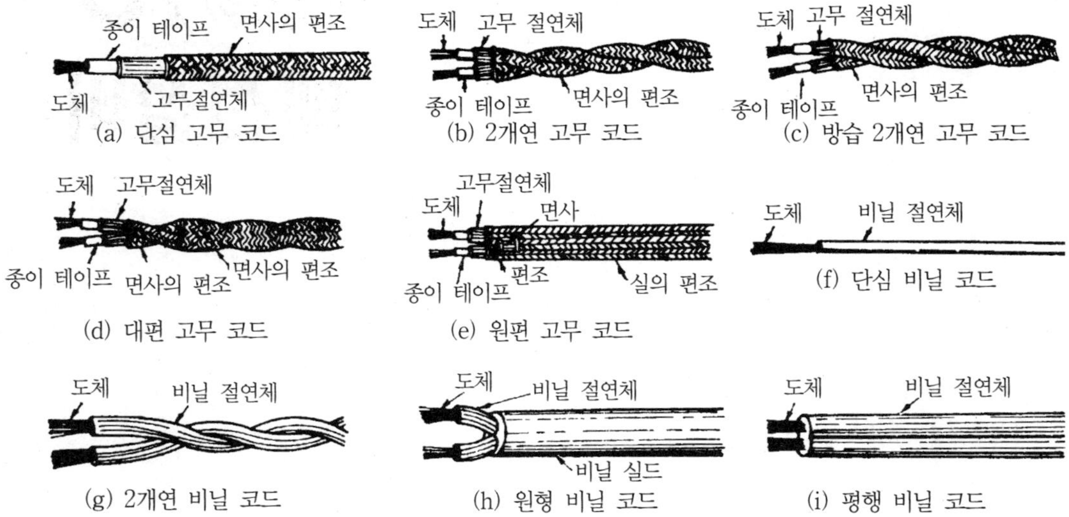

그림 16-2 고무 코드와 비닐 코드

(2) 코드

코드(cord)는 저압의 전구선 또는 이동용 전기기구에 부속된 전선으로서 충분한 가요성과 안정성이 요구된다. 코드에는 고무 코드, 비닐 코드, 고무 캡타이어 코드, 비닐 캡타이어 코드, 금실 코드 등이 있다.

(3) 캡타이어 케이블

캡타이어 케이블(cab-tyre cable)은 광산, 공장, 무대, 의료, 수중 조명, 전기드릴, 세탁기, 농업용 기계, 저압 인입구 배선 등에 알맞다. 캡타이어 케이블의 종류를 들면 다음과 같다.

① 고압용 캡타이어 케이블 : 클로로프렌(2종, 3종) 캡타이어 케이블

② 저압용 캡타이어 케이블 : 클로로프렌(2종, 3종, 4종) 캡타이어 케이블, 비닐 캡타이어 케이블

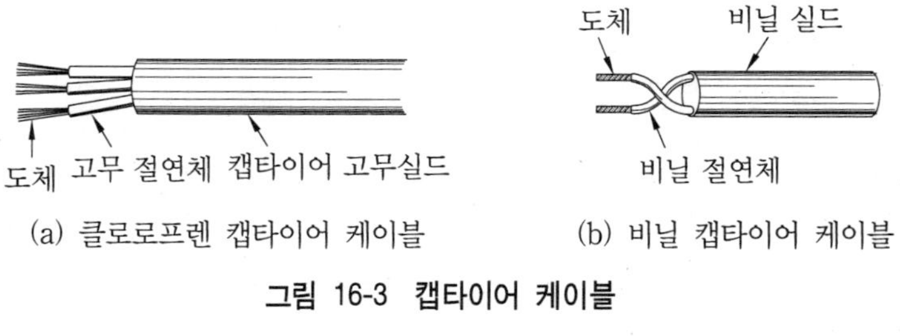

그림 16-3 캡타이어 케이블

(4) 케이블

케이블(cable)은 도체 위에 절연피복을 한 심선이 외상을 받지 않고, 또한 물, 가스, 용액 등의 침투를 방지하기 위하여 심선의 바깥쪽을 보호 피복한 것이다. 그러므로 케이블은 절연 전선보다 안전도가 높고 공사방법도 간단하다.

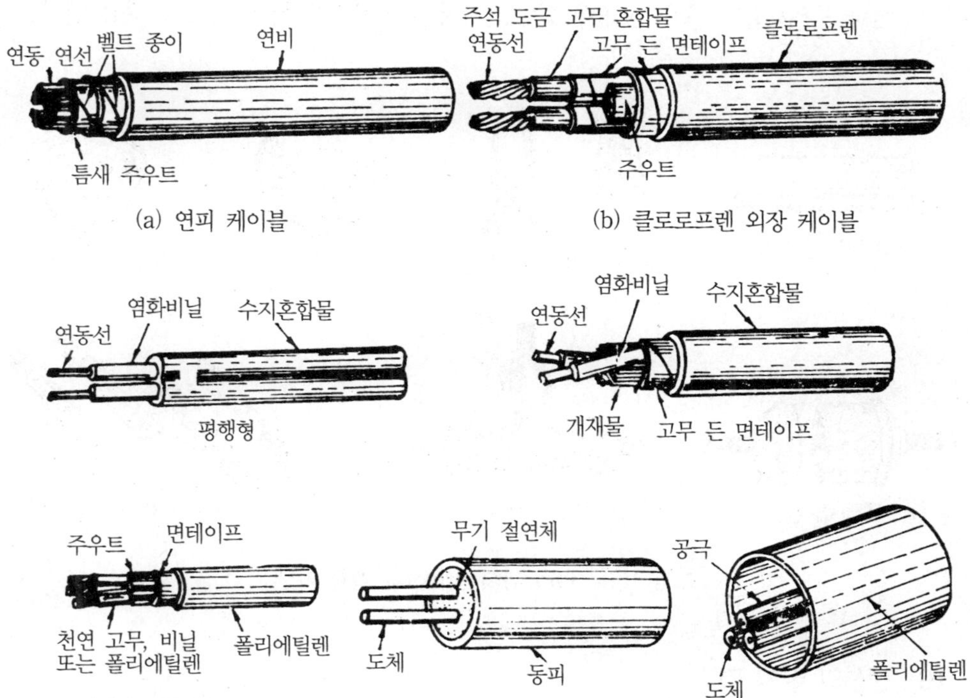

IM케이블 : 미네랄 인슐레이션 케이블(Mineral Insulation Cable)
CD케이블 : 컴바인 덕트 케이블(Combined Duct Cable)

그림 16-4 여러 가지 저압용 케이블

케이블에는 여러 가지 구조가 있는데, 일반적으로 절연 전선보다도 절연과 외장이 좋으므로 지중전선, 가공전선 및 배선 등에 널리 사용할 수 있다. 그러나 사용 전압에 적합한 것을 사용해야 한다.

(5) 전선의 접속법

전선의 접속이 불량하면 부분 과열 또는 단선과 접속 부분의 절연 불량 등으로 인하여 감전, 누전 등의 장애와 위험이 따르게 된다.

접속 부분은 접속관 및 슬리브(sleeve) 또는 와이어 커넥터(wire connector), 천장에서 코드를 달아내리기 위한 로제트(rosette), 코드를 2본 이상 인출하기 위한 클러스터(cluster) 등의 접속기구를 사용하거나 또는 납땜을 해야 한다.

코드 상호, 캡타이어 케이블 상호, 케이블 상호 또는 이를 상호 접속하는 경우에는 코드접속기, 접속함(junction box) 등의 접속 기구를 사용하는 것을 원칙으로 한다. 알루미늄선과 구리선을 접속하는 경우에는 전기적 부식이 발생하지 않도록 해야 한다.

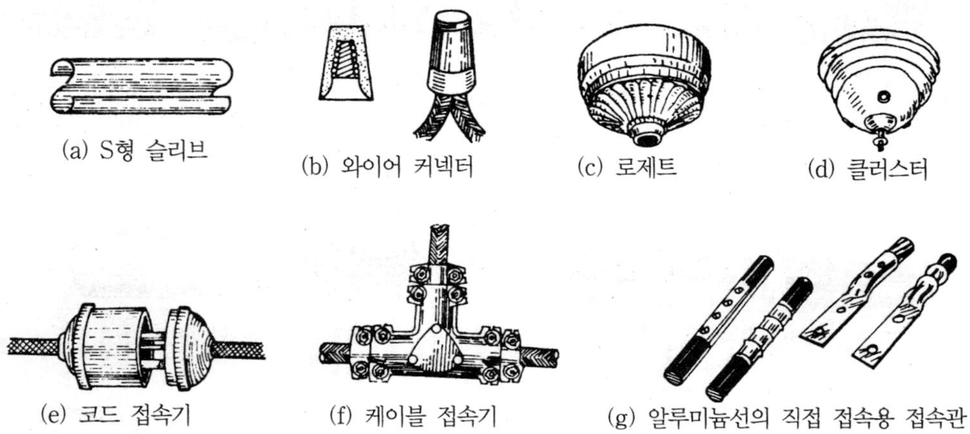

그림 16-5 여러 가지 접속선과 접속 기구

(6) 전선의 굵기 결정

1) 허용전류

옥내배선의 굵기를 결정하는 가장 중요한 요소는 부하에 알맞은 전선의 굵기를 결정한다. 전선에 흐르는 전류는 한도를 넘으면 열로 인하여 절연물의 손상이나 화재의 원인이 된다.

2) 전압강하

부하에 걸리는 전압은 전원전압보다 항상 낮으며, 이것은 전류가 배선을 통과하는 사이에 저항에 의하여 전압이 떨어지기 때문이다. 이를 전압강하라 한다. 전압강하의 기준으로 간선은 1% 이하, 분기회로는 2% 이하가 되도록 한다.

3) 기계적 강도

보안시공상 강도가 필요하며 옥내전등용 배선에서 1.6mm 이상의 연동선이나 동등 이상의 기계적 강도를 갖는 전선을 사용한다.

16-2 수전전압, 수전방식

건물의 인입설비를 계획할 때는 건물의 입지조건, 배전선의 상황, 전력공사의 배전계획, 이 외에도 건물의 규모, 용도, 전력의 공급 신뢰도 등을 고려하고 전력공사와 사전에 협의하여 수전전압, 수전방식을 결정한다.

전압종별과 수전방식을 표 16-1에 나타낸다.

표 16-1 전압종별과 수전방식

전압종별 (인입방식)	전압종별		수전방식		적용건물규모
	교류	직류	전력계약용량	전기방식	
저 압	600 V 이하	750 V 이하	50 kW 미만	단상2선(110 V, 220 V)	소규모용 (주택, 소규모사무소)
				단상3선(110 V, 220 V)	대용량용 (중 · 대규모사무소)
				3상3선(220 V)	동력용 (동력일반)
고 압	600~7,000 V	750~7,000 V	50~1,000 kW 미만	3상3선(300 V, 6,600 V)	고압용 (대규모건축)
특별고압	7,000 V를 초과		1,000 kW 이상	3상3선(22,900 V, 68,00 V)	특별고압용 (대규모건축)

16-3 배선공사

전기설비 기술 기준에 의하면 옥내배선 공사의 종류는 다음의 12종류로 규정되어 있다. 그러나 설치장소에 따라 시공할 수 없는 것도 있으므로 표 16-2에 있는 공사 종류를 선정하여 시공해야 한다.

표 16-2 저압 옥내배선의 종류와 시설 장소

설치장소 / 사용전압 / 공사의 종류	전개된 장소		점검할 수 있는 은폐 장소		점검할 수 없는 은폐 장소	
	400(V) 이하	400(V) 넘는 것	400(V) 이하	400(V) 넘는 것	400(V) 이하	400(V) 넘는 것
1. 애자 사용 공사	○	○	○	○	△	△
2. 목제 몰드 공사	△	×	△	×	×	×
3. 합성수지 몰드 공사	△	×	△	×	×	×
4. 합성수지관 공사	○	○	○	○	○	○
5. 금속관 공사	○	○	○	○	○	○
6. 금속 몰드 공사	△	×	△	×	×	×
7. 가요 전선관 공사	○	○	○	○	○	○
8. 금속 덕트 공사	○	△	△	△	×	×
9. 버스 덕트 공사	△	△	△	△	×	×
10. 라이팅 덕트 공사	△	×	△	×	×	×
11. 플로어 덕트 공사	×	×	×	×	△	×
12. 케이블 공사	○	○	○	○	○	○

[주] ○표는 시설할 수 있는 것
×표는 시설할 수 없는 것
△표는 건조한 곳에 한하여 시설할 수 있는 것

(1) 애자 사용 공사

애자 사용 공사(insulator work)는 건물의 천장, 벽면 등에 놉애자(knob insulator), 핀애자(pin insulator) 등을 사용하여 전선을 지지하는 공사방법이다.

전선이 조영재를 관통하는 부분 또는 교차하거나 접근하는 부분에는 난연성 및 내수성의 절연관을 사용한다.

절연 전선을 애자로 지지하고, 전선 상호간의 간격은 6cm 이상으로 하며, 전개 장소의 공사는 천장 표면, 벽 등 사람의 눈에 띄는 장소에 행하는 배선, 은폐장소의 공사는 천장 안, 천장 등 사람의 눈에 띄지 않는 장소에 행하는 배선이다.

(2) 목제 몰드 공사

옥내배선 전부를 목제 몰드 공사(wooden molding work)로 하는 경우는 없고, 점멸기와 콘센트 등의 인하선에 이용되는 정도이다.

목제 몰드 공사에는 접속점이 없는 절연 전선을 사용하며 전선 상호간의 간격은 12 mm 이상이다. 목제 몰드는 건조하고 튼튼하며 치밀한 목재로 만들고, 내수성 도료를 칠해야 하며, 전선이 눌리지 않도록 홈의 크기가 충분해야 한다.

(3) 합성수지 몰드 공사

합성수지 몰드 공사에는 접속점이 없는 절연 전선을 사용하여 전선이 노출되지 않도록 설치한다. 전선을 합성수지 몰드 안에 넣어 설치하며, 건조한 노출 장소에 행할 수 있다. 화학공장의 분기증설용으로 적합하다.

(4) 합성수지관 공사

합성수지관(rigid polyvinyl conduit)은 관 자체가 절연물이고 비자성체이면, 무게가 가볍고 내식성으로서 금속관보다 시공이 간편하다. 그러나 온도변화에 따라 기계적 강도가 변하고, 외부의 손상을 받을 우려가 많으므로 중량물의 압력 또는 심한 기계적 충격을 받지 않도록 설치해야 한다. 특히 화학공장, 연구실의 배선 등에 적합하다.

(5) 금속관 공사

금속관(steel conduit) 공사는 케이블 공사와 함께 모든 공사에 채용될 수 있는 방법이며, 주로 철근콘크리트조의 매입공사로서 가장 많이 행해지고 있다.

관 상호 및 관과 박스, 기타의 부속품과는 나사 접속, 기타 이와 동등 이상의 효력이 있는 방법에 의하여 견고하고, 또한 전기적으로 완전하게 접속해야 하며, 관의 단구는 전선의 피복을 손상하지 않도록 부싱을 사용해야 한다. 다만, 금속관 공사로부터 애자사용 공사로 옮기는 경우에는 관의 끝 부분에 절연 부싱 또는 이와 비슷한 단자 캡, 인입 캡 등을 사용해야 한다(그림 16-6~8).

습기가 많은 장소 또는 수분이 있는 장소에 설치하는 경우에는 방습장치를 해야 하며, 금속관에는 제3종 접지공사를 해야 한다.

(6) 금속 몰드 공사

금속 몰드 공사(metal molding wiring)는 철제 홈통의 바닥에 전선을 넣고 뚜껑을 덮는 배선법이며, 건조한 노출 장소에 행하고, 주로 철근콘크리트 건물에서 기설의 금속관 배선에서 증설 배선하는 경우에 이용한다.

접속점이 없는 절연 전선을 사용하고, 몰드 상호 및 몰드와 박스, 기타의 접속은 기계적, 전기적으로 완전히 접속되어야 하며, 접지는 금속관 접지 공사에 준한다.

그림 16-6 절연 부싱

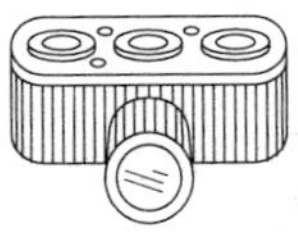

그림 16-7 단자 캡

그림 16-8 안입 캡

(7) 가요 전선관 공사

가요 전선관(flexible conduit) 공사는 굴곡 장소가 많아서 금속관 공사에 의하기 어려운 경우와 같이 금속관 공사나 금속 덕트 공사 등에 병용하여 부분적으로 이용되고, 가요성이 있으므로 엘리베이터의 배선이나 공장 등의 전동기에 이르는 짧은 배선에 사용된다.

(8) 금속 덕트 공사

전선을 금속 덕트에 수납하여 설치하는 것이며, 큰 공장이나 빌딩 등에서 모양 변경, 배치 변경, 증설 공사 등을 하는 경우 전기배선 변경이 용이하므로 많이 이용된다. 또한 수전실 부근의 간선에 이용되고, 천장이나 벽면에 노출하여 부착된다.

금속 덕트 내의 전선은 분기점 이외에서는 접속점이 없어야 하고, 전선을 외부로 인출하는 부분은 금속관 공사 또는 가요 전선관 공사에 의해야 한다.

전선의 단면적은 덕트 단면적의 20% 이하로 한다.

(9) 버스 덕트 공사

버스 덕트 공사는 공장, 빌딩 등에서 비교적 큰 전류를 통하는 간선을 시설하는 경우에 채용된다. 버스 덕트에는 다음과 같은 종류가 있다.

① 피더 버스 덕트(feeder bus duct) : 간선을 수용할 수 있다.
② 플러그인 버스 덕트(plug-in bus duct) : 플러그 수구(plug socket)를 설치하여 삽입장치에 의해 적절히 분기할 수 있는 구조이다.
③ 트롤리 버스 덕트(trolley bus duct) : 덕트 밑면에 슬롯홈을 설치하여 트롤리에 의해 분기점을 이동시킬 수 있는 구조이다.

(10) 라이팅 덕트 공사

덕트 전 길이에 걸쳐 연속된 플러그 수구를 설치하여 조명기구 또는 소형 전기기계기구에의 급전용으로서 이용된다. 점포의 악센트 조명이나 화랑의 벽면조명으로 사용한다.

(11) 플로어 덕트 공사

플로어 덕트 공사(floor duct work)는 은행, 회사 등의 사무실에 전기스탠드, 선풍기, 전자계산기 등의 강전류 전선과 전화선, 신호선 등의 약전류 전선을 콘크리트 바닥에 매입하여 바닥면과 일치하게 설치한 플로어 콘센트에 의하여 사용하는 것이다.

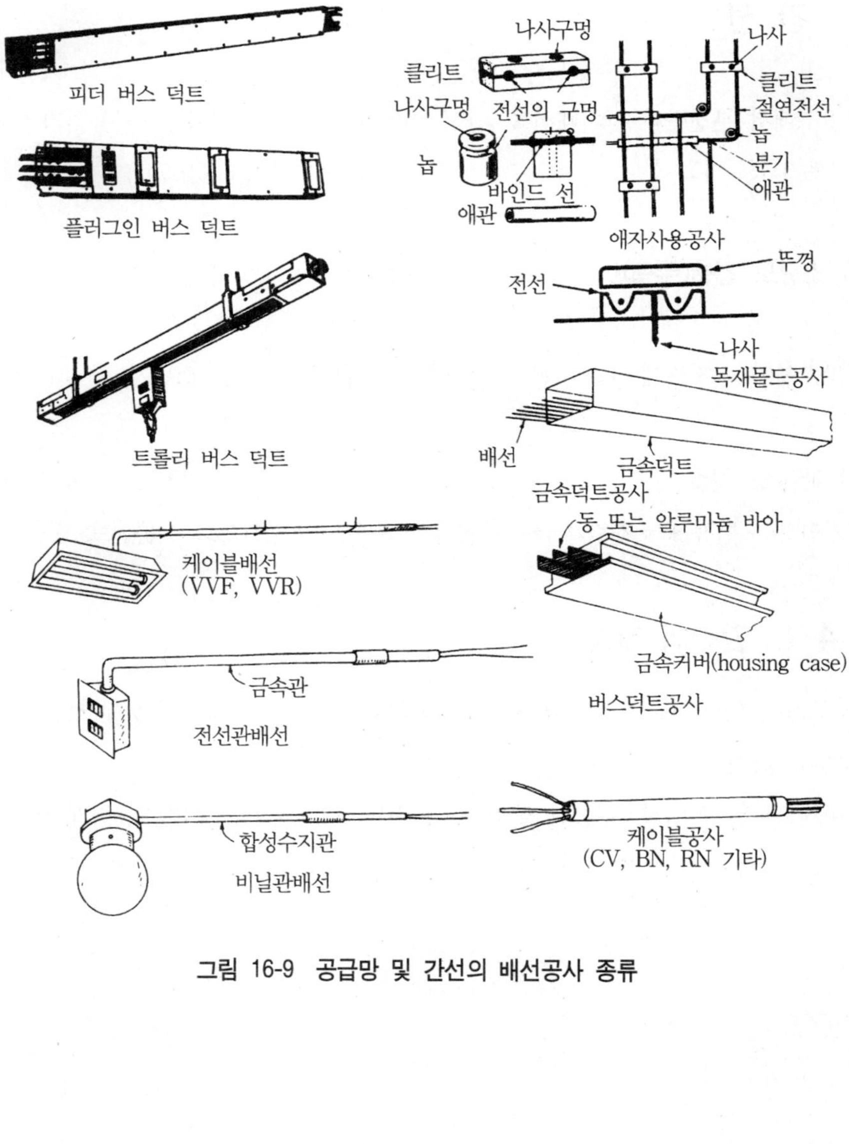

그림 16-9 공급망 및 간선의 배선공사 종류

플로어 덕트 공사에는 접속점이 없는 절연 전선으로서 연선(twisted wire)을 사용한다. 다만, 3.2mm 이하의 것은 단선을 쓸 수 있다. 제3종 접지를 한다.

(12) 케이블 공사

케이블 공사는 옥내배선에서 금속관 공사와 동일하게 모든 장소에 시설할 수 있는 공사방법이다. 전선에 케이블을 사용하는 경우와 캡타이어 케이블을 사용하는 경우가 있다. 캡타이어 케이블은 공장의 이동용 저압 전기기기 등에 사용된다.

16-4 간 선

인입구에서 분전반까지의 배선을 '간선'이라 하고, 분전반에서 각 사용기기까지의 배선을 '분기회로'라고 한다.

(1) 소규모 건축(주택)

110V
220V 인입 → 전력계 → 분전반 → 분기회로 → 콘센트, 전등, 스위치

(2) 대규모 건축

고압인입 → 변전실 → 전력계 → 주배전반 → 분전반 → 분기회로 → 콘센트, 전등, 스위치

16-4-1 간선의 개요

간선(main line)이란 전선로에 있어서 나무의 줄기(幹)에 해당하는 것으로 말단의 부하 모두에 전기를 공급하기 위한 주요한 부분의 총칭이다.

일반적으로는 인입점, 수변전 설비 등의 전원측에서 전등분전반, 동력제어반 등까지의 전로를 간선이라 하고 있다.

16-4-2 간선의 설계 순서

① 전제 조건의 파악(건축 규모 · 설비관계 · 운용 등)

② 부하의 산출, 분포 상태의 상정

③ 전력계통의 결정

　㉠ 사용 전기 방식

　㉡ 계통

　㉢ 보호

④ 배선 방식의 결정

⑤ 도체의 굵기 결정

⑥ 샤프트의 위치 및 면적

16-4-3 배전방식

간선에는 일반 주택과 같이 인입점에서 하나의 분전반까지 1회로의 전로로 만족하는 경우도 있는가 하면 빌딩이나 맨션, 병원, 학교 등과 같이 그 건물을 층별 또는 블록별로 구분하고 어떤 회로의 전로가 필요한 것까지 여러 범위의 것이 있다.

보다 큰 전력을 필요로 하는 건물, 예를 들면 초고층 빌딩 등의 경우에는 특별고압(통상 20kV 또는 60kV)으로 수전하므로 간선도 여러 가지로 되고 배전전압에 의하여 저압간선(600V 이하), 고압간선(600V 초과 7kV 이하), 특별고압간선(7kV 초과)으로 분류할 수 있다.

16-4-4 배선방식

(1) 계통, 용량

건물이 필요로 하는 전기용량은 그 건물의 구조, 사용 목적에 따라 큰 차이가 있다. 맨션이나 학교 등은 조명기구 및 동력설비 등에서 대용량의 것은 아니다. 따라서 면적당 설비용량은 크지 않는 반면에 백화점의 각 매장, 극장의 무대, 호텔의 로비, 고층빌딩 등은 공조설비, 방재대책, 큰 조도, 특수한 장치 등은 큰 전기용량이 필요하다. 이를 위해서는 간선을 어떻게 구분하고, 용량을 효율 있게 분산하며, 시설하는가의 문제가 된다.

그림 16-10은 간선계통 구분 방법의 예이고, 건물의 특성에 대응한 것을 선택하는 것이 중요하다. 각각의 간선계통에 대해서는 다음과 같이 사용되는 것이 많다.

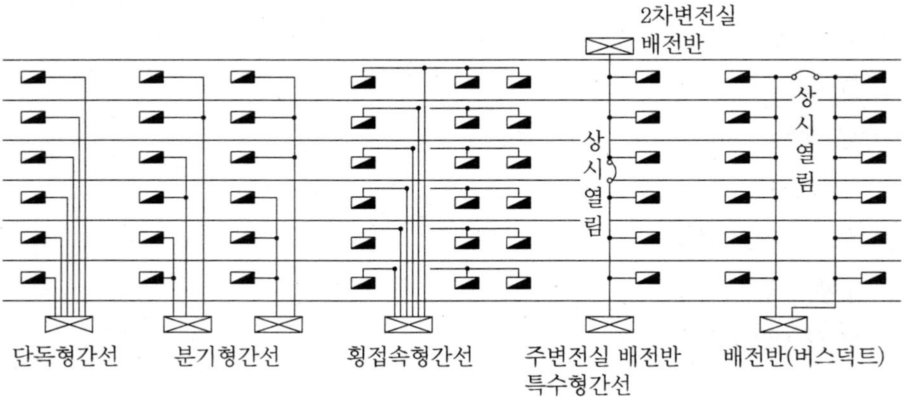

그림 16-10 간선계통의 종류

① 단독형 간선 : 1개소의 부하용량이 큰 경우이며, 의료기기, 공장 등과 같이 특수부하의 경우에 사용된다. 전압강하가 평균화되고, 사고발생시 그 범위를 좁힐 수 있다.

② 분기형 간선 : 일반적으로 많이 사용되고, 프리패브 케이블 간선이 이 형이다.

③ 수평 접속형 간선 : 맨션 또는 공장 등에 쓰이는 예가 많다.

④ 특수형 간선 : 비상시 연락형의 간선으로 사용된다.

용량의 산출에 있어서 먼저 전 부하의 용량을 계산하고, 앞으로 예상되는 부하, 그리고 수용률을 고려하여 계산한다. 수용률의 계산식은 다음과 같다.

$$\text{수용률} = \frac{\text{최대사용전력(kW)}}{\text{설비용량(kW)}} \times 100(\%)$$

표 16-3 간선의 수용률

건물의 종류	수용률(%)
주택 · 기숙사 · 여관 · 호텔 · 병원 · 창고	50
학교 · 사무소 · 은행	70

[주] 전등·소형 전기기계 기구의 용량 합계가 10kVA를 넘는 것은 그 초과량에 대하여 이 표의 수용률을 적용할 수 있다.

수용률은 전부하가 동시에 사용되는 경우는 거의 없다고 보았으며, 조명기구의 일부가 꺼져 있다든지, 콘센트가 사용되고 있지 않다든지, 펌프가 정지하고 있다든지 하는 것이 보통의 상태이다. 이와 같이 실제로 흐르는 전류를 예측하고, 현실에 의거한 값을 산출하기 위하여 필요한 것이 수용률이다.

예제 16-1

건축면적 165 m²의 아파트가 있다. 이 세대에 전력을 공급할 간선의 굵기 계산에 필요한 최대 사용 전류를 계산하라. 다만, 전등 및 소형 전기기구의 설비와 수용률은 표 16-4와 같고 전압은 220 V 이다.

| 해답 | 전등부하는 $30 \times 165 = 4,950$(W)

표 16-4 [주]의 3에 따라 전기기구용으로 3,000 W를 가산하면 계산에 의한 총부하는,

$$4,950 + 3,000 = 7,950 \text{(W)}$$

처음 3,000 W까지는 수용률 100%를, 나머지는 30%를 적용하면 합계 부하는,

$$3,000 + (7,950 - 3,000) \times 0.35 = 4,732.5 \text{(W)}$$

최대 사용 전류는 $4,732.5/220 = 21.51\text{(A)} \fallingdotseq 22\text{(A)}$

다음에 전압강하율을 계산한다. 전압에 약간의 변화가 있어도 기기류는 작동하지만 실질적으로 고려하면 1% 강하한 경우 전동기류의 토크는 2% 정도 적어지고, 백열전등은 3(%) 정도 조도가 떨어진다.

$$\text{전압강하율} = \frac{\text{송전전압} - \text{수전단전압}}{\text{송전전압}} \times 100(\%)$$

이상을 총합하여 용량 전체를 산출하고, 각 계통별로 구분하여 각각의 용량을 산출한다.

표 16-4 전등 및 소형 전기 기구의 실비와 수용률

건물종별	(W/m²)	수용률을 적용할 부하(W)	수용률(%)
일반창고	2.5	12,500(W) 이하 12,500(W) 초과	100 50
상업용 창고	5	총 와트수	100
교회, 공회당, 병기고	10	총 와트수	100
여 관	15	총 와트수	100

표 16-4 전등 및 소형 전기 기구의 실비와 수용률(계속)

건물종별	(W/m^2)	수용률을 적용할 부하(W)	수용률(%)
호 텔	20	20,000(W) 이하 20,001~100,000(W) 이하 100,000(W) 초과	50 40 30
병 원	20	50,000(W) 이하 50,000(W) 초과	40 20
식당, 은행, 회의실, 법원, 공장	20	총 와트수	100
학교, 이발관, 미용원, 상점	30	총 와트수	100
주택, 아파트	30	3,000(W) 이하 3,001~120,000(W) 이하 120,000(W) 초과	100 35 25
사무실	50	총 와트수	100
주택, 아파트를 제외한 건물의 집회실, 관람석 현관, 복도, 변소 작은 창고	 10 5 2.5	각 그 건물의 수용률을 적용한다.	

[주] 1. 단위면적당 부하와 수용률은 최소 부하 상태에서 역률 100%인 경우의 값이다.
2. 방전등 회로의 시설은 고역률형을 쓰거나 전선 굵기를 증가할 것
3. 주택과 아파트는 각 세대별로 식당, 부엌, 세탁실의 전기기구용 3,000 W를 가산하여 동일 수용률을 적용할 것
4. 병원의 수술실, 호텔의 무도실, 식당 등과 같이 전 전등을 동시에 사용하는 곳은 간선설계에 있어서 수용률 100%를 적용한다.
5. 쇼윈도가 있는 상점은 쇼윈도 1 m당 600 W씩 가산한다.

(2) 배선방식

간선의 수전방식이 결정되고, 사용 전기방식이 결정되고, 계통이 결정되고, 각각의 계통의 부하 용량에서 최대 사용 전류가 결정되면 그 다음으로는 어떤 방법으로 배선하는가를 결정한다.

먼저 간선을 설치하는 장소로서 적합한가, 다음에 경제성, 그리고 시공상 문제는 없는가를 검토한다. 예를 들면 전기실의 바닥 등에 다수의 회선을 시설하는 경우는 피트를 설치하여 케이블을 수용한다. 또 2중 천장 내를 수평으로 배선하는 경우는 전선관이나 케이블락을 이용한다. 대용량의 간선에는 버스 덕트를 사용하는 것도 있다.

16-5 분기회로

분전반 내의 주 개폐기에 간선을 접속하고, 분전반 내에서 각 회로에 분기하고, 분기 개폐기에서 전등, 콘센트 등의 말단 부하에 전력을 공급하는 구조로 되어 있다. 다만, 주 개폐기는 특별히 필요가 있는 경우 이외에는 부착하지 않아도 좋은 것으로 되어 있다.

분기 개폐기는 각 극과 개폐할 수 있지 않으면 안 되지만 110V 회로에서는 중성선 또는 접지측 극선은 개폐기를 생략할 수 있다. 다만, 생략한 극선은 분전반 내에서 용이하게 떼어낼 수 있는 구조로 하지 않으면 안 된다.

분기 개폐기에는 배선용 차단기(MCCB) 또는 퓨즈 달린 개폐기를 사용하지만, 최근에는 보다 안전하며 확실한 배선용 차단기가 사용되고 있다. 분기 회로의 종류는 표 16-5와 같다.

15A와 20A의 회로는 전등, 콘센트 회로에 사용된다. 30~50A는 대형 전기기구의 전원 및 대형 전기기구용 콘센트의 회로에 사용된다. 한 회로의 부하는 정격전류가 15A의 경우는 1,200VA 이하, 20A의 경우는 1,600VA 이하로 하는 것이 바람직하다.

하나의 분기회로에 접속하는 부하설비를 어떻게 결정하는 가에 대해서는 전등의 경우와 콘센트의 경우가 다르다. 양쪽에 공통되는 것도 포함하여 다음에 설명한다.

표 16-5 분기회로의 종류

분기 회로의 종류	분기개폐기의 정격전류
15A 분기회로	15A
20A 분기회로	20A
30A 분기회로	30A
40A 분기회로	40A
50A 분기회로	50A

① 한 분기 회로의 전원 긍장은 30m 이하가 바람직하다. 회로가 길어지면 전압강하 문제에서 큰 전원을 사용하게 되고, 배관도 굵어진다. 30m를 초과하는 경우는 25 m 이하 이내에 접속함(junction box)을 설치한다. 또 4직각 이상의 굴곡 개소가 있는 경우에도 접속함을 설치한다.

② 전등회로와 콘센트 회로는 별도의 회로로 하는 편이 좋다.

③ 전등회로는 접속하는 전등의 수에 제한은 없으나 부하의 합계가 분기 개폐기 용

량의 80% 정도로 억제하도록 한다.

예제 16-2

형광등기구 40W 2등용(100V)의 표준 계산 용량을 (0.4A×2×1.5)로 할 때 전등회로의 부하계산을 하라.

|해답| 154×0.8＝12A
12A÷(0.44×2×1.5)＝10
따라서 상기의 기구 10대까지 한 회로에 접속할 수 있다.

④ 콘센트 회로는 콘센트 1개를(1口에서도 2口에서도 1개로 한다) 150VA로 예상하고, 한 회로에 8개 정도로 억제하는 것이 바람직하다.

⑤ 대형 전기기구 및 대형 전기기구용 콘센트는 전용 회로로 한다.

⑥ 소방법 등에 규정되어 있는 비상용 회로, 예를 들면 자동화재 경보장치의 수신기용 전원 혹은 유도등 등의 회로는 전용 회로로 한다.

⑦ 각 분기 개폐기에의 접속시는 전원에 여유를 둔다. 이것은 회로의 변경, 개폐기의 교환 등을 할 때 접속하는 전선의 길이가 만족하지 않게 되는 것을 방지하기 위해서이다.

⑧ 복도, 계단 등은 될 수 있는 한 같은 회로로 한다.

⑨ 습기가 있는 장소의 수구는 가능하면 별도의 회로로 한다.

16-6 배선기기

16-6-1 스위치

스위치는 매입 또는 노출하여 설치하는 데 일반적으로 벽·기둥을 가장 많이 이용하며, 천장은 풀스위치 등의 경우에 이용한다. 스위치의 종류는 방수형과 일반형으로 분류할 수 있는데 조명 또는 전동기구에 사용하는 것은 다음과 같다.

① tumbler switch : 노출형과 매입형이 있으며, 레버를 상하 또는 좌우로 넘어뜨려

점멸하는 기구이다.

② rotary switch : 손잡이의 회전에 의하여 개폐를 행하는 스위치이다.

③ push button switch : 버튼을 눌러 회로의 절단 또는 접속을 하는 형의 스위치로서 하나를 누르는 것과 둘 또는 셋을 누르는 여러 종류가 있다.

④ pull switch : 형광등 등의 점멸에 쓰이는 데 끈을 잡아당겨 조작하는 개폐기이다.

⑤ canopy switch : 풀스위치의 일종으로 조명기구의 캐노피 내에 넣은 스위치로 밑에서 줄을 잡아당겨 점멸한다.

⑥ pendant switch : 코드 끝에 다는 누름 버튼스위치이다.

⑦ door switch : 문짝에 이어달아서 문짝의 개폐에 따라 회로를 개폐하는 스위치이며, 전축 또는 기타 전기기기의 뚜껑을 개폐할 때 뚜껑에 딸린 손잡이에 의해 스프링을 움직여 접점을 개폐하는 스위치이다.

⑧ cord switch : 코드 중간에 접속해서 점멸하는 스위치이다.

⑨ remote control switch : 원격제어에 쓰이는 계전기를 사용한 개폐기이다.

⑩ snap switch : 전등, 전동기 등의 회로에 사용하는 누름 버튼스위치, 풀스위치, 소형의 로터리 스위치 등의 총칭이다.

⑪ knife switch : 보통 600 V 이하의 교류 회로의 개폐에 사용하는 스위치이다.

⑫ cut-out switch : 자기(磁器)제로 그 내측에 퓨즈를 부착하고, 뚜껑의 개폐로 회로를 개폐하는 스위치이다. 저압전로에서 주로 일반 수요가의 인입구에 사용한다. 안전기, 안전개폐기, 인입개폐기, 두꺼비집, 베이비 스위치라고도 한다.

⑬ time switch : 기기의 주야간 전환, 정시 시동, 정지에 사용하는 시계식 개폐기이다.

⑭ automatic time switch : 시계와 스위치에 의하여 정해진 시각에 전기회로를 차단 또는 접속하는 장치이다.

⑮ automatic switch : 기기와 전원 사이에 넣어서 필요에 따라 자동적으로 회로를 개폐 또는 전환하는 장치이다. 제어회로의 주체는 기계적인 것, 열팽창을 이용한 것, 광전관과 진공관 등을 이용한 것이 있다.

⑯ control switch : 기구의 전기 조작, 회로의 제어를 행하는 개폐기로서 구조는 목적에 따라 다종다양하다.

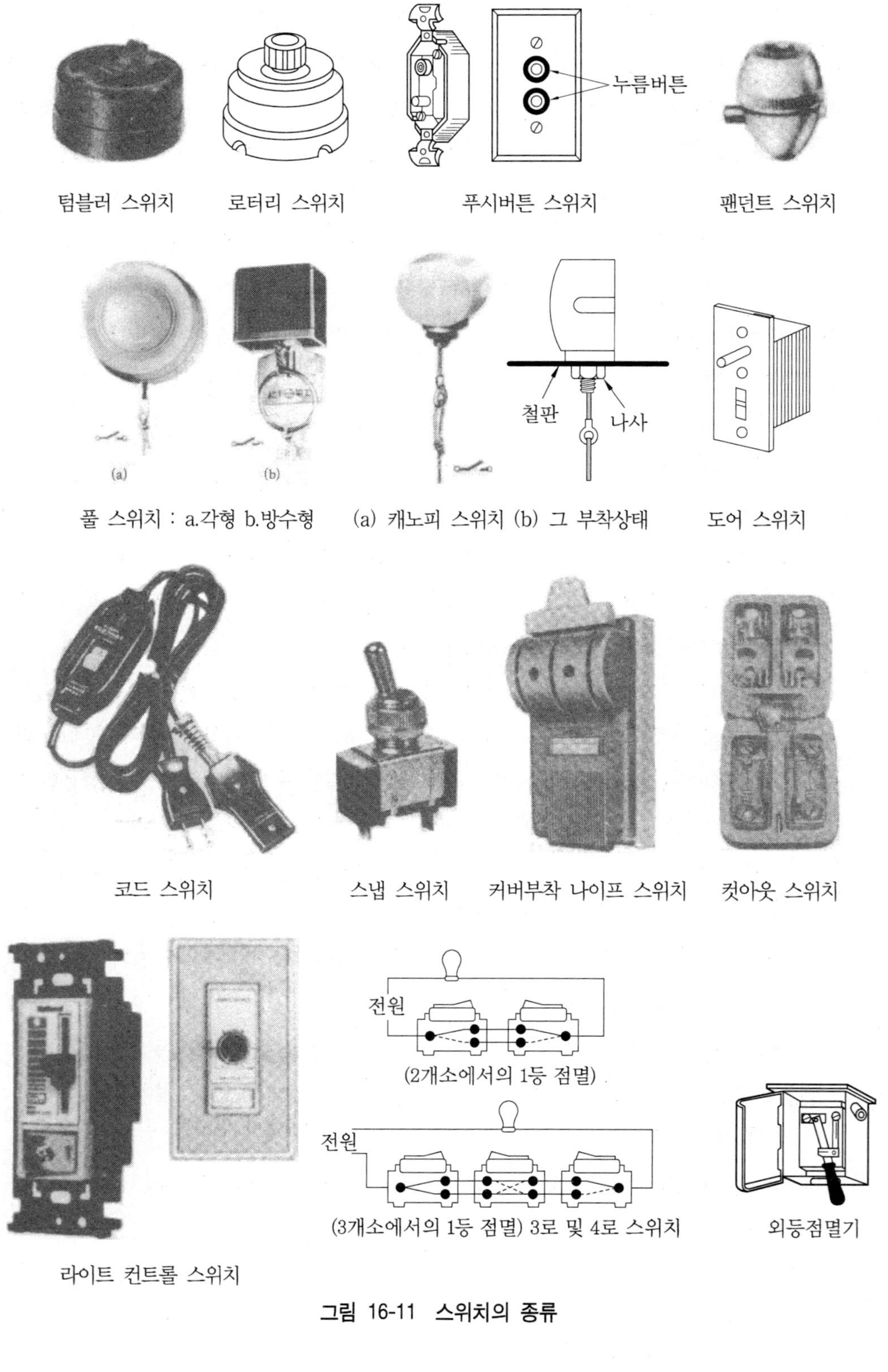

그림 16-11 스위치의 종류

⑰ 수은 스위치(mercury switch) : 진공 또는 가스 놓은 유리관 내에서 양단자간을 수은으로 단락 또는 차단하는 것이다.

⑱ 단극 스위치(single-role switch) : 단 하나의 접점을 가지는 스위치로서 한 줄의 도체를 개폐 또는 전환하기 위한 것이다. 또한 동시에 개폐할 수 있는 개폐 부분이 1개인 스위치이다.

⑲ 3로 스위치(three-way switch) : 3개의 단자를 구비한 전환용 용수철 스위치로 전등을 2개소 이상의 위치에서 점멸할 때에 사용한다.

⑳ 4로 스위치(four-way switch) : 4개의 단자를 갖춘 전환용 스위치로서 전등을 2개소 이상에서 점멸할 때 사용한다.

㉑ 외등 점멸기 : 단극 스위치로서 녹을 방지하기 위해 금속함 속에 넣거나 전체가 자기로 만들어져 있다.

16-6-2 소켓과 수구류

배선 또는 부하를 접속하는 경우에 사용하는 것이며, 나사식과 꽂음식이 있다.

(1) 소켓(socket)

나사식이 일반적으로 널리 사용되고 있으며, 전구를 틀어넣어 코드와 접속한다. 외부는 에보나이트 또는 자기로 되어 있으나 황동제일 때는 절연재로서 파이버 혹은 마이카가 병용되고 있다.

(2) 분기 소켓

전등 외에 라디오나 그밖에 소형 전기기구를 사용하는 경우에 기설 소켓과 전구 사이에 끼워 넣어 사용하는 것이다(그림 16-12).

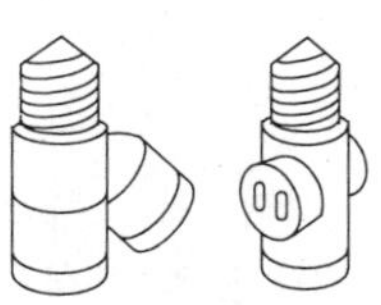

그림 16-12 분기 소켓

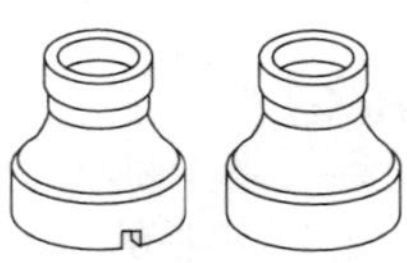

그림 16-13 리셉터클

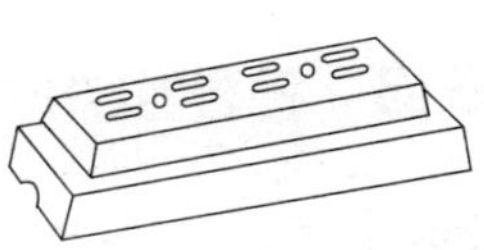

그림 16-14 테이블 탭

(3) 리셉터클(receptacle)

보통 노출형이고 베이스는 나사식이 일반적이다. 도기제 또는 베크라이트제로서 조영재에 직접 고정시켜 사용하는 전구용 수구이다(그림 16-13).

(4) 테이블 탭(table tap)

동시에 많은 소용량의 전기기구를 사용할 경우 기설 콘센트나 소켓으로부터 연장시켜서 임의의 장소에 연장 사용한다(그림 16-14).

(5) 콘센트(consent)

콘센트는 사용 목적상 3가지로 분류된다. 첫째는 이동용 기계기구를 위한 일반 콘센트, 둘째는 접속적 사용법으로서의 콘센트(고정 기구용)와 특수 대형 기기용 및 특정 사용 방식의 콘센트이다.

콘센트 계획으로 가장 밀접한 관련 있는 것은 바닥 구조와 바닥 배선 방식이다. 물론 설치장소로는 천장, 벽, 바닥의 입체 공간 벽면의 모든 곳에 설치하지만 사용면에서도 또 시공적·경제적으로도 바닥방식이 계획의 포인트이다.

부하설비 중에서 플로트 로드(float load)로서 사용되는 콘센트는 사용 부하를 가장 추정하기 어렵고, 또 인간에 대한 공헌도도 크다.

콘센트를 사용 목적별로 분류하면, ① 이동기기, 기구용 일반 콘센트(전등설비), ② 접속단자적 사용 콘센트(별도의 전력설비), ③ 대형 기기요 콘센트(특수 전원설비), ④ 특수용 콘센트(금고, 이동문 등의 특수용도) 등이 있다.

일반 콘센트의 용도를 보면, ① 이동 조명기구(플로어 스탠드, 일반 스탠드, 브래킷), ② 가정전자제품(TV, 라디오, 히터류, 주방기기, 기타), ③ 사무기기(소형) 및 운반 가능형 소형기기, ④ 정보장치용 전원(운반 가능형), ⑤ 간이 작업 공구, ⑥ 기타(플러그에 의한 사용기기 모두) 등으로 다양하다.

16-6-3 분전반(panel board)

전등이나 콘센트 말단의 부하에 전력을 공급하는 데 간선과 같은 굵은 전선을 직접 부하에 접속하는 것은 불가능하다. 또 일반 주택에서조차 최저 20개소 이상, 대형 빌딩 등이 되면 수백 개소가 되는 말단 부하는 사용상에서도 시공, 보수, 점검 면에서도 정리하고 구분할 필요가 있다. 이 기능을 가지고 있는 것이 분전반이며, 전원과 말단 부하와의 중간에 위치하는 것이다. 분전반은 주개폐기, 분기회로용 분기개폐기 및 자동차단기 등을 한 곳에 모아 설치한 것으로 나이프스위치나 노퓨즈브레이커가 사용된다.

분전반은 그 부착 장소, 부착 방법에 따라 매입형과 노출형의 2가지로 대별된다.

어느 형에 있어서나 분전반의 설치는 다음의 사항에 주의한다.

① 가능한 한 부하의 중심으로 되도록 설계한다.
② 간선의 수직올림에 가깝고, 용이하게 분기할 수 있는 장소를 선정한다.
③ 보수・점검을 하기 쉬운 높이에 부착한다.
④ 분전반 1면의 공급 범위는 1,000 m^2 정도(반경 20~30 m)로 한다.
⑤ 미관상 좋지 않은 장소, 예를 들면 현관, 거실 내 등은 피한다.
⑥ 용량은 20회선 이하가 되도록 하며, 예비회선을 포함하면 최대 40회선까지 설치할 수 있다.
⑦ 가능한 매 층마다 설치하고 제3종접지를 한다.
⑧ 고층건물은 가능한 한 파이프 샤프트 부근에 설치한다.
⑨ 통신용 단자함이나 옥내소화전함과 조화를 이루도록 벽면에 설치한다.

그림 16-15 분전반

분전반 내의 분기 보호 장치로서 no fuse beaker(NFB)와 knife switch(KS)가 있고, 각각 과전류 및 단락전류에 대한 차단을 담당하는 것이다.

기타 분전반 내에는 일반 전원, 발전기 전원, 축전지 전원 등 다른 종류의 전원이 공급되는 경우도 있다. 또 일괄 점멸이나 원격조작을 위한 magnet switch(전자개폐기) 및 자동점멸릴레이 등을 내장하는 것도 있고, 수영장 등의 회로에는 누전차단기가 시설된다.

chapter 17

수송설비

17-1 개 요

현대 건축에서 사용되고 수송설비(輸送設備)의 주된 것의 개요를 표 17-1에 나타낸다.

표 17-1 현대 건축의 수송설비

명 칭	개 요
엘리베이터	사람 및 화물의 수직수송
덤웨이터	사람은 태우지 않고 물건만을 수직 수송하는 소형 엘리베이터
에스컬레이터	사람의 수직수송을 주목적으로 하는데 수평이동을 항상 수반한다.
이동보도	공항 등 사람의 장거리 수평이동
모노레일	비교적 대용량 물건의 수평이동, 사람(장애인 등)의 옥내이동
3차원 모노레일	컨테이너에 넣은 것을 수직수평방향으로 수송한다.
박스 컨베이어, 케이스 컨베이어 등	중·소용량의 물건(린네르, 기기, 서류 등)을 수직, 수평 각 방향으로 수송하는 시스템
기송관	극히 소용량의 전 방향수송
무인차시스템	수평 및 전용엘리베이터에 의한 수직수송, 일부 일반 동선(복도 등)을 공용하는 것도 있고, 무선 유도시킨다.

배관계가 주로 유체를 수송하는 데 대하여 수송설비는 고체(생물이나 용기에 든 유체를 포함)를 수송하는 것이라고 할 수 있다. 이 중 사람이나 화물을 운반하는 엘리베

이터 및 에스컬레이터 등은 건물의 동선계획 안에 포함되어 있고, 그 용량산정은 덤웨이터나 기송관설비 등이 오래 전부터 이용되어 오고 있지만, 최근에 생력화의 요청이 고조되는 중에 이 분야에서의 발달은 현저하고 여러 가지의 시스템이 개발되고 있다.

생력화를 위한 수송설비는 인력을 동력으로 치환하는 것이 되므로 앞으로의 문제는 생에너지에 대한 검토를 필요로 한다. 이제까지의 실적에서는 무인수송설비의 에너지 소비는 그 이점에서 보아 그다지 크지는 않지만 앞으로 보급이 진전되면 다른 에너지 소비와의 밸런스가 과제로 될 것이다. 무인수송설비는 또 병원, 기타에서 다른 도움을 개입시키는 것에 의하여 오염의 확산을 피하기 위하여 설치되는 것도 있는데, 노선계획이 부적절한 경우나 관리가 좋지 않은 경우에는 오히려 역효과이므로 주의를 요한다.

수송설비의 관제시스템은 충분한 안전성과 신뢰성을 보장하는 것이 필요하다.

17-2 엘리베이터

17-2-1 엘리베이터의 종류

엘리베이터의 분류에는 웜기어 감속기의 유무, 로프의 달린 방식, 권상 전동기의 전원별 등 여러 가지가 있지만, 여기서는 권상 전동기의 전원별로 나누면 다음과 같다.

(1) 교류 엘리베이터

교류전원을 그대로 사용한 3상 교류 유도전동기에 의하여 운전하는 것으로 승강속도를 75m/min 이하에 사용한다. 권선형 전기자와 농형 전기자를 동일 축에 설치하여 속도비를 4 : 1 혹은 6 : 1로 하고, 농형 전기자의 극수를 변환하여 속도비를 4 : 1 혹은 6 : 1로 하는 교류 2단 속도방식이 있다.

(2) 직류 가변 전압 엘리베이터

엘리베이터 1대마다 전동발전기를 설치하고, 권상전동기에서는 직류전동기를 사용하고, 발전기에 발생하는 직류전압을 제어하여 권상전동기에 가변 전압을 보내어 엘리베이터를 원활히 운전하는 것으로 승강속도 90m/min 이상에 사용하며, 다음과 같은 특징이 있다.

① 매우 넓은 범위에 원활한 속도의 가감을 할 수 있다.

② 발전기의 여자를 약하게 또는 전동기의 여자를 강하게 하면, 전동기는 발전작용을 하여 재생작용을 행하고, 운동에너지는 전력으로서 전원으로 회수되기 때문에 시동시 저항손실이 없고 또 전력소비에서도 경제적이 된다.

③ 전류치가 작은 계자회로를 제어하면서 접촉자의 손모가 적고 보수비가 조금 든다.

17-2-2 엘리베이터 선정

(1) 엘리베이터의 기본 구조

적재량과 속도 → 권상기 · 전동기의 용량 → 정원 → 케이지의 크기 → 기계실의 크기 → 승강로 → 구동 방식 등으로 결정되며, 엘리베이터의 구성을 그림 17-1에 나타낸다.

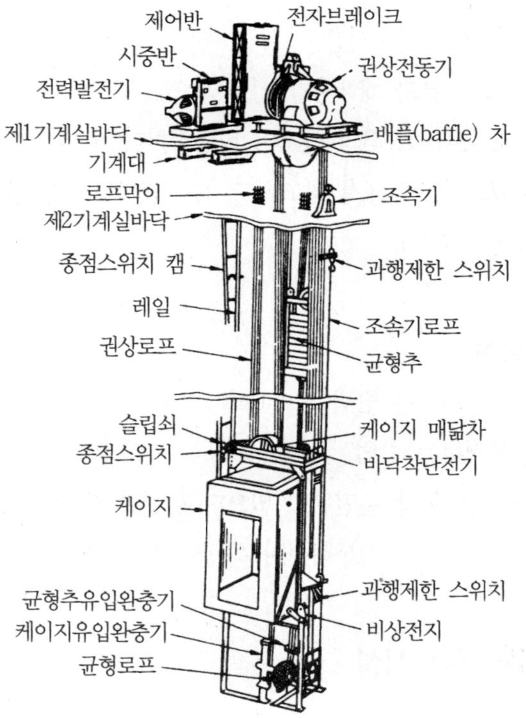

그림 17-1 엘리베이터의 구성

용도→운전방식, 승강장 케이지의 의장, 교통계획에 따른 대수→최후의 가격 산정

① 로프(rope) : 안전율 20 이상, 3본 이상의 12mm 이상을 사용한다.
② 가이드레일(guide rail) : 승강로 내의 양측면에 케이지용, 균형추용 각 1개씩의 레일이 설치되어 있다.
③ 케이지(cage) : 승객 또는 화물을 운반하는 것을 말하며, 1인당 하중은 65kg을 최대 하중으로 계산한다.
④ 균형추(counter weight) : 권상 전동기의 부하를 줄여 전기를 절약하기 위해 사용한다. 균형추의 중량은 케이지의 중량에 최대 적재량×0.4~0.6한 값을 더하여 구한다.

(2) 정격속도와 수송량

수송 능력 증대　1. 정격속도 : 속도를 올려도 급행층만이 유효하다.
　　　　　　　　2. 가감속시간
　　　　　　　　3. 문의 개폐시간

1주간 시간의 단축으로는 2. 3의 단축이 바람직하다.

13~14층－매분 150m : 실용적 최고속도, 그 이상은 급행 전용으로 하든가, 초고층의 부분급행용에 효과가 있다.

(3) 운전 조작 방식

① 전용 운전원이 운전하는 방법(attentant system)
② 승객 자신이 운전하는 방법
③ ①, ②의 병용 ┌ 통상 운전원이 있으며 한산할 때는 자동식으로 교환
　　　　　　　　└ 통상 자동식이며 특정한 때 운전원으로 교환

17-2-3 엘리베이터 시설

(1) 건물에 대한 엘리베이터 위치

① 엘리베이터는 건물에 출입하는 대부분의 사람이 항상 이용하므로 가장 눈에 띄는 장소를 선정한다.

② 하나의 건물에 대수의 동종 엘리베이터를 설치하는 경우에는 뱅크 운전(공통의 승강장 버튼으로 제어함)을 한다.

③ 바닥면적 5,000~6,000 m^2 또는 그 이상의 대형 빌딩에서는 건물 중심에 집중하든가, 빌딩 외의 교통기관의 점에서 보아 교통량이 많은 출입구에 가까운 장소로 집중한다.

④ 바닥면적 3,000~4,000 m^2의 중·대형 빌딩에서는 주 현관에 계속하여 비교적 넓은 엘리베이터 홀을 가진 엘리베이터로 3대 병열로 뱅크에 설치한다.

⑤ 바닥면적 1,000 m^2 이하의 빌딩에서 공용부는 한편으로 편기하여 설치하는 것이 일반적이다.

(2) 피트

엘리베이터 피트는 어떠한 엘리베이터에도 필요하며, 건축설계에 있어서 처음부터 고려할 필요가 있다. 속도에 의해 깊이가 변화한다. 피트의 형상은 원칙적으로 승강로의 유효면적이 그대로 규정된 깊이까지 내려갈 필요가 있다.

	피트
45 m/min 이하	피트 1.2 m
45~60 m/min	1.5 m
60~90 m/min	1.8 m
90~120 m/min	2.1 m
120~150 m/min	2.4 m
150~180 m/min	2.7 m
180~210 m/min	3.4 m
210~240 m/min	4.0 m

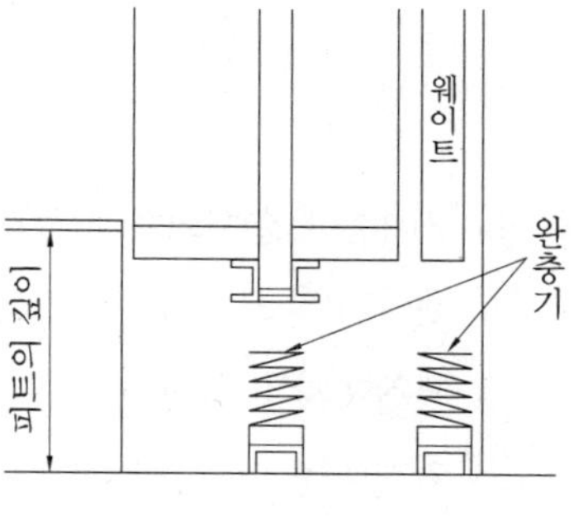

그림 17-2 피트의 깊이

(3) 오버 헤드

① 최상단 유효거리+케이지 윗보까지의 높이=오버 헤드

② 기종, 케이지의 치수 등에 따라 변화

(4) 최상단 유효거리(top clearance)

(m/min)	최상단 유효거리(m)	(m/min)	최상단 유효거리(m)
45	1.2	120~150	2.0
45~60	1.4	150~180	2.3
60~90	1.6	180~210	2.7
90~120	1.8	210~240	3.4

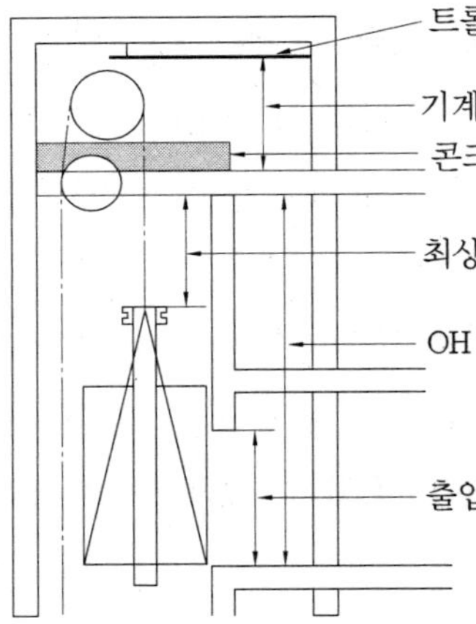

그림 17-3 최상단 유효거리

(5) 기계실

위치
- 상부
- 하부(basement 형)
- 상부서측

1) 기계실에 설치되는 기계와 그 간격

① 권상기의 모우틀 축단 치수 : 600mm로 한다(손으로 감는 핸들 조작을 위함).

② 기계대의 I 형강을 받는 부분 : 150mm 건물에 매달 것

③ 기계대는 그 상면 정도까지 신더 콘크리트를 타설하고, 모르타르 마감이 바람직하다.

④ 제어반 · 릴레이반 : 전면 800mm, 배면 및 측면 500mm

⑤ 직류 엘리베이터 기동반 : 전면 600mm 정도

⑥ 기계실의 높이

90m/min	2.3m
90~150m/min	2.6m
150~180m/min	2.9m
180~240m/min	3.1m

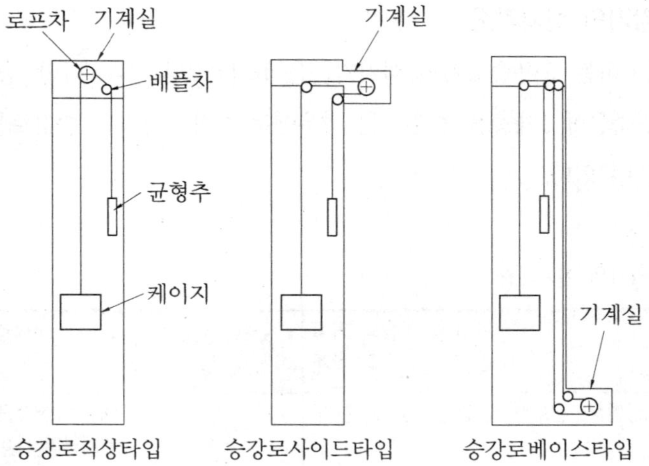

그림 17-4 엘리베이터 기계실의 위치

2) 기계실의 넓이

① 바닥면적은 승강로의 수평투영면적의 2배 이상으로 한다.

② 바닥면적에서 천장까지는 보 아래의 수직거리를 2m 이상으로 한다.

3) 기계실에 대한 건축상의 주의사항

① 햇빛이 닿으면 기계도 발열하므로 적당한 환기방법을 고려한다.

② 기계실로 오르는 계단은 1.5m 이상은 수직 사다리는 피하고 60° 이하의 상설 계단으로 해야 한다.

③ 조도는 200 *l*x

(6) 엘리베이터의 전원용량

트랜스 용량 P는 전동기 출력 W의 1.6배의 kVA용량

$$P = 1.6\,W \times \eta \times y\ (\mathrm{kVA})$$

병렬 대수 η	2	3	4	5	6	7 이상
병렬 계수 y	0.8	0.75	0.7	0.68	0.66	0.65

(7) 승용승강기의 설치기준

건축물에 설치하는 승용승강기의 설치기준은 표 17-2와 같다. 다만, 승용승강기가 설치되어 있는 건축물에 1개층을 증축하는 경우에는 승용승강기의 승강로를 연장하여 설치하지 아니할 수 있다.

표 17-2 승용승강기의 설치기준

6층 이상의 거실 면적의 합계 / 건축물의 용도	3천제곱미터 이하	3천제곱미터 초과
문화 및 집회시설(공연장·집회장 및 관람장만 해당한다) 판매시설 의료시설	2대	2대에 3천제곱미터를 초과하는 2천제곱미터 이내마다 1대를 더한 대수
문화 및 집회시설(전시장 및 동·식물원만 해당한다) 업무시설 숙박시설 위락시설 공동주택 교육연구시설 노유자시설 그 밖의 시설	1대	1대에 3천제곱미터를 초과하는 2천제곱미터 이내마다 1대를 더한 대수 1대에 3천제곱미터를 초과하는 3천제곱미터 이내마다 1대를 더한 대수

[주] 1. 위 표에 따라 승강기의 대수를 계산할 때 8인승 이상 15인승 이하의 승강기는 1대의 승강기로 보고, 16인승 이상의 승강기는 2대의 승강기로 본다.

2. 건축물의 용도가 복합된 경우 승용승강기의 설치기준은 다음 각 목의 구분에 따른다.

가. 둘 이상의 건축물의 용도가 위 표에 따른 같은 호에 해당하는 경우 : 하나의 용도에 해당하는 건축물로 보아 6층 이상의 거실면적의 총합계를 기준으로 설치하여야 하는 승용승강기 대수를 산정한다.

나. 둘 이상의 건축물의 용도가 위 표에 따른 둘 이상의 호에 해당하는 경우 : 다음의 기준에 따라 산정한 승용승강기 대수 중 적은 대수

1) 각각의 건축물 용도에 따라 산정한 승용승강기 대수를 합산한 대수. 이 경우 둘 이상의 건축물의 용도가 같은 호에 해당하는 경우에는 가목에 따라 승용승강기 대수를 산정한다.

2) 각각의 건축물 용도별 6층 이상의 거실 면적을 모두 합산한 면적을 기준으로 각각의 건축물 용도별 승용승강기 설치기준 중 가장 강한 기준을 적용하여 산정한 대수

(8) 비상용 엘리베이터의 조건

① 엘리베이터의 전 부하 상승에 필요한 전류에 연속하여 견딜 것

② 순시 전압변동률은, 교류 엘리베이터에서 가속 중의 최대 전류에 대하여 또 직류 엘리베이터는 MG 모터의 기동 전류에 대하여 엘리베이터 기계실 수전단자에 있어서 20% 이하 또한 발전기 단자에 있어서 0.5초 이내에 90% 전압까지 복귀할 것

③ 정격 적재하중으로 전속 하강하고 있는 엘리베이터를 안전하게 감속하도록 회생전력을 흡수할 것. 또한 실제로 발전기를 선정할 때에는 엘리베이터 이외의 부하,

예를 들면 배연장치나 소화펌프, 조명 등과 같은 예비전원으로 공급하고 있는 베이스 로드가 있는 경우에는 그것도 고려하여 이러한 조건을 만족하도록 선정하여야 한다.

17-2-4 승강기와 기계실

승강로의 치수를 결정하는 데는 먼저 정원을 정하고, 여기에서 케이지의 치수를 구한다. 정원은 케이지 내의 면적 $1m^2$당 5~6명으로 산정하여 검토할 수 있다.

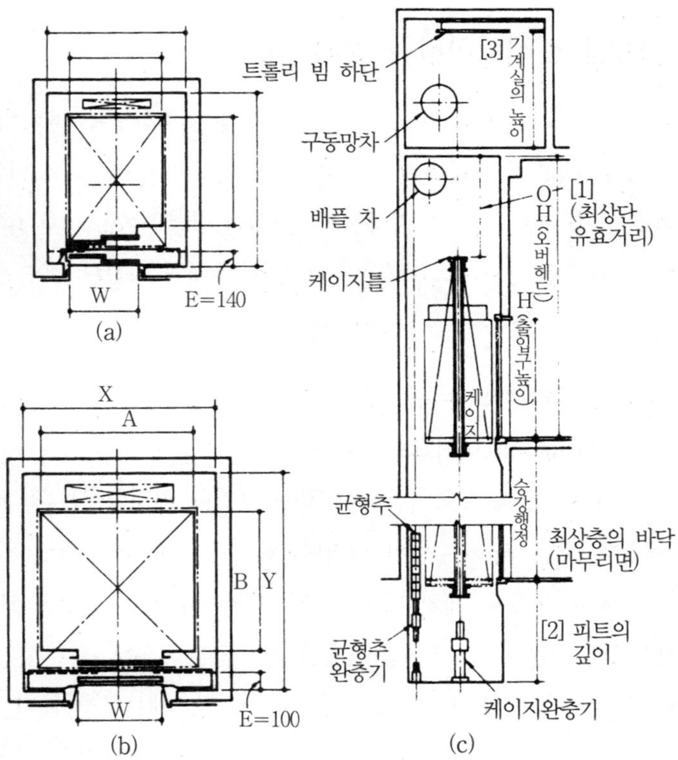

그림 17-5 승강로

또한 승강로 각부의 명칭을 그림 17-5에 나타낸다.

표 17-3 엘리베이터 기계실 면적

방 식		기계실 면적
직 류	1단 속도 2단 속도	승강로 면적의 2배 이상 승강로 면적의 2.5~3배
교 류	카 스위치 군 관리	승강로 면적의 3~4배 승강로 면적의 4배 이상

기계실의 바닥 면적은 승강로 면적의 2배 이상으로 하는데, 기준은 표 17-3에 나타낸다.

17-2-5 비상용 엘리베이터의 설치기준

높이 31 m를 넘는 건축물에는 비상용 엘리베이터를 설치하도록 의무화되어 있다.

높이 31 m를 넘는 각층의 바닥면적 중 최대 바닥면적이 1,500 m^2 이하인 건축물에는 1대 이상, 높이 31 m를 넘는 각층의 바닥면적 중 최대 바닥면적이 1,500 m^2를 넘는 건축물에는 1대에 1,500 m^2를 넘는 매 3,000 m^2 이내마다 1대씩 가산한 대수 이상 설치한다.

승강장 및 승강로의 구조는 다음 기준에 적합해야 한다.

① 예비 전원에 의하여 가동할 수 있는 장치를 할 것
② 정격 속도는 60 m/min 이상으로 할 것
③ 직접 노대 또는 외부를 향하여 열 수 있는 창이나 배연설비를 할 것
④ 채광이 충분히 되는 개구부 등이 있거나 예비 전원에 의한 조명 설비를 할 것
⑤ 옥외에 설치하는 경우를 제외하고는 바닥 면적은 비상용 승강기 1대에 대하여 6 m^2 이상으로 할 것
⑥ 피난층이 있는 승강장의 출입구(승강장이 없는 경우에는 승강로의 출입구)로부터 도로 또는 공지에 이르는 거리를 30 m 이하가 되도록 할 것

17-2-6 장애인용 승강기

(1) 설치장소 및 활동공간

① 장애인용 승강기는 장애인등의 접근이 가능한 통로에 연결하여 설치하되, 가급적 건축물 출입구와 가까운 위치에 설치하여야 한다.

② 승강기의 전면에는 1.4×1.4m 이상의 활동공간을 확보하여야 한다.
③ 승강장바닥과 승강기바닥의 틈은 3cm 이하로 하여야 한다.

(2) 크기

① 승강기내부의 유효바닥면적은 폭 1.1m 이상, 깊이 1.35m 이상으로 하여야 한다. 다만, 신축하는 건물의 경우에는 폭을 1.6m 이상으로 하여야 한다.
② 출입문의 통과유효폭은 0.8m 이상으로 하되, 신축한 건물의 경우에는 출입문의 통과유효폭을 0.9m 이상으로 할 수 있다.

(3) 이용자 조작설비

① 호출버튼 · 조작반 · 통화장치 등 승강기의 안팎에 설치되는 모든 스위치의 높이는 바닥면으로부터 0.8m 이상 1.2m 이하로 설치하여야 한다. 다만, 스위치는 수가 많아 1.2m 이내에 설치하는 것이 곤란한 경우에는 1.4m 이하까지 완화할 수 있다.
② 승강기내부의 휠체어 사용자용 조작반은 진입방향 우측면에 가로형으로 설치하고, 그 높이는 바닥면으로부터 0.85m 내외로 하며, 수평손잡이와 겹치지 않도록 하여야 한다. 다만, 승강기의 유효바닥면적이 1.4×1.4m 이상인 경우에는 진입방향 좌측면에 설치할 수 있다.
③ 조작설비의 형태는 버튼식으로 하되, 시각장애인 등이 감지할 수 있도록 층수 등을 점자로 표시하여야 한다.
④ 조작반 · 통화장치 등에는 점자표시를 하여야 한다.

(4) 기타 설비

① 승강기의 내부에는 수평손잡이를 바닥에서 0.8m 이상 0.9m 이하의 위치에 연속하여 설치하거나, 수평손잡이 사이에 3cm 이내의 간격을 두고 측면과 후면에 각각 설치한다.
② 승강기 내부의 후면에는 내부에서 휠체어가 180도 회전이 불가능할 경우에는 휠체어가 후진하여 문의 개폐여부를 확인하거나 내릴 수 있도록 승강기 후면의 0.6m 이상의 높이에 견고한 재질의 거울을 설치하여야 한다.
③ 각 층의 승강장에는 승강기의 도착여부를 표시하는 점멸등 및 음향신호장치를 설

치하여야 하며, 승강기의 내부에는 도착층 및 운행상황을 표시하는 점멸등 및 음성신호장치를 설치하여야 한다.

④ 광감지식개폐장치를 설치하는 경우에는 바닥면으로부터 0.3m에서 1.4m 이내의 물체를 감지할 수 있도록 하여야 한다.

⑤ 사람이나 물체가 승강기문의 중간에 끼었을 경우 문의 작동이 자동적으로 멈추고 다시 열리는 되열림장치를 설치하여야 한다.

⑥ 각 층의 장애인용 승강기의 호출버튼의 0.3m 전면에는 점형블록을 설치하거나 시각장애인이 감지할 수 있도록 바닥재의 질감 등을 달리하여야 한다.

⑦ 승강기내부의 상황을 외부에서 알 수 있도록 승강기전면의 일부에 유리를 사용할 수 있다.

⑧ 승강기 내부의 층수 선택버튼을 누르면 점멸등이 켜짐과 동시에 음성으로 선택된 층수를 안내해주어야 한다. 또한, 층수선택버튼이 토글방식인 경우에는 처음 눌렀을 때에는 점멸등이 켜지면서 선택한 층수에 대한 음성안내가, 두 번째 눌렀을 때에는 점멸등이 꺼지면서 취소라는 음성안내가 나오도록 하여야 한다.

⑨ 층별로 출입구가 다른 경우에는 반드시 음성으로 출입구의 방향을 알려주어야 한다.

⑩ 출입구, 승강대, 조작기의 조도는 저시력인 등 장애인의 안전을 위하여 최소 150LX 이상으로 하여야 한다.

17-2-7 안전장치와 안전성

(1) 전기적 안전장치

① 주접촉기 : 정전, 저전압 또는 각부의 고장에 대하여 주회로를 차단한다.

② 과부하계전기 : 과부하전류에 대한 보호장치로 엘리베이터의 전원을 차단한다.

③ 주가용기(main fuse) : 위와 같음.

④ 전자브레이크(magnet brake) : 전동기의 토크(torque) 소실시 엘리베이터를 정지시킨다.

⑤ 자물쇠스위치(landing entrance) : 문이 완전히 닫히지 않을 때에는 운전불능이다.

⑥ 도어스위치(car) : 위와 같음.

⑦ 비상정지버튼 : car 내에 있어 비상시 급정지시킨다.

⑧ 안전스위치(safety switch) : car 위에 있어 보수점검시 사용한다.

⑨ 지연스위치(slowdown switch, stopping switch) : 종단(終端)층에서 car를 자동적으로 정지시킨다.

⑩ 최종 제한스위치(final limit switch) : 멈춤 스위치가 동작하지 않을 때는 제2단의 동작으로 주회로를 차단한다.

⑪ 문 안전스위치(door safety edge) : 자동엘리베이터에서 닫혀져 있는 문에 신체가 닿으면 역전하여 문이 열린다.

⑫ 비상벨과 전화기 : 고장의 경우 car 내와 기계실 또는 전기실에 신호 혹은 통화한다.

(2) 기계적 안전장치

① 문 연결스위치(door interlock switch) : 승장의 자물쇠스위치와 동시 작동으로 밖에서 문이 열리지 않는다.

② 조속기(governor) : car가 과속했을 때 동작한다.

③ 비상멈춤(safety) : 일반적으로 조속기의 동작에 따라 레일을 움켜잡아 car의 낙하를 유지한다.

④ 완충기(buffer) : 비상멈춤이 작동되지 않고 car가 미끄러져 떨어진다든지, 초과부하로 브레이크가 듣지 않고 car가 미끄러질 때 승강로 저부에 격돌하는 것을 방지한다.

⑤ 구출구 : car가 층의 중간에 정지했을 때 승객을 car의 천장에서 탈출시킨다. 구출구를 열면 엘리베이터는 정지하는 전기적 lock장치가 필요하다.

⑥ 수동핸들 : 전동기 축 끝에 두고, 브레이크를 느슨하게 하여 인력으로 car를 바닥면까지 움직인다.

⑦ 리타이어링 캡 : 카의 문과 승강장의 문을 동시에 개폐시킨다.

17-3 화물용 승강기

덤웨이터(dumbwaiter)는 리프트라고도 하고, 주방에서 식당으로 배선용의 운반설비로서 사용하는 것, 도서관, 사무소 등에서 서적 및 서류 운반용 등으로 사용하는 것 등이 있다.

케이지는 면적 1 m^2 이내, 높이 1.25 m 이내로 사람은 탈 수 없다. 적재량은 500 kg까지를 표준으로 하고 있다. 속도는 15, 20, 30 m/min의 범위에서 대용량의 것은 저속이다. 덤웨이터에는 플로어(floor)형과 윈드(wind)형이 있고, 그 차이는 케이지의 정지 위치에 따라 구별된다. 전자는 케이지의 바닥이 건물의 바닥 위치에서 정지하는 경우를 말하고, 후자는 케이지의 바닥이 건물의 바닥보다 상부에서 정지하는 경우를 말한다.

17-4 에스컬레이터

17-4-1 에스컬레이터의 분류

에스컬레이터(escalator)는 연속적으로 수송할 수 있는 능력이 있으므로 대규모 건축물이나 많은 사람을 수용하는 건축물에는 불가결의 것으로 되어 있다.

에스컬레이터는 경사도 30° 이하, 난간의 높이 1.2 m 이하, 속도 30 m/min 이하로 하는 것이 원칙이다. 표 17-4에 에스컬레이터의 난간의 안목 폭에 따른 분류를 나타낸다. 800형은 어른 1인, 어린이 1인이 함께 탈 수 있고, 1,200형은 어른 2인이 어깨를 나란히 하고 탈 수 있다. 또한 표 17-5에는 에스컬레이터의 배열에 의한 분류를 나타낸다.

전동기는 구동모터 12~25 HP의 권선형 또는 농형 3상 유도전동기를 사용한다.

표 17-4 에스컬레이터 손잡이의 안목폭에 따른 분류

손잡이의 안목폭(mm)	호칭	스텝폭 (mm)	수송인원 (人/h)	경사각도 (도)	사용전동기와 적용층고(mm)	
					7.5 kW	11 kW
800	800형	604	6,000	30	4,801~7,000	7,001~9,600
1,200	1,200형	1,004	9,000	30	3,000~4,000	4,001~6,300

표 17-5 에스컬레이터 배열에 의한 분류

종별	배열도	장 점	단 점
중복형	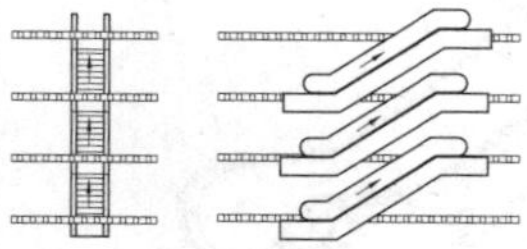	(1) 에스컬레이터의 존재가 돋보인다. (2) 단부나 측면이 잘 보이고, 쇼핑객의 시야를 트이게 한다.	(1) 바닥에서 바닥에의 교통이 불연속이 된다. (2) 승객이 향하는 면은 상행이나 하행이나 점포방향이 된다. (3) 상행과 하행의 교통이 이어져 있다. (4) 바닥면적을 넓게 잡아야 한다.
평행승계형	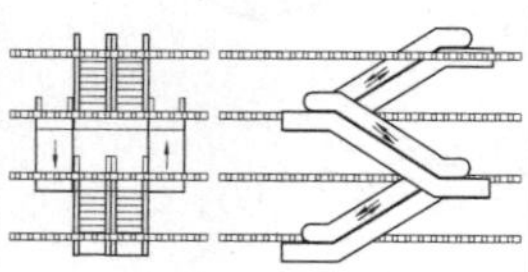	(1) 오르내림 방향 모두 바닥에서 바닥으로 연속적으로 운반한다. (2) 오르내림의 교통을 확실히 분할 수 있다. (3) 고객의 시야가 가려지지 않는다. (4) 에스컬레이터의 존재가 잘 보인다. (5) 전매장이 보인다.	바닥면의 장소를 넓게 요한다.
복열교차형	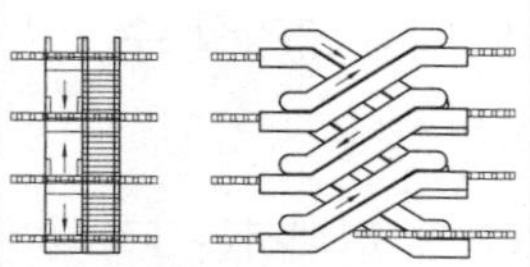	(1) 오르내림이 모두 바닥에서 바닥으로 연속적으로 운반한다. (2) 오르내림의 교통이 떨어져 있다. (3) 에스컬레이터의 직하를 가장 유효하게 이용할 수 있다.	(1) 쇼핑객의 시야가 좁다. (2) 에스컬레이터의 존재장소를 비교적 표시하기 어렵다. (3) 측면과 단부가 겹쳐 시야를 가린다.

17-4-2 에스컬레이터의 구조

그림 17-6은 에스컬레이터의 각부 구조와 명칭을 나타낸 것이다. 30° 이하의 경사도를 갖는 트러스에 앤드리스 체인(無端鎖)으로 여러 개의 디딤판을 장치하고 레일로 지지하되 체인은 트러스의 상부 구동용 체인차와 하부 체인차 사이에 건다. 상부의 체인차는 전동기에 직결된 웜기어 감속기에 의해 구동된다. 동시에 다른 체인차로 난간도 같은 방향, 같은 속도로 구동된다.

17-4-3 에스컬레이터의 설치 위치

(1) 일반 건물의 경우

① 가능한 한 주출입구에 가까운 곳

② 엘리베이터부 승강장의 균일을 계획하기 편리한 위치

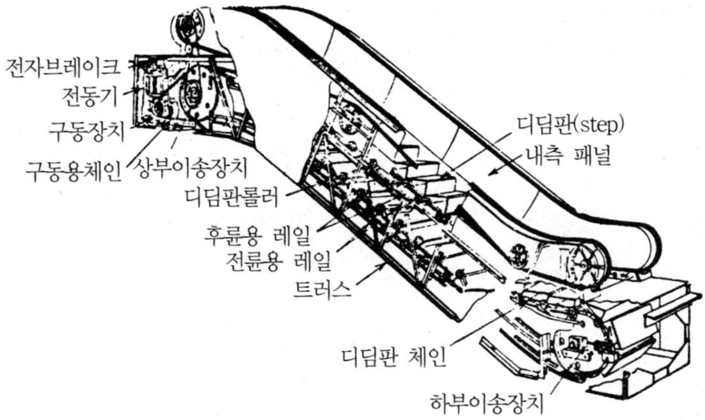

그림 17-6 에스컬레이터의 각부 명칭과 구조

(2) 건물의 주목적이 지하층 · 2층에 있는 경우

① 은행 · 상점 · 식당이 2층에 있는 경우는 외부도로에서 직접 승강할 수 있는 위치가 좋다. 층별 차이를 없애고 1층도 유효하게 사용하는 경우

② 지하층에 식품 · 식당이 있고, 외부의 방문객을 흡입하기 위해서는 1층의 주출입구에 가능한 한 근접한다.

(3) 백화점 건축의 경우

① 각층을 중심으로 하고, 상승 · 하강 중에 상품을 보도록 한다.

② ①의 기능을 겸하며 외부 통로에서 에스컬레이터가 보이는 위치

(4) 교통기관의 건물

① 무엇보다도 위치가 사람의 눈에 잘 띌 것

② 다만, 개찰 · 출찰구에 지나치게 가깝지 않은 곳(사람의 흐름에 혼란이 일어날 수 있음)

(5) 공통적인 위치

① 주계단에 근접하지 않아도 좋다.

② 층별 차이를 없이 하는 것이 주목적인 경우는 반드시 2대 병렬 또는 교차로 하고,

상승·하강을 전용으로 한다. 다만, 상승피크, 하강피크에는 2대가 동시에 같은 방향으로 운전하여도 좋다.

③ 공조용의 주덕트를 횡단하지 않는 위치

17-4-4 에스컬레이터의 대수 산정

에스컬레이터의 대수는 사람의 흐름이나 혼잡도에 따라 대수가 정해지지만 밀도율(density ratio)로 간편하게 나타낼 수 있다.

$$\text{밀도율 } R = \frac{\text{2층 이상의 유효바닥면적}}{\text{1시간의 수송능력}}$$

R의 값은 20~25이면 표준(양호)이고, 그 이상이면 수송 능력이 불량한 것으로 판단한다.

17-4-5 장애인용 에스컬레이터

(1) 유효폭 및 속도

① 장애인용 에스컬레이터의 유효폭은 0.8m 이상으로 하여야 한다.

② 속도는 분당 30m 이내로 하여야 한다.

(2) 디딤판

① 휠체어 사용자가 승·하강할 수 있도록 에스컬레이터의 디딤판은 3매 이상 수평 상태로 이용할 수 있게 하여야 한다.

② 디딤판 시작과 끝부분의 바닥판은 얇게 할 수 있다.

(3) 손잡이

① 에스컬레이터의 양측면에는 디딤판과 같은 속도로 움직이는 이동손잡이를 설치하여야 한다.

② 에스컬레이터의 양끝부분에는 수평이동손잡이를 1.2m 이상 설치하여야 한다.

③ 수평이동손잡이 전면에는 1m 이상의 수평고정손잡이를 설치할 수 있으며, 수평고정손잡이에는 층수·위치 등을 나타내는 점자표지판을 부착하여야 한다.

17-5 이동 보도

이동 보도란 수평에 대하여 경사 10~15°의 범위 내에서 승객을 수평방향으로 수송하는 장치이다.

① 이동 보도에는 파렛식 체인 구동형, 벨트식 롤러 베드형이 많이 사용되고 있다.
② 에스컬레이터와 달리 속도는 30, 35, 40 m/min, 기타가 있다.
③ 구동 방식으로 에스컬레이터와 마찬가지로 교류 1단 속도이다.
④ 수송 능력은 난간 800 mm 폭에서 약 4,800명/시, 900 mm 폭에서 약 6,000 명/시, 1,200 mm 폭에서 900~10,800 명/시 정도이다.

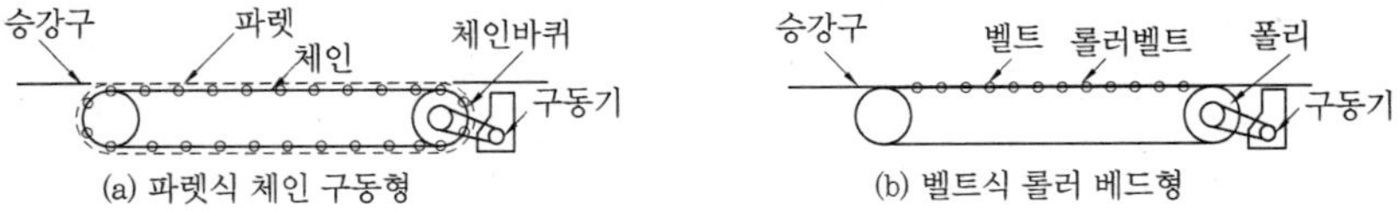

그림 17-7 이동 보도의 종류

17-6 컨베이어

컨베이어(conveyer)는 목적에 따라 종류가 매우 많고, 특히 공장 생산용으로는 수송기기의 꽃 모양이 있다.

① 벨트 컨베이어 : 주요 용도, 분체(粉體), 입상(粒狀)의 수송	수평방향
② 체인 컨베이어 : 양측 체인에 넣은 물건을 걸어서 운반	수평, 경사
③ 버킷 컨베이어 : 입상물(粒狀物)을 버킷으로 떠올려서 운반	수직, 경사
④ 롤러 컨베이어 : 기물(器物)을 굴려서 운반	수평
⑤ 에이프런 컨베이어 : 표면이 평탄한 판의 연속으로 거기에 싣는다.	수평

17-7 기송관 장치

기송관(pneumatic tube) 장치란 통(기송자라고 한다)에 수용한 피반송물을 공기의 압력차를 이용하여 수송하는 것이다. 기송관로, 송수신 스테이션, 공기원 장치, 제어장치로 구성된다. 반송속도는 평균 5~8m/s이다. 특수한 경우 30m/s의 것도 있다.

① 용도에 의한 분류 : 일반 서류용, 특수용

② 기송관로 형상에 의한 분류 : 원형, 평형

③ 공기원에 의한 분류 : 흡인식, 압송식, 압송흡수식

④ 배관방식에 의한 분류 : 단관왕복식, 복관식, 루프식, 집중분배식, 중앙교환식

⑤ 제어방식에 의한 분류 : 타임 릴레이 방식, 관로접점방식, 선택방식, 기송자 선택방식

⑥ 적용 건물로서 은행·사무소빌딩·병원·호텔 등에서 전표, 통장, 수표, 약속어음, 텔레타이프, 서류, 우편물 등의 반송설비로 사용된다.

찾아보기

ㅊ

ㅋ

ㅌ

ㅍ

ㅎ

기타